필요충분한 수학유형서

개념

공통수학1

지 은 이 백인대장 수학연구소
개 발 책 임 차은실
개 발 최진경, 김은빛, 김수정, 김화은, 정푸름
디 자 인 오영숙, 한새미, 황유진, 디자인마인드
영 업 한기영, 이경구, 박인규, 정철교, 김남준, 이우현
마 케 팅 박혜선, 남경진, 이지원, 김여진
펴 낸 이 주민홍
펴 낸 곳 서울시 마포구 월드컵북로 396(상암동) 누리꿈스퀘어 비즈니스타워 10층
㈜NE능률 (우편번호 03925)
펴 낸 날 2023년 11월 15일 초판 제1쇄
전 화 02 2014 7114
팩 스 02 3142 0357
홈 페 이 지 www.neungyule.com
등 록 번 호 제1-68호

고객센터
교재 내용 문의: contact.nebooks.co.kr (별도의 가입 절차 없이 작성 가능)
제품 구매, 교환, 불량, 반품 문의: 02 2014 7114
☎ 전화 문의는 본사 업무 시간 중에만 가능합니다.

거인의 어깨가 필요할 때

만약 내가 멀리 보았다면, 그것은 거인들의 어깨 위에 서 있었기 때문입니다.

If I have seen farther, it is by standing on the shoulders of giants.

오래전부터 인용되어 온 이 경구는, 성취는 혼자서 이룬 것이 아니라
많은 앞선 노력을 바탕으로 한 결과물이라는 의미를 담고 있습니다.
과학적으로 큰 성취를 이룬 뉴턴(Newton, I.; 1642~1727)도
과학적 공로에 관해 언쟁을 벌이며 경쟁자에게 보낸 편지에
이 문장을 인용하여 자신보다 앞서 과학적 발견을 이룬 과학자들의
도움을 많이 받았음을 고백하였다고 합니다.

수학은 어렵고, 잘하기까지 오랜 시간이 걸립니다.
그렇기에 수학을 공부할 때도 거인의 어깨가 필요합니다.

<각 GAK>은 여러분이 오를 수 있는 거인의 어깨가 되어
여러분의 수학 공부 여정을 함께 하겠습니다.
<각 GAK>의 어깨 위에서 여러분이 원하는
수학적 성취를 이루길 진심으로 기원합니다.

Structure

구성과 특장

개념 익히고,

❶ 교과서에서 다루는 기본 개념을 충실히 반영하여 반드시 알아야 할 개념들을 빠짐없이 수록하였습니다.

❷ 개념마다 기본적인 문제를 제시하여 개념을 바르게 이해하였는지 점검할 수 있도록 하였습니다.

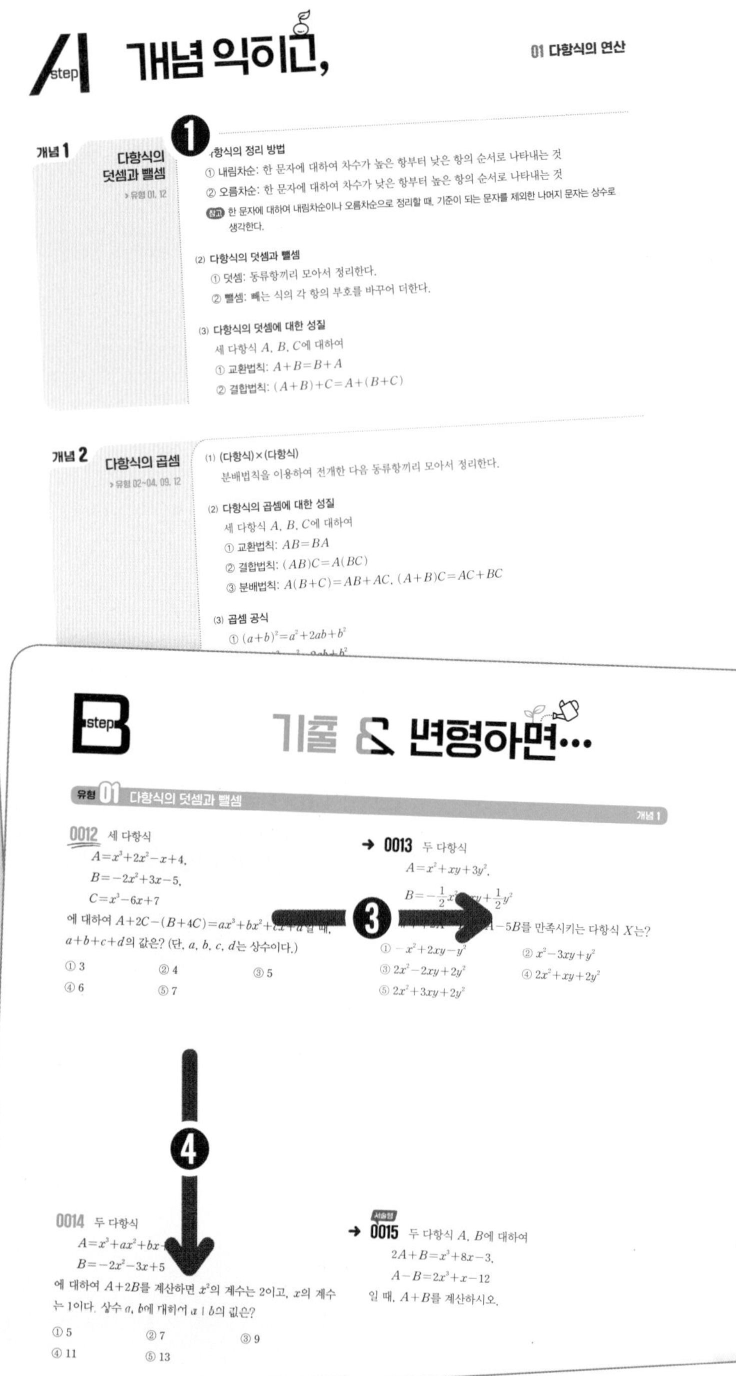

기출 & 변형하면 …

수학 시험지를 철저하게 분석하여 빼어난 문제를 선별하고 적확한 유형으로 구성하였습니다. 왼쪽에는 기출 문제를 난이도 순으로 배치하고 오른쪽에는 왼쪽 문제의 변형 유사 문제를 배치하여 ❸ 가로로 익히고 ❹ 세로로 반복하는 학습을 할 수 있습니다.
유형마다 시험에서 자주 다뤄지는 문제는 ══로 표시해 두었습니다. 또한 서술형으로 자주 출제되는 문제는 으로 표시해 두었습니다.

실력 완성!

총정리 학습!
Bstep에서 공부했던 유형에 대하여 점검할 수 있도록 구성하였으며, Bstep에서 제시한 문항보다 다소 어려운 문항을 단원별로 2~3문항씩 수록하였습니다.

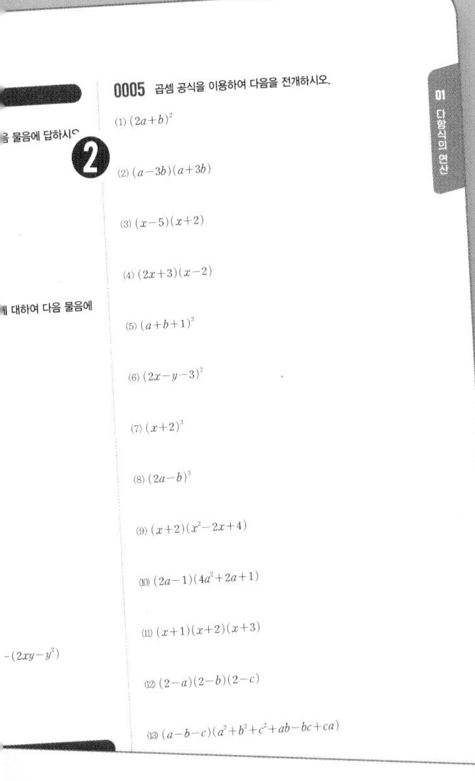

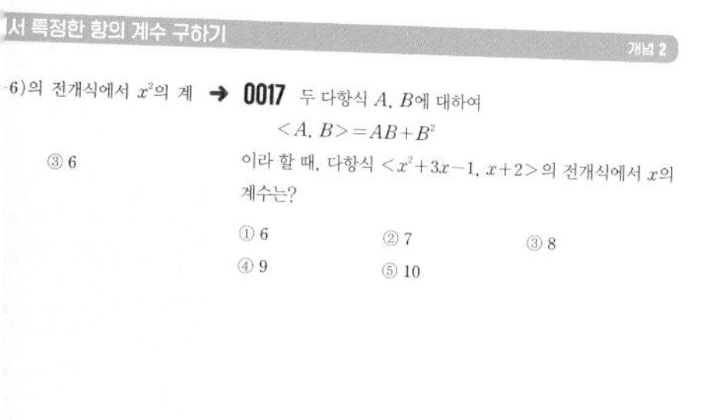

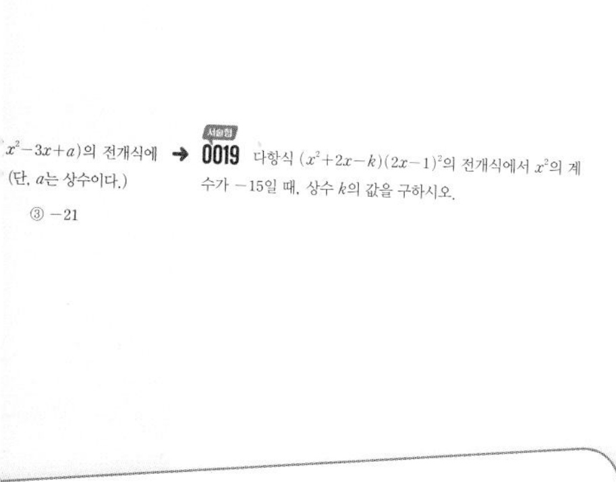

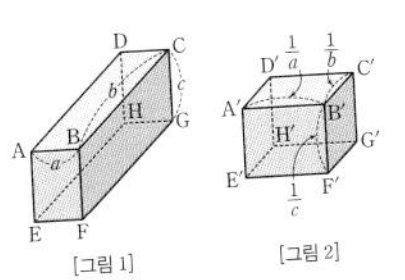

정답과 해설

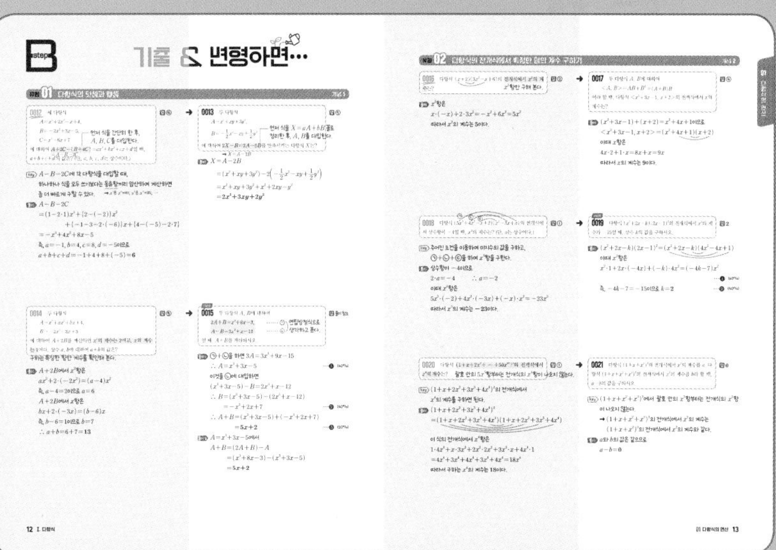

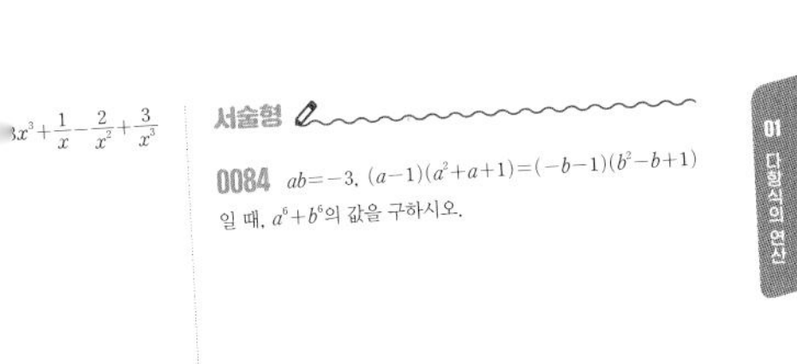

핵심을 짚어 주는 선생님의 강의 노트 같은 깔끔한 해설입니다. 문제를 보면 떠올라야 하는 해결 실마리를 첨삭과 Key로 제공하여 해당 문제의 풀이뿐만 아니라 이후에 비슷하거나 발전된 문제를 풀 때 도움이 될 수 있게 하였습니다.

또한 Tip에는 문제에서 따로 정리해 두면 도움이 되는 풀이 비법과 개념을 담았으며 서술형 문제에서는 풀이 과정에서 누락하지 말아야 할 부분을 짚어 주었습니다.

디지털 해설

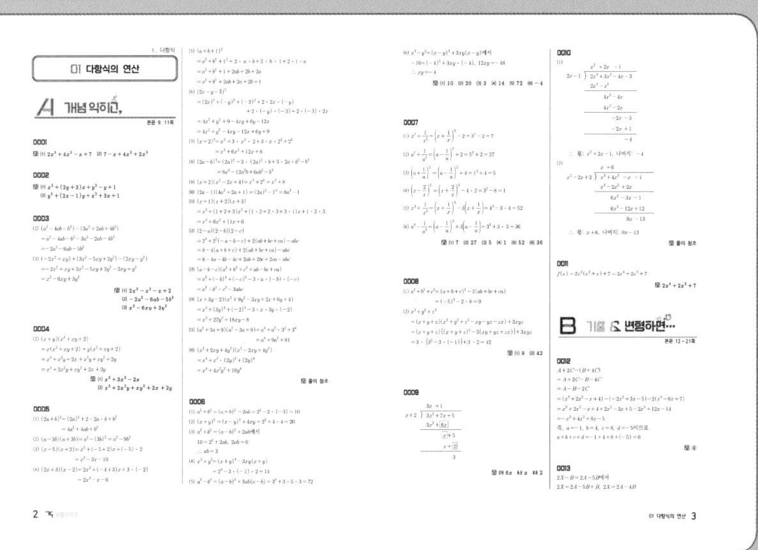

출제 의도에 충실하고 꼼꼼한 해설입니다. 논리적으로 쉽게 설명하였으며, 다각적 사고력 향상을 위하여 다른 풀이를 제시하였습니다. 문제 해결에 필요한 보충 내용을 참고로 제시하여 해설의 이해를 도왔습니다.

차례 Contents

백인대장의 수학 학습 필수 원칙

수학은 개념 수업을 듣고 이해하고 공식을 암기한 후,
유형별로 문제를 풀어 가며 이해의 폭을
넓히는 과정으로 공부하게 됩니다.
이 과정에서 학생마다 학습 방법에
약간의 차이가 있을 수는 있으나
반드시 지켜야 하는 것이 있습니다.

제1원칙 수학은 꾸준함만으로 잘할 수는 있지만 **뛰어날 수는 없다!**

수학은 익숙해지고 실력이 올라갈수록 빠른 속도로 문제를 이해해서 풀이할 수 있는 능력이 키워집니다. 시간이 지남에 따라 같은 시간 동안 풀이한 문제의 오답 수를 줄여나가는 것이 중요합니다. 매일 더 많은 양을 제대로 소화할 수 있도록 공부 계획을 세우세요.

제2원칙 난이도가 높은 문제를 **대충 넘어가지 말자!**

수학에 자신감이 부족한 학생들의 경우 문제가 길거나 문제에 도형이 포함되면 제대로 읽지도 않고 별표 치고 넘어가곤 합니다. 그리고 선생님께 풀어달라고 하거나 그냥 방치합니다. 문제가 본인에게 어려워서 접근조차 못하는 경우라면 고민을 통해 그 문제를 통째로 암기할 정도로 많은 시간을 투자해야 합니다. 그래야 선생님께 질문을 하더라도 그 풀이를 이해할 수 있습니다.

제3원칙 문제를 풀었으면 **바로 직접 채점하자!**

한 단원의 문제를 풀고 하루 이틀 뒤 채점하면 내가 어떤 생각으로 문제를 풀었는지 기억하지 못하는 것은 너무 당연합니다. 또한 바로 채점을 하면 문제를 풀었을 당시 무조건 맞았다고 생각한 문제가 틀린 경우 좀 더 확실히 오개념을 바로 잡을 기회가 생깁니다.
기억하세요. 문제 풀이 후 바로 직접 채점해야 한다는 것을!

제4원칙 채점을 완료하면 **바로 오답 정리하자!**

문제 풀이 후 바로 채점을 하면 계산 과정이 틀린 문제는 오답 정리가 수월할 것입니다.
개념이나 문제 풀이의 아이디어가 생각나지 않아서 틀린 경우는 다시 한번 문제를 꼼꼼하게 읽어 보고 학교, 학원에서 배운 가장 기본적인 개념과 공식을 적용해 보는 게 좋습니다. 10분 정도 집중해서 고민해 봐도 해결되지 않는다면 해설지를 살짝 확인해서 어떤 아이디어가 쓰였는지 고민하는 과정을 반복해서 답을 얻어내는 연습을 합니다.

제5원칙 맞힌 문제, **해설도 꼭 보자!**

일반적으로 학생들은 정답을 맞힌 문제는 해설지를 보지 않습니다. 그러나 정답이 맞더라도 풀이 과정에서 오류가 있는 경우도 있고, 풀이가 불필요하게 너무 긴 경우도 있습니다. 처음 유형서로 공부할 때만큼은 정답을 맞힌 문제도 꼭 해설지를 확인해서 어떠한 차이가 있는지 확인하세요. 엄청난 실력 향상이 있을 것입니다.

다항식

01 다항식의 연산

02 나머지정리와 인수분해

개념 1 다항식의 덧셈과 뺄셈

> 유형 01, 12

(1) 다항식의 정리 방법

① 내림차순: 한 문자에 대하여 차수가 높은 항부터 낮은 항의 순서로 나타내는 것

② 오름차순: 한 문자에 대하여 차수가 낮은 항부터 높은 항의 순서로 나타내는 것

참고 한 문자에 대하여 내림차순이나 오름차순으로 정리할 때, 기준이 되는 문자를 제외한 나머지 문자는 상수로 생각한다.

(2) 다항식의 덧셈과 뺄셈

① 덧셈: 동류항끼리 모아서 정리한다.

② 뺄셈: 빼는 식의 각 항의 부호를 바꾸어 더한다.

(3) 다항식의 덧셈에 대한 성질

세 다항식 A, B, C에 대하여

① 교환법칙: $A+B=B+A$

② 결합법칙: $(A+B)+C=A+(B+C)$

개념 2 다항식의 곱셈

> 유형 02~04, 09, 12

(1) (다항식)×(다항식)

분배법칙을 이용하여 전개한 다음 동류항끼리 모아서 정리한다.

(2) 다항식의 곱셈에 대한 성질

세 다항식 A, B, C에 대하여

① 교환법칙: $AB=BA$

② 결합법칙: $(AB)C=A(BC)$

③ 분배법칙: $A(B+C)=AB+AC$, $(A+B)C=AC+BC$

(3) 곱셈 공식

① $(a+b)^2=a^2+2ab+b^2$

$(a-b)^2=a^2-2ab+b^2$

② $(a+b)(a-b)=a^2-b^2$

③ $(x+a)(x+b)=x^2+(a+b)x+ab$

④ $(ax+b)(cx+d)=acx^2+(ad+bc)x+bd$

⑤ $(a+b+c)^2=a^2+b^2+c^2+2ab+2bc+2ca$

⑥ $(a+b)^3=a^3+3a^2b+3ab^2+b^3$

$(a-b)^3=a^3-3a^2b+3ab^2-b^3$

⑦ $(a+b)(a^2-ab+b^2)=a^3+b^3$

$(a-b)(a^2+ab+b^2)=a^3-b^3$

⑧ $(x+a)(x+b)(x+c)=x^3+(a+b+c)x^2+(ab+bc+ca)x+abc$

⑨ $(a+b+c)(a^2+b^2+c^2-ab-bc-ca)=a^3+b^3+c^3-3abc$

⑩ $(a^2+ab+b^2)(a^2-ab+b^2)=a^4+a^2b^2+b^4$

개념 1 다항식의 덧셈과 뺄셈

0001 다항식 $7+2x^3-x+4x^2$에 대하여 다음 물음에 답하시오.

(1) x에 대하여 내림차순으로 정리하시오.

(2) x에 대하여 오름차순으로 정리하시오.

0002 다항식 $x^2+y^2+2xy+3x-y+1$에 대하여 다음 물음에 답하시오.

(1) x에 대하여 내림차순으로 정리하시오.

(2) y에 대하여 내림차순으로 정리하시오.

0003 다음을 계산하시오.

(1) $(3x^3-x-2)+(-x^3-x^2+4)$

(2) $(a^2-4ab-b^2)-(3a^2+2ab+4b^2)$

(3) $(-2x^2+xy)+(3x^2-5xy+2y^2)-(2xy-y^2)$

개념 2 다항식의 곱셈

0004 다음을 전개하시오.

(1) $x(x^2+3x-2)$

(2) $(x+y)(x^2+xy+2)$

0005 곱셈 공식을 이용하여 다음을 전개하시오.

(1) $(2a+b)^2$

(2) $(a-3b)(a+3b)$

(3) $(x-5)(x+2)$

(4) $(2x+3)(x-2)$

(5) $(a+b+1)^2$

(6) $(2x-y-3)^2$

(7) $(x+2)^3$

(8) $(2a-b)^3$

(9) $(x+2)(x^2-2x+4)$

(10) $(2a-1)(4a^2+2a+1)$

(11) $(x+1)(x+2)(x+3)$

(12) $(2-a)(2-b)(2-c)$

(13) $(a-b-c)(a^2+b^2+c^2+ab-bc+ca)$

(14) $(x+3y-2)(x^2+9y^2-3xy+2x+6y+4)$

(15) $(a^2+3a+9)(a^2-3a+9)$

(16) $(x^2+2xy+4y^2)(x^2-2xy+4y^2)$

개념 3 곱셈 공식의 변형

> 유형 05~08, 12

(1) 곱셈 공식의 변형

① $a^2+b^2=(a+b)^2-2ab=(a-b)^2+2ab$

② $(a+b)^2=(a-b)^2+4ab$

$(a-b)^2=(a+b)^2-4ab$

③ $a^3+b^3=(a+b)^3-3ab(a+b)$

$a^3-b^3=(a-b)^3+3ab(a-b)$

④ $a^2+b^2+c^2=(a+b+c)^2-2(ab+bc+ca)$

⑤ $a^3+b^3+c^3=(a+b+c)(a^2+b^2+c^2-ab-bc-ca)+3abc$

참고 분수 형태의 곱셈 공식의 변형

①, ③에 a대신 x, b 대신 $\frac{1}{x}$을 대입하면 다음과 같다.

① $x^2+\frac{1}{x^2}=\left(x+\frac{1}{x}\right)^2-2=\left(x-\frac{1}{x}\right)^2+2$ ⬅ $x\cdot\frac{1}{x}=1$

③ $x^3+\frac{1}{x^3}=\left(x+\frac{1}{x}\right)^3-3\left(x+\frac{1}{x}\right)$

$x^3-\frac{1}{x^3}=\left(x-\frac{1}{x}\right)^3+3\left(x-\frac{1}{x}\right)$

(2) 특수한 식의 변형

① $a^2+b^2+c^2-ab-bc-ca=\frac{1}{2}\{(a-b)^2+(b-c)^2+(c-a)^2\}$

② $a^2+b^2+c^2+ab+bc+ca=\frac{1}{2}\{(a+b)^2+(b+c)^2+(c+a)^2\}$

개념 4 다항식의 나눗셈

> 유형 10~12

(1) (다항식)÷(다항식)

두 다항식을 내림차순으로 정리한 다음 자연수의 나눗셈과 같은 방법으로 계산한다.

참고 다항식의 나눗셈은 자연수의 나눗셈과 다르게 나머지가 음수인 경우도 있다.

(2) 다항식의 나눗셈에 대한 등식

다항식 A를 다항식 $B(B\neq0)$로 나누었을 때의 몫을 Q, 나머지를 R라 하면

$$\boldsymbol{A=BQ+R}$$

이때 R는 상수이거나 (R의 차수)<(B의 차수)이다.

특히 $R=0$이면 'A는 B로 나누어떨어진다'고 한다.

예

$$\begin{array}{r|l} & 3x+1 \quad \leftarrow \text{몫} \\ x^2-2x-1 & 3x^3-5x^2+1 \\ & \underline{3x^3-6x^2-3x} \\ & x^2+3x+1 \\ & \underline{x^2-2x-1} \\ & 5x+2 \quad \leftarrow \text{나머지} \end{array}$$

$\therefore 3x^3-5x^2+1=(x^2-2x-1)(3x+1)+5x+2$

참고 다항식의 나눗셈을 할 때에는 차수를 맞춰서 계산한다. 이때 해당되는 차수의 항이 없으면 그 자리를 비워 둔다.

개념 3 곱셈 공식의 변형

0006 다음 식의 값을 구하시오.

(1) $a+b=2$, $ab=-3$일 때, a^2+b^2

(2) $x-y=2$, $xy=4$일 때, $(x+y)^2$

(3) $a^2+b^2=10$, $a-b=2$일 때, ab

(4) $x+y=2$, $xy=-1$일 때, x^3+y^3

(5) $a-b=3$, $ab=5$일 때, a^3-b^3

(6) $x^3-y^3=-16$, $x-y=-4$일 때, xy

0007 다음 식의 값을 구하시오.

(1) $x+\frac{1}{x}=3$일 때, $x^2+\frac{1}{x^2}$

(2) $a-\frac{1}{a}=5$일 때, $a^2+\frac{1}{a^2}$

(3) $a-\frac{1}{a}=1$일 때, $\left(a+\frac{1}{a}\right)^2$

(4) $x+\frac{2}{x}=3$일 때, $\left(x-\frac{2}{x}\right)^2$

(5) $x+\frac{1}{x}=4$일 때, $x^3+\frac{1}{x^3}$

(6) $a-\frac{1}{a}=3$일 때, $a^3-\frac{1}{a^3}$

0008 다음 식의 값을 구하시오.

(1) $a+b+c=-5$, $ab+bc+ca=8$일 때, $a^2+b^2+c^2$

(2) $x+y+z=3$, $xy+yz+zx=-1$, $xyz=2$일 때, $x^3+y^3+z^3$

개념 4 다항식의 나눗셈

0009 오른쪽은 다항식 $3x^2+7x+5$를 $x+2$로 나누는 과정을 나타낸 것이다. (가), (나), (다)에 알맞은 것을 써넣으시오.

$$\begin{array}{r} 3x\ +1 \\ x+2\,\big)\overline{\,3x^2+7x\quad+5} \\ 3x^2+\boxed{(가)} \\ \hline \boxed{(나)}+5 \\ x\ +\boxed{(다)} \\ \hline 3 \end{array}$$

0010 다음 나눗셈의 몫과 나머지를 각각 구하시오.

(1) $(2x^3+3x^2-4x-3)\div(2x-1)$

(2) $(x^3+4x^2-x-1)\div(x^2-2x+2)$

0011 다항식 $f(x)$를 x^2+x로 나누었을 때의 몫이 $2x^2$, 나머지가 7일 때, 다항식 $f(x)$를 구하시오.

기출 & 변형하면…

유형 01 다항식의 덧셈과 뺄셈 개념 1

0012 세 다항식

$A=x^3+2x^2-x+4$,

$B=-2x^2+3x-5$,

$C=x^3-6x+7$

에 대하여 $A+2C-(B+4C)=ax^3+bx^2+cx+d$일 때, $a+b+c+d$의 값은? (단, a, b, c, d는 상수이다.)

① 3 ② 4 ③ 5
④ 6 ⑤ 7

→ **0013** 두 다항식

$A=x^2+xy+3y^2$,

$B=-\frac{1}{2}x^2-xy+\frac{1}{2}y^2$

에 대하여 $2X-B=2A-5B$를 만족시키는 다항식 X는?

① $-x^2+2xy-y^2$ ② $x^2-3xy+y^2$
③ $2x^2-2xy+2y^2$ ④ $2x^2+xy+2y^2$
⑤ $2x^2+3xy+2y^2$

0014 두 다항식

$A=x^3+ax^2+bx+4$,

$B=-2x^2-3x+5$

에 대하여 $A+2B$를 계산하면 x^2의 계수는 2이고, x의 계수는 1이다. 상수 a, b에 대하여 $a+b$의 값은?

① 5 ② 7 ③ 9
④ 11 ⑤ 13

서술형
→ **0015** 두 다항식 A, B에 대하여

$2A+B=x^3+8x-3$,

$A-B=2x^3+x-12$

일 때, $A+B$를 계산하시오.

유형 02 다항식의 전개식에서 특정한 항의 계수 구하기

개념 2

0016 다항식 $(x+2)(3x^2-x+6)$의 전개식에서 x^2의 계수는?

① 4 ② 5 ③ 6
④ 7 ⑤ 8

0017 두 다항식 A, B에 대하여

$$<A,\ B>=AB+B^2$$

이라 할 때, 다항식 $<x^2+3x-1,\ x+2>$의 전개식에서 x의 계수는?

① 6 ② 7 ③ 8
④ 9 ⑤ 10

0018 다항식 $(5x^3+4x^2-x+2)(x^2-3x+a)$의 전개식에서 상수항이 -4일 때, x^3의 계수는? (단, a는 상수이다.)

① -23 ② -22 ③ -21
④ -20 ⑤ -19

서술형

0019 다항식 $(x^2+2x-k)(2x-1)^2$의 전개식에서 x^2의 계수가 -15일 때, 상수 k의 값을 구하시오.

0020 다항식 $(1+x+2x^2+\cdots+50x^{50})^2$의 전개식에서 x^4의 계수는?

① 18 ② 20 ③ 22
④ 24 ⑤ 26

0021 다항식 $(1+x+x^2)^3$의 전개식에서 x^2의 계수를 a, 다항식 $(1+x+x^2+x^3)^3$의 전개식에서 x^2의 계수를 b라 할 때, $a-b$의 값을 구하시오.

유형 03 곱셈 공식을 이용한 다항식의 전개 개념 2

0022 다음 중 옳지 않은 것은?

① $(3a-b)^3=27a^3-27a^2b+9ab^2-b^3$

② $(x+2y)(x^2-2xy+4y^2)=x^3+8y^3$

③ $(x^2+x+1)(x^2-x+1)=x^4+x^2+1$

④ $(x-2y+4z)^2$의 전개식에서 yz의 계수는 -16이다.

⑤ $(a+b-c)^2+(a+b+c)^2$의 전개식에서 서로 다른 항의 개수는 3이다.

➔ 0023 다항식 $(ax-3y)^3$의 전개식에서 xy^2의 계수가 108일 때, 상수 a의 값은?

① 4 ② 6 ③ 8
④ 10 ⑤ 12

0024 다항식 $(x^2-4)(x^2-2x+4)(x^2+2x+4)$를 전개하면?

① x^6-64 ② x^6+64
③ x^6-x^3-64 ④ x^6-x^3+64
⑤ x^6+x^3+64

서술형
➔ 0025 $x^2-2x+4=0$, $y^2+3y+9=0$일 때, x^3+y^3의 값을 구하시오.

0026 $x+y+z=0$, $xy+yz+zx=4$, $xyz=6$일 때, $(x+1)(y+1)(z+1)$의 값을 구하시오.

➔ 0027 $x+y+z=2$, $xy+yz+zx=-13$, $xyz=10$일 때, $(x+y)(y+z)(z+x)$의 값은?

① -36 ② -18 ③ -9
④ 18 ⑤ 36

유형 04 공통부분이 있는 다항식의 전개 개념 2

0028 다항식 $(x-y+1)(x-y-1)$을 전개하면?

① $x^2-3xy-2x-5y-1$
② $x^2-2xy+y^2-1$
③ $x^2-2xy+2y^2+1$
④ $x^2-xy-5x-2y-1$
⑤ $x^2+2xy-3x-7y+1$

➜ **0029** 다항식 $(a+b+c+d)(a-b+c-d)$를 전개했을 때, 서로 다른 항의 개수를 구하시오.

0030 다항식 $(x-1)(x-2)(x-3)(x-4)$를 전개한 식이 $x^4+ax^3+bx^2+cx+d$일 때, 상수 a, b, c, d에 대하여 $a-b-c+d$의 값을 구하시오.

➜ **0031** $x^2+x=1$일 때, $(x-3)(x-2)(x+3)(x+4)$의 값은?

① 35 ② 40 ③ 45
④ 50 ⑤ 55

0032 $a^2=2$일 때,

$$\{(2+a)^n-(2-a)^n\}^2-\{(2+a)^n+(2-a)^n\}^2=-32$$

를 만족시키는 자연수 n의 값은?

① 1 ② 2 ③ 3
④ 4 ⑤ 5

서술형
➜ **0033** $(2a-b-1)\{(2a-b)^2+2a-b+1\}=8$일 때, $(2a-b)^6$의 값을 구하시오.

유형 05 곱셈 공식의 변형: $x^n \pm y^n$ 꼴 (개념 3)

0034 $x+y=4$, $xy=2$일 때, $\frac{y}{x}+\frac{x}{y}$의 값은?

① 2 ② 3 ③ 4
④ 5 ⑤ 6

→ **0035** $x+y=3$, $x^2+y^2=7$일 때, x^3-y^3의 값은? (단, $x>y$)

① $2\sqrt{7}$ ② $7\sqrt{3}$ ③ $6\sqrt{5}$
④ $6\sqrt{7}$ ⑤ $8\sqrt{5}$

0036 $x=3+\sqrt{3}$, $y=3-\sqrt{3}$일 때, $x+y+x^3+y^3$의 값은?

① 96 ② 102 ③ 108
④ 114 ⑤ 120

서술형
→ **0037** 실수 x, y에 대하여 $(x+y-2)^2+(xy+1)^2=0$일 때, x^4+y^4의 값을 구하시오.

유형 06 곱셈 공식의 변형: $x^n \pm \frac{1}{x^n}$ 꼴 (개념 3)

0038 $x+\frac{1}{x}=5$일 때, $x^2+\frac{1}{x^2}$의 값을 구하시오.

→ **0039** $x-\frac{2}{x}=2$일 때, $x^3-\frac{8}{x^3}$의 값은?

① 16 ② 17 ③ 18
④ 19 ⑤ 20

0040 $x^4-6x^2+1=0$일 때, $x^3-\frac{1}{x^3}$의 값을 구하시오. (단, $x>1$)

→ 서술형 **0041** $x^2-3x-1=0$일 때, $x+x^2+x^3-\frac{1}{x}+\frac{1}{x^2}-\frac{1}{x^3}$의 값을 구하시오.

유형 07 곱셈 공식의 변형; $a^n+b^n+c^n$ 꼴 개념 3

0042 $a+b-2c=6$, $ab-2bc-2ca=11$일 때, $a^2+b^2+4c^2$의 값은?

① 6 ② 8 ③ 10
④ 12 ⑤ 14

→ **0043** $a+2b+3c=8$, $ab+3bc+\frac{3}{2}ca=11$일 때, $a^2+4b^2+9c^2$의 값은?

① 20 ② 42 ③ 50
④ 62 ⑤ 70

0044 $a+b+c=2$, $a^2+b^2+c^2=14$, $abc=-6$일 때, $a^3+b^3+c^3$의 값은?

① 0 ② 20 ③ 30
④ 36 ⑤ 56

→ 서술형 **0045** $a+b+c=4$, $abc=-2$, $\frac{1}{a}+\frac{1}{b}+\frac{1}{c}=0$일 때, $a^2b^2+b^2c^2+c^2a^2$의 값을 구하시오.

유형 08 특수한 식의 변형; $a^2+b^2+c^2-ab-bc-ca$ 꼴 개념 3

0046 $a-b=3$, $b-c=-1$일 때,
$a^2+b^2+c^2-ab-bc-ca$의 값은?

① 3 ② 4 ③ 5
④ 6 ⑤ 7

→ **0047** $a+b=5$, $c+a=-3$일 때,
$a^2+b^2+c^2+ab-bc+ca$의 값은?

① 47 ② 49 ③ 51
④ 53 ⑤ 55

0048 삼각형 ABC의 세 변의 길이 a, b, c에 대하여

$$a^2+b^2+c^2-ab-bc-ca=0$$

일 때, 삼각형 ABC는 어떤 삼각형인지 구하시오.

→ **0049** 삼각형의 세 변의 길이 a, b, c에 대하여

$$a+b+c=\sqrt{3},\ a^2+b^2+c^2=1$$

일 때, 이 삼각형의 넓이는?

① $\frac{1}{12}$ ② $\frac{\sqrt{2}}{12}$ ③ $\frac{\sqrt{2}}{10}$
④ $\frac{\sqrt{3}}{12}$ ⑤ $\frac{\sqrt{3}}{10}$

유형 09 곱셈 공식을 이용한 수의 계산 개념 2

0050 $(3+1)(3^2+1)(3^4+1)(3^8+1)$을 계산하면?

① $\frac{1}{2}(3^{16}-1)$ ② $\frac{1}{2}(3^{16}+1)$ ③ $3^{16}-1$
④ 3^{16} ⑤ $3^{16}+1$

→ **0051** 103^3의 각 자리의 숫자의 합은?

① 28 ② 33 ③ 49
④ 64 ⑤ 69

유형 10 다항식의 나눗셈; 몫과 나머지 구하기 개념 4

0052 오른쪽은 다항식 $2x^3+5x^2+1$을 x^2-a로 나누는 과정을 나타낸 것이다. 이때 상수 a, b, c, d, e에 대하여 $a+b+c+d+e$의 값을 구하시오.

$$\begin{array}{r} bx+c \\ x^2-a\,\overline{)\,2x^3+5x^2\qquad+1} \\ \underline{2x^3\qquad-2x} \\ 5x^2+2x+1 \\ \underline{cx^2\qquad-ac} \\ dx+e \end{array}$$

서술형

0053 다항식 $2x^3-3x^2+5x+1$을 $2x^2-x+1$로 나누었을 때의 몫을 $Q(x)$, 나머지를 $R(x)$라 할 때, $Q(2)+R(1)$의 값을 구하시오.

0054 다항식 $3x^3-x^2+4x+3$을 다항식 $P(x)$로 나누었을 때의 몫이 x^2+2, 나머지가 $-2x+5$일 때, 다항식 $P(x)$는?

① $x-3$ ② $3x-2$ ③ $3x-1$
④ $3x+1$ ⑤ $3x+2$

0055 다항식 $f(x)$를 $x-2$로 나누었을 때의 몫이 $2x+5$이고, 나머지가 8일 때, $f(x)$를 $x+1$로 나누었을 때의 몫을 $Q(x)$, 나머지를 a라 하자. $Q(a)$의 값은?

① -3 ② -2 ③ -1
④ 0 ⑤ 1

0056 $x^2-x-1=0$일 때, $x^4+x^3+x^2-6x-1$의 값은?

① 1 ② 2 ③ 3
④ 4 ⑤ 5

0057 $x^2+2x-1=0$일 때, $x^4+x^3+12x-2$와 같은 식은?

① $2x+3$ ② $3x-2$ ③ $3x+1$
④ $5x-2$ ⑤ $5x+1$

유형 11 다항식의 나눗셈; 몫과 나머지의 변형 개념 4

0058 다항식 $f(x)$를 $x-\frac{1}{2}$로 나누었을 때의 몫을 $Q(x)$, 나머지를 R라 할 때, $f(x)$를 $2x-1$로 나누었을 때의 몫과 나머지를 차례대로 나열한 것은?

① $\frac{1}{2}Q(x)$, R　② $\frac{1}{2}Q(x)$, $2R$　③ $Q(x)$, $\frac{1}{2}R$　④ $Q(x)$, R　⑤ $2Q(x)$, $\frac{1}{2}R$

0059 다항식 $P(x)$를 일차식 $ax+b$로 나누었을 때의 몫을 $Q(x)$, 나머지를 R라 할 때, $P(x)$를 $x+\frac{b}{a}$로 나누었을 때의 몫과 나머지를 차례대로 나열한 것은? (단, a, b는 상수이다.)

① $\frac{1}{a}Q(x)$, R　② $\frac{1}{a}Q(x)$, aR　③ $Q(x)$, aR　④ $aQ(x)$, $\frac{1}{a}R$　⑤ $aQ(x)$, R

0060 다항식 $P(x)$를 일차식 $ax-b$로 나누었을 때의 몫을 $Q(x)$, 나머지를 R라 할 때, $xP(x)$를 $ax-b$로 나누었을 때의 몫과 나머지는? (단, a, b는 상수이다.)

① 몫: $xQ(x)$, 나머지: $\frac{b}{a}R$
② 몫: $xQ(x)+\frac{R}{a}$, 나머지: R
③ 몫: $xQ(x)+\frac{R}{a}$, 나머지: $\frac{b}{a}R$
④ 몫: $xQ(x)+R$, 나머지: R
⑤ 몫: $xQ(x)+R$, 나머지: $\frac{b}{a}R$

0061 다항식 $f(x)$를 x^2+2x+2로 나누었을 때의 몫이 $Q(x)$이고, 나머지가 $2x+1$일 때, $xf(x)$를 x^2+2x+2로 나누었을 때의 나머지가 $R(x)$이다. 이때 $R(-3)$의 값은?

① -1　② 1　③ 3　④ 5　⑤ 7

유형 12 다항식의 연산의 도형에의 활용

개념 1~4

0062 그림과 같이 밑면의 가로, 세로의 길이가 모두 a이고 높이가 $a-2$인 직육면체에 정육면체 모양의 구멍을 뚫어 입체도형을 만들었다. 이 입체도형의 부피는?

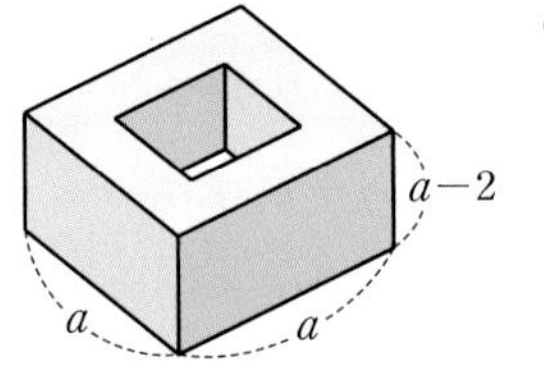

① $4a^2-2a$　② $4a^2-12a+8$
③ $2a^3-4a^2+12a$　④ $2a^3+6a^2+12a-8$
⑤ $2a^3+8a^2+3a-8$

→ **0063** 그림과 같이 밑면의 가로의 길이가 $a-3$, 높이가 $a+1$인 직육면체의 부피가 a^3-7a-6일 때, 이 직육면체의 밑면의 세로의 길이는?

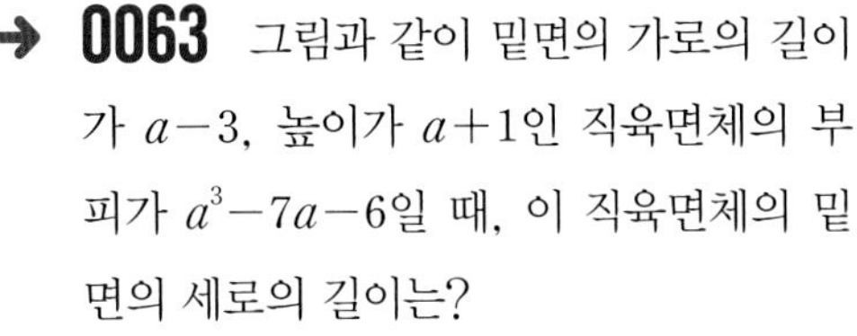

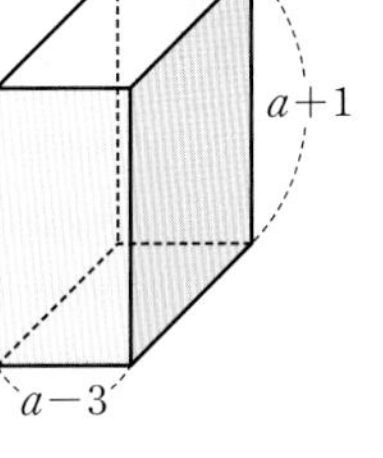

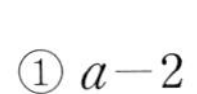
① $a-2$
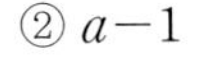
② $a-1$
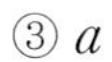
③ a
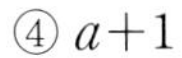
④ $a+1$
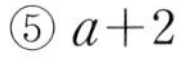
⑤ $a+2$

0064 그림과 같이 모든 모서리의 길이의 합이 32인 직육면체가 있다. $\overline{AG}=\sqrt{19}$일 때, 이 직육면체의 겉넓이는?

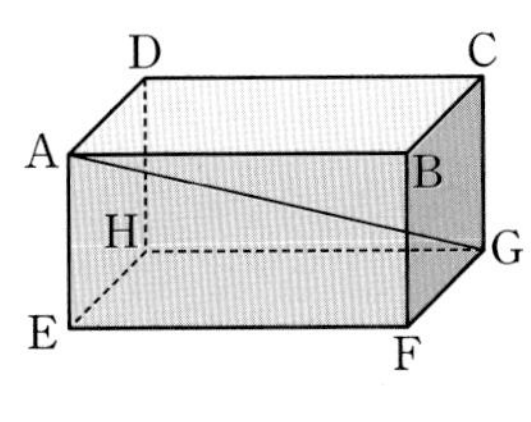

① 42　② 45　③ 48

④ 51　⑤ 54

서술형

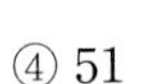

→ **0065** 그림과 같은 직육면체의 겉넓이가 40이고, 삼각형 BGD의 세 변의 길이의 제곱의 합이 48일 때, 이 직육면체의 모든 모서리의 길이의 합을 구하시오.

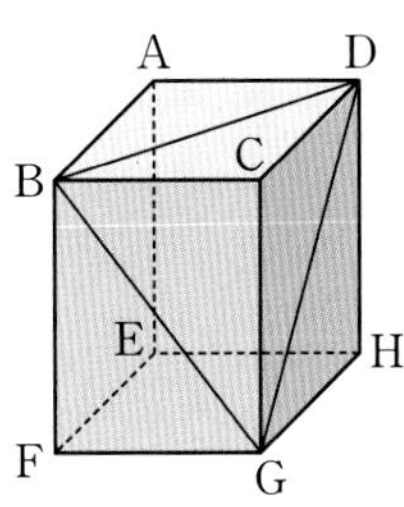

실력 완성!

0066 다음 중 옳은 것은?

① $(x^3+4x^2+x-1)-(2x^3-3x^2+4)=-x^3+x^2+x-5$

② $(2x-3y)^3=8x^3-12x^2y-18xy^2-27y^3$

③ $(x-1)(x^2+2x+1)=x^3-1$

④ $(x^2+3x+1)(x^2-3x+1)=x^4-7x^2+1$

⑤ $(x-2y+3z)^2=x^2+4y^2+9z^2-2xy-12yz+6zx$

0067 다항식 $(3x+2y-1)(x-4y+2)$의 전개식에서 xy의 계수는?

① -10 ② -5 ③ 1
④ 5 ⑤ 10

0068 다항식 x^3+3x^2+x-5를 다항식 A로 나누었을 때의 몫이 $x+2$, 나머지가 $2x+1$일 때, 다항식 A는?

① x^2+1 ② x^2+2 ③ x^2+x-3
④ x^2+x ⑤ x^2+x+2

0069 세 다항식 A, B, C에 대하여

$A+B=3x^2+x+2$,
$B+C=3x-2$,
$C+A=-x^2-6x-2$

일 때, 다항식 $2A+B$를 계산하면?

① $2x^2+5x$ ② $2x^2+5x+1$ ③ $4x^2-3x-3$
④ $4x^2-3x$ ⑤ $4x^2-3x+3$

0070 다항식 $(3x+a)^2(2x-1)^3$의 전개식에서 x^4의 계수가 -12일 때, 상수 a의 값을 구하시오.

0071 다음 표에서 가로, 세로에 있는 세 다항식의 합이 모두 $3x^2+4x-1$이 되도록 나머지 칸을 채울 때, 다항식 $f(x)$를 구하시오.

	$f(x)$	
$3x+1$		x^2-2x+1
	$-3x^2+x+5$	

0072 다항식 $(x+a)(x+b)(x+1)$의 전개식에서 x^2의 계수가 5, x의 계수가 6일 때, a^3+b^3의 값은?

(단, a, b는 상수이다.)

① 16 ② 28 ③ 40
④ 52 ⑤ 64

0073 $x-y=4$, $x^2-3xy+y^2=15$일 때, x^3-y^3의 값을 구하시오.

0074 삼각형의 세 변의 길이 a, b, c에 대하여

$$(a+b+c)(a+b-c)=(a-b+c)(-a+b+c)$$

일 때, 이 삼각형은 어떤 삼각형인가?

① $a=b$인 이등변삼각형
② $b=c$인 이등변삼각형
③ 빗변의 길이가 a인 직각삼각형
④ 빗변의 길이가 b인 직각삼각형
⑤ 빗변의 길이가 c인 직각삼각형

0075 0이 아닌 세 실수 a, b, c에 대하여

$$(a+b+c)^2=3(ab+bc+ca)$$

일 때, $\dfrac{a^2+b^2+c^2}{ab+bc+ca}$의 값은?

① -3 ② -1 ③ 0
④ 1 ⑤ 3

0076 다항식 $f(x)$를 $(x-1)^2$으로 나누었을 때의 나머지가 $-4x+12$일 때, $f(x)$를 $x-1$로 나누었을 때의 나머지를 구하시오.

0077 그림과 같은 두 정육면체의 모든 모서리의 길이의 합이 48이고, 부피의 합이 28일 때, 두 정육면체의 겉넓이의 합은?

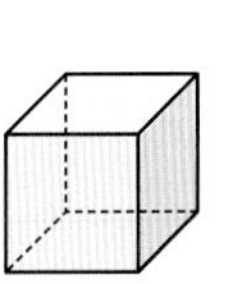
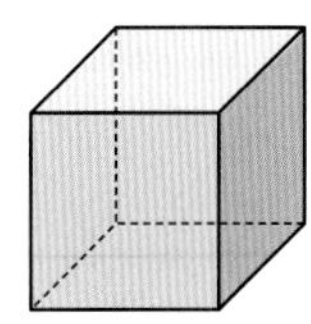

① 40 ② 45 ③ 50
④ 55 ⑤ 60

0078 부피가 서로 다른 네 종류의 직육면체 A, B, C, D의 밑면의 가로의 길이, 세로의 길이, 높이는 각각 그림과 같다. 직육면체 A 1개, B a개, C 12개, D b개의 부피의 합은 한 모서리의 길이가 $x+k$인 정육면체의 부피와 같을 때, $a+b+k$의 값은? (단, k는 자연수이다.)

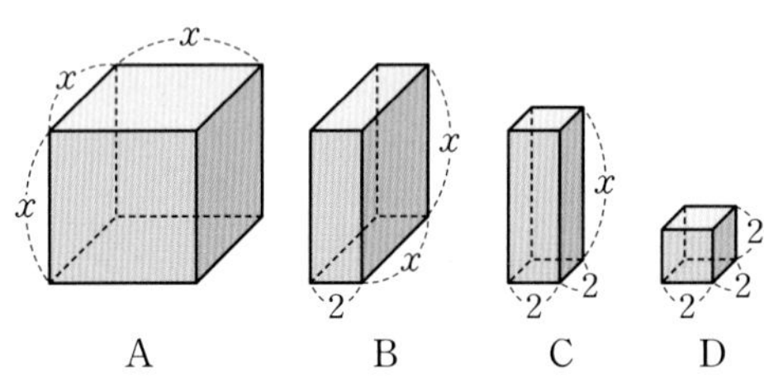

① 16 ② 18 ③ 20 ④ 22 ⑤ 24

0079 $(2^2+1)(2^4+1)(2^8+1)(2^{32}+2^{16}+1)=a\times 2^b-\frac{1}{3}$ 일 때, ab의 값을 구하시오.

$\left(\text{단, } \frac{1}{5}<a<\frac{1}{2}\text{이고, } a, b\text{는 유리수이다.}\right)$

0080 $a+b+c=2$, $a^2+b^2+c^2=10$, $a^3+b^3+c^3=6$일 때, $ab(a+b)+bc(b+c)+ca(c+a)$의 값은?

① 4 ② 10 ③ 14 ④ 16 ⑤ 22

0081 $a^2-3ab+b^2=0$일 때, $\left(\frac{a}{b}\right)^2+\left(\frac{b}{a}\right)^2$의 값은?

(단, $ab\neq 0$)

① 3 ② 4 ③ 5 ④ 6 ⑤ 7

0082 $x^2-4x+1=0$일 때, $x-2x^2+3x^3+\frac{1}{x}-\frac{2}{x^2}+\frac{3}{x^3}$의 값을 구하시오.

0083 다항식 $P(x)$를 일차식 $ax+b$로 나누었을 때의 몫을 $Q(x)$, 나머지를 R라 할 때, $(x+1)P(x)$를 $x+\frac{b}{a}$로 나누었을 때의 몫과 나머지는? (단, a, b는 상수이다.)

① 몫: $(x+1)Q(x)-R$, 나머지: $-\frac{b}{a}R$

② 몫: $(x+1)Q(x)+R$, 나머지: $-\frac{b}{a}R$

③ 몫: $a(x+1)Q(x)-R$, 나머지: $\left(1-\frac{b}{a}\right)R$

④ 몫: $a(x+1)Q(x)+R$, 나머지: $-\frac{b}{a}R$

⑤ 몫: $a(x+1)Q(x)+R$, 나머지: $\left(1-\frac{b}{a}\right)R$

서술형

0084 $ab=-3$, $(a-1)(a^2+a+1)=(-b-1)(b^2-b+1)$일 때, a^6+b^6의 값을 구하시오.

0085 [그림 1]과 같이 밑면의 가로의 길이, 세로의 길이, 높이가 각각 a, b, c인 직육면체가 있고, [그림 2]와 같이 밑면의 가로의 길이, 세로의 길이, 높이가 각각 $\frac{1}{a}$, $\frac{1}{b}$, $\frac{1}{c}$인 직육면체가 있다.

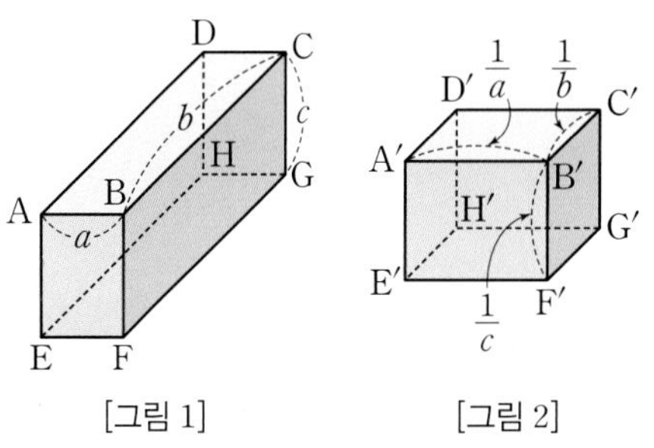

[그림 1] [그림 2]

[그림 1]과 [그림 2]에서 두 직육면체의 모든 모서리의 길이의 합이 각각 20, 12이고, $\overline{AG}=\sqrt{13}$일 때, 다음을 구하시오.

(1) abc의 값

(2) 선분 A′G′의 길이

개념 1 항등식

> 유형 01~04, 20

(1) **항등식**: 문자에 어떤 값을 대입해도 항상 성립하는 등식

참고 x에 대한 항등식의 여러 가지 표현
(1) 모든 x에 대하여 성립하는 등식
(2) 임의의 x에 대하여 성립하는 등식
(3) x의 값에 관계없이 항상 성립하는 등식
(4) x가 어떤 값을 갖더라도 항상 성립하는 등식

(2) **항등식의 성질**

① $ax^2+bx+c=0$이 x에 대한 항등식이면 $a=b=c=0$이다.
또, $a=b=c=0$이면 $ax^2+bx+c=0$은 x에 대한 항등식이다.

② $ax^2+bx+c=a'x^2+b'x+c'$이 x에 대한 항등식이면 $a=a'$, $b=b'$, $c=c'$이다.
또, $a=a'$, $b=b'$, $c=c'$이면 $ax^2+bx+c=a'x^2+b'x+c'$은 x에 대한 항등식이다.

③ $ax+by+c=0$이 x, y에 대한 항등식이면 $a=b=c=0$이다.
또, $a=b=c=0$이면 $ax+by+c=0$은 x, y에 대한 항등식이다.

개념 2 미정계수법

> 유형 01~04, 20

미정계수법: 항등식의 성질을 이용하여 등식에서 미지의 계수를 정하는 방법

(1) **계수 비교법**: 등식의 양변의 동류항의 계수가 같음을 이용하여 계수를 정하는 방법

(2) **수치 대입법**: 등식의 문자에 적당한 수를 대입하여 계수를 정하는 방법

참고 미정계수를 정할 때는 경우에 따라 계수 비교법과 수치 비교법 중 계산이 간단한 것을 이용한다.
(1) 계수 비교법을 이용하는 경우 [양변을 내림차순으로 정리하기 쉬운 경우 / 식이 간단하여 전개하기 쉬운 경우]
(2) 수치 대입법을 이용하는 경우 [적당한 값을 대입하면 식이 간단해지는 경우 / 식이 길고 복잡하여 전개하기 어려운 경우]

개념 3 나머지정리와 인수정리

> 유형 05~09, 20

(1) **나머지정리**

다항식 $P(x)$를 일차식 $x-\alpha$로 나누었을 때의 나머지를 R라 하면

$R=P(\alpha)$
└ $x-\alpha=0$을 만족시키는 x의 값

참고 다항식 $P(x)$를 일차식 $ax+b$로 나누었을 때의 나머지는 $P\left(-\frac{b}{a}\right)$이다. (단, a, b는 상수이다.)

(2) **인수정리**

다항식 $P(x)$에 대하여

① $P(\alpha)=0$이면 $P(x)$는 일차식 $x-\alpha$로 나누어떨어진다.

② $P(x)$가 일차식 $x-\alpha$로 나누어떨어지면 $P(\alpha)=0$이다.

참고 인수정리의 여러 가지 표현
다항식 $P(x)$에 대하여
(1) $P(x)$가 $x-\alpha$로 나누어떨어진다.
(2) $P(x)$를 $x-\alpha$로 나누었을 때의 나머지가 0이다.
(3) $P(\alpha)=0$
(4) $P(x)=(x-\alpha)Q(x)$
(5) $x-\alpha$는 $P(x)$의 인수이다.

개념 1 항등식

0086 다음 등식이 x에 대한 항등식이면 '○'표, 항등식이 아니면 '×'표를 ( ) 안에 써넣으시오.

(1) $3x+2=1$ ( )

(2) $x^2-7x+7=x(x-7)+7$ ( )

(3) $(x-1)^2-(x-1)=x^2-2x+2$ ( )

(4) 다항식 $f(x)$를 다항식 $g(x)$로 나누었을 때의 몫이 $Q(x)$, 나머지가 $R(x)$일 때,
$f(x)=g(x)Q(x)+R(x)$ ( )

개념 2 미정계수법

0087 다음 등식이 x에 대한 항등식이 되도록 하는 상수 a, b, c의 값을 구하시오.

(1) $(a-1)x+b+2=0$

(2) $(a-2)x^2+bx+c-1=2x^2+3x+5$

(3) $a(x+1)^2+b(x+1)+c=2x^2+3x+7$

(4) $3x^2+4x-2=a(x+1)(x-2)+bx(x-2)+cx$

0088 다음 등식이 x, y에 대한 항등식이 되도록 하는 상수 a, b, c의 값을 구하시오.

(1) $(a-3)x+(4-b)y+2-c=0$

(2) $a(x+y)-2(x-y)+c=5x+(6-b)y+3$

개념 3 나머지정리와 인수정리

0089 다항식 $P(x)=x^3+2x^2-x-1$을 다음 일차식으로 나누었을 때의 나머지를 구하시오.

(1) x

(2) $x+1$

(3) $2x-4$

0090 다항식 $P(x)=x^3+kx^2-5$를 $x-2$로 나누었을 때의 나머지가 15일 때, 상수 k의 값을 구하시오.

0091 다항식 $P(x)=-x^3+x^2-kx+6$이 다음 일차식으로 나누어떨어질 때, 상수 k의 값을 구하시오.

(1) $x-1$

(2) $x-2$

0092 다항식 $P(x)=x^3+2x^2-ax+b$가 이차식 $x(x-1)$로 나누어떨어질 때, $a+b$의 값을 구하시오. (단, a, b는 상수이다.)

개념 4 조립제법

> 유형 10, 11

조립제법: 다항식을 일차식으로 나눌 때, 계수만을 사용하여 몫과 나머지를 구하는 방법

예 다항식 x^3+2x^2-4를 일차식 $x-1$로 나눌 때, 오른쪽과 같이 조립제법을 이용하면 몫은 x^2+3x+3이고 나머지는 -1임을 알 수 있다.

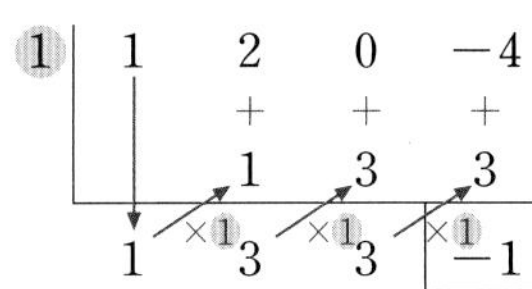

개념 5 인수분해

> 유형 12, 18, 19

(1) **인수분해:** 하나의 다항식을 두 개 이상의 다항식의 곱으로 나타내는 것

(2) **인수분해 공식** – 곱셈 공식의 좌변과 우변을 바꾸어 놓은 것과 같다.

① $ma+mb=m(a+b)$

② $a^2+2ab+b^2=(a+b)^2$

$a^2-2ab+b^2=(a-b)^2$

③ $a^2-b^2=(a+b)(a-b)$

④ $x^2+(a+b)x+ab=(x+a)(x+b)$

⑤ $acx^2+(ad+bc)x+bd=(ax+b)(cx+d)$

⑥ $a^2+b^2+c^2+2ab+2bc+2ca=(a+b+c)^2$

⑦ $a^3+3a^2b+3ab^2+b^3=(a+b)^3$

$a^3-3a^2b+3ab^2-b^3=(a-b)^3$

⑧ $a^3+b^3=(a+b)(a^2-ab+b^2)$

$a^3-b^3=(a-b)(a^2+ab+b^2)$

⑨ $a^4+a^2b^2+b^4=(a^2+ab+b^2)(a^2-ab+b^2)$

⑩ $a^3+b^3+c^3-3abc=(a+b+c)(a^2+b^2+c^2-ab-bc-ca)$

$=\frac{1}{2}(a+b+c)\{(a-b)^2+(b-c)^2+(c-a)^2\}$

개념 6 복잡한 식의 인수분해

> 유형 13~19

(1) **공통부분이 있는 경우:** 공통부분을 하나의 문자로 치환하여 인수분해한다.

(2) x^4+ax^2+b **꼴** ← 복이차식

[방법 1] $x^2=X$로 치환한 후 인수분해한다.

[방법 2] 이차항 ax^2을 적당히 분리하여 $(x^2+A)^2-(Bx)^2$ 꼴로 변형한 후 인수분해한다.

(3) **여러 개의 문자를 포함한 경우**

차수가 가장 낮은 문자에 대하여 내림차순으로 정리한 후 인수분해한다.

(4) **인수정리와 조립제법을 이용하는 경우** – 삼차 이상의 다항식이 일차식인 인수를 갖는 경우

$P(x)$가 삼차 이상의 다항식이면

[1단계] $P(\alpha)=0$을 만족시키는 상수 α의 값을 찾는다. – 인수정리 이용

[2단계] $P(x)$를 $x-\alpha$로 나누었을 때의 몫 $Q(x)$를 구한 후

$P(x)=(x-\alpha)Q(x)$ 꼴로 나타낸다. – 조립제법 이용

[3단계] $Q(x)$가 더 이상 인수분해되지 않을 때까지 인수분해한다.

참고 계수와 상수항이 모두 정수인 다항식 $P(x)$에서 $P(\alpha)=0$을 만족시키는 α의 값은 $\pm\frac{(P(x)\text{의 상수항의 약수})}{(P(x)\text{의 최고차항의 계수의 약수})}$ 중에서 찾을 수 있다.

개념 4 조립제법

0093 조립제법을 이용하여 다음 나눗셈의 몫과 나머지를 구하시오.

(1) $(x^3+3x^2+5x-2)\div(x+1)$

(2) $(2x^3-9x^2+28)\div(x-3)$

개념 5 인수분해

0094 다음 식을 인수분해하시오.

(1) $ab+a+b+1$

(2) $9a^2-24ab+16b^2$

(3) x^2-9

(4) a^2+4a+3

(5) $2x^2-3x+1$

(6) $x^2+y^2+z^2-2xy-2yz+2zx$

(7) $a^2+4b^2+9c^2+4ab-12bc-6ca$

(8) x^3+3x^2+3x+1

(9) $a^3-9a^2b+27ab^2-27b^3$

(10) x^3-8

(11) $8x^3+y^3$

(12) $x^4+x^2y^2+y^4$

(13) $16a^4+4a^2b^2+b^4$

(14) $x^3+y^3+z^3-3xyz$

(15) $a^3+8b^3+c^3-6abc$

개념 6 복잡한 식의 인수분해

0095 다음 식을 인수분해하시오.

(1) $(x+y-1)(x+y)-2$

(2) $(2x-1)^2-6(2x-1)+8$

(3) x^4-13x^2+36

(4) x^4+x^2+1

(5) $2x^2+5xy-3y^2+x-4y-1$

(6) $x^2+3xy+4x-3y-5$

(7) x^3-2x^2-5x+6

(8) $x^4+2x^3-3x^2-8x-4$

기출 & 변형하면…

유형 01 계수 비교법

개념 1, 2

0096 등식 $x^3-ax+6=(x-2)(x^2-bx+c)$가 x에 대한 항등식일 때, 상수 a, b, c에 대하여 $a+b+c$의 값은?

① -1 ② 0 ③ 1 ④ 2 ⑤ 3

→ **0097** 등식 $kx+2xy+ky-4-3k=0$이 k의 값에 관계없이 항상 성립할 때, 상수 x, y에 대하여 x^2+y^2의 값은?

① 1 ② 2 ③ 3 ④ 4 ⑤ 5

0098 임의의 실수 x, y에 대하여 등식

$$a(x+y)+b(2x-3y)+8x-7y=0$$

이 성립할 때, 상수 a, b에 대하여 a^2+b^2의 값을 구하시오.

→ **0099** $x+y=1$을 만족시키는 모든 실수 x, y에 대하여 $ax^2+bxy+cy^2=1$이 항상 성립할 때, 상수 a, b, c에 대하여 $a+b+c$의 값은?

① 4 ② 5 ③ 6 ④ 7 ⑤ 8

0100 x에 대한 삼차방정식

$$x^3+(k+4)x+(k-2)m+n+5=0$$

이 k의 값에 관계없이 항상 -1을 근으로 가질 때, 상수 m, n에 대하여 $m+n$의 값은?

① 1 ② 3 ③ 5 ④ 7 ⑤ 9

→ 서술형 **0101** x, y의 값에 관계없이 등식 $\dfrac{ax+by+6}{x+2y+2}=c$가 항상 성립할 때, 상수 a, b, c에 대하여 $a+b+c$의 값을 구하시오. (단, $x+2y+2\neq0$)

유형 02 수치 대입법 개념 1, 2

0102 모든 실수 x에 대하여 등식

$$x^3+ax^2-14x+b=(x-3)(x-2)(cx+4)$$

가 성립할 때, abc의 값은? (단, a, b, c는 상수이다.)

① -24 ② -16 ③ -8
④ 8 ⑤ 16

→ 0103 임의의 실수 x에 대하여 등식

$$x^3+ax^2-x+b=(x+1)(x-2)(x-c)+5$$

가 성립할 때, 상수 a, b, c에 대하여 $a+b+c$의 값은?

① 4 ② 5 ③ 6
④ 7 ⑤ 8

0104 x가 어떤 값을 갖더라도 등식

$$3x^2-2x+1=ax(x-1)+b(x-1)(x+1)+cx(x+1)$$

이 항상 성립할 때, 상수 a, b, c에 대하여 $3a+2b+c$의 값을 구하시오.

→ 0105 다항식 $f(x)$에 대하여

$$x^4+ax^2+b=(x^2-1)(x+2)f(x)$$

가 x의 값에 관계없이 항상 성립할 때, $f(4)$의 값을 구하시오. (단, a, b는 상수이다.)

유형 03 다항식의 나눗셈과 항등식 개념 1, 2

0106 다항식 x^3+ax+b가 x^2+2x+3으로 나누어떨어질 때, 상수 a, b에 대하여 ab의 값은?

① -6 ② -2 ③ 1
④ 2 ⑤ 6

→ 0107 다항식 x^3+x^2+ax+b를 다항식 x^2-2x-3으로 나누었을 때의 나머지가 $x-1$일 때, 상수 a, b에 대하여 $a+b$의 값은?

① -18 ② -2 ③ 0
④ 2 ⑤ 18

유형 04 항등식에서 계수의 합 구하기 개념 1, 2

0108 모든 실수 x에 대하여 등식

$$(2x^2+3x-1)^3=a_6x^6+a_5x^5+a_4x^4+\cdots+a_1x+a_0$$

이 항상 성립할 때, $a_0+a_1+a_2+\cdots+a_6$의 값은?

(단, a_0, a_1, a_2, $\cdots$, a_6은 상수이다.)

① 62 ② 64 ③ 66 ④ 68 ⑤ 70

0109 모든 실수 x에 대하여 등식

$$x^{10}+2=a_{10}(x+2)^{10}+a_9(x+2)^9+\cdots+a_1(x+2)+a_0$$

이 항상 성립할 때, $a_0+a_1+a_2+\cdots+a_{10}$의 값을 구하시오.

(단, a_0, a_1, a_2, $\cdots$, a_{10}은 상수이다.)

0110 임의의 실수 x에 대하여

$$(x^2-x+2)^4=a_0+a_1x+a_2x^2+\cdots+a_8x^8$$

이 항상 성립할 때, $a_1+a_3+a_5+a_7$의 값을 구하시오.

(단, a_0, a_1, a_2, $\cdots$, a_8은 상수이다.)

0111 등식

$$(x^3+x+4)^2=a_0+a_1(x+1)+a_2(x+1)^2+\cdots+a_6(x+1)^6$$

이 x에 대한 항등식일 때, $a_1+a_2+a_3+a_4+a_5$의 값을 구하시오. (단, a_0, a_1, a_2, $\cdots$, a_6은 상수이다.)

유형 05 나머지정리 개념 3

0112 다항식 $P(x)$를 $x-4$로 나누었을 때의 나머지가 6일 때, 다항식 $(x+5)P(x)$를 $x-4$로 나누었을 때의 나머지는?

① 50 ② 51 ③ 52 ④ 53 ⑤ 54

0113 다항식 $P(x)$를 $x+1$로 나누었을 때의 나머지가 5이고, 다항식 $Q(x)$를 $x+1$로 나누었을 때의 나머지가 -2일 때, 다항식 $2P(x)-3Q(x)$를 $x+1$로 나누었을 때의 나머지를 구하시오.

0114 다항식 x^3-ax+2를 $x+1$로 나누었을 때의 나머지와 $x+2$로 나누었을 때의 나머지가 서로 같을 때, 상수 a의 값은?

① 6 ② 7 ③ 8
④ 9 ⑤ 10

서술형
0115 다항식 x^4+ax^3+bx+1을 $x-1$로 나누었을 때의 나머지가 6이고, $x-2$로 나누었을 때의 나머지가 1일 때, 상수 a, b에 대하여 ab의 값을 구하시오.

0116 다항식 $f(x)$를 $x^2-7x+12$로 나누었을 때의 나머지가 $2x+1$일 때, $xf(2x-1)$을 $x-2$로 나누었을 때의 나머지는?

① 5 ② 7 ③ 9
④ 14 ⑤ 18

0117 다항식 $f(x)$를 $(2x-3)(x+1)$로 나누었을 때의 몫이 $Q(x)$, 나머지가 $x+8$일 때, $f\left(\frac{1}{2}x\right)$를 $x+2$로 나누었을 때의 나머지는?

① 5 ② 6 ③ 7
④ 8 ⑤ 9

서술형
0118 두 다항식 $f(x)$, $g(x)$에 대하여 $f(x)+g(x)$를 $x-2$로 나누었을 때의 나머지가 4이고, $f(x)g(x)$를 $x-2$로 나누었을 때의 나머지가 3이다. $\{f(x)\}^2+\{g(x)\}^2$을 $x-2$로 나누었을 때의 나머지를 구하시오.

0119 세 다항식 $f(x)=x^2-4x+4$, $g(x)=x^2-4x+2$, $h(x)$에 대하여

$$\{f(x)\}^2-\{g(x)\}^2=(x-1)h(x)$$

가 x에 대한 항등식일 때, $h(x)$를 $x-1$로 나누었을 때의 나머지는?

① -8 ② -4 ③ 0
④ 4 ⑤ 8

유형 06 이차식, 삼차식으로 나누었을 때의 나머지 개념 3

0120 다항식 $x^{11}-x^5-x^3+1$을 x^3-x로 나누었을 때의 나머지를 $R(x)$라 할 때, $R(3)$의 값은?

① -5 ② -2 ③ -1
④ 0 ⑤ 1

→ **0121** 다항식 $x^7-x^6-x^5-3$을 x^3-x로 나누었을 때의 몫을 $Q(x)$라 할 때, $Q(2)$의 값을 구하시오.

0122 다항식 $f(x)$가 다음 조건을 만족시킬 때, $f(1)$의 값은?

(가) $f(x)$를 x로 나누면 나머지가 7이다.
(나) $f(x)$를 $x+1$로 나누면 나머지가 1이다.
(다) $f(x)$를 $x(x+1)$로 나누면 몫과 나머지가 서로 같다.

① 38 ② 39 ③ 40
④ 41 ⑤ 42

→ **0123** 다항식 $f(x)$를 $x-1$, $x+2$로 나누었을 때의 나머지가 각각 -5, 1이다. 다항식 $(x^2-2x-1)f(x)$를 x^2+x-2로 나누었을 때의 나머지를 $R(x)$라 할 때, $R(-2)$의 값은?

① 5 ② 6 ③ 7
④ 8 ⑤ 9

0124 다항식 $f(x)$를 $x(x-1)$로 나누었을 때의 나머지는 $-x+1$이고, $(x-1)(x-2)$로 나누었을 때의 나머지는 $3x-3$이다. $f(x)$를 $x(x-1)(x-2)$로 나누었을 때의 나머지를 ax^2+bx+c라 할 때, $3a-2b+c$의 값을 구하시오.
(단, a, b, c는 상수이다.)

→ **0125** 다항식 $f(x)$를 $(x+1)^2$으로 나누었을 때의 나머지는 $-3x+1$이고, $x-2$로 나누었을 때의 나머지는 4이다. $f(x)$를 $(x+1)^2(x-2)$로 나누었을 때의 나머지를 $R(x)$라 할 때, $R(3)$의 값을 구하시오.

유형 07 몫을 $x-a$로 나누었을 때의 나머지 개념 3

0126 다항식 $x^{25}+x^{23}+x^{21}+x$를 $x-1$로 나누었을 때의 몫을 $Q(x)$라 할 때, $Q(x)$를 $x+1$로 나누었을 때의 나머지는?

① 1 ② 2 ③ 3
④ 4 ⑤ 5

서술형
→ 0127 다항식 $f(x)$를 $x+2$로 나누었을 때의 몫이 $Q(x)$, 나머지가 5이고, 다항식 $Q(x)$를 $x-3$으로 나누었을 때의 나머지가 2이다. 이때 $f(x)$를 $x-3$으로 나누었을 때의 나머지를 구하시오.

유형 08 나머지정리를 활용한 수의 나눗셈 개념 3

0128 58^9을 59로 나누었을 때의 나머지는?

① 1 ② 7 ③ 14
④ 29 ⑤ 58

→ 0129 12^{12}을 11로 나누었을 때의 나머지를 r_1이라 하고, 13^{13}을 14로 나누었을 때의 나머지를 r_2라 할 때, r_1+r_2의 값은?

① 14 ② 15 ③ 16
④ 17 ⑤ 18

0130 $8^{35}+6^{36}+6^{37}+3$을 7로 나누었을 때의 나머지를 구하시오.

→ 0131 3^{2222}을 80으로 나누었을 때의 나머지는?

① 1 ② 3 ③ 8
④ 9 ⑤ 79

유형 09 인수정리 개념 3

0132 다항식 $x^4+ax^3+bx^2-4$가 $x-2$, $x+1$로 각각 나누어떨어질 때, 상수 a, b에 대하여 $b-a$의 값은?

① 3 ② 4 ③ 5
④ 6 ⑤ 7

서술형

0133 다항식 $P(x)=x^4+x^3+ax^2+bx-12$가 x^2-4로 나누어떨어질 때, 상수 a, b에 대하여 a^2+b^2의 값을 구하시오.

0134 다항식 $f(x)=x^4-ax^3-2x^2-16$에 대하여 $f(x-4)$가 $x-6$으로 나누어떨어질 때, 상수 a의 값은?

① -3 ② -2 ③ -1
④ 2 ⑤ 3

0135 다항식 $P(x)$에 대하여 $P(x)-2$가 $x^2-3x-18$로 나누어떨어질 때, 다항식 $P(3x+9)$를 x^2+5x+4로 나누었을 때의 나머지를 구하시오.

0136 최고차항의 계수가 1인 삼차다항식 $f(x)$를 $x-1$과 $x-2$로 나누었을 때의 나머지는 모두 -6이다. $f(x)$가 $x-3$으로 나누어떨어질 때, $f(4)$의 값은?

① 18 ② 19 ③ 20
④ 21 ⑤ 22

0137 최고차항의 계수가 1인 삼차식 $f(x)$에 대하여 $f(1)-f(2)-f(3)-5$일 때, $f(x)$를 $x-6$으로 나누었을 때의 나머지는?

① 25 ② 35 ③ 45
④ 55 ⑤ 65

유형 10 조립제법 개념 4

0138 x에 대한 다항식 $2x^3-5x-7$을 $x-2$로 나누었을 때의 몫과 나머지를 오른쪽과 같이 조립제법을 이용하여 구하려고 한다. $a+b+c+R$의 값은?

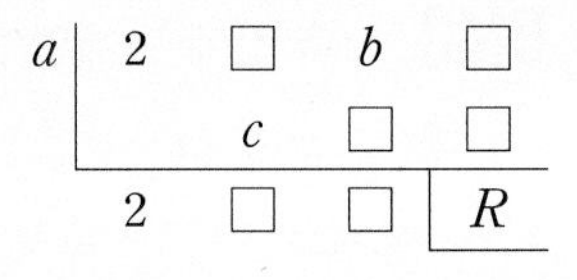

a	2	□	b	□
		c	□	□
	2	□	□	R

① -2 ② -1 ③ 0 ④ 1 ⑤ 2

0139 x에 대한 다항식 x^3+ax^2+3x+b를 $x+3$으로 나누었을 때의 몫과 나머지를 오른쪽과 같이 조립제법을 이용하여 구하려고 한다. 다음 중 옳은 것은?

k	1	a	3	b
		-3	d	9
	1	c	-3	7

① $a=-5$ ② $b=2$ ③ $c=-2$ ④ $d=-6$ ⑤ $k=3$

0140 다항식 $2x^3+5x^2-2x+1$을 $2x+1$로 나누었을 때의 몫과 나머지를 오른쪽과 같이 조립제법을 이용하여 구하려고 한다. 다음 물음에 답하시오.

a	2	5	-2	1
		b	c	2
	2	4	-4	d

(1) $a+b+c+d$의 값을 구하시오.

(2) 몫과 나머지를 구하시오.

0141 다항식 $2x^4-x^3+x-\frac{1}{2}$을 $2x-1$로 나누었을 때의 몫과 나머지를 오른쪽과 같이 조립제법을 이용하여 구하려고 한다. 보기에서 옳은 것만을 있는 대로 고르시오.

a	2	-1	d	1	$-\frac{1}{2}$
		c	0	0	$\frac{1}{2}$
	b	0	0	1	0

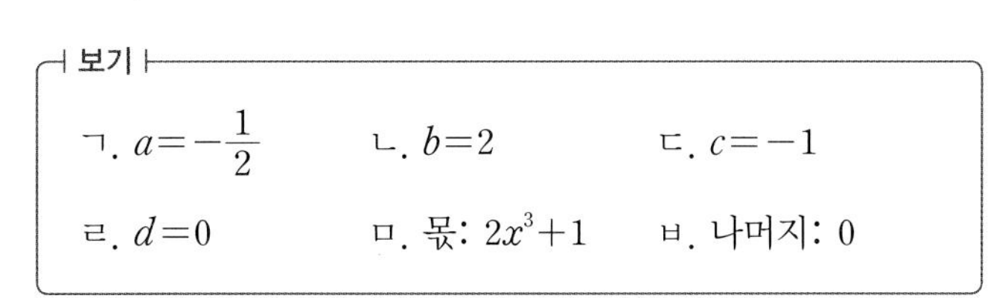

보기

ㄱ. $a=-\frac{1}{2}$ ㄴ. $b=2$ ㄷ. $c=-1$

ㄹ. $d=0$ ㅁ. 몫: $2x^3+1$ ㅂ. 나머지: 0

02 나머지정리와 인수분해

유형 11 조립제법을 이용하여 항등식의 미정계수 구하기 개념 4

0142 모든 실수 x에 대하여 등식

$$x^3-4x^2+3x+5=a(x-2)^3+b(x-2)^2+c(x-2)+d$$

가 성립할 때, 상수 a, b, c, d에 대하여 $a+b-c+d$의 값을 구하시오.

서술형

→ **0143** x의 값에 관계없이 등식

$$2x^3-x^2+4x-3$$
$$=a(2x-1)^3+b(2x-1)^2+c(2x-1)+d$$

가 항상 성립할 때, 상수 a, b, c, d에 대하여 $32abcd$의 값을 구하시오.

유형 12 인수분해 공식을 이용한 다항식의 인수분해 개념 5

0144 보기에서 옳은 것만을 있는 대로 고르시오.

보기

ㄱ. $a^3-6a^2b+12ab^2-8b^3=(a-2b)^3$

ㄴ. $a^2+b^2+1+2ab+2b+2a=(2a+2b+1)^2$

ㄷ. $(a-b)^3-8b^3=(a-3b)(a^2+3b^2)$

→ **0145** 다음 중 옳지 않은 것은?

① $x^2+y^2+z^2+2xy-2yz-2zx=(x+y-z)^2$

② $a^3-12a^2b+48ab^2-64b^3=(a-4b)^3$

③ $a^4+125a=a(a+5)(a^2-5a+25)$

④ $x^4-x^2+1=(x^2+x+1)(x^2-x+1)$

⑤ $x^3+8y^3-6xy+1$
$=(x+2y+1)(x^2+4y^2-2xy-x-2y+1)$

유형 13 공통부분이 있는 다항식의 인수분해 개념 6

0146 다항식 $(x^2+2)^2+5(x^2+2)+4$가 $(x^2+a)(x^2+b)$로 인수분해될 때, 상수 a, b에 대하여 $a+b$의 값은?

① 5 ② 6 ③ 7
④ 8 ⑤ 9

➜ **0147** 다항식 $(x^2-6x)^2+8x^2-48x+15$를 인수분해하면 $(x+a)(x+b)(x^2+cx+d)$일 때, 상수 a, b, c, d에 대하여 $abcd$의 값을 구하시오.

서술형
0148 $(x-4)(x-2)(x+1)(x+3)+24$를 인수분해하면 $(x+a)(x+b)(x^2-x-8)$일 때, 상수 a, b에 대하여 a^2+b^2의 값을 구하시오.

➜ **0149** 모든 실수 x에 대하여

$$(x^2+ax+b)^2=(x-3)(x-2)(x+1)(x+2)+k$$

일 때, $a+b+k$의 값은? (단, a, b, k는 상수이다.)

① 3 ② 2 ③ 1
④ 0 ⑤ -1

유형 14 x^4+ax^2+b 꼴의 다항식의 인수분해 개념 6

0150 다항식 x^4+3x^2-28을 인수분해하면 $(x+a)(x-a)(x^2+b)$일 때, 자연수 a, b에 대하여 $a+b$의 값을 구하시오.

→ **0151** 다항식 $x^4-9x^2y^2+20y^4$이 $(x+ay)(x-ay)(x^2-by^2)$으로 인수분해될 때, 자연수 a, b에 대하여 ab의 값은?

① 4 ② 6 ③ 8
④ 10 ⑤ 12

0152 다항식 x^4+7x^2+16이 $(x^2+ax+b)(x^2-ax+b)$로 인수분해될 때, 양의 정수 a, b에 대하여 $a+b$의 값은?

① 5 ② 6 ③ 7
④ 8 ⑤ 9

→ **0153** 다항식 k^4-6k^2+25의 값이 소수가 되도록 하는 두 정수 k의 값을 a, b라 할 때, ab의 값은?

① -6 ② -4 ③ 2
④ 4 ⑤ 6

유형 15 여러 개의 문자를 포함한 다항식의 인수분해 개념 6

0154 다항식 $x^3-(y+2)x^2+2(y-4)x+8y$가 $(x+a)(x-b)(x-cy)$로 인수분해될 때, 양의 정수 a, b, c에 대하여 abc의 값은?

① 1 ② 2 ③ 4
④ 8 ⑤ 10

→ **0155** $x^2-3xy+2y^2+ax-5y+3$이 x, y에 대한 일차식으로 인수분해될 때, 정수 a의 값은?

① 1 ② 2 ③ 3
④ 4 ⑤ 5

0156 $(b-c)a^2+(b^2-c^2)a+b^2c-bc^2$의 인수인 것을 보기에서 있는 대로 고르시오.

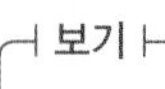

ㄱ. $a+b$　　ㄴ. $a-b$
ㄷ. $a+c$　　ㄹ. $b+c$

➜ 서술형 **0157** 양수 a, b, c에 대하여
$a^3+a^2b-3ac^2+ab^2+b^3-3bc^2=0$일 때, $\frac{12c^2}{a^2+b^2}$의 값을 구하시오.

유형 16 인수정리와 조립제법을 이용한 다항식의 인수분해 개념 6

0158 다항식 x^3+6x^2+5x-6이 $(x+a)(x^2+bx+c)$로 인수분해될 때, $a+b-c$의 값은? (단, a, b, c는 상수이다.)

① 9　② 11　③ 13　④ 15　⑤ 17

➜ **0159** 다항식 $3x^4+4x^3-7x^2-4x+4$가 $(x+a)(x+a+1)f(x)$로 인수분해될 때, $f(2a)$의 값은? (단, a는 상수이다.)

① 1　② 2　③ 3　④ 4　⑤ 5

0160 다항식 $g(x)=x^4-x^3+ax^2+x+b$가 $(x-1)(x+2)f(x)$로 인수분해될 때, $f(4)$의 값은? (단, a, b는 상수이다.)

① 1　② 2　③ 3　④ 4　⑤ 5

➜ **0161** 다항식 $f(x)=x^3+ax^2-7x-b$가 $(x-1)^2$을 인수로 가질 때, 상수 a, b에 대하여 a^2+b^2의 값은?

① 13　② 20　③ 25　④ 32　⑤ 41

유형 17 계수가 대칭인 다항식의 인수분해 개념 6

0162 다항식 $x^4+7x^3+12x^2+7x+1$을 인수분해하면 $(x^2+ax+b)(x+c)^2$일 때, 상수 a, b, c에 대하여 $a+b+c$의 값을 구하시오.

→ **0163** 다항식 $x^4+2x^3-x^2+2x+1$이 x^2의 계수가 1인 두 이차식 $f(x)$, $g(x)$의 곱으로 인수분해된다. $f(1)>g(1)$일 때, $f(2)+g(-1)$의 값은?

① 12 ② 14 ③ 16
④ 18 ⑤ 20

유형 18 인수분해를 이용하여 삼각형의 모양 판단하기 개념 5, 6

0164 삼각형의 세 변의 길이 a, b, c에 대하여 등식

$$a^3+ab^2-b^2c-c^3=0$$

이 성립할 때, 이 삼각형은 어떤 삼각형인가?

① $a=b$인 이등변삼각형
② $a=c$인 이등변삼각형
③ 빗변의 길이가 a인 직각삼각형
④ 빗변의 길이가 b인 직각삼각형
⑤ 빗변의 길이가 c인 직각삼각형

→ **0165** 삼각형의 세 변의 길이 a, b, c에 대하여 등식

$$b^4-a^2b^2+2b^2c^2+c^4-a^2c^2=0$$

이 성립할 때, 이 삼각형은 어떤 삼각형인가?

① 빗변의 길이가 a인 직각삼각형
② 빗변의 길이가 b인 직각삼각형
③ 빗변의 길이가 c인 직각삼각형
④ $a=b$인 이등변삼각형
⑤ $a=c$인 이등변삼각형

0166 삼각형의 세 변의 길이 a, b, c에 대하여 등식

$$a^3+b^3+a^2b+ab^2-ac^2-bc^2=0$$

이 성립한다. 삼각형의 넓이가 4이고, 가장 긴 변의 길이가 $2\sqrt{5}$일 때, 나머지 두 변의 길이의 합을 구하시오.

➜ **0167** 삼각형의 세 변의 길이 a, b, c가 다음 조건을 만족시킨다. 삼각형의 넓이를 S라 할 때, S^2의 값을 구하시오.

> (가) $a^3+b^3+c^3-3abc=0$
> (나) 삼각형의 둘레의 길이는 12이다.

유형 19 인수분해를 이용한 수의 계산 개념 5, 6

0168 $\dfrac{10001(10000^2-9999)}{9999\times10000+1}$의 값을 구하시오.

➜ **0169** $46^3+12\times46^2+48\times46+64$의 값은?

① 124000 ② 125000 ③ 126000
④ 127000 ⑤ 128000

0170 인수분해를 이용하여 $23^3+23^2-33\cdot23+63$을 계산한 값은?

① 600 ② 1200 ③ 12000
④ 24000 ⑤ 21000

➜ **0171** $\sqrt{10\times13\times14\times17+36}$의 값을 구하시오.

유형 20 조건을 만족시키는 다항식 구하기

개념 1~3

0172 삼차식 $f(x)$가 다음 조건을 만족시킨다.

> (가) $f(2)=6$
> (나) $f(x)$를 $(x-1)^3$으로 나누었을 때의 몫과 나머지가 같다.

$f(x)$를 $x-3$으로 나누었을 때의 나머지를 구하시오.

→ **0173** 최고차항의 계수가 1인 두 이차식 $f(x)$, $g(x)$가 다음 조건을 만족시킨다.

> (가) $f(x)+g(x)$는 x^2-3x+2로 나누어떨어진다.
> (나) $f(x)-g(x)$를 $x+1$로 나누었을 때의 몫과 나머지가 같다.
> (다) $f(x)$를 x로 나누었을 때의 나머지는 4이다.

$f(4)$의 값은?

① 12 ② 14 ③ 16
④ 18 ⑤ 20

0174 상수가 아닌 다항식 $f(x)$가 모든 실수 x에 대하여 다음 등식을 만족시킬 때, $f(5)$의 값을 구하시오.

$$2xf(x)+9=\{f(x)\}^2+6x$$

서술형

→ **0175** 최고차항의 계수가 양수인 다항식 $f(x)$가 모든 실수 x에 대하여

$$\{f(x)\}^3=4x^2f(x)+16x^2+24x+8$$

을 만족시킨다. 다항식 $\{f(x)\}^2$을 $x-4$로 나누었을 때의 나머지를 구하시오.

실력 완성!

0176 다음 중 인수분해한 것이 옳지 않은 것은?

① $x^3-8=(x-2)(x^2+2x+4)$
② $8a^3+12a^2b+6ab^2+b^3=(2a+b)^3$
③ $x^4+3x^2+4=(x^2+x+2)(x^2-x+2)$
④ $a^2+4b^2+c^2-4ab+4bc-2ca=(a-2b+c)^2$
⑤ $(x^2-3x)(x^2-3x+6)+8$
$=(x-1)(x-2)(x^2-3x+4)$

0177 $a(x^2-3)^2+b(x^2-1)+c=x^4-5x^2+12$가 x에 대한 항등식이 되도록 상수 a, b, c의 값을 정할 때, $a+b+c$의 값은?

① -3 ② 2 ③ 6
④ 8 ⑤ 10

0178 모든 실수 x에 대하여 등식
$(x^2+x-2)^3=a_6x^6+a_5x^5+a_4x^4+\cdots+a_1x+a_0$이 성립할 때, $-a_0+a_1-a_2+a_3-a_4+a_5-a_6$의 값은?

(단, a_0, a_1, a_2, $\cdots$, a_6은 상수이다.)

① 27 ② 8 ③ 1
④ -8 ⑤ -27

0179 다음 중 다항식 $x^4+4x^3-x^2-16x-12$의 인수가 아닌 것은?

① $x-2$ ② $x-3$ ③ $x+1$
④ $x+2$ ⑤ $x+3$

0180 다항식 $x^{10}+x^9+1$을 $x-1$로 나누었을 때의 몫을 $Q(x)$라 할 때, $Q(x)$를 $x+1$로 나누었을 때의 나머지는?

① 4 ② 3 ③ 2
④ 1 ⑤ 0

0181 오른쪽은 다항식 $P(x)=ax^3+bx^2+cx+d$를 $x-\frac{1}{3}$로 나누었을 때의 몫과 나머지를 구하는 과정이다.

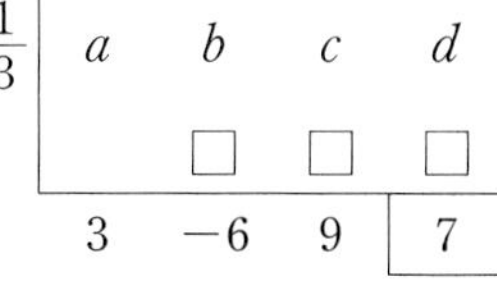

$P(x)$를 $3x-1$로 나누었을 때의 몫을 $Q(x)$, 나머지를 R라 할 때, $Q(1)+R$의 값을 구하시오.

(단, a, b, c, d는 상수이다.)

0182 다항식 $(x^2+6x+8)(x^2+8x+15)+k$가 x에 대한 이차식의 완전제곱식으로 인수분해되도록 하는 상수 k의 값은?

① -56　② -39　③ -20　④ 1　⑤ 24

0183 계수가 모두 정수인 두 이차식 $f(x)$, $g(x)$가

$$f(x)g(x)=4x^4-4x^2+9$$

를 만족시킨다. $f(\sqrt{2})+g(\sqrt{2})$의 값은?

① 13　② 14　③ 15　④ 16　⑤ 17

0184 자연수 $11^4-6\cdot11^3+13\cdot11^2-12\cdot11+4$의 양의 약수의 개수는?

① 36　② 39　③ 42　④ 45　⑤ 48

0185 $2^{101}+2^{102}+5$를 7로 나누었을 때의 나머지는?

① 1　② 2　③ 3　④ 4　⑤ 5

0186 다항식 x^4+ax^2+b가 $(x-1)^2f(x)$로 인수분해될 때, $f(2)$의 값은?

① 5　② 6　③ 7　④ 8　⑤ 9

0187 삼각형의 세 변의 길이 a, b, c가 다음 조건을 만족시킬 때, 삼각형의 넓이를 구하시오.

> (가) $a^2b+a^2c-ab^2+ac^2-b^2c-bc^2=0$
> (나) $a^3+a^2b+a(b^2-c^2)+b^3-bc^2=0$
> (다) 가장 긴 변의 길이는 $4\sqrt{2}$이다.

0188 200개의 다항식 x^2+2x-1, x^2+2x-2, x^2+2x-3, $\cdots$, $x^2+2x-200$이 있다. 이 중에서 자연수 m, n에 대하여 $(x+m)(x-n)$ 꼴로 인수분해되는 다항식의 개수를 구하시오.

0189 이차 이하의 다항식 $P(x)$에 대하여 등식 $\{P(x)\}^2=3P(x^2)$이 x의 값에 관계없이 항상 성립하도록 하는 $P(x)$의 개수를 구하시오. (단, $P(x)\neq0$)

0190 다항식 $x^n(x^2-ax+b)$를 $(x-3)^2$으로 나누었을 때의 나머지가 $3^n(x-3)$일 때, 상수 a, b에 대하여 $a+b$의 값은? (단, n은 자연수이다.)

① 9 ② 10 ③ 11
④ 12 ⑤ 13

서술형

0191 다항식 $P(x)$를 x^2-4로 나누었을 때의 나머지는 $x+6$이다. 다항식 $P(4x)$를 $2x-1$로 나누었을 때의 나머지를 r_1, 다항식 $P(x+198)$을 $x+200$으로 나누었을 때의 나머지를 r_2라 할 때, r_1+r_2의 값을 구하시오.

0192 $x^{10}-1$을 $(x-1)^2$으로 나누었을 때의 나머지를 $R(x)$라 할 때, $R(10)$의 값을 구하시오.

방정식

03 복소수

유형 01 복소수의 뜻과 분류	유형 07 켤레복소수의 계산
유형 02 복소수의 사칙연산	유형 08 켤레복소수의 성질을 이용한 식의 값 구하기
유형 03 복소수가 주어질 때의 식의 값 구하기	유형 09 조건을 만족시키는 복소수 구하기
유형 04 복소수 z^n이 실수가 되기 위한 조건	유형 10 켤레복소수의 성질의 활용
유형 05 복소수가 서로 같을 조건	유형 11 복소수의 거듭제곱
유형 06 켤레복소수의 성질	유형 12 음수의 제곱근

04 이차방정식

유형 01 이차방정식의 풀이	유형 11 근과 계수의 관계를 이용하여 미정계수 구하기; 두 이차방정식
유형 02 한 근이 주어진 이차방정식	유형 12 근과 계수의 관계를 이용하여 미정계수 구하기; 두 근의 조건
유형 03 절댓값 기호를 포함한 이차방정식	유형 13 근과 계수의 관계를 이용하여 이차방정식 구하기
유형 04 가우스 기호를 포함한 방정식	유형 14 잘못 보고 푼 이차방정식
유형 05 이차방정식의 활용	유형 15 이차방정식의 켤레근
유형 06 이차방정식의 근의 판별	유형 16 이차식의 인수분해
유형 07 이차식이 완전제곱식이 되는 조건	유형 17 $f(ax+b)=0$의 두 근
유형 08 이차방정식의 근과 계수의 관계; 곱셈 공식의 변형	유형 18 $f(\alpha)=f(\beta)=k$를 만족시키는 이차식 $f(x)$ 구하기
유형 09 이차방정식의 근과 계수의 관계; 이차방정식의 근을 대입	
유형 10 근과 계수의 관계를 이용하여 미정계수 구하기; 두 근의 관계식	

05 이차방정식과 이차함수

유형 01 이차함수의 그래프와 x축의 교점	유형 08 제한된 범위에서의 이차함수의 최대, 최소
유형 02 이차함수의 그래프와 x축의 위치 관계	유형 09 공통부분이 있는 함수의 최대, 최소
유형 03 이차함수의 그래프와 직선의 두 교점	유형 10 완전제곱식을 이용한 이차식의 최대, 최소
유형 04 이차함수의 그래프와 직선의 위치 관계	유형 11 조건을 만족시키는 이차식의 최대, 최소
유형 05 이차함수의 그래프에 접하는 직선의 방정식	유형 12 이차함수의 그래프의 대칭성
유형 06 이차함수의 그래프와 직선이 접하는 점	유형 13 이차함수의 최대, 최소의 활용
유형 07 이차함수의 최대, 최소	

06 여러 가지 방정식

유형 01 삼차방정식과 사차방정식의 풀이	유형 10 방정식 $x^3=1$, $x^3=-1$의 허근의 성질
유형 02 공통부분이 있는 사차방정식의 풀이	유형 11 $\begin{cases}\text{일차방정식}\\\text{이차방정식}\end{cases}$ 꼴의 연립이차방정식의 풀이
유형 03 $x^4+ax^2+b=0$ 꼴의 사차방정식의 풀이	유형 12 $\begin{cases}\text{이차방정식}\\\text{이차방정식}\end{cases}$ 꼴의 연립이차방정식의 풀이
유형 04 $ax^4+bx^3+cx^2+bx+a=0$ 꼴의 방정식의 풀이	유형 13 x, y에 대한 대칭식인 연립이차방정식의 풀이
유형 05 삼 · 사차방정식의 미정계수 구하기	유형 14 연립이차방정식의 해의 조건
유형 06 삼차방정식의 근의 판별	유형 15 부정방정식의 풀이
유형 07 삼차방정식의 근과 계수의 관계	유형 16 방정식의 활용
유형 08 삼차방정식의 작성	
유형 09 삼 · 사차방정식의 켤레근	

개념 1 복소수

› 유형 01, 04

(1) **허수단위 i**

제곱하여 -1이 되는 수를 기호 i로 나타내고, 이것을 **허수단위**라 한다. 즉,

$i^2=-1,\ i=\sqrt{-1}$

(2) **복소수**

실수 a, b에 대하여 $a+bi$ 꼴로 나타내는 수를 **복소수**라 하고, a를 이 복소수의 **실수부분**, b를 이 복소수의 **허수부분**이라 한다.

$a + bi$
실수부분 ↑ a, 허수부분 ↑ bi

(3) **복소수의 분류**

① 허수와 순허수

복소수 $a+bi$ (a, b는 실수)에서 실수가 아닌 복소수 $a+bi$ $(b\neq0)$를 **허수**라 하고, 특히 실수부분이 0인 허수 bi $(b\neq0)$를 순허수라 한다.

② 복소수는 다음과 같이 분류할 수 있다.

$$\text{복소수 } a+bi \begin{cases} \text{실수 } a & (b=0) \\ \text{허수 } a+bi & (b\neq0) \end{cases} (a,\ b\text{는 실수})$$

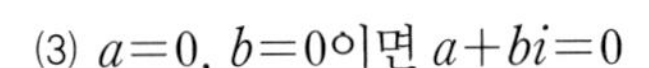

참고 허수에서는 대소 관계가 존재하지 않는다.

개념 2 복소수가 서로 같을 조건

› 유형 05

두 복소수 $a+bi$, $c+di$ (a, b, c, d는 실수)에 대하여

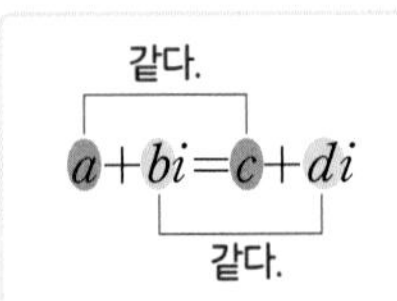

(1) $a=c$, $b=d$이면 $a+bi=c+di$

(2) $a+bi=c+di$이면 $a=c$, $b=d$

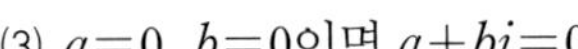

(3) $a=0$, $b=0$이면 $a+bi=0$

(4) $a+bi=0$이면 $a=0$, $b=0$

예 a, b가 실수일 때, $a+bi=1-2i$이면 $a=1$, $b=-2$이다.

개념 3 켤레복소수

› 유형 06~10

복소수 $a+bi$ (a, b는 실수)에 대하여 허수부분의 부호를 바꾼 복소수 $a-bi$를 $a+bi$의 **켤레복소수**라 하고, 기호 $\overline{a+bi}$로 나타낸다.

$\overline{a+bi}=a-bi$

예 $\overline{2-i}=2+i$, $\overline{i}=-i$, $\overline{4}=4$

참고 복소수 z와 그 켤레복소수 $\overline{z}$에 대하여

① z가 실수이면 $z=\overline{z}$이다.

② z가 순허수이면 $z=-\overline{z}$이다.

개념 1 복소수

0193 다음 복소수의 실수부분과 허수부분을 구하시오.

(1) $3+4i$

(2) $8i-3$

(3) $\sqrt{5}i$

(4) $6+\sqrt{3}$

0194 다음 수 중에서 허수를 있는 대로 고르시오.

$0,\quad i^2,\quad i+1,\quad 1+\sqrt{3},\quad \sqrt{2}i,\quad i^4,\quad \frac{1}{2}$

개념 2 복소수가 서로 같을 조건

0195 다음 등식을 만족시키는 실수 a, b의 값을 구하시오.

(1) $a+4i=-2+bi$

(2) $a+\sqrt{3}i=4-bi$

(3) $(a-2)+(ab-4)i=1+2i$

(4) $(a+b)+(a-2b)i=-1+5i$

개념 3 켤레복소수

0196 다음 복소수의 켤레복소수를 구하시오.

(1) $3+2i$

(2) $2i-5$

(3) $-2i$

(4) $\sqrt{7}$

0197 다음 등식을 만족시키는 실수 a, b의 값을 구하시오.

(1) $\overline{4+6i}=a+bi$

(2) $\overline{-\sqrt{5}i-3}=a+bi$

(3) $\overline{-1+\sqrt{2}}=a+bi$

(4) $\overline{15i}=a+bi$

개념 4 복소수의 사칙연산

> 유형 02~12

(1) **복소수의 사칙연산**

a, b, c, d가 실수일 때

① 덧셈: $(a+bi)+(c+di)=(a+c)+(b+d)i$

② 뺄셈: $(a+bi)-(c+di)=(a-c)+(b-d)i$

③ 곱셈: $(a+bi)(c+di)=(ac-bd)+(ad+bc)i$

④ 나눗셈: $\dfrac{a+bi}{c+di}=\dfrac{(a+bi)(c-di)}{(c+di)(c-di)}=\dfrac{ac+bd}{c^2+d^2}+\dfrac{bc-ad}{c^2+d^2}i$ (단, $c+di\neq0$)

참고 복소수의 연산에 대한 성질

복소수 z, w, v에 대하여

① 교환법칙: $z+w=w+z$, $zw=wz$

② 결합법칙: $(z+w)+v=z+(w+v)$, $(zw)v=z(wv)$

③ 분배법칙: $z(w+v)=zw+zv$, $(z+w)v=zv+wv$

(2) **켤레복소수의 성질**

복소수 z_1, z_2의 켤레복소수를 각각 $\overline{z_1}$, $\overline{z_2}$라 할 때

① $\overline{(\overline{z_1})}=z_1$

② $z_1+\overline{z_1}=$(실수), $z_1\overline{z_1}=$(실수)

③ $\overline{z_1+z_2}=\overline{z_1}+\overline{z_2}$, $\overline{z_1-z_2}=\overline{z_1}-\overline{z_2}$

④ $\overline{z_1z_2}=\overline{z_1}\times\overline{z_2}$, $\overline{\left(\dfrac{z_1}{z_2}\right)}=\dfrac{\overline{z_1}}{\overline{z_2}}$ (단, $z_2\neq0$)

(3) **i의 거듭제곱**

i^n (n은 자연수)은 i, -1, $-i$, 1이 반복되어 나타나므로

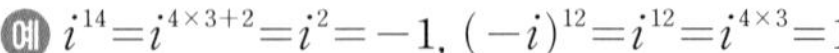

$i^{4k}=1$, $i^{4k+1}=i$, $i^{4k+2}=-1$, $i^{4k+3}=-i$

(단, k는 음이 아닌 정수, $i^0=1$)

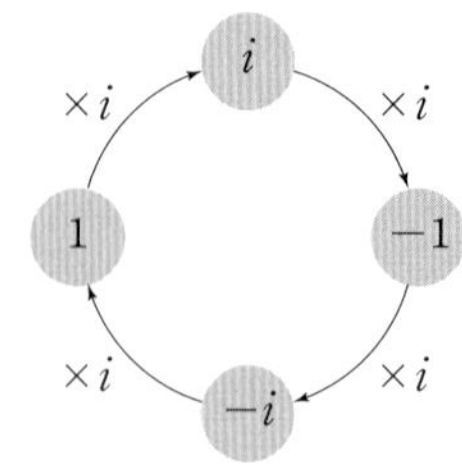

예 $i^{14}=i^{4\times3+2}=i^2=-1$, $(-i)^{12}=i^{12}=i^{4\times3}=1$

참고 i^n (n은 자연수)의 값은 n을 4로 나누었을 때의 나머지가 같으면 그 값이 서로 같다.

개념 5 음수의 제곱근

> 유형 12

(1) **음수의 제곱근**

$a>0$일 때

① $\sqrt{-a}=\sqrt{a}i$

② $-a$의 제곱근은 $\sqrt{a}i$와 $-\sqrt{a}i$이다.

(2) **음수의 제곱근의 성질**

① $a<0$, $b<0$이면 $\sqrt{a}\sqrt{b}=-\sqrt{ab}$

② $a>0$, $b<0$이면 $\dfrac{\sqrt{a}}{\sqrt{b}}=-\sqrt{\dfrac{a}{b}}$

참고 0이 아닌 두 실수 a, b에 대하여

① $\sqrt{a}\sqrt{b}=-\sqrt{ab}$이면 $a<0$, $b<0$

② $\dfrac{\sqrt{a}}{\sqrt{b}}=-\sqrt{\dfrac{a}{b}}$이면 $a>0$, $b<0$

개념 4 복소수의 사칙연산

0198 다음을 계산하시오.

(1) $(2+5i)-(1-3i)$

(2) $(6+3i)+(i-3)$

(3) $(1+i)(2-3i)$

(4) $(3+\sqrt{2}i)(3-\sqrt{2}i)$

(5) $(-1+4i)^2$

0199 다음을 $a+bi$ (a, b는 실수) 꼴로 나타내시오.

(1) $\frac{1+i}{1-i}$

(2) $\frac{1-3i}{2+i}$

0200 다음을 계산하시오.

(1) i^6

(2) $(-i)^{51}$

(3) $i+i^2+i^3+i^4$

(4) $i^{98}+i^{101}$

개념 5 음수의 제곱근

0201 다음 수를 허수단위 i를 사용하여 나타내시오.

(1) $\sqrt{-2}$

(2) $\sqrt{-4}$

(3) $-\sqrt{-12}$

(4) $-\sqrt{-\frac{16}{9}}$

0202 다음 수의 제곱근을 구하시오.

(1) -3

(2) -9

(3) -18

(4) $-\frac{1}{25}$

0203 다음을 계산하시오.

(1) $\sqrt{3}\sqrt{-27}$

(2) $\sqrt{-2}\sqrt{-8}$

(3) $\frac{\sqrt{-18}}{\sqrt{-2}}$

(4) $\frac{\sqrt{12}}{\sqrt{-3}}$

B step 기출 & 변형하면…

유형 01 복소수의 뜻과 분류 개념 1

0204 보기에서 옳은 것만을 있는 대로 고른 것은?

보기
ㄱ. 실수부분이 0인 복소수는 모두 순허수이다.
ㄴ. 3의 허수부분은 0이다.
ㄷ. $1+i$의 허수부분은 i이다.
ㄹ. -4의 제곱근은 $\pm 2i$이다.
ㅁ. $a+bi$가 실수이면 $a \neq 0$, $b=0$이다.

① ㄱ, ㄷ ② ㄴ, ㄷ ③ ㄴ, ㄹ
④ ㄷ, ㄹ ⑤ ㄹ, ㅁ

➜ 0205 다음 복소수 중 허수의 개수를 구하시오.

$\sqrt{11}$, $-3i$, $-7+\sqrt{2}$, $4+\pi$
$11+2i$, -5, $2+\sqrt{-9}$, $3+i^2$

유형 02 복소수의 사칙연산 개념 4

0206 $(4-3i)(2+i)+\dfrac{3-4i}{1+2i}$를 $a+bi$ 꼴로 나타낼 때, $a-b$의 값은? (단, a, b는 실수이다.)

① 12 ② 13 ③ 14
④ 15 ⑤ 16

➜ 0207 $\dfrac{3+4i}{2+3i}-\dfrac{3-i}{2+i}$를 $a+bi$ 꼴로 나타낼 때, $13(b-a)$의 값은? (단, a, b는 실수이다.)

① 3 ② 4 ③ 5
④ 6 ⑤ 7

0208 $(2-\sqrt{3}i)(-3+2\sqrt{3}i)+(2-\sqrt{3}i)(5-\sqrt{3}i)$의 값은?

① 1　② 3　③ 5　④ 7　⑤ 9

➔ **0209** $\left(1-\frac{1-i}{1+i}\right)\left(1-\frac{1+i}{1-i}\right)$의 값은?

① 1　② 2　③ 3　④ 4　⑤ 5

유형 03 복소수가 주어질 때의 식의 값 구하기

개념 4

0210 $x=-1+\sqrt{2}i$일 때, $2x^2+4x-2$의 값은?

① -8　② -4　③ 0　④ 4　⑤ 8

➔ **0211** $x=\frac{-1+\sqrt{3}i}{2}$일 때, $(x^3+x^2+5x+2)^2$의 값은?

① -25　② -16　③ -12　④ -9　⑤ -4

0212 $x=\frac{i}{1+i}$, $y=\frac{i}{1-i}$일 때, x^2+y^2의 값은?

① $-2i$　② -1　③ 0　④ 1　⑤ $2i$

➔ 서술형 **0213** $a=\frac{5+3i}{2}$, $b=\frac{5-3i}{2}$일 때, $a^3+a^2b+ab^2+b^3$의 값을 구하시오.

유형 04 복소수 z^n이 실수가 되기 위한 조건 개념 1, 4

서술형

0214 복소수 $z=(i+1)a^2-(i+8)a-2i-9$가 순허수가 되도록 하는 실수 a의 값을 구하시오.

➜ **0215** 복소수 $z=(1+i)x^2+2(1+2i)x-3+3i$에 대하여 $z^2=0$이 되도록 하는 실수 x의 값을 구하시오.

0216 복소수 $z=x(2-i)+3(-4+i)$에 대하여 z^2이 음의 실수가 되도록 하는 실수 x의 값은?

① -6 ② -3 ③ 3 ④ 6 ⑤ 12

➜ **0217** 복소수 $z=x(4+i)+2(-5+i)$에 대하여 z^2이 실수가 되도록 하는 모든 실수 x의 값의 곱은?

① -5 ② -2 ③ 1 ④ 4 ⑤ 7

0218 실수 a에 대하여 $(a+i)^4$이 실수가 되도록 하는 a의 값의 개수는?

① 1 ② 2 ③ 3 ④ 4 ⑤ 5

➜ **0219** 복소수 $z=1-n-3i$에 대하여 z^4이 음의 실수가 되도록 하는 자연수 n의 값을 구하시오.

유형 05 복소수가 서로 같을 조건

개념 2, 4

0220 실수 x, y에 대하여 등식 $(1+i)x+(1-i)y=4+2i$가 성립할 때, xy의 값은?

① 2 ② 3 ③ 4 ④ 5 ⑤ 6

➜ **0221** 등식 $(3+2i)x^2-5(2y+i)x=8+12i$를 만족시키는 정수 x, y에 대하여 $x+y$의 값은?

① 2 ② 3 ③ 4 ④ 5 ⑤ 6

0222 실수 x, y에 대하여 $\frac{x}{1-2i}+\frac{y}{1+i}=2+i$가 성립할 때, $x+y$의 값은?

① 5 ② 6 ③ 7 ④ 8 ⑤ 9

➜ **0223** 등식 $2x(3-i)+(1-5i)y=\overline{-8-12i}$를 만족시키는 실수 x, y에 대하여 $x+y$의 값은?

① -3 ② -2 ③ -1 ④ 0 ⑤ 1

유형 06 켤레복소수의 성질

개념 3, 4

0224 0이 아닌 복소수 z에 대하여 **보기**에서 항상 실수인 것의 개수는? (단, $\bar{z}$는 z의 켤레복소수이다.)

보기

ㄱ. $z+\bar{z}$　　ㄴ. $z-\bar{z}$　　ㄷ. $z\bar{z}$

ㄹ. $\dfrac{\bar{z}}{z}$　　ㅁ. $\dfrac{1}{z}+\dfrac{1}{\bar{z}}$　　ㅂ. $\dfrac{\bar{z}}{z}+\dfrac{z}{\bar{z}}$

① 2　② 3　③ 4　④ 5　⑤ 6

➜ **0225** 복소수 z에 대하여 **보기**에서 옳은 것만을 있는 대로 고른 것은? (단, $\bar{z}$는 z의 켤레복소수이다.)

보기

ㄱ. $\bar{z}$가 순허수이면 z도 순허수이다.

ㄴ. $z\bar{z}=0$이면 $z=0$이다.

ㄷ. z의 실수부분이 0이면 z^2은 실수이다.

① ㄱ　② ㄷ　③ ㄱ, ㄷ　④ ㄴ, ㄷ　⑤ ㄱ, ㄴ, ㄷ

유형 07 켤레복소수의 계산

개념 3, 4

0226 두 복소수 $z_1=1-i$, $z_2=\dfrac{1+i}{3}$에 대하여 $\dfrac{1}{z_1}+\dfrac{1}{\bar{z_2}}$의 값은? (단, $\bar{z_2}$는 z_2의 켤레복소수이다.)

① $1-i$　② $1+i$　③ $2-2i$　④ $2+2i$　⑤ 1

➜ **0227** 복소수 $z_1=1+2i$에 대하여

$$z_2=\overline{z_1}+(1+i),\ z_3=\overline{z_2}+(1+i),\ z_4=\overline{z_3}+(1+i)$$

라 하자. 같은 방법으로 z_5, z_6, z_7, $\cdots$을 차례로 구할 때, 실수 a, b에 대하여 $z_{50}=a+bi$이다. $a+b$의 값은?

(단, $\overline{z_1}$, $\overline{z_2}$, $\overline{z_3}$는 각각 z_1, z_2, z_3의 켤레복소수이다.)

① 48　② 49　③ 50　④ 51　⑤ 52

유형 08 켤레복소수의 성질을 이용한 식의 값 구하기 개념 3, 4

0228 $\alpha=-2+3i$, $\beta=1-2i$일 때, $\alpha\overline{\alpha}+\alpha\overline{\beta}+\overline{\alpha}\beta+\beta\overline{\beta}$의 값은? (단, $\overline{\alpha}$, $\overline{\beta}$는 각각 α, β의 켤레복소수이다.)

① 2 ② 4 ③ 8
④ 16 ⑤ 32

→ **0229** 두 복소수 α, β에 대하여

$$\alpha\overline{\alpha}=\beta\overline{\beta}=\frac{1}{2},\ (\alpha+\beta)(\overline{\alpha+\beta})=4$$

가 성립할 때, $(\alpha+\beta)\left(\frac{1}{\overline{\alpha}}+\frac{1}{\overline{\beta}}\right)$의 값을 구하시오.

(단, $\overline{\alpha}$, $\overline{\beta}$는 각각 α, β의 켤레복소수이다.)

0230 $z^2=4-3i$일 때, $z\overline{z}$의 값은?

(단, $\overline{z}$는 z의 켤레복소수이다.)

① 1 ② 2 ③ 3
④ 4 ⑤ 5

→ **0231** 복소수 $z=a+bi$ (a, b는 0이 아닌 실수)에 대하여

$$(1+\sqrt{3}i)z=2\overline{z}$$

일 때, $\left(\frac{\overline{z}}{z}\right)^3+\left(\frac{z}{\overline{z}}\right)^3$의 값을 구하시오.

(단, $\overline{z}$는 z의 켤레복소수이다.)

0232 두 복소수 α, β에 대하여

$$\alpha=\overline{\alpha},\ \overline{\beta}=-\beta,\ \alpha+\beta=4-5i$$

일 때, $\frac{20\alpha}{\beta}$의 값은? (단, $\overline{\alpha}$, $\overline{\beta}$는 각각 α, β의 켤레복소수이다.)

① $12i$ ② $16i$ ③ $18i$
④ $22i$ ⑤ $24i$

서술형

→ **0233** 두 복소수 z_1, z_2에 대하여 $\overline{z_1}-\overline{z_2}=1+4i$, $\overline{z_1}\cdot\overline{z_2}=3-2i$일 때, $(z_1-1)(z_2+1)=a+bi$이다. 두 실수 a, b에 대하여 $a+b$의 값을 구하시오.

(단, $\overline{z_1}$, $\overline{z_2}$는 각각 z_1, z_2의 켤레복소수이다.)

유형 09 조건을 만족시키는 복소수 구하기 개념 3, 4

0234 등식 $3z+2\overline{z}=10-i$를 만족시키는 복소수 z는?

(단, $\overline{z}$는 z의 켤레복소수이다.)

① $2-i$　② $2+i$　③ $2-2i$
④ $-2+i$　⑤ $-2-i$

→ **0235** 복소수 z와 그 켤레복소수 $\overline{z}$에 대하여

$$2(z+\overline{z})+3(z-\overline{z})=8-18i$$

가 성립할 때, $z\overline{z}$의 값은?

① 1　② 4　③ 10
④ 13　⑤ 25

0236 실수 a, b에 대하여 복소수 $z=a+i$가 $z+z^2=3\overline{z}+b$를 만족시킬 때, a^2+b^2의 값을 구하시오.

(단, $\overline{z}$는 z의 켤레복소수이다.)

→ **0237** 복소수 z와 그 켤레복소수 $\overline{z}$에 대하여 $z+\overline{z}=4$, $z\overline{z}=5$가 성립할 때, 복소수 z를 모두 구하시오.

유형 10 켤레복소수의 성질의 활용 개념 3, 4

0238 복소수

$$z=(1+i)a^2-(3i+4)a+3+2i$$

가 $\frac{1}{z}=\frac{1}{\overline{z}}$을 만족시킬 때, 실수 a의 값을 구하시오.

(단, $\overline{z}$는 z의 켤레복소수이다.)

→ **0239** 복소수 $z=(1+2i)x^2+(5+3i)x+6-2i$에 대하여 $z+\overline{z}=0$일 때, 모든 실수 x의 값의 합은?

(단, $\overline{z}$는 z의 켤레복소수이다.)

① -7　② -6　③ -5
④ -4　⑤ -3

0240 두 복소수 z_1, z_2에 대하여 **보기**에서 옳은 것만을 있는 대로 고른 것은? (단, $\overline{z_1}$, $\overline{z_2}$는 각각 z_1, z_2의 켤레복소수이다.)

보기

ㄱ. $z_1=\overline{z_2}$이면 z_1+z_2는 실수이다.

ㄴ. $z_1+\overline{z_2}=0$일 때, $z_1z_2=0$이면 $z_2=0$이다.

ㄷ. $z_1^2+z_2^2=0$이면 $z_1=0$이고 $z_2=0$이다.

ㄹ. $z_2=iz_1$이면 $\overline{z_1}^2=z_2^2$이다.

① ㄱ, ㄴ ② ㄴ, ㄹ ③ ㄱ, ㄴ, ㄷ
④ ㄱ, ㄴ, ㄹ ⑤ ㄴ, ㄷ, ㄹ

서술형

0241 복소수 $z=a+bi$ (a, b는 0이 아닌 실수)에 대하여 z^2-z가 실수일 때, $z+\overline{z}$의 값을 구하시오.

(단, $\overline{z}$는 z의 켤레복소수이다.)

0242 허수 z에 대하여 $\frac{1}{z^2-1}$이 실수이고 $z\overline{z}=9$일 때, $(z-\overline{z})^2$의 값은? (단, $\overline{z}$는 z의 켤레복소수이다.)

① -36 ② -32 ③ -28
④ -25 ⑤ -16

0243 실수가 아닌 복소수 z에 대하여 $\frac{z}{1+z^2}$가 실수일 때, $z\overline{z}$의 값은? (단, $\overline{z}$는 z의 켤레복소수이다.)

① $\frac{1}{2}$ ② 1 ③ $\frac{3}{2}$
④ 2 ⑤ $\frac{5}{2}$

유형 11 복소수의 거듭제곱 개념 4

0244 $\frac{1}{i}+\frac{1}{i^2}+\frac{1}{i^3}+\cdots+\frac{1}{i^{999}}$ 을 간단히 하면?

① -1 ② $-i$ ③ 0
④ i ⑤ 1

➜ 0245 실수 a, b에 대하여
$(i+i^2)+(i^2+i^3)+(i^3+i^4)+\cdots+(i^{50}+i^{51})=a+bi$
일 때, a^2+b^2의 값을 구하시오.

0246 $\left(\frac{1+i}{1-i}\right)^{1011}+\left(\frac{1-i}{1+i}\right)^{1012}$ 을 간단히 하면?

① $-i$ ② $2i$ ③ 2
④ $1+i$ ⑤ $1-i$

➜ 0247 $z=\frac{1+i}{\sqrt{2}}$일 때, $z^8+z^{12}+z^{16}$의 값은?

① $-i$ ② 0 ③ 1
④ i ⑤ 2

서술형
0248 $z=\frac{1-i}{\sqrt{2}}$일 때, $z^n=1$을 만족시키는 100 이하의 자연수 n의 개수를 구하시오.

➜ 0249 두 복소수 $z_1=\frac{\sqrt{2}}{1-i}$, $z_2=\frac{-1+\sqrt{3}i}{2}$에 대하여 $z_1{}^n=z_2{}^n$을 만족시키는 자연수 n의 최솟값은?

① 3 ② 8 ③ 12
④ 16 ⑤ 24

유형 12 음수의 제곱근
개념 4, 5

0250 보기에서 옳은 것만을 있는 대로 고른 것은?

보기
ㄱ. $\sqrt{-5}\sqrt{-5}=\sqrt{(-5)(-5)}=\sqrt{25}=5$
ㄴ. $\sqrt{-2}\sqrt{3}=\sqrt{-6}=\sqrt{6}i$
ㄷ. $\dfrac{\sqrt{-6}}{\sqrt{3}}=\sqrt{\dfrac{-6}{3}}=\sqrt{-2}=\sqrt{2}i$
ㄹ. $\dfrac{\sqrt{10}}{\sqrt{-2}}=\sqrt{\dfrac{10}{-2}}=\sqrt{-5}=\sqrt{5}i$

① ㄱ, ㄷ ② ㄱ, ㄹ ③ ㄴ, ㄷ
④ ㄴ, ㄹ ⑤ ㄴ, ㄷ, ㄹ

→ **0251** 0이 아닌 세 실수 a, b, c에 대하여

$$\sqrt{a}\sqrt{b}=-\sqrt{ab},\ \frac{\sqrt{c}}{\sqrt{a}}=-\sqrt{\frac{c}{a}}$$

일 때, 보기에서 옳은 것만을 있는 대로 고른 것은?

보기
ㄱ. $\sqrt{(a-c)^2}=-a+c$
ㄴ. $(\sqrt{b}+\sqrt{c})(\sqrt{b}-\sqrt{c})=-b-c$
ㄷ. $(\sqrt{a})^2(\sqrt{c})^2=ac$
ㄹ. $\sqrt{\dfrac{a}{c}}\sqrt{\dfrac{c}{a}}=i$

① ㄴ ② ㄷ ③ ㄱ, ㄴ
④ ㄱ, ㄷ ⑤ ㄱ, ㄷ, ㄹ

0252 $\sqrt{-6}\sqrt{-12}+\dfrac{\sqrt{-27}}{\sqrt{-3}}+\dfrac{\sqrt{24}}{\sqrt{-3}}=a+bi$일 때, 실수 a, b에 대하여 $a+b$의 값은?

① $3-10\sqrt{2}$ ② $3-8\sqrt{2}$ ③ $3-6\sqrt{2}$
④ $3-4\sqrt{2}$ ⑤ $3-2\sqrt{2}$

→ **0253** $a=4-\sqrt{5}$일 때, $\sqrt{a-2}\sqrt{a-2}+\dfrac{\sqrt{2-a}}{\sqrt{a-2}}-\sqrt{a^2}$의 값은?

① $1+i$ ② $1-i$ ③ $-1+i$
④ $2+i$ ⑤ $-2-i$

서술형
0254 $\dfrac{\sqrt{x-2}}{\sqrt{x-5}}=-\sqrt{\dfrac{x-2}{x-5}}$를 만족시키는 모든 정수 x의 값의 합을 구하시오.

→ **0255** 등식 $\sqrt{-x-2}\sqrt{x-1}=-\sqrt{(-x-2)(x-1)}$을 만족시키는 실수 x에 대하여 $\sqrt{(x-1)^2}+|x+2|-2(\sqrt{x-1})^2$의 최댓값을 M, 최솟값을 m이라 할 때, $M+m$의 값은?

① 6 ② 8 ③ 10
④ 12 ⑤ 14

실력 완성!

0256 다음 중 옳은 것은?

① $x^2=-1$이면 $x=i$이다.

② 0은 복소수가 아니다.

③ $2-i$의 허수부분은 $-i$이다.

④ 허수는 항상 bi ($b\neq0$인 실수) 꼴로 나타낼 수 있다.

⑤ 허수는 복소수이다.

0257 실수 x, y에 대하여 $\frac{2-i}{1+2i}+x-1+2yi=4-3i$가 성립할 때, $x+y$의 값은?

① 1 ② 2 ③ 3 ④ 4 ⑤ 5

0258 $\alpha=6+4i$, $\beta=5-2i$일 때, $(\alpha-\overline{\beta})(\overline{\alpha}-\beta)$의 값을 구하시오. (단, $\overline{\alpha}$, $\overline{\beta}$는 각각 α, β의 켤레복소수이다.)

0259 0이 아닌 복소수 z의 켤레복소수를 $\overline{z}$라 할 때, 다음 중 옳지 않은 것은?

① $z=\overline{z}$이면 z는 실수이다.

② $z\overline{z}$는 양의 실수이다.

③ $\overline{z}$의 켤레복소수는 z이다.

④ $z+\frac{1}{z}$이 실수이면 $\overline{z}+\frac{1}{z}$도 실수이다.

⑤ z가 허수이면 $z=-\overline{z}$이다.

0260 복소수 z에 대하여 $z-zi=4$일 때, z^3-4z^2+6z+5의 값은?

① $-2+3i$ ② $1-4i$ ③ $1-2i$ ④ $2+i$ ⑤ $3-2i$

0261 10 이하의 자연수 n에 대하여 a_n은 1, -1, i 중 하나의 값을 갖고, $a_1+a_2+\cdots+a_{10}=4+2i$이다. $a_1{}^3+a_2{}^3+\cdots+a_{10}{}^3$의 값은?

① $8i$ ② $2+i$ ③ $3+2i$ ④ $4-2i$ ⑤ $5-2i$

0262 등식 $(-2+i)z+8=(5-4i)\overline{z}+16i$를 만족시키는 복소수 z가 $z=a+bi$일 때, 실수 a, b에 대하여 $a+b$의 값은?
(단, $\overline{z}$는 z의 켤레복소수이다.)

① 1 ② 2 ③ 3
④ 4 ⑤ 5

0263 두 복소수 α, β에 대하여 $\alpha\overline{\beta}=1$, $\alpha+\frac{1}{\overline{\alpha}}=3i$일 때, $\left(\beta+\frac{1}{\overline{\beta}}\right)^2$의 값은? (단, $\overline{\alpha}$, $\overline{\beta}$는 각각 α, β의 켤레복소수이다.)

① -9 ② $-9i$ ③ $-i$
④ $9i$ ⑤ 9

0264 등식 $i^n-\frac{1}{i^n}=0$이 성립하도록 하는 모든 자연수 n의 값의 합은? (단, $n<10$)

① 20 ② 22 ③ 24
④ 26 ⑤ 28

0265 두 복소수

$$z=(-1+2i)(3-i)+\frac{2+2i}{1-i},\ \omega=\left(\frac{1+i}{1-i}\right)^{99}$$

에 대하여 $z\overline{z}+z\overline{\omega}+\overline{z}\omega+\omega\overline{\omega}$의 값을 구하시오.
(단, $\overline{z}$, $\overline{\omega}$는 각각 z, ω의 켤레복소수이다.)

0266 $\frac{\sqrt{9}-\sqrt{-6}}{\sqrt{-3}}+\sqrt{-2}(\sqrt{6}+\sqrt{-4})=a+bi$일 때, 실수 a, b에 대하여 a^2+b^2의 값은?

① 21 ② 22 ③ 23
④ 24 ⑤ 25

0267 0이 아닌 세 실수 a, b, c에 대하여

$$\sqrt{a}\sqrt{b}=\sqrt{ab},\ \frac{\sqrt{c}}{\sqrt{b}}=-\sqrt{\frac{c}{b}}$$

일 때, $|a-b|+|b-c|-\sqrt{(a-b+c)^2}$을 간단히 하면?

① a ② $-b$ ③ $a+c$
④ $b-c$ ⑤ $a-b+c$

0268 복소수 $z=a+bi$가 다음 조건을 만족시킬 때, $a^2+b^2+c^2$의 값은? (단, a, b, c는 실수이다.)

> (가) $(1+i+z)^2<0$
> (나) $z^2=c+4i$

① 11 ② 14 ③ 16 ④ 19 ⑤ 24

0269 복소수 z에 대하여 $z^2=i$일 때, $(z+\overline{z})^2$의 값은? (단, $\overline{z}$는 z의 켤레복소수이다.)

① 1 ② 2 ③ 3 ④ 4 ⑤ 5

0270 복소수 z가 다음 조건을 만족시킬 때, $z\overline{z}$의 값은? (단, $\overline{z}$는 z의 켤레복소수이다.)

> (가) $z-(1+i)$는 양의 실수이다.
> (나) $(3+4i)z^2$을 제곱하면 음의 실수이다.

① 8 ② 9 ③ 10 ④ 11 ⑤ 12

0271 실수가 아닌 두 복소수 z, ω가 $z+\overline{\omega}=0$을 만족시킬 때, **보기**에서 항상 실수인 것만을 있는 대로 고른 것은? (단, $\overline{z}$, $\overline{\omega}$는 각각 z, ω의 켤레복소수이다.)

> **보기**
> ㄱ. $\overline{z}+\omega$　　ㄴ. $z\overline{\omega}$
> ㄷ. $\overline{i(z+\omega)}$　　ㄹ. $\dfrac{\overline{z}}{\omega}$

① ㄱ, ㄷ ② ㄱ, ㄴ, ㄹ ③ ㄱ, ㄷ, ㄹ ④ ㄴ, ㄷ, ㄹ ⑤ ㄱ, ㄴ, ㄷ, ㄹ

0272 복소수 z를 입력하면 $z\times\frac{1+i}{\sqrt{2}}$의 값이 출력되는 컴퓨터 프로그램이 있다. 이 프로그램에 복소수 ω를 입력하고 출력된 값을 다시 입력하는 과정을 61번 시행하였더니 $\sqrt{2}(1-i)$가 출력되었다. 처음 입력한 복소수가 $\omega=a+bi$일 때, $a+b$의 값을 구하시오. (단, a, b는 실수이다.)

0273 $f(n)=\left(\frac{1+i}{1-i}\right)^{2n}+\left(\frac{1-i}{1+i}\right)^{n}$이라 할 때,

$f(1)+f(2)+f(3)+\cdots+f(n)=-2$를 만족시키는 100 이하의 자연수 n의 개수는?

① 23 ② 24 ③ 25
④ 26 ⑤ 27

서술형

0274 두 복소수 α, β에 대하여

$$\alpha+\beta=1+i,\ \overline{\alpha}^2-\overline{\beta}^2=4+2i$$

일 때, $\alpha\beta\times\overline{\alpha\beta}$의 값을 구하시오.

(단, $\overline{\alpha}$, $\overline{\beta}$는 각각 α, β의 켤레복소수이다.)

0275 다음 조건을 만족시키는 정수 a, b에 대하여 $a+b$의 최댓값을 구하시오.

(가) $\sqrt{-1-a}\sqrt{b-2}=-\sqrt{-(1+a)(b-2)}$
(나) $\frac{\sqrt{4-b}}{\sqrt{a-3}}=-\sqrt{\frac{4-b}{a-3}}$

개념 1 이차방정식의 풀이

> 유형 01~05, 14

(1) 이차방정식의 실근과 허근

계수가 실수인 이차방정식은 복소수의 범위에서 항상 2개의 근을 갖는다.

이때 실수인 근을 **실근**, 허수인 근을 **허근**이라 한다.

예 이차방정식 $x^2+4=0$은 실수의 범위에서는 근이 없지만
복소수의 범위에서는 $x=\pm 2i$를 근으로 갖는다.

(2) 이차방정식의 풀이

① 인수분해를 이용한 풀이

x에 대한 이차방정식 $(ax-b)(cx-d)=0$의 근은 $x=\frac{b}{a}$ 또는 $x=\frac{d}{c}$

② 근의 공식을 이용한 풀이

계수가 실수인 이차방정식 $ax^2+bx+c=0$의 근은 $\boldsymbol{x=\frac{-b\pm\sqrt{b^2-4ac}}{2a}}$

참고 x의 계수가 짝수인 이차방정식 $ax^2+2b'x+c=0$의 근은 $x=\frac{-b'\pm\sqrt{b'^2-ac}}{a}$

개념 2 절댓값 기호를 포함한 방정식의 풀이

> 유형 03

(1) 절댓값 기호 안의 식의 값이 0이 되는 x의 값을 기준으로 x의 값의 범위를 나누어서 방정식을 푼다.

(2) $ax^2+b|x|+c=0$ 꼴

$x^2=|x|^2$임을 이용하여 $a|x|^2+b|x|+c=0$ 꼴로 변형한 후, $|x|$의 값을 구한다.

(3) $\sqrt{x^2}$을 포함한 방정식

$\sqrt{x^2}=|x|$임을 이용하여 절댓값 기호를 포함한 방정식으로 변형한다.

개념 3 이차방정식의 근의 판별

> 유형 06, 07

(1) 이차방정식의 판별식

계수가 실수인 이차방정식 $ax^2+bx+c=0$에서 b^2-4ac를 이 방정식의 **판별식**이라 하고, 기호 D로 나타낸다. 즉

$\boldsymbol{D=b^2-4ac}$ ← 근의 공식 $x=\frac{-b\pm\sqrt{b^2-4ac}}{2a}$에서 근호 안의 식

참고 x의 계수가 짝수인 이차방정식 $ax^2+2b'x+c=0$에서는 판별식 D 대신 $\frac{D}{4}=b'^2-ac$를 이용하여 근을 판별할 수 있다.

(2) 이차방정식의 근의 판별

계수가 실수인 이차방정식 $ax^2+bx+c=0$의 판별식을 $D=b^2-4ac$라 할 때

① $D>0$이면 서로 다른 두 실근을 갖는다.
② $D=0$이면 중근(서로 같은 두 실근)을 갖는다.
(①, ②: $D\geq 0$이면 실근을 갖는다.)
③ $D<0$이면 서로 다른 두 허근을 갖는다.

참고 이차식 ax^2+bx+c가 완전제곱식이면 이차방정식 $ax^2+bx+c=0$이 중근을 가지므로 $b^2-4ac=0$이다.

개념 1 이차방정식의 풀이

0276 인수분해를 이용하여 다음 이차방정식을 푸시오.

(1) $x^2+6x-16=0$

(2) $x^2-4x+4=0$

(3) $2x^2-x-1=0$

(4) $\frac{3}{2}x^2+\frac{5}{2}x+1=0$

0277 근의 공식을 이용하여 다음 이차방정식을 푸시오.

(1) $x^2+x-1=0$

(2) $3x^2+x+3=0$

(3) $2x^2-2x-3=0$

0278 다음 이차방정식을 풀고, 그 근이 실근인지 허근인지 말하시오.

(1) $4x^2+9x+2=0$

(2) $x^2+25=0$

(3) $x^2+4x+5=0$

개념 2 절댓값 기호를 포함한 방정식의 풀이

0279 다음 방정식을 푸시오.

(1) $x\geq 2$일 때, $x^2+|x-2|=4$

(2) $x^2+|x|-2=0$

개념 3 이차방정식의 근의 판별

0280 다음 이차방정식의 근을 판별하시오.

(1) $x^2+x+3=0$

(2) $9x^2-6x+1=0$

(3) $3x^2-2\sqrt{5}x+1=0$

0281 다음 조건을 만족시키는 실수 k의 값 또는 k의 값의 범위를 구하시오.

(1) 이차방정식 $x^2+3x+k=0$이 서로 다른 두 실근을 갖는다.

(2) 이차방정식 $2x^2-kx+2=0$이 중근을 갖는다.

(3) 이차방정식 $kx^2-4x+4=0$이 서로 다른 두 허근을 갖는다.

(4) 이차방정식 $3x^2+2x-k=0$이 실근을 갖는다.

0282 다음 x에 대한 이차식이 완전제곱식이 되도록 하는 실수 a의 값을 모두 구하시오.

(1) ax^2-6x+a

(2) $x^2-4ax+3a^2+2a-1$

개념 4 이차방정식의 근과 계수의 관계

› 유형 08~14, 17, 18

(1) 이차방정식의 근과 계수의 관계

이차방정식 $ax^2+bx+c=0$의 두 근을 α, β라 하면

$$\alpha+\beta=-\frac{b}{a},\ \alpha\beta=\frac{c}{a}$$

두 근의 합　두 근의 곱

참고 $|\alpha-\beta|=\dfrac{\sqrt{b^2-4ac}}{|a|}$ (단, a, α, β는 실수)

(2) 두 수를 근으로 하는 이차방정식

두 수 α, β를 근으로 하고 x^2의 계수가 1인 이차방정식은

$$x^2-(\alpha+\beta)x+\alpha\beta=0 \Leftarrow (x-\alpha)(x-\beta)=0$$

두 근의 합　두 근의 곱

참고 두 수 α, β를 근으로 하고 x^2의 계수가 a인 이차방정식은
$a\{x^2-(\alpha+\beta)x+\alpha\beta\}=0$

개념 5 이차방정식의 켤레근

› 유형 15

이차방정식 $ax^2+bx+c=0$에서

(1) a, b, c가 유리수일 때, 이차방정식의 한 근이 $\boldsymbol{p+q\sqrt{m}}$이면 다른 한 근은 $\boldsymbol{p-q\sqrt{m}}$이다.
(단, p, q는 유리수, $q\neq0$, $\sqrt{m}$은 무리수)

(2) a, b, c가 실수일 때, 이차방정식의 한 근이 $\boldsymbol{p+qi}$이면 다른 한 근은 $\boldsymbol{p-qi}$이다.
(단, p, q는 실수, $q\neq0$, $i=\sqrt{-1}$)

참고 $q\neq0$일 때, $p+q\sqrt{m}$과 $p-q\sqrt{m}$, $p+qi$와 $p-qi$를 각각 켤레근이라 한다.

주의 이차방정식의 계수가 모두 유리수라는 조건이 없으면
$p+q\sqrt{m}$이 방정식의 한 근일 때, 다른 한 근이 반드시 $p-q\sqrt{m}$이 되는 것은 아니다.
예 이차방정식 $x^2-x-5+\sqrt{5}=0$에서 $1-\sqrt{5}$는 이 방정식의 근이지만 $1+\sqrt{5}$는 이 방정식의 근이 아니다.

개념 6 이차식의 인수분해

› 유형 16, 18

이차방정식 $ax^2+bx+c=0$의 두 근을 α, β라 할 때, 이차식 ax^2+bx+c를 인수분해하면

$$ax^2+bx+c=a(x-\alpha)(x-\beta)$$

참고 이차방정식 $ax^2+bx+c=0$의 두 근을 α, β라 하면

$$\begin{aligned}ax^2+bx+c&=a\left(x^2+\frac{b}{a}x+\frac{c}{a}\right)\\&=a\{x^2-(\alpha+\beta)x+\alpha\beta\}\\&=a(x-\alpha)(x-\beta)\end{aligned}$$

예 이차방정식 $x^2+2x+3=0$의 근은 $x=-1\pm\sqrt{2}i$이므로

$$\begin{aligned}x^2+2x+3&=\{x-(-1+\sqrt{2}i)\}\{x-(-1-\sqrt{2}i)\}\\&=(x+1-\sqrt{2}i)(x+1+\sqrt{2}i)\end{aligned}$$

개념 4 이차방정식의 근과 계수의 관계

0283 다음 이차방정식의 두 근을 α, β라 할 때, $\alpha+\beta$, $\alpha\beta$의 값을 구하시오.

(1) $x^2-3x+1=0$

(2) $2x^2+3x-5=0$

(3) $x^2-2ix+4=0$

0284 이차방정식 $x^2-6x+2=0$의 두 근을 α, β라 할 때, 다음 식의 값을 구하시오.

(1) $(\alpha+1)(\beta+1)$

(2) $\dfrac{1}{\alpha}+\dfrac{1}{\beta}$

(3) $\alpha^2+\beta^2$

(4) $(\alpha-\beta)^2$

(5) $\alpha^2-6\alpha$

(6) $1-\beta^2+6\beta$

0285 x^2의 계수가 1이고 -2, 3을 두 근으로 하는 이차방정식을 구하시오.

0286 x^2의 계수가 2이고 $1-\sqrt{3}$, $1+\sqrt{3}$을 두 근으로 하는 이차방정식을 구하시오.

0287 x^2의 계수가 3이고 $-1-2i$, $-1+2i$를 두 근으로 하는 이차방정식을 구하시오.

0288 다음을 만족시키는 두 수 α, β를 구하시오. (단, $\alpha<\beta$)

(1) $\alpha+\beta=3$, $\alpha\beta=-5$

(2) $\alpha+\beta=-4$, $\alpha\beta=2$

개념 5 이차방정식의 켤레근

0289 이차방정식 $x^2+ax+b=0$의 한 근이 다음과 같을 때, 유리수 a, b의 값을 구하시오.

(1) $2+\sqrt{2}$

(2) $2\sqrt{3}-2$

0290 이차방정식 $x^2+ax+b=0$의 한 근이 다음과 같을 때, 실수 a, b의 값을 구하시오.

(1) $3i$

(2) $2+\sqrt{3}i$

개념 6 이차식의 인수분해

0291 다음 이차식을 복소수의 범위에서 인수분해하시오.

(1) x^2-x+5

(2) x^2+4

기출 & 변형하면…

유형 01 이차방정식의 풀이 개념 1

0292 이차방정식 $3x^2-4x+5=0$의 해가 $x=\frac{a\pm\sqrt{b}i}{3}$일 때, 유리수 a, b에 대하여 $a+b$의 값을 구하시오.

→ 서술형 **0293** 실수 a, b에 대하여 $a\bigstar b=ab-a-2b$라 하자. $(x\bigstar x)-(x\bigstar 1)=4$를 만족시키는 x의 값 중 큰 값을 α라 할 때, $2\alpha-\sqrt{17}$의 값을 구하시오.

0294 이차방정식 $\frac{(x+2)^2}{3}=\frac{x(2x+3)}{4}+1$의 근은?

① $x=-4$ 또는 $x=\frac{1}{2}$
② $x=-4$ 또는 $x=1$
③ $x=-1$ 또는 $x=\frac{1}{2}$
④ $x=-\frac{1}{2}$ 또는 $x=1$
⑤ $x=-\frac{1}{2}$ 또는 $x=4$

→ **0295** 이차방정식 $(2-\sqrt{3})x^2-x-1+\sqrt{3}=0$을 푸시오.

유형 02 한 근이 주어진 이차방정식 개념 1

0296 이차방정식 $x^2-ax+3a-2=0$의 한 근이 2일 때, 다른 한 근은? (단, a는 상수이다.)

① -4 ② -3 ③ -2 ④ -1 ⑤ 0

→ **0297** 이차방정식 $x^2-kx-2-\sqrt{2}=0$의 한 근이 $1+\sqrt{2}$일 때, 상수 k의 값은?

① -2 ② -1 ③ 0 ④ 1 ⑤ 2

0298 이차방정식 $kx^2+ax+(k-1)b=0$이 실수 k의 값에 관계없이 항상 $x=1$을 근으로 가질 때, 상수 a, b에 대하여 $a+b$의 값을 구하시오.

→ 서술형 **0299** 이차방정식 $x^2+ax+b=0$의 서로 다른 두 근이 1, α이고, 이차방정식 $x^2+(a-4)x+6b=0$의 서로 다른 두 근이 3, β일 때, $\alpha+\beta$의 값을 구하시오. (단, a, b는 상수이다.)

04 이차방정식

유형 03 절댓값 기호를 포함한 이차방정식 개념 1, 2

0300 방정식 $x^2+|x-3|-9=0$의 모든 근의 합을 구하시오.

→ **0301** 방정식 $x^2-4|x|-1=0$을 푸시오.

0302 방정식 $x^2-\sqrt{x^2}-4=\sqrt{(x+1)^2}$의 근은?

① $x=-3$ 또는 $x=1-\sqrt{6}$
② $x=-3$ 또는 $x=\sqrt{5}$
③ $x=-3$ 또는 $x=1+\sqrt{6}$
④ $x=-\sqrt{5}$ 또는 $x=1$
⑤ $x=-1$ 또는 $x=-1+\sqrt{6}$

→ **0303** 방정식 $|x^2-5\sqrt{x^2}|-6=0$의 가장 큰 근을 M, 가장 작은 근을 m이라 할 때, $M+m$의 값은?

① -3 ② -1 ③ 0
④ 3 ⑤ 5

유형 04 가우스 기호를 포함한 방정식 개념 1

0304 다음 중 방정식 $[x]^2-2[x]-3=0$의 해가 <u>아닌</u> 것은? (단, $[x]$는 x보다 크지 않은 최대의 정수이다.)

① -1 ② $-\frac{1}{2}$ ③ 3
④ $\frac{7}{2}$ ⑤ $\frac{9}{2}$

➜ **0305** $1<x<3$일 때, 방정식 $2x^2-3[x]=x$의 모든 근의 합은? (단, $[x]$는 x보다 크지 않은 최대의 정수이다.)

① $\frac{3}{2}$ ② $\frac{5}{2}$ ③ $\frac{7}{2}$
④ $\frac{9}{2}$ ⑤ $\frac{11}{2}$

유형 05 이차방정식의 활용 개념 1

0306 그림과 같이 가로, 세로의 길이가 각각 30 m, 20 m인 직사각형 모양의 땅에 폭이 일정한 ㄷ자 모양의 길을 만들었더니 남은 땅의 넓이가 378 m^2가 되었다. 이때 길의 폭은 몇 m인가?

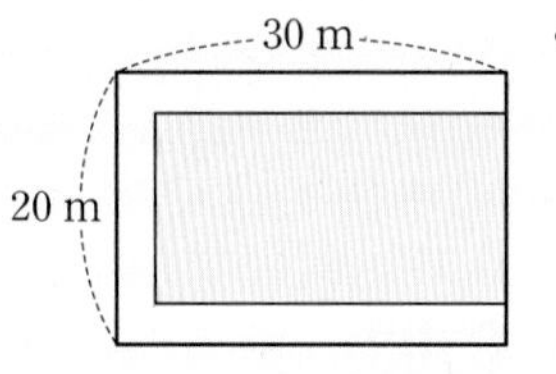

① 2 m ② 3 m ③ 4 m
④ 5 m ⑤ 6 m

➜ **0307** 어느 가게에서 1개당 a원인 음료수를 하루에 b개 판매하였다. 이 가게에서 음료수 1개당 가격을 x % 내렸더니 하루 판매량이 $5x$ % 증가하여 하루 판매액이 35 % 증가하였다. 이때 x의 값을 구하시오. (단, $0<x<40$)

유형 06 이차방정식의 근의 판별 개념 3

0308 이차방정식 $x^2+kx+k-1=0$이 중근을 갖도록 하는 실수 k의 값은?

① 0 ② 1 ③ 2
④ 3 ⑤ 4

→ **0309** 이차방정식 $2x^2-4x+4-k=0$은 서로 다른 두 허근을 갖고, 이차방정식 $x^2+5x-2k=0$은 서로 다른 두 실근을 갖도록 하는 정수 k의 개수는?

① 1 ② 2 ③ 3
④ 4 ⑤ 5

0310 x에 대한 이차방정식 $(k^2-4)x^2+2(k-2)x+1=0$이 실근을 갖도록 하는 실수 k의 값의 범위를 구하시오.

→ **0311** 이차방정식 $x^2-2(a-b+c)x-ab-bc+3ca=0$이 중근을 가질 때, a, b, c를 세 변의 길이로 하는 삼각형은 어떤 삼각형인지 구하시오.

서술형
0312 x에 대한 이차방정식

$$x^2-2(k-a)x+k^2+a^2-b+1=0$$

이 실수 k의 값에 관계없이 항상 중근을 가질 때, 실수 a, b에 대하여 $a+b$의 값을 구하시오.

→ **0313** 모든 실수 a에 대하여 허근을 갖는 이차방정식만을 보기에서 있는 대로 고른 것은?

보기
ㄱ. $x^2-2x-a^2=0$
ㄴ. $(a^2+1)x^2-2(a+2)x+1=0$
ㄷ. $x^2+2x+(a+1)^2+2=0$

① ㄱ ② ㄴ ③ ㄷ
④ ㄱ, ㄴ ⑤ ㄴ, ㄷ

04 이차방정식

유형 07 이차식이 완전제곱식이 되는 조건 개념 3

0314 이차식 $(k-1)x^2-(2k-1)x+k-2$가 완전제곱식일 때, 실수 k의 값은?

① $\frac{3}{8}$ ② $\frac{1}{2}$ ③ $\frac{5}{8}$
④ $\frac{3}{4}$ ⑤ $\frac{7}{8}$

➜ **0315** x에 대한 이차식 $3x^2+2(a+5)x+a^2+3a-1$이 $3(x+b)^2$으로 인수분해될 때, 실수 a, b에 대하여 $a+b$의 값을 구하시오. (단, $a>0$)

유형 08 이차방정식의 근과 계수의 관계; 곱셈 공식의 변형 개념 4

0316 이차방정식 $x^2-2x+4=0$의 두 근을 α, β라 할 때, $\frac{\beta}{\alpha}+\frac{\alpha}{\beta}$의 값은?

① -1 ② $-\frac{1}{2}$ ③ 1
④ $\frac{1}{2}$ ⑤ 2

➜ **0317** 이차방정식 $3x^2+6x-2=0$의 두 근을 α, β라 할 때, $\alpha^3+\beta^3$의 값은?

① -16 ② -15 ③ -14
④ -13 ⑤ -12

0318 이차방정식 $2x^2-3x-1=0$의 두 근을 α, β라 할 때, $|\alpha-\beta|$의 값을 구하시오.

➜ 서술형 **0319** 이차방정식 $x^2-8x+4=0$의 두 근을 α, β라 할 때, $\sqrt{\alpha}+\sqrt{\beta}$의 값을 구하시오.

유형 09 이차방정식의 근과 계수의 관계: 이차방정식의 근을 대입 개념 4

0320 이차방정식 $x^2+5x-1=0$의 두 근을 α, β라 할 때, $\alpha^2-5\beta$의 값을 구하시오.

→ **0321** 이차방정식 $x^2-(4a-2)x+5=0$의 두 근을 α, β라 할 때, $(\alpha^2-4a\alpha+5)(\beta^2-4a\beta+5)$의 값은?

① 4 ② 8 ③ 12
④ 16 ⑤ 20

0322 이차방정식 $x^2-6x+2=0$의 두 근을 α, β라 할 때, $\dfrac{\beta}{\alpha^2-6\alpha}+\dfrac{\alpha}{\beta^2-6\beta}$의 값은?

① -3 ② -1 ③ 1
④ 3 ⑤ 5

→ **0323** 이차방정식 $x^2+2x+4=0$의 두 근을 α, β라 할 때, $\dfrac{1}{\alpha^2+3\alpha+4}+\dfrac{1}{\beta^2+3\beta+4}$의 값을 구하시오.

0324 이차방정식 $3x^2-5x+4=0$의 두 근을 α, β라 할 때, $(3\alpha^2-2\alpha+2)(3\beta^2-2\beta+2)$의 값은?

① 5 ② 6 ③ 7
④ 8 ⑤ 9

→ **0325** 이차방정식 $x^2-3x+5=0$의 두 근을 α, β라 할 때, $(\alpha^3-3\alpha^2+7\alpha-3)(\beta^3-3\beta^2+7\beta-3)$의 값은?

① 11 ② 14 ③ 29
④ 36 ⑤ 47

유형 10 근과 계수의 관계를 이용하여 미정계수 구하기; 두 근의 관계식 개념 4

0326 이차방정식 $x^2+(a+5)x+2a=0$의 두 근 α, β에 대하여 $\frac{1}{\alpha}+\frac{1}{\beta}=2$일 때, 실수 a의 값을 구하시오.

➜ **0327** 이차방정식 $x^2+ax+b=0$의 두 근을 α, β라 할 때,

$$(\alpha+1)(\beta+1)=-2,\ (3\alpha+1)(3\beta+1)=4$$

가 성립한다. 이때 상수 a, b에 대하여 ab의 값은?

① 6　② 10　③ 14
④ 18　⑤ 22

0328 x에 대한 이차방정식 $x^2-(k-1)x+k^2-4k-6=0$의 두 근을 α, β라 할 때, $(\alpha-\beta)^2=20$을 만족시키는 양수 k의 값을 구하시오.

➜ **0329** 이차방정식 $x^2-2x+k-3=0$의 두 실근 α, β가 $|\alpha|+|\beta|=8$을 만족시킬 때, 실수 k의 값은?

① -15　② -12　③ -9
④ 12　⑤ 15

유형 11 근과 계수의 관계를 이용하여 미정계수 구하기; 두 이차방정식 개념 4

0330 이차방정식 $x^2-3x+a=0$의 두 근이 α, β이고, 이차방정식 $x^2+x+b=0$의 두 근이 $\alpha+\beta$, $\alpha\beta$일 때, 실수 a, b에 대하여 $a-b$의 값은?

① -12　② -8　③ -4
④ 4　⑤ 8

➜ **0331** 이차방정식 $x^2-ax+b=0$의 두 근이 -1, 4일 때, 이차방정식 $bx^2-(a-b+1)x+1=0$의 두 근의 합을 구하시오. (단, a, b는 상수이다.)

0332 이차방정식 $x^2+px+q=0$의 두 근을 α, β라 할 때, 이차방정식 $x^2-qx+p=0$의 두 근은 $\alpha+1$, $\beta+1$이다. 상수 p, q에 대하여 pq의 값을 구하시오.

➜ **0333** 0이 아닌 세 실수 a, b, c에 대하여 이차방정식 $x^2+ax+b=0$의 두 근은 α, β이고, 이차방정식 $x^2+cx+a=0$의 두 근은 5α, 5β이다. 이때 $\frac{c}{b}$의 값을 구하시오.

유형 12 근과 계수의 관계를 이용하여 미정계수 구하기; 두 근의 조건 개념 4

0334 이차방정식 $x^2-(k+2)x+2k=0$의 두 근의 비가 $2:3$일 때, 모든 실수 k의 값의 곱은?

① 2 ② 4 ③ 6
④ 8 ⑤ 10

➜ **0335** 이차방정식 $x^2-(m-1)x+m=0$의 두 근의 차가 2일 때, 모든 실수 m의 값의 합은?

① 6 ② 7 ③ 8
④ 9 ⑤ 10

0336 이차방정식 $x^2-6x+3k-4=0$의 한 실근이 다른 실근의 제곱과 같을 때, 양수 k의 값은?

① 4 ② 5 ③ 6
④ 7 ⑤ 8

➜ **0337** x에 대한 이차방정식 $x^2-(m^2-3m-4)x+m-2=0$의 두 실근의 절댓값이 같고 부호가 서로 다를 때, 실수 m의 값은?

① -6 ② -4 ③ -1
④ 1 ⑤ 4

유형 13 근과 계수의 관계를 이용하여 이차방정식 구하기 개념 4

0338 이차방정식 $x^2+4x-3=0$의 두 근을 α, β라 할 때, $3+\alpha$, $3+\beta$를 두 근으로 하는 이차방정식이 $x^2+ax+b=0$이다. 이때 상수 a, b에 대하여 $a+b$의 값은?

① -10 ② -8 ③ -6
④ -4 ⑤ -2

→ **0339** 이차방정식 $2x^2-x-5=0$의 두 근을 α, β라 할 때, $\alpha+\beta$, $\alpha\beta$를 두 근으로 하는 이차방정식은 $4x^2+ax+b=0$이다. 이때 상수 a, b에 대하여 $a+b$의 값은?

① -1 ② 0 ③ 1
④ 2 ⑤ 3

0340 이차방정식 $ax^2+bx+c=0$의 두 근을 α, β라 할 때, 다음 중 $\frac{1}{\alpha}$, $\frac{1}{\beta}$을 두 근으로 하는 이차방정식은?

(단, a, b, c는 상수이고, $c\neq0$이다.)

① $ax^2-bx-c=0$ ② $ax^2+cx+b=0$
③ $bx^2+cx+a=0$ ④ $cx^2+ax+b=0$
⑤ $cx^2+bx+a=0$

→ **0341** 이차방정식 $x^2-2x+a=0$의 두 근을 α, β라 할 때, $\frac{\beta}{\alpha^2}$, $\frac{\alpha}{\beta^2}$를 두 근으로 하는 이차방정식이 $ax^2+4x+b=0$이다. 이때 상수 a, b에 대하여 $a+b$의 값을 구하시오.

유형 14 잘못 보고 푼 이차방정식 개념 1, 4

서술형

0342 이차방정식 $ax^2+bx+c=0$을 푸는데 b를 잘못 보고 풀어 두 근 -3, 5를 얻었고, c를 잘못 보고 풀어 두 근 2, -4를 얻었다. 이 이차방정식의 올바른 근을 구하시오.

→ **0343** 이차방정식 $ax^2+bx+c=0$을 푸는데 근의 공식을 $x=\frac{b\pm\sqrt{b^2-4ac}}{a}$로 잘못 적용하여 두 근 -4, 1을 얻었다. 이 이차방정식의 올바른 근을 구하시오.

(단, a, b, c는 실수이다.)

유형 15 이차방정식의 켤레근 개념 5

0344 이차방정식 $x^2+ax+b=0$의 한 근이 $\frac{2}{1-i}$일 때, 실수 a, b에 대하여 ab의 값은?

① -4　② -2　③ -1　④ $\frac{1}{4}$　⑤ $\frac{1}{2}$

→ **0345** x에 대한 이차방정식 $x^2-6x+a=0$의 한 근이 $b+\sqrt{2}$일 때, 유리수 a, b에 대하여 $a+2b$의 값은?

① 11　② 13　③ 15　④ 17　⑤ 19

0346 이차방정식 $x^2-3x+4=0$의 두 근을 α, β라 할 때, $\frac{\beta}{\overline{\alpha}}+\frac{\overline{\beta}}{\alpha}$의 값은? (단, $\overline{\alpha}$, $\overline{\beta}$는 각각 α, β의 켤레복소수이다.)

① 0　② $\frac{1}{4}$　③ $\frac{1}{3}$　④ $\frac{1}{2}$　⑤ 1

→ 서술형 **0347** 다항식 $f(x)=x^2-px+q$가 다음 조건을 만족시킨다.

> (가) 다항식 $f(x)$를 $x-1$로 나눈 나머지는 1이다.
> (나) 실수 a에 대하여 이차방정식 $f(x)=0$의 한 근은 $a+i$이다.

이때 $f(2p+q)$의 값을 구하시오. (단, p, q는 실수이다.)

유형 16 이차식의 인수분해 개념 6

0348 이차식 x^2-2x+5를 복소수의 범위에서 인수분해하면?

① $(x-1)(x-5)$
② $(x+5)(x+1)$
③ $(x-1-2i)(x-1+2i)$
④ $(x+1-2i)(x+1+2i)$
⑤ $(x+2-i)(x+2+i)$

→ **0349** 이차식 $\frac{1}{4}x^2-x+\frac{5}{4}$를 복소수의 범위에서 인수분해하면 $\frac{1}{4}(x-2+ai)(x+b+i)$일 때, 실수 a, b에 대하여 $a+b$의 값은?

① -3　② -1　③ 0　④ 1　⑤ 3

유형 17 $f(ax+b)=0$의 두 근 개념 4

0350 방정식 $P(x)=0$의 한 근이 3일 때, 다음 중 2를 반드시 근으로 갖는 x에 대한 방정식은?

① $P(-x-1)=0$　② $P(x+2)=0$
③ $P(2x-1)=0$　④ $P(-x^2+1)=0$
⑤ $P(2x^2-4)=0$

→ **0351** 이차방정식 $f(x)=0$의 두 근 α, β에 대하여 $\alpha+\beta=2$일 때, 이차방정식 $f(5x-4)=0$의 두 근의 합은?

① 1　② 2　③ 4
④ 5　⑤ 6

0352 이차방정식 $f(x)=0$의 두 근의 합이 4, 곱이 2일 때, 이차방정식 $f(4-2x)=0$의 두 근의 곱은?

① $\frac{1}{4}$　② $\frac{1}{2}$　③ 2
④ 4　⑤ 8

→ **0353** 이차방정식 $f(2-x)=0$의 두 근 α, β에 대하여 $\alpha+\beta=3$, $\alpha\beta=5$일 때, 이차방정식 $f(x+3)=0$의 두 근의 곱을 구하시오.

유형 18 $f(\alpha)=f(\beta)=k$를 만족시키는 이차식 $f(x)$ 구하기 개념 4, 6

0354 이차식 $f(x)=x^2+4x+3$에 대하여 $f(\alpha)=-2$, $f(\beta)=-2$일 때, $\alpha^2+\beta^2$의 값은?

① 2　② 4　③ 6
④ 8　⑤ 10

서술형
→ **0355** 이차방정식 $x^2+2x-2=0$의 두 근을 α, β라 할 때, 이차식 $f(x)$가 $f(\alpha)=\alpha$, $f(\beta)=\beta$를 만족시킨다. $f(x)$의 x^2의 계수가 -1일 때, $f(2)$의 값을 구하시오.

실력 완성!

0356 이차방정식 $2(x+1)^2=x^2+x-2$의 근은?

① $x=-4$ 또는 $x=-1$ ② $x=-4$ 또는 $x=1$

③ $x=-3\pm\sqrt{7}i$ ④ $x=\frac{-3\pm\sqrt{7}i}{2}$

⑤ $x=\frac{3\pm\sqrt{7}i}{2}$

0357 다음 중 허근을 갖는 이차방정식을 모두 고르면? (정답 2개)

① $-x^2+\sqrt{3}x-4=0$ ② $x^2-x+\frac{1}{4}=0$

③ $x^2+4x+2=0$ ④ $2x^2-3x-1=0$

⑤ $3x^2-2x+1=0$

0358 이차식 $2x^2-8x+10$을 복소수의 범위에서 인수분해하면?

① $(x-2-i)(x-2+i)$

② $(x+2-i)(x-2+i)$

③ $(x+2-i)(x+2+i)$

④ $2(x-2-i)(x-2+i)$

⑤ $2(x+2-i)(x-2+i)$

0359 x에 대한 이차방정식 $(k+1)x^2+kx-k^2+2=0$의 한 근이 1일 때, 실수 k의 값은?

① -1 ② 0 ③ 1

④ 2 ⑤ 3

0360 방정식 $x^2-5x+2=|x-3|$의 모든 근의 곱을 구하시오.

0361 어느 가족이 작년까지 한 변의 길이가 5 m인 정사각형 모양의 밭을 가꾸었다. 올해는 그림과 같이 가로의 길이를 x m, 세로의 길이를 $(x-5)$ m만큼 늘여서 새로운 직사각형 모양의 밭을 가꾸었다. 올해 늘어난 ⌐┘ 모양의 밭의 넓이가 125 m^2일 때, x의 값은? (단, $x>5$)

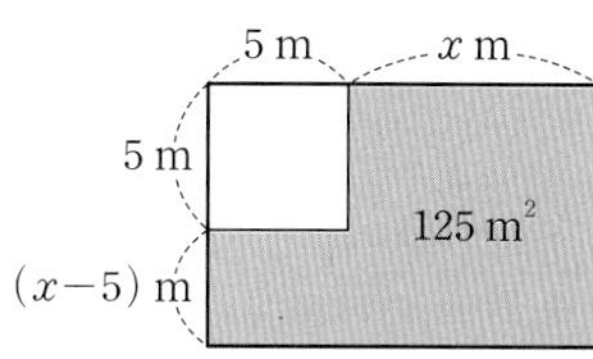

① 7 ② 8 ③ 9

④ 10 ⑤ 11

0362 이차방정식 $(x-1)(x+5)=x$의 서로 다른 두 근을 α, β라 할 때, $(\alpha-1)(\beta-1)(\alpha+5)(\beta+5)$의 값은?

① -5 ② -3 ③ -1
④ 1 ⑤ 3

0363 이차방정식 $3x^2+3ax-1=0$의 두 근이 α, β이고, $x^2-6x+b=0$의 두 근이 $\frac{1}{\alpha}$, $\frac{1}{\beta}$이다. 이때 실수 a, b에 대하여 ab의 값은?

① 6 ② 4 ③ 0
④ -4 ⑤ -6

0364 a, b가 유리수인 이차방정식 $x^2+ax+b=0$을 푸는데 A학생은 a를 다른 유리수로 잘못 보고 풀어 한 근 $-5+2i$를 얻었고, B학생은 b를 다른 유리수로 잘못 보고 풀어 한 근 $2+\sqrt{2}$를 얻었다. $a+b$의 값을 구하시오.

0365 방정식 $(a-b)x^2-2cx+a+b=0$의 서로 다른 실근의 개수가 1일 때, a, b, c를 세 변의 길이로 하는 삼각형은 어떤 삼각형이 될 수 있는지 모두 고르면? (정답 2개)

① 정삼각형
② $a=b$인 이등변삼각형
③ $c=a$인 이등변삼각형
④ 빗변의 길이가 a인 직각삼각형
⑤ 빗변의 길이가 b인 직각삼각형

0366 이차방정식 $x^2+(m-5)x-18=0$의 두 근의 절댓값의 비가 $1:2$가 되도록 하는 모든 실수 m의 값의 곱을 구하시오.

0367 한 변의 길이가 10인 정사각형 ABCD가 있다. 그림과 같이 정사각형 ABCD의 내부에 한 점 P를 잡고, 점 P를 지나고 정사각형의 각 변에 평행한 두 직선이 정사각형의 네 변과 만나는 점을 각각 E, F, G, H라 하자. 직사각형 PFCG의 둘레의 길이가 28이고 넓이가 43일 때, 두 선분 AE와 AH의 길이를 두 근으로 하는 이차방정식이 $x^2-ax+b=0$이다. 이때 상수 a, b에 대하여 $a+b$의 값을 구하시오.

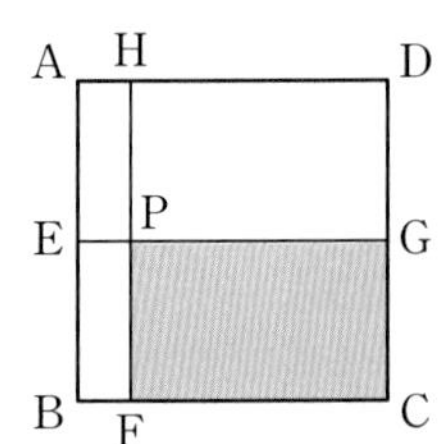

0368 이차방정식 $f(2x-5)=0$의 두 근 α, β에 대하여 $\alpha+\beta=\frac{1}{2}$, $\alpha\beta=4$일 때, 이차방정식 $f(6x)=0$의 두 근의 곱을 구하시오.

0369 서로 다른 두 소수 p, q에 대하여 이차방정식 $x^2-px+q=0$은 서로 다른 두 자연수를 근으로 가질 때, pq의 값은?

① 6 ② 15 ③ 21
④ 35 ⑤ 77

서술형

0370 이차방정식 $x^2-4x+k+3=0$이 실근을 갖고, 이차방정식 $x^2+2x+k+6=0$이 허근을 갖도록 하는 정수 k의 개수를 구하시오.

0371 이차방정식 $x^2-x+1=0$의 두 근을 α, β라 할 때, 이차식 $P(x)$가

$$P(\alpha)=\beta,\ P(\beta)=\alpha,\ P(0)=-1$$

을 만족시킨다. $P(1)$의 값을 구하시오.

개념 1 이차방정식과 이차함수의 관계

> 유형 01, 02

(1) 이차함수의 그래프와 이차방정식의 해

이차함수 $y=ax^2+bx+c$의 그래프와 x축의 교점의 x좌표는 이차방정식 $ax^2+bx+c=0$의 실근과 같다.

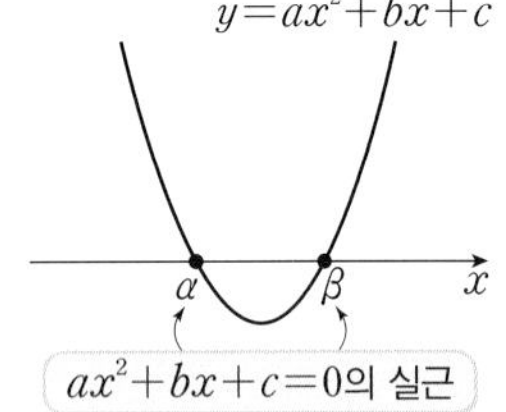

참고 이차함수 $y=ax^2+bx+c$의 그래프와 x축의 교점의 개수는 이차방정식 $ax^2+bx+c=0$인 실근의 개수와 같다.

(2) 이차함수의 그래프와 x축의 위치 관계

이차함수 $y=ax^2+bx+c$의 그래프와 x축의 위치 관계는 이차방정식 $ax^2+bx+c=0$의 판별식 $D=b^2-4ac$의 부호에 따라 다음과 같다.

		$D>0$	$D=0$	$D<0$
$y=ax^2+bx+c$의 그래프와 x축	$a>0$	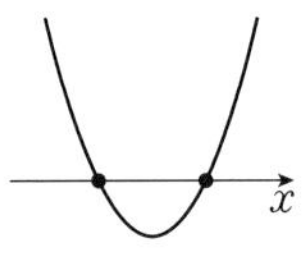 x	 x	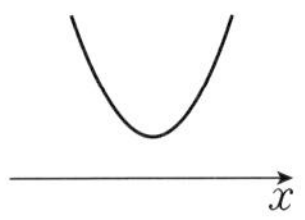 x
	$a<0$	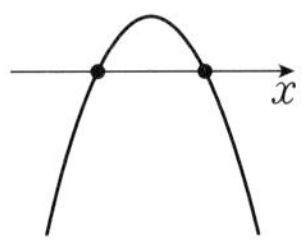 x	 x	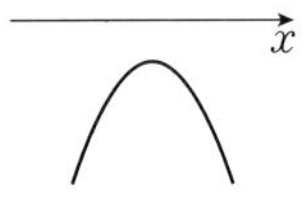 x
$y=ax^2+bx+c$의 그래프와 x축의 위치 관계		서로 다른 두 점에서 만난다.	한 점에서 만난다. (접한다.)	만나지 않는다.
$ax^2+bx+c=0$의 해		서로 다른 두 실근	중근	서로 다른 두 허근

참고 $D\geq0$이면 이차함수 $y=ax^2+bx+c$의 그래프와 x축이 적어도 한 점에서 만난다.

개념 2 이차함수의 그래프와 직선의 위치 관계

> 유형 03~06

이차함수 $y=ax^2+bx+c$의 그래프와 직선 $y=mx+n$의 위치 관계는 이차방정식

$$ax^2+(b-m)x+c-n=0 \quad \cdots\cdots \text{㉠} \Leftarrow ax^2+bx+c=mx+n$$

의 판별식 D의 부호에 따라 다음과 같다.

	$D>0$	$D=0$	$D<0$
$y=ax^2+bx+c\ (a>0)$의 그래프와 직선 $y=mx+n\ (m>0)$	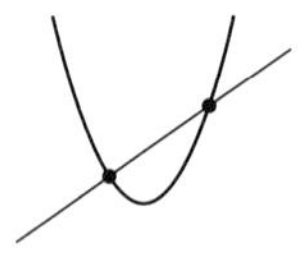		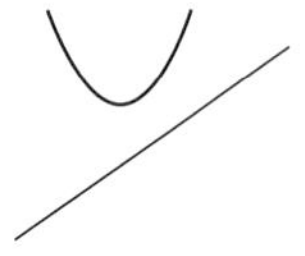
$y=ax^2+bx+c$의 그래프와 직선 $y=mx+n$의 위치 관계	서로 다른 두 점에서 만난다.	한 점에서 만난다. (접한다.)	만나지 않는다.
㉠의 해	서로 다른 두 실근	중근	서로 다른 두 허근

참고 $D\geq0$이면 이차함수 $y=ax^2+bx+c$의 그래프와 직선 $y=mx+n$이 적어도 한 점에서 만난다.

개념 1 이차방정식과 이차함수의 관계

0372 다음 이차함수의 그래프와 x축의 교점의 x좌표를 구하시오.

(1) $y=x^2-x-2$

(2) $y=2x^2-3x+1$

(3) $y=-3x^2+6x-3$

(4) $y=x^2-2x-5$

0373 다음 이차함수의 그래프와 x축의 위치 관계를 조사하시오.

(1) $y=x^2-2x-4$

(2) $y=4x^2+4x+1$

(3) $y=2x^2+5x+4$

0374 이차함수 $y=x^2-4x+k$의 그래프와 x축의 위치 관계가 다음과 같을 때, 실수 k의 값 또는 k의 값의 범위를 구하시오.

(1) 한 점에서 만난다.

(2) 서로 다른 두 점에서 만난다.

(3) 만나지 않는다.

(4) 만난다.

개념 2 이차함수의 그래프와 직선의 위치 관계

0375 다음 이차함수의 그래프와 직선의 교점의 x좌표를 구하시오.

(1) $y=x^2-5x+2$, $y=3x-14$

(2) $y=-x^2+4x-11$, $y=14x+10$

0376 다음 이차함수의 그래프와 직선의 위치 관계를 조사하시오.

(1) $y=x^2-x-1$, $y=x-6$

(2) $y=-x^2+2x+1$, $y=2x-3$

(3) $y=2x^2+6x$, $y=2x-2$

(4) $y=-2x^2-4x-1$, $y=-x-2$

0377 이차함수 $y=-x^2+2x+1$의 그래프와 직선 $y=-4x+k$의 위치 관계가 다음과 같을 때, 실수 k의 값 또는 k의 값의 범위를 구하시오.

(1) 한 점에서 만난다.

(2) 서로 다른 두 점에서 만난다.

(3) 만나지 않는다.

(4) 만난다.

개념 3 이차함수의 최대, 최소

> 유형 07, 10, 11

x의 값의 범위가 실수 전체일 때,
이차함수 $y=a(x-p)^2+q$의 최댓값과 최솟값은 다음과 같다.

(1) $a>0$일 때 $x=p$에서 최솟값 q를 갖고, 최댓값은 없다.
└ 어떤 함수의 함숫값 중에서 가장 작은 값

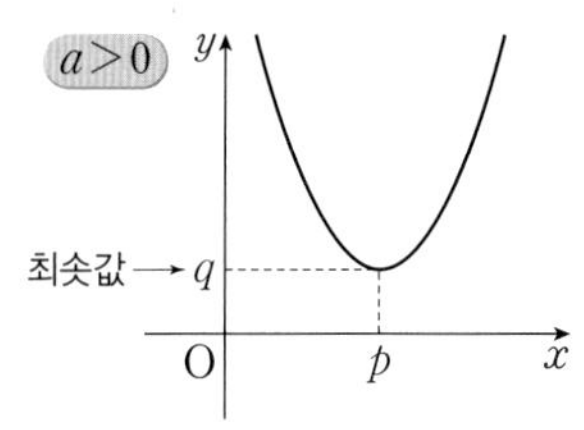

(2) $a<0$일 때 $x=p$에서 최댓값 q를 갖고, 최솟값은 없다.
└ 어떤 함수의 함숫값 중에서 가장 큰 값

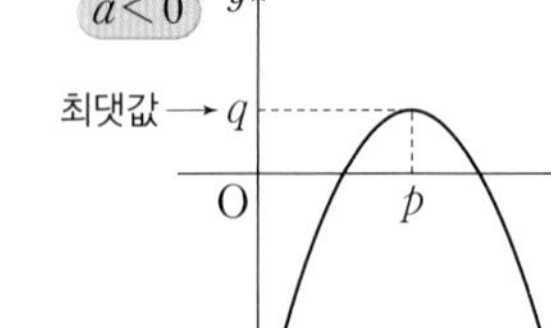

참고 이차함수 $y=ax^2+bx+c$의 최댓값과 최솟값은
이차함수의 식을 $y=a(x-p)^2+q$ 꼴로 변형하여 구한다.

개념 4 제한된 범위에서의 이차함수의 최대, 최소

> 유형 08, 09, 11~13

x의 값의 범위가 $\alpha\le x\le\beta$일 때,
이차함수 $f(x)=a(x-p)^2+q$의 최댓값과 최솟값은
$y=f(x)$의 그래프의 꼭짓점의 x좌표인 p의 값의 범위에 따라 다음과 같다.

(1) $\alpha\le p\le\beta$일 때

➡ $f(p)$, $f(\alpha)$, $f(\beta)$ 중 가장 큰 값이 최댓값, 가장 작은 값이 최솟값이다.

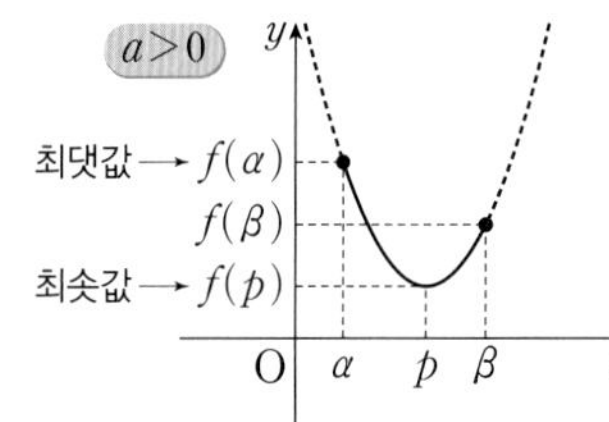

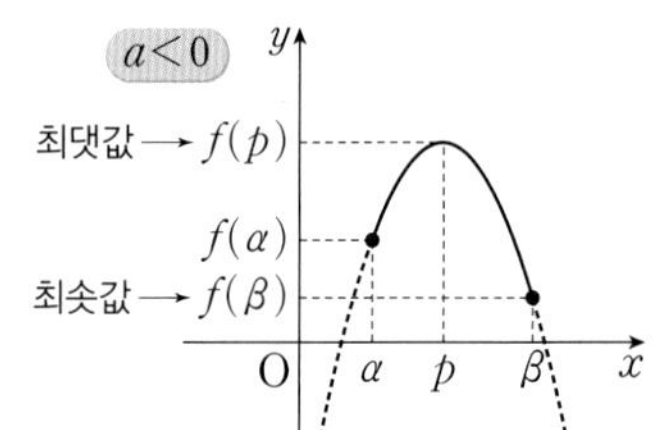

(2) $p<\alpha$ 또는 $p>\beta$일 때

➡ $f(\alpha)$, $f(\beta)$ 중 큰 값이 최댓값, 작은 값이 최솟값이다. ⬅ x의 값의 양 끝 값에서 최댓값과 최솟값을 갖는다.

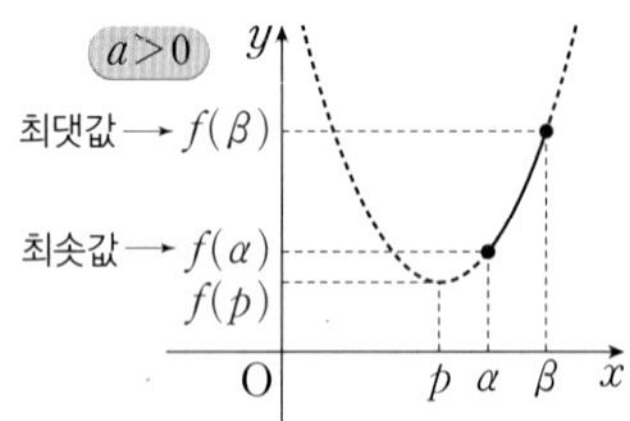

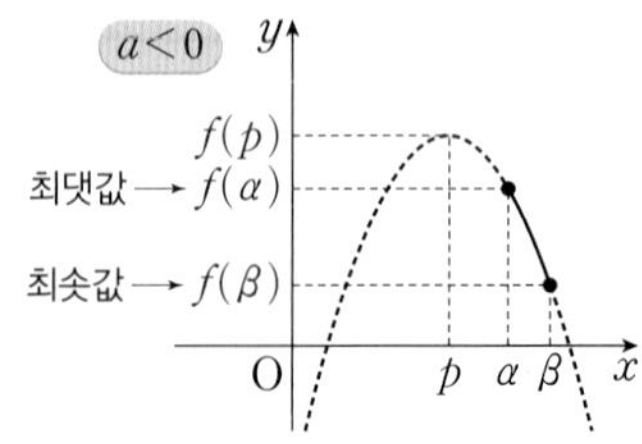

참고 제한된 범위에서 이차함수의 최댓값과 최솟값을 구할 때는
이차함수의 그래프를 그려서 생각하는 것이 편리하다.

개념 3 이차함수의 최대, 최소

0378 다음 이차함수의 최댓값 또는 최솟값과 그때의 x의 값을 구하시오.

(1) $y=(x+4)^2-1$

(2) $y=-3(x-1)^2+7$

(3) $y=-\frac{1}{5}(x+3)^2-4$

0379 이차함수 $y=2x^2-8x+19$에 대하여 다음 물음에 답하시오.

(1) 이차함수의 식을 $y=a(x-b)^2+c$ 꼴로 나타내시오.

(2) 이차함수의 최솟값과 그때의 x의 값을 구하시오.

0380 다음 이차함수의 최댓값과 최솟값을 구하시오.

(1) $y=x^2-2x+8$

(2) $y=\frac{1}{2}x^2-3x+1$

(3) $y=-x^2+4x-5$

(4) $y=-3x^2+18x-10$

개념 4 제한된 범위에서의 이차함수의 최대, 최소

0381 x의 값의 범위가 다음과 같을 때, 이차함수 $f(x)=(x-2)^2-4$의 최댓값과 최솟값을 구하시오.

(1) $1\le x\le 5$

(2) $-1\le x\le 1$

(3) $2\le x\le 4$

0382 다음과 같이 x의 값의 범위가 주어진 이차함수의 최댓값과 최솟값을 구하시오.

(1) $f(x)=x^2-6x+3$ $(2\le x\le 6)$

(2) $f(x)=-2x^2-8x-5$ $(-4\le x\le -1)$

(3) $f(x)=x^2+2x-3$ $(-4\le x\le -2)$

(4) $f(x)=-x^2+3x$ $(2\le x\le 4)$

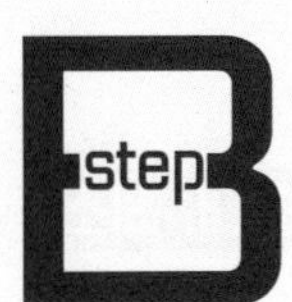

기출 & 변형하면…

유형 01 이차함수의 그래프와 x축의 교점 개념 1

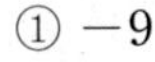

0383 이차함수 $y=x^2-2x+a$의 그래프가 x축과 만나는 서로 다른 두 점 중 한 점의 x좌표가 -2일 때, 상수 a의 값은?

① -9 ② -8 ③ -7
④ -6 ⑤ -5

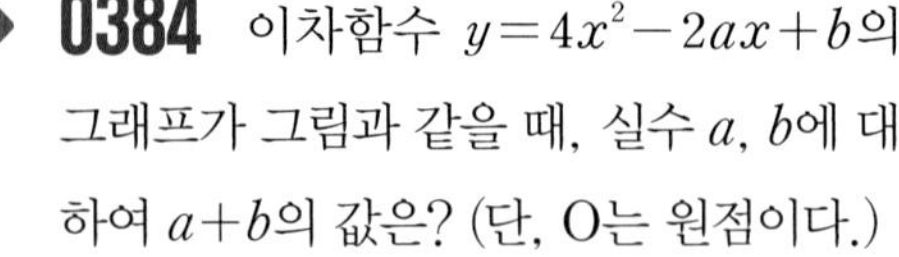

➜ **0384** 이차함수 $y=4x^2-2ax+b$의 그래프가 그림과 같을 때, 실수 a, b에 대하여 $a+b$의 값은? (단, O는 원점이다.)

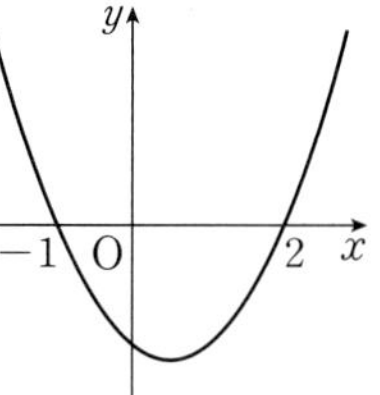

① -10 ② -9
③ -8 ④ -7
⑤ -6

0385 이차함수 $y=x^2-3x-k$의 그래프가 x축과 만나는 두 점 사이의 거리가 5일 때, 상수 k의 값은?

① 4 ② 5 ③ 6
④ 7 ⑤ 8

➜ **0386** 이차함수 $y=ax^2+bx+c$의 그래프는 꼭짓점의 좌표가 $(3,\ -4)$이고 점 $(1,\ 0)$을 지난다. 상수 a, b, c에 대하여 $a+b-c$의 값은?

① -10 ② -5 ③ 0
④ 5 ⑤ 10

유형 02 이차함수의 그래프와 x축의 위치 관계 개념 1

0387 이차함수 $y=\frac{1}{2}x^2+4x+k$의 그래프가 x축과 서로 다른 두 점에서 만나도록 하는 실수 k의 값의 범위는?

① $k\le-8$ ② $k<-8$ ③ $k\le8$
④ $k<8$ ⑤ $k>8$

➜ **0388** 이차함수 $y=x^2-4kx+3k+1$의 그래프는 x축과 한 점에서 만나고, 이차함수 $y=-x^2+x+2k-1$의 그래프는 x축과 만나지 않도록 하는 실수 k의 값은?

① $-\frac{1}{2}$ ② $-\frac{1}{4}$ ③ $\frac{1}{4}$
④ $\frac{1}{2}$ ⑤ 1

0389 이차함수 $y=x^2+2(m-1)x+m^2+5$의 그래프가 x축과 적어도 한 점에서 만나도록 하는 정수 m의 최댓값은?

① -4 ② -3 ③ -2
④ -1 ⑤ 0

서술형
0390 x에 대한 이차함수 $y=x^2+(a-2k)x+k^2-k+b$의 그래프가 실수 k의 값에 관계없이 항상 x축에 접할 때, $16(a+b)$의 값을 구하시오. (단, a, b는 실수이다.)

유형 03 이차함수의 그래프와 직선의 두 교점

개념 2

0391 이차함수 $y=-x^2+b+1$의 그래프와 직선 $y=ax+2$의 두 교점의 x좌표가 각각 -1, 3일 때, 상수 a, b에 대하여 $b-a$의 값은?

① -6 ② -3 ③ 0
④ 3 ⑤ 6

0392 이차함수 $y=x^2-3x-1$의 그래프와 직선 $y=ax+b$가 두 점 P, Q에서 만나고, 점 P의 x좌표가 $2-\sqrt{2}$이다. 유리수 a, b에 대하여 $a-b$의 값은?

① -4 ② -2 ③ 0
④ 2 ⑤ 4

0393 이차함수 $y=2x^2-ax-2$의 그래프와 직선 $y=x+b$의 두 교점의 x좌표의 합이 4, 곱이 2일 때, 상수 a, b에 대하여 ab의 값은?

① -42 ② -40 ③ -38
④ -36 ⑤ -34

서술형
0394 그림과 같이 이차함수 $y=-x^2+3$의 그래프와 직선 $y=kx$가 만나는 서로 다른 두 점을 각각 A, B라 할 때, $\overline{OA}:\overline{OB}=3:1$이 되도록 하는 양수 k의 값을 구하시오.

(단, O는 원점이다.)

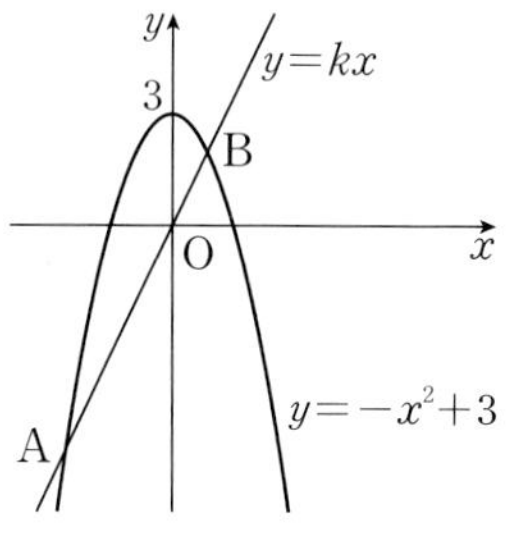

05 이차방정식과 이차함수

유형 04 이차함수의 그래프와 직선의 위치 관계

개념 2

0395 이차함수 $y=x^2-5x+4$의 그래프와 직선 $y=-3x+k$가 접하도록 하는 실수 k의 값은?

① 1 ② 2 ③ 3
④ 4 ⑤ 5

➜ **0396** 이차함수 $y=x^2-8x+k+1$의 그래프와 직선 $y=x$가 서로 다른 두 점에서 만나도록 하는 자연수 k의 최댓값은?

① 19 ② 20 ③ 21
④ 22 ⑤ 23

0397 직선 $y=x+1$이 이차함수 $y=x^2+k$의 그래프와 서로 다른 두 점에서 만나고, 이차함수 $y=x^2-x+3k+11$의 그래프와 만나지 않도록 하는 정수 k의 개수를 구하시오.

➜ **0398** 이차함수 $y=2x^2-3x+3$의 그래프와 직선 $y=x-k$가 만나도록 하는 실수 k의 최댓값을 구하시오.

유형 05 이차함수의 그래프에 접하는 직선의 방정식

개념 2

0399 점 $(-1, 2)$를 지나는 이차함수 $y=-x^2+2x+a$의 그래프에 접하고 직선 $y=\frac{1}{2}x$와 수직인 직선의 방정식은 $y=mx+n$이다. 실수 a, m, n에 대하여 $a+m+n$의 값은?

① 10 ② 12 ③ 14
④ 16 ⑤ 18

➜ **0400** 이차함수 $y=x^2-2x+1$의 그래프에 접하고 직선 $y=2x-4$에 평행한 식선의 방정식이 $y=ax+b$일 때, 실수 a, b에 대하여 $a+b$의 값은?

① -2 ② -1 ③ 0
④ 1 ⑤ 2

0401 점 (1, 4)에서 이차함수 $y=x^2-ax+1$의 그래프에 접하는 직선의 방정식이 $y=mx+n$일 때, 상수 a, m, n에 대하여 $a+m-n$의 값을 구하시오.

→ **0402** 점 (2, 3)을 지나고 이차함수 $y=x^2+3x+1$의 그래프와 접하는 두 직선의 기울기의 곱은?

① 11 ② 13 ③ 15
④ 17 ⑤ 19

0403 직선 $y=ax+b$가 두 이차함수 $y=2x^2$과 $y=x^2+1$의 그래프에 동시에 접할 때, 상수 a, b에 대하여 ab의 값은? (단, $a>0$)

① $-2\sqrt{2}$ ② $-\sqrt{3}$ ③ 0
④ $\sqrt{3}$ ⑤ $2\sqrt{2}$

서술형

→ **0404** 실수 a의 값에 관계없이 이차함수 $y=x^2+2ax+a^2+a$의 그래프에 항상 접하는 직선의 방정식을 구하시오.

05 이차방정식과 이차함수

유형 06 이차함수의 그래프와 직선이 접하는 점 개념 2

0405 이차함수 $y=x^2-3x$의 그래프와 직선 $y=x-4$가 접하는 점의 좌표를 구하시오.

→ **0406** 점 (a, b)에서 이차함수 $y=2x^2-(k+1)x+3$의 그래프에 직선 $y=3x+1$이 접할 때, $a+b+k$의 값은? (단, $k<0$)

① -11 ② -7 ③ -5
④ -3 ⑤ 5

유형 07 이차함수의 최대, 최소 개념 3

0407 이차함수 $y=x^2-4x+a$가 $x=b$에서 최솟값 2를 가질 때, 상수 a, b에 대하여 $a+b$의 값을 구하시오.

➜ **0408** 이차함수 $f(x)=-x^2+2ax-3a+3$의 최댓값을 $g(a)$라 할 때, $g(a)$의 최솟값은? (단, a는 실수이다.)

① $\frac{3}{4}$ ② 1 ③ $\frac{5}{4}$
④ $\frac{3}{2}$ ⑤ $\frac{7}{4}$

0409 이차함수 $f(x)$가 다음 조건을 만족시킬 때, $f(0)$의 값을 구하시오.

> (가) $x=-5$에서 최솟값 6을 갖는다.
> (나) $f(-2)=15$

➜ **0410** 최고차항의 계수가 -1인 이차함수 $f(x)$가 $f(1)=f(5)=8$을 만족시킨다. 함수 $f(x)$의 최댓값을 구하시오.

유형 08 제한된 범위에서의 이차함수의 최대, 최소 개념 4

0411 $-1\le x\le 6$에서 이차함수 $f(x)=2x^2-4x+k$의 최댓값이 20일 때, 최솟값은? (단, k는 상수이다.)

① -32 ② -30 ③ -28
④ -26 ⑤ -24

➜ **0412** $1\le x\le 4$에서 이차함수 $f(x)=ax^2-6ax+b$의 최댓값이 4, 최솟값이 -4일 때, 상수 a, b에 대하여 $a+b$의 값을 모두 구하시오.

서술형

0413 $a \le x \le 3$에서 이차함수 $y=2x^2-8x+1$의 최댓값은 11, 최솟값은 b일 때, 실수 a, b에 대하여 $a-b$의 값을 구하시오.

➜ **0414** $x \le 1$에서 이차함수 $y=-x^2+2kx$의 최댓값이 9일 때, 모든 상수 k의 값의 합을 구하시오.

유형 09 공통부분이 있는 함수의 최대, 최소

개념 4

0415 $-2 \le x \le 1$에서 함수 $y=x^4-2x^2+k$의 최댓값이 15일 때, 최솟값을 구하시오. (단, k는 상수이다.)

➜ **0416** $1 \le x \le 4$에서 이차함수

$$y=(2x-1)^2-6(2x-1)+5$$

의 최댓값을 M, 최솟값을 m이라 할 때, $M+m$의 값을 구하시오.

0417 함수 $y=(x^2-2x)^2+4(x^2-2x)+5$의 최솟값은?

① -2 ② -1 ③ 0
④ 1 ⑤ 2

서술형

➜ **0418** $-1 \le x \le 0$에서 함수

$$y=(x^2-2x+3)^2-2(x^2-2x)+k$$

의 최솟값이 20일 때, 상수 k의 값을 구하시오.

05 이차방정식과 이차함수

유형 10 완전제곱식을 이용한 이차식의 최대, 최소 개념 3

0419 실수 x, y에 대하여 $x^2-2xy+2y^2-4y+7$이 $x=a$, $y=b$에서 최솟값 m을 갖는다. 상수 a, b, m에 대하여 $a+b+m$의 값을 구하시오.

서술형
0420 실수 x, y에 대하여 두 복소수 $\alpha=x+yi$와 $\beta=(x-3)+(y-1)i$가 있다. $\alpha\overline{\alpha}+\beta\overline{\beta}$의 최솟값을 구하시오. (단, $\overline{\alpha}$, $\overline{\beta}$는 각각 α, β의 켤레복소수이다.)

유형 11 조건을 만족시키는 이차식의 최대, 최소 개념 3, 4

0421 $x-y-5=0$을 만족시키는 실수 x, y에 대하여 x^2-6x+y^2의 최솟값은?

① -9 ② -7 ③ -5
④ -3 ⑤ -1

0422 이차함수 $y=x^2+2x-8$의 그래프 위를 움직이는 점 (a, b)에 대하여 $3a^2-2b-4$의 최솟값을 구하시오.

0423 실수 x, y에 대하여 $x\geq0$, $y\geq0$이고 $x+y=2$일 때, $2x+y^2$의 최댓값을 M, 최솟값을 m이라 하자. $M-m$의 값은?

① 1 ② 2 ③ 3
④ 4 ⑤ 5

서술형
0424 이차방정식 $x^2-bx+1-a=0$이 중근을 가질 때, a^2-2a+b^2+10의 최솟값을 구하시오. (단, a, b는 실수이다.)

유형 12 이차함수의 그래프의 대칭성 개념 4

0425 이차함수 $f(x)=-x^2+ax+b$가 다음 조건을 만족시킨다.

> (가) $f(-2)=f(6)$
> (나) 함수 $f(x)$의 최댓값은 14이다.

$0\le x\le 5$에서 함수 $f(x)$의 최솟값을 구하시오.

(단, a, b는 상수이다.)

0426 최고차항의 계수가 2인 이차함수 $f(x)$가 다음 조건을 만족시킬 때, $f(4)$의 값을 구하시오.

> (가) 모든 실수 x에 대하여 $f(1-x)=f(1+x)$이다.
> (나) $2\le x\le 3$에서 함수 $f(x)$의 최솟값은 5이다.

유형 13 이차함수의 최대, 최소의 활용 개념 4

0427 지면으로부터 13 m 높이에서 초속 24 m로 똑바로 위로 쏘아 올린 물체의 t초 후의 높이를 $h(t)$ m라 하면 $h(t)=-4t^2+24t+13$이 성립한다. 이 물체를 쏘아 올린 후 1초 이상 4초 이하에서 이 물체의 지면으로부터의 최소 높이를 구하시오.

0428 어느 과일 가게에서 사과 한 개의 가격이 800원일 때, 하루에 1000개씩 팔린다. 이 사과 한 개의 가격을 x원 올리면 하루 판매량이 x개 감소한다고 할 때, 사과의 하루 판매 금액이 최대가 되도록 하는 사과 한 개의 가격을 구하시오.

0429 그림과 같이 이차함수 $y=-x^2+6x$의 그래프와 x축에 평행한 직선이 제1사분면에서 만나는 서로 다른 두 점을 각각 A, B라 하고, 두 점 A, B에서 x축에 내린 수선의 발을 각각 C, D라 하자. 직사각형 ACDB의 둘레의 길이의 최댓값을 구하시오.

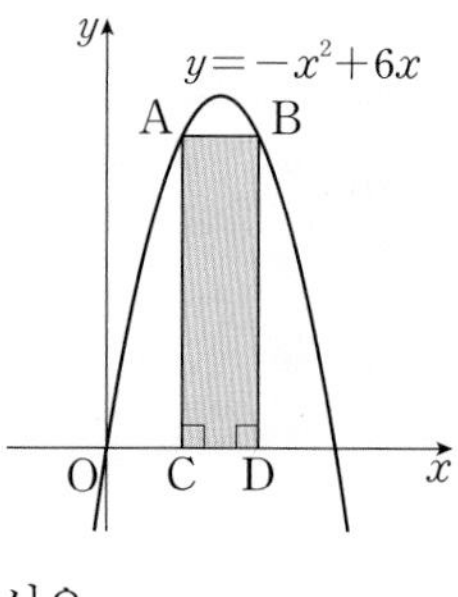

(단, 점 A의 x좌표는 점 B의 x좌표보다 작다.)

0430 그림과 같이 길이가 10인 선분 AB를 지름으로 하는 반원이 있다. 지름 AB 위의 한 점 P에 대하여 선분 AP와 선분 PB를 지름으로 하는 반원을 각각 그렸을 때, 호 AB, 호 AP 및 호 PB로 둘러싸인 도형의 넓이의 최댓값은 $\frac{q}{p}\pi$이다. $p+q$의 값을 구하시오.

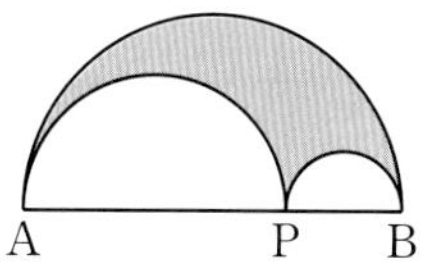

(단, p와 q는 서로소인 자연수이다.)

실력 완성!

0431 이차함수 $y=x^2+ax+3$의 그래프가 x축과 두 점 $(1, 0)$, $(b, 0)$에서 만날 때, $a+b$의 값은? (단, a는 상수이다.)

① -2　② -1　③ 0　④ 1　⑤ 2

0432 이차함수 $y=x^2+ax-a+3$의 그래프가 x축과 접할 때, 모든 실수 a의 값의 곱은?

① 12　② 4　③ -4　④ -8　⑤ -12

0433 이차함수 $y=2x^2-ax+2b$가 $x=2$에서 최솟값 -12를 가질 때, 상수 a, b에 대하여 $a+b$의 값은?

① 6　② 8　③ 10　④ 12　⑤ 14

0434 이차함수 $y=x^2+(a-2)x-1-b$의 그래프와 x축은 서로 다른 두 점에서 만나고, 이 중 한 점의 x좌표가 $3+\sqrt{2}$일 때, 유리수 a, b에 대하여 $a+b$의 값은?

① -12　② -10　③ -8　④ -6　⑤ -4

0435 이차함수 $y=x^2-2kx+k+2$의 그래프는 x축과 한 점에서 만나고, 이차함수 $y=-x^2+x+k$의 그래프는 x축보다 항상 아래쪽에 있도록 하는 실수 k의 값은?

① -1　② $-\frac{1}{4}$　③ 0　④ 1　⑤ 2

0436 최고차항의 계수가 1인 이차방정식 $f(x)=0$의 두 근을 α, β라 하자. $\alpha+\beta=4$이고 이차함수 $y=f(x)$의 그래프에 직선 $y=2x-7$이 접할 때, $f(6)$의 값을 구하시오.

0437 이차함수 $y=2x^2-4x+1$의 그래프에 직선 $y=k$가 접할 때, 상수 k의 값은?

① -5　② -3　③ -1
④ 1　⑤ 3

0438 x의 값의 범위가 $-2\le x\le 2$인 두 이차함수

$$f(x)=x^2-2x+a,\ g(x)=-x^2-3ax+3$$

에 대하여 함수 $f(x)$의 최댓값이 10이다. 함수 $g(x)$의 최댓값을 M, 최솟값을 m이라 할 때, $M+m$의 값은?

(단, a는 상수이다.)

① -2　② -1　③ 0
④ 1　⑤ 2

0439 $-2\le x\le 1$일 때, 함수

$$y=(x^2+2x+2)^2-8(x^2+2x+2)+12$$

의 최댓값과 최솟값의 합은?

① 1　② 2　③ 3
④ 4　⑤ 5

0440 x, y가 실수일 때, $-x^2+2x-2y^2+11$의 최댓값은?

① 9　② 10　③ 11
④ 12　⑤ 13

05 이차방정식과 이차함수

0441 $3x-y^2=-3$을 만족시키는 실수 x, y에 대하여 $3x^2+2y^2+6x$의 최솟값은?

① -6 ② -3 ③ 0
④ 3 ⑤ 6

0442 최고차항의 계수가 1인 이차함수 $f(x)$에 대하여 함수 $y=f(x)$의 그래프는 x축과 서로 다른 두 점에서 만난다. 모든 실수 x에 대하여 $f(3-x)=f(3+x)$일 때, **보기**에서 옳은 것만을 있는 대로 고른 것은?

보기

ㄱ. $f(3)<f(4)<f(0)$
ㄴ. 이차방정식 $f(x)=0$의 두 실근의 합은 6이다.
ㄷ. 이차방정식 $f(x)=0$의 두 실근의 곱이 8이면 이차함수 $y=f(x)$의 그래프와 x축이 만나는 두 점 사이의 거리는 2이다.

① ㄴ ② ㄱ, ㄴ ③ ㄱ, ㄷ
④ ㄴ, ㄷ ⑤ ㄱ, ㄴ, ㄷ

0443 이차함수 $y=x^2-3x-5$의 그래프와 직선 $y=mx-2$의 두 교점을 (x_1, y_1), (x_2, y_2)라 할 때, $y_1+y_2=0$이 되도록 하는 모든 실수 m의 값의 합은?

① -3 ② -1 ③ 1
④ 3 ⑤ 5

0444 최고차항의 계수가 a인 이차함수 $f(x)$가 다음 조건을 만족시킨다.

(가) $x=1$에서 최솟값 b를 갖는다.
(나) 직선 $y=4x+6$과 이차함수 $y=f(x)$의 그래프가 만나는 두 점의 x좌표의 합이 4, 곱이 2이다.

$a+b$의 값은? (단, a, b는 상수이다.)

① 2 ② 4 ③ 6
④ 8 ⑤ 10

0445 그림과 같이 $\angle C=90°$이고 $\overline{AC}=12$, $\overline{BC}=6$인 직각삼각형 ABC가 있다. 빗변 AB 위의 한 점 P에서 $\overline{AC}$, $\overline{BC}$에 내린 수선의 발을 각각 Q, R라 하자. 직사각형 PRCQ의 넓이가 최대일 때, 직사각형 PRCQ의 둘레의 길이를 구하시오. (단, 점 P는 점 A와 점 B가 아니다.)

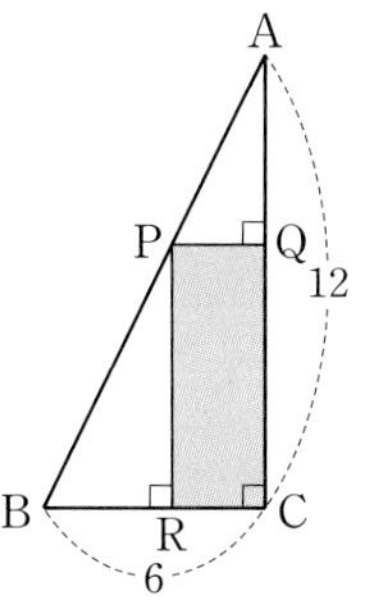

0446 좌표평면에서 직선 $y=t$가 두 이차함수 $y=\frac{1}{2}x^2+3$, $y=-\frac{1}{2}x^2+x+5$의 그래프와 만날 때, 만나는 서로 다른 점의 개수가 3인 모든 실수 t의 값의 합을 구하시오.

서술형

0447 이차함수 $f(x)=x^2+ax+b$가 다음 조건을 만족시킬 때, $a+b$의 값을 구하시오.

(단, $a>0$이고, a, b는 상수이다.)

(가) 직선 $y=2x+3$이 이차함수 $y=f(x)$의 그래프에 접한다.
(나) $-a\le x\le a$에서 최솟값은 -8이다.

0448 $0\le x\le 2$에서 이차함수 $y=-x^2+2ax-a$의 최댓값이 6일 때, 모든 상수 a의 값의 합을 구하시오.

개념 1 삼차방정식과 사차방정식의 풀이

> 유형 01, 02, 05, 06, 16

(1) 삼차방정식과 사차방정식

다항식 $f(x)$가 x에 대한 삼차식, 사차식일 때, 방정식

$f(x)=0$

을 각각 x에 대한 삼차방정식, 사차방정식이라 한다.

➡ 삼차방정식, 사차방정식의 근은 인수분해를 이용하여 구한다.

(2) 삼 · 사차방정식 $f(x)=0$에서 $f(x)$를 인수분해하는 방법

[방법 1] 인수분해 공식 이용

인수분해 공식을 이용하여 다항식 $f(x)$를 인수분해한다.

[방법 2] 인수정리와 조립제법 이용

방정식 $f(x)=0$에서

[1단계] $f(\alpha)=0$을 만족시키는 상수 α의 값을 찾는다. – 인수정리 이용

[2단계] $f(x)=(x-\alpha)Q(x)$ 꼴로 인수분해한다. – 조립제법 이용

[방법 3] 치환 이용

방정식에 공통부분이 있으면 치환하여 식을 간단히 한 후 인수분해한다.

개념 2 특수한 형태의 사차방정식의 풀이

> 유형 03, 04

(1) $x^4+ax^2+b=0$ $(a\neq0)$ 꼴 ⬅ 복이차방정식

[방법 1] $x^2=t$로 치환한 후 좌변을 인수분해하여 푼다.

[방법 2] 이차항 ax^2을 적당히 분리하여 $(x^2+A)^2-(Bx)^2=0$ 꼴로 변형한 후 좌변을 인수분해하여 푼다. – [방법 1]에서 치환한 후 바로 인수분해되지 않는 경우

(2) $ax^4+bx^3+cx^2+bx+a=0$ $(a\neq0)$ 꼴 ⬅ 상반방정식

➡ 양변을 x^2으로 나눈 후 $x+\frac{1}{x}=t$로 치환하여 t에 대한 이차방정식을 푼다.

개념 3 삼차방정식의 근과 계수의 관계

> 유형 07, 08

(1) 삼차방정식의 근과 계수의 관계

삼차방정식 $ax^3+bx^2+cx+d=0$의 세 근을 α, β, γ라 하면

$$\underbrace{\alpha+\beta+\gamma}_{\text{세 근의 합}}=-\frac{b}{a},\quad \underbrace{\alpha\beta+\beta\gamma+\gamma\alpha}_{\text{두 근끼리의 곱의 합}}=\frac{c}{a},\quad \underbrace{\alpha\beta\gamma}_{\text{세 근의 곱}}=-\frac{d}{a}$$

(2) 세 수를 근으로 하는 삼차방정식

세 수 α, β, γ를 근으로 하고 x^3의 계수가 1인 삼차방정식은

$$x^3-(\underbrace{\alpha+\beta+\gamma}_{\text{세 근의 합}})x^2+(\underbrace{\alpha\beta+\beta\gamma+\gamma\alpha}_{\text{두 근끼리의 곱의 합}})x-\underbrace{\alpha\beta\gamma}_{\text{세 근의 곱}}=0$$ ⬅ $(x-\alpha)(x-\beta)(x-\gamma)=0$

개념 1 삼차방정식과 사차방정식의 풀이

0449 다음 방정식을 푸시오.

(1) $x^3+27=0$

(2) $2x^3-2x^2+x-1=0$

0450 다음 방정식을 푸시오.

(1) $x^3-2x^2-5x+6=0$

(2) $x^3+4x^2+7x+6=0$

0451 다음 방정식을 푸시오.

(1) $(x^2+x)^2-8(x^2+x)+12=0$

(2) $(x^2-2x)^2-6(x^2-2x)-16=0$

개념 2 특수한 형태의 사차방정식의 풀이

0452 다음 방정식을 푸시오.

(1) $x^4-2x^2+1=0$

(2) $x^4+3x^2+4=0$

(3) $x^4+2x^3-x^2+2x+1=0$

개념 3 삼차방정식의 근과 계수의 관계

0453 삼차방정식 $x^3-2x^2+3x+4=0$의 세 근을 α, β, γ라 할 때, 다음 식의 값을 구하시오.

(1) $\alpha+\beta+\gamma$

(2) $\alpha\beta+\beta\gamma+\gamma\alpha$

(3) $\alpha\beta\gamma$

0454 삼차방정식 $x^3+4x^2-2x-1=0$의 세 근을 α, β, γ라 할 때, 다음 식의 값을 구하시오.

(1) $\alpha^2+\beta^2+\gamma^2$

(2) $\frac{1}{\alpha}+\frac{1}{\beta}+\frac{1}{\gamma}$

(3) $(\alpha+1)(\beta+1)(\gamma+1)$

0455 다음 세 수를 근으로 하고 x^3의 계수가 1인 삼차방정식을 구하시오.

(1) -2, 0, 3

(2) 1, $1+\sqrt{2}$, $1-\sqrt{2}$

(3) -2, $3i$, $-3i$

개념 4 삼차방정식의 켤레근

> 유형 09

삼차방정식 $ax^3+bx^2+cx+d=0$에서

(1) a, b, c, d가 유리수일 때, 삼차방정식의 한 근이 $p+q\sqrt{m}$이면 다른 한 근은 $p-q\sqrt{m}$이다.
(단, p, q는 유리수, $q\neq0$, $\sqrt{m}$은 무리수)

(2) a, b, c, d가 실수일 때, 삼차방정식의 한 근이 $p+qi$이면 다른 한 근은 $p-qi$이다.
(단, p, q는 실수, $q\neq0$, $i=\sqrt{-1}$)

개념 5 방정식 $x^3=1$, $x^3=-1$의 허근의 성질

> 유형 10

(1) 방정식 $x^3=1$의 한 허근을 ω라 하면 다음 성질이 성립한다. (단, $\overline{\omega}$는 ω의 켤레복소수)

① $\omega^3=1$, $\omega^2+\omega+1=0$ ② $\omega+\overline{\omega}=-1$, $\omega\overline{\omega}=1$ ③ $\omega^2=\overline{\omega}=\frac{1}{\omega}$

(2) 방정식 $x^3=-1$의 한 허근을 ω라 하면 다음 성질이 성립한다. (단, $\overline{\omega}$는 ω의 켤레복소수)

① $\omega^3=-1$, $\omega^2-\omega+1=0$ ② $\omega+\overline{\omega}=1$, $\omega\overline{\omega}=1$ ③ $\omega^2=-\overline{\omega}=-\frac{1}{\omega}$

개념 6 연립이차방정식의 풀이

> 유형 11~14, 16

(1) **미지수가 2개인 연립이차방정식**

미지수가 2개인 연립방정식에서 차수가 가장 높은 방정식이 이차방정식일 때, 이 연립방정식을 연립이차방정식이라 한다.

(2) **미지수가 2개인 연립이차방정식의 풀이**

① $\begin{cases}\text{일차방정식}\\ \text{이차방정식}\end{cases}$ 꼴의 연립이차방정식

일차방정식을 한 문자에 대하여 정리한 것을 이차방정식에 대입하여 푼다.

② $\begin{cases}\text{이차방정식}\\ \text{이차방정식}\end{cases}$ 꼴의 연립이차방정식

한 이차방정식에서 인수분해를 이용하여 일차방정식을 만든 후 이차방정식과 연립하여 푼다.

③ x, y에 대한 대칭식인 연립이차방정식 ← x, y를 서로 바꾸어 대입해도 변하지 않는 식

$x+y=u$, $xy=v$로 놓고 u, v에 대한 연립방정식으로 변형하여 방정식을 푼 후 x, y는 t에 대한 이차방정식 $t^2-ut+v=0$의 두 근임을 이용한다.

개념 7 부정방정식의 풀이

> 유형 15, 16

(1) **정수 조건의 부정방정식의 풀이**

(일차식)×(일차식)=(정수) 꼴로 변형한 후 약수와 배수의 성질을 이용하여 곱해서 우변의 정수의 값이 되는 두 정수의 값의 쌍을 하나씩 찾는다.

(2) **실수 조건의 부정방정식의 풀이**

① $A^2+B^2=0$ 꼴로 변형하여 A, B가 실수일 때, $A=0$, $B=0$임을 이용한다.

② 한 문자에 대하여 내림차순으로 정리한 후 (판별식)≥0임을 이용한다.

개념 4 삼차방정식의 켤레근

0456 삼차방정식 $x^3+ax^2+bx+c=0$의 두 근이 -1, $2+\sqrt{3}$일 때, 유리수 a, b, c에 대하여 $a+b+c$의 값을 구하시오.

0457 삼차방정식 $x^3+ax^2+bx+c=0$의 두 근이 2, $-3+i$일 때, 실수 a, b, c에 대하여 $a+b+c$의 값을 구하시오.

개념 5 방정식 $x^3=1$, $x^3=-1$의 허근의 성질

0458 방정식 $x^3=1$의 한 허근을 ω라 할 때, 다음 식의 값을 구하시오. (단, $\overline{\omega}$는 ω의 켤레복소수이다.)

(1) $\omega^2+\omega+1$

(2) $\omega+\overline{\omega}$

(3) $\omega\overline{\omega}$

(4) $\omega^{14}+\omega^{13}+\omega^{12}$

(5) $\omega^{26}+\omega^{16}$

(6) $\omega+\dfrac{1}{\omega}$

0459 방정식 $x^3=-1$의 한 허근을 ω라 할 때, 다음 식의 값을 구하시오. (단, $\overline{\omega}$는 ω의 켤레복소수이다.)

(1) $\omega^2-\omega+1$

(2) $\omega+\overline{\omega}$

(3) $\omega\overline{\omega}$

(4) $\omega^{14}-\omega^{13}+\omega^{12}$

(5) $\omega^{26}+\omega^{16}$

(6) $\omega+\dfrac{1}{\omega}$

개념 6 연립이차방정식의 풀이

0460 다음 연립방정식을 푸시오.

(1) $\begin{cases} x+2y=0 \\ x^2+y^2=45 \end{cases}$

(2) $\begin{cases} x-y=1 \\ x^2+y^2=25 \end{cases}$

(3) $\begin{cases} 2x^2+xy-y^2=0 \\ x^2+xy+y^2=7 \end{cases}$

(4) $\begin{cases} x+y=5 \\ xy=6 \end{cases}$

(5) $\begin{cases} x+y=-3 \\ x^2+y^2=5 \end{cases}$

개념 7 부정방정식의 풀이

0461 방정식 $(x-1)(y+1)=4$를 만족시키는 정수 x, y의 순서쌍 (x, y)를 모두 구하시오.

0462 방정식 $(x-y+2)^2+(x+y-4)^2=0$을 만족시키는 실수 x, y에 대하여 x^2+y^2의 값을 구하시오.

06 여러 가지 방정식

기출 & 변형하면…

유형 01 삼차방정식과 사차방정식의 풀이 개념 1

0463 삼차방정식 $x^3+4x^2+x-6=0$의 서로 다른 세 실근을 α, β, γ $(\alpha>\beta>\gamma)$라 할 때, $2\alpha-\beta-\gamma$의 값은?

① 1 ② 3 ③ 5
④ 7 ⑤ 9

→ **0464** 삼차방정식 $x^3+x^2+3x+10=0$의 두 허근을 α, β라 할 때, $\alpha^3+\beta^3$의 값을 구하시오.

0465 사차방정식 $x^4+x^3-x^2-7x-6=0$의 두 허근을 α, β라 할 때, $\alpha\overline{\alpha}+\beta\overline{\beta}$의 값은?

(단, $\overline{\alpha}$, $\overline{\beta}$는 각각 α, β의 켤레복소수이다.)

① 2 ② 4 ③ 6
④ 8 ⑤ 10

→ **0466** 사차방정식 $x^4-6x^3+10x^2+2x-15=0$의 해는 $x=\alpha$ 또는 $x=\beta$ 또는 $x=\gamma\pm i$이다. 이때 세 유리수 α, β, γ에 대하여 $\alpha+\beta+\gamma$의 값은?

① 1 ② 2 ③ 3
④ 4 ⑤ 5

유형 02 공통부분이 있는 사차방정식의 풀이 개념 1

0467 사차방정식 $(x^2+x)^2-14(x^2+x)+24=0$의 네 실근 중 가장 큰 근을 a, 가장 작은 근을 b라 할 때, $2a-b$의 값은?

① 6 ② 7 ③ 8
④ 9 ⑤ 10

→ **0468** 사차방정식 $(x^2-3x+3)(x^2-3x-2)+4=0$의 모든 양수인 근의 곱은?

① 1 ② 2 ③ 3
④ $\sqrt{13}$ ⑤ $3+\sqrt{13}$

0469 사차방정식 $(x^2+2x-1)^2+4(x^2+2x)-9=0$의 모든 실근의 합을 a, 모든 허근의 곱을 b라 할 때, $a+b$의 값은?

① 0 ② 2 ③ 4
④ 6 ⑤ 8

서술형
0470 사차방정식 $(x-1)(x-2)(x-3)(x-4)=120$의 한 허근을 α라 할 때, $\alpha^2-5\alpha$의 값을 구하시오.

유형 03 $x^4+ax^2+b=0$ 꼴의 사차방정식의 풀이 개념 2

0471 사차방정식 $x^4+x^2-20=0$의 두 실근의 곱은?

① -20 ② -5 ③ -4
④ 4 ⑤ 5

0472 사차방정식 $x^4-10x^2+9=0$의 네 근을 α, β, γ, δ라 할 때, $|\alpha|+|\beta|+|\gamma|+|\delta|$의 값을 구하시오.

0473 사차방정식 $x^4-11x^2+1=0$의 네 근을 α, β, γ, δ라 할 때, $\frac{1}{\alpha}+\frac{1}{\beta}+\frac{1}{\gamma}+\frac{1}{\delta}$의 값을 구하시오.

0474 사차방정식 $x^4+4x^2+16=0$의 근 중 허수부분이 양수인 모든 근의 합은?

① i ② $\sqrt{2}i$ ③ $\sqrt{3}i$
④ $2\sqrt{2}i$ ⑤ $2\sqrt{3}i$

06 여러 가지 방정식

유형 04 $ax^4+bx^3+cx^2+bx+a=0$ 꼴의 방정식의 풀이 개념 2

0475 사차방정식 $x^4-2x^3-x^2-2x+1=0$의 두 실근의 합을 a, 두 허근의 곱을 b라 할 때, $a+b$의 값은?

① 2 ② 4 ③ 6
④ 8 ⑤ 10

➔ 서술형 **0476** 사차방정식 $x^4-3x^3+2x^2-3x+1=0$의 한 실근을 α라 할 때, $\alpha+\frac{1}{\alpha}$의 값을 구하시오.

유형 05 삼 · 사차방정식의 미정계수 구하기 개념 1

0477 삼차방정식 $x^3+kx^2-x+4=0$의 한 근이 1이고 나머지 두 근이 α, β일 때, $k+\alpha+\beta$의 값은? (단, k는 상수이다.)

① -2 ② -1 ③ 3
④ 4 ⑤ 5

➔ **0478** 삼차식 x^3+x^2+ax+b가 일차식 $x-\sqrt{3}$으로 나누어떨어질 때, 삼차방정식 $x^3+x^2+ax+b=0$의 세 근의 곱을 구하시오. (단, a, b는 유리수이다.)

0479 삼차방정식 $x^3+ax^2+bx+24=0$의 두 근이 -2, 3일 때, 나머지 한 근을 구하시오. (단, a, b는 상수이다.)

➔ **0480** 사차방정식 $x^4+2x^3+ax^2+bx-b=0$의 두 근이 -1, 2일 때, 나머지 두 근의 곱을 구하시오.

(단, a, b는 상수이다.)

유형 06 삼차방정식의 근의 판별 개념 1

0481 삼차방정식 $x^3-5x^2+2(2-k)x+2k=0$의 근이 모두 실수일 때, 정수 k의 최솟값은?

① -4 ② -3 ③ -2
④ -1 ⑤ 0

➜ **0482** 삼차방정식 $x^3-x^2+(a-2)x-2a=0$이 한 개의 실근과 두 개의 허근을 가질 때, 실수 a의 값의 범위를 구하시오.

0483 삼차방정식 $x^3+5x^2+(k+4)x+k=0$이 서로 다른 세 실근을 가질 때, 모든 자연수 k의 값의 합은?

① 2 ② 3 ③ 4
④ 5 ⑤ 6

➜ **0484** 삼차방정식 $x^3+ax^2+bx-8=0$이 중근 $x=-2$를 갖도록 하는 상수 a, b에 대하여 $a+b$의 값은?

① -5 ② -4 ③ -3
④ -2 ⑤ -1

0485 삼차방정식 $x^3-5x^2+(2k+4)x-2k=0$이 중근을 갖도록 하는 모든 실수 k의 값의 곱은?

① 3 ② 4 ③ 5
④ 6 ⑤ 7

➜ **0486** 삼차방정식 $x^3+3x^2+(k+2)x+k=0$의 서로 다른 실근이 한 개뿐일 때, 정수 k의 최솟값을 구하시오.

유형 07 삼차방정식의 근과 계수의 관계 개념 3

0487 삼차방정식 $x^3-6x^2-x+4=0$의 세 근을 α, β, γ라 할 때, $\alpha^2+\beta^2+\gamma^2$의 값은?

① 34 ② 36 ③ 38
④ 40 ⑤ 42

서술형
0488 삼차방정식 $x^3-2x^2+kx-4=0$의 세 근을 α, β, γ라 할 때, $\frac{1}{\alpha}+\frac{1}{\beta}+\frac{1}{\gamma}=\frac{3}{2}$이다. 이때 상수 k의 값을 구하시오.

0489 삼차방정식 $x^3-12x^2+27x+40=0$의 세 근을 α, β, γ라 할 때, $(1-\alpha)(1-\beta)(1-\gamma)$의 값은?

① 12 ② 28 ③ 36
④ 45 ⑤ 56

0490 삼차방정식 $x^3-2x^2-7x+6=0$의 세 근을 α, β, γ라 할 때, $(\alpha+\beta)(\beta+\gamma)(\gamma+\alpha)$의 값은?

① -8 ② -7 ③ -6
④ -5 ⑤ -4

0491 삼차방정식 $x^3-12x^2+ax+b=0$의 세 근의 비가 1 : 2 : 3일 때, 상수 a, b에 대하여 $a+b$의 값은?

① -8 ② -7 ③ -6
④ -5 ⑤ -4

0492 삼차방정식 $x^3+9x^2+ax+b=0$의 세 근이 연속한 세 정수일 때, 상수 a, b에 대하여 $a+b$의 값을 구하시오.

유형 08 삼차방정식의 작성 개념 3

0493 삼차방정식 $x^3-4x^2+2x-5=0$의 세 근을 α, β, γ라 할 때, $\alpha-2$, $\beta-2$, $\gamma-2$를 세 근으로 하고 x^3의 계수가 1인 삼차방정식은 $x^3+ax^2+bx+c=0$이다. 상수 a, b, c에 대하여 $a+b+c$의 값은?

① -11 ② -10 ③ -9
④ -8 ⑤ -7

➜ **0494** 삼차방정식 $x^3+3x^2-2x-1=0$의 세 근을 α, β, γ라 할 때, $\frac{1}{\alpha}$, $\frac{1}{\beta}$, $\frac{1}{\gamma}$을 세 근으로 하고 x^3의 계수가 1인 삼차방정식은 $x^3+ax^2+bx+c=0$이다. 상수 a, b, c에 대하여 $a+b-c$의 값은?

① 0 ② 1 ③ 2
④ 3 ⑤ 4

0495 x^3의 계수가 1인 삼차식 $f(x)$에 대하여

$$f(1)=f(2)=f(5)=-1$$

이 성립할 때, 방정식 $f(x)=0$의 모든 근의 곱은?

① 8 ② 9 ③ 10
④ 11 ⑤ 12

➜ **0496** x^3의 계수가 1인 삼차식 $f(x)$에 대하여

$$f(0)=12,\ f(2)=f(3)=f(4)=a$$

가 성립할 때, 실수 a의 값은?

① 12 ② 18 ③ 24
④ 30 ⑤ 36

06 여러 가지 방정식

유형 09 삼 · 사차방정식의 켤레근 개념 4

0497 삼차방정식 $x^3+ax^2+bx-4=0$의 한 근이 $2+\sqrt{3}$일 때, 유리수 a, b에 대하여 $b-a$의 값을 구하시오.

➜ 서술형 **0498** 삼차방정식 $x^3+5x^2+px+q=0$의 두 근이 α, $-2+i$일 때, $p+q+\alpha$의 값을 구하시오.
(단, p, q, α는 실수이다.)

0499 한 근이 $2-\sqrt{2}i$인 삼차방정식 $x^3+ax^2+bx+c=0$과 이차방정식 $x^2+ax+4=0$이 공통인 근 m을 가질 때, m의 값은? (단, a, b, c는 실수이다.)

① -2 ② -1 ③ 1
④ 2 ⑤ 3

➜ **0500** 사차방정식 $x^4+ax^3+bx^2+cx+d=0$의 두 근이 $1+\sqrt{3}$, $1-i$일 때, 유리수 a, b, c, d에 대하여 $a+b+c+d$의 값은?

① -4 ② -3 ③ -2
④ -1 ⑤ 0

유형 10 방정식 $x^3=1$, $x^3=-1$의 허근의 성질 개념 5

0501 방정식 $x^3+1=0$의 한 허근을 ω라 할 때, $\dfrac{\omega^2}{1-\omega}-\dfrac{\omega}{1+\omega^2}$의 값은?

① -3 ② -2 ③ -1
④ 0 ⑤ 1

➜ **0502** $\omega=\dfrac{-1-\sqrt{3}i}{2}$일 때, $(1+\omega)(1+\omega^2)(1+\omega^3)$의 값은?

① -2 ② -1 ③ 1
④ 2 ⑤ 3

0503 방정식 $x^3=1$의 한 허근을 ω라 할 때, **보기**에서 옳은 것만을 있는 대로 고른 것은? (단, $\overline{\omega}$는 ω의 켤레복소수이다.)

보기

ㄱ. $\omega^{11}+\omega^{10}+\omega^9=1$

ㄴ. $\omega^2+\overline{\omega}^2=-1$

ㄷ. $\dfrac{1}{1-\omega}+\dfrac{1}{1-\overline{\omega}}=1$

① ㄱ ② ㄷ ③ ㄱ, ㄴ
④ ㄴ, ㄷ ⑤ ㄱ, ㄴ, ㄷ

➜ 0504 방정식 $x^3=-1$의 한 허근을 ω라 할 때, **보기**에서 옳은 것만을 있는 대로 고른 것은?

(단, $\overline{\omega}$는 ω의 켤레복소수이다.)

보기

ㄱ. $\omega^8-\overline{\omega}^4=0$

ㄴ. $\dfrac{1-\omega}{\omega}+\dfrac{1-\overline{\omega}}{\overline{\omega}}=-1$

ㄷ. $z=\dfrac{\omega-1}{2\omega+1}$일 때, $z\overline{z}=\dfrac{3}{7}$

① ㄱ ② ㄴ ③ ㄱ, ㄴ
④ ㄱ, ㄷ ⑤ ㄱ, ㄴ, ㄷ

0505 방정식 $x^3-1=0$의 한 허근을 ω라 할 때,

$$\left(\omega+\frac{1}{\omega}\right)+\left(\omega^2+\frac{1}{\omega^2}\right)+\left(\omega^3+\frac{1}{\omega^3}\right)+\cdots+\left(\omega^{16}+\frac{1}{\omega^{16}}\right)$$

의 값을 구하시오.

➜ 0506 방정식 $x^3=-1$의 한 허근을 ω라 할 때,

$$1-\omega+\omega^2-\omega^3+\omega^4-\omega^5+\cdots+\omega^{66}$$

의 값을 구하시오.

유형 11 $\begin{cases} \text{일차방정식} \\ \text{이차방정식} \end{cases}$ 꼴의 연립이차방정식의 풀이 개념 6

0507 연립방정식 $\begin{cases} 2x-3y=1 \\ x^2-9y^2=-5 \end{cases}$의 해를 $x=\alpha$, $y=\beta$라 할 때, $\alpha+\beta$의 값은? (단, $\alpha>0$, $\beta>0$)

① 0 ② 1 ③ 2
④ 3 ⑤ 4

→ **0508** 연립방정식 $\begin{cases} x-y=2 \\ xy-4x+9=0 \end{cases}$의 해를 $x=\alpha$, $y=\beta$라 할 때, $\alpha+\beta$의 값을 구하시오.

0509 연립방정식 $\begin{cases} x-y=a \\ x^2+xy-y^2=b \end{cases}$의 한 근이 $x=1$, $y=-2$일 때, 나머지 한 근은 $x=\alpha$, $y=\beta$이다. $\alpha+\beta$의 값은?

① -11 ② -9 ③ -7
④ -5 ⑤ -3

→ **0510** 두 연립방정식 $\begin{cases} x^2+ay^2=9 \\ x-y=-1 \end{cases}$, $\begin{cases} x-5y=b \\ x^2-2y^2=-7 \end{cases}$의 공통인 해가 존재할 때, 실수 a, b에 대하여 $a-b$의 값은? (단, $a>0$)

① 8 ② 9 ③ 10
④ 11 ⑤ 12

유형 12 $\begin{cases} \text{이차방정식} \\ \text{이차방정식} \end{cases}$ 꼴의 연립이차방정식의 풀이 개념 6

0511 연립방정식 $\begin{cases} x^2-3xy+2y^2=0 \\ x^2-xy+4y^2=12 \end{cases}$의 해를 $x=\alpha$, $y=\beta$라 할 때, $|\alpha-\beta|$의 최댓값은?

① $\sqrt{2}$ ② $\sqrt{3}$ ③ $2\sqrt{2}$
④ 3 ⑤ $2\sqrt{3}$

→ **0512** 연립방정식 $\begin{cases} x^2-4xy-5y^2=0 \\ x^2+y^2=26 \end{cases}$을 만족시키는 x, y에 대하여 xy의 최댓값과 최솟값의 합을 구하시오.

0513 연립방정식 $\begin{cases} x^2+2x-y=3 \\ 2x^2+x+y=3 \end{cases}$의 해를 $x=\alpha$, $y=\beta$라 할 때, $\alpha+\beta$의 최솟값은?

① -7 ② -6 ③ -5
④ -4 ⑤ -3

➜ **0514** 연립방정식 $\begin{cases} x^2+2xy+y^2=4 \\ x^2-xy+2y^2=2 \end{cases}$의 해를 $x=\alpha$, $y=\beta$라 할 때, $\alpha^2+\beta^2$의 최댓값은?

① $\frac{1}{4}$ ② $\frac{1}{2}$ ③ 2
④ $\frac{5}{2}$ ⑤ $\frac{9}{2}$

유형 13 x, y에 대한 대칭식인 연립이차방정식의 풀이 개념 6

0515 연립방정식 $\begin{cases} x+y-xy=1 \\ 3(x+y)+xy=11 \end{cases}$의 해를 $x=\alpha$, $y=\beta$라 할 때, $\frac{\beta}{\alpha}$의 값을 구하시오. (단, $\alpha<\beta$)

➜ 서술형 **0516** 연립방정식 $\begin{cases} x^2+y^2=20 \\ xy=8 \end{cases}$을 만족시키는 x, y의 순서쌍 (x, y)를 모두 구하시오.

0517 연립방정식 $\begin{cases} 3x-xy+3y=0 \\ x^2+y^2=16 \end{cases}$을 만족시키는 실수 x, y에 대하여 xy의 값은?

① -9 ② -8 ③ -7
④ -6 ⑤ -5

➜ **0518** 두 연립방정식 $\begin{cases} x-y=a \\ x+y=5 \end{cases}$, $\begin{cases} x-2y=b \\ x^2+y^2=37 \end{cases}$의 공통인 해가 존재할 때, 자연수 a, b에 대하여 $a+b$의 값을 구하시오.

06 여러 가지 방정식

유형 14 연립이차방정식의 해의 조건 개념 6

0519 연립방정식 $\begin{cases} 3x-y=a \\ x^2+y^2=a \end{cases}$의 해가 오직 한 쌍만 존재하도록 하는 양수 a의 값은?

① 6 ② 7 ③ 10
④ 11 ⑤ 15

→ **0520** 연립방정식 $\begin{cases} x+y=k \\ xy+3x-4=0 \end{cases}$이 오직 한 쌍의 해 $x=\alpha$, $y=\beta$를 가질 때, $k+\alpha^2+\beta^2$의 값을 구하시오.

(단, $k>0$)

0521 연립방정식 $\begin{cases} x+y=10-2a \\ xy=a^2-7 \end{cases}$이 실근을 가질 때, 정수 a의 최댓값을 구하시오.

→ 서술형 **0522** 연립방정식 $\begin{cases} 3x+y=k \\ x^2+x-y=-8 \end{cases}$의 실근이 존재하지 않도록 하는 모든 자연수 k의 값의 합을 구하시오.

유형 15 부정방정식의 풀이 개념 7

0523 방정식 $xy-3x-5y-2=0$을 만족시키는 정수 x, y에 대하여 xy의 최댓값은?

① 108 ② 112 ③ 116
④ 120 ⑤ 124

→ **0524** 방정식 $\frac{1}{x}+\frac{1}{y}=\frac{1}{4}$을 만족시키는 자연수 x, y에 대하여 $x-y$의 최솟값을 구하시오.

0525 방정식 $x^2-2xy+3y^2-8y+8=0$을 만족시키는 실수 x, y에 대하여 xy의 값을 구하시오.

➜ **0526** 방정식 $x^2-6xy+10y^2-2x+4y+2=0$을 만족시키는 실수 x, y에 대하여 $x+y$의 값을 구하시오.

유형 16 방정식의 활용

개념 1, 6, 7

0527 한 모서리의 길이가 자연수인 정육면체의 밑면의 가로와 세로의 길이를 각각 2 cm, 5 cm씩 늘이고 높이를 1 cm 줄여서 직육면체를 만들었더니 부피가 처음 정육면체의 부피의 $\frac{7}{2}$배가 되었다. 처음 정육면체의 한 모서리의 길이는?

① 1 cm ② 2 cm ③ 3 cm ④ 4 cm ⑤ 5 cm

➜ **0528** 오른쪽 그림과 같이 밑면의 반지름의 길이와 높이가 모두 x cm인 원기둥 모양의 그릇에 108π cm^3의 물을 부었더니 그릇의 위에서부터 3 cm만큼이 채워지지 않았다. 이때 원기둥 모양의 그릇의 부피는? (단, 그릇의 두께는 무시한다.)

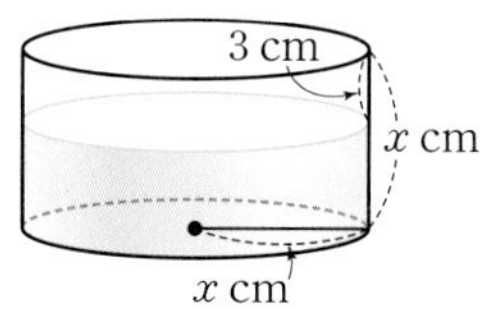

① 192π cm^3 ② 200π cm^3 ③ 208π cm^3 ④ 216π cm^3 ⑤ 224π cm^3

0529 각 자리의 숫자의 제곱의 합이 53인 두 자리 자연수가 있다. 이 자연수의 일의 자리의 숫자와 십의 자리의 숫자를 바꾼 수와 처음 수의 합이 99일 때, 처음 수를 구하시오.
(단, 처음 수의 십의 자리의 숫자가 일의 자리의 숫자보다 작다.)

➜ **0530** 그림과 같이 $\overline{AB}=9$, $\overline{CD}=7$, $\angle BAD=\angle BCD=90^\circ$인 사각형 ABCD가 있다. 이 사각형의 네 변의 길이는 서로 다른 자연수이고, 대각선 BD의 길이를 a라 할 때, a^2의 값을 구하시오. (단, $\overline{BC}>\overline{AD}$)

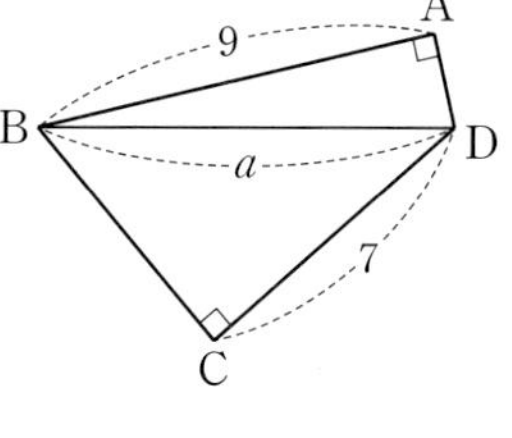

06 여러 가지 방정식

실력 완성!

0531 삼차방정식 $x^3+3x^2+3x+2=0$의 해는 $x=\alpha$ 또는 $x=\frac{\beta\pm\sqrt{\gamma}i}{2}$이다. 이때 유리수 α, β, γ에 대하여 $\alpha+\beta+\gamma$의 값은?

① 0 ② 1 ③ 2
④ 3 ⑤ 4

0532 삼차방정식 $3x^3+x^2+ax+b=0$의 한 근이 $\sqrt{2}$일 때, 유리수 a, b에 대하여 ab의 값은?

① 10 ② 12 ③ 14
④ 15 ⑤ 16

0533 연립방정식 $\begin{cases} x-2y=3 \\ (x-3)^2+y^2=20 \end{cases}$의 해를 $x=\alpha$, $y=\beta$라 할 때, 양수 α, β에 대하여 $\alpha+\beta$의 값은?

① 3 ② 5 ③ 7
④ 9 ⑤ 11

0534 사차방정식 $(x^2-3x+6)(x^2-3x-2)+15=0$의 서로 다른 두 허근을 α, β라 할 때, $\alpha+\overline{\alpha}+\beta\overline{\beta}$의 값은?

(단, $\overline{\alpha}$, $\overline{\beta}$는 각각 α, β의 켤레복소수이다.)

① 3 ② 6 ③ 9
④ 12 ⑤ 15

0535 사차방정식 $x^4-20x^2+4=0$의 모든 양수인 근의 곱을 구하시오.

0536 사차방정식 $x^4+px^3+4x^2+px+1=0$의 한 근 α에 대하여 $\alpha+\frac{1}{\alpha}=3$일 때, 상수 p의 값은?

① $-\frac{13}{3}$ ② -4 ③ $-\frac{11}{3}$
④ $-\frac{10}{3}$ ⑤ -3

0537 삼차방정식 $x^3+2x^2+(2a-3)x-2a=0$에 대하여 보기에서 옳은 것만을 있는 대로 고른 것은?

보기
ㄱ. 적어도 하나의 실근을 갖는다.
ㄴ. 오직 하나의 실근을 갖도록 하는 정수 a의 최솟값은 2이다.
ㄷ. 중근을 갖도록 하는 실수 a는 2개이다.

① ㄱ　② ㄴ　③ ㄱ, ㄴ
④ ㄱ, ㄷ　⑤ ㄱ, ㄴ, ㄷ

0538 삼차방정식 $x^3+2x^2+3x-3=0$의 세 근을 α, β, γ라 할 때, $\alpha^3+\beta^3+\gamma^3$의 값을 구하시오.

0539 삼차방정식 $x^3+px+q=0$의 한 근이 $\frac{5}{2+i}$일 때, 실수 p, q에 대하여 $p+q$의 값은?

① 9　② 10　③ 11
④ 12　⑤ 13

0540 삼차방정식 $x^3=1$의 한 허근을 ω라 할 때, 이차방정식 $x^2+ax+b=0$의 한 근이 2ω가 되도록 하는 실수 a, b에 대하여 $a+b$의 값을 구하시오.

0541 연립방정식 $\begin{cases} x^2-4xy+3y^2=0 \\ 3x^2-4xy+2y^2=17 \end{cases}$의 해를 $x=\alpha$, $y=\beta$라 할 때, $\alpha^2+\beta^2$의 최댓값은?

① 30　② 34　③ 38
④ 42　⑤ 46

0542 연립방정식 $\begin{cases} x+y=1 \\ x^2y+xy^2=-2 \end{cases}$를 만족시키는 x, y에 대하여 $2x+3y$의 최댓값은?

① 1　② 2　③ 3
④ 4　⑤ 5

06 여러 가지 방정식

0543 연립방정식 $\begin{cases} 2x-y+k=0 \\ 4x^2-2y=17 \end{cases}$이 실근을 갖지 않을 때, 정수 k의 최댓값은?

① -11 ② -10 ③ -9
④ -8 ⑤ -7

0544 삼차방정식 $x^3-3x^2+(k+2)x-k=0$의 서로 다른 세 실근 1, α, β가 직각삼각형의 세 변의 길이가 될 때, 상수 k의 값은?

① $\frac{11}{16}$ ② $\frac{3}{4}$ ③ $\frac{13}{16}$
④ $\frac{7}{8}$ ⑤ $\frac{15}{16}$

0545 삼차방정식 $x^3+ax^2+bx+c=0$의 세 근을 α, β, γ라 하자. $\frac{1}{\alpha\beta}$, $\frac{1}{\beta\gamma}$, $\frac{1}{\gamma\alpha}$을 세 근으로 하는 삼차방정식을 $x^3-x^2+3x-1=0$이라 할 때, $a^2+b^2+c^2$의 값은?
(단, a, b, c는 상수이다.)

① 9 ② 10 ③ 11
④ 12 ⑤ 13

0546 방정식 $x+\frac{1}{x}=1$을 만족시키는 한 근 ω에 대하여 $\omega^n+\overline{\omega}^n=2$를 만족시키는 100 이하의 자연수 n의 개수를 구하시오. (단, $\overline{\omega}$는 ω의 켤레복소수이다.)

0547 이차방정식 $x^2-(m+5)x-m-1=0$의 두 근이 정수가 되도록 하는 모든 정수 m의 값의 곱을 구하시오.

0548 그림과 같이 가로의 길이가 20 cm, 세로의 길이가 12 cm인 직사각형 모양의 종이가 있다. 이 종이의 네 귀퉁이에서 한 변의 길이가 x cm인 정사각형 모양을 잘라내고 점선을 따라 접었더니 부피가 256 cm^3인 뚜껑 없는 직육면체 모양의 상자가 되었다. 모든 x의 값의 합을 $p+q\sqrt{17}$이라 할 때, $p+q$의 값을 구하시오. (단, p와 q는 유리수이다.)

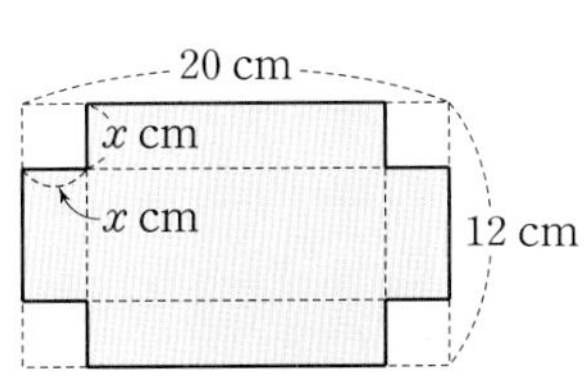

서술형

0549 한 근이 $1+\sqrt{2}i$인 삼차방정식 $x^3+ax^2+bx+c=0$과 이차방정식 $x^2+ax+2=0$이 공통인 근을 가질 때, 실수 a, b, c에 대하여 $|a|+|b|+|c|$의 값을 구하시오.

0550 그림과 같이 한 변의 길이가 10인 두 정사각형 ABCD, PQRS가 있다. 선분 AD와 선분 PQ가 점 H에서 수직으로 만나고 선분 CD와 선분 QR가 점 I에서 수직으로 만난다. 사각형 HQID의 넓이가 18이고 $\overline{AP}=\sqrt{65}$일 때, 선분 QD의 길이를 구하시오.

(단, 사각형 HQID의 둘레의 길이는 20보다 작다.)

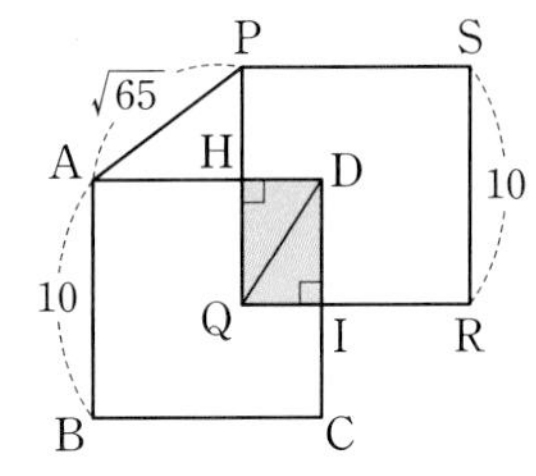

부등식

07 연립일차부등식

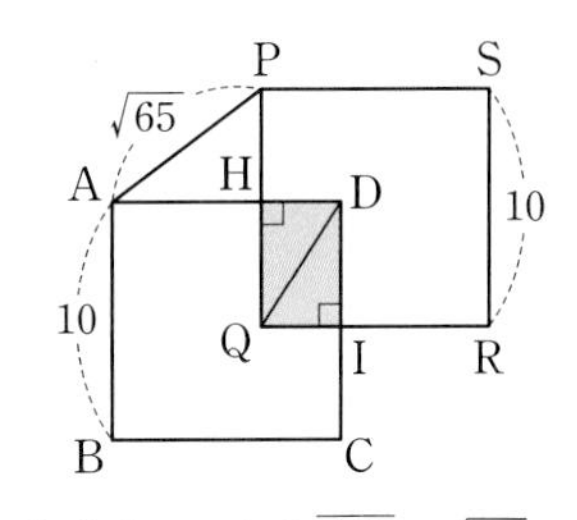

08 이차부등식과 연립이차부등식

개념 1 부등식의 기본 성질

> 유형 01

실수 a, b, c에 대하여

(1) $a>b$, $b>c$이면 $a>c$

(2) $a>b$이면 $a+c>b+c$, $a-c>b-c$

(3) $a>b$, $c>0$이면 $ac>bc$, $\frac{a}{c}>\frac{b}{c}$

(4) $a>b$, $c<0$이면 $ac<bc$, $\frac{a}{c}<\frac{b}{c}$

개념 2 부등식 $ax>b$의 풀이

> 유형 02

부등식 $ax>b$의 해는

(1) $a>0$일 때, $x>\frac{b}{a}$

(2) $a<0$일 때, $x<\frac{b}{a}$

(3) $a=0$일 때, $\begin{cases} b\geq 0\text{이면 해는 없다.} \\ b<0\text{이면 해는 모든 실수이다.} \end{cases}$

← x에 어떤 값을 대입해도 부등식이 성립하지 않으므로 해는 없다.

← x에 어떤 값을 대입해도 부등식이 항상 성립하므로 해는 모든 실수이다.

예 x에 대한 부등식 $ax<a-1$에서

(1) $a>0$일 때, $x<\frac{a-1}{a}$

(2) $a<0$일 때, $x>\frac{a-1}{a}$

(3) $a=0$일 때, $0\times x<-1$이므로 해가 없다.

개념 3 연립일차부등식

> 유형 03, 06, 07, 08, 13

(1) **연립부등식**: 두 개 이상의 부등식을 한 쌍으로 묶어서 나타낸 것

(2) **연립일차부등식**: 일차부등식으로만 이루어진 연립부등식

(3) **연립부등식의 해**: 연립부등식에서 각 부등식의 공통인 해를 연립부등식의 해라 하고, 연립부등식의 해를 구하는 것을 '연립부등식을 푼다'고 한다.

(4) **연립일차부등식의 풀이**

[1단계] 각각의 일차부등식을 푼다.

[2단계] 각 부등식의 해를 수직선 위에 나타낸다.

[3단계] 공통부분을 찾아 주어진 연립부등식의 해를 구한다.

참고 $a<b$일 때

① $\begin{cases} x\geq a \\ x<b \end{cases}$ ② $\begin{cases} x\geq a \\ x>b \end{cases}$ ③ $\begin{cases} x\leq a \\ x<b \end{cases}$

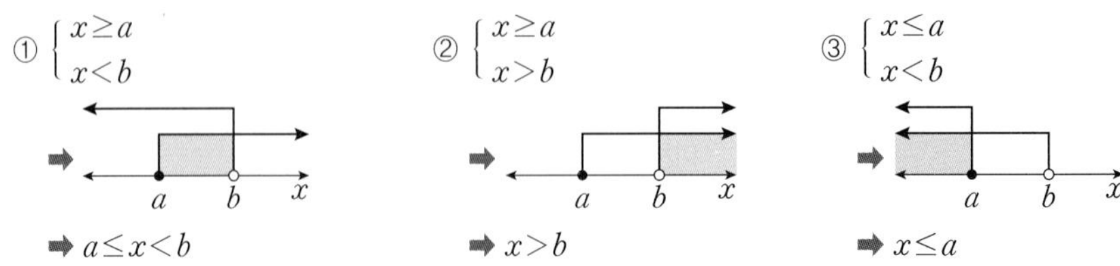

➡ $a\leq x<b$ ➡ $x>b$ ➡ $x\leq a$

개념 1 부등식의 기본 성질

0551 $a<b<0$일 때, 다음 □ 안에 알맞은 부등호를 써넣으시오.

(1) $a+1$ □ $b+1$

(2) $a-3$ □ $b-3$

(3) $-2a+1$ □ $-2b+1$

(4) $\frac{a}{b}$ □ 1

(5) $-\frac{a}{3}+\frac{b}{3}$ □ 0

0552 $2<x\leq 6$일 때, 다음 식의 값의 범위를 구하시오.

(1) $x+2$

(2) $2x-1$

(3) $-x$

(4) $\frac{x+4}{2}$

(5) $\frac{12}{x}$

개념 2 부등식 $ax>b$의 풀이

0553 다음 부등식을 푸시오.

(1) $3x-3<-x+5$

(2) $2x+3(2-x)>3$

(3) $\frac{1}{2}x+4\geq -\frac{3}{2}x-6$

0554 다음을 만족시키는 실수 a의 값을 구하시오.

(1) 부등식 $(a-2)x>3$의 해는 없다.

(2) 부등식 $(a+5)x\leq 6$의 해는 모든 실수이다.

0555 다음 x에 대한 부등식을 푸시오.

(1) $ax<a-4$

(2) $ax+9\geq a^2+3x$

개념 3 연립일차부등식

0556 다음 연립부등식을 푸시오.

(1) $\begin{cases} x-2>-1 \\ 2x\leq 8 \end{cases}$

(2) $\begin{cases} 3x-4>2 \\ x-2>-x+4 \end{cases}$

(3) $\begin{cases} 6(x-1)<x-1 \\ x+1\geq 2(x-2) \end{cases}$

(4) $\begin{cases} \frac{1}{2}x-\frac{1}{4}\geq \frac{1}{4}x-1 \\ x+2<1 \end{cases}$

(5) $\begin{cases} 0.3(x+2)\geq 0.5x-0.2 \\ \frac{1}{2}x-\frac{1}{3}\leq \frac{8}{3} \end{cases}$

개념 4 특수한 해를 갖는 연립일차부등식

> 유형 04, 06, 07

(1) 해가 한 개인 경우

$\begin{cases} x \le a \\ x \ge a \end{cases}$ ➡ (수직선) ➡ $x=a$

(2) 해가 없는 경우

① $\begin{cases} x \le a \\ x \ge b \end{cases}$ (단, $a<b$) ② $\begin{cases} x < a \\ x \ge a \end{cases}$ ③ $\begin{cases} x < a \\ x > a \end{cases}$

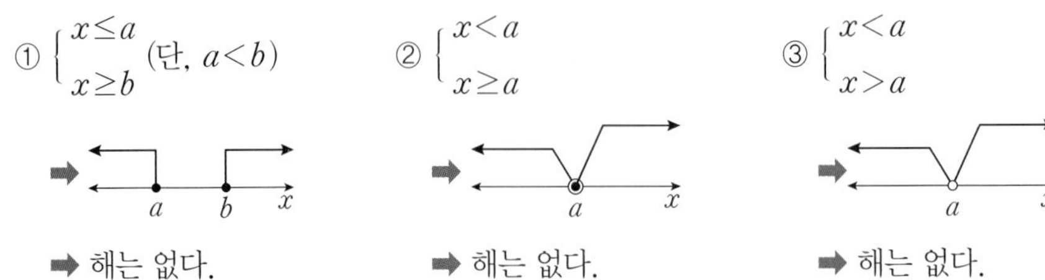

➡ 해는 없다. ➡ 해는 없다. ➡ 해는 없다.

개념 5 $A<B<C$ 꼴의 부등식

> 유형 05, 06, 07, 08, 13

$A<B<C$ 꼴의 부등식은 연립부등식 $\begin{cases} A<B \\ B<C \end{cases}$ 꼴로 바꾸어 푼다.

주의 $\begin{cases} A<B \\ A<C \end{cases}$ 또는 $\begin{cases} A<C \\ B<C \end{cases}$ 꼴로 바꾸지 않도록 주의한다.

참고 $c<ax+b<d$ 꼴의 부등식은 부등식의 기본 성질을 이용하여 푼다.

예 $-5<3x+1<4$에서 $-6<3x<3$ $\quad \therefore -2<x<1$

개념 6 절댓값 기호를 포함한 부등식

> 유형 09~12

(1) $a>0$일 때

① $|x|<a$ ➡ $-a<x<a$

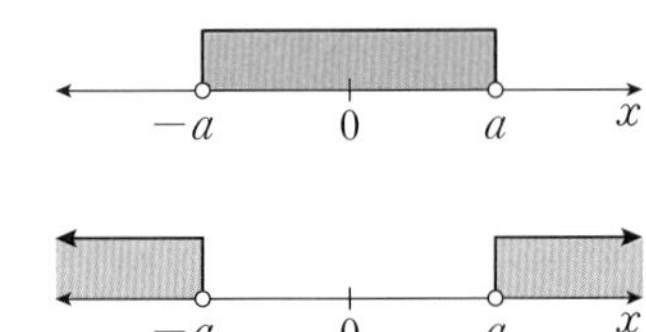

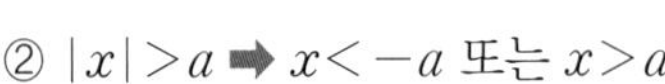

② $|x|>a$ ➡ $x<-a$ 또는 $x>a$

참고 $b>0$일 때

① $|x-a|<b$ ➡ $-b<x-a<b$

② $|x-a|>b$ ➡ $x-a<-b$ 또는 $x-a>b$

(2) 절댓값 기호를 포함한 부등식의 풀이

[1단계] 절댓값 기호 안의 식의 값이 0이 되는 x의 값을 기준으로 범위를 나눈다.

[2단계] 각 범위에서 절댓값 기호를 없앤 후 식을 정리하여 해를 구한다.

이때 $|x-a|=\begin{cases} x-a & (x \ge a) \\ -(x-a) & (x<a) \end{cases}$ 임을 이용한다.

[3단계] [2단계]에서 구한 해를 합친 x의 값의 범위를 구한다.

참고 $|x-a|+|x-b|<c$ $(a<b,\ c>0)$이면 $x=a$, $x=b$를 기준으로 하여 다음과 같이 x의 값의 범위를 나누어 푼다.

(i) $x<a$ (ii) $a \le x<b$ (iii) $x \ge b$

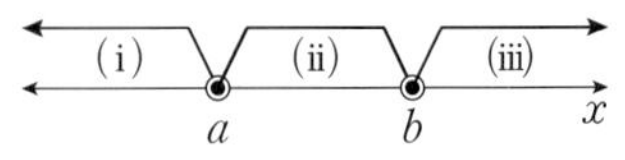

개념 4 특수한 해를 갖는 연립일차부등식

0557 다음 연립부등식을 푸시오.

(1) $\begin{cases} 5x-1<6x+1 \\ 5x\leq 3x-4 \end{cases}$

(2) $\begin{cases} 2\left(x-\dfrac{1}{2}\right)\leq 9 \\ x-1\geq 4 \end{cases}$

(3) $\begin{cases} 4(x-1)>x+2 \\ -2x+7>4x+1 \end{cases}$

개념 5 $A<B<C$ 꼴의 부등식

0558 다음 부등식을 푸시오.

(1) $-4<6x-1\leq 3$

(2) $-7\leq 2x-3<1$

0559 다음 부등식을 푸시오.

(1) $9x<5x+4\leq 3x+2$

(2) $2x-4\leq 3x\leq 5x-10$

(3) $\dfrac{2-2x}{3}<\dfrac{x+6}{2}\leq 9-x$

개념 6 절댓값 기호를 포함한 부등식

0560 다음 부등식을 푸시오.

(1) $|x|<2$

(2) $|x|\geq 3$

(3) $|2x-3|\leq 7$

(4) $|-x+2|-6>0$

(5) $|x+2|<3x$

(6) $|x-1|\geq 2x+5$

(7) $|x|+|x-2|<4$

(8) $|x+1|-|x-2|\geq 1$

B step 기출 & 변형하면…

유형 01 부등식의 기본 성질 개념 1

0561 실수 a, b에 대하여 $a \le b$일 때, 다음 중 항상 성립하는 것은?

① $a-2 \ge b-2$
② $a+b \ge 2b$
③ $\frac{1}{a} \ge \frac{1}{b}$ (단, $a \ne 0$, $b \ne 0$)
④ $-\frac{a}{3}+4 \ge -\frac{b}{3}+4$
⑤ $a^2 \le b^2$

→ **0562** 실수 a, b, c, d에 대하여 $b<a<0$, $d<c<0$일 때, **보기**에서 옳은 것만을 있는 대로 고른 것은?

보기
ㄱ. $a+c<b+d$
ㄴ. $ac<bd$
ㄷ. $a^2+c^2<b^2+d^2$

① ㄱ
② ㄴ
③ ㄱ, ㄷ
④ ㄴ, ㄷ
⑤ ㄱ, ㄴ, ㄷ

유형 02 부등식 $ax>b$의 풀이 개념 2

0563 $a<b$일 때, x에 대한 부등식 $ax+3b<3a+bx$의 해를 구하시오.

→ **0564** 부등식 $(a-b)x>2a-3b$의 해가 $x<1$일 때, 부등식 $bx<2a-b$의 해는? (단, a, b는 실수이다.)

① $x<1$
② $x<2$
③ $x<3$
④ $x>2$
⑤ $x>3$

0565 부등식 $(a^2-a-2)x \ge a+1$은 $a=m$일 때 해가 모든 실수이고, $a=n$일 때 해가 없다. 상수 m, n에 대하여 m^3-n^3의 값을 구하시오.

→ 서술형 **0566** 부등식 $x+2a>ax-b+4$를 만족시키는 x가 존재하지 않을 때, 실수 a, b에 대하여 $a+b$의 최댓값을 구하시오.

유형 03 연립일차부등식의 풀이 개념 3

0567 연립부등식 $\begin{cases} 3x+2\le -x+6 \\ -x+4\ge 3x-4 \end{cases}$ 의 해의 최댓값은?

① -2 ② -1 ③ 1
④ 2 ⑤ 3

→ 서술형 **0568** 연립부등식 $\begin{cases} 3x-5\le 2x \\ x+10<2x+7 \end{cases}$ 을 만족시키는 모든 정수 x의 값의 합을 구하시오.

0569 연립부등식 $\begin{cases} \dfrac{5x-9}{2}\ge x \\ 3(x+2)>-x-6 \end{cases}$

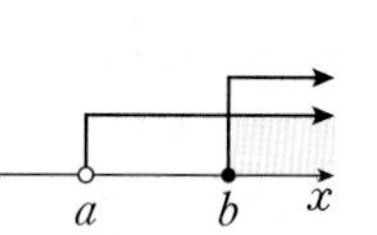

의 해를 수직선 위에 나타내면 그림과 같을 때, 실수 a, b에 대하여 $b-a$의 값을 구하시오.

→ **0570** 연립부등식 $\begin{cases} \dfrac{x}{3}-1\le \dfrac{x}{4} \\ 2x+5<3(x-2)+2 \end{cases}$ 의 해를 수직선 위에 바르게 나타낸 것은?

① 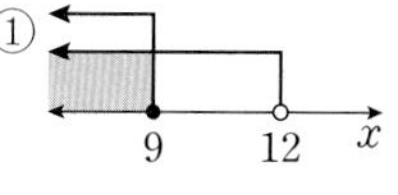

② 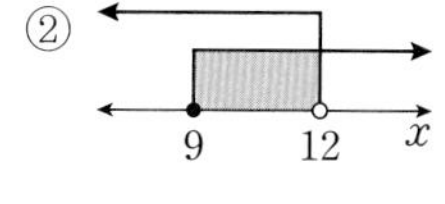

③ 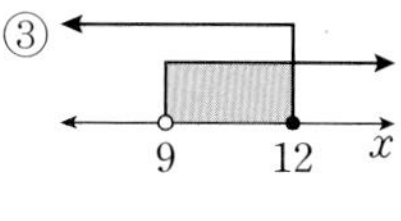

④ 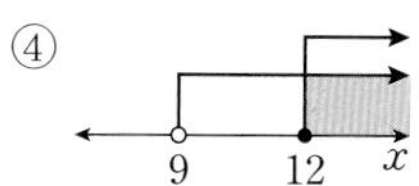

⑤ 9 12 x

유형 04 특수한 해를 갖는 연립일차부등식의 풀이 개념 4

0571 연립부등식 $\begin{cases} 14-2x\le 5x-7 \\ 8x-12\le 21-3x \end{cases}$ 의 해를 구하시오.

→ **0572** 연립부등식 $\begin{cases} 0.2x+0.3\le -\dfrac{1}{2} \\ \dfrac{3x-3}{5}-\dfrac{x+6}{2}<x \end{cases}$ 를 풀면?

① $x\le -4$ ② $x=-4$ ③ $x\ge -4$
④ 모든 실수 ⑤ 해는 없다.

유형 05 $A<B<C$ 꼴의 연립일차부등식의 풀이 개념 5

0573 다음 중 부등식 $\frac{1}{2}x-9<x\leq\frac{2}{3}x+3$의 해가 <u>아닌</u> 것은?

① -17 ② -9 ③ -1
④ 9 ⑤ 10

서술형
0574 부등식 $x-4<2\leq3x+8$을 만족시키는 정수 x의 개수를 구하시오.

0575 부등식 $3x-1<x+5<4x+11$의 해가 $a<x<b$일 때, $a+b$의 값은?

① -1 ② 0 ③ 1
④ 2 ⑤ 3

0576 부등식 $1+\frac{x+1}{2}<\frac{2x+4}{3}\leq1+\frac{3(x-1)}{4}$을 만족시키는 x에 대하여 $A=x-5$일 때, A의 값의 범위를 구하시오.

유형 06 해가 주어진 연립일차부등식의 미정계수 구하기 개념 3~5

0577 연립부등식 $\begin{cases}3x-2a<6x+a+6\\x-3\leq7\end{cases}$의 해가 $-3<x\leq b$일 때, 실수 a, b에 대하여 ab의 값은?

① -10 ② -5 ③ -1
④ 5 ⑤ 10

0578 부등식 $5(x-4)<4x+a\leq5x-10$의 해가 $b\leq x<32$일 때, 실수 a, b에 대하여 $a+b$의 값을 구하시오.

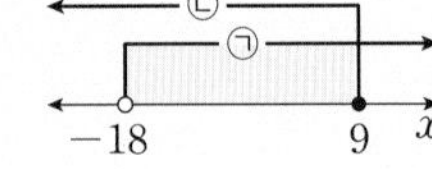

0579 연립부등식 $\begin{cases} x+\frac{a}{4} \geq \frac{x}{2}-\frac{1}{4} \\ 3x+2 \geq 5x-b \end{cases}$의 해가 $x=3$일 때, 실수 a, b에 대하여 $b-a$의 값을 구하시오.

➜ **0580** 연립부등식 $\begin{cases} x+1 \geq 2x+a \\ 3x+5 \leq -x-2a+1 \end{cases}$의 해가 $x \leq -1$일 때, 실수 a의 값은?

① -2　② -1　③ 0
④ 1　⑤ 2

유형 07 연립일차부등식이 해를 갖거나 갖지 않을 조건

개념 3~5

0581 연립부등식 $\begin{cases} -x+8 \geq 2x+2 \\ 4x+a > 3x+3a \end{cases}$가 해를 갖지 않도록 하는 실수 a의 값의 범위를 구하시오.

➜ **0582** 연립부등식 $\begin{cases} 6x-a < 2x+1 \\ x+2 < 2x-3 \end{cases}$이 해를 갖지 않도록 하는 자연수 a의 최댓값은?

① 16　② 17　③ 18
④ 19　⑤ 20

0583 연립부등식 $\begin{cases} 3x-5 \geq x+1 \\ 2(x+6) \leq x+5a \end{cases}$가 해를 갖도록 하는 실수 a의 값의 범위는?

① $a<3$　② $a>3$　③ $a \geq 3$
④ $a>5$　⑤ $a \geq 5$

➜ 서술형 **0584** 부등식 $7x+a \leq 3x-2 < 10x+12$가 해를 갖도록 하는 모든 자연수 a의 값의 합을 구하시오.

유형 08 정수인 해의 개수가 주어진 연립일차부등식 개념 3, 5

0585 연립부등식 $\begin{cases} 2x-2<x-1 \\ x-1\geq -x+k \end{cases}$를 만족시키는 정수 x가 2개일 때, 실수 k의 값의 범위는?

① $-5\leq k<-3$ ② $-5<k\leq -3$
③ $-3\leq k<5$ ④ $-3<k\leq 3$
⑤ $-3<k\leq 5$

➜ 0586 부등식 $3x-1\leq 5x+3\leq 4x+a$를 만족시키는 정수 x가 6개가 되도록 하는 실수 a의 최솟값을 구하시오.

0587 연립부등식 $\begin{cases} x+3>4 \\ 3x<a+2 \end{cases}$를 만족시키는 모든 정수 x의 값의 합이 9가 되도록 하는 자연수 a의 최댓값과 최솟값의 합은?

① 23 ② 24 ③ 25
④ 26 ⑤ 27

➜ 서술형 0588 연립부등식 $\begin{cases} x-\dfrac{k}{12}\leq\dfrac{1}{3}x-\dfrac{1}{6} \\ 2x-5\leq 12x+8 \end{cases}$을 만족시키는 자연수 x가 1개뿐일 때, 실수 k의 값의 범위를 구하시오.

유형 09 절댓값 기호를 포함한 부등식의 풀이; $|ax+b|<c$, $|ax+b|>c$ 꼴 개념 6

0589 부등식 $|x-1|\leq 6$을 만족시키는 정수 x의 개수는?

① 10 ② 11 ③ 12
④ 13 ⑤ 14

➜ 0590 부등식 $|x-a|<5$를 만족시키는 정수 x의 최댓값이 7일 때, 정수 a의 값을 구하시오.

0591 부등식 $|2x-a|\geq 3$의 해가 $x\leq -1$ 또는 $x\geq b$일 때, 상수 a, b에 대하여 $a+b$의 값은?

① -3 ② -1 ③ 0
④ 1 ⑤ 3

➜ **0592** 부등식 $|x-a|>2$의 해가 $-2<x<3$을 포함하도록 하는 정수 a의 값 중에서 음의 정수의 최댓값을 M, 양의 정수의 최솟값을 m이라 하자. 이때 $M+m$의 값을 구하시오.

유형 10 절댓값 기호를 포함한 부등식의 풀이; $|ax+b|<cx+d$ 꼴

개념 6

서술형

0593 부등식 $|2x-3|-4<x+1$의 해가 $a<x<b$일 때, $b-a$의 값을 구하시오.

➜ **0594** 부등식 $|4-x|>7-x$를 만족시키는 정수 x의 최솟값을 구하시오.

0595 부등식 $|3x+2|<x+a+1$의 해가 $-2<x<2$일 때, 양수 a의 값은?

① 1 ② 2 ③ 3
④ 4 ⑤ 5

➜ **0596** 부등식 $|2x+4|>3x-3$의 해가 $x<a$에 포함되도록 하는 실수 a의 최솟값은?

① -2 ② $-\frac{1}{5}$ ③ 6
④ 7 ⑤ 8

유형 11 절댓값 기호를 포함한 부등식의 풀이; 절댓값 기호가 두 개인 경우 개념 6

0597 부등식 $|2x+3|-|x-3|>6$의 해가 $x<a$ 또는 $x>b$일 때, $b-a$의 값은?

① 10 ② 11 ③ 12
④ 13 ⑤ 14

→ 서술형 **0598** 부등식 $|x+2|-|2x-6|>2$를 만족시키는 정수 x의 개수를 구하시오.

0599 부등식 $|2x-5|+3|x-1|\leq 10-x$를 만족시키는 x의 최댓값을 M, 최솟값을 m이라 할 때, $M+m$의 값은?

① 2 ② $\frac{5}{2}$ ③ 3
④ $\frac{7}{2}$ ⑤ 4

→ **0600** 부등식 $\left||x+2|+\sqrt{x^2-4x+4}\right|\leq 6$의 해가 $a\leq x\leq b$일 때, ab의 값을 구하시오.

유형 12 절댓값 기호를 포함한 부등식; 해가 없거나 무수히 많은 경우 개념 6

0601 부등식 $k<|4x-1|+5$의 해가 모든 실수가 되도록 하는 정수 k의 최댓값은?

① 1 ② 3 ③ 4
④ 5 ⑤ 6

→ **0602** 부등식 $|3x-7|\leq \frac{2}{3}a-6$의 해가 존재하지 않도록 하는 실수 a의 값의 범위를 구하시오.

유형 13 연립일차부등식의 활용 개념 3, 5

서술형

0603 둘레의 길이가 18 m인 직사각형 모양의 출입문을 만들려고 한다. 출입문의 가로, 세로의 길이는 모두 1 m 이상이고 세로의 길이는 가로의 길이의 2배 이상이 되도록 할 때, 가로의 길이의 최댓값을 구하시오.

➜ **0604** 어떤 제과점에서 빵과 과자를 각각 한 봉지씩 만드는데 필요한 우유와 설탕의 양은 다음 표와 같다. 우유 820 ml 이하와 설탕 850 g 이하로 빵과 과자를 합하여 7봉지를 만들려고 할 때, 만들 수 있는 빵 봉지 개수의 최댓값과 최솟값의 합을 구하시오.

	우유(ml)	설탕(g)
빵	120	110
과자	100	150

0605 어떤 학교의 학생들이 영화제에 참가하기 위해 차량에 나눠 탑승하려고 모였다. 차량 한 대에 5명씩 배정하면 10명의 학생이 남고, 7명씩 배정하면 차량이 두 대가 남는다. 가능한 차량의 수의 최댓값과 최솟값의 차는?

① 2 ② 3 ③ 4
④ 5 ⑤ 6

➜ **0606** 어느 수련회 숙소에서 학생들의 방을 배정하려고 한다. 한 방에 4명씩 배정하면 12명의 학생이 남고, 5명씩 배정하면 방이 1개가 남는다. 전체 학생 수의 최댓값은?

① 96 ② 106 ③ 116
④ 126 ⑤ 136

실력 완성!

0607 부등식 $3x-2<2x+4<4x-1$을 풀면?

① $-1<x<\frac{5}{2}$　② $-1<x<6$　③ $1<x<\frac{5}{2}$
④ $\frac{5}{2}<x<4$　⑤ $\frac{5}{2}<x<6$

0608 연립부등식 $\begin{cases} 4-x>a \\ 3(x+2)<7x \end{cases}$가 해를 갖도록 하는 실수 a의 값의 범위는?

① $a<-\frac{5}{2}$　② $a\geq-\frac{5}{2}$　③ $a<\frac{5}{2}$
④ $a\leq\frac{5}{2}$　⑤ $a>\frac{5}{2}$

0609 $0<a<b<1$을 만족시키는 실수 a, b에 대하여 **보기**에서 옳은 것만을 있는 대로 고른 것은?

보기

ㄱ. $|a|<|b|$

ㄴ. $a+\frac{1}{b}<b+\frac{1}{a}$

ㄷ. $a+\frac{1}{a}>b+\frac{1}{b}$

① ㄱ　② ㄴ　③ ㄱ, ㄷ
④ ㄴ, ㄷ　⑤ ㄱ, ㄴ, ㄷ

0610 부등식 $(a-b)x<a+2b$의 해가 $x<3$일 때, 부등식 $ax>2b$의 해를 구하시오. (단, a, b는 실수이다.)

0611 부등식 $2x+a<3x+2<2x+3$이 해를 갖지 않도록 하는 실수 a의 최솟값은?

① 1　② 2　③ 3
④ 4　⑤ 5

0612 연립부등식 $\begin{cases} x+2>4 \\ 3x\leq a-1 \end{cases}$을 만족시키는 모든 정수 x의 값의 합이 12가 되도록 하는 자연수 a의 개수를 구하시오.

0613 연립부등식 $\begin{cases} 2x+a<2-\dfrac{2-x}{2} \\ 3-2(1-x)>9-x \end{cases}$ 를 만족시키는 정수 x가 4개일 때, 정수 a의 값은?

① -10 ② -9 ③ -8
④ -7 ⑤ -6

0614 $|x-3|<1$, $|y-5|<2$일 때, 다음 중 옳지 않은 것은?

① $2<x<4$ ② $5<x+y<11$ ③ $-5<x-y<1$
④ $6<xy<28$ ⑤ $\dfrac{4}{7}<\dfrac{x}{y}<\dfrac{2}{3}$

0615 부등식 $|3x-1|<x+a$의 해가 $-1<x<3$일 때, 양수 a의 값을 구하시오.

0616 농도가 10 %인 소금물 300 g에 농도가 40 %인 소금물을 섞어서 농도가 20 % 이상 25 % 이하인 소금물을 만들려고 할 때, 농도가 40 %인 소금물의 양의 범위를 구하시오.

0617 긴 의자에 학생들을 앉히려고 한다. 한 의자에 3명씩 앉으면 학생 2명이 앉지 못하고, 한 의자에 4명씩 앉으면 의자가 1개 남는다고 한다. 가능한 의자의 개수의 최댓값과 최솟값의 합은?

① 6　　② 9　　③ 12
④ 15　　⑤ 18

0618 삼각형의 세 변의 길이가 각각

$-x+4,\ x+4,\ |2x+8|$

일 때, x의 값의 범위는 $p<x<q$이다. 이때 $p+q$의 값은?

① -2　　② $-\frac{3}{2}$　　③ -1
④ $-\frac{1}{2}$　　⑤ 0

0619 부등식 $|a^2x+a|<a$를 만족시키는 정수 x가 존재하도록 하는 실수 a의 값의 범위는?

① $-4<a<0$　　② $0<a<2$　　③ $1<a<3$
④ $a>2$　　⑤ $2<a<4$

0620 부등식 $|x-2|+\sqrt{x^2+2x+1}\le 5$의 해가 $a\le x\le b$일 때, a^2+b^2의 값을 구하시오.

0621 부등식 $|3x+1|-3>k$의 해가 모든 실수가 되도록 하는 실수 k의 값의 범위는?

① $k<-3$ ② $k\le-3$ ③ $k>-3$
④ $k\ge-3$ ⑤ $k>3$

0622 부등식 $2x-a<x-4<3x-b$를 만족시키는 자연수 x가 2개가 되도록 하는 10 이하의 자연수 a, b의 순서쌍 (a, b)의 개수를 구하시오.

서술형

0623 작은 테이블이 10개 있고, 나머지는 모두 큰 테이블이 있는 식당이 있다. 어느 동아리 학생들이 이 식당에 들어가 앉으려고 한다. 작은 테이블에 2명, 큰 테이블에 4명씩 앉으면 학생이 8명 남고, 작은 테이블에 3명, 큰 테이블에 5명씩 앉으면 작은 테이블은 앉을 자리가 없이 꽉 차고 큰 테이블이 2개 남는다. 이 동아리 전체 학생 수의 최솟값을 구하시오.

0624 양수 a, b에 대하여 부등식 $|x-a|+|x+2|\le b$를 만족시키는 정수 x의 개수를 $f(a, b)$라 할 때,
$f(n, n+4)=25$를 만족시키는 자연수 n의 값을 구하시오.

개념 1 이차부등식과 이차함수의 관계

› 유형 01, 11, 12

(1) 이차부등식

부등식의 모든 항을 좌변으로 이항하여 정리하였을 때, 좌변이 x에 대한 이차식인 부등식

(2) 이차부등식의 해와 이차함수의 그래프의 관계

이차식 $f(x)=ax^2+bx+c$에 대하여

① 부등식 $f(x)>0$의 해

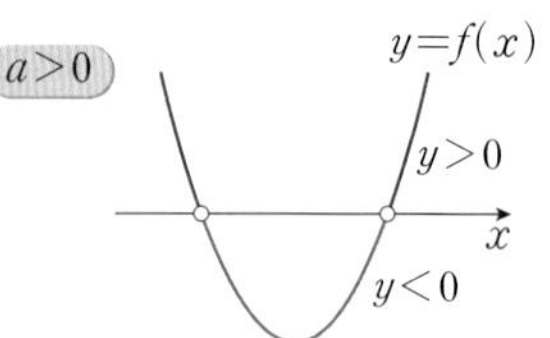

➡ $y=f(x)$에서 $y>0$인 x의 값의 범위

➡ $y=f(x)$의 그래프가 x축보다 위쪽에 있는 부분의 x의 값의 범위

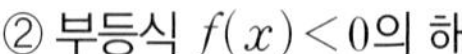

② 부등식 $f(x)<0$의 해

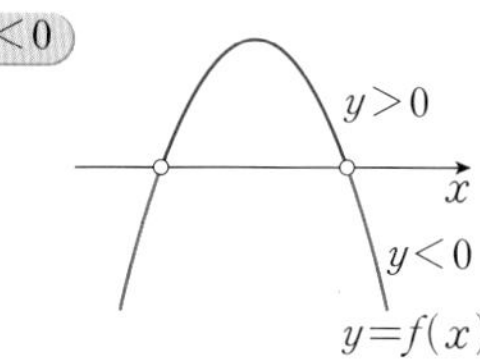

➡ $y=f(x)$에서 $y<0$인 x의 값의 범위

➡ $y=f(x)$의 그래프가 x축보다 아래쪽에 있는 부분의 x의 값의 범위

참고 두 함수 $y=f(x)$, $y=g(x)$에 대하여

① 부등식 $f(x)>g(x)$의 해

➡ $y=f(x)$의 그래프가 $y=g(x)$의 그래프보다 위쪽에 있는 부분의 x의 값의 범위

② 부등식 $f(x)<g(x)$의 해

➡ $y=f(x)$의 그래프가 $y=g(x)$의 그래프보다 아래쪽에 있는 부분의 x의 값의 범위

개념 2 이차부등식의 풀이

› 유형 02, 03, 06, 07, 11, 16

이차함수 $y=ax^2+bx+c$ $(a>0)$의 그래프가 x축과 만나는 점의 x좌표를 α, β $(\alpha\le\beta)$, 이차방정식 $ax^2+bx+c=0$의 판별식을 D라 하면 이차부등식의 해는 다음과 같다.

	$D>0$	$D=0$	$D<0$
$y=ax^2+bx+c$의 그래프	⊕ α ⊖ β ⊕ x	⊕ $\alpha(=\beta)$ ⊕ x ⊖	⊕ ⊕ x ⊖
(1) $ax^2+bx+c>0$의 해	$x<\alpha$ 또는 $x>\beta$	$x\ne\alpha$인 모든 실수	모든 실수
(2) $ax^2+bx+c\ge0$의 해	$x\le\alpha$ 또는 $x\ge\beta$	모든 실수	모든 실수
(3) $ax^2+bx+c<0$의 해	$\alpha<x<\beta$	없다.	없다.
(4) $ax^2+bx+c\le0$의 해	$\alpha\le x\le\beta$	$x=\alpha$	없다.

참고 이차부등식 $f(x)>0$의 해는 이차방정식 $f(x)=0$의 판별식 D가 $D>0$이면 인수분해하거나 근의 공식을 이용하고, $D\le0$이면 완전제곱식이 포함된 꼴로 변형하여 구한다.

개념 3 이차부등식의 작성

› 유형 04, 05, 11

(1) 해가 $\alpha<x<\beta$이고 x^2의 계수가 1인 이차부등식은

$(x-\alpha)(x-\beta)<0$, 즉 $x^2-(\alpha+\beta)x+\alpha\beta<0$

(2) 해가 $x<\alpha$ 또는 $x>\beta$ $(\alpha<\beta)$이고 x^2의 계수가 1인 이차부등식은

$(x-\alpha)(x-\beta)>0$, 즉 $x^2-(\alpha+\beta)x+\alpha\beta>0$

참고 해가 $x=\alpha$이고 x^2의 계수가 1인 이차부등식은 $(x-\alpha)^2\le0$

개념 1 이차부등식과 이차함수의 관계

0625 이차함수 $y=f(x)$의 그래프가 그림과 같을 때, 다음 이차부등식의 해를 구하시오.

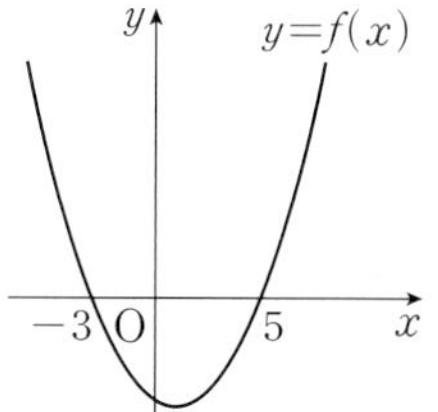

(1) $f(x)<0$

(2) $f(x)\geq 0$

0626 이차함수 $y=f(x)$의 그래프와 직선 $y=g(x)$가 그림과 같을 때, 다음 이차부등식의 해를 구하시오.

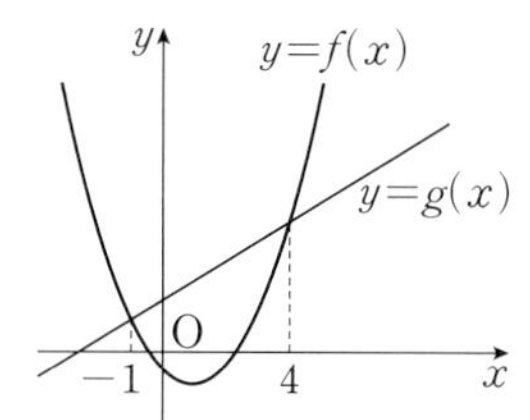

(1) $f(x)<g(x)$

(2) $f(x)\geq g(x)$

개념 2 이차부등식의 풀이

0627 다음 이차부등식을 푸시오.

(1) $x^2-2x<0$

(2) $2x^2-x-1\leq 0$

(3) $x^2+x-2\geq -x+1$

(4) $3x^2+7x+2>0$

(5) $-x^2+4x+5>0$

0628 다음 이차부등식을 푸시오.

(1) $2(x+1)^2\leq 0$

(2) $x^2-6x+9>0$

(3) $4x^2+15x+5<3x-4$

(4) $9x^2\geq 12x-4$

0629 다음 이차부등식을 푸시오.

(1) $x^2-x+4\geq 0$

(2) $3x^2+6x+4<0$

(3) $x^2\leq 4(x-2)$

(4) $4x^2+5x+1>x-2$

개념 3 이차부등식의 작성

0630 해가 다음과 같고 x^2의 계수가 1인 이차부등식을 구하시오.

(1) $-1\leq x\leq 2$

(2) $x<0$ 또는 $x>3$

(3) $x\neq 1$인 모든 실수

(4) $x=-3$

0631 이차부등식 $x^2+ax+b<0$의 해가 $-3<x<4$일 때, 상수 a, b의 값을 구하시오.

0632 이차부등식 $x^2+ax+b\geq 0$의 해가 $x\leq -1$ 또는 $x\geq 5$일 때, 상수 a, b의 값을 구하시오.

개념 4 이차부등식이 항상 성립할 조건

> 유형 08~10, 12

모든 실수 x에 대하여

① $ax^2+bx+c>0$이 성립하려면 ➡ $a>0$, $b^2-4ac<0$

② $ax^2+bx+c\geq0$이 성립하려면 ➡ $a>0$, $b^2-4ac\leq0$

③ $ax^2+bx+c<0$이 성립하려면 ➡ $a<0$, $b^2-4ac<0$

④ $ax^2+bx+c\leq0$이 성립하려면 ➡ $a<0$, $b^2-4ac\leq0$

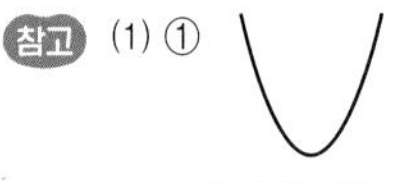

 (1) ①

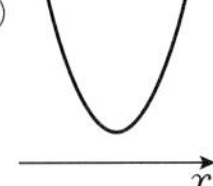

②

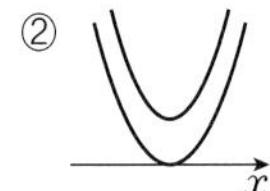

③

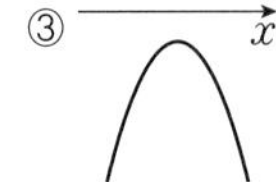

④

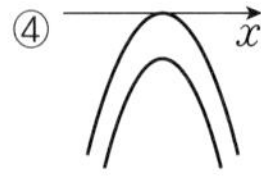

(2) 이차부등식의 해가 없을 조건은 다음과 같이 이차부등식이 항상 성립할 조건으로 바꾸어 생각한다.

① $ax^2+bx+c>0$의 해가 없다. ➡ $ax^2+bx+c\leq0$이 항상 성립한다.

② $ax^2+bx+c\geq0$의 해가 없다. ➡ $ax^2+bx+c<0$이 항상 성립한다.

개념 5 연립이차부등식

> 유형 13~16, 20

(1) 연립이차부등식

차수가 가장 높은 부등식이 이차부등식인 연립부등식

(2) 연립이차부등식의 풀이

각 부등식의 해를 구한 다음 이들의 공통부분을 구하여 푼다.

개념 6 이차방정식의 실근의 조건

> 유형 17~19

(1) 이차방정식의 실근의 부호

계수가 실수인 이차방정식 $ax^2+bx+c=0$의 두 실근을 α, β, 판별식을 D라 하면

① 두 근이 모두 양수 ➡ $D\geq0$, $\alpha+\beta>0$, $\alpha\beta>0$

② 두 근이 모두 음수 ➡ $D\geq0$, $\alpha+\beta<0$, $\alpha\beta>0$

③ 두 근이 서로 다른 부호 ➡ $\alpha\beta<0$

참고 ③에서 $\alpha\beta=\frac{c}{a}<0$이면 $ac<0$이므로 항상 $D=b^2-4ac>0$이다.

(2) 이차방정식의 근의 분리

이차방정식 $ax^2+bx+c=0$ $(a>0)$의 두 실근을 α, β, 판별식을 D, $f(x)=ax^2+bx+c$라 할 때

① 두 근이 모두 p보다 크다.

➡ $D\geq0$, $f(p)>0$, (꼭짓점의 x좌표)$>p$ (꼭짓점의 x좌표 $=-\frac{b}{2a}$)

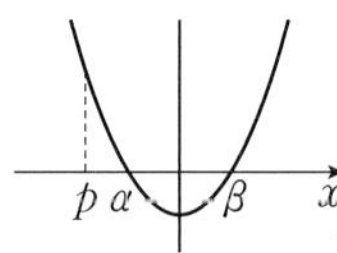

② 두 근이 모두 p보다 작다.

➡ $D\geq0$, $f(p)>0$, (꼭짓점의 x좌표)$<p$

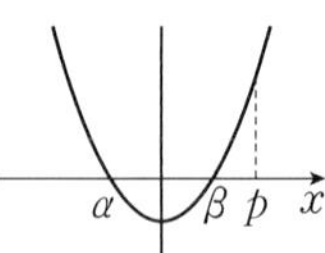

③ 두 근 사이에 p가 있다.

➡ $f(p)<0$

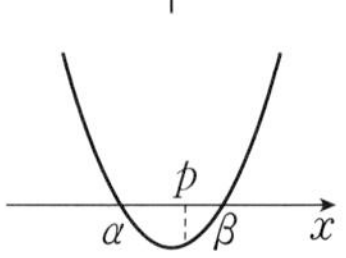

④ 두 근이 p, q $(p<q)$ 사이에 있다.

➡ $D\geq0$, $f(p)>0$, $f(q)>0$, $p<$(꼭짓점의 x좌표)$<q$

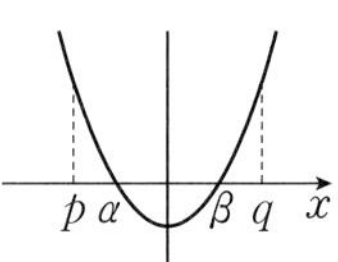

참고 ③에서 $f(p)<0$이면 $y=f(x)$의 그래프가 x축과 반드시 서로 다른 두 점에서 만나므로 항상 $D>0$이다. 또, 축의 위치는 알 수 없으므로 생각하지 않는다.

개념 4 이차부등식이 항상 성립할 조건

0633 모든 실수 x에 대하여 다음 이차부등식이 성립하도록 하는 실수 k의 값의 범위를 구하시오.

(1) $x^2-x+k>0$

(2) $x^2-2(k+1)x+k+3\geq 0$

(3) $-3x^2+12x+2k<0$

(4) $-x^2+kx-4\leq 0$

0634 모든 실수 x에 대하여 다음 이차부등식의 해가 존재하지 않도록 하는 실수 k의 값의 범위를 구하시오.

(1) $x^2-3x+k<0$

(2) $-3x^2+2kx-12\geq 0$

개념 5 연립이차부등식

0635 다음 연립부등식을 푸시오.

(1) $\begin{cases} 2x-3<1 \\ x^2-5x+4\leq 0 \end{cases}$

(2) $\begin{cases} x^2+3x-10<0 \\ 2x^2-7x+5\geq 0 \end{cases}$

0636 다음 부등식을 푸시오.

(1) $5x-6\leq x^2<x+6$

(2) $1<x^2-2x-2\leq 6$

개념 6 이차방정식의 실근의 조건

0637 이차방정식 $x^2-2x+k=0$의 두 근이 모두 양수일 때, 실수 k의 값의 범위를 구하시오.

0638 이차방정식 $x^2+kx+4=0$의 두 근이 모두 음수일 때, 실수 k의 값의 범위를 구하시오.

0639 이차방정식 $x^2-4x-k(k-2)=0$의 두 근의 부호가 서로 다를 때, 실수 k의 값의 범위를 구하시오.

0640 이차방정식 $x^2-2x+3k-2=0$의 두 근이 모두 4보다 작을 때, 실수 k의 값의 범위를 구하시오.

0641 이차방정식 $x^2+(2k^2+1)x-k-3=0$의 두 근 사이에 1이 있을 때, 실수 k의 값의 범위를 구하시오.

0642 이차방정식 $x^2+kx-k+3=0$의 두 근이 -3과 1 사이에 있을 때, 실수 k의 값의 범위를 구하시오.

기출 & 변형하면…

유형 01 그래프를 이용한 이차부등식의 풀이

개념 1

0643 이차함수 $y=f(x)$의 그래프와 직선 $y=g(x)$가 그림과 같을 때, 부등식 $g(x)-f(x)\le 0$을 만족시키는 모든 정수 x의 값의 합을 구하시오.

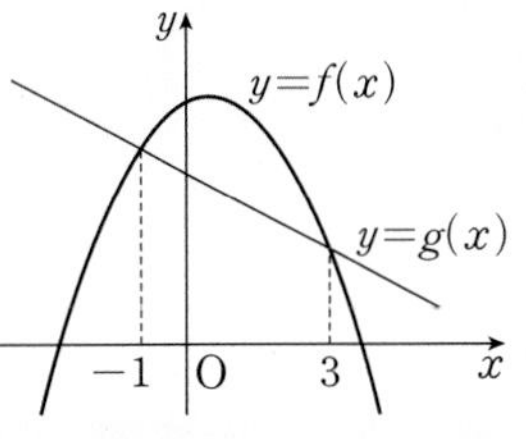

➜ **0644** 두 이차함수 $y=f(x)$, $y=g(x)$의 그래프가 그림과 같을 때, 부등식 $0\le f(x)<g(x)$의 해는 $a\le x<b$이다. 이때 $a+4b$의 값을 구하시오.

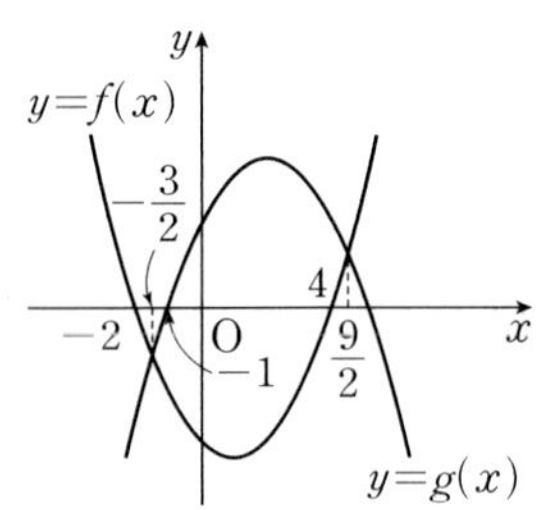

유형 02 이차부등식의 풀이

개념 2

0645 이차부등식 $-2x^2-x+5<10x-1$의 해가 $x<\alpha$ 또는 $x>\beta$일 때, $\alpha\beta$의 값은?

① -5 ② -3 ③ -1
④ 1 ⑤ 3

➜ **0646** 다음 이차부등식 중 해가 존재하지 않는 것은?

① $x^2+3x-10\le 0$ ② $x^2+6x\ge -11$
③ $4x^2+1>4x$ ④ $9x^2<6x-1$
⑤ $x^2+8x+16\le 0$

0647 이차부등식 $x^2-4x+2\le0$의 해가 $\alpha\le x\le\beta$일 때, $\alpha^2+\beta^2$의 값을 구하시오.

➜ **0648** 다음 중 이차부등식 $x^2+6x-27>0$과 해가 같은 것은?

① $|x+1|>5$
② $|x-2|>4$
③ $|x-2|<4$
④ $|x+3|>6$
⑤ $|x+3|<6$

0649 이차함수 $y=f(x)$의 그래프가 그림과 같다. 부등식 $f(x)>-5$의 해가 $\alpha<x<\beta$일 때, $\beta-\alpha$의 값을 구하시오.

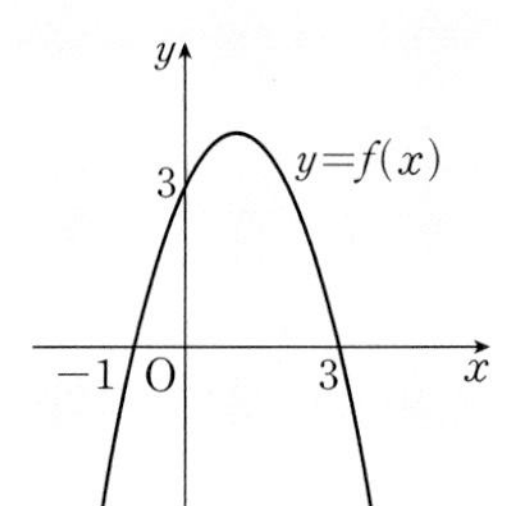

➜ **0650** 이차함수 $y=ax^2+bx+c$의 그래프가 그림과 같을 때, 부등식 $ax^2-bx+c<0$을 만족시키는 정수 x의 개수를 구하시오.

(단, a, b, c는 상수이다.)

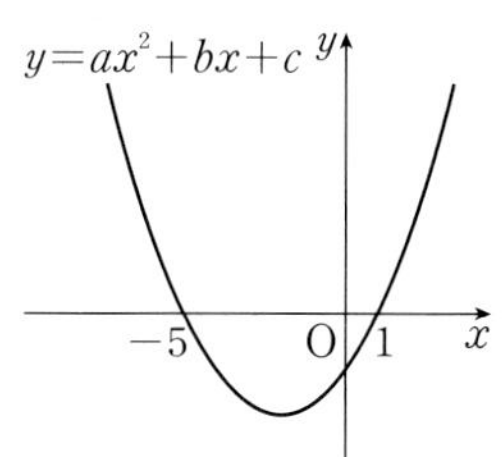

유형 03 절댓값 기호를 포함한 이차부등식의 풀이 개념 2

0651 부등식 $x^2-2x-3<3|x-1|$을 만족시키는 모든 정수 x의 값의 합은?

① 3
② 4
③ 5
④ 6
⑤ 7

서술형

➜ **0652** 부등식 $x^2-2|x|-3\ge0$의 해가 $x\le\alpha$ 또는 $x\ge\beta$일 때, $\alpha+2\beta$의 값을 구하시오.

유형 04 해가 주어진 이차부등식 개념 3

0653 이차부등식 $ax^2+4x+b<0$의 해가 $x<-\frac{2}{3}$ 또는 $x>2$일 때, 실수 a, b에 대하여 $a+b$의 값은?

① 1 ② 2 ③ 3
④ 4 ⑤ 5

➔ **0654** 이차부등식 $ax^2+bx+c>0$의 해가 $-\frac{1}{3}<x<1$일 때, $\frac{b}{c}$의 값은? (단, a, b, c는 실수이고 $c\neq0$이다.)

① -4 ② -2 ③ 1
④ 2 ⑤ 4

0655 이차부등식 $x^2-2(a-1)x+b+1\leq0$의 해가 $x=4$일 때, 실수 a, b에 대하여 $a+b$의 값은?

① 0 ② 5 ③ 10
④ 15 ⑤ 20

➔ **0656** 이차부등식 $ax^2+bx+c\leq0$의 해가 $\frac{1}{8}\leq x\leq\frac{1}{2}$일 때, 이차부등식 $cx^2+bx+a\leq0$을 만족시키는 x의 최댓값과 최솟값의 차는? (단, a, b, c는 실수이다.)

① 4 ② 6 ③ 8
④ 10 ⑤ 12

유형 05 부등식 $f(x)<0$과 부등식 $f(ax+b)<0$ 사이의 관계 개념 3

0657 이차부등식 $f(x)<0$의 해가 $1<x<5$일 때, 부등식 $f(2x-1)<0$의 해는?

① $-1<x<2$ ② $0<x<7$
③ $1<x<3$ ④ $1<x<9$
⑤ $2<x<3$

➔ **0658** 이차부등식 $f(x)<0$의 해가 $x<-3$ 또는 $x>3$일 때, 부등식 $f(1-x)\leq0$을 만족시키는 10 이하의 자연수 x의 개수를 구하시오.

0659 이차함수 $y=f(x)$의 그래프가 그림과 같을 때, 부등식 $f\left(\frac{x-2}{3}\right)<0$의 해를 구하시오.

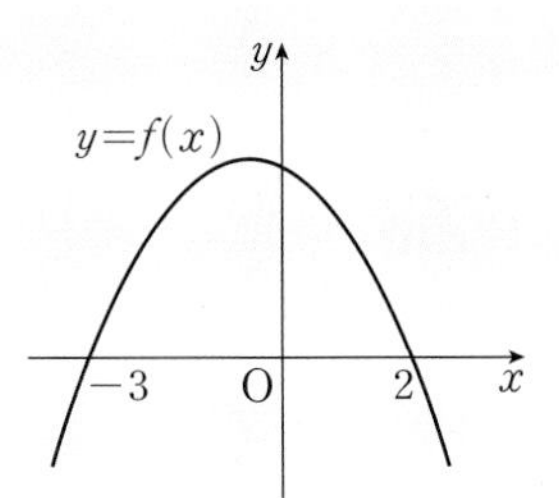

➜ **0660** 이차부등식 $ax^2+bx+c\geq0$의 해가 $-2\leq x\leq4$일 때, 부등식 $a(x-3)^2+b(x-3)+c\leq0$의 해를 구하시오. (단, a, b, c는 실수이다.)

유형 06 이차부등식이 해를 한 개만 가질 조건

개념 2

0661 이차부등식 $3x^2-2(k-2)x-3k\leq0$의 해가 오직 한 개 존재할 때, 모든 실수 k의 값의 합은?

① -5 ② -3 ③ -1
④ 3 ⑤ 5

➜ 서술형 **0662** 이차부등식 $4x^2-12x+2k+1\leq0$의 해가 $x=\alpha$뿐일 때, αk의 값을 구하시오. (단, α, k는 실수이다.)

0663 이차부등식 $(m-1)x^2-6x+m-9\geq0$의 해가 오직 한 개 존재할 때, 실수 m의 값은?

① -10 ② -5 ③ 0
④ 5 ⑤ 10

➜ **0664** x에 대한 이차부등식 $ax^2+(a^2-3a)x+a-3\leq0$의 해가 오직 한 개 존재할 때, 모든 실수 a의 값의 합은?

① 4 ② 5 ③ 6
④ 7 ⑤ 8

유형 07 이차부등식이 해를 가질 조건 개념 2

0665 이차부등식 $x^2-4kx+6k+4<0$이 해를 갖도록 하는 자연수 k의 최솟값은?

① 1 ② 2 ③ 3 ④ 4 ⑤ 5

→ **0666** 다음 중 이차부등식 $ax^2-3x+a+4\geq 0$이 해를 갖도록 하는 실수 a의 값이 아닌 것은?

① -5 ② -3 ③ -1 ④ 1 ⑤ 3

유형 08 이차부등식이 항상 성립할 조건 개념 4

0667 이차부등식 $x^2-(a+2)x+1\geq 0$이 모든 실수 x에 대하여 성립하도록 하는 실수 a의 값의 범위를 구하시오.

→ 서술형 **0668** 모든 실수 x에 대하여 $\sqrt{4x^2+2(a-1)x+a+2}$가 실수가 되도록 하는 정수 a의 개수를 구하시오.

0669 이차부등식 $kx^2+4x+k-3>0$의 해가 모든 실수가 되도록 하는 정수 k의 최솟값을 구하시오.

→ **0670** 모든 실수 x에 대하여 부등식

$$(m+1)x^2+(m+1)x+1>0$$

이 성립하도록 하는 모든 정수 m의 값의 합은?

① 1 ② 2 ③ 3 ④ 4 ⑤ 5

유형 09 이차부등식이 해를 갖지 않을 조건 개념 4

0671 이차부등식 $ax^2-2ax-1\ge0$의 해가 존재하지 않도록 하는 실수 a의 값의 범위는?

① $a<-1$ ② $-1<a<0$ ③ $-1\le a<0$
④ $-1\le a\le0$ ⑤ $a>1$

➜ **0672** 이차부등식 $(k+2)x^2-2kx+1<0$의 해가 존재하지 않도록 하는 모든 정수 k의 값의 합을 구하시오.

유형 10 제한된 범위에서 항상 성립하는 이차부등식 개념 4

0673 $-2\le x\le1$에서 이차부등식 $x^2-2x+3-k\le0$이 항상 성립할 때, 실수 k의 최솟값을 구하시오.

➜ **0674** 이차부등식 $2x^2-13x+20<0$을 만족시키는 모든 실수 x에 대하여 이차부등식 $x^2-6x+k<0$이 항상 성립하도록 하는 실수 k의 최댓값을 구하시오.

0675 두 이차함수 $f(x)=x^2-5x-1$, $g(x)=-x^2-5x+a-2$에 대하여 $-3\le x\le2$에서 부등식 $f(x)\le g(x)$가 항상 성립할 때, 실수 a의 최솟값은?

① 15 ② 16 ③ 17
④ 18 ⑤ 19

➜ 서술형 **0676** $x\ge0$에서 이차부등식 $x^2-2kx+k^2+k-2\ge0$이 항상 성립할 때, 실수 k의 값의 범위를 구하시오.

유형 11 이차부등식과 두 그래프의 위치 관계; 만나는 경우 개념 1~3

0677 이차함수 $y=x^2-ax+4$의 그래프가 직선 $y=x+9$보다 위쪽에 있는 부분의 x의 값의 범위가 $x<-1$ 또는 $x>b$일 때, 실수 a, b에 대하여 $a+b$의 값은? (단, $b>-1$)

① 6 ② 7 ③ 8
④ 9 ⑤ 10

→ **0678** 이차함수 $y=x^2+mx+n$의 그래프가 직선 $y=x+1$보다 아래쪽에 있는 부분의 x의 값의 범위가 $-1<x<4$일 때, 실수 m, n에 대하여 mn의 값은?

① 4 ② 6 ③ 8
④ 10 ⑤ 12

0679 이차함수 $y=-3x^2+ax+6$의 그래프가 직선 $y=2b+1$보다 위쪽에 있는 부분의 x의 값의 범위가 $-\frac{1}{3}<x<1$일 때, 실수 a, b에 대하여 $a+b$의 값을 구하시오.

→ **0680** 이차함수 $y=-2x^2+ax+a+1$의 그래프가 이차함수 $y=-x^2+3x+2b$의 그래프보다 아래쪽에 있는 부분의 x의 값의 범위가 $x<-6$ 또는 $x>2$일 때, 실수 a, b에 대하여 $a-b$의 값은?

① 1 ② 2 ③ 3
④ 4 ⑤ 5

유형 12 이차부등식과 두 그래프의 위치 관계; 만나지 않는 경우 개념 1, 4

0681 이차함수 $y=x^2-4x+5$의 그래프가 직선 $y=2x+a$보다 항상 위쪽에 있도록 하는 실수 a의 값의 범위는?

① $a<0$ ② $a<-1$ ③ $a<-2$
④ $a<-3$ ⑤ $a<-4$

서술형
→ **0682** 함수 $y=kx^2-2x+3$의 그래프가 이차함수 $y=-x^2+2kx+1$의 그래프보다 항상 위쪽에 있을 때, 실수 k의 값의 범위를 구하시오.

유형 13 연립이차부등식의 풀이 개념 5

0683 연립부등식 $\begin{cases} x^2-2x-8\le 0 \\ x^2-4x-5>0 \end{cases}$의 해가 $a\le x<b$일 때, ab의 값을 구하시오.

서술형 **0684** 연립부등식 $x^2-x+6\le 2x^2\le x^2-3x+4$의 해가 $\alpha\le x\le\beta$일 때, $\alpha^2+\beta^2$의 값을 구하시오.

0685 연립부등식 $\begin{cases} x^2-3x-4\le 0 \\ x^2+2x-3\le 0 \end{cases}$의 해와 이차부등식 $ax^2+bx+6\ge 0$의 해가 서로 같을 때, 실수 a, b에 대하여 $b-a$의 값은?

① 9 ② 6 ③ 3
④ 0 ⑤ -6

0686 $\dfrac{\sqrt{2x^2-15x-17}}{\sqrt{x^2-3x-40}}=-\sqrt{\dfrac{2x^2-15x-17}{x^2-3x-40}}$을 만족시키는 정수 x의 개수를 구하시오.

0687 연립부등식 $\begin{cases} |x-2|\le 4 \\ x^2+3x-10<0 \end{cases}$을 만족시키는 모든 정수 x의 값의 합은?

① -4 ② -2 ③ 2
④ 4 ⑤ 8

0688 연립부등식 $\begin{cases} x^2-5x-6\le 0 \\ x^2-7|x|+12<0 \end{cases}$의 해가 $\alpha<x<\beta$일 때, $\alpha+\beta$의 값은?

① -7 ② -4 ③ 4
④ 7 ⑤ 10

유형 14 해가 주어진 연립이차부등식 개념 5

0689 연립부등식 $\begin{cases} x^2-x-6>0 \\ x^2-(a+5)x+5a\leq 0 \end{cases}$의 해가 $3<x\leq 5$가 되도록 하는 실수 a의 최솟값은?

① -2　② -1　③ 0　④ 1　⑤ 2

➜ **0690** 연립부등식 $\begin{cases} x^2-3x\leq 0 \\ x^2-(k+1)x+k\geq 0 \end{cases}$의 해가 $0\leq x\leq 1$ 또는 $2\leq x\leq 3$이 되도록 하는 실수 k의 값을 구하시오.

서술형
0691 연립부등식 $\begin{cases} x^2+x-12<0 \\ |x-k|>5 \end{cases}$의 해가 존재하지 않도록 하는 정수 k의 개수를 구하시오.

➜ **0692** 모든 실수 x에 대하여 부등식 $-x^2+ax\leq a\leq x^2+ax+3$이 성립하도록 하는 실수 a의 값의 범위를 구하시오.

유형 15 정수인 해의 개수가 주어진 연립이차부등식 개념 5

0693 연립부등식 $\begin{cases} |x-2|<k \\ x^2-2x-3\leq 0 \end{cases}$을 만족시키는 정수 x가 3개일 때, 양수 k의 최댓값은?

① 1　② 2　③ 3　④ 4　⑤ 5

➜ **0694** x에 대한 연립부등식 $\begin{cases} 2(x-1)>x+1 \\ x^2-(a+1)x+a\leq 0 \end{cases}$을 만족시키는 정수 x가 오직 1개일 때, 실수 a의 값의 범위를 구하시오.

유형 16 이차방정식의 근의 판별

개념 2, 5

0695 이차방정식 $(a-2)x^2-2ax+2a=0$이 실근을 갖도록 하는 모든 정수 a의 값의 합을 구하시오.

→ **0696** 이차방정식 $x^2+4x+a^2-12=0$은 서로 다른 두 실근을 갖고, 이차방정식 $x^2+2(a-4)x+a+26=0$은 허근을 갖도록 하는 정수 a의 개수는?

① 1 ② 2 ③ 3
④ 4 ⑤ 5

유형 17 이차방정식의 실근의 부호

개념 6

0697 이차방정식 $x^2-4x+2a+3=0$의 두 근이 모두 0보다 크도록 하는 실수 a의 값의 범위는?

① $a<-\frac{3}{2}$ ② $-\frac{3}{2}<a\le\frac{1}{2}$
③ $-\frac{1}{2}<a\le\frac{1}{2}$ ④ $\frac{1}{2}\le a<\frac{3}{2}$
⑤ $a\ge\frac{1}{2}$

서술형

→ **0698** 이차방정식 $x^2+2mx-m+6=0$의 두 근이 모두 음수가 되도록 하는 모든 정수 m의 값의 곱을 구하시오.

0699 x에 대한 이차방정식 $x^2-(k-3)x+k^2-4k-12=0$의 두 근의 부호가 서로 다르게 되도록 하는 정수 k의 최댓값과 최솟값의 차를 구하시오.

→ **0700** x에 대한 이차방정식 $x^2+ax+a^2+2a-3=0$의 두 근의 부호가 서로 다르고 양수인 근의 절댓값이 음수인 근의 절댓값보다 크도록 하는 정수 a의 개수는?

① 1 ② 2 ③ 3
④ 4 ⑤ 5

유형 18 이차방정식의 근의 분리 개념 6

0701 이차방정식 $x^2+2x+4-k=0$의 두 근이 모두 3보다 작을 때, 정수 k의 개수는?

① 13 ② 14 ③ 15
④ 16 ⑤ 17

→ 0702 이차방정식 $x^2-2ax+a+2=0$의 두 근이 모두 1보다 크도록 하는 실수 a의 값의 범위를 구하시오.

0703 이차방정식 $x^2+a^2x-5=0$의 두 근을 α, β라 할 때, $\alpha<1<\beta<2$를 만족시키는 모든 정수 a의 값의 곱은?

① -2 ② -1 ③ 1
④ 2 ⑤ 3

→ 0704 이차방정식 $x^2+(k-4)x+k-1=0$의 두 근이 모두 0과 2 사이에 있도록 하는 실수 k의 값의 범위는 $a<k\leq b$일 때, $9ab$의 값을 구하시오.

유형 19 삼 · 사차방정식의 근의 조건 개념 6

0705 사차방정식 $x^4-6x^2+2a-10=0$이 서로 다른 네 실근을 갖도록 하는 모든 정수 a의 값의 합은?

① 22 ② 24 ③ 26
④ 28 ⑤ 30

→ 0706 삼차방정식 $x^3-6x^2+(k+9)x-5k-20=0$이 4보다 큰 한 실근과 4보다 작은 서로 다른 두 실근을 갖도록 하는 정수 k의 개수는?

① 11 ② 12 ③ 13
④ 14 ⑤ 15

유형 20 이차부등식의 활용

개념 2, 5

0707 가로, 세로의 길이가 각각 12 m, 34 m인 직사각형 모양의 화단이 있다. 가로의 길이를 x m만큼 늘이고, 세로의 길이를 x m만큼 줄여서 만든 화단의 넓이가 240 m^2 이상이 되도록 하는 x의 최댓값을 구하시오.

➜ **0708** A상품 한 개를 20만 원에 판매하면 한 달에 70개가 팔리고, 가격을 x만 원씩 인상할 때마다 한 달 판매량이 $2x$개씩 줄어든다고 한다. A상품의 한 달 판매액이 1500만 원 이상이 되도록 할 때, A상품 한 개의 가격의 최댓값은?

① 10만 원　② 27만 원　③ 30만 원
④ 33만 원　⑤ 36만 원

0709 세 변의 길이가 각각 $x-2$, x, $x+2$인 삼각형이 둔각삼각형이 되도록 하는 모든 자연수 x의 값의 합은?

① 6　② 9　③ 12
④ 15　⑤ 18

서술형
➜ **0710** 둘레의 길이가 30인 직사각형의 가로의 길이는 세로의 길이보다 길다. 이 직사각형의 넓이가 54 이상이 되도록 할 때, 가로의 길이의 최댓값을 구하시오.

실력 완성!

0711 x에 대한 부등식 $ax^2-4ax+4a\le0$에 대한 설명으로 옳은 것만을 **보기**에서 있는 대로 고른 것은?

> 보기
> ㄱ. $a<0$일 때, 해는 모든 실수이다.
> ㄴ. $a=0$일 때, 해는 $x=2$뿐이다.
> ㄷ. $a>0$일 때, 해는 없다.

① ㄱ　② ㄴ　③ ㄱ, ㄴ　④ ㄱ, ㄷ　⑤ ㄴ, ㄷ

0712 이차함수 $y=2x^2-5x-3$의 그래프가 $y=x^2+3x+6$의 그래프보다 아래쪽에 있는 부분의 x의 값의 범위를 구하시오.

0713 두 이차함수 $y=f(x)$, $y=g(x)$의 그래프가 그림과 같을 때, 부등식 $f(x)g(x)<0$의 해를 구하시오.

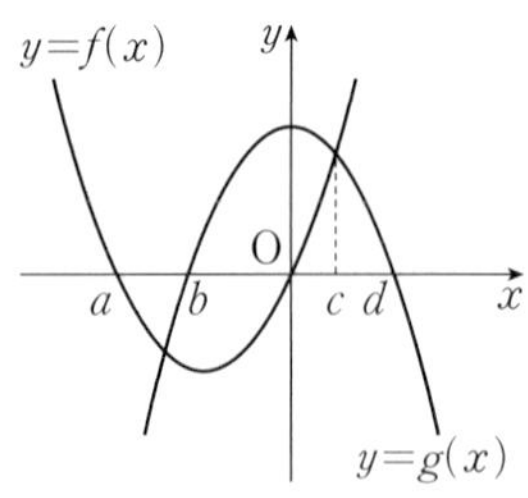

0714 이차부등식 $ax^2+bx+c\le0$의 해가 $-3\le x\le1$일 때, 이차부등식 $bx^2-cx+a<0$을 만족시키는 정수 x의 개수는?
(단, a, b, c는 상수이다.)

① 0　② 1　③ 2　④ 3　⑤ 4

0715 이차부등식 $ax^2+4x-a+\frac{10}{a}+1\ge0$의 해가 모든 실수가 되도록 하는 모든 정수 a의 값의 합을 구하시오.

0716 이차함수 $y=kx^2$의 그래프가 직선 $y=-4x+3-k$보다 항상 위쪽에 있을 때, 정수 k의 최솟값을 구하시오.

0717 연립부등식 $\begin{cases} x^2-2x-3>0 \\ x^2-6x+8\le 0 \end{cases}$의 모든 해에 대하여 $x^2-2(a+1)x+a^2+2a<0$이 성립할 때, 실수 a의 값의 범위를 구하시오.

0718 연립부등식 $\begin{cases} x^2+x-20<0 \\ x^2-2kx+k^2-25>0 \end{cases}$의 해가 존재하지 않을 때, 실수 k의 값의 범위는?

① $-1\le k\le 0$ ② $-1<k\le 0$ ③ $-1<k<0$
④ $0<k<1$ ⑤ $0\le k\le 1$

0719 이차방정식 $3x^2+(k-1)x+3=0$이 허근을 갖도록 하는 정수 k의 최댓값과 최솟값의 곱은?

① -24 ② -22 ③ -20
④ -18 ⑤ -16

0720 사차방정식 $x^4-4x^2+a-3=0$이 서로 다른 두 실근과 서로 다른 두 허근을 갖도록 하는 정수 a의 최댓값은?

① 1 ② 2 ③ 3
④ 4 ⑤ 5

0721 이차함수 $f(x)=ax^2+bx+c$에 대하여 $f(x)\le 0$의 해가 $x=2$이고, $bc=-16$일 때, $f(3)$의 값은?

(단, a, b, c는 실수이다.)

① 5 ② 4 ③ 3
④ 2 ⑤ 1

0723 연립부등식 $\begin{cases} |x-a|<4 \\ x^2-4x-12\le 0 \end{cases}$을 만족시키는 정수 x가 3개일 때, 모든 정수 a의 값의 합은?

① 0 ② 2 ③ 4
④ 6 ⑤ 8

0722 이차함수 $y=f(x)$의 그래프가 그림과 같을 때, 부등식 $f(ax+b)\le 0$의 해가 $1\le x\le 3$이다. 상수 a, b에 대하여 $a-b$의 값을 구하시오. (단, $a>0$)

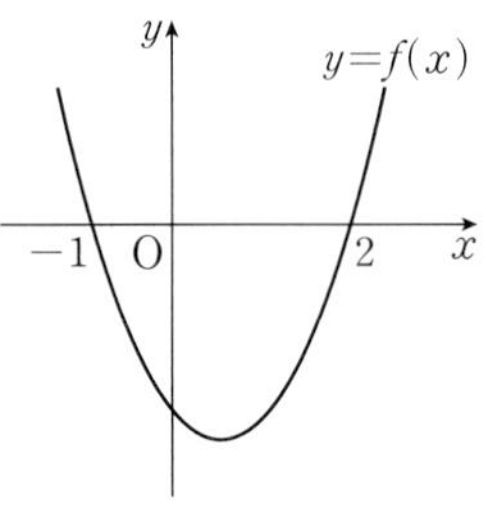

0724 두 이차함수 $y=f(x)$, $y=g(x)$의 그래프가 그림과 같을 때, 부등식 $\{f(x)\}^2\le f(x)g(x)$를 만족시키는 정수 x의 개수는?

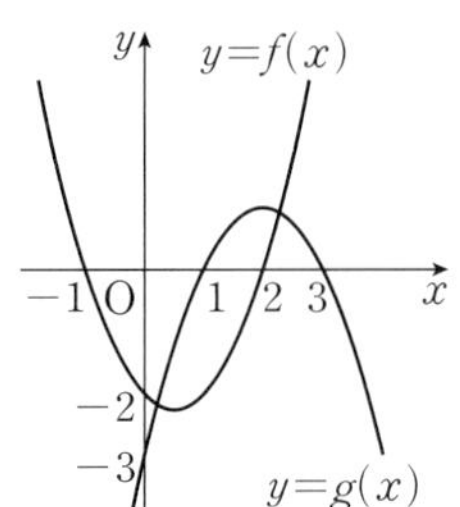

① 1 ② 2
③ 3 ④ 4
⑤ 5

0725 $a<b<c$인 실수 a, b, c에 대하여 연립부등식

$$\begin{cases} x^2-(b+c)x+bc \geq 0 \\ x^2+(a+c)x+ac<0 \end{cases}$$

의 해가 $-3<x\leq-2$ 또는 $3\leq x<5$일 때, 이차부등식 $x^2+cx-ab<0$을 만족시키는 정수 x의 최댓값과 최솟값의 합은?

① -3 ② -1 ③ 1
④ 3 ⑤ 5

0726 최고차항의 계수가 각각 $\frac{1}{2}$, 2인 두 이차함수 $f(x)$, $g(x)$가 다음 조건을 만족시킨다.

> (가) 두 함수 $y=f(x)$와 $y=g(x)$의 그래프는 직선 $x=p$를 축으로 한다.
> (나) 부등식 $f(x)\geq g(x)$의 해는 $-2\leq x\leq 6$이다.

$\frac{p}{3}\{f(2)-g(2)\}$의 값은? (단, p는 상수이다.)

① 13 ② 14 ③ 15
④ 16 ⑤ 17

서술형

0727 어느 스마트폰 공장에서 스마트폰 1대의 값을 $2x$ % 인상하면 판매 대수가 x % 감소한다고 한다. 이때 이 공장의 스마트폰의 총 판매 금액이 8 % 이상 증가하도록 하는 x의 최댓값을 구하시오.

0728 모든 실수 x에 대하여 부등식

$$-x^2+5x-2\leq mx+n\leq x^2-3x+6$$

이 성립할 때, 실수 m, n에 대하여 m^2+n^2의 값을 구하시오.

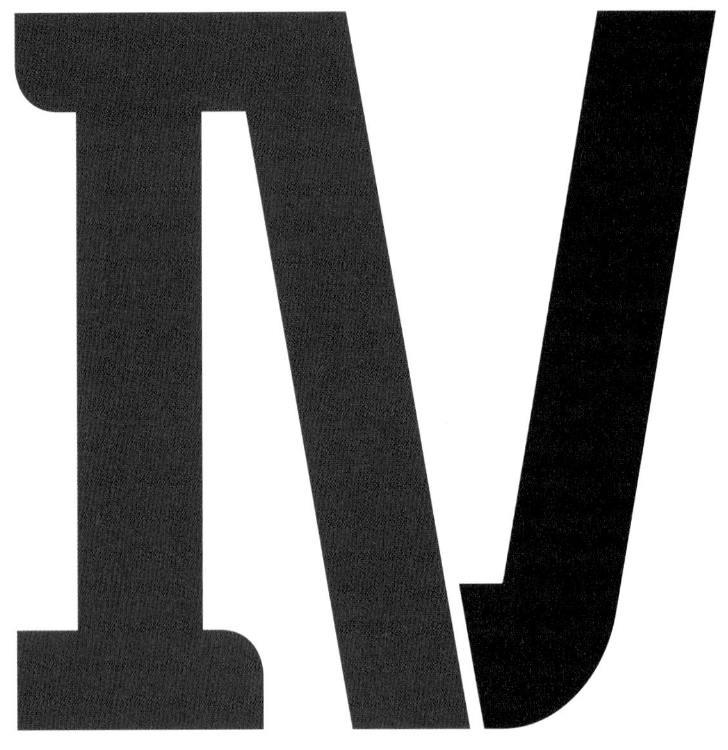

순열과 조합

09 순열과 조합

개념 1 경우의 수

> 유형 01~08

(1) 합의 법칙

두 사건 A, B가 동시에 일어나지 않을 때, 사건 A와 사건 B가 일어나는 경우의 수가 각각 m, n이면

(사건 A 또는 사건 B가 일어나는 경우의 수)$=m+n$

예 빨간 공 3개, 파란 공 5개가 들어 있는 주머니에서 한 개의 공을 꺼낼 때, 빨간 공 또는 파란 공이 나오는 경우의 수는

$3+5=8$

(2) 곱의 법칙

두 사건 A, B에 대하여 사건 A가 일어나는 경우의 수가 m이고 그 각각에 대하여 사건 B가 일어나는 경우의 수가 n이면

(두 사건 A, B가 동시에 일어나는 경우의 수)$=m\times n$

예 2종류의 티셔츠와 4종류의 바지가 있을 때, 티셔츠와 바지를 하나씩 골라 짝 지어 입는 경우의 수는

$2\times 4=8$

개념 2 순열

> 유형 09~16

(1) 순열

서로 다른 n개에서 r $(0<r\le n)$개를 택하여 일렬로 나열하는 것을 n개에서 r개를 택하는 **순열**이라 하고, 이 순열의 수를 기호 $_n\mathrm{P}_r$로 나타낸다.

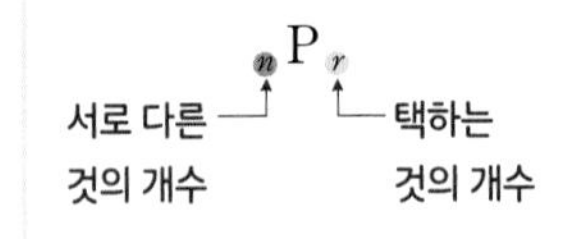

➡ $_n\mathrm{P}_r=\underbrace{n(n-1)(n-2)\times\cdots\times(n-r+1)}_{r\text{개}}$ (단, $0<r\le n$)

참고 ① 서로 다른 n개에서 r $(0<r\le n)$개를 택하는 순열에서 첫 번째, 두 번째, 세 번째, $\cdots$, r번째 자리에 올 수 있는 것은 각각 n, $n-1$, $n-2$, $\cdots$, $n-r+1$가지이므로 곱의 법칙에 의하여

$_n\mathrm{P}_r=n(n-1)(n-2)\times\cdots\times(n-r+1)$

② $_n\mathrm{P}_r$의 P는 순열을 뜻하는 Permutation의 첫 글자이다.

(2) 계승

1부터 n까지의 자연수를 차례대로 곱한 것을 n의 **계승**이라 하고, 기호 $\boldsymbol{n!}$로 나타낸다. 즉,

$n!=n(n-1)(n-2)\times\cdots\times 3\times 2\times 1$

참고 $n!$을 'n팩토리얼(factorial)' 또는 'n의 계승'이라 읽는다.

(3) 순열의 수의 성질

① $_n\mathrm{P}_n=n(n-1)(n-2)\times\cdots\times 3\times 2\times 1=n!$

② $_n\mathrm{P}_0=1$, $0!=1$

③ $_n\mathrm{P}_r=\dfrac{n!}{(n-r)!}$ (단, $0\le r\le n$)

개념 1 경우의 수

0729 서로 다른 두 개의 주사위를 동시에 던질 때, 다음을 구하시오.

(1) 나오는 눈의 수의 합이 4인 경우의 수

(2) 나오는 눈의 수의 합이 6인 경우의 수

(3) 나오는 눈의 수의 합이 4 또는 6인 경우의 수

0730 1부터 30까지의 자연수가 각각 하나씩 적힌 30장의 카드 중에서 한 장을 뽑을 때, 2의 배수 또는 5의 배수가 적힌 카드를 뽑는 경우의 수를 구하시오.

0731 집과 학교 사이에는 4개의 버스 노선과 2개의 지하철 노선이 있다. 집에서 출발하여 학교로 갔다가 다시 집으로 돌아올 때, 다음을 구하시오.

(1) 갈 때는 버스를, 올 때는 지하철을 이용하는 경우의 수

(2) 갈 때와 올 때 모두 버스를 이용하는 경우의 수

(3) 갈 때와 올 때 모두 지하철을 이용하는 경우의 수

0732 $(a+b+c)(x+y+z)$를 전개할 때, 항의 개수를 구하시오.

개념 2 순열

0733 다음 값을 구하시오.

(1) ${}_5\mathrm{P}_2$

(2) ${}_4\mathrm{P}_0$

(3) ${}_3\mathrm{P}_3$

(4) ${}_4\mathrm{P}_2\times 3!$

0734 다음을 만족시키는 자연수 n 또는 r의 값을 구하시오.

(1) ${}_n\mathrm{P}_2=42$

(2) ${}_6\mathrm{P}_r=120$

(3) ${}_8\mathrm{P}_r=\dfrac{8!}{3!}$

(4) ${}_n\mathrm{P}_n=24$

0735 다음을 구하시오.

(1) 5명의 학생을 일렬로 세우는 경우의 수

(2) 학생 수가 30명인 어느 학급에서 회장과 부회장을 각각 한 명씩 뽑는 경우의 수

(3) 1, 2, 3, 4, 5의 숫자가 각각 하나씩 적힌 5장의 카드 중에서 서로 다른 3장을 뽑아 만들 수 있는 세 자리 자연수의 개수

개념 3 조합

> 유형 16~22

(1) 조합

서로 다른 n개에서 순서를 생각하지 않고 r $(0<r\le n)$개를 택하는 것을 n개에서 r개를 택하는 **조합**이라 하고, 이 조합의 수를 기호 ${}_n\mathrm{C}_r$로 나타낸다.

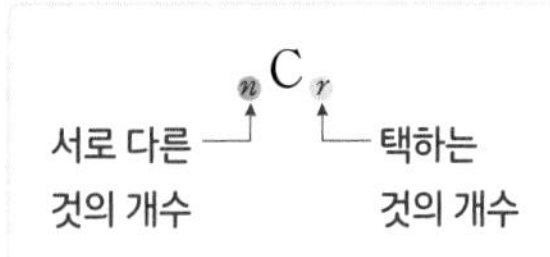

➡ $${}_n\mathrm{C}_r=\frac{{}_n\mathrm{P}_r}{r!}=\frac{n(n-1)(n-2)\times\cdots\times(n-r+1)}{r!}$$

$$=\frac{n!}{r!(n-r)!} \text{ (단, } 0\le r\le n)$$

참고 ${}_n\mathrm{C}_r$의 C는 조합을 뜻하는 Combination의 첫 글자이다.

(2) 조합의 수의 성질

① ${}_n\mathrm{C}_0=1,\ {}_n\mathrm{C}_n=1$

② ${}_n\mathrm{C}_r={}_n\mathrm{C}_{n-r}$ (단, $0\le r\le n$)

③ ${}_n\mathrm{C}_r={}_{n-1}\mathrm{C}_r+{}_{n-1}\mathrm{C}_{r-1}$ (단, $1\le r<n$)

(3) 특정한 것을 포함하거나 포함하지 않는 조합의 수

서로 다른 n개에서 r개를 택할 때

① 특정한 k개를 포함하여 뽑는 경우의 수

특정한 k개를 이미 뽑았다고 생각하고 나머지 $(n-k)$개에서 필요한 $(r-k)$개를 뽑는다.

➡ ${}_{n-k}\mathrm{C}_{r-k}$

② 특정한 k개를 제외하고 뽑는 경우의 수

특정한 k개를 제외하고 나머지 $(n-k)$개에서 필요한 r개를 뽑는다.

➡ ${}_{n-k}\mathrm{C}_r$

개념 4 조합을 이용하여 조를 나누는 경우의 수

> 유형 23~24

(1) 서로 다른 n개의 물건을 p개, q개, r개 $(p+q+r=n)$의 세 묶음으로 나누는 경우의 수

① $p,\ q,\ r$가 모두 다른 수일 때, ${}_n\mathrm{C}_p\times{}_{n-p}\mathrm{C}_q\times{}_r\mathrm{C}_r$

② $p,\ q,\ r$ 중 어느 두 수가 같을 때, ${}_n\mathrm{C}_p\times{}_{n-p}\mathrm{C}_q\times{}_r\mathrm{C}_r\times\frac{1}{2!}$

③ $p,\ q,\ r$가 모두 같은 수일 때, ${}_n\mathrm{C}_p\times{}_{n-p}\mathrm{C}_q\times{}_r\mathrm{C}_r\times\frac{1}{3!}$

예 서로 다른 5권의 책을 1권, 2권, 2권의 세 묶음으로 나누는 경우의 수는

$${}_5\mathrm{C}_1\times{}_4\mathrm{C}_2\times{}_2\mathrm{C}_2\times\frac{1}{2!}=15$$

(2) n묶음으로 나누어 n명에게 나누어 주는 경우의 수

(n묶음으로 나누는 경우의 수)$\times n!$

예 서로 다른 5권의 책을 1권, 2권, 2권의 세 묶음으로 나누어 A, B, C 세 사람에게 나누어 주는 경우의 수는

$${}_5\mathrm{C}_1\times{}_4\mathrm{C}_2\times{}_2\mathrm{C}_2\times\frac{1}{2!}\times3!=90$$

개념 3 조합

0736 다음 값을 구하시오.

(1) ${}_5\mathrm{C}_2$　　(2) ${}_6\mathrm{C}_4$

(3) ${}_5\mathrm{C}_0$　　(4) ${}_8\mathrm{C}_8$

0737 다음을 만족시키는 자연수 n 또는 r의 값을 구하시오.

(1) ${}_n\mathrm{C}_2=21$　　(2) ${}_6\mathrm{C}_r={}_6\mathrm{C}_{r-2}$

(3) ${}_n\mathrm{C}_4={}_n\mathrm{C}_7$　　(4) ${}_5\mathrm{C}_2+{}_5\mathrm{C}_1={}_6\mathrm{C}_r$ (단, $r<4$)

0738 다음을 구하시오.

(1) 10명의 학생 중에서 대표 3명을 뽑는 경우의 수

(2) 어떤 동아리 회원 16명이 서로 한 번씩 악수할 때, 악수한 총횟수

(3) 서로 다른 빵 4개와 서로 다른 맛 우유 3개 중에서 빵 2개와 우유 2개를 고르는 경우의 수

0739 민정, 지호, 준현이를 포함한 6명의 학생 중에서 다음 조건을 만족시키도록 3명을 뽑는 경우의 수를 구하시오.

(1) 민정이를 포함하여 뽑는 경우

(2) 지호, 준현이를 제외하고 뽑는 경우

(3) 민정이는 반드시 포함하고, 지호, 준현이를 제외하여 뽑는 경우

개념 4 조합을 이용하여 조를 나누는 경우의 수

0740 서로 다른 사탕 9개를 다음과 같이 세 묶음으로 나누는 경우의 수를 구하시오.

(1) 2개, 3개, 4개

(2) 1개, 4개, 4개

(3) 3개, 3개, 3개

0741 서로 다른 초콜릿 6개를 1개, 1개, 4개의 세 묶음으로 나누어 3명에게 나누어 주는 경우의 수를 구하시오.

기출 & 변형하면…

유형 01 합의 법칙

개념 1

0742 서로 다른 두 개의 주사위를 동시에 던질 때, 나오는 눈의 수의 합이 5의 배수가 되는 경우의 수는?

① 7　② 8　③ 9　④ 10　⑤ 11

→ **0743** 서로 다른 두 개의 주사위를 동시에 던질 때, 나오는 눈의 수의 차가 2 또는 4가 되는 경우의 수는?

① 10　② 11　③ 12　④ 13　⑤ 14

0744 1부터 100까지의 자연수 중에서 4와 5로 모두 나누어떨어지지 않는 자연수의 개수는?

① 40　② 45　③ 50　④ 55　⑤ 60

서술형

→ **0745** 1부터 72까지 자연수가 각각 하나씩 적힌 72개의 공이 들어 있는 주머니에서 한 개의 공을 꺼낼 때, 72와 서로소인 수가 적힌 공을 꺼낼 경우의 수를 구하시오.

유형 02 방정식과 부등식의 해의 개수

개념 1

0746 방정식 $x+2y+3z=14$를 만족시키는 자연수 x, y, z의 순서쌍 (x, y, z)의 개수는?

① 7　② 8　③ 9　④ 10　⑤ 11

→ **0747** 방정식 $x+y+2z=6$을 만족시키는 음이 아닌 정수 x, y, z의 순서쌍 (x, y, z)의 개수는?

① 14　② 16　③ 18　④ 20　⑤ 22

0748 부등식 $a+2b+4c\le 11$을 만족시키는 자연수 a, b, c의 순서쌍 (a, b, c)의 개수는?

① 8 ② 9 ③ 10
④ 11 ⑤ 12

➔ 서술형 **0749** 서로 다른 두 개의 주사위 A, B를 동시에 던져서 나오는 눈의 수를 각각 a, b라 할 때, x에 대한 이차방정식 $x^2-2ax+2b=0$이 허근을 갖도록 하는 a, b의 순서쌍 (a, b)의 개수를 구하시오.

유형 03 곱의 법칙

개념 1

0750 십의 자리의 숫자는 짝수이고, 일의 자리의 숫자는 홀수인 두 자리 자연수의 개수는?

① 8 ② 12 ③ 16
④ 20 ⑤ 24

➔ **0751** 다음 조건을 만족시키는 세 자리 자연수의 개수는?

(가) 5의 배수이다.
(나) 십의 자리의 숫자는 소수이다.

① 54 ② 63 ③ 72
④ 81 ⑤ 90

0752 두 집합 $A=\{2, 3, 5\}$, $B=\{1, 3, 5, 7, 9\}$에 대하여 $X=\{(a, b)\mid a\in A, b\in B\}$일 때, $n(X)$를 구하시오.

➔ **0753** $(a+b)(x+y+z)(m+n)$을 전개할 때, 항의 개수는?

① 6 ② 9 ③ 12
④ 15 ⑤ 18

유형 04 약수의 개수 개념 1

0754 270의 양의 약수의 개수는?

① 4 ② 8 ③ 12
④ 16 ⑤ 20

➜ **0755** 360의 양의 약수 중 짝수의 개수는?

① 16 ② 18 ③ 20
④ 22 ⑤ 24

서술형
0756 480과 1200의 양의 공약수의 개수를 구하시오.

➜ **0757** 10의 거듭제곱 중 양의 약수의 개수가 225인 수는?

① 10^{10} ② 10^{11} ③ 10^{12}
④ 10^{13} ⑤ 10^{14}

유형 05 도로망에서의 경우의 수 개념 1

0758 그림과 같이 3개의 도시 A, B, C를 연결하는 도로가 있다. 지현이가 A도시를 출발하여 B도시, C도시를 차례로 한 번씩 거쳐서 다시 A도시로 돌아오는 경우의 수를 구하시오.

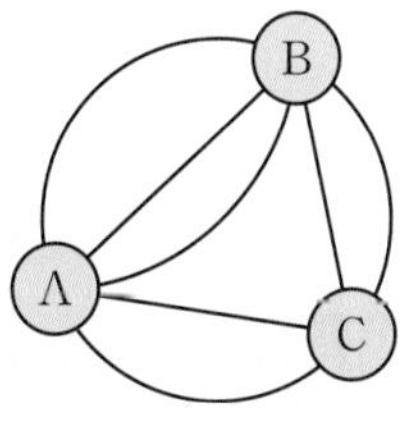

➜ **0759** 그림과 같이 어느 국립공원에는 야영장에서 대피소로 가는 길이 3가지, 대피소에서 정상으로 가는 길이 4가지, 야영장에서 정상으로 바로 가는 길이 2가지가 있다. 야영장에서 정상까지 가는 모든 경우의 수를 구하시오.

(단, 한 번 지나간 지점은 다시 지나지 않는다.)

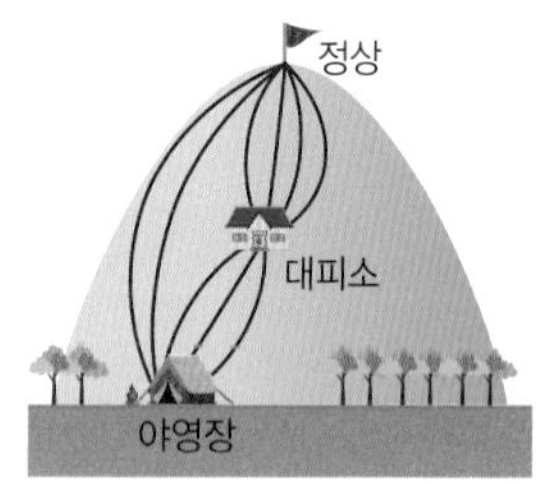

0760 그림과 같이 네 지역 A, B, C, D를 연결하는 도로망이 있다. A지역에서 출발하여 B, C 두 지역을 모두 거쳐 D지역에 도착하는 경우의 수를 구하시오. (단, 한 번 지나간 지역은 다시 지나지 않는다.)

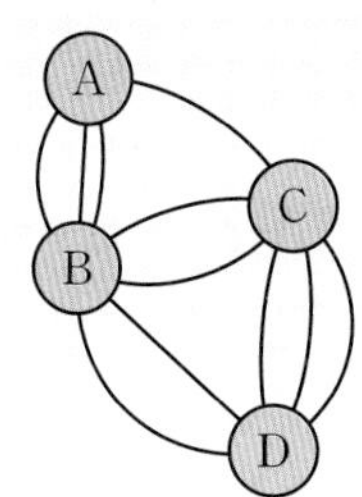

→ **0761** 집, 학교, 도서관을 연결하는 길이 그림과 같을 때, 집에서 출발하여 학교를 오직 한 번만 경유하여 집으로 돌아오는 경우의 수는? (단, 한 번 지나간 길은 다시 지나지 않는다.)

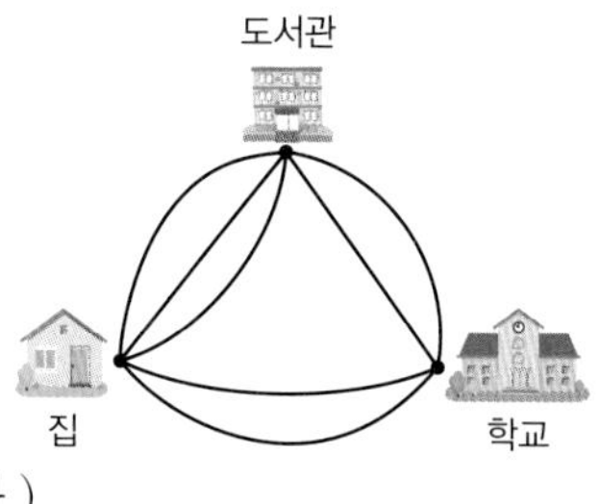

① 36 ② 38 ③ 40
④ 42 ⑤ 44

유형 06 색칠하는 경우의 수 개념 1

0762 그림과 같은 4개의 영역 A, B, C, D에 빨강, 파랑, 노랑, 초록의 네 가지 색을 모두 사용하여 칠하는 경우의 수는?

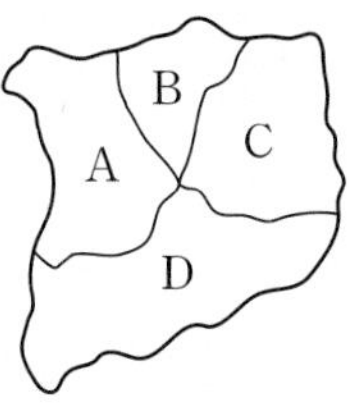

① 12 ② 16
③ 20 ④ 24
⑤ 28

→ **0763** 그림의 4개의 영역 A, B, C, D를 서로 다른 4가지 색으로 칠하려고 한다. 같은 색을 중복하여 사용해도 좋으나 인접한 영역은 서로 다른 색으로 칠할 때, 칠하는 경우의 수를 구하시오.

<table>
<tr><td rowspan="2">A</td><td colspan="2">B</td></tr>
<tr><td>C</td><td>D</td></tr>
</table>

0764 그림의 5개의 영역 A, B, C, D, E를 서로 다른 5가지 색으로 칠하려고 한다. 같은 색을 중복하여 사용해도 좋으나 인접한 영역은 서로 다른 색으로 칠할 때, 칠하는 경우의 수를 구하시오.

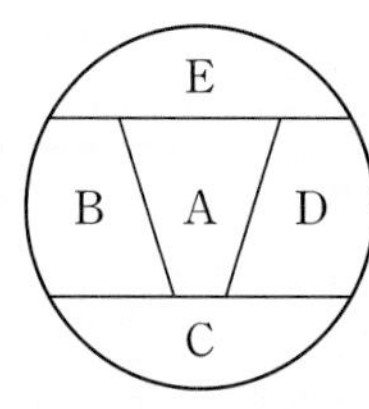

→ **0765** 그림의 6개의 영역 A, B, C, D, E, F를 서로 다른 3가지 색을 모두 사용하여 칠하려고 한다. 같은 색을 중복하여 사용해도 좋으나 인접한 영역은 서로 다른 색으로 칠할 때, 칠하는 경우의 수는?

A	B	C	D	E	F

① 54 ② 66 ③ 78
④ 84 ⑤ 90

유형 07 지불하는 경우의 수와 지불 금액의 수 개념 1

0766 50원, 100원, 500원짜리 동전이 각각 3개씩 있다. 0원을 지불하는 경우를 제외하고 동전의 전부 또는 일부를 사용하여 지불할 수 있는 경우의 수를 a, 지불할 수 있는 금액의 수를 b라 할 때, $a-b$의 값은?

① 0 ② 12 ③ 24
④ 36 ⑤ 48

➜ **0767** 서연이가 500원짜리 동전 1개, 100원짜리 동전 6개, 50원짜리 동전 6개를 가지고 편의점에서 가격이 600원인 과자를 1개 사려고 할 때, 지불할 수 있는 경우의 수는?

① 2 ② 3 ③ 4
④ 5 ⑤ 6

유형 08 수형도를 이용하는 경우의 수 개념 1

0768 a, b, c, d를 모두 사용하여 만든 네 자리 문자열 중에서 다음 조건을 만족시키는 문자열의 개수를 구하시오.

> (가) 첫째 자리의 문자는 a 또는 b이다.
> (나) 셋째 자리의 문자는 a 또는 c가 될 수 없다.

➜ **0769** 그림과 같은 정육면체 ABCD−EFGH의 꼭짓점 A에서 출발하여 모서리를 따라 움직여 꼭짓점 F를 경유하고 꼭짓점 G에 도착하는 경우의 수를 구하시오. (단, 한 번 지나간 꼭짓점은 다시 지나지 않는다.)

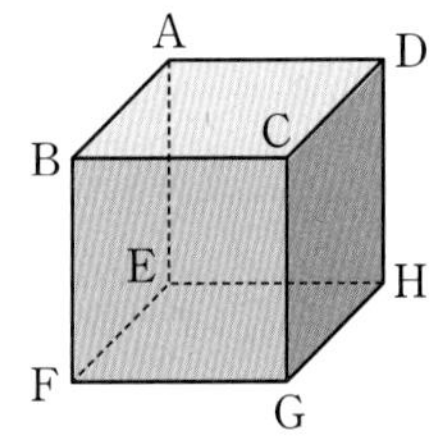

0770 5명의 학생 A, B, C, D, E가 시험을 보기 위해 각자의 스마트폰을 한 곳에 모아 놓았다. 시험이 끝나고 각자 하나씩 스마트폰을 가져갔을 때, A학생만 자신의 스마트폰을 가져가고 나머지 4명의 학생은 모두 자기 스마트폰이 아닌 스마트폰을 가져가는 경우의 수는?

① 4 ② 6 ③ 9
④ 12 ⑤ 16

➜ **0771** 동건이와 민건이가 4개의 자연수 1, 2, 3, 4를 한 번씩만 사용하여 네 자리 자연수를 각각 만들었다. 동건이가 만든 네 자리 자연수와 민건이가 만든 네 자리 자연수의 서로 같은 자리의 숫자끼리 비교했을 때, 어느 자리의 숫자도 같지 않도록 두 수를 만드는 경우의 수를 구하시오.

유형 09 순열의 계산 및 성질

개념 2

0772 ${}_{n}P_{3}+3{}_{n}P_{2}=5{}_{n+1}P_{2}$를 만족시키는 자연수 n의 값은?

① 4 ② 6 ③ 8
④ 10 ⑤ 12

0773 ${}_{12}P_{r}=(n-2)\times{}_{11}P_{r-1}$을 만족시키는 자연수 n의 값을 구하시오. (단, r는 12 이하의 자연수이다.)

유형 10 순열의 수

개념 2

0774 10명의 야구 선수 중에서 투수 1명과 지명타자 1명을 뽑는 경우의 수는?

(단, 1명이 투수와 지명타자를 동시에 할 수 없다.)

① 60 ② 70 ③ 80
④ 90 ⑤ 100

0775 MONDAY에 있는 6개의 문자 중에서 3개를 뽑아 일렬로 나열하는 경우의 수는?

① 40 ② 60 ③ 80
④ 100 ⑤ 120

0776 서로 다른 사탕 5개 중에서 3개를 골라 상자 A, B, C에 하나씩 넣는 경우의 수를 구하시오.

서술형

0777 5개의 숫자 0, 1, 2, 3, 4 중에서 서로 다른 3개의 수를 택하여 만들 수 있는 세 자리 자연수의 개수를 구하시오.

유형 11 이웃하거나 이웃하지 않는 순열의 수 개념 2

0778 1, 2, 3, 4, 5의 숫자가 각각 하나씩 적혀 있는 5장의 카드가 있다. 이 5장의 카드를 일렬로 나열할 때, 짝수가 적혀 있는 카드끼리 이웃하도록 나열하는 경우의 수는?

① 24 ② 36 ③ 48
④ 60 ⑤ 72

➜ **0779** 1학년 학생 n명과 2학년 학생 3명을 일렬로 세울 때, 2학년 학생 3명을 이웃하게 세우는 경우의 수가 720이다. n의 값은?

① 4 ② 5 ③ 6
④ 7 ⑤ 8

0780 농구 선수 3명과 배구 선수 2명을 일렬로 세울 때, 배구 선수끼리 이웃하지 않게 세우는 경우의 수는?

① 36 ② 48 ③ 60
④ 72 ⑤ 84

➜ **0781** a, b, c, d, e를 일렬로 나열할 때, c와 e는 이웃하지 않고 a와 b는 이웃하도록 나열하는 경우의 수는?

① 16 ② 20 ③ 24
④ 28 ⑤ 32

0782 1부터 9까지 9개의 자연수를 사용하여 네 자리 수의 비밀번호를 설정하려고 한다. 다음 조건을 따르는 비밀번호의 개수를 구하시오.

> (가) 모든 자리의 숫자는 다르다.
> (나) 2와 4가 모두 포함되고 2와 4는 이웃한 자리에 오도록 설정한다.

서술형
➜ **0783** 남자 4명, 여자 3명을 앞줄에 일렬로 3명, 뒷줄에 일렬로 4명으로 세워서 사진을 찍으려고 한다. 여자 3명을 앞줄 또는 뒷줄에서 옆으로 서로 이웃하게 세워 사진을 찍는 경우의 수를 구하시오.

유형 12 자리에 대한 조건이 있는 순열의 수

개념 2

0784 5개의 문자 a, b, c, d, e를 일렬로 배열할 때, a를 가장 앞에, e를 가장 뒤에 배열하는 경우의 수는?

① 3 ② 4 ③ 6
④ 8 ⑤ 10

➜ **0785** 지민이와 민교를 포함한 5명이 일렬로 서서 벚꽃을 배경으로 사진을 찍으려고 한다. 지민이와 민교가 양 끝에 오도록 사진을 찍는 경우의 수는?

① 12 ② 15 ③ 18
④ 21 ⑤ 24

0786 8개의 의자가 일렬로 놓여 있고 의자에 두 사람이 앉을 때, 두 사람 사이에 빈 의자를 하나만 두고 앉는 경우의 수는?

① 6 ② 8 ③ 10
④ 12 ⑤ 14

➜ 서술형 **0787** 남학생 2명과 여학생 4명을 모두 일렬로 세울 때, 여학생 사이에 남학생 2명이 서로 이웃하여 서는 경우의 수를 구하시오.

0788 할아버지, 할머니, 아버지, 어머니, 아들, 딸로 구성된 6명의 가족이 있다. 이 가족이 그림과 같이 앞줄에 3개, 뒷줄에 3개의 좌석이 있는 비행기에 탑승하려고 한다. 아들과 딸이 창가 쪽 좌석에 앉도록 하는 경우의 수는?

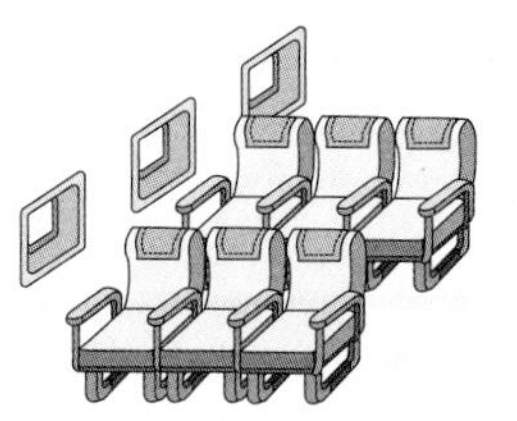

① 32 ② 36 ③ 40
④ 44 ⑤ 48

➜ **0789** 할아버지, 할머니, 아버지, 어머니, 아들, 딸로 구성된 6명의 가족이 있다. 이 가족이 그림과 같은 6개의 좌석에 모두 앉을 때, 할아버지, 할머니가 같은 열에 앉고, 아들, 딸이 서로 다른 열에 앉는 경우의 수를 구하시오.

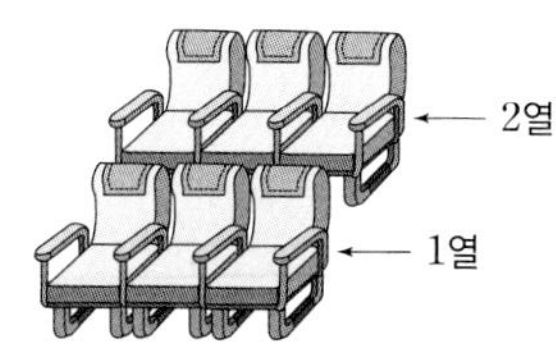

유형 13 '적어도'의 조건이 있는 순열의 수 개념 2

0790 남학생 3명과 여학생 3명을 일렬로 세울 때, 적어도 한쪽 끝에는 남학생이 서는 경우의 수는?

① 128 ② 232 ③ 360
④ 480 ⑤ 576

→ 0791 6개의 숫자 1, 2, 3, 4, 5, 6을 한 번씩 사용하여 여섯 자리 자연수를 만들 때, 3과 4 사이에 다른 숫자가 적어도 2개 있는 경우의 수는?

① 288 ② 360 ③ 384
④ 480 ⑤ 504

유형 14 순열을 이용한 자연수의 개수 개념 2

0792 5개의 숫자 0, 1, 2, 3, 4 중에서 서로 다른 3개의 숫자를 사용하여 세 자리 자연수를 만들 때, 짝수인 자연수의 개수는?

① 30 ② 32 ③ 34
④ 36 ⑤ 39

→ 0793 6개의 숫자 1, 2, 3, 4, 5, 6을 한 번씩만 사용하여 여섯 자리 자연수를 만들 때, 일의 자리의 숫자와 백의 자리의 숫자와 만의 자리의 숫자가 모두 홀수인 자연수의 개수를 구하시오.

0794 6개의 숫자 0, 1, 2, 3, 4, 5 중에서 서로 다른 4개의 숫자를 사용하여 만들 수 있는 네 자리 자연수 중 4의 배수의 개수는?

① 72 ② 76 ③ 78
④ 82 ⑤ 84

서술형

→ 0795 6개의 숫자 0, 1, 3, 5, 7, 9 중에서 서로 다른 3개의 숫자를 사용하여 만들 수 있는 세 자리 자연수 중 3의 배수의 개수를 구하시오.

유형 15 규칙에 따라 배열하는 경우의 수

개념 2

0796 7개의 숫자 0, 1, 2, 3, 4, 5, 6 중에서 서로 다른 3개의 숫자를 사용하여 세 자리 자연수를 만들 때, 250보다 큰 수의 개수는?

① 123 ② 126 ③ 129
④ 132 ⑤ 135

➜ **0797** 5개의 문자 a, b, c, d, e를 모두 한 번씩 사용하여 사전식으로 배열할 때, $bdcea$는 몇 번째에 오는지 구하시오.

유형 16 조합의 계산 및 성질

개념 2, 3

0798 다음 조건을 모두 만족시키는 자연수 n, r에 대하여 $n\times r$의 값은?

(가) ${}_{n}\mathrm{P}_{r}=210$	(나) ${}_{n}\mathrm{C}_{r}=35$

① 21 ② 24 ③ 27
④ 30 ⑤ 33

➜ **0799** 자연수 n에 대하여 등식 ${}_{n}\mathrm{P}_{4}=k\times{}_{n}\mathrm{C}_{4}$를 만족시키는 자연수 k의 값은?

① 18 ② 20 ③ 22
④ 24 ⑤ 28

0800 등식 ${}_{n-1}\mathrm{P}_{2}+4={}_{n+1}\mathrm{C}_{n-1}$을 만족시키는 모든 자연수 n의 값의 합은?

① 3 ② 7 ③ 9
④ 12 ⑤ 19

➜ **0801** x에 대한 이차방정식 ${}_{n}\mathrm{C}_{2}x^2-{}_{n}\mathrm{C}_{3}x+{}_{n}\mathrm{C}_{4}=0$의 두 근을 α, β라 할 때, $\alpha\beta=\frac{5}{2}$이다. $\alpha+\beta$의 값은?

(단, n은 자연수이다.)

① 10 ② 8 ③ 6
④ 4 ⑤ 2

유형 17 조합의 수 개념 3

0802 남학생 4명, 여학생 6명으로 구성된 동아리에서 남학생 2명, 여학생 3명을 뽑는 경우의 수는?

① 120 ② 124 ③ 128
④ 132 ⑤ 136

➜ 0803 크기가 서로 다른 빨간 구슬 5개와 모양이 서로 다른 파란 구슬 3개가 들어 있는 주머니에서 빨간 구슬 2개와 파란 구슬 2개를 꺼내는 경우의 수는?

① 26 ② 28 ③ 30
④ 32 ⑤ 34

0804 서로 다른 수학책 6권, 서로 다른 영어책 6권, 서로 다른 과학책 5권 중에서 3권의 책을 선택할 때, 선택한 세 권이 모두 같은 과목의 책일 경우의 수는?

① 50 ② 52 ③ 54
④ 56 ⑤ 58

서술형
➜ 0805 1부터 10까지의 자연수 중에서 서로 다른 세 수를 택하여 더할 때, 세 수의 합이 3의 배수가 되는 경우의 수를 구하시오.

유형 18 특정한 것을 포함하거나 포함하지 않는 조합의 수 개념 3

0806 정우와 연수를 포함한 12명의 학생 중에서 4명을 뽑을 때, 정우와 연수를 모두 뽑는 경우의 수를 바르게 나타낸 것은?

① ${}_{12}C_4$ ② ${}_{12}C_2$ ③ ${}_{10}C_4$
④ ${}_{10}C_2$ ⑤ ${}_{8}C_4$

➜ 0807 10명의 농구 선수 중에서 경기에 출전할 5명의 선수를 뽑으려고 한다. 두 선수 A, B를 포함하여 뽑는 경우의 수를 m, 두 선수 A, B를 포함하지 않고 뽑는 경우의 수를 n이라 할 때, $m+n$의 값은?

① 112 ② 120 ③ 128
④ 136 ⑤ 144

0808 크기가 서로 다른 5켤레의 구두 10짝 중에서 6짝을 택할 때, 두 켤레만 짝이 맞도록 택하는 경우의 수는?

① 90 ② 100 ③ 110
④ 120 ⑤ 130

➜ **0809** 현수와 민주를 포함한 9명이 어느 공연장을 가는데 5명은 버스를 타고, 나머지 4명은 지하철을 타고 가기로 했다. 현수와 민주 중 한 사람만 지하철을 타고 가는 경우의 수를 구하시오.

유형 19 '적어도'의 조건이 있는 조합의 수 개념 3

0810 남자 4명, 여자 3명으로 구성된 모임에서 대표 3명을 선출할 때, 여자가 적어도 1명 이상 선출되는 경우의 수는?

① 19 ② 23 ③ 27
④ 31 ⑤ 35

➜ 서술형 **0811** 1학년과 2학년 학생 10명으로 구성된 동아리에서 회의에 참가할 두 명을 뽑으려고 한다. 2학년 학생이 적어도 한 명 포함되도록 뽑는 경우의 수가 30일 때, 이 동아리의 2학년 학생 수를 구하시오.

0812 남자 5명, 여자 6명으로 이루어진 팀에서 세미나 발표회에 발표자로 나설 4명을 뽑으려고 한다. 발표자는 남자와 여자 모두 포함하여 구성해야 한다고 할 때, 가능한 경우의 수는?

① 300 ② 310 ③ 320
④ 330 ⑤ 340

➜ **0813** 1부터 10까지의 자연수가 각각 하나씩 적힌 10개의 공이 들어 있는 주머니에서 3개의 공을 동시에 꺼내려고 한다. 3이 적힌 공을 포함하는 경우의 수를 a, 짝수와 홀수가 적힌 공을 각각 적어도 1개 이상 포함하는 경우의 수를 b라 할 때, $a+b$의 값은?

① 72 ② 100 ③ 136
④ 236 ⑤ 244

유형 20 뽑아서 나열하는 경우의 수 개념 3

0814 4명의 어른, 3명의 어린이 중에서 4명을 뽑아 일렬로 놓인 4개의 의자에 앉히려고 한다. 어른과 어린이를 각각 2명씩 뽑아 앉힐 때, 어린이를 서로 이웃하도록 앉히는 경우의 수는?

① 24 ② 36 ③ 72
④ 108 ⑤ 216

➜ **0815** 6개의 문자 a, b, c, d, e, f 중에서 5개를 택하여 일렬로 나열할 때, a, b를 포함하고 a, b가 서로 이웃하지 않도록 나열하는 경우의 수를 구하시오.

0816 집합 $X=\{x|x$는 9 이하의 자연수$\}$에 대하여 집합 X의 원소 중 서로 다른 홀수 2개와 서로 다른 짝수 3개를 택하여 만들 수 있는 다섯 자리 자연수의 개수를 구하시오.

➜ 서술형 **0817** 앞좌석에 2명, 뒷좌석에 3명이 탑승할 수 있는 승용차가 있다. 부모 2명과 자녀 3명이 승용차에 탑승할 때, 부모 중 한 명은 앞좌석에서 운전을 하고, 다른 한 명은 뒷좌석에 탑승하는 경우의 수를 구하시오.

유형 21 함수의 개수 개념 3

0818 집합 $X=\{1, 2, 3, 4, 5, 6\}$에 대하여 함수 $f:X \longrightarrow X$ 중에서 $f(4)<f(5)<f(6)$을 만족시키는 함수 f의 개수를 구하시오.

➜ **0819** 두 집합 $X=\{1, 2, 3, 4, 5\}$, $Y=\{1, 2, 3, 4, 5, 6\}$에 대하여 함수 $f:X \longrightarrow Y$ 중에서 $f(1)=2$, $f(3)=4$이고 $f(1)<f(2)$, $f(3)>f(4)>f(5)$를 만족시키는 함수 f의 개수를 구하시오.

유형 22 직선과 다각형의 개수 개념 3

0820 그림과 같이 평행한 두 직선 위에 8개의 점이 있을 때, 주어진 점을 연결하여 만들 수 있는 서로 다른 직선의 개수를 구하시오.

➜ **0821** 그림과 같이 두 개의 직선 l, m 위에 각각 4개, 7개의 점이 있다. 직선 l 위의 점과 직선 m 위의 점을 양 끝점으로 하는 2개의 선분을 그을 때, 두 직선 l, m 사이에서 두 선분이 만나는 경우의 수를 구하시오.

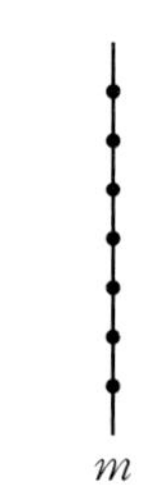

0822 그림과 같이 반원 위에 10개의 점이 있다. 이 점들을 이어서 만들 수 있는 서로 다른 직선의 개수를 a, 서로 다른 삼각형의 개수를 b라 할 때, $a+b$의 값은?

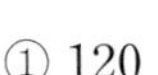

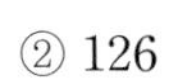

① 120 ② 126 ③ 140 ④ 156 ⑤ 160

➜ **0823** 그림과 같이 같은 간격으로 놓인 12개의 점이 있다. 이 중 두 점을 이어 만들 수 있는 서로 다른 직선의 개수를 a, 이 중 네 점을 이어 만들 수 있는 서로 다른 정사각형의 개수를 b라 할 때, $a+b$의 값은?

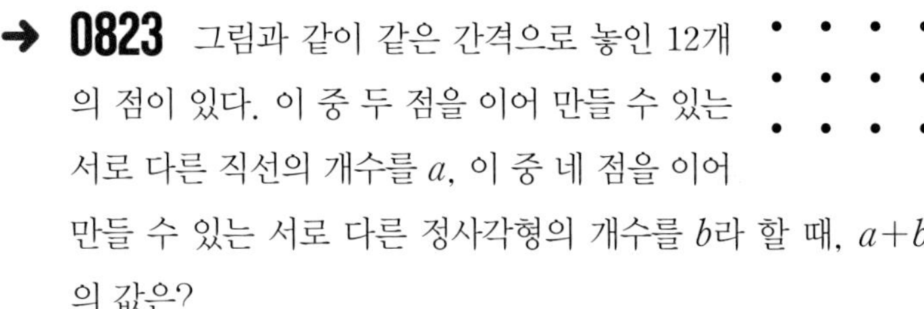

① 41 ② 42 ③ 43 ④ 44 ⑤ 45

0824 그림과 같이 3개의 평행한 직선과 5개의 평행한 직선이 서로 만나고 있다. 이 평행한 직선으로 만들어지는 평행사변형의 개수는?

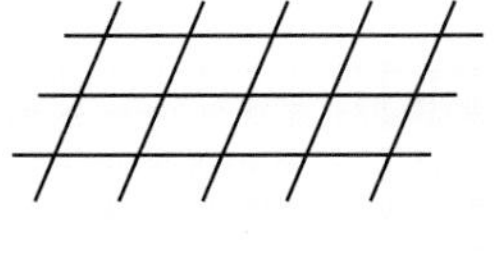

① 20 ② 30 ③ 40 ④ 50 ⑤ 60

➜ **0825** 그림과 같이 2개, 3개, 3개의 평행한 직선이 서로 만날 때, 이 평행한 직선으로 만들어지는 평행사변형의 개수를 구하시오.

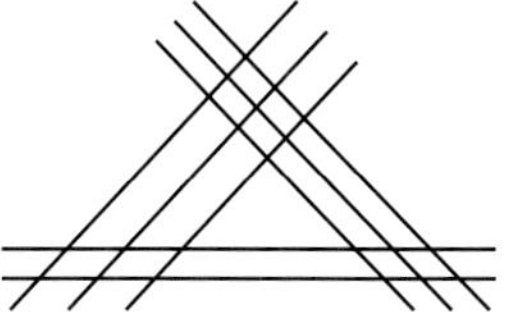

유형 23 조합을 이용하여 조를 나누는 경우의 수 개념 4

0826 서로 다른 사탕 5개를 같은 종류의 상자 3개에 나누어 넣을 때, 빈 상자가 없도록 넣는 경우의 수를 구하시오.

➜ **0827** 다음은 서로 다른 맛 김밥 9줄을 나누어 담는 경우의 수를 구한 것이다.

> (가) 3줄, 6줄로 서로 다른 모양의 용기 두 개에 나누어 담는 경우의 수는 a이다.
> (나) 3줄, 3줄, 3줄로 똑같은 모양의 용기 세 개에 나누어 담는 경우의 수는 b이다.

$b-a$의 값을 구하시오.

0828 어른 6명, 어린이 3명을 3명씩 세 개의 조로 나눌 때, 각 조에 어린이 1명이 포함되도록 나누는 경우의 수는?

① 90 ② 92 ③ 94 ④ 96 ⑤ 98

➜ **0829** 7명이 3개의 조로 나누어 서로 다른 3대의 자동차에 각 조가 나눠서 타려고 한다. 각 조의 인원이 2명 이상이 되도록 나누어 타는 경우의 수는?

① 570 ② 590 ③ 610 ④ 630 ⑤ 650

0830 A, B, C를 포함한 11명의 학생을 4명, 4명, 3명씩 3개의 팀으로 나눌 때, A, B, C가 같은 팀에 포함되도록 나누는 경우의 수를 구하시오.

➜ **0831** 올라가는 엘리베이터에 6명이 타고 있고, 이 엘리베이터는 2층부터 6층까지 5개 층에서 멈출 수 있다. 3개의 층에서 6명이 나누어 모두 내리는 경우의 수를 m이라 할 때, $\frac{m}{100}$의 값을 구하시오.

(단, 엘리베이터에 새로 타는 사람은 없다.)

유형 24 대진표 작성하기

개념 4

0832 체육대회에서 A, B, C, D, E 5명이 그림과 같은 대진표로 팔씨름대회를 진행할 때, 대진표를 작성하는 경우의 수는?

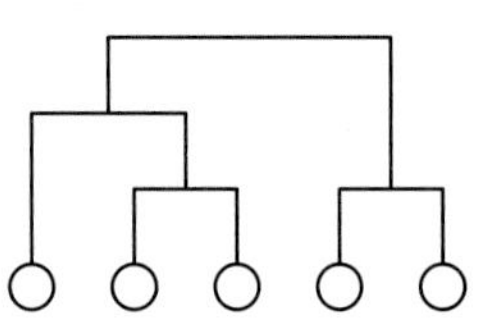

① 18 ② 22 ③ 27
④ 30 ⑤ 36

서술형

0833 6개의 팀이 그림과 같은 대진표로 시합을 할 때, 대진표를 작성하는 경우의 수를 구하시오.

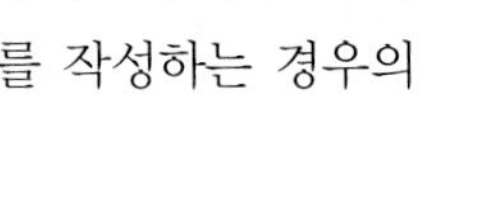

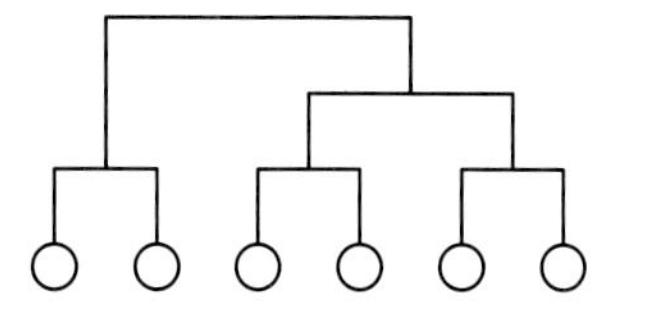

0834 A팀을 포함한 6개의 팀이 그림과 같은 대진표로 경기를 할 때, A팀이 부전승으로 준결승에 올라가도록 대진표를 작성하는 경우의 수는?

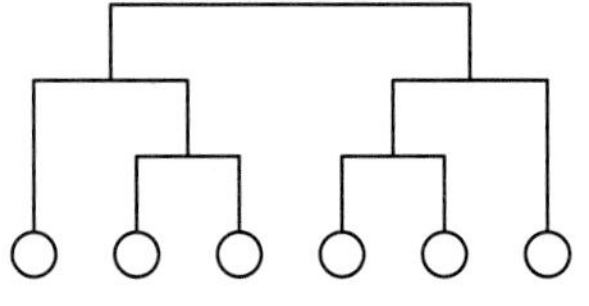

① 20 ② 25 ③ 30
④ 35 ⑤ 40

0835 A, B를 포함한 8개의 팀이 그림과 같은 대진표로 경기를 할 때, A와 B가 결승에서 만나도록 대진표를 작성하는 경우의 수는?

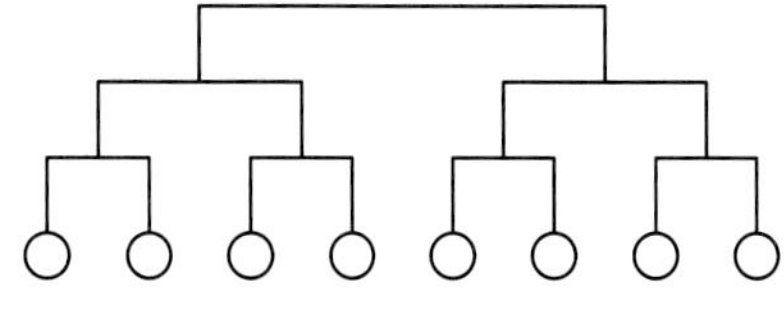

① 170 ② 180 ③ 190
④ 210 ⑤ 230

실력 완성!

0836 그림과 같이 어느 분식점에서 김밥 3종류, 라면 4종류, 튀김 2종류를 판매하고 있다. 이 중 2개의 음식을 주문하려고 한다. '김밥과 라면' 또는 '라면과 튀김'을 주문하는 경우의 수를 구하시오.

메 뉴		
원조김밥	김치라면	고구마튀김
참치김밥	치즈라면	새우튀김
치즈김밥	만두라면	
	떡라면	

0837 A, B, C를 포함한 10명의 학생 중에서 4명의 위원을 선출할 때, A는 선출되고 B와 C는 선출되지 않는 경우의 수는?

① 15 ② 20 ③ 24
④ 32 ⑤ 35

0838 12명의 학생으로 구성된 동아리에서 대표 4명을 뽑을 때, 적어도 1명이 남학생인 경우의 수는 460이다. 이 동아리의 남학생 수는?

① 5 ② 6 ③ 7
④ 8 ⑤ 9

0839 1000원짜리 지폐 3장, 500원짜리 동전 2개, 100원짜리 동전 6개의 일부 또는 전부를 사용하여 지불할 수 있는 경우의 수를 a, 지불할 수 있는 금액의 수를 b라 할 때, $a-b$의 값은? (단, 0원을 지불하는 경우는 제외한다.)

① 33 ② 35 ③ 37
④ 39 ⑤ 41

0840 5명의 학생 A, B, C, D, E의 시험 답안지를 모두 걷은 후 임의로 다시 나누어 줄 때, 5명 중 2명만 자신의 답안지를 받는 경우의 수는?

① 14 ② 16 ③ 18
④ 20 ⑤ 22

0841 다음을 만족시키는 자연수 n의 값을 구하시오.

$${}_{n+2}\mathrm{P}_4=56\times{}_n\mathrm{P}_2$$

0842 남학생 3명, 여학생 3명이 한 줄로 서서 사진을 찍을 때, 남학생과 여학생이 교대로 서는 경우의 수는?

① 36 ② 48 ③ 60
④ 72 ⑤ 84

0843 1에서 12까지의 자연수 중에서 서로 다른 세 개의 수를 택하여 곱한 값이 10의 배수가 되는 경우의 수는?

① 35 ② 55 ③ 60
④ 90 ⑤ 120

0844 똑같은 3개의 주머니에 서로 다른 종류의 사탕 6개를 나누어 넣을 때, 빈 주머니가 없도록 넣는 경우의 수는?

① 45 ② 60 ③ 75
④ 90 ⑤ 105

0845 자연수 $N=x^a y^b z^c$의 양의 약수의 개수가 24일 때, N의 최솟값을 구하시오.

(단, x, y, z는 서로 다른 소수이고, a, b, c는 자연수이다.)

0846 $3<a<b<c<d<10$인 네 자연수 a, b, c, d에 대하여 천의 자리의 수, 백의 자리의 수, 십의 자리의 수, 일의 자리의 수가 각각 a, b, c, d인 네 자리 자연수 중 4600보다 크고 7000보다 작은 모든 자연수의 개수는?

① 8 ② 9 ③ 10
④ 11 ⑤ 12

0847 다음을 만족시키는 세 수 a, b, c에 대하여 $a+b+c$의 값은?

- ${}_{10}C_r={}_{10}C_{3r+2}$를 만족시키는 자연수 r의 값 a
- $(x+y+z+w)(m+n)^2$을 전개할 때, 항의 개수 b
- 200의 양의 약수의 개수 c

① 22 ② 23 ③ 24
④ 25 ⑤ 26

0848 아이스크림 통에 초코, 바닐라, 딸기, 커피의 네 가지 맛 아이스크림이 있다. 아이스크림 콘 위에 그림과 같이 3덩어리의 아이스크림을 올리려고 한다. 같은 맛을 두 덩어리 올려도 상관없지만 같은 맛을 연달아 올리지 않을 때, 아이스크림 콘을 만들 수 있는 경우의 수는?

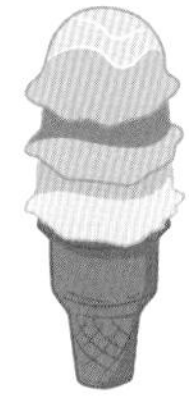

① 8 ② 12 ③ 16
④ 24 ⑤ 36

0849 그림과 같이 의자 6개가 일렬로 놓여 있다. 남학생 2명과 여학생 3명이 모두 의자에 앉을 때, 남학생이 이웃하지 않는 경우의 수는? (단, 두 학생 사이에 빈 의자가 있는 경우는 이웃하지 않는 것으로 한다.)

① 400 ② 440 ③ 480
④ 520 ⑤ 600

0850 그림의 빈칸에 6장의 사진 A, B, C, D, E, F를 하나씩 배치하여 사진첩의 한 면을 완성할 때, A와 B가 이웃하지 않고 C와 D가 이웃하지 않는 경우의 수는?

(단, 옆으로 이웃하는 경우만 이웃하는 것으로 한다.)

① 400 ② 416 ③ 432
④ 448 ⑤ 464

0851 그림과 같이 합동인 정사각형 15개로 만든 도형이 있다. 이 도형의 선으로 만들어지는 정사각형이 아닌 직사각형의 개수를 구하시오.

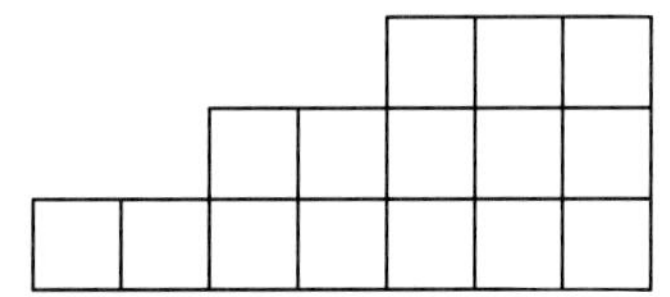

0852 6개의 문자 A, B, C, D, E, F를 일렬로 나열할 때, 다음 조건을 만족시키는 경우의 수는?

> (가) B가 오른쪽 맨 끝에 온다.
> (나) A는 C와 이웃한다.
> (다) A는 B와 이웃하지 않는다.

① 30　② 34　③ 38　④ 42　⑤ 46

0853 그림과 같이 크기가 같은 6개의 정사각형에 1부터 6까지의 자연수가 하나씩 적혀 있다. 서로 다른 4가지 색의 일부 또는 전부를 사용하여 다음 조건을 만족시키도록 6개의 정사각형에 색을 칠하는 경우의 수는? (단, 한 정사각형에 한 가지 색만을 칠한다.)

1	2	3
4	5	6

> (가) 1이 적힌 정사각형과 5가 적힌 정사각형에는 같은 색을 칠한다.
> (나) 변을 공유하는 두 정사각형에는 서로 다른 색을 칠한다.

① 240　② 244　③ 248　④ 252　⑤ 256

서술형

0854 8명의 선수가 그림과 같은 토너먼트 방식으로 경기를 하는데 각각의 경기에서 두 선수 사이에 실력이 우세한 선수가 이긴다고 한다. 실력이 3위인 선수가 결승전에 나갈 수 있도록 대진표를 작성하는 경우의 수를 구하시오.
(단, 선수들끼리 실력이 같은 경우는 없다.)

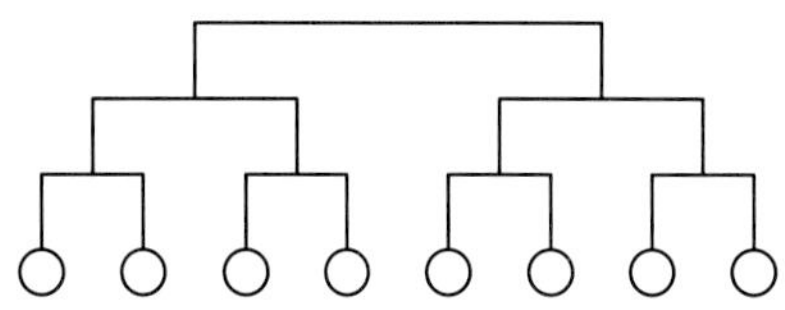

0855 그림과 같이 2개, 3개, 3개의 평행한 직선이 서로 만날 때, 이 평행한 직선들로 만들 수 있는 평행사변형이 아닌 사다리꼴의 개수를 구하시오.

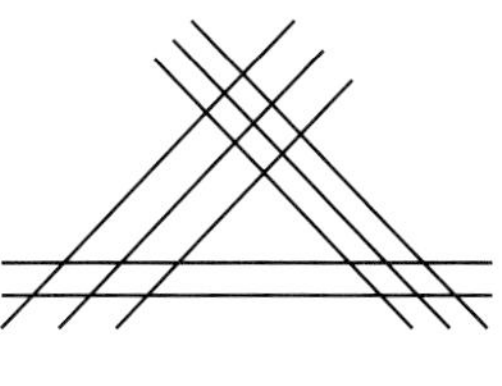

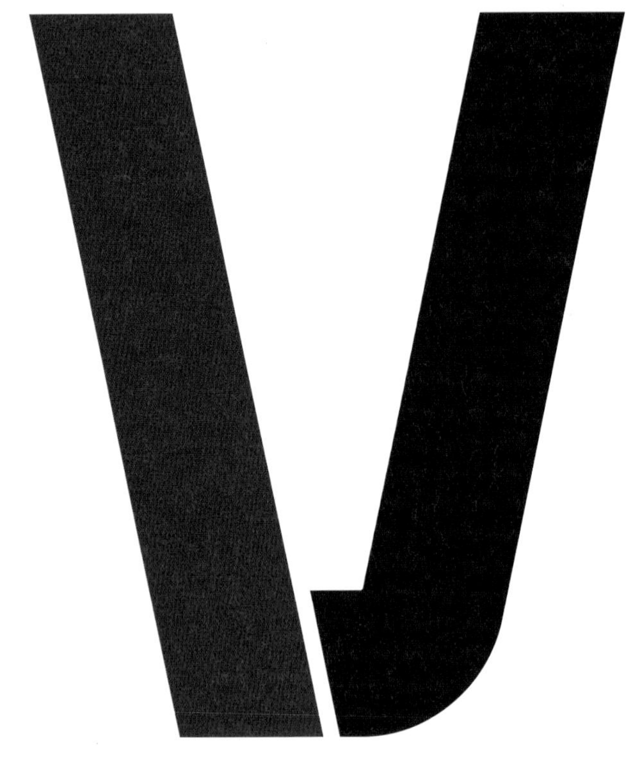

행렬과 그 연산

10 행렬과 그 연산

개념 1 행렬의 뜻

> 유형 01, 02

(1) 행렬

① **행렬**: 여러 개의 수 또는 문자를 직사각형 모양으로 배열하고 괄호로 묶어 놓은 것

$$\begin{array}{c} \quad\quad\quad 제1열 \;\; 제2열 \\ \quad\quad\quad \downarrow \quad\;\; \downarrow \\ \begin{array}{r} 제1행 \rightarrow \\ 제2행 \rightarrow \end{array} \begin{pmatrix} a_{11} & a_{12} \\ a_{21} & a_{22} \end{pmatrix} \end{array}$$

② **성분**: 행렬을 구성하고 있는 각각의 수 또는 문자

③ **행**: 행렬에서 가로줄 ➡ 위에서부터 차례로 제1행, 제2행, …이라 한다.

④ **열**: 행렬에서 세로줄 ➡ 왼쪽에서부터 차례로 제1열, 제2열, …이라 한다.

⑤ **(i, j) 성분**: 행렬에서 제i행과 제j열이 만나는 위치에 있는 성분 ➡ 기호 a_{ij}로 나타낸다.

⑥ **$m\times n$ 행렬**: m개의 행과 n개의 열로 이루어진 행렬

⑦ **정사각행렬**: 행의 개수와 열의 개수가 서로 같은 행렬 ➡ $n\times n$ 행렬을 n차 정사각행렬이라 한다.

(2) 두 행렬이 서로 같을 조건

두 행렬 A, B가 같은 꼴이고 대응하는 성분이 각각 같을 때, A와 B는 서로 같다고 하며, 기호 $A=B$로 나타낸다.

즉, 두 행렬 $A=\begin{pmatrix} a_{11} & a_{12} \\ a_{21} & a_{22} \end{pmatrix}$, $B=\begin{pmatrix} b_{11} & b_{12} \\ b_{21} & b_{22} \end{pmatrix}$에 대하여

$$\begin{cases} a_{11}=b_{11},\ a_{12}=b_{12} \\ a_{21}=b_{21},\ a_{22}=b_{22} \end{cases} \Rightarrow A=B$$

참고 두 행렬 A, B의 행의 개수와 열의 개수가 각각 같을 때, A, B는 같은 꼴이라고 한다.

개념 2 행렬의 덧셈, 뺄셈, 실수배

> 유형 03

(1) 행렬의 덧셈, 뺄셈, 실수배

두 행렬 $A=\begin{pmatrix} a_{11} & a_{12} \\ a_{21} & a_{22} \end{pmatrix}$, $B=\begin{pmatrix} b_{11} & b_{12} \\ b_{21} & b_{22} \end{pmatrix}$에 대하여

① $A+B=\begin{pmatrix} a_{11}+b_{11} & a_{12}+b_{12} \\ a_{21}+b_{21} & a_{22}+b_{22} \end{pmatrix}$

② $A-B=\begin{pmatrix} a_{11}-b_{11} & a_{12}-b_{12} \\ a_{21}-b_{21} & a_{22}-b_{22} \end{pmatrix}$

③ $kA=\begin{pmatrix} ka_{11} & ka_{12} \\ ka_{21} & ka_{22} \end{pmatrix}$ (단, k는 실수)

참고 행렬의 덧셈과 뺄셈은 두 행렬이 같은 꼴일 때만 가능하다.

(2) 행렬의 덧셈, 실수배에 대한 성질

행렬 A, B, C가 같은 꼴이고 k, l이 실수일 때,

① **교환법칙**: $A+B=B+A$

② **결합법칙**: $(A+B)+C=A+(B+C)$, $(kl)A=k(lA)=l(kA)$

③ **분배법칙**: $(k+l)A=kA+lA$, $k(A+B)=kA+kB$

(3) 영행렬

모든 성분이 0인 행렬을 영행렬이라 하고, 보통 기호 O로 나타낸다.

➡ 정사각행렬 A와 같은 꼴인 영행렬 O에 대하여

$$A+O=O+A=A$$

개념 1 행렬의 뜻

0856 다음 행렬의 꼴을 말하시오.

(1) $\begin{pmatrix} 3 & -2 \\ 1 & 0 \end{pmatrix}$

(2) $(1 \quad 2 \quad 3)$

(3) $\begin{pmatrix} 4 & 1 \\ -1 & 2 \\ 8 & 3 \end{pmatrix}$

0857 행렬 $A=\begin{pmatrix} -1 & 2 & 3 \\ 5 & -2 & 4 \\ 7 & 8 & 9 \end{pmatrix}$에 대하여 $(2, 3)$ 성분과 $(3, 1)$ 성분을 차례대로 구하시오.

0858 2×3 행렬 A의 (i, j) 성분 a_{ij}가 $a_{ij}=i-j^2+1$일 때, 행렬 A를 구하시오.

0859 다음 등식을 만족시키는 실수 x, y의 값을 구하시오.

(1) $\begin{pmatrix} x+2 \\ y-3 \end{pmatrix}=\begin{pmatrix} -1 \\ 5 \end{pmatrix}$

(2) $(x-y \quad x+3y)=(3 \quad 7)$

(3) $\begin{pmatrix} x-2 & 2 \\ 3 & x+4 \end{pmatrix}=\begin{pmatrix} 2x-3 & 2 \\ 3 & y-1 \end{pmatrix}$

개념 2 행렬의 덧셈, 뺄셈, 실수배

0860 다음을 계산하시오.

(1) $(2 \quad -3)+(-1 \quad -5)$

(2) $\begin{pmatrix} -1 & 2 \\ 2 & 4 \end{pmatrix}+\begin{pmatrix} 3 & 1 \\ 1 & -1 \end{pmatrix}$

(3) $\begin{pmatrix} 1 & 2 \\ 3 & -1 \end{pmatrix}-\begin{pmatrix} -2 & 3 \\ 1 & -2 \end{pmatrix}$

(4) $\begin{pmatrix} 0 & 7 \\ 2 & -5 \\ -5 & 1 \end{pmatrix}-\begin{pmatrix} 2 & 4 \\ -1 & 5 \\ 3 & 0 \end{pmatrix}$

0861 행렬 $A=\begin{pmatrix} 2 & -1 \\ 3 & 1 \end{pmatrix}$에 대하여 다음 행렬을 구하시오.

(1) $2A$ (2) $-A$

0862 두 행렬 $A=\begin{pmatrix} -2 & 3 \\ 0 & 1 \end{pmatrix}$, $B=\begin{pmatrix} 1 & 1 \\ -2 & 3 \end{pmatrix}$에 대하여 $A-2B$를 구하시오.

0863 행렬 $A=\begin{pmatrix} -1 & 6 \\ 4 & 0 \end{pmatrix}$과 영행렬 O에 대하여 등식 $3A+X=O$를 만족시키는 행렬 X를 구하시오.

개념 3 행렬의 곱셈

> 유형 04~07, 15

(1) 행렬의 곱셈

두 행렬 $A=\begin{pmatrix} a_{11} & a_{12} \\ a_{21} & a_{22} \end{pmatrix}$, $B=\begin{pmatrix} b_{11} & b_{12} \\ b_{21} & b_{22} \end{pmatrix}$에 대하여

$$\boldsymbol{AB}=\begin{pmatrix} \boldsymbol{a_{11}b_{11}+a_{12}b_{21}} & \boldsymbol{a_{11}b_{12}+a_{12}b_{22}} \\ \boldsymbol{a_{21}b_{11}+a_{22}b_{21}} & \boldsymbol{a_{21}b_{12}+a_{22}b_{22}} \end{pmatrix}$$

(2) 행렬의 거듭제곱

A가 정사각행렬이고, m, n이 자연수일 때,

① $A^2=AA$, $A^3=A^2A$, $\cdots$, $A^{n+1}=A^nA$

② $A^mA^n=A^{m+n}$, $(A^m)^n=A^{mn}$

참고 (1) 두 행렬 A, B의 곱 AB는 행렬 A의 열의 개수와 행렬 B의 행의 개수가 같을 때만 가능하다.

➡ $(a\times b$ 행렬$)\times(b\times c$행렬$)=(a\times c$행렬$)$

(2) 행렬의 곱셈에서는 $AB=O$라고 해서 항상 $A=O$ 또는 $B=O$인 것은 아니다.

예 $A=\begin{pmatrix} 1 & -1 \\ -1 & 1 \end{pmatrix}$, $B=\begin{pmatrix} 1 & 1 \\ 1 & 1 \end{pmatrix}$이면 $AB=\begin{pmatrix} 1 & -1 \\ -1 & 1 \end{pmatrix}\begin{pmatrix} 1 & 1 \\ 1 & 1 \end{pmatrix}=\begin{pmatrix} 0 & 0 \\ 0 & 0 \end{pmatrix}=O$이지만

$A\neq O$, $B\neq O$이다.

(3) $A^1=A$이다.

개념 4 행렬의 곱셈에 대한 성질

> 유형 05, 08~14

(1) 행렬의 곱셈에 대한 성질

합과 곱이 가능한 세 행렬 A, B, C에 대하여

① $AB\neq BA$ ⬅ **교환법칙이 성립하지 않는다.**

② **결합법칙**: $(AB)C=A(BC)=ABC$

$k(AB)=(kA)B=A(kB)$ (단, k는 실수)

③ **분배법칙**: $A(B+C)=AB+AC$

$(A+B)C=AC+BC$

(2) 단위행렬

왼쪽 위에서 오른쪽 아래로 내려가는 대각선 위의 성분은 모두 1이고, 그 외의 성분은 모두 0인 정사각행렬을 단위행렬이라 하고, 보통 기호 E로 나타낸다.

➡ 정사각행렬 A와 같은 꼴인 단위행렬 E에 대하여

$AE=EA=A$

참고 (1) 행렬의 곱셈에서는 교환법칙이 성립하지 않으므로 지수법칙, 곱셈 공식 등이 성립하지 않는다.

① $(AB)^n\neq A^nB^n$ (단, n은 자연수)

② $(A\pm B)^2\neq A^2\pm 2AB+B^2$

③ $(A+B)(A-B)\neq A^2-B^2$

(2) **단위행렬의 성질**

① $E^2=E^3=E^4=\cdots=E^n=E$ (단, n은 자연수)

② $(kE)^n=k^nE$ (단, k는 실수)

(3) **케일리-해밀턴의 정리**

행렬 $A=\begin{pmatrix} a & b \\ c & d \end{pmatrix}$, $E=\begin{pmatrix} 1 & 0 \\ 0 & 1 \end{pmatrix}$, $O=\begin{pmatrix} 0 & 0 \\ 0 & 0 \end{pmatrix}$에 대하여

$A^2-(a+d)A+(ad-bc)E=O$

개념 3 행렬의 곱셈

0864 행렬 A가 2×3 행렬, 행렬 B가 1×2 행렬, 행렬 C가 3×1 행렬일 때, 보기의 행렬이 존재하는 것만을 있는 대로 고르시오.

보기
ㄱ. AB　　ㄴ. BA　　ㄷ. A^2
ㄹ. B^2　　ㅁ. AC　　ㅂ. CBA

0865 다음을 계산하시오.

(1) $\begin{pmatrix} 2 & 4 \end{pmatrix}\begin{pmatrix} 3 \\ 5 \end{pmatrix}$

(2) $\begin{pmatrix} -3 & 7 \end{pmatrix}\begin{pmatrix} 1 & -3 \\ -2 & 2 \end{pmatrix}$

(3) $\begin{pmatrix} -1 \\ 5 \end{pmatrix}\begin{pmatrix} 4 & 3 \end{pmatrix}$

(4) $\begin{pmatrix} 2 & 1 \\ 1 & 2 \end{pmatrix}\begin{pmatrix} -1 \\ 3 \end{pmatrix}$

(5) $\begin{pmatrix} 1 & -6 \\ -2 & -3 \end{pmatrix}\begin{pmatrix} 2 & 3 \\ -1 & 0 \end{pmatrix}$

(6) $\begin{pmatrix} 4 & 5 \end{pmatrix}\begin{pmatrix} -1 & 3 \\ 0 & 2 \end{pmatrix}\begin{pmatrix} 5 \\ -1 \end{pmatrix}$

0866 행렬 $A=\begin{pmatrix} -1 & -1 \\ 1 & 0 \end{pmatrix}$에 대하여 다음 행렬을 구하시오.

(1) A^2

(2) A^3

개념 4 행렬의 곱셈에 대한 성질

0867 두 행렬 $A=\begin{pmatrix} 2 & 1 \\ 3 & 4 \end{pmatrix}$, $B=\begin{pmatrix} 1 & -1 \\ -1 & 1 \end{pmatrix}$에 대하여 다음을 구하시오.

(1) AB

(2) BA

(3) $(A+B)(A-B)$

(4) A^2-B^2

0868 단위행렬 $E=\begin{pmatrix} 1 & 0 \\ 0 & 1 \end{pmatrix}$에 대하여 다음을 구하시오.

(1) $-E$

(2) $(-2E)^2$

(3) $3E^{98}+(-E)^{99}+(-E)^{100}$

0869 행렬 $A=\begin{pmatrix} -2 & 3 \\ 1 & -1 \end{pmatrix}$과 단위행렬 $E=\begin{pmatrix} 1 & 0 \\ 0 & 1 \end{pmatrix}$에 대하여 다음을 구하시오.

(1) AE

(2) EA

(3) $(A+E)^2$

B step 기출 & 변형하면…

유형 01 행렬의 뜻과 성분 개념 1

0870 행렬 $A=\begin{pmatrix} -1 & 0 & 3 \\ 3 & -1 & 5 \end{pmatrix}$에 대하여 다음 중 옳지 않은 것은? (단, a_{ij}는 행렬 A의 (i, j) 성분이다.)

① 2×3 행렬이다.
② $a_{13}=a_{21}$
③ $(1, 1)$ 성분과 $(2, 3)$ 성분의 합은 4이다.
④ 제2행의 모든 성분의 합은 -1이다.
⑤ $i=j$이면 $a_{ij}=-1$이다.

→ **0871** 행렬 $A=\begin{pmatrix} 1 & 4 & -3 \\ a & 5 & 2 \\ 3 & -2 & b \end{pmatrix}$의 각 열의 모든 성분의 합이 모두 같을 때, 실수 a, b에 대하여 $a+b$의 값은?

① -4 ② 1 ③ 6
④ 11 ⑤ 16

0872 행렬 A의 (i, j) 성분 a_{ij}가

$$a_{ij}=\begin{cases} 2j & (i>j) \\ i^2+2 & (i=j) \\ i+2j & (i<j) \end{cases} \text{ (단, } i=1, 2, 3, j=1, 2)$$

일 때, 행렬 A를 구하시오.

서술형
→ **0873** 행렬 $A=\begin{pmatrix} a & 1 \\ -8 & b \end{pmatrix}$의 (i, j) 성분 a_{ij}가

$$a_{ij}=pi+qj-2$$

일 때, pq의 값을 구하시오. (단, a, b, p, q는 상수이다.)

0874 행렬 A의 (i, j) 성분 a_{ij}가

$$a_{ij}=\begin{cases} 2j-i & (i\ge j) \\ a_{ji} & (i<j) \end{cases} \text{ (단, } i, j=1, 2, 3)$$

일 때, 행렬 A의 모든 성분의 합을 구하시오.

→ **0875** 행렬 A의 (i, j) 성분 a_{ij}가

$$a_{ij}=-a_{ji} \text{ (단, } i, j=1, 2)$$

일 때, 행렬 B의 (i, j) 성분 b_{ij}는

$$b_{ij}={a_{ij}}^2+i-j \text{ (단, } i, j=1, 2)$$

이다. 행렬 B의 모든 성분의 합이 18일 때, 행렬 B의 $(2, 1)$ 성분을 구하시오.

0876 그림은 세 도시 1, 2, 3 사이를 연결하는 이동 방향이 지정된 길을 나타낸 것이다. 행렬 A의 (i, j) 성분 a_{ij}를 i도시에서 j도시로 직접 가는 길의 개수라 할 때, 행렬 A를 구하시오. (단, $i, j=1, 2, 3$)

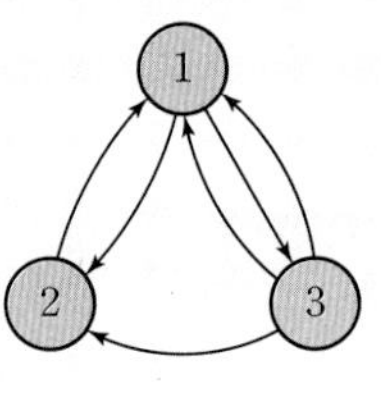

➜ **0877** 그림은 어느 미술관의 두 전시홀 H_1, H_2와 각 전시홀을 연결하는 이동 방향이 지정된 통로를 나타낸 것이다. 행렬 X의 (i, j) 성분 a_{ij}를 H_i에서 H_j로 하나의 통로만 이용하여 이동하는 방법의 수라 할 때, 행렬 X의 제2열의 모든 성분의 합을 구하시오.

유형 02 서로 같은 행렬 개념 1

0878 두 행렬 $A=\begin{pmatrix} x & xy \\ -y & 5 \end{pmatrix}$, $B=\begin{pmatrix} 3-y & xy \\ \frac{4}{x} & 5 \end{pmatrix}$에 대하여 $A=B$일 때, x^2+y^2의 값은?

(단, $x\neq0$이고, x, y는 실수이다.)

① 9 ② 11 ③ 13
④ 15 ⑤ 17

➜ **0879** 등식 $\begin{pmatrix} a^2-ab+b^2 & -1 \\ 2 & 2a-5 \end{pmatrix}=\begin{pmatrix} 8-ab & -1 \\ 2 & 3-2b \end{pmatrix}$를 만족시키는 실수 a, b에 대하여 $\frac{b}{a}+\frac{a}{b}$의 값을 구하시오.

(단, $a\neq0$, $b\neq0$)

0880 두 행렬 $A=\begin{pmatrix} 1 & 2 \\ 3 & 4 \end{pmatrix}$, $B=\begin{pmatrix} x+y & y+z \\ z+x & 4 \end{pmatrix}$에 대하여 $A=B$일 때, $x^2+y^2+z^2$의 값을 구하시오.

(단, x, y, z는 상수이다.)

➜ 서술형 **0881** 두 양수 a, b에 대하여 $\begin{pmatrix} 3a+2b & 1 \\ 3 & b^2 \end{pmatrix}=\begin{pmatrix} 9a^2 & 1 \\ 3 & 6b \end{pmatrix}$일 때, ab의 값을 구하시오.

유형 03 행렬의 덧셈, 뺄셈, 실수배 개념 2

0882 두 실수 x, y에 대하여 등식

$$\begin{pmatrix} x+1 & 4 \\ 2y & x+y \end{pmatrix} - 2\begin{pmatrix} y+2 & 2 \\ y & x-2 \end{pmatrix} = \begin{pmatrix} 0 & 0 \\ 0 & 0 \end{pmatrix}$$

이 성립할 때, $x+y$의 값은?

① 2 ② 4 ③ 6
④ 8 ⑤ 10

➜ **0883** 두 행렬 $A=\begin{pmatrix} -1 & 2 \\ 4 & 1 \end{pmatrix}$, $B=\begin{pmatrix} 1 & -2 \\ -1 & 2 \end{pmatrix}$에 대하여 $2(X-2A)=B-X$를 만족시키는 이차정사각행렬 X의 모든 성분의 합은?

① 2 ② 4 ③ 6
④ 8 ⑤ 10

0884 두 이차정사각행렬 A, B가

$$A+B=\begin{pmatrix} 1 & -1 \\ -2 & 1 \end{pmatrix},\ A-B=\begin{pmatrix} 3 & -1 \\ 4 & -1 \end{pmatrix}$$

을 만족시킬 때, 행렬 $2A+B$의 모든 성분의 곱은?

① -12 ② -6 ③ 6
④ 12 ⑤ 24

서술형
➜ **0885** 두 행렬 $A=\begin{pmatrix} -6 & 7 \\ 5 & 4 \end{pmatrix}$, $B=\begin{pmatrix} -2 & -1 \\ 0 & 3 \end{pmatrix}$에 대하여 행렬 X, Y가

$$X+2Y=A,\ 2X-Y=B$$

를 만족시킨다. $X+Y=\begin{pmatrix} p & q \\ r & s \end{pmatrix}$일 때, $ps-qr$의 값을 구하시오. (단, p, q, r, s는 실수이다.)

0886 두 실수 x, y에 대하여

$$\begin{pmatrix} -1 \\ 4 \end{pmatrix} = x\begin{pmatrix} 1 \\ 2 \end{pmatrix} + y\begin{pmatrix} 2 \\ 1 \end{pmatrix}$$

일 때, $6x+5y$의 값을 구하시오.

➜ **0887** 두 행렬 $A=\begin{pmatrix} 1 & 0 \\ 1 & 2 \end{pmatrix}$, $B=\begin{pmatrix} -1 & 0 \\ 0 & -2 \end{pmatrix}$에 대하여 행렬 $\begin{pmatrix} -1 & 0 \\ 3 & -2 \end{pmatrix}$를 $xA+yB$의 꼴로 나타낼 때, xy의 값을 구하시오. (단, x, y는 실수이다.)

유형 04 행렬의 곱셈 개념 3

0888 두 행렬 $A=\begin{pmatrix} 1 & 2 \\ 3 & 6 \end{pmatrix}$, $B=\begin{pmatrix} 2 & x \\ y & -5 \end{pmatrix}$에 대하여 $AB=\begin{pmatrix} 0 & 0 \\ 0 & 0 \end{pmatrix}$일 때, 행렬 BA는? (단, x, y는 실수이다.)

① $\begin{pmatrix} -22 & -66 \\ 11 & 33 \end{pmatrix}$ ② $\begin{pmatrix} 0 & 0 \\ 0 & 0 \end{pmatrix}$ ③ $\begin{pmatrix} 1 & 0 \\ 0 & 1 \end{pmatrix}$
④ $\begin{pmatrix} 22 & 66 \\ -11 & -33 \end{pmatrix}$ ⑤ $\begin{pmatrix} 32 & 64 \\ -16 & -32 \end{pmatrix}$

➜ **0889** 두 행렬 $A=\begin{pmatrix} 1 & k \\ 2 & 2 \end{pmatrix}$, $B=\begin{pmatrix} k & 0 \\ 1 & k \end{pmatrix}$에 대하여 행렬 $(A+B)(A-B)$의 모든 성분의 합이 -2일 때, 양수 k의 값은?

① 2 ② 4 ③ 6
④ 8 ⑤ 10

0890 이차방정식 $x^2+x-3=0$의 두 근을 α, β라 할 때, 행렬 $\begin{pmatrix} \alpha \\ \alpha+4\beta \end{pmatrix}(\beta \quad 2\alpha)$의 모든 성분의 합을 구하시오.

➜ **0891** 두 양수 x, y에 대하여 $\begin{pmatrix} x & y \\ y & x \end{pmatrix}\begin{pmatrix} x \\ y \end{pmatrix}=\begin{pmatrix} 25 \\ 24 \end{pmatrix}$가 성립할 때, x^3+y^3의 값을 구하시오.

유형 05 단위행렬과 행렬의 곱셈 개념 3, 4

0892 이차정사각행렬 A에 대하여 $A^2=\begin{pmatrix} -1 & -4 \\ 8 & 7 \end{pmatrix}$일 때, $(A+E)(A-E)=\begin{pmatrix} p & q \\ r & s \end{pmatrix}$이다. 이때 $p+s$의 값을 구하시오. (단, E는 단위행렬이고, p, q, r, s는 실수이다.)

➜ 서술형 **0893** 행렬 A의 모든 성분의 합이 1일 때, 행렬 $(A+E)^2-(A-E)^2$의 모든 성분의 합을 구하시오.
(단, E는 단위행렬이다.)

10 행렬과 그 연산

유형 06 행렬의 제곱, 세제곱 개념 3

0894 행렬 $A=\begin{pmatrix} a & 1 \\ 1 & 2 \end{pmatrix}$에 대하여 행렬 A^2의 모든 성분의 합이 9일 때, 상수 a의 값은?

① -2 ② -1 ③ 0
④ 1 ⑤ 2

➜ 0895 방정식 $x^3=1$의 한 허근을 ω라 할 때, 행렬 $A=\begin{pmatrix} \omega^2 & 1 \\ \omega+1 & \omega^2 \end{pmatrix}$에 대하여 행렬 A^2의 모든 성분의 합을 구하시오.

0896 행렬 $A=\begin{pmatrix} 1 & -1 \\ 2 & 1 \end{pmatrix}$에 대하여 행렬

$$(A-E)(A^2+A+E)$$

의 모든 성분의 곱을 구하시오. (단, E는 단위행렬이다.)

➜ 0897 두 이차정사각행렬 A, B에 대하여

$$A+B=\begin{pmatrix} 5 & 4 \\ 3 & 6 \end{pmatrix},\ A-B=\begin{pmatrix} -3 & 4 \\ 1 & -2 \end{pmatrix}$$

일 때, 행렬 A^3-B^3을 구하시오.

유형 07 행렬의 거듭제곱 개념 3

0898 행렬 $A=\begin{pmatrix} 1 & 1 \\ -1 & 0 \end{pmatrix}$에 대하여 $A^n=E$를 만족시키는 자연수 n의 최솟값은? (단, E는 단위행렬이다.)

① 2 ② 4 ③ 6
④ 8 ⑤ 10

➜ 서술형 0899 행렬 $A=\begin{pmatrix} 1 & -2 \\ 1 & -1 \end{pmatrix}$에 대하여 $A^n=A$를 만족시키는 100 이하의 자연수 n의 개수를 구하시오.

0900 행렬 $A=\begin{pmatrix} 1 & 1 \\ 0 & 0 \end{pmatrix}$에 대하여 행렬

$$A+A^2+A^3+\cdots+A^{100}$$

의 모든 성분의 합은?

① 50 ② 100 ③ 150
④ 200 ⑤ 250

→ **0901** 이차방정식 $x^2-x-1=0$의 두 근을 α, β라 할 때, 행렬 $A=\begin{pmatrix} \alpha+\beta & \alpha\beta \\ 0 & \alpha+\beta \end{pmatrix}$에 대하여 행렬

$$A-A^2+A^3-A^4+\cdots+A^{99}$$

의 모든 성분의 합을 구하시오.

0902 행렬 $A=\begin{pmatrix} 1 & -1 \\ -1 & 1 \end{pmatrix}$에 대하여 행렬 A^{16}의 (1, 1) 성분과 (2, 2) 성분의 곱이 2^k일 때, 자연수 k의 값을 구하시오.

→ 서술형 **0903** 자연수 n에 대하여 행렬 $\begin{pmatrix} 1 & 0 \\ 1 & 2 \end{pmatrix}^n$의 (2, 1) 성분을 $f(n)$이라 할 때, $f(5)+f(8)$의 값을 구하시오.

유형 08 행렬의 곱셈에 대한 성질; 분배법칙, 결합법칙 개념 4

0904 두 행렬 A, B에 대하여 $A=\begin{pmatrix} 1 & 1 \\ 2 & 2 \end{pmatrix}$, $AB=\begin{pmatrix} 1 & 0 \\ 2 & 0 \end{pmatrix}$일 때, 행렬 $A(BA+3E)$는? (단, E는 단위행렬이다.)

① $\begin{pmatrix} 1 & 1 \\ 2 & 2 \end{pmatrix}$ ② $\begin{pmatrix} 3 & 0 \\ 6 & 0 \end{pmatrix}$ ③ $\begin{pmatrix} 4 & 1 \\ 2 & 5 \end{pmatrix}$
④ $\begin{pmatrix} 4 & 4 \\ 8 & 8 \end{pmatrix}$ ⑤ $\begin{pmatrix} 6 & 3 \\ 12 & 6 \end{pmatrix}$

→ **0905** 네 이차정사각행렬 A, B, C, D에 대하여

$$AC=\begin{pmatrix} 3 & -2 \\ 4 & 1 \end{pmatrix},\ B=\begin{pmatrix} 4 & 3 \\ -1 & -1 \end{pmatrix},\ D=\begin{pmatrix} 3 & 3 \\ -1 & -2 \end{pmatrix}$$

일 때, 행렬 $ABC-ADC$의 모든 성분의 합은?

① -6 ② -3 ③ 0
④ 3 ⑤ 6

유형 09 행렬의 곱셈에 대한 성질: 교환법칙이 성립하지 않는다. 개념 4

0906 두 이차정사각행렬 A, B에 대하여

$$A+B=\begin{pmatrix} 2 & 1 \\ -1 & 3 \end{pmatrix},\ AB+BA=\begin{pmatrix} 3 & 1 \\ -2 & 5 \end{pmatrix}$$

일 때, 행렬 A^2+B^2은?

① $\begin{pmatrix} 5 & 2 \\ -3 & 8 \end{pmatrix}$ ② $\begin{pmatrix} 4 & 2 \\ -2 & 7 \end{pmatrix}$ ③ $\begin{pmatrix} 3 & 5 \\ -5 & 8 \end{pmatrix}$

④ $\begin{pmatrix} 0 & 4 \\ 4 & 3 \end{pmatrix}$ ⑤ $\begin{pmatrix} 0 & 4 \\ -3 & 3 \end{pmatrix}$

➜ 0907 두 이차정사각행렬 A, B에 대하여

$$(A+B)^2=\begin{pmatrix} 10 & 14 \\ 21 & 31 \end{pmatrix},\ (A-B)^2=\begin{pmatrix} 16 & 0 \\ -1 & 9 \end{pmatrix}$$

일 때, $AB+BA$의 모든 성분의 합은?

① 26 ② 27 ③ 28
④ 29 ⑤ 30

유형 10 $AB=BA$가 성립하는 경우 개념 4

0908 두 행렬 $A=\begin{pmatrix} 1 & 0 \\ -1 & 2 \end{pmatrix}$, $B=\begin{pmatrix} 3 & 0 \\ a & 0 \end{pmatrix}$에 대하여 $AB=BA$일 때, 상수 a의 값은?

① 1 ② 2 ③ 3
④ 4 ⑤ 5

➜ 0909 두 이차정사각행렬 A, B에 대하여 $AB=BA$이고,

$$A+2B=\begin{pmatrix} -1 & 4 \\ 2 & 3 \end{pmatrix},\ A-2B=\begin{pmatrix} 4 & 3 \\ 1 & -3 \end{pmatrix}$$

일 때, 행렬 A^2-4B^2을 구하시오.

0910 두 행렬 $A=\begin{pmatrix} 2 & 1 \\ -1 & x \end{pmatrix}$, $B=\begin{pmatrix} 2 & y \\ -1 & 1 \end{pmatrix}$에 대하여 $(A+B)(A-B)=A^2-B^2$일 때, xy의 값을 구하시오.

(단, x, y는 실수이다.)

서술형

➜ 0911 두 행렬 $A=\begin{pmatrix} x & y \\ -2x & x \end{pmatrix}$, $B=\begin{pmatrix} 1 & y-1 \\ -2 & 1 \end{pmatrix}$에 대하여 $(A+B)^2=A^2+2AB+B^2$일 때, $x+y$의 값을 구하시오.

(단, x, y는 자연수이다.)

유형 11 행렬의 곱셈식의 변형 (1)

개념 4

0912 이차정사각행렬 A에 대하여

$$A\begin{pmatrix}3\\1\end{pmatrix}=\begin{pmatrix}1\\0\end{pmatrix},\ A\begin{pmatrix}2\\1\end{pmatrix}=\begin{pmatrix}0\\2\end{pmatrix}$$

일 때, $A\begin{pmatrix}1\\0\end{pmatrix}$과 같은 행렬은?

① $\begin{pmatrix}-1\\2\end{pmatrix}$ ② $\begin{pmatrix}1\\-2\end{pmatrix}$ ③ $\begin{pmatrix}1\\-1\end{pmatrix}$

④ $\begin{pmatrix}1\\1\end{pmatrix}$ ⑤ $\begin{pmatrix}1\\2\end{pmatrix}$

→ **0913** 이차정사각행렬 A에 대하여

$$A\begin{pmatrix}4a\\-5b\end{pmatrix}=\begin{pmatrix}-3\\2\end{pmatrix},\ A\begin{pmatrix}-a\\8b\end{pmatrix}=\begin{pmatrix}9\\-5\end{pmatrix}$$

일 때, 행렬 $A\begin{pmatrix}a\\b\end{pmatrix}$를 구하시오. (단, a, b는 실수이다.)

0914 이차정사각행렬 A에 대하여

$$A^2=\begin{pmatrix}0&3\\-2&0\end{pmatrix},\ A\begin{pmatrix}a\\b\end{pmatrix}=\begin{pmatrix}c\\d\end{pmatrix}$$

일 때, $A\begin{pmatrix}a+c\\b+d\end{pmatrix}$와 같은 행렬은?

① $\begin{pmatrix}-2a+c\\3b+d\end{pmatrix}$ ② $\begin{pmatrix}3a+c\\-2b+d\end{pmatrix}$

③ $\begin{pmatrix}-2b+c\\3a+d\end{pmatrix}$ ④ $\begin{pmatrix}3b\\-2c\end{pmatrix}$

⑤ $\begin{pmatrix}3b+c\\-2a+d\end{pmatrix}$

서술형

→ **0915** 이차정사각행렬 A에 대하여

$$A\begin{pmatrix}2\\3\end{pmatrix}=\begin{pmatrix}1\\0\end{pmatrix},\ A^2\begin{pmatrix}2\\3\end{pmatrix}=\begin{pmatrix}4\\-2\end{pmatrix}$$

이다. $A\begin{pmatrix}x\\y\end{pmatrix}=\begin{pmatrix}8\\-6\end{pmatrix}$을 만족시키는 실수 x, y에 대하여 $x-y$의 값을 구하시오.

유형 12 행렬의 곱셈식의 변형 (2) 개념 4

0916 행렬 $A=\begin{pmatrix} 1 & 2 \\ -1 & 0 \end{pmatrix}$과 이차정사각행렬 B에 대하여 $A+B=E$일 때, 행렬 A^2B+B^2A의 모든 성분의 합은? (단, E는 단위행렬이다.)

① 1 ② 2 ③ 3 ④ 4 ⑤ 5

➜ **0917** 두 이차정사각행렬 A, B에 대하여

$A+B=4E$, $AB=E$

가 성립할 때, $A^2+B^2=kE$이다. 실수 k의 값은? (단, E는 단위행렬이다.)

① 8 ② 10 ③ 12 ④ 14 ⑤ 16

0918 두 이차정사각행렬 A, B에 대하여

$A=B-E$, $AB=O$

일 때, 행렬 $A^2+A^3+A^4+A^5$과 같은 행렬은? (단, E는 단위행렬, O는 영행렬이다.)

① O ② $2E$ ③ $4E$ ④ $6E$ ⑤ $8E$

서술형

➜ **0919** 두 이차정사각행렬 A, B에 대하여

$A^2+A=E$, $AB=2E$

이다. 행렬 A의 모든 성분의 합이 -1일 때, 행렬 B^2의 모든 성분의 합을 구하시오. (단, E는 단위행렬이다.)

유형 13 케일리 - 해밀턴의 정리 개념 4

0920 행렬 $A=\begin{pmatrix} 2 & 3 \\ -1 & -4 \end{pmatrix}$가 $A^2+pA+qE=O$를 만족시킬 때, 실수 p, q에 대하여 $p+q$의 값은? (단, E는 단위행렬, O는 영행렬이다.)

① -7 ② -3 ③ 0 ④ 3 ⑤ 7

➜ **0921** 행렬 $A=\begin{pmatrix} -1 & -1 \\ 1 & 0 \end{pmatrix}$에 대하여

$A+A^2+A^3+\cdots+A^{20}$

의 모든 성분의 합은?

① -4 ② -2 ③ 0 ④ 2 ⑤ 4

0922 행렬 $A=\begin{pmatrix} x & -2 \\ 1 & y \end{pmatrix}$가 $A^2-3A+3E=O$를 만족시킬 때, 실수 x, y에 대하여 $\frac{1}{x}+\frac{1}{y}$의 값은?

(단, $x\neq0$, $y\neq0$이고 E는 단위행렬, O는 영행렬이다.)

① 1 ② 2 ③ 3
④ 4 ⑤ 5

➜ 서술형 **0923** 행렬 $A=\begin{pmatrix} a & b \\ c & d \end{pmatrix}$가 $A^2-5A+4E=O$를 만족시킬 때, $a+d$의 최솟값을 구하시오.

(단, E는 단위행렬, O는 영행렬이다.)

유형 14 행렬의 여러 가지 성질 개념 4

0924 이차정사각행렬 A에 대하여 **보기**에서 옳은 것만을 있는 대로 고른 것은? (단, E는 단위행렬, O는 영행렬이다.)

보기

ㄱ. $A+B=E$이면 $AB=BA$이다.
ㄴ. $A^2-3A+2E=O$이면 $A=2E$ 또는 $A=E$이다.
ㄷ. $A^5=A^3=E$이면 $A=E$이다.

① ㄱ ② ㄱ, ㄴ ③ ㄱ, ㄷ
④ ㄴ, ㄷ ⑤ ㄱ, ㄴ, ㄷ

➜ **0925** 두 이차정사각행렬 A, B에 대하여 **보기**에서 옳은 것만을 있는 대로 고르시오.

(단, E는 단위행렬, O는 영행렬이다.)

보기

ㄱ. $(A+B)^2=A^2+2AB+B^2$이면 $AB=BA$이다.
ㄴ. $A\neq O$, $A(A-B)=O$이면 $A=B$이다.
ㄷ. $A+B=E$, $AB=O$이면 임의의 자연수 n에 대하여 $A^n+B^n=E$이다.

유형 15 행렬의 곱셈의 활용 개념 3

0926 지혜와 민규가 사려는 공책과 연필의 수는 [표 1]과 같고, 문구점 A, B의 공책 1권과 연필 1자루의 가격은 [표 2]와 같다.

	공책	연필
지혜	10권	3자루
민규	8권	12자루

[표 1]

	A	B
공책	1000원	2000원
연필	800원	500원

[표 2]

행렬 $M=\begin{pmatrix} 10 & 3 \\ 8 & 12 \end{pmatrix}$, $N=\begin{pmatrix} 1000 & 2000 \\ 800 & 500 \end{pmatrix}$에 대하여 행렬 MN의 $(2,\ 1)$ 성분이 의미하는 것은?

① 지혜가 문구점 A에서 공책과 연필을 살 경우 지불해야 하는 금액

② 지혜가 문구점 B에서 공책과 연필을 살 경우 지불해야 하는 금액

③ 민규가 문구점 A에서 공책과 연필을 살 경우 지불해야 하는 금액

④ 민규가 문구점 B에서 공책과 연필을 살 경우 지불해야 하는 금액

⑤ 지혜와 민규가 문구점 A에서 공책을 살 경우 지불해야 하는 금액

0927 두 학교 A, B의 1학년과 2학년의 학생 수는 [표 1]과 같고, 각 학교의 1학년, 2학년에서 농구와 축구를 배우는 학생의 비율은 [표 2]와 같다.

(단위: 명)

	A 학교	B 학교
1학년	300	240
2학년	250	200

[표 1]

	1학년	2학년
농구	0.6	0.3
축구	0.4	0.7

[표 2]

위의 두 표를 각각 행렬 $P=\begin{pmatrix} 300 & 240 \\ 250 & 200 \end{pmatrix}$, $Q=\begin{pmatrix} 0.6 & 0.3 \\ 0.4 & 0.7 \end{pmatrix}$로 나타낼 때, B 학교에서 농구를 배우는 학생 수를 바르게 나타낸 것은?

① PQ의 $(1,\ 2)$성분 ② PQ의 $(2,\ 1)$성분
③ QP의 $(1,\ 2)$성분 ④ QP의 $(2,\ 1)$성분
⑤ QP의 $(2,\ 2)$성분

0928 두 컵 A, B에 각각 a g, b g의 물이 들어 있다. 컵 A에 들어 있는 물의 $\frac{1}{2}$을 퍼내어 컵 B에 넣은 다음 다시 컵 B에 들어 있는 물의 $\frac{1}{3}$을 퍼내어 컵 A에 넣을 때, 컵 A에 들어 있는 물의 양을 x g, 컵 B에 들어 있는 물의 양을 y g이라 하자. $\begin{pmatrix} x \\ y \end{pmatrix}=\frac{1}{3}\begin{pmatrix} p & q \\ r & s \end{pmatrix}\begin{pmatrix} a \\ b \end{pmatrix}$가 성립할 때, 실수 p, q, r, s에 대하여 $p+q+r+s$의 값을 구하시오.

서술형

0929 어느 지역의 작년 총 강수량은 1200 mm이었다. 올해 상반기 강수량은 작년 상반기에 비해 10 % 감소하고, 올해 하반기 강수량은 작년 하반기에 비해 40 % 증가하여 올해 총 강수량은 작년에 비해 230 mm만큼 증가하였다. 이 지역의 작년 상반기 강수량과 하반기 강수량을 각각 a mm, b mm라 하면 $\begin{pmatrix} p & 1 \\ -1 & q \end{pmatrix}\begin{pmatrix} a \\ b \end{pmatrix}=\begin{pmatrix} 1200 \\ 2300 \end{pmatrix}$이 성립할 때, 실수 p, q에 대하여 $p+q$의 값을 구하시오.

실력 완성!

0930 행렬 A의 (i, j) 성분 a_{ij}가

$a_{ij}=i-j+1$ (단, $i=1, 2$, $j=1, 2, 3$)

일 때, 행렬 A의 모든 성분의 합은?

① 1 ② 2 ③ 3 ④ 4 ⑤ 5

0931 세 행렬 $A=\begin{pmatrix} -2 \\ 1 \end{pmatrix}$, $B=(0 \quad 3)$, $C=\begin{pmatrix} 1 & 0 \\ 2 & -1 \end{pmatrix}$에 대하여 다음 중 존재하지 않는 행렬은?

① AB ② AC ③ BA ④ BC ⑤ CA

0932 두 행렬 $A=\begin{pmatrix} x+y & 5 \\ 10 & 4 \end{pmatrix}$, $B=\begin{pmatrix} 3 & xz \\ yz & 4 \end{pmatrix}$에 대하여 $A=B$일 때, $x^3+y^3+z^3$의 값은?

① 130 ② 132 ③ 134 ④ 136 ⑤ 138

0933 두 이차정사각행렬 A, B에 대하여

$$A+2B=\begin{pmatrix} 1 & 7 \\ 2 & -1 \end{pmatrix},\ 3A+B=\begin{pmatrix} -2 & 16 \\ 11 & 2 \end{pmatrix}$$

일 때, $A(A+B)$의 모든 성분의 합을 구하시오.

0934 두 행렬 $A=\begin{pmatrix} 4 & a \\ 2 & 1 \end{pmatrix}$, $B=\begin{pmatrix} 1 & 2 \\ 3 & b \end{pmatrix}$에 대하여

$$A^2+B^2=AB+BA$$

일 때, ab의 값은? (단, a, b는 실수이다.)

① 40 ② 42 ③ 44 ④ 46 ⑤ 48

0935 세 행렬

$$A=\begin{pmatrix} 1 & -1 \\ -2 & 3 \end{pmatrix},\ B=\begin{pmatrix} 1 & 2 \\ 3 & 0 \end{pmatrix},\ C=\begin{pmatrix} 1 & -1 \\ -1 & 2 \end{pmatrix}$$

에 대하여 행렬 $ABC-CBC$는?

① $\begin{pmatrix} -3 & 3 \\ 3 & -3 \end{pmatrix}$ ② $\begin{pmatrix} -2 & 2 \\ -5 & -2 \end{pmatrix}$ ③ $\begin{pmatrix} 0 & 0 \\ -1 & 1 \end{pmatrix}$ ④ $\begin{pmatrix} 0 & 0 \\ 4 & -6 \end{pmatrix}$ ⑤ $\begin{pmatrix} 0 & 0 \\ 7 & -4 \end{pmatrix}$

0936 두 행렬 $A=\begin{pmatrix} a & 0 \\ b & -2 \end{pmatrix}$, $B=\begin{pmatrix} -1 & 1 \\ 0 & 1 \end{pmatrix}$에 대하여

$$(A+B)^2=(A-B)^2$$

일 때, $a+b$의 값을 구하시오. (단, a, b는 실수이다.)

0937 이차정사각행렬 A에 대하여

$$A^2-2A+3E=O,\ A^2\begin{pmatrix} 1 \\ 1 \end{pmatrix}=\begin{pmatrix} 5 \\ 7 \end{pmatrix}$$

일 때, 행렬 $A\begin{pmatrix} 1 \\ 1 \end{pmatrix}$의 모든 성분의 곱은?

(단, E는 단위행렬, O는 영행렬이다.)

① -20 ② -10 ③ 1
④ 10 ⑤ 20

0938 두 이차정사각행렬 A, B에 대하여

$$A+2B=O,\ AB=E$$

일 때, $A^6+B^6=kE$이다. 이때 실수 k의 값은?

(단, E는 단위행렬, O는 영행렬이다.)

① $-\frac{65}{8}$ ② -8 ③ 4
④ 8 ⑤ $\frac{65}{8}$

0939 이차방정식 $x^2-3x+1=0$의 두 근 α, β와 행렬 $A=\begin{pmatrix} \alpha & 1 \\ 1 & \beta \end{pmatrix}$에 대하여 A^3의 모든 성분의 합을 구하시오.

0940 두 이차정사각행렬 A, B에 대하여 다음 중 옳은 것은? (단, E는 단위행렬, O는 영행렬이다.)

① $A^2=O$이면 $A=O$이다.
② $AB=O$, $A\neq O$이면 $B=O$이다.
③ $AB=O$이면 $BA=O$이다.
④ $A^2=E$이면 $A=E$ 또는 $A=-E$이다.
⑤ $A\neq O$, $B\neq O$이지만 $AB=O$인 행렬 A, B가 존재한다.

0941 행렬 $A=\begin{pmatrix} 1 & 0 \\ a & 1 \end{pmatrix}$에 대하여

$$A+A^2+A^3+\cdots+A^n=\begin{pmatrix} 6 & 0 \\ 84 & 6 \end{pmatrix}$$

일 때, $n+a$의 값을 구하시오. (단, a, n은 상수이다.)

0942 두 실수 a, b와 행렬 $A=\begin{pmatrix} a & b \\ -1 & -a-1 \end{pmatrix}$에 대하여 $A^3=E$일 때, b의 최솟값은? (단, E는 단위행렬이다.)

① $\frac{1}{4}$ ② $\frac{1}{2}$ ③ $\frac{3}{4}$

④ 1 ⑤ $\frac{5}{4}$

0943 어느 고등학교에서 교사 10명과 학생 250명이 박물관을 단체 관람하려고 한다. 성인과 학생 1인당 관람료는 [표 1]과 같고, [표 2]와 같이 오전과 오후로 인원을 나누어 관람하려고 한다. 오전에 관람할 경우 관람료의 30%를 할인해 준다고 할 때, 이 학교에서 지불해야 할 총 관람료를 행렬의 곱으로 나타낸 것은?

	가격
성인	4000원
학생	2000원

[표 1]

	교사	학생
오전	6명	150명
오후	4명	100명

[표 2]

① $(0.7 \quad 1)\begin{pmatrix} 4 & 150 \\ 6 & 100 \end{pmatrix}\begin{pmatrix} 2000 \\ 4000 \end{pmatrix}$

② $(0.7 \quad 1)\begin{pmatrix} 6 & 150 \\ 4 & 100 \end{pmatrix}\begin{pmatrix} 4000 \\ 2000 \end{pmatrix}$

③ $(0.7 \quad 1)\begin{pmatrix} 150 & 6 \\ 100 & 4 \end{pmatrix}\begin{pmatrix} 4000 \\ 2000 \end{pmatrix}$

④ $(1 \quad 0.7)\begin{pmatrix} 4 & 150 \\ 6 & 100 \end{pmatrix}\begin{pmatrix} 4000 \\ 2000 \end{pmatrix}$

⑤ $(1 \quad 0.7)\begin{pmatrix} 6 & 150 \\ 4 & 100 \end{pmatrix}\begin{pmatrix} 2000 \\ 4000 \end{pmatrix}$

서술형

0944 등식 $\begin{pmatrix} 1 & 1 \\ 1 & -1 \end{pmatrix}P(1 \quad 2)=\begin{pmatrix} 1 & 2 \\ -3 & -6 \end{pmatrix}$을 만족시키는 행렬 P를 구하시오.

0945 두 행렬 $A=\begin{pmatrix} 1 & 1 \\ -1 & 1 \end{pmatrix}$, $B=\begin{pmatrix} a & b \\ b & a \end{pmatrix}$가 다음 조건을 만족시킬 때, a^2+b^2의 값을 구하시오. (단, a, b는 실수이다.)

(가) $A^2-B^2=(A+B)(A-B)$
(나) $A^{16}=B^4$

MEMO

MEMO

학습자 중심의 친절한 해설

정답과 해설

디지털 해설

거인의 어깨가 필요할 때

만약 내가 멀리 보았다면, 그것은 거인들의 어깨 위에 서 있었기 때문입니다.

If I have seen farther, it is by standing on the shoulders of giants.

오래전부터 인용되어 온 이 경구는, 성취는 혼자서 이룬 것이 아니라
많은 앞선 노력을 바탕으로 한 결과물이라는 의미를 담고 있습니다.
과학적으로 큰 성취를 이룬 뉴턴(Newton, I.; 1642~1727)도
과학적 공로에 관해 언쟁을 벌이며 경쟁자에게 보낸 편지에
이 문장을 인용하여 자신보다 앞서 과학적 발견을 이룬 과학자들의
도움을 많이 받았음을 고백하였다고 합니다.

수학은 어렵고, 잘하기까지 오랜 시간이 걸립니다.
그렇기에 수학을 공부할 때도 거인의 어깨가 필요합니다.

<각 GAK>은 여러분이 오를 수 있는 거인의 어깨가 되어
여러분의 수학 공부 여정을 함께 하겠습니다.
<각 GAK>의 어깨 위에서 여러분이 원하는
수학적 성취를 이루길 진심으로 기원합니다.

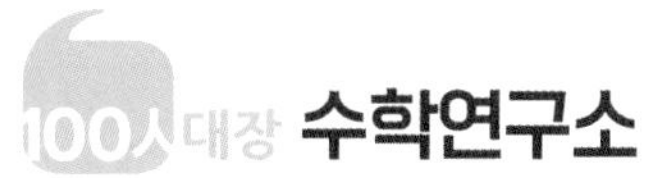

빠른 정답

01 다항식의 연산

I. 다항식

0001 (1) $2x^3+4x^2-x+7$ (2) $7-x+4x^2+2x^3$
0002 (1) $x^2+(2y+3)x+y^2-y+1$ (2) $y^2+(2x-1)y+x^2+3x+1$
0003 (1) $2x^3-x^2-x+2$ (2) $-2a^2-6ab-5b^2$ (3) $x^2-6xy+3y^2$
0004 (1) x^3+3x^2-2x (2) $x^3+2x^2y+xy^2+2x+2y$
0005 (1) $4a^2+4ab+b^2$ (2) a^2-9b^2 (3) $x^2-3x-10$ (4) $2x^2-x-6$
(5) $a^2+b^2+2ab+2a+2b+1$ (6) $4x^2+y^2-4xy-12x+6y+9$
(7) $x^3+6x^2+12x+8$ (8) $8a^3-12a^2b+6ab^2-b^3$ (9) x^3+8 (10) $8a^3-1$
(11) $x^3+6x^2+11x+6$ (12) $8-4a-4b-4c+2ab+2bc+2ca-abc$
(13) $a^3-b^3-c^3-3abc$ (14) $x^3+27y^3+18xy-8$ (15) a^4+9a^2+81
(16) $x^4+4x^2y^2+16y^4$ **0006** (1) 10 (2) 20 (3) 3 (4) 14 (5) 72 (6) -4
0007 (1) 7 (2) 27 (3) 5 (4) 1 (5) 52 (6) 36 **0008** (1) 9 (2) 42
0009 (가) $6x$ (나) x (다) 2
0010 (1) 몫: x^2+2x-1, 나머지: -4 (2) 몫: $x+6$, 나머지: $9x-13$

0011 $2x^4+2x^3+7$ **0012** ④ **0013** ⑤ **0014** ⑤ **0015** $5x+2$
0016 ② **0017** ④ **0018** ① **0019** 2 **0020** ① **0021** 0 **0022** ⑤
0023 ① **0024** ① **0025** 19 **0026** 11 **0027** ① **0028** ② **0029** 6
0030 29 **0031** ⑤ **0032** ③ **0033** 81 **0034** ⑤ **0035** ⑤ **0036** ④
0037 34 **0038** 23 **0039** ⑤ **0040** 14 **0041** 50 **0042** ⑤ **0043** ①
0044 ② **0045** 16 **0046** ⑤ **0047** ② **0048** 정삼각형 **0049** ④
0050 ① **0051** ① **0052** 16 **0053** 6 **0054** ③ **0055** ① **0056** ③
0057 ⑤ **0058** ① **0059** ⑤ **0060** ③ **0061** ④ **0062** ② **0063** ⑤
0064 ② **0065** 32 **0066** ④ **0067** ① **0068** ③ **0069** ⑤ **0070** 2
0071 $4x^2-3$ **0072** ③ **0073** 76 **0074** ⑤ **0075** ④ **0076** 8
0077 ⑤ **0078** ② **0079** 16 **0080** ③ **0081** ⑤ **0082** 132 **0083** ⑤
0084 54 **0085** (1) 2 (2) 2

02 나머지정리와 인수분해

I. 다항식

0086 (1) × (2) ○ (3) × (4) ○ **0087** (1) $a=1$, $b=-2$ (2) $a=4$, $b=3$, $c=6$
(3) $a=2$, $b=-1$, $c=6$ (4) $a=1$, $b=2$, $c=9$
0088 (1) $a=3$, $b=4$, $c=2$ (2) $a=7$, $b=-3$, $c=3$
0089 (1) -1 (2) 1 (3) 13 **0090** 3 **0091** (1) 6 (2) 1 **0092** 3
0093 (1) 몫: x^2+2x+3, 나머지: -5 (2) 몫: $2x^2-3x-9$, 나머지: 1
0094 (1) $(a+1)(b+1)$ (2) $(3a-4b)^2$ (3) $(x+3)(x-3)$
(4) $(a+1)(a+3)$ (5) $(2x-1)(x-1)$ (6) $(x-y+z)^2$ (7) $(a+2b-3c)^2$
(8) $(x+1)^3$ (9) $(a-3b)^3$ (10) $(x-2)(x^2+2x+4)$
(11) $(2x+y)(4x^2-2xy+y^2)$ (12) $(x^2+xy+y^2)(x^2-xy+y^2)$
(13) $(4a^2+2ab+b^2)(4a^2-2ab+b^2)$
(14) $(x+y+z)(x^2+y^2+z^2-xy-yz-zx)$
(15) $(a+2b+c)(a^2+4b^2+c^2-2ab-2bc-ca)$
0095 (1) $(x+y+1)(x+y-2)$ (2) $(2x-3)(2x-5)$
(3) $(x+2)(x-2)(x+3)(x-3)$ (4) $(x^2+x+1)(x^2-x+1)$
(5) $(x+3y+1)(2x-y-1)$ (6) $(x-1)(x+3y+5)$
(7) $(x-1)(x+2)(x-3)$ (8) $(x+1)^2(x+2)(x-2)$

0096 ④ **0097** ⑤ **0098** 13 **0099** ① **0100** ② **0101** 12 **0102** ①
0103 ③ **0104** 8 **0105** 2 **0106** ⑤ **0107** ① **0108** ② **0109** 3
0110 -120 **0111** 11 **0112** ⑤ **0113** 16 **0114** ② **0115** -32
0116 ④ **0117** ③ **0118** 10 **0119** ① **0120** ② **0121** 6 **0122** ②
0123 ③ **0124** 13 **0125** 8 **0126** ④ **0127** 15 **0128** ⑤ **0129** ①
0130 4 **0131** ④ **0132** ① **0133** 17 **0134** ③ **0135** 2 **0136** ①
0137 ⑤ **0138** ③ **0139** ④ **0140** (1) $-\frac{1}{2}$ (2) 몫: x^2+2x-2, 나머지: 3
0141 ㄴ, ㄹ, ㅂ **0142** 7 **0143** -9 **0144** ㄱ, ㄷ **0145** ④
0146 ⑤ **0147** -90 **0148** 13 **0149** ⑤ **0150** 9 **0151** ④ **0152** ①
0153 ② **0154** ④ **0155** ④ **0156** ㄱ, ㄷ **0157** 4 **0158** ①
0159 ④ **0160** ⑤ **0161** ② **0162** 7 **0163** ② **0164** ② **0165** ①
0166 6 **0167** 48 **0168** 10001 **0169** ② **0170** ③ **0171** 176
0172 27 **0173** ① **0174** 7 **0175** 100 **0176** ④ **0177** ③ **0178** ②
0179 ② **0180** ④ **0181** 9 **0182** ④ **0183** ② **0184** ④ **0185** ③
0186 ⑤ **0187** 8 **0188** 13 **0189** 3 **0190** ③ **0191** 12 **0192** 90

03 복소수

II. 방정식

0193 (1) 실수부분: 3, 허수부분: 4 (2) 실수부분: -3, 허수부분: 8
(3) 실수부분: 0, 허수부분: $\sqrt{5}$ (4) 실수부분: $6+\sqrt{3}$, 허수부분: 0
0194 $i+1$, $\sqrt{2}i$ **0195** (1) $a=-2$, $b=4$ (2) $a=4$, $b=-\sqrt{3}$
(3) $a=3$, $b=2$ (4) $a=1$, $b=-2$ **0196** (1) $3-2i$ (2) $-5-2i$ (3) $2i$ (4) $\sqrt{7}$
0197 (1) $a=4$, $b=-6$ (2) $a=-3$, $b=\sqrt{5}$ (3) $a=-1+\sqrt{2}$, $b=0$
(4) $a=0$, $b=-15$ **0198** (1) $1+8i$ (2) $3+4i$ (3) $5-i$ (4) 11 (5) $-15-8i$
0199 (1) i (2) $-\frac{1}{5}-\frac{7}{5}i$ **0200** (1) -1 (2) i (3) 0 (4) $-1+i$
0201 (1) $\sqrt{2}i$ (2) $2i$ (3) $-2\sqrt{3}i$ (4) $-\frac{4}{3}i$ **0202** (1) $\pm\sqrt{3}i$ (2) $\pm 3i$
(3) $\pm 3\sqrt{2}i$ (4) $\pm\frac{1}{5}i$ **0203** (1) $9i$ (2) -4 (3) 3 (4) $-2i$ **0204** ③ **0205** 3

0206 ③ **0207** ⑤ **0208** ④ **0209** ② **0210** ① **0211** ③ **0212** ③
0213 40 **0214** 9 **0215** -3 **0216** ④ **0217** ① **0218** ③ **0219** 4
0220 ② **0221** ④ **0222** ③ **0223** ① **0224** ③ **0225** ⑤ **0226** ④
0227 ② **0228** ① **0229** 8 **0230** ⑤ **0231** -2 **0232** ② **0233** 1
0234 ① **0235** ④ **0236** 53 **0237** $2\pm i$ **0238** 2 **0239** ③ **0240** ①
0241 1 **0242** ① **0243** ② **0244** ① **0245** 4 **0246** ⑤ **0247** ③
0248 12 **0249** ⑤ **0250** ③ **0251** ④ **0252** ② **0253** ⑤ **0254** 9
0255 ④ **0256** ⑤ **0257** ④ **0258** 5 **0259** ⑤ **0260** ② **0261** ④
0262 ④ **0263** ① **0264** ① **0265** 65 **0266** ① **0267** ② **0268** ②
0269 ② **0270** ③ **0271** ③ **0272** 2 **0273** ③ **0274** 8 **0275** 4

04 이차방정식

0276 (1) $x=-8$ 또는 $x=2$ (2) $x=2$ (3) $x=-\frac{1}{2}$ 또는 $x=1$
(4) $x=-1$ 또는 $x=-\frac{2}{3}$ **0277** (1) $x=\frac{-1\pm\sqrt{5}}{2}$ (2) $x=\frac{-1\pm\sqrt{35}i}{6}$
(3) $x=\frac{1\pm\sqrt{7}}{2}$ **0278** (1) $x=-2$ 또는 $x=-\frac{1}{4}$ (실근) (2) $x=\pm5i$ (허근)
(3) $x=-2\pm i$ (허근) **0279** (1) $x=2$ (2) $x=-1$ 또는 $x=1$
0280 (1) 서로 다른 두 허근 (2) 중근 (3) 서로 다른 두 실근
0281 (1) $k<\frac{9}{4}$ (2) $k=\pm4$ (3) $k>1$ (4) $k\geq-\frac{1}{3}$ **0282** (1) $a=\pm3$
(2) $a=1$ **0283** (1) $\alpha+\beta=3$, $\alpha\beta=1$ (2) $\alpha+\beta=-\frac{3}{2}$, $\alpha\beta=-\frac{5}{2}$
(3) $\alpha+\beta=2i$, $\alpha\beta=4$ **0284** (1) 9 (2) 3 (3) 32 (4) 28 (5) -2 (6) 3
0285 $x^2-x-6=0$ **0286** $2x^2-4x-4=0$ **0287** $3x^2+6x+15=0$
0288 (1) $\alpha=\frac{3-\sqrt{29}}{2}$, $\beta=\frac{3+\sqrt{29}}{2}$ (2) $\alpha=-2-\sqrt{2}$, $\beta=-2+\sqrt{2}$
0289 (1) $a=-4$, $b=2$ (2) $a=4$, $b=-8$ **0290** (1) $a=0$, $b=9$
(2) $a=-4$, $b=7$ **0291** (1) $\left(x-\frac{1+\sqrt{19}i}{2}\right)\left(x-\frac{1-\sqrt{19}i}{2}\right)$
(2) $(x+2i)(x-2i)$ **0292** 13 **0293** 3 **0294** ⑤
0295 $x=1$ 또는 $x=1+\sqrt{3}$ **0296** ① **0297** ④ **0298** -2 **0299** 6
0300 1 **0301** $x=-2-\sqrt{5}$ 또는 $x=2+\sqrt{5}$ **0302** ③ **0303** ③
0304 ⑤ **0305** ③ **0306** ② **0307** 10 **0308** ③ **0309** ⑤
0310 $k<-2$ 또는 $-2<k<2$ **0311** 정삼각형 **0312** 1 **0313** ③
0314 ⑤ **0315** 7 **0316** ① **0317** ⑤ **0318** $\frac{\sqrt{17}}{2}$ **0319** $2\sqrt{3}$ **0320** 26
0321 ⑤ **0322** ① **0323** $-\frac{1}{2}$ **0324** ② **0325** ① **0326** -1 **0327** ②
0328 5 **0329** ② **0330** ⑤ **0331** -2 **0332** 1 **0333** 125 **0334** ②
0335 ① **0336** ① **0337** ③ **0338** ② **0339** ⑤ **0340** ⑤ **0341** 5
0342 $x=-5$ 또는 $x=3$ **0343** $x=-\frac{1}{2}$ 또는 $x=2$ **0344** ①
0345 ② **0346** ② **0347** 26 **0348** ③ **0349** ① **0350** ③ **0351** ②
0352 ② **0353** 9 **0354** ③ **0355** -4 **0356** ④ **0357** ①, ⑤
0358 ④ **0359** ⑤ **0360** $10-5\sqrt{5}$ **0361** ④ **0362** ① **0363** ⑤
0364 25 **0365** ②, ④ **0366** 16 **0367** 9 **0368** 1 **0369** ①
0370 6 **0371** -2

05 이차방정식과 이차함수

0372 (1) -1, 2 (2) $\frac{1}{2}$, 1 (3) 1 (4) $1\pm\sqrt{6}$
0373 (1) 서로 다른 두 점에서 만난다. (2) 한 점에서 만난다.(접한다.)
(3) 만나지 않는다. **0374** (1) $k=4$ (2) $k<4$ (3) $k>4$ (4) $k\leq4$ **0375** (1) 4
(2) -7, -3 **0376** (1) 만나지 않는다. (2) 서로 다른 두 점에서 만난다.
(3) 한 점에서 만난다.(접한다.) (4) 서로 다른 두 점에서 만난다.
0377 (1) $k=10$ (2) $k<10$ (3) $k>10$ (4) $k\leq10$
0378 (1) 최솟값: -1, $x=-4$ (2) 최댓값: 7, $x=1$ (3) 최댓값: -4, $x=-3$
0379 (1) $y=2(x-2)^2+11$ (2) 11, $x=2$ **0380** (1) 최솟값: 7, 최댓값: 없다.
(2) 최솟값: $-\frac{7}{2}$, 최댓값: 없다. (3) 최댓값: -1, 최솟값: 없다.
(4) 최댓값: 17, 최솟값: 없다. **0381** (1) 최댓값: 5, 최솟값: -4 (2) 최댓값: 5,
최솟값: -3 (3) 최댓값: 0, 최솟값: -4 **0382** (1) 최댓값: 3, 최솟값: -6
(2) 최댓값: 3, 최솟값: -5 (3) 최댓값: 5, 최솟값: -3 (4) 최댓값 2, 최솟값 -4
0383 ② **0384** ⑤ **0385** ① **0386** ① **0387** ④ **0388** ② **0389** ③
0390 20 **0391** ⑤ **0392** ⑤ **0393** ① **0394** 2 **0395** ③ **0396** ①
0397 4 **0398** -1 **0399** ② **0400** ② **0401** 2 **0402** ④ **0403** ①
0404 $y=-x-\frac{1}{4}$ **0405** $(2, -2)$ **0406** ① **0407** 8 **0408** ①
0409 31 **0410** 12 **0411** ② **0412** ±16 **0413** 6 **0414** 2 **0415** 6
0416 8 **0417** ⑤ **0418** 11 **0419** 7 **0420** 5 **0421** ② **0422** 8
0423 ① **0424** 9 **0425** 5 **0426** 21 **0427** 33 m
0428 900원 **0429** 20 **0430** 29 **0431** ② **0432** ⑤ **0433** ①
0434 ① **0435** ① **0436** 14 **0437** ③ **0438** ① **0439** ① **0440** ④
0441 ② **0442** ⑤ **0443** ① **0444** ⑤ **0445** 18 **0446** 17 **0447** 40
0448 $-\frac{8}{3}$

06 여러 가지 방정식

0449 (1) $x=-3$ 또는 $x=\frac{3\pm3\sqrt{3}i}{2}$ (2) $x=1$ 또는 $x=\pm\frac{\sqrt{2}}{2}i$
0450 (1) $x=-2$ 또는 $x=1$ 또는 $x=3$ (2) $x=-2$ 또는 $x=-1\pm\sqrt{2}i$
0451 (1) $x=-3$ 또는 $x=-2$ 또는 $x=1$ 또는 $x=2$
(2) $x=1\pm i$ 또는 $x=-2$ 또는 $x=4$ **0452** (1) $x=-1$ 또는 $x=1$
(2) $x=\frac{-1\pm\sqrt{7}i}{2}$ 또는 $\frac{1\pm\sqrt{7}i}{2}$ (3) $x=\frac{-3\pm\sqrt{5}}{2}$ 또는 $x=\frac{1\pm\sqrt{3}i}{2}$
0453 (1) 2 (2) 3 (3) -4 **0454** (1) 20 (2) -2 (3) -4
0455 (1) $x^3-x^2-6x=0$ (2) $x^3-3x^2+x+1=0$ (3) $x^3+2x^2+9x+18=0$
0456 -5 **0457** -18 **0458** (1) 0 (2) -1 (3) 1 (4) 0 (5) -1 (6) -1
0459 (1) 0 (2) 1 (3) 1 (4) 0 (5) -1 (6) 1
0460 (1) $\begin{cases}x=6\\y=-3\end{cases}$ 또는 $\begin{cases}x=-6\\y=3\end{cases}$ (2) $\begin{cases}x=-3\\y=-4\end{cases}$ 또는 $\begin{cases}x=4\\y=3\end{cases}$
(3) $\begin{cases}x=\sqrt{7}\\y=-\sqrt{7}\end{cases}$ 또는 $\begin{cases}x=-\sqrt{7}\\y=\sqrt{7}\end{cases}$ 또는 $\begin{cases}x=1\\y=2\end{cases}$ 또는 $\begin{cases}x=-1\\y=-2\end{cases}$
(4) $\begin{cases}x=2\\y=3\end{cases}$ 또는 $\begin{cases}x=3\\y=2\end{cases}$ (5) $\begin{cases}x=-2\\y=-1\end{cases}$ 또는 $\begin{cases}x=-1\\y=-2\end{cases}$
0461 $(-3, -2)$, $(-1, -3)$, $(0, -5)$, $(2, 3)$, $(3, 1)$, $(5, 0)$ **0462** 10
0463 ④ **0464** -14 **0465** ③ **0466** ④ **0467** ⑤ **0468** ⑤
0469 ② **0470** -16 **0471** ③ **0472** 8 **0473** 0 **0474** ⑤
0475 ② **0476** 3 **0477** ② **0478** 3 **0479** 4 **0480** -2 **0481** ③

빠른 정답

0482 $a>\frac{1}{4}$ **0483** ② **0484** ④ **0485** ① **0486** 1 **0487** ③
0488 6 **0489** ⑤ **0490** ① **0491** ⑤ **0492** 50 **0493** ③ **0494** ①
0495 ④ **0496** ⑤ **0497** 25 **0498** 13 **0499** ③ **0500** ① **0501** ②
0502 ④ **0503** ④ **0504** ③ **0505** -1 **0506** 1 **0507** ④ **0508** 4
0509 ① **0510** ④ **0511** ① **0512** -8 **0513** ③ **0514** ④ **0515** 2

0516 $(2, 4), (4, 2), (-4, -2), (-2, -4)$ **0517** ④ **0518** 15
0519 ③ **0520** 6 **0521** 3 **0522** 6 **0523** ④ **0524** -15
0525 4 **0526** 5 **0527** ② **0528** ④ **0529** 27 **0530** 85 **0531** ①
0532 ② **0533** ④ **0534** ② **0535** 2 **0536** ③ **0537** ⑤ **0538** 19
0539 ① **0540** 6 **0541** ② **0542** ④ **0543** ② **0544** ⑤ **0545** ③
0546 16 **0547** 13 **0548** 8 **0549** 11 **0550** $3\sqrt{5}$

07 연립일차부등식

0551 (1) $<$ (2) $<$ (3) $>$ (4) $>$ (5) $>$ **0552** (1) $4<x+2\le 8$ (2) $3<2x-1\le 11$ (3) $-6\le -x<-2$ (4) $3<\frac{x+4}{2}\le 5$ (5) $2\le \frac{12}{x}<6$

0553 (1) $x<2$ (2) $x<3$ (3) $x\ge -5$ **0554** (1) 2 (2) -5

0555 (1) $a>0$일 때, $x<\frac{a-4}{a}$ / $a<0$일 때, $x>\frac{a-4}{a}$ / $a=0$일 때, 해는 없다. (2) $a>3$일 때, $x\ge a+3$ / $a<3$일 때, $x\le a+3$ / $a=3$일 때, 해는 모든 실수이다.

0556 (1) $1<x\le 4$ (2) $x>3$ (3) $x<1$ (4) $-3\le x<-1$ (5) $x\le 4$

0557 (1) 해는 없다. (2) $x=5$ (3) 해는 없다. **0558** (1) $-\frac{1}{2}<x\le \frac{2}{3}$ (2) $-2\le x<2$ **0559** (1) $x\le -1$ (2) $x\ge 5$ (3) $-2<x\le 4$

0560 (1) $-2<x<2$ (2) $x\le -3$ 또는 $x\ge 3$ (3) $-2\le x\le 5$ (4) $x<-4$ 또는 $x>8$ (5) $x>1$ (6) $x\le -\frac{4}{3}$ (7) $-1<x<3$ (8) $x\ge 1$

0561 ④ **0562** ④ **0563** $x>3$ **0564** ⑤ **0565** -9 **0566** 3
0567 ③ **0568** 9 **0569** 6 **0570** ③ **0571** $x=3$ **0572** ⑤
0573 ⑤ **0574** 8 **0575** ③ **0576** $A\ge 8$ **0577** ⑤ **0578** 34
0579 11 **0580** ③ **0581** $a\ge 1$ **0582** ④ **0583** ③ **0584** 15
0585 ② **0586** 6 **0587** ② **0588** $10\le k<18$ **0589** ④ **0590** 3
0591 ⑤ **0592** 1 **0593** $\frac{26}{3}$ **0594** 6 **0595** ⑤ **0596** ④ **0597** ⑤
0598 3 **0599** ② **0600** -9 **0601** ③ **0602** $a<9$ **0603** 3 m
0604 11 **0605** ② **0606** ① **0607** ⑤ **0608** ③ **0609** ⑤
0610 $x>\frac{4}{5}$ **0611** ③ **0612** 3 **0613** ② **0614** ⑤ **0615** 5
0616 150 g 이상 300 g 이하 **0617** ④ **0618** ① **0619** ② **0620** 13
0621 ① **0622** 10 **0623** 60 **0624** 20

08 이차부등식과 연립이차부등식

0625 (1) $-3<x<5$ (2) $x\le -3$ 또는 $x\ge 5$ **0626** (1) $-1<x<4$ (2) $x\le -1$ 또는 $x\ge 4$

0627 (1) $0<x<2$ (2) $-\frac{1}{2}\le x\le 1$ (3) $x\le -3$ 또는 $x\ge 1$ (4) $x<-2$ 또는 $x>-\frac{1}{3}$ (5) $-1<x<5$

0628 (1) $x=-1$ (2) $x\ne 3$인 모든 실수 (3) 해는 없다. (4) 모든 실수

0629 (1) 모든 실수 (2) 해는 없다. (3) 해는 없다. (4) 모든 실수

0630 (1) $x^2-x-2\le 0$ (2) $x^2-3x>0$ (3) $x^2-2x+1>0$ (4) $x^2+6x+9\le 0$

0631 $a=-1, b=-12$ **0632** $a=-4, b=-5$

0633 (1) $k>\frac{1}{4}$ (2) $-2\le k\le 1$ (3) $k<-6$ (4) $-4\le k\le 4$

0634 (1) $k\ge \frac{9}{4}$ (2) $-6<k<6$ **0635** (1) $1\le x<2$ (2) $-5<x\le 1$

0636 (1) $-2<x\le 2$ (2) $-2\le x<-1$ 또는 $3<x\le 4$ **0637** $0<k\le 1$

0638 $k\ge 4$ **0639** $k<0$ 또는 $k>2$ **0640** $-2<k\le 1$

0641 $-\frac{1}{2}<k<1$ **0642** $2\le k<3$ **0643** 5 **0644** 22 **0645** ②

0646 ④ **0647** 12 **0648** ④ **0649** 6 **0650** 5 **0651** ⑤ **0652** 3
0653 ① **0654** ④ **0655** ⑤ **0656** ② **0657** ③ **0658** 7
0659 $x<-7$ 또는 $x>8$ **0660** $x\le 1$ 또는 $x\ge 7$ **0661** ①
0662 6 **0663** ③ **0664** ④ **0665** ③ **0666** ① **0667** $-4\le a\le 0$
0668 9 **0669** 5 **0670** ② **0671** ② **0672** 2 **0673** 11 **0674** 8
0675 ⑤ **0676** $k\le -2$ 또는 $k\ge 2$ **0677** ③ **0678** ② **0679** 4
0680 ⑤ **0681** ⑤ **0682** $-1\le k<1$ **0683** 2 **0684** 25 **0685** ②
0686 4 **0687** ② **0688** ④ **0689** ① **0690** 2 **0691** 4
0692 $0\le a\le 2$ **0693** ② **0694** $4\le a<5$ **0695** 8 **0696** ④
0697 ② **0698** 120 **0699** 6 **0700** ② **0701** ④ **0702** $2\le a<3$
0703 ② **0704** 30 **0705** ⑤ **0706** ② **0707** 28 **0708** ③ **0709** ⑤
0710 9 **0711** ① **0712** $-1<x<9$
0713 $x<a$ 또는 $b<x<0$ 또는 $x>d$ **0714** ① **0715** 6 **0716** 5
0717 $2<a\le 3$ **0718** ① **0719** ① **0720** ② **0721** ⑤ **0722** 4
0723 ③ **0724** ③ **0725** ① **0726** ④ **0727** 40 **0728** 5

09 순열과 조합

0729 (1) 3 (2) 5 (3) 8 **0730** 18 **0731** (1) 8 (2) 16 (3) 4 **0732** 9
0733 (1) 20 (2) 1 (3) 6 (4) 72 **0734** (1) 7 (2) 3 (3) 5 (4) 4
0735 (1) 120 (2) 870 (3) 60 **0736** (1) 10 (2) 15 (3) 1 (4) 1 **0737** (1) 7 (2) 4 (3) 11 (4) 2 **0738** (1) 120 (2) 120 (3) 18 **0739** (1) 10 (2) 4 (3) 3
0740 (1) 1260 (2) 315 (3) 280 **0741** 90 **0742** ① **0743** ③ **0744** ⑤
0745 24 **0746** ④ **0747** ② **0748** ③ **0749** 12 **0750** ④ **0751** ③
0752 15 **0753** ③ **0754** ④ **0755** ② **0756** 20 **0757** ⑤ **0758** 12
0759 14 **0760** 22 **0761** ② **0762** ④ **0763** 48 **0764** 420 **0765** ⑤
0766 ③ **0767** ⑤ **0768** 6 **0769** 12 **0770** ③ **0771** 216 **0772** ②
0773 14 **0774** ④ **0775** ⑤ **0776** 60 **0777** 48 **0778** ③ **0779** ①
0780 ④ **0781** ③ **0782** 252 **0783** 432 **0784** ③ **0785** ① **0786** ④

0787 144 **0788** ⑤ **0789** 144 **0790** ⑤ **0791** ① **0792** ① **0793** 36
0794 ① **0795** 36 **0796** ③ **0797** 40번째 **0798** ① **0799** ④
0800 ② **0801** ⑤ **0802** ① **0803** ③ **0804** ① **0805** 42 **0806** ④
0807 ① **0808** ④ **0809** 70 **0810** ④ **0811** 4 **0812** ② **0813** ③
0814 ⑤ **0815** 288 **0816** 4800 **0817** 36 **0818** 4320 **0819** 12 **0820** 17
0821 126 **0822** ④ **0823** ⑤ **0824** ② **0825** 15 **0826** 25 **0827** 112
0828 ① **0829** ④ **0830** 315 **0831** 54 **0832** ④ **0833** 45 **0834** ③
0835 ② **0836** 20 **0837** ⑤ **0838** ① **0839** ③ **0840** ④ **0841** 6
0842 ④ **0843** ④ **0844** ④ **0845** 360 **0846** ② **0847** ⑤ **0848** ⑤
0849 ③ **0850** ⑤ **0851** 54 **0852** ④ **0853** ④ **0854** 90 **0855** 45

10 행렬과 그 연산

0856 (1) 2×2 행렬 (2) 1×3 행렬 (3) 3×2 행렬 **0857** 4, 7
0858 $\begin{pmatrix} 1 & -2 & -7 \\ 2 & -1 & -6 \end{pmatrix}$ **0859** (1) $x=-3$, $y=8$ (2) $x=4$, $y=1$ (3) $x=1$, $y=6$
0860 (1) $\begin{pmatrix} 1 & -8 \end{pmatrix}$ (2) $\begin{pmatrix} 2 & 3 \\ 3 & 3 \end{pmatrix}$ (3) $\begin{pmatrix} 3 & -1 \\ 2 & 1 \end{pmatrix}$ (4) $\begin{pmatrix} -2 & 3 \\ 3 & -10 \\ -8 & 1 \end{pmatrix}$
0861 (1) $\begin{pmatrix} 4 & -2 \\ 6 & 2 \end{pmatrix}$ (2) $\begin{pmatrix} -2 & 1 \\ -3 & -1 \end{pmatrix}$
0862 $\begin{pmatrix} -4 & 1 \\ 4 & -5 \end{pmatrix}$ **0863** $\begin{pmatrix} 3 & -18 \\ -12 & 0 \end{pmatrix}$ **0864** ㄴ, ㅁ, ㅂ
0865 (1) (26) (2) $\begin{pmatrix} -17 & 23 \end{pmatrix}$ (3) $\begin{pmatrix} -4 & -3 \\ 20 & 15 \end{pmatrix}$ (4) $\begin{pmatrix} 1 \\ 5 \end{pmatrix}$ (5) $\begin{pmatrix} 8 & 3 \\ -1 & -6 \end{pmatrix}$ (6) (-42)
0866 (1) $\begin{pmatrix} 0 & 1 \\ -1 & -1 \end{pmatrix}$ (2) $\begin{pmatrix} 1 & 0 \\ 0 & 1 \end{pmatrix}$
0867 (1) $\begin{pmatrix} 1 & -1 \\ -1 & 1 \end{pmatrix}$ (2) $\begin{pmatrix} -1 & -3 \\ 1 & 3 \end{pmatrix}$ (3) $\begin{pmatrix} 3 & 6 \\ 22 & 19 \end{pmatrix}$ (4) $\begin{pmatrix} 5 & 8 \\ 20 & 17 \end{pmatrix}$
0868 (1) $\begin{pmatrix} -1 & 0 \\ 0 & -1 \end{pmatrix}$ (2) $\begin{pmatrix} 4 & 0 \\ 0 & 4 \end{pmatrix}$ (3) $\begin{pmatrix} 3 & 0 \\ 0 & 3 \end{pmatrix}$
0869 (1) $\begin{pmatrix} -2 & 3 \\ 1 & -1 \end{pmatrix}$ (2) $\begin{pmatrix} -2 & 3 \\ 1 & -1 \end{pmatrix}$ (3) $\begin{pmatrix} 4 & -3 \\ -1 & 3 \end{pmatrix}$
0870 ④ **0871** ④ **0872** $\begin{pmatrix} 3 & 5 \\ 2 & 6 \\ 2 & 4 \end{pmatrix}$ **0873** -20

0874 6 **0875** 10 **0876** $\begin{pmatrix} 0 & 1 & 1 \\ 1 & 0 & 0 \\ 2 & 1 & 0 \end{pmatrix}$ **0877** 3 **0878** ⑤ **0879** 2
0880 5 **0881** 8 **0882** ③ **0883** ④ **0884** ③ **0885** -24
0886 8 **0887** 12 **0888** ⑤ **0889** ② **0890** -2 **0891** 91 **0892** 4
0893 4 **0894** ② **0895** 0 **0896** -72 **0897** $\begin{pmatrix} -31 & 60 \\ -18 & -16 \end{pmatrix}$
0898 ③ **0899** 25 **0900** ④ **0901** -48 **0902** 30 **0903** 286
0904 ④ **0905** ⑤ **0906** ⑤ **0907** ① **0908** ③ **0909** $\begin{pmatrix} 0 & -15 \\ 11 & -3 \end{pmatrix}$
0910 1 **0911** 4 **0912** ② **0913** $\begin{pmatrix} 2 \\ -1 \end{pmatrix}$ **0914** ⑤ **0915** 7
0916 ④ **0917** ④ **0918** ① **0919** 12 **0920** ② **0921** ② **0922** ③
0923 2 **0924** ③ **0925** ㄱ, ㄷ **0926** ③ **0927** ③ **0928** 6
0929 5 **0930** ③ **0931** ② **0932** ③ **0933** 36 **0934** ③ **0935** ④
0936 6 **0937** ⑤ **0938** ① **0939** 45 **0940** ⑤ **0941** 10 **0942** ③
0943 ② **0944** $\begin{pmatrix} -1 \\ 2 \end{pmatrix}$ **0945** 16

다항식

01 다항식의 연산

02 나머지정리와 인수분해

※ 빈칸에 알맞은 것을 써넣고, 내용을 읽거나 따라 써 보세요.

개념 1 다항식의 덧셈과 뺄셈

> 유형 01, 12

(1) 다항식의 정리 방법

① □□□□: 한 문자에 대하여 차수가 높은 항부터 낮은 항의 순서로 나타내는 것

② □□□□: 한 문자에 대하여 차수가 낮은 항부터 높은 항의 순서로 나타내는 것

(2) 다항식의 덧셈과 뺄셈

① □□: 동류항끼리 모아서 정리한다.

② □□: 빼는 식의 각 항의 부호를 바꾸어 더한다.

(3) 다항식의 덧셈에 대한 성질

세 다항식 A, B, C에 대하여

① □□□□: $A+B=B+A$

② □□□□: $(A+B)+C=A+(B+C)$

개념 2 다항식의 곱셈

> 유형 02~04, 09, 12

(1) (다항식)×(다항식)

분배법칙을 이용하여 전개한 다음 동류항끼리 모아서 정리한다.

(2) 다항식의 곱셈에 대한 성질

세 다항식 A, B, C에 대하여

① □□□□: $AB=BA$　　② □□□□: $(AB)C=A(BC)$

③ □□□□: $A(B+C)=AB+AC$, $(A+B)C=AC+BC$

(3) 곱셈 공식

① $(a+b)^2=$ □, $(a-b)^2=$ □

② $(a+b)(a-b)=$ □

③ $(x+a)(x+b)=$ □

④ $(ax+b)(cx+d)=$ □

⑤ $(a+b+c)^2=$ □

⑥ $(a+b)^3=$ □, $(a-b)^3=$ □

⑦ $(a+b)(a^2-ab+b^2)=$ □, $(a-b)(a^2+ab+b^2)=$ □

⑧ $(x+a)(x+b)(x+c)=$ □

⑨ $(a+b+c)(a^2+b^2+c^2-ab-bc-ca)=$ □

⑩ $(a^2+ab+b^2)(a^2-ab+b^2)=$ □

답 개념 1 (1) 내림차순, 오름차순 (2) 덧셈, 뺄셈 (3) 교환법칙, 결합법칙 개념 2 (2) 교환법칙, 결합법칙, 분배법칙 (3) $a^2+2ab+b^2$, $a^2-2ab+b^2$, a^2-b^2, $x^2+(a+b)x+ab$, $acx^2+(ad+bc)x+bd$, $a^2+b^2+c^2+2ab+2bc+2ca$, $a^3+3a^2b+3ab^2+b^3$, $a^3-3a^2b+3ab^2-b^3$, a^3+b^3, a^3-b^3, $x^3+(a+b+c)x^2+(ab+bc+ca)x+abc$, $a^3+b^3+c^3-3abc$, $a^4+a^2b^2+b^4$

개념 1 다항식의 덧셈과 뺄셈

0001 다항식 $7+2x^3-x+4x^2$에 대하여 다음 물음에 답하시오.

(1) x에 대하여 내림차순으로 정리하시오.

$\mathbf{2x^3+4x^2-x+7}$

(2) x에 대하여 오름차순으로 정리하시오.

$\mathbf{7-x+4x^2+2x^3}$

0002 다항식 $x^2+y^2+2xy+3x-y+1$에 대하여 다음 물음에 답하시오.

(1) x에 대하여 내림차순으로 정리하시오.
x를 제외한 나머지 문자는 상수 취급!

$\mathbf{x^2+(2y+3)x+y^2-y+1}$

(2) y에 대하여 내림차순으로 정리하시오.
y를 제외한 나머지 문자는 상수 취급!

$\mathbf{y^2+(2x-1)y+x^2+3x+1}$

0003 다음을 계산하시오.

(1) $(3x^3-x-2)+(-x^3-x^2+4)=\mathbf{2x^3-x^2-x+2}$

(2) $(a^2-4ab-b^2)-(3a^2+2ab+4b^2)$
$=a^2-4ab-b^2-3a^2-2ab-4b^2$
$=\mathbf{-2a^2-6ab-5b^2}$

(3) $(-2x^2+xy)+(3x^2-5xy+2y^2)-(2xy-y^2)$
$=-2x^2+xy+3x^2-5xy+2y^2-2xy+y^2$
$=\mathbf{x^2-6xy+3y^2}$

개념 2 다항식의 곱셈

0004 다음을 전개하시오.

(1) $x(x^2+3x-2)=\mathbf{x^3+3x^2-2x}$

(2) $(x+y)(x^2+xy+2)=x(x^2+xy+2)+y(x^2+xy+2)$
$=\mathbf{x^3+2x^2y+xy^2+2x+2y}$

0005 곱셈 공식을 이용하여 다음을 전개하시오.

(1) $(2a+b)^2=\mathbf{4a^2+4ab+b^2}$

(2) $(a-3b)(a+3b)=\mathbf{a^2-9b^2}$

(3) $(x-5)(x+2)=\mathbf{x^2-3x-10}$

(4) $(2x+3)(x-2)=\mathbf{2x^2-x-6}$

(5) $(a+b+1)^2=a^2+b^2+1^2+2\cdot a\cdot b+2\cdot b\cdot 1+2\cdot 1\cdot a$
$=\mathbf{a^2+b^2+2ab+2a+2b+1}$

(6) $(2x-y-3)^2$
$=(2x)^2+(-y)^2+(-3)^2+2\cdot 2x\cdot(-y)$
$+2\cdot(-y)\cdot(-3)+2\cdot(-3)\cdot 2x$
$=\mathbf{4x^2+y^2-4xy-12x+6y+9}$

(7) $(x+2)^3=x^3+3\cdot x^2\cdot 2+3\cdot x\cdot 2^2+2^3$
$=\mathbf{x^3+6x^2+12x+8}$

(8) $(2a-b)^3=(2a)^3-3\cdot(2a)^2\cdot b+3\cdot 2a\cdot b^2-b^3$
$=\mathbf{8a^3-12a^2b+6ab^2-b^3}$

(9) $(x+2)(x^2-2x+4)=x^3+2^3=\mathbf{x^3+8}$

(10) $(2a-1)(4a^2+2a+1)=(2a)^3-1^3=\mathbf{8a^3-1}$

(11) $(x+1)(x+2)(x+3)$
$=x^3+(1+2+3)x^2+(1\cdot 2+2\cdot 3+3\cdot 1)x+1\cdot 2\cdot 3$
$=\mathbf{x^3+6x^2+11x+6}$

(12) $(2-a)(2-b)(2-c)$
$=2^3+2^2(-a-b-c)+2\{(-a)\cdot(-b)+(-b)\cdot(-c)$
$+(-c)\cdot(-a)\}+(-a)\cdot(-b)\cdot(-c)$
$=\mathbf{8-4a-4b-4c+2ab+2bc+2ca-abc}$

(13) $(a-b-c)(a^2+b^2+c^2+ab-bc+ca)$
$=a^3+(-b)^3+(-c)^3-3\cdot a\cdot(-b)\cdot(-c)$
$=\mathbf{a^3-b^3-c^3-3abc}$

(14) $(x+3y-2)(x^2+9y^2-3xy+2x+6y+4)$
$=x^3+(3y)^3+(-2)^3-3\cdot x\cdot 3y\cdot(-2)$
$=\mathbf{x^3+27y^3+18xy-8}$

(15) $(a^2+3a+9)(a^2-3a+9)=a^4+a^2\cdot 3^2+3^4$
$=\mathbf{a^4+9a^2+81}$

(16) $(x^2+2xy+4y^2)(x^2-2xy+4y^2)=x^4+x^2\cdot(2y)^2+(2y)^4$
$=\mathbf{x^4+4x^2y^2+16y^4}$

개념 3 곱셈 공식의 변형

> 유형 05~08, 12

(1) 곱셈 공식의 변형

① $a^2+b^2=(a+b)^2-\square=(a-b)^2+\square$

② $(a+b)^2=(a-b)^2+\square$

$(a-b)^2=(a+b)^2-\square$

③ $a^3+b^3=(a+b)^3-3ab(\square)$

$a^3-b^3=(a-b)^3+\square(a-b)$

④ $a^2+b^2+c^2=(a+b+c)^2-2(\square)$

⑤ $a^3+b^3+c^3=(a+b+c)(\square)+3abc$

참고 분수 형태의 곱셈 공식의 변형

①, ③에 a대신 x, b 대신 $\frac{1}{x}$을 대입하면 다음과 같다.

① $x^2+\frac{1}{x^2}=\left(x+\frac{1}{x}\right)^2-\square=\left(x-\frac{1}{x}\right)^2+\square$

③ $x^3+\frac{1}{x^3}=\left(x+\frac{1}{x}\right)^3-\square\left(x+\frac{1}{x}\right)$

$x^3-\frac{1}{x^3}=\left(x-\frac{1}{x}\right)^3+3(\square)$

(2) 특수한 식의 변형

① $a^2+b^2+c^2-ab-bc-ca=\frac{1}{2}\{(\square)^2+(\square)^2+(\square)^2\}$

② $a^2+b^2+c^2+ab+bc+ca=\frac{1}{2}\{(\square)^2+(\square)^2+(\square)^2\}$

개념 4 다항식의 나눗셈

> 유형 10~12

(1) (다항식)÷(다항식)

두 다항식을 내림차순으로 정리한 다음 자연수의 나눗셈과 같은 방법으로 계산한다.

(2) 다항식의 나눗셈에 대한 등식

다항식 A를 다항식 $B(B\neq0)$로 나누었을 때의 몫을 Q, 나머지를 R라 하면

$A=\square+R$

이때 R는 상수이거나 (R의 차수)<(B의 차수)이다.

특히 $R=0$이면 'A는 B로 나누어떨어진다'고 한다.

답 개념 3 (1) $2ab$, $2ab$, $4ab$, $4ab$, $a+b$, $3ab$, $ab+bc+ca$, $a^2+b^2+c^2-ab-bc-ca$, 2, 2, 3, $x-\frac{1}{x}$
(2) $a-b$, $b-c$, $c-a$, $a+b$, $b+c$, $c+a$ 개념 4 BQ

개념 3 곱셈 공식의 변형

0006 다음 식의 값을 구하시오.

(1) $a+b=2$, $ab=-3$일 때, $a^2+b^2=(a+b)^2-2ab$
$=2^2-2\cdot(-3)=\mathbf{10}$

(2) $x-y=2$, $xy=4$일 때, $(x+y)^2=(x-y)^2+4xy$
$=2^2+4\cdot4=\mathbf{20}$

(3) $a^2+b^2=10$, $a-b=2$일 때, ab
$a^2+b^2=(a-b)^2+2ab$에서
$10=2^2+2ab$, $2ab=6$ $\quad\therefore ab=\mathbf{3}$

(4) $x+y=2$, $xy=-1$일 때, $x^3+y^3=(x+y)^3-3xy(x+y)$
$=2^3-3\cdot(-1)\cdot2=\mathbf{14}$

(5) $a-b=3$, $ab=5$일 때, $a^3-b^3=(a-b)^3+3ab(a-b)$
$=3^3+3\cdot5\cdot3=\mathbf{72}$

(6) $x^3-y^3=-16$, $x-y=-4$일 때, xy
$x^3-y^3=(x-y)^3+3xy(x-y)$에서
$-16=(-4)^3+3xy\cdot(-4)$, $12xy=-48$
$\therefore xy=\mathbf{-4}$

0007 다음 식의 값을 구하시오.

(1) $x+\frac{1}{x}=3$일 때, $x^2+\frac{1}{x^2}=\left(x+\frac{1}{x}\right)^2-2$
$=3^2-2=\mathbf{7}$

(2) $a-\frac{1}{a}=5$일 때, $a^2+\frac{1}{a^2}=\left(a-\frac{1}{a}\right)^2+2$
$=5^2+2=\mathbf{27}$

(3) $a-\frac{1}{a}=1$일 때, $\left(a+\frac{1}{a}\right)^2=\left(a-\frac{1}{a}\right)^2+4$
$=1^2+4=\mathbf{5}$

(4) $x+\frac{2}{x}=3$일 때, $\left(x-\frac{2}{x}\right)^2=\left(x+\frac{2}{x}\right)^2-4\cdot2$
$=3^2-8=\mathbf{1}$

(5) $x+\frac{1}{x}=4$일 때, $x^3+\frac{1}{x^3}=\left(x+\frac{1}{x}\right)^3-3\left(x+\frac{1}{x}\right)$
$=4^3-3\cdot4=\mathbf{52}$

(6) $a-\frac{1}{a}=3$일 때, $a^3-\frac{1}{a^3}=\left(a-\frac{1}{a}\right)^3+3\left(a-\frac{1}{a}\right)$
$=3^3+3\cdot3=\mathbf{36}$

0008 다음 식의 값을 구하시오.

(1) $a+b+c=-5$, $ab+bc+ca=8$일 때,
$a^2+b^2+c^2=(a+b+c)^2-2(ab+bc+ca)$
$=(-5)^2-2\cdot8=\mathbf{9}$

(2) $x+y+z=3$, $xy+yz+zx=-1$, $xyz=2$일 때,
$x^3+y^3+z^3$
$=(x+y+z)(x^2+y^2+z^2-xy-yz-zx)+3xyz$
$=(x+y+z)\{(x+y+z)^2-3(xy+yz+zx)\}+3xyz$
$=3\cdot\{3^2-3\cdot(-1)\}+3\cdot2=\mathbf{42}$

개념 4 다항식의 나눗셈

0009 오른쪽은 다항식 $3x^2+7x+5$를 $x+2$로 나누는 과정을 나타낸 것이다. (가), (나), (다)에 알맞은 것을 써넣으시오.

$$\begin{array}{r|l} & 3x\ +1 \\ x+2 & 3x^2+7x\quad+5 \\ & 3x^2+\text{(가)}\ \mathbf{6x} \\ \hline & \text{(나)}\ \mathbf{x}+5 \\ & x\quad+\text{(다)}\ \mathbf{2} \\ \hline & 3 \end{array}$$

0010 다음 나눗셈의 몫과 나머지를 각각 구하시오.

(1) $(2x^3+3x^2-4x-3)\div(2x-1)$

(2) $(x^3+4x^2-x-1)\div(x^2-2x+2)$

(1)
$$\begin{array}{r|l} & x^2+2x-1 \\ 2x-1 & 2x^3+3x^2-4x-3 \\ & 2x^3-\ x^2 \\ \hline & \quad 4x^2-4x \\ & \quad 4x^2-2x \\ \hline & \qquad -2x-3 \\ & \qquad -2x+1 \\ \hline & \qquad\quad -4 \end{array}$$
$\therefore$ 몫: $\mathbf{x^2+2x-1}$, 나머지: $\mathbf{-4}$

(2)
$$\begin{array}{r|l} & x+6 \\ x^2-2x+2 & x^3+4x^2-\ x-1 \\ & x^3-2x^2+2x \\ \hline & \quad 6x^2-3x-1 \\ & \quad 6x^2-12x+12 \\ \hline & \qquad 9x-13 \end{array}$$
$\therefore$ 몫: $\mathbf{x+6}$, 나머지: $\mathbf{9x-13}$

0011 다항식 $f(x)$를 x^2+x로 나누었을 때의 몫이 $2x^2$, 나머지가 7일 때, 다항식 $f(x)$를 구하시오.
$f(x)=2x^2(x^2+x)+7=\mathbf{2x^4+2x^3+7}$

기출 & 변형하면…

유형 01 다항식의 덧셈과 뺄셈

개념 1

0012 세 다항식

$A=x^3+2x^2-x+4$,

$B=-2x^2+3x-5$,

$C=x^3-6x+7$ — 먼저 식을 간단히 한 후, A, B, C를 대입한다.

에 대하여 $A+2C-(B+4C)=ax^3+bx^2+cx+d$일 때, ($=A-B-2C$)

$a+b+c+d$의 값은? (단, a, b, c, d는 상수이다.)

답 ④

Key $A-B-2C$에 각 다항식을 대입할 때, 하나하나 식을 모두 쓰기보다는 동류항끼리 암산하여 계산하면 좀 더 빠르게 구할 수 있다. → x^3은 x^3끼리, x^2은 x^2끼리, …

풀이 $A-B-2C$

$=(1-2\cdot1)x^3+\{2-(-2)\}x^2$

$+\{-1-3-2\cdot(-6)\}x+\{4-(-5)-2\cdot7\}$

$=-x^3+4x^2+8x-5$

즉, $a=-1, b=4, c=8, d=-5$이므로

$a+b+c+d=-1+4+8+(-5)=\mathbf{6}$

→ **0013** 두 다항식

$A=x^2+xy+3y^2$,

$B=-\frac{1}{2}x^2-xy+\frac{1}{2}y^2$ — 먼저 식을 $X=aA+bB$ 꼴로 정리한 후, A, B를 대입한다.

에 대하여 $2X-B=2A-5B$를 만족시키는 다항식 X는? → $X=A-2B$

답 ⑤

풀이 $X=A-2B$

$=(x^2+xy+3y^2)-2\left(-\frac{1}{2}x^2-xy+\frac{1}{2}y^2\right)$

$=x^2+xy+3y^2+x^2+2xy-y^2$

$=\mathbf{2x^2+3xy+2y^2}$

0014 두 다항식

$A=x^3+ax^2+bx+4$,

$B=-2x^2-3x+5$

에 대하여 $A+2B$를 계산하면 x^2의 계수는 2이고, x의 계수는 1이다. 상수 a, b에 대하여 $a+b$의 값은?

구하는 특정한 항만 계수를 확인해 본다.

답 ⑤

풀이 $A+2B$에서 x^2항은

$ax^2+2\cdot(-2x^2)=(a-4)x^2$

즉, $a-4=2$이므로 $a=6$

$A+2B$에서 x항은

$bx+2\cdot(-3x)=(b-6)x$

즉, $b-6=1$이므로 $b=7$

$\therefore a+b=6+7=\mathbf{13}$

→ 서술형 **0015** 두 다항식 A, B에 대하여

$2A+B=x^3+8x-3$, …… ㉠

$A-B=2x^3+x-12$ …… ㉡

연립방정식으로 생각하고 푼다.

일 때, $A+B$를 계산하시오.

답 풀이 참조

풀이1 ㉠+㉡을 하면 $3A=3x^3+9x-15$

$\therefore A=x^3+3x-5$ …❶ (40%)

이것을 ㉡에 대입하면

$(x^3+3x-5)-B=2x^3+x-12$

$\therefore B=(x^3+3x-5)-(2x^3+x-12)$

$=-x^3+2x+7$ …❷ (40%)

$\therefore A+B=(x^3+3x-5)+(-x^3+2x+7)$

$=\mathbf{5x+2}$ …❸ (20%)

풀이2 $A=x^3+3x-5$에서

$A+B=(2A+B)-A$

$=(x^3+8x-3)-(x^3+3x-5)$

$=\mathbf{5x+2}$

유형 02 다항식의 전개식에서 특정한 항의 계수 구하기 개념 2

0016 다항식 $(x+2)(3x^2-x+6)$의 전개식에서 x^2의 계수는? 답 ②

x^2항만 구해 본다.

풀이 x^2항은

$x\cdot(-x)+2\cdot 3x^2=-x^2+6x^2=5x^2$

따라서 x^2의 계수는 5이다.

0017 두 다항식 A, B에 대하여

$<A, B>=AB+B^2=(A+B)B$

이라 할 때, 다항식 $<x^2+3x-1, x+2>$의 전개식에서 x의 계수는? 답 ④

풀이 $(x^2+3x-1)+(x+2)=x^2+4x+1$이므로

$<x^2+3x-1, x+2>=(x^2+4x+1)(x+2)$

이때 x항은

$4x\cdot 2+1\cdot x=8x+x=9x$

따라서 x의 계수는 9이다.

0018 다항식 $(5x^3+4x^2-x+2)(x^2-3x+a)$의 전개식에서 상수항이 -4일 때, x^3의 계수는? (단, a는 상수이다.) 답 ①

(㉠, ㉡, ㉢)

Key 주어진 조건을 이용하여 미지수의 값을 구하고, ㉠+㉡+㉢을 하여 x^3항을 구한다.

풀이 상수항이 -4이므로

$2\cdot a=-4 \quad \therefore a=-2$

이때 x^3항은

$5x^3\cdot(-2)+4x^2\cdot(-3x)+(-x)\cdot x^2=-23x^3$

따라서 x^3의 계수는 -23이다.

서술형

0019 다항식 $(x^2+2x-k)(2x-1)^2$의 전개식에서 x^2의 계수가 -15일 때, 상수 k의 값을 구하시오. 답 2

풀이 $(x^2+2x-k)(2x-1)^2=(x^2+2x-k)(4x^2-4x+1)$

이때 x^2항은

$x^2\cdot 1+2x\cdot(-4x)+(-k)\cdot 4x^2=(-4k-7)x^2$ …❶ (60%)

즉, $-4k-7=-15$이므로 $k=2$ …❷ (40%)

0020 다항식 $(1+x+2x^2+\cdots+50x^{50})^2$의 전개식에서 x^4의 계수는? 답 ①

괄호 안의 $5x^5$항부터는 전개식의 x^4항이 나오지 않는다.

Key $(1+x+2x^2+3x^3+4x^4)^2$의 전개식에서 x^4의 계수를 구하면 된다.

풀이 $(1+x+2x^2+3x^3+4x^4)^2$

$=(1+x+2x^2+3x^3+4x^4)(1+x+2x^2+3x^3+4x^4)$

이 식의 전개식에서 x^4항은

$1\cdot 4x^4+x\cdot 3x^3+2x^2\cdot 2x^2+3x^3\cdot x+4x^4\cdot 1$

$=4x^4+3x^4+4x^4+3x^4+4x^4=18x^4$

따라서 구하는 x^4의 계수는 18이다.

0021 다항식 $(1+x+x^2)^3$의 전개식에서 x^2의 계수를 a, 다항식 $(1+x+x^2+x^3)^3$의 전개식에서 x^2의 계수를 b라 할 때, $a-b$의 값을 구하시오. 답 0

Key $(1+x+x^2+x^3)^3$에서 괄호 안의 x^3항부터는 전개식의 x^2항이 나오지 않는다.

→ $(1+x+x^2+x^3)^3$의 전개식에서 x^2의 계수는 $(1+x+x^2)^3$의 전개식에서 x^2의 계수와 같다.

풀이 a와 b의 값은 같으므로

$a-b=0$

유형 03 곱셈 공식을 이용한 다항식의 전개

개념 2

0022 다음 중 옳지 않은 것은?

① $(3a-b)^3=27a^3-27a^2b+9ab^2-b^3$

② $(x+2y)(x^2-2xy+4y^2)=x^3+8y^3$

③ $(x^2+x+1)(x^2-x+1)=x^4+x^2+1$

④ $(x-2y+4z)^2$의 전개식에서 yz의 계수는 -16이다.

⑤ $(a+b-c)^2+(a+b+c)^2$의 전개식에서 서로 다른 항의 개수는 3이다.

답 ⑤

풀이 ④ $2\cdot(-2y)\cdot 4z=-16yz$

⑤ $(a+b-c)^2=a^2+b^2+c^2+2ab-2bc-2ca$

$(a+b+c)^2=a^2+b^2+c^2+2ab+2bc+2ca$

$\therefore (a+b-c)^2+(a+b+c)^2=2a^2+2b^2+2c^2+4ab$

따라서 서로 다른 항의 개수는 4이다.

0023 다항식 $(ax-3y)^3$의 전개식에서 xy^2의 계수가 108일 때, 상수 a의 값은?

답 ①

풀이 1 $(ax-3y)^3$

$=(ax)^3-3\cdot(ax)^2\cdot 3y+3\cdot ax\cdot(3y)^2-(3y)^3$

$=a^3x^3-9a^2x^2y+27axy^2-27y^3$

즉, $27a=108$이므로 $a=\mathbf{4}$

풀이 2 xy^2항만 구하면

$3\cdot ax\cdot(-3y)^2=27axy^2$

즉, $27a=108$이므로 $a=\mathbf{4}$

0024 다항식 $(x^2-4)(x^2-2x+4)(x^2+2x+4)$를 전개하면?

$=(x+2)(x-2)$

답 ①

Key 숨어 있는 $(a+b)(a^2-ab+b)$, $(a-b)(a^2+ab+b^2)$ 꼴을 찾는다.

풀이 $(x^2-4)(x^2-2x+4)(x^2+2x+4)$

$=\{(x+2)(x^2-2x+4)\}\{(x-2)(x^2+2x+4)\}$

$=(x^3+8)(x^3-8)$

$=(x^3)^2-8^2=\mathbf{x^6-64}$

서술형

0025 $x^2-2x+4=0$, $y^2+3y+9=0$일 때, x^3+y^3의 값을 구하시오.

답 19

Key x^2-2x+4에 $x+2$를 곱하면 x^3+8이고 y^2+3y+9에 $y-3$을 곱하면 y^3-27이므로 x^3, y^3의 값을 각각 구할 수 있다.

풀이 $x^2-2x+4=0$의 양변에 $x+2$를 곱하면

$(x+2)(x^2-2x+4)=0$

$x^3+8=0 \qquad \therefore x^3=-8$ …❶ (40%)

$y^2+3y+9=0$의 양변에 $y-3$을 곱하면

$(y-3)(y^2+3y+9)=0$

$y^3-27=0 \qquad \therefore y^3=27$ …❷ (40%)

$\therefore x^3+y^3=-8+27=\mathbf{19}$ …❸ (20%)

0026 $x+y+z=0$, $xy+yz+zx=4$, $xyz=6$일 때, $(x+1)(y+1)(z+1)$의 값을 구하시오.

답 11

$(1+x)(1+y)(1+z)$로 생각하면 공식이 보인다!

Key $(a+x)(a+y)(a+z)$

$=a^3+(x+y+z)a^2+(xy+yz+zx)a+xyz$

풀이 $(x+1)(y+1)(z+1)$

$=(1+x)(1+y)(1+z)$

$=1^3+1^2(x+y+z)+(xy+yz+zx)+xyz$

$=1+0+4+6=\mathbf{11}$

0027 $x+y+z=2$, $xy+yz+zx=-13$, $xyz=10$일 때, $(x+y)(y+z)(z+x)$의 값은?

답 ①

Key $x+y+z=2$에서

$x+y=2-z$, $y+z=2-x$, $z+x=2-y$

이것을 $(x+y)(y+z)(z+x)$에 대입하면

$(2-x)(2-y)(2-z)$이므로 이제 공식이 보인다!

풀이 $(x+y)(y+z)(z+x)$

$=(2-z)(2-x)(2-y)$

$=2^3-2^2(\underbrace{x+y+z}_{=2})+2(\underbrace{xy+yz+zx}_{=-13})-\underbrace{xyz}_{=10}$

$=8-4\cdot 2+2\cdot(-13)-10=\mathbf{-36}$

유형 04 공통부분이 있는 다항식의 전개 개념 2

0028 다항식 $(\underbrace{x-y}_{=A}+1)(\underbrace{x-y}_{=A}-1)$을 전개하면? 답 ②

풀이 $(A+1)(A-1)=A^2-1$

$=(x-y)^2-1$

$=\boldsymbol{x^2-2xy+y^2-1}$

0029 다항식 $(a+b+c+d)(a-b+c-d)$를 전개했을 때, 서로 다른 항의 개수를 구하시오. 답 6

풀이 $(a+b+c+d)(a-b+c-d)$

$=\{(\underbrace{a+c}_{=A})+(\underbrace{b+d}_{=B})\}\{(\underbrace{a+c}_{=A})-(\underbrace{b+d}_{=B})\}$

$=(A+B)(A-B)$

$=A^2-B^2$

$=(a+c)^2-(b+d)^2$

$=a^2+2ac+c^2-(b^2+2bd+d^2)$

$=a^2-b^2+c^2-d^2+2ac-2bd$

따라서 서로 다른 항의 개수는 **6**이다.

0030 다항식 $(x-1)(x-2)(x-3)(x-4)$를 전개한 식이 $x^4+ax^3+bx^2+cx+d$일 때, 상수 a, b, c, d에 대하여 $a-b-c+d$의 값을 구하시오. 답 29

($=x^2-5x+4$, $=x^2-5x+6$)

Key 공통부분이 생기도록 짝을 지어 곱한다.
→ 곱했을 때 일차항의 계수 또는 상수항이 같도록 짝을 지어 본다.

풀이 $(x-1)(x-2)(x-3)(x-4)$

$=(\underbrace{x^2-5x}_{=t}+4)(\underbrace{x^2-5x}_{=t}+6)$

$=(t+4)(t+6)=t^2+10t+24$

$=(x^2-5x)^2+10(x^2-5x)+24$

$=x^4-10x^3+35x^2-50x+24$

즉, $a=-10$, $b=35$, $c=-50$, $d=24$이므로

$a-b-c+d=\mathbf{29}$

0031 $x^2+x=1$일 때, $(x-3)(x-2)(x+3)(x+4)$의 값은? 답 ⑤

($=x^2+x-12$, $=x^2+x-6$)

풀이 $(x-3)(x-2)(x+3)(x+4)$

$=\{(x-3)(x+4)\}\{(x-2)(x+3)\}$

$=(\underbrace{x^2+x}_{=1}-6)(\underbrace{x^2+x}_{=1}-12)$

$=(1-6)(1-12)$

$=(-5)\cdot(-11)=\mathbf{55}$

0032 $a^2=2$일 때,

$\{(\underbrace{(2+a)^n}_{=A}-\underbrace{(2-a)^n}_{=B}\}^2-\{\underbrace{(2+a)^n}_{=A}+\underbrace{(2-a)^n}_{=B}\}^2=-32$

를 만족시키는 자연수 n의 값은? 답 ③

Key 주어진 식은 복잡해 보이지만 공통부분을 문자로 바꿔 보면 식이 간단해진다.

풀이 $(A-B)^2-(A+B)^2=-32$에서

$-4AB=-32$ $\therefore AB=8$

즉, $(2+a)^n(2-a)^n=8$이므로

$(4-\underbrace{a^2}_{=2})^n=8$, $2^n=\underbrace{8}_{=2^3}$

$\therefore n=\mathbf{3}$

서술형 **0033** $(2a-b-1)\{(2a-b)^2+2a-b+1\}=8$일 때, $(2a-b)^6$의 값을 구하시오. 답 81

풀이 $2a-b=t$로 놓으면

$(t-1)(t^2+t+1)=8$

$t^3-1=8$ $\therefore t^3=9$

즉, $(2a-b)^3=9$이므로 …❶ (70%)

$(2a-b)^6=\{(2a-b)^3\}^2=9^2=\mathbf{81}$ …❷ (30%)

유형 05 곱셈 공식의 변형: $x^n \pm y^n$ 꼴 개념 3

0034 $x+y=4$, $xy=2$일 때, $\frac{y}{x}+\frac{x}{y}$의 값은? 답 ⑤

Key $x+y$, xy에 대한 식으로 변형할 수 있는 식의 값은 곱셈 공식의 변형을 이용하여 구한다.

풀이 $\frac{y}{x}+\frac{x}{y}=\frac{x^2+y^2}{xy}=\frac{(x+y)^2-2xy}{xy}$

$=\frac{4^2-2\cdot 2}{2}=\mathbf{6}$

0035 $x+y=3$, $x^2+y^2=7$일 때, x^3-y^3의 값은? (단, $x>y$) 답 ⑤

Key $x^3-y^3=(x-y)^3+3xy(x-y)$이므로 $x-y$, xy의 값이 필요하다.

풀이 $x^2+y^2=(x+y)^2-2xy$에서

$7=3^2-2xy$ $\therefore xy=1$

$(x-y)^2=(x+y)^2-4xy$에서

$(x-y)^2=3^2-4\cdot 1=5$ $\therefore x-y=\sqrt{5}$ ($\because x>y$)

$\therefore x^3-y^3=(x-y)^3+3xy(x-y)$

$=(\sqrt{5})^3+3\cdot 1\cdot\sqrt{5}=\mathbf{8\sqrt{5}}$

0036 $x=3+\sqrt{3}$, $y=3-\sqrt{3}$일 때, $x+y+x^3+y^3$의 값은? 답 ④

Key $x=a+\sqrt{b}$, $y=a-\sqrt{b}$가 주어지면 $x+y$, xy의 값을 구하여 곱셈 공식의 변형을 이용한다.

풀이 $x+y=6$, $xy=9-3=6$이므로

$x^3+y^3=(x+y)^3-3xy(x+y)$

$=6^3-3\cdot 6\cdot 6=108$

$\therefore x+y+x^3+y^3=6+108=\mathbf{114}$

서술형 **0037** 실수 x, y에 대하여 $(x+y-2)^2+(xy+1)^2=0$일 때, x^4+y^4의 값을 구하시오. 답 **34**

Key ① (실수)^2+(실수)$^2=0$이면 두 실수는 모두 0이다.

➜ $x+y$, xy의 값을 구할 수 있다.

② $x^4+y^4=(x^2+y^2)^2-2x^2y^2$이므로 x^2+y^2의 값이 필요하다.

풀이 $x+y-2=0$, $xy+1=0$이므로

$x+y=2$, $xy=-1$ …❶ (40%)

이때

$x^2+y^2=(x+y)^2-2xy$

$=2^2-2\cdot(-1)=6$ …❷ (30%)

이므로

$x^4+y^4=(x^2+y^2)^2-2x^2y^2$

$=6^2-2\cdot(-1)^2=\mathbf{34}$ …❸ (30%)

유형 06 곱셈 공식의 변형: $x^n \pm \frac{1}{x^n}$ 꼴 개념 3

0038 $x+\frac{1}{x}=5$일 때, $x^2+\frac{1}{x^2}$의 값을 구하시오. 답 **23**

Key $\left(x+\frac{1}{x}\right)^2$과 $x^2+\frac{1}{x^2}$의 관계를 생각해 본다.

풀이 $x^2+\frac{1}{x^2}=\left(x+\frac{1}{x}\right)^2-2=5^2-2=\mathbf{23}$

0039 $x-\frac{2}{x}=2$일 때, $x^3-\frac{8}{x^3}$의 값은? 답 ⑤

Key $x-\frac{2}{x}$와 $x^3-\frac{8}{x^3}$의 관계를 생각해 본다.

풀이 $x^3-\frac{8}{x^3}=\left(x-\frac{2}{x}\right)^3+3\cdot x\cdot\frac{2}{x}\left(x-\frac{2}{x}\right)$

$=2^3+6\cdot 2=\mathbf{20}$

0040 $x^4-6x^2+1=0$일 때, $x^3-\frac{1}{x^3}$의 값을 구하시오. (단, $x>1$)

답 **14**

Key $x^3-\frac{1}{x^3}=\left(x-\frac{1}{x}\right)^3+3\left(x-\frac{1}{x}\right)$에서 $x-\frac{1}{x}$의 값이 필요하므로 $x^4-6x^2+1=0$의 양변을 x^2으로 나누어 본다.

풀이 $x\neq0$이므로 $x^4-6x^2+1=0$의 양변을 x^2으로 나누면

$x^2-6+\frac{1}{x^2}=0$ $\therefore x^2+\frac{1}{x^2}=6$

$\left(x-\frac{1}{x}\right)^2=x^2+\frac{1}{x^2}-2=6-2=4$

이때 $x>1$에서 $x-\frac{1}{x}>0$이므로

$x-\frac{1}{x}=2$

$\therefore x^3-\frac{1}{x^3}=\left(x-\frac{1}{x}\right)^3+3\left(x-\frac{1}{x}\right)=2^3+3\cdot2=\mathbf{14}$

→

서술형 **0041** $x^2-3x-1=0$일 때, $x+x^2+x^3-\frac{1}{x}+\frac{1}{x^2}-\frac{1}{x^3}$의 값을 구하시오.

$x=0$을 대입하면 성립하지 않으므로 $x\neq0$

답 **50**

Key $x-\frac{1}{x}$의 값이 필요하므로 $x^2-3x-1=0$의 양변을 x로 나누어 본다.

풀이 $x\neq0$이므로 $x^2-3x-1=0$의 양변을 x로 나누면

$x-3-\frac{1}{x}=0$ $\therefore x-\frac{1}{x}=3$ …❶ (20%)

$x^2+\frac{1}{x^2}=\left(x-\frac{1}{x}\right)^2+2=3^2+2=11$

$x^3-\frac{1}{x^3}=\left(x-\frac{1}{x}\right)^3+3\left(x-\frac{1}{x}\right)=3^3+3\cdot3=36$

…❷ (40%)

$\therefore x+x^2+x^3-\frac{1}{x}+\frac{1}{x^2}-\frac{1}{x^3}$

$=\left(x-\frac{1}{x}\right)+\left(x^2+\frac{1}{x^2}\right)+\left(x^3-\frac{1}{x^3}\right)$

$=3+11+36=\mathbf{50}$ …❸ (40%)

유형 07 곱셈 공식의 변형; $a^n+b^n+c^n$ 꼴

개념 3

0042 $a+b-2c=6$, $ab-2bc-2ca=11$일 때, $a^2+b^2+4c^2$의 값은?

답 ⑤

Key $(a+b-2c)^2$과 $a^2+b^2+4c^2$의 관계를 생각해 본다.

풀이 $a^2+b^2+4c^2=(a+b-2c)^2-2(ab-2bc-2ca)$

$=6^2-2\cdot11=\mathbf{14}$

→

0043 $a+2b+3c=8$, $ab+3bc+\frac{3}{2}ca=11$일 때, $a^2+4b^2+9c^2$의 값은?

답 ①

Key $(a+2b+3c)^2$과 $a^2+4b^2+9c^2$의 관계를 생각해 본다.

풀이 $a=x$, $2b=y$, $3c=z$로 놓으면

$x+y+z=8$,

$\frac{xy+yz+zx}{2}=11$ $\therefore xy+yz+zx=22$

$\therefore a^2+4b^2+9c^2=x^2+y^2+z^2$

$=(x+y+z)^2-2(xy+yz+zx)$

$=8^2-2\cdot22=\mathbf{20}$

0044 $a+b+c=2$, $a^2+b^2+c^2=14$, $abc=-6$일 때, $a^3+b^3+c^3$의 값은?

답 ②

Key $a^3+b^3+c^3$

$=(a+b+c)(a^2+b^2+c^2-ab-bc-ca)+3abc$

이므로 $ab+bc+ca$의 값이 필요하다.

풀이 $a^2+b^2+c^2=(a+b+c)^2-2(ab+bc+ca)$에서

$14=2^2-2(ab+bc+ca)$ $\therefore ab+bc+ca=-5$

$\therefore a^3+b^3+c^3$

$=(a+b+c)(a^2+b^2+c^2-ab-bc-ca)+3abc$

$=2\cdot\{14-(-5)\}+3\cdot(-6)$

$=38+(-18)=\mathbf{20}$

→

서술형 **0045** $a+b+c=4$, $abc=-2$, $\frac{1}{a}+\frac{1}{b}+\frac{1}{c}=0$일 때, $a^2b^2+b^2c^2+c^2a^2$의 값을 구하시오.

답 **16**

Key $a^2b^2+b^2c^2+c^2a^2$은 $(ab+bc+ca)^2$의 전개식의 일부이므로 $a^2b^2+b^2c^2+c^2a^2$과 $(ab+bc+ca)^2$의 관계식을 구해 본다.

풀이 $a^2b^2+b^2c^2+c^2a^2$

$=(ab+bc+ca)^2-2(ab\cdot bc+bc\cdot ca+ca\cdot ab)$

$=(ab+bc+ca)^2-2abc(a+b+c)$

이때 $\frac{1}{a}+\frac{1}{b}+\frac{1}{c}=\frac{ab+bc+ca}{abc}=\frac{ab+bc+ca}{-2}=0$

이므로 $ab+bc+ca=0$ …❶ (40%)

$\therefore a^2b^2+b^2c^2+c^2a^2=(ab+bc+ca)^2-2abc(a+b+c)$

$=0-2\cdot(-2)\cdot4$

$=\mathbf{16}$ …❷ (60%)

유형 08 특수한 식의 변형; $a^2+b^2+c^2-ab-bc-ca$ 꼴 개념 3

0046 $a-b=3$ ㉠, $b-c=-1$ ㉡일 때, $a^2+b^2+c^2-ab-bc-ca$의 값은? 답 ⑤

Key $a^2+b^2+c^2-ab-bc-ca$
$=\frac{1}{2}\{(a-b)^2+(b-c)^2+(c-a)^2\}$
이므로 $c-a$의 값이 필요하다.

풀이 ㉠+㉡을 하면 $a-c=2$ $\quad\therefore c-a=-2$

$\therefore a^2+b^2+c^2-ab-bc-ca$
$=\frac{1}{2}\{(a-b)^2+(b-c)^2+(c-a)^2\}$
$=\frac{1}{2}\{3^2+(-1)^2+(-2)^2\}=$**7**

→ **0047** $a+b=5$ ㉠, $c+a=-3$ ㉡일 때, $a^2+b^2+c^2+ab-bc+ca$의 값은? 답 ②

Key $a^2+b^2+c^2+ab-bc+ca$
$=\frac{1}{2}\{(a+b)^2+(b-c)^2+(c+a)^2\}$
이므로 $b-c$의 값이 필요하다.

풀이 ㉠−㉡을 하면 $b-c=8$

$\therefore a^2+b^2+c^2+ab-bc+ca$
$=\frac{1}{2}\{(a+b)^2+(b-c)^2+(c+a)^2\}$
$=\frac{1}{2}\{5^2+8^2+(-3)^2\}=$**49**

0048 삼각형 ABC의 세 변의 길이 a, b, c에 대하여
$a^2+b^2+c^2-ab-bc-ca=0$
일 때, 삼각형 ABC는 어떤 삼각형인지 구하시오. 답 정삼각형

풀이 $a^2+b^2+c^2-ab-bc-ca=0$에서
$\frac{1}{2}\{(a-b)^2+(b-c)^2+(c-a)^2\}=0$
즉, $a-b=0$, $b-c=0$, $c-a=0$이므로
$a=b$, $b=c$, $c=a$
따라서 $a=b=c$이므로 삼각형 ABC는 **정삼각형**이다.

Tip ① $(\text{실수})^2+(\text{실수})^2+(\text{실수})^2=0$이면 세 실수는 모두 0이다.
② $a^2+b^2+c^2-ab-bc-ca=0$이면 $a=b=c$이다.

→ **0049** 삼각형의 세 변의 길이 a, b, c에 대하여
$a+b+c=\sqrt{3}$, $a^2+b^2+c^2=1$
일 때, 이 삼각형의 넓이는? 답 ④

Key ① $a+b+c$와 $a^2+b^2+c^2$의 관계식을 구해 본다.
② $a^2+b^2+c^2-ab-bc-ca=0$이면 $a=b=c$이다.

풀이 $a^2+b^2+c^2=(a+b+c)^2-2(ab+bc+ca)$에서
$1=(\sqrt{3})^2-2(ab+bc+ca)$ $\quad\therefore ab+bc+ca=1$
이때 $a^2+b^2+c^2=ab+bc+ca=1$이므로
$(a^2+b^2+c^2)-(ab+bc+ca)=0$
즉, $a=b=c$이므로 주어진 삼각형은 정삼각형이다.
이때 $a+b+c=\sqrt{3}$에서 $3a=\sqrt{3}$이므로 $a=\frac{\sqrt{3}}{3}$
따라서 삼각형의 넓이는 $\frac{\sqrt{3}}{4}\cdot\left(\frac{\sqrt{3}}{3}\right)^2=\mathbf{\frac{\sqrt{3}}{12}}$

Tip 한 변의 길이가 a인 정삼각형에 대하여
① (높이)$=\frac{\sqrt{3}}{2}a$ ② (넓이)$=\frac{\sqrt{3}}{4}a^2$

유형 09 곱셈 공식을 이용한 수의 계산 개념 2

0050 $(3+1)(3^2+1)(3^4+1)(3^8+1)$을 계산하면? 답 ①

Key 주어진 식에 $3-1$을 곱하면 공식 $(a+b)(a-b)=a^2-b^2$을 연쇄적으로 이용할 수 있으므로 $\frac{1}{2}(3-1)$을 곱해 본다.

풀이 $(3+1)(3^2+1)(3^4+1)(3^8+1)$
$=\frac{1}{2}(3-1)(3+1)(3^2+1)(3^4+1)(3^8+1)$
$=\frac{1}{2}(3^2-1)(3^2+1)(3^4+1)(3^8+1)$
$=\frac{1}{2}(3^4-1)(3^4+1)(3^8+1)$
$=\frac{1}{2}(3^8-1)(3^8+1)=\mathbf{\frac{1}{2}(3^{16}-1)}$

→ **0051** 103^3의 각 자리의 숫자의 합은? 답 ①

Key 103을 10^n (n은 자연수)의 합으로 표현한 후 곱셈 공식을 이용하면 103^3의 값을 구하기 편리하다.

풀이 $103^3=(100+3)^3$
$=100^3+3\cdot100^2\cdot3+3\cdot100\cdot3^2+3^3$
$=1092727$
따라서 주어진 수의 각 자리의 숫자의 합은
$1+0+9+2+7+2+7=$**28**

유형 10 다항식의 나눗셈: 몫과 나머지 구하기 개념 4

0052 오른쪽은 다항식 $2x^3+5x^2+1$을 x^2-a로 나누는 과정을 나타낸 것이다. 이때 상수 a, b, c, d, e에 대하여 $a+b+c+d+e$의 값을 구하시오. 답 16

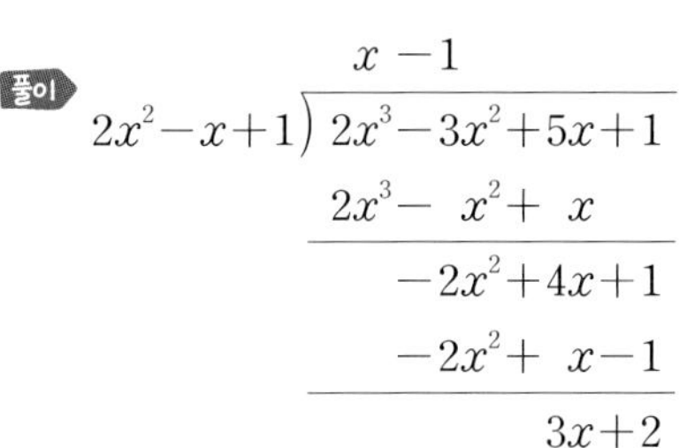

풀이 $a+b+c+d+e=1+2+5+2+6=\mathbf{16}$

0053 서술형 다항식 $2x^3-3x^2+5x+1$을 $2x^2-x+1$로 나누었을 때의 몫을 $Q(x)$, 나머지를 $R(x)$라 할 때, $Q(2)+R(1)$의 값을 구하시오. 답 6

풀이

$$\begin{array}{r} x-1 \\ 2x^2-x+1 \overline{\smash{)}\,2x^3-3x^2+5x+1} \\ 2x^3-x^2+x \\ \hline -2x^2+4x+1 \\ -2x^2+x-1 \\ \hline 3x+2 \end{array}$$ …❶ (50%)

따라서 $Q(x)=x-1$, $R(x)=3x+2$이므로 …❷ (30%)

$Q(2)+R(1)=1+5=\mathbf{6}$ …❸ (20%)

0054 다항식 $3x^3-x^2+4x+3$을 다항식 $P(x)$로 나누었을 때의 몫이 x^2+2, 나머지가 $-2x+5$일 때, 다항식 $P(x)$는? 답 ③

Key 다항식 A를 다항식 B로 나누었을 때의 몫이 Q, 나머지가 R이면 $A=BQ+R$로 나타낸다.

풀이 $3x^3-x^2+4x+3=(x^2+2)P(x)-2x+5$이므로

$(x^2+2)P(x)=3x^3-x^2+6x-2$

$\therefore P(x)=(3x^3-x^2+6x-2)\div(x^2+2)$

$$\begin{array}{r} \mathbf{3x-1} \leftarrow P(x) \\ x^2+2 \overline{\smash{)}\,3x^3-x^2+6x-2} \\ 3x^3+6x \\ \hline -x^2-2 \\ -x^2-2 \\ \hline 0 \end{array}$$

0055 다항식 $f(x)$를 $x-2$로 나누었을 때의 몫이 $2x+5$이고, 나머지가 8일 때, $f(x)$를 $x+1$로 나누었을 때의 몫을 $Q(x)$, 나머지를 a라 하자. $Q(a)$의 값은? 답 ①

풀이 $f(x)=(x-2)(2x+5)+8=2x^2+x-2$

$$\begin{array}{r} 2x-1 \leftarrow Q(x) \\ x+1 \overline{\smash{)}\,2x^2+x-2} \\ 2x^2+2x \\ \hline -x-2 \\ -x-1 \\ \hline -1 \leftarrow a \end{array}$$

$\therefore Q(a)=Q(-1)=2\cdot(-1)-1=\mathbf{-3}$

0056 $x^2-x-1=0$일 때, $x^4+x^3+x^2-6x-1$의 값은? 답 ③

Key x^2-x-1로 묶이는 식은 0이 되므로 $x^4+x^3+x^2-6x-1$을 x^2-x-1로 나누어 본다.

풀이

$$\begin{array}{r} x^2+2x+4 \\ x^2-x-1 \overline{\smash{)}\,x^4+x^3+x^2-6x-1} \\ x^4-x^3-x^2 \\ \hline 2x^3+2x^2-6x \\ 2x^3-2x^2-2x \\ \hline 4x^2-4x-1 \\ 4x^2-4x-4 \\ \hline 3 \end{array}$$

$\therefore x^4+x^3+x^2-6x-1=(x^2-x-1)(x^2+2x+4)+3$

이때 $x^2-x-1=0$이므로 구하는 식의 값은 3이다.

0057 $x^2+2x-1=0$일 때, $x^4+x^3+12x-2$와 같은 식은? 답 ⑤

Key x^2+2x-1로 묶이는 식은 0이 되므로 $x^4+x^3+12x-2$를 x^2+2x-1로 나누어 본다.

풀이

$$\begin{array}{r} x^2-x+3 \\ x^2+2x-1 \overline{\smash{)}\,x^4+x^3+12x-2} \\ x^4+2x^3-x^2 \\ \hline -x^3+x^2+12x \\ -x^3-2x^2+x \\ \hline 3x^2+11x-2 \\ 3x^2+6x-3 \\ \hline 5x+1 \end{array}$$

$\therefore x^4+x^3+12x-2$

$=(x^2+2x-1)(x^2-x+3)+5x+1$

이때 $x^2+2x-1=0$이므로 구하는 식은 $\mathbf{5x+1}$이다.

유형 11 다항식의 나눗셈: 몫과 나머지의 변형 　개념 4

0058 다항식 $f(x)$를 $x-\frac{1}{2}$로 나누었을 때의 몫을 $Q(x)$, 나머지를 R라 할 때, $f(x)$를 $2x-1$로 나누었을 때의 몫과 나머지를 차례대로 나열한 것은? 　답 ①

Key $f(x)=\left(x-\frac{1}{2}\right)Q(x)+R$를 적절히 변형하여 $f(x)=(2x-1)(\text{다항식})+(\text{상수})$ 꼴로 만든다.

풀이 $f(x)=\left(x-\frac{1}{2}\right)Q(x)+R$

$=\frac{1}{2}(2x-1)Q(x)+R$

$=(2x-1)\cdot\underbrace{\frac{1}{2}Q(x)}_{\text{몫}}+\underbrace{R}_{\text{나머지}}$

0059 다항식 $P(x)$를 일차식 $ax+b$로 나누었을 때의 몫을 $Q(x)$, 나머지를 R라 할 때, $P(x)$를 $x+\frac{b}{a}$로 나누었을 때의 몫과 나머지를 차례대로 나열한 것은? (단, a, b는 상수이다.) 　답 ⑤

Key $P(x)=(ax+b)Q(x)+R$를 적절히 변형하여 $P(x)=\left(x+\frac{b}{a}\right)(\text{다항식})+(\text{상수})$ 꼴로 만든다.

풀이 $P(x)=(ax+b)Q(x)+R$

$=a\left(x+\frac{b}{a}\right)Q(x)+R$

$=\left(x+\frac{b}{a}\right)\cdot\underbrace{aQ(x)}_{\text{몫}}+\underbrace{R}_{\text{나머지}}$

0060 다항식 $P(x)$를 일차식 $ax-b$로 나누었을 때의 몫을 $Q(x)$, 나머지를 R라 할 때, $xP(x)$를 $ax-b$로 나누었을 때의 몫과 나머지는? (단, a, b는 상수이다.) 　답 ③

Key $P(x)=(ax-b)Q(x)+R$의 양변에 x를 곱한 후 적절히 변형하여 $xP(x)=(ax-b)(\text{다항식})+(\text{상수})$ 꼴로 만든다.

풀이 $P(x)=(ax-b)Q(x)+R$

양변에 x를 곱하면

$xP(x)=x(ax-b)Q(x)+Rx$

$=x(ax-b)Q(x)+\frac{R}{a}(ax-b)+\frac{b}{a}R$

$=(ax-b)\underbrace{\left\{xQ(x)+\frac{R}{a}\right\}}_{\text{몫}}+\underbrace{\frac{b}{a}R}_{\text{나머지}}$

0061 다항식 $f(x)$를 x^2+2x+2로 나누었을 때의 몫이 $Q(x)$이고, 나머지가 $2x+1$일 때, $xf(x)$를 x^2+2x+2로 나누었을 때의 나머지가 $R(x)$이다. 이때 $R(-3)$의 값은? 　답 ④

Key $f(x)=(x^2+2x+2)Q(x)+2x+1$의 양변에 x를 곱한 후 적절히 변형하여 $xf(x)=(x^2+2x+2)(\text{다항식})+(\text{일차 이하의 다항식})$ 꼴로 만든다.

풀이 $f(x)=(x^2+2x+2)Q(x)+2x+1$

양변에 x를 곱하면

$xf(x)=x(x^2+2x+2)Q(x)+2x^2+x$

$=x(x^2+2x+2)Q(x)+2(x^2+2x+2)-3x-4$

$=(x^2+2x+2)\{xQ(x)+2\}\underbrace{-3x-4}_{=R(x)}$

$\therefore R(-3)=(-3)\cdot(-3)-4=\mathbf{5}$

유형 12 다항식의 연산의 도형에의 활용 개념 1~4

0062 그림과 같이 밑면의 가로, 세로의 길이가 모두 a이고 높이가 $a-2$인 직육면체에 정육면체 모양의 구멍을 뚫어 입체도형을 만들었다. 이 입체도형의 부피는? 답 ②

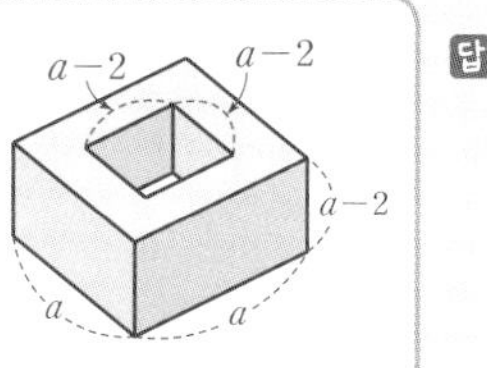

풀이 직육면체의 부피는

$a\cdot a\cdot(a-2)=a^2(a-2)$

정육면체 모양의 구멍의 부피는

$(a-2)^3$

따라서 구하는 입체도형의 부피는

$a^2(a-2)-(a-2)^3=a^3-2a^2-(a^3-6a^2+12a-8)$

$=\mathbf{4a^2-12a+8}$

Tip 직육면체의 부피

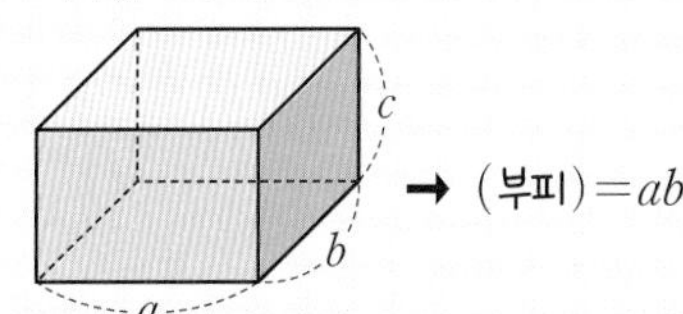

→ **0063** 그림과 같이 밑면의 가로의 길이가 $a-3$, 높이가 $a+1$인 직육면체의 부피가 a^3-7a-6일 때, 이 직육면체의 밑면의 세로의 길이는? 답 ⑤

A

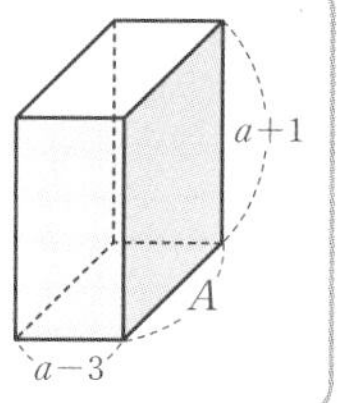

풀이 (부피)$=(a-3)(a+1)A=a^3-7a-6$이므로

$(a^2-2a-3)A=a^3-7a-6$

$\therefore A=(a^3-7a-6)\div(a^2-2a-3)$

$$\begin{array}{r} a+2 \\ a^2-2a-3\overline{)\,a^3 \qquad -7a-6} \\ \underline{a^3-2a^2-3a} \\ 2a^2-4a-6 \\ \underline{2a^2-4a-6} \\ 0 \end{array}$$

$\therefore A=\mathbf{a+2}$

0064 그림과 같이 모든 모서리의 길이의 합이 32인 직육면체가 있다. $\overline{AG}=\sqrt{19}$일 때, 이 직육면체의 겉넓이는? 답 ②

$4(a+b+c)=32$

$2(ab+bc+ca)$

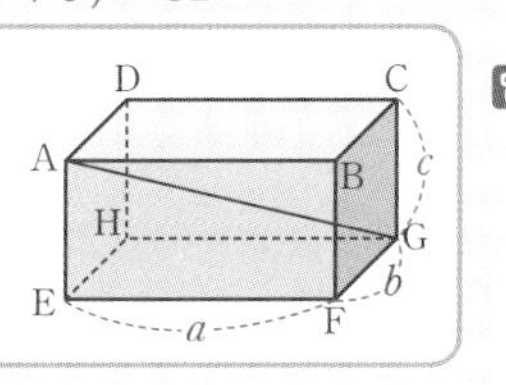

풀이 $4(a+b+c)=32$이므로 $a+b+c=8$

$\overline{AG}=\sqrt{a^2+b^2+c^2}=\sqrt{19}$이므로

$a^2+b^2+c^2=19$

따라서 직육면체의 겉넓이는

$2(ab+bc+ca)=(a+b+c)^2-(a^2+b^2+c^2)$

$=8^2-19=\mathbf{45}$

Tip 직육면체의 모서리의 길이

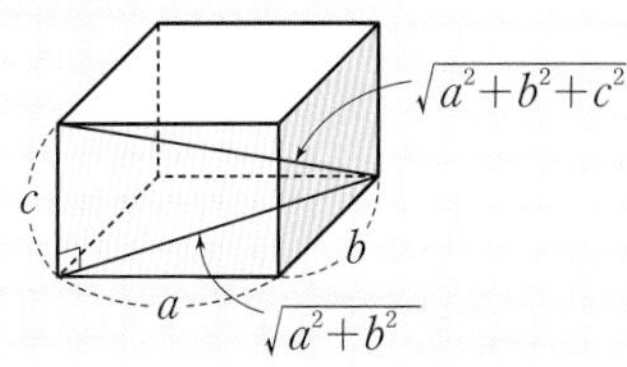

→ 서술형 **0065** 그림과 같은 직육면체의 겉넓이가 40이고, 삼각형 BGD의 세 변의 길이의 제곱의 합이 48일 때, 이 직육면체의 모든 모서리의 길이의 합을 구하시오. 답 32

$2(ab+bc+ca)=40$

$4(a+b+c)$

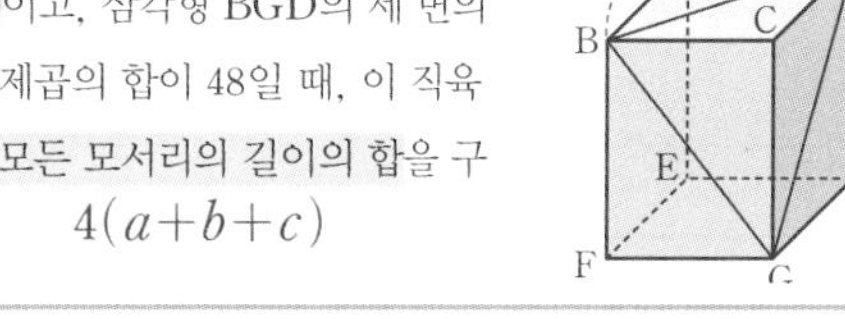

Key $ab+bc+ca$, $a^2+b^2+c^2$의 값이 주어졌을 때 $a+b+c$의 값을 구해야 하는 상황임을 파악한다.

풀이 $2(ab+bc+ca)=40$에서 $ab+bc+ca=20$ …❶ (30%)

$\triangle$BGD의 세 변의 길이의 제곱의 합이 48이므로

$(a^2+b^2)+(b^2+c^2)+(c^2+a^2)=48$

$2(a^2+b^2+c^2)=48 \qquad \therefore a^2+b^2+c^2=24$ …❷ (30%)

$(a+b+c)^2=a^2+b^2+c^2+2(ab+bc+ca)$

$=24+2\cdot20=64$

$\therefore a+b+c=8\ (\because a>0, b>0, c>0)$ …❸ (30%)

따라서 직육면체의 모든 모서리의 길이의 합은

$4(a+b+c)=4\cdot8=\mathbf{32}$ …❹ (10%)

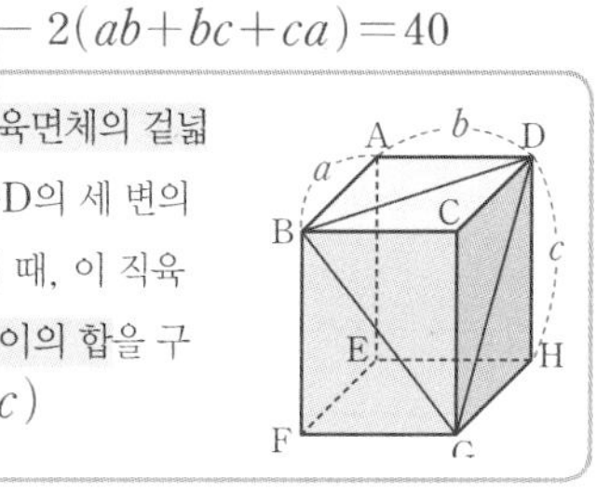

 실력 완성! 

0066 다음 중 옳은 것은? **답 ④**

① $(x^3+4x^2+x-1)-(2x^3-3x^2+4)=-x^3+x^2+x-5$
② $(2x-3y)^3=8x^3-12x^2y-18xy^2-27y^3$
③ $(x-1)(x^2+2x+1)=x^3-1$
④ $(x^2+3x+1)(x^2-3x+1)=x^4-7x^2+1$
⑤ $(x-2y+3z)^2=x^2+4y^2+9z^2-2xy-12yz+6zx$

풀이 ① (주어진 식) $=-x^3+7x^2+x-5$
② $(2x-3y)^3=8x^3-36x^2y+54xy^2-27y^3$
③ $(x-1)(x^2+x+1)=x^3-1$
④ $(x^2+3x+1)(x^2-3x+1)$
$=\{(x^2+1)+3x\}\{(x^2+1)-3x\}$
$=(x^2+1)^2-(3x)^2$
$=x^4+2x^2+1-9x^2=x^4-7x^2+1$
⑤ $(x-2y+3z)^2=x^2+4y^2+9z^2-4xy-12yz+6zx$

0067 다항식 $(3x+2y-1)(x-4y+2)$의 전개식에서 xy의 계수는? **답 ①**

풀이 xy항은
$3x\cdot(-4y)+2y\cdot x=-12xy+2xy=-10xy$
따라서 xy의 계수는 $\mathbf{-10}$이다.

0068 다항식 x^3+3x^2+x-5를 다항식 A로 나누었을 때의 몫이 $x+2$, 나머지가 $2x+1$일 때, 다항식 A는? **답 ③**

풀이 $x^3+3x^2+x-5=A(x+2)+2x+1$이므로
$A(x+2)=x^3+3x^2-x-6$
$\therefore A=(x^3+3x^2-x-6)\div(x+2)$

$$\begin{array}{r} x^2+x-3 \leftarrow A \\ x+2\overline{)\,x^3+3x^2-x-6} \\ \underline{x^3+2x^2\quad\quad\quad} \\ x^2-x\quad \\ \underline{x^2+2x\quad} \\ -3x-6 \\ \underline{-3x-6} \\ 0 \end{array}$$

0069 세 다항식 A, B, C에 대하여 **답 ⑤**

$A+B=3x^2+x+2$, …… ㉠
$B+C=3x-2$, …… ㉡
$C+A=-x^2-6x-2$ …… ㉢

연립방정식으로 생각하고 푼다.

일 때, 다항식 $2A+B$를 계산하면?

Key A, B, C가 순환되는 연립방정식 형태이므로 세 식을 더해 본다.

풀이 ㉠+㉡+㉢을 하면
$2(A+B+C)=2x^2-2x-2$
$\therefore A+B+C=x^2-x-1$ …… ㉣
㉡을 ㉣에 대입하면
$A+(3x-2)=x^2-x-1$ $\quad\therefore A=x^2-4x+1$
$\therefore 2A+B=A+(A+B)$
$=(x^2-4x+1)+(3x^2+x+2)$
$=\mathbf{4x^2-3x+3}$

0070 다항식 $(3x+a)^2(2x-1)^3$의 전개식에서 x^4의 계수가 -12일 때, 상수 a의 값을 구하시오. **답 2**

풀이 $(3x+a)^2(2x-1)^3$
$=(9x^2+6ax+a^2)(8x^3-12x^2+6x-1)$
이때 x^4항은
$9x^2\cdot(-12x^2)+6ax\cdot 8x^3=(-108+48a)x^4$
즉, $-108+48a=-12$이므로
$48a=96$ $\quad\therefore a=\mathbf{2}$

0071 다음 표에서 가로, 세로에 있는 세 다항식의 합이 모두 $3x^2+4x-1$이 되도록 나머지 칸을 채울 때, 다항식 $f(x)$를 구하시오. **답 풀이 참조**

		㉡	
		$f(x)$	
㉠	$3x+1$	A	x^2-2x+1
		$-3x^2+x+5$	

풀이 ㉠에서 $(3x+1)+A+(x^2-2x+1)=3x^2+4x-1$
$\therefore A=(3x^2+4x-1)-(3x+1)-(x^2-2x+1)$
$=2x^2+3x-3$
㉡에서 $f(x)+A+(-3x^2+x+5)=3x^2+4x-1$
$\therefore f(x)=(3x^2+4x-1)-A-(-3x^2+x+5)$
$=(3x^2+4x-1)-(2x^2+3x-3)-(-3x^2+x+5)$
$=\mathbf{4x^2-3}$

0072 다항식 $(x+a)(x+b)(x+1)$의 전개식에서 x^2의 계수가 5, x의 계수가 6일 때, a^3+b^3의 값은? (단, a, b는 상수이다.)

답 ③

풀이 $(x+a)(x+b)(x+1)$
$=x^3+(a+b+1)x^2+(ab+a+b)x+ab$
즉, $\underset{㉠}{a+b+1=5}$, $\underset{㉡}{ab+a+b=6}$이므로
㉡$-$㉠을 하면 $ab-1=1$ $\quad\therefore ab=2$
이것을 ㉡에 대입하면
$2+a+b=6$ $\quad\therefore a+b=4$
$\therefore a^3+b^3=(a+b)^3-3ab(a+b)$
$=4^3-3\cdot2\cdot4=\mathbf{40}$

0073 $x-y=4$, $x^2-3xy+y^2=15$일 때, x^3-y^3의 값을 구하시오.

답 76

Key $(x-y)^2$과 $x^2-3xy+y^2$의 관계식을 이용하면 xy의 값을 구할 수 있다.

풀이 $x^2-3xy+y^2=(x-y)^2-xy=15$에서
$4^2-xy=15$ $\quad\therefore xy=1$
$\therefore x^3-y^3=(x-y)^3+3xy(x-y)$
$=4^3+3\cdot1\cdot4=\mathbf{76}$

공통부분이 생기도록 항을 적절히 묶어 본다.

0074 삼각형의 세 변의 길이 a, b, c에 대하여 $(a+b+c)(a+b-c)=(a-b+c)(-a+b+c)$ 일 때, 이 삼각형은 어떤 삼각형인가?

답 ⑤

풀이 $\{(a+b)+c\}\{(a+b)-c\}=\{c+(a-b)\}\{c-(a-b)\}$
$(a+b)^2-c^2=c^2-(a-b)^2$
$a^2+2ab+b^2-c^2=c^2-a^2+2ab-b^2$
$\therefore a^2+b^2=c^2$
따라서 삼각형 ABC는 **빗변의 길이가 c인 직각삼각형**이다.

0075 0이 아닌 세 실수 a, b, c에 대하여 $(a+b+c)^2=3(ab+bc+ca)$ 일 때, $\dfrac{a^2+b^2+c^2}{ab+bc+ca}$의 값은?

└ $a^2+b^2+c^2-ab-bc-ca=0$

답 ④

풀이 $a^2+b^2+c^2-ab-bc-ca=0$에서
$\frac{1}{2}\{(a-b)^2+(b-c)^2+(c-a)^2\}=0$
즉, $a=b=c$이므로
$\dfrac{a^2+b^2+c^2}{ab+bc+ca}=\dfrac{3a^2}{3a^2}=\mathbf{1}$

Tip $a^2+b^2+c^2-ab-bc-ca=0$이면 $a=b=c$이다.

몫을 $Q(x)$라 하자.

0076 다항식 $f(x)$를 $(x-1)^2$으로 나누었을 때의 나머지가 $-4x+12$일 때, $f(x)$를 $x-1$로 나누었을 때의 나머지를 구하시오.

답 8

Key $f(x)=(x-1)^2Q(x)-4x+12$를 적절히 변형하여 $f(x)=(x-1)(\text{다항식})+(\text{상수})$ 꼴로 만든다.

풀이 $f(x)=(x-1)^2Q(x)-4x+12$
$=(x-1)\cdot(x-1)Q(x)-4(x-1)+8$
$=(x-1)\{(x-1)Q(x)-4\}+\underset{\text{나머지}}{8}$

$12a+12b=48$ $\quad$ $a^3+b^3=28$

0077 그림과 같은 두 정육면체의 모든 모서리의 길이의 합이 48이고, 부피의 합이 28일 때, 두 정육면체의 겉넓이의 합은?

$6a^2+6b^2$

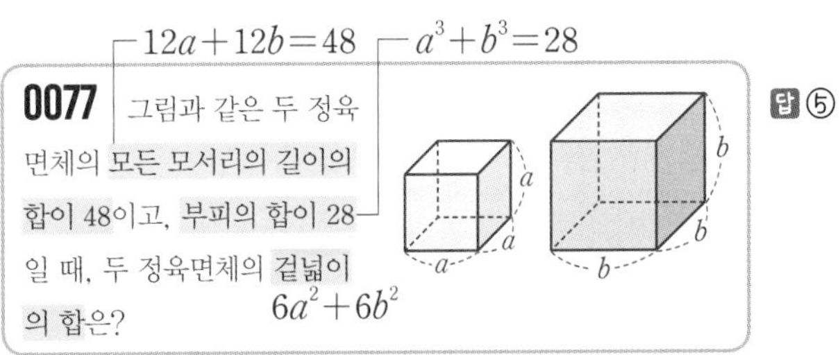

답 ⑤

풀이 $12a+12b=48$에서 $a+b=4$
$a^3+b^3=(a+b)^3-3ab(a+b)$에서
$28=4^3-3ab\cdot4$ $\quad\therefore ab=3$
따라서 두 정육면체의 겉넓이의 합은
$6a^2+6b^2=6(a^2+b^2)$
$=6\{(a+b)^2-2ab\}$
$=6(4^2-2\cdot3)=\mathbf{60}$

0078 부피가 서로 다른 네 종류의 직육면체 A, B, C, D의 밑면의 가로의 길이, 세로의 길이, 높이는 각각 그림과 같다. 직육면체 A 1개, B a개, C 12개, D b개의 부피의 합은 한 모서리의 길이가 $x+k$인 정육면체의 부피와 같을 때, $a+b+k$의 값은? (단, k는 자연수이다.)

답 ②

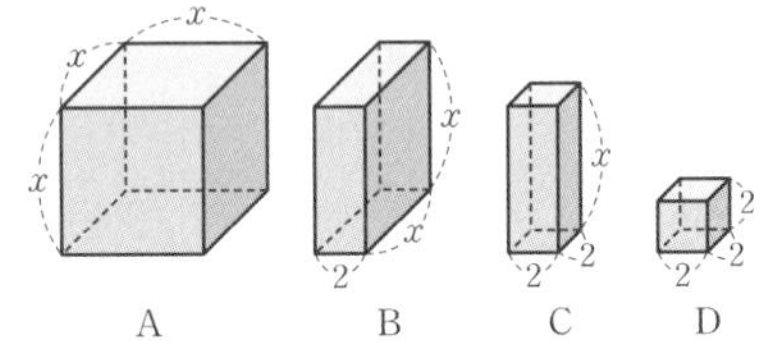

풀이

	A	B	C	D
부피:	x^3	$2x^2$	$4x$	8
개수:	1	a	12	b

→ (부피의 합)$=x^3+2ax^2+48x+8b$ ······ ㉠

한 모서리의 길이가 $x+k$인 정육면체의 부피는

$(x+k)^3=x^3+3kx^2+3k^2x+k^3$ ······ ㉡

㉠, ㉡에서 $2a=3k$, $48=3k^2$, $8b=k^3$이므로

$a=6$, $b=8$, $k=4$

$\therefore a+b+k=\mathbf{18}$

0079 $(2^2+1)(2^4+1)(2^8+1)(2^{32}+2^{16}+1)=a\times 2^b-\frac{1}{3}$ 일 때, ab의 값을 구하시오.

$\left(\text{단, } \frac{1}{5}<a<\frac{1}{2}\text{이고, } a, b\text{는 유리수이다.}\right)$

답 16

Key 주어진 식에 2^2-1을 곱하면 곱셈 공식을 연쇄적으로 이용할 수 있으므로 $\frac{1}{3}(2^2-1)$을 곱해 본다.

풀이 $(2^2+1)(2^4+1)(2^8+1)(2^{32}+2^{16}+1)$

$=\frac{1}{3}(2^2-1)(2^2+1)(2^4+1)(2^8+1)(2^{32}+2^{16}+1)$

$=\frac{1}{3}(2^4-1)(2^4+1)(2^8+1)(2^{32}+2^{16}+1)$

$=\frac{1}{3}(2^8-1)(2^8+1)(2^{32}+2^{16}+1)$

$=\frac{1}{3}(2^{16}-1)(2^{32}+2^{16}+1)$

$=\frac{1}{3}\{(2^{16})^3-1^3\}=\frac{1}{3}(2^{48}-1)=\frac{1}{3}\cdot 2^{48}-\frac{1}{3}$

따라서 $a=\frac{1}{3}$, $b=48$이므로

$ab=\mathbf{16}$

0080 $a+b+c=2$, $a^2+b^2+c^2=10$, $a^3+b^3+c^3=6$일 때, $ab(a+b)+bc(b+c)+ca(c+a)$의 값은?

답 ③

Key $a+b+c=2$에서

$a+b=2-c$, $b+c=2-a$, $c+a=2-b$

이것을 $ab(a+b)+bc(b+c)+ca(c+a)$에 대입한 후 식을 정리해 본다.

풀이 $ab(a+b)+bc(b+c)+ca(c+a)$

$=ab(2-c)+bc(2-a)+ca(2-b)$

$=2(ab+bc+ca)-3abc$

$(a+b+c)^2=a^2+b^2+c^2+2(ab+bc+ca)$에서

$2^2=10+2(ab+bc+ca)$ $\quad\therefore ab+bc+ca=-3$

$a^3+b^3+c^3$

$=(a+b+c)(a^2+b^2+c^2-ab-bc-ca)+3abc$

에서

$6=2\cdot\{10-(-3)\}+3abc$ $\quad\therefore 3abc=-20$

$\therefore ab(a+b)+bc(b+c)+ca(c+a)$

$=2(ab+bc+ca)-3abc$

$=2\cdot(-3)-(-20)=\mathbf{14}$

0081 $a^2-3ab+b^2=0$일 때, $\left(\frac{a}{b}\right)^2+\left(\frac{b}{a}\right)^2$의 값은? (단, $ab\neq 0$)

답 ⑤

Key $\left(\frac{a}{b}\right)^2+\left(\frac{b}{a}\right)^2=\left(\frac{a}{b}+\frac{b}{a}\right)^2-2$에서 $\frac{a}{b}+\frac{b}{a}$의 값이 필요하므로 $a^2-3ab+b^2=0$의 양변을 ab로 나누어 본다.

풀이 $ab\neq 0$이므로 $a^2-3ab+b^2=0$의 양변을 ab로 나누면

$\frac{a}{b}-3+\frac{b}{a}=0$ $\quad\therefore \frac{a}{b}+\frac{b}{a}=3$

$\therefore \left(\frac{a}{b}\right)^2+\left(\frac{b}{a}\right)^2=\left(\frac{a}{b}+\frac{b}{a}\right)^2-2=3^2-2=\mathbf{7}$

$x=0$을 대입하면 성립하지 않으므로 $x\neq0$

0082 $x^2-4x+1=0$일 때, $x-2x^2+3x^3+\frac{1}{x}-\frac{2}{x^2}+\frac{3}{x^3}$의 값을 구하시오.

답 132

Key $x+\frac{1}{x}$의 값이 필요하므로 $x^2-4x+1=0$의 양변을 x로 나누어 본다.

풀이 $x\neq0$이므로 $x^2-4x+1=0$의 양변을 x로 나누면

$x-4+\frac{1}{x}=0 \qquad \therefore x+\frac{1}{x}=4$

$x^2+\frac{1}{x^2}=\left(x+\frac{1}{x}\right)^2-2=4^2-2=14$

$x^3+\frac{1}{x^3}=\left(x+\frac{1}{x}\right)^3-3\left(x+\frac{1}{x}\right)=4^3-3\cdot4=52$

$\therefore x-2x^2+3x^3+\frac{1}{x}-\frac{2}{x^2}+\frac{3}{x^3}$

$=\left(x+\frac{1}{x}\right)-2\left(x^2+\frac{1}{x^2}\right)+3\left(x^3+\frac{1}{x^3}\right)$

$=4-2\cdot14+3\cdot52=\mathbf{132}$

0083 다항식 $P(x)$를 일차식 $ax+b$로 나누었을 때의 몫을 $Q(x)$, 나머지를 R라 할 때, $(x+1)P(x)$를 $x+\frac{b}{a}$로 나누었을 때의 몫과 나머지는? (단, a, b는 상수이다.)

답 ⑤

Key $P(x)=(ax+b)Q(x)+R$의 양변에 $x+1$을 곱한 후 적절히 변형하여 $(x+1)P(x)=\left(x+\frac{b}{a}\right)$(다항식)+(상수) 꼴로 만든다.

풀이 $P(x)=(ax+b)Q(x)+R$

양변에 $x+1$을 곱하면

$(x+1)P(x)$

$=(x+1)(ax+b)Q(x)+R(x+1)$

$=a(x+1)\left(x+\frac{b}{a}\right)Q(x)+R\left(x+\frac{b}{a}\right)-\frac{b}{a}R+R$

$=\left(x+\frac{b}{a}\right)\underbrace{\{\boldsymbol{a(x+1)Q(x)+R}\}}_{\text{몫}}+\underbrace{\left(\boldsymbol{1-\frac{b}{a}}\right)\boldsymbol{R}}_{\text{나머지}}$

서술형

0084 $ab=-3$, $(a-1)(a^2+a+1)=(-b-1)(b^2-b+1)$일 때, a^6+b^6의 값을 구하시오.

$=a^3-1$, $=-(b+1)(b^2-b+1)$, $=-(b^3+1)$

답 54

Key $a^6+b^6=(a^3+b^3)^2-2a^3b^3$이므로 a^3+b^3, ab의 값이 필요하다.

풀이 $(a-1)(a^2+a+1)=(-b-1)(b^2-b+1)$에서

$a^3-1=-(b^3+1)$ …❶ (40%)

$\therefore a^3+b^3=0$ …❷ (20%)

$\therefore a^6+b^6=(a^3+b^3)^2-2a^3b^3$

$=0^2-2\cdot(-3)^3=\mathbf{54}$ …❸ (40%)

0085 [그림 1]과 같이 밑면의 가로의 길이, 세로의 길이, 높이가 각각 a, b, c인 직육면체가 있고, [그림 2]와 같이 밑면의 가로의 길이, 세로의 길이, 높이가 각각 $\frac{1}{a}$, $\frac{1}{b}$, $\frac{1}{c}$인 직육면체가 있다.

답 풀이참조

$4(a+b+c)=20$, $4\left(\frac{1}{a}+\frac{1}{b}+\frac{1}{c}\right)=12$

[그림 1] [그림 2]

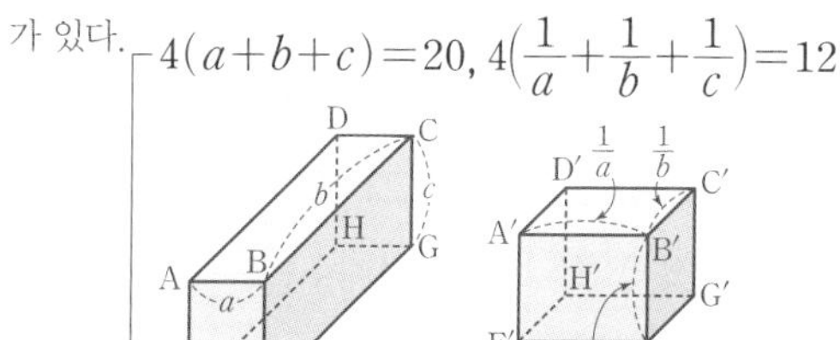

[그림 1]과 [그림 2]에서 두 직육면체의 모든 모서리의 길이의 합이 각각 20, 12이고, $\overline{AG}=\sqrt{13}$일 때, 다음을 구하시오.

$\sqrt{a^2+b^2+c^2}=\sqrt{13}$

(1) abc의 값

(2) 선분 $A'G'$의 길이 $=\sqrt{\frac{1}{a^2}+\frac{1}{b^2}+\frac{1}{c^2}}=\sqrt{\frac{a^2b^2+b^2c^2+c^2a^2}{a^2b^2c^2}}$

풀이 (1) $4(a+b+c)=20$이므로 $a+b+c=5$

$\sqrt{a^2+b^2+c^2}=\sqrt{13}$이므로 $a^2+b^2+c^2=13$

$a^2+b^2+c^2=(a+b+c)^2-2(ab+bc+ca)$에서

$13=5^2-2(ab+bc+ca)$

$\therefore ab+bc+ca=6$ …❶ (25%)

$4\left(\frac{1}{a}+\frac{1}{b}+\frac{1}{c}\right)=12$이므로 $\frac{1}{a}+\frac{1}{b}+\frac{1}{c}=3$

즉, $\frac{1}{a}+\frac{1}{b}+\frac{1}{c}=\frac{ab+bc+ca}{abc}=\frac{6}{abc}=3$이므로

$abc=\mathbf{2}$ …❷ (25%)

(2) $a^2b^2+b^2c^2+c^2a^2$

$=(ab+bc+ca)^2-2(ab\cdot bc+bc\cdot ca+ca\cdot ab)$

$=(ab+bc+ca)^2-2abc(a+b+c)$

$=6^2-2\cdot2\cdot5=16$ …❸ (25%)

$\therefore \overline{A'G'}=\sqrt{\frac{a^2b^2+b^2c^2+c^2a^2}{a^2b^2c^2}}=\sqrt{\frac{16}{2^2}}=\mathbf{2}$ …❹ (25%)

※ 빈칸에 알맞은 것을 써넣고, 내용을 읽거나 따라 써 보세요.

개념 1 항등식

› 유형 01~04, 20

(1) □□□: 문자에 어떤 값을 대입해도 항상 성립하는 등식

(2) 항등식의 성질

① $ax^2+bx+c=0$이 x에 대한 항등식이면 □=□=□=0이다.

또, $a=b=c=0$이면 $ax^2+bx+c=0$은 x에 대한 항등식이다.

② $ax^2+bx+c=a'x^2+b'x+c'$이 x에 대한 항등식이면 □, □, □이다.

또, □, □, □이면 $ax^2+bx+c=a'x^2+b'x+c'$은 x에 대한 항등식이다.

③ $ax+by+c=0$이 x, y에 대한 항등식이면 □=□=□=0이다.

또, □=□=□=0이면 $ax+by+c=0$은 x, y에 대한 항등식이다.

개념 2 미정계수법

› 유형 01~04, 20

미정계수법: 항등식의 성질을 이용하여 등식에서 미지의 계수를 정하는 방법

(1) □□ □□□: 등식의 양변의 동류항의 계수가 같음을 이용하여 계수를 정하는 방법

(2) □□ □□□: 등식의 문자에 적당한 수를 대입하여 계수를 정하는 방법

개념 3 나머지정리와 인수정리

› 유형 05~09, 20

(1) 나머지정리

다항식 $P(x)$를 일차식 $x-\alpha$로 나누었을 때의 나머지를 R라 하면

$R=$□

(2) 인수정리

다항식 $P(x)$에 대하여

① $P(\alpha)=0$이면 $P(x)$는 일차식 □로 나누어떨어진다.

② $P(x)$가 일차식 $x-\alpha$로 나누어떨어지면 □$=0$이다.

답 **개념 1** (1) 항등식 (2) a, b, c, $a=a'$, $b=b'$, $c=c'$, $a=a'$, $b=b'$, $c=c'$, a, b, c, a, b, c **개념 2** (1) 계수 비교법 (2) 수치 대입법
개념 3 (1) $P(\alpha)$ (2) $x-\alpha$, $P(\alpha)$

개념 1 항등식

0086 다음 등식이 x에 대한 항등식이면 '○'표, 항등식이 아니면 '×'표를 (　) 안에 써넣으시오.

(1) $3x+2=1$ (X)

(2) $x^2-7x+7=x(x-7)+7$ (O)

(3) $(x-1)^2-(x-1)=x^2-2x+2$ (X)

(4) 다항식 $f(x)$를 다항식 $g(x)$로 나누었을 때의 몫이 $Q(x)$, 나머지가 $R(x)$일 때, $f(x)=g(x)Q(x)+R(x)$ (O)

개념 2 미정계수법

0087 다음 등식이 x에 대한 항등식이 되도록 하는 상수 a, b, c의 값을 구하시오.

(1) $(a-1)x+b+2=0$

$a-1=0, b+2=0$

$\therefore \mathbf{a=1, b=-2}$

(2) $(a-2)x^2+bx+c-1=2x^2+3x+5$

$a-2=2, b=3, c-1=5$

$\therefore \mathbf{a=4, b=3, c=6}$

(3) $a(x+1)^2+b(x+1)+c=2x^2+3x+7$

$=ax^2+(2a+b)x+(a+b+c)$

$a=2, 2a+b=3, a+b+c=7$

$\therefore \mathbf{a=2, b=-1, c=6}$

(4) $3x^2+4x-2=a(x+1)(x-2)+bx(x-2)+cx$

주어진 등식의 양변에 $x=-1, x=0, x=2$를 각각 대입하면

$-3=3b-c, -2=-2a, 18=2c$

$\therefore \mathbf{a=1, b=2, c=9}$

0088 다음 등식이 x, y에 대한 항등식이 되도록 하는 상수 a, b, c의 값을 구하시오.

(1) $(a-3)x+(4-b)y+2-c=0$

$a-3=0, 4-b=0, 2-c=0$

$\therefore \mathbf{a=3, b=4, c=2}$

(2) $a(x+y)-2(x-y)+c=5x+(6-b)y+3$

$=(a-2)x+(a+2)y+c$

$a-2=5, a+2=6-b, c=3$

$\therefore \mathbf{a=7, b=-3, c=3}$

개념 3 나머지정리와 인수정리

0089 다항식 $P(x)=x^3+2x^2-x-1$을 다음 일차식으로 나누었을 때의 나머지를 구하시오.

(1) x　$P(0)=\mathbf{-1}$

(2) $x+1$　$P(-1)=\mathbf{1}$

(3) $2x-4$　$P(2)=\mathbf{13}$

0090 다항식 $P(x)=x^3+kx^2-5$를 $x-2$로 나누었을 때의 나머지가 15일 때, 상수 k의 값을 구하시오. $=P(2)$

$P(2)=3+4k$이므로

$3+4k=15$

$\therefore k=\mathbf{3}$

0091 다항식 $P(x)=-x^3+x^2-kx+6$이 다음 일차식으로 나누어떨어질 때, 상수 k의 값을 구하시오.

(1) $x-1$

$P(1)=-k+6=0$　　$\therefore k=\mathbf{6}$

(2) $x-2$

$P(2)=-2k+2=0$　　$\therefore k=\mathbf{1}$

0092 다항식 $P(x)=x^3+2x^2-ax+b$가 이차식 $x(x-1)$로 나누어떨어질 때, $a+b$의 값을 구하시오. (단, a, b는 상수이다.)

두 일차식 x, $x-1$로 각각 나누어떨어진다고 생각하자.

$P(0)=b=0, P(1)=3-a+b=0$

$\therefore a=3, b=0$

$\therefore a+b=3+0=\mathbf{3}$

02 나머지정리와 인수분해

개념 4 조립제법

> 유형 10, 11

조립제법: 다항식을 [ ][ ][ ]으로 나눌 때, 계수만을 사용하여 몫과 나머지를 구하는 방법

개념 5 인수분해

> 유형 12, 18, 19

(1) **인수분해**: 하나의 다항식을 두 개 이상의 [ ][ ][ ][ ] [ ]으로 나타내는 것

(2) **인수분해 공식**

① $ma+mb=$ [ ]

② $a^2+2ab+b^2=$ [ ], $a^2-2ab+b^2=$ [ ]

③ $a^2-b^2=$ [ ] ④ $x^2+(a+b)x+ab=$ [ ]

⑤ $acx^2+(ad+bc)x+bd=$ [ ]

⑥ $a^2+b^2+c^2+2ab+2bc+2ca=$ [ ]

⑦ $a^3+3a^2b+3ab^2+b^3=$ [ ], $a^3-3a^2b+3ab^2-b^3=$ [ ]

⑧ $a^3+b^3=$ [ ], $a^3-b^3=$ [ ]

⑨ $a^4+a^2b^2+b^4=$ [ ]

⑩ $a^3+b^3+c^3-3abc=(a+b+c)(a^2+b^2+c^2-ab-bc-ca)$

$=$ [ ]

개념 6 복잡한 식의 인수분해

> 유형 13~19

(1) **공통부분이 있는 경우**: [ ][ ][ ][ ]을 하나의 문자로 치환하여 인수분해한다.

(2) **x^4+ax^2+b 꼴**

[방법 1] [ ]$=X$로 치환한 후 인수분해한다.

[방법 2] 이차항 [ ]을 적당히 분리하여 $(x^2+A)^2-(Bx)^2$ 꼴로 변형한 후 인수분해한다.

(3) **여러 개의 문자를 포함한 경우**

차수가 가장 [ ][ ] 문자에 대하여 내림차순으로 정리한 후 인수분해한다.

(4) **인수정리와 조립제법을 이용하는 경우**

$P(x)$가 [ ][ ] 이상의 다항식이면

[1단계] $P(\alpha)=$ [ ]을 만족시키는 상수 α의 값을 찾는다.

[2단계] $P(x)$를 $x-\alpha$로 나누었을 때의 몫 $Q(x)$를 구한 후

$P(x)=$ [ ] 꼴로 나타낸다.

[3단계] [ ]가 더 이상 인수분해되지 않을 때까지 인수분해한다.

답 **개념 4** 일차식 **개념 5** (1) 다항식의 곱 (2) $m(a+b)$, $(a+b)^2$, $(a-b)^2$, $(a+b)(a-b)$, $(x+a)(x+b)$, $(ax+b)(cx+d)$, $(a+b+c)^2$, $(a+b)^3$, $(a-b)^3$, $(a+b)(a^2-ab+b^2)$, $(a-b)(a^2+ab+b^2)$, $(a^2+ab+b^2)(a^2-ab+b^2)$, $\frac{1}{2}(a+b+c)\{(a-b)^2+(b-c)^2+(c-a)^2\}$ **개념 6** (1) 공통부분 (2) x^2, ax^2 (3) 낮은 (4) 삼차, 0, $(x-\alpha)Q(x)$, $Q(x)$

개념 4 조립제법

0093 조립제법을 이용하여 다음 나눗셈의 몫과 나머지를 구하시오.

(1) $(x^3+3x^2+5x-2)\div(x+1)$

몫: $\boldsymbol{x^2+2x+3}$,
나머지: $\boldsymbol{-5}$

$$\begin{array}{r|rrrr} -1 & 1 & 3 & 5 & -2 \\ & & -1 & -2 & -3 \\ \hline & 1 & 2 & 3 & -5 \end{array}$$

(2) $(2x^3-9x^2+28)\div(x-3)$

몫: $\boldsymbol{2x^2-3x-9}$,
나머지: $\boldsymbol{1}$

$$\begin{array}{r|rrrr} 3 & 2 & -9 & 0 & 28 \\ & & 6 & -9 & -27 \\ \hline & 2 & -3 & -9 & 1 \end{array}$$

개념 5 인수분해

0094 다음 식을 인수분해하시오.

(1) $ab+a+b+1=a(b+1)+(b+1)$
$=\boldsymbol{(a+1)(b+1)}$

(2) $9a^2-24ab+16b^2=(3a)^2-2\cdot3a\cdot4b+(4b)^2$
$=\boldsymbol{(3a-4b)^2}$

(3) $x^2-9=x^2-3^2=\boldsymbol{(x+3)(x-3)}$

(4) $a^2+4a+3=\boldsymbol{(a+1)(a+3)}$

(5) $2x^2-3x+1=\boldsymbol{(2x-1)(x-1)}$

(6) $x^2+y^2+z^2-2xy-2yz+2zx$
$=x^2+(-y)^2+z^2+2\cdot x\cdot(-y)+2\cdot(-y)\cdot z+2\cdot z\cdot x$
$=\boldsymbol{(x-y+z)^2}$

(7) $a^2+4b^2+9c^2+4ab-12bc-6ca$
$=a^2+(2b)^2+(-3c)^2+2\cdot a\cdot 2b+2\cdot 2b\cdot(-3c)$
$+2\cdot(-3c)\cdot a$
$=\boldsymbol{(a+2b-3c)^2}$

(8) $x^3+3x^2+3x+1=x^3+3\cdot x^2\cdot 1+3\cdot x\cdot 1^2+1^3$
$=\boldsymbol{(x+1)^3}$

(9) $a^3-9a^2b+27ab^2-27b^3$
$=a^3-3\cdot a^2\cdot 3b+3\cdot a\cdot(3b)^2-(3b)^3$
$=\boldsymbol{(a-3b)^3}$

(10) $x^3-8=x^3-2^3=\boldsymbol{(x-2)(x^2+2x+4)}$

(11) $8x^3+y^3=(2x)^3+y^3=\boldsymbol{(2x+y)(4x^2-2xy+y^2)}$

(12) $x^4+x^2y^2+y^4=\boldsymbol{(x^2+xy+y^2)(x^2-xy+y^2)}$

(13) $16a^4+4a^2b^2+b^4=(2a)^4+(2a)^2\cdot b^2+b^4$
$=\boldsymbol{(4a^2+2ab+b^2)(4a^2-2ab+b^2)}$

(14) $x^3+y^3+z^3-3xyz=\boldsymbol{(x+y+z)(x^2+y^2+z^2-xy-yz-zx)}$

(15) $a^3+8b^3+c^3-6abc$
$=a^3+(2b)^3+c^3-3\cdot a\cdot 2b\cdot c$
$=\boldsymbol{(a+2b+c)(a^2+4b^2+c^2-2ab-2bc-ca)}$

개념 6 복잡한 식의 인수분해

0095 다음 식을 인수분해하시오.

(1) $(\underbrace{x+y}_{=t}-1)(\underbrace{x+y}_{=t})-2=(t-1)t-2=t^2-t-2$
$=(t+1)(t-2)$
$=\boldsymbol{(x+y+1)(x+y-2)}$

(2) $(\underbrace{2x-1}_{=t})^2-6(\underbrace{2x-1}_{=t})+8=t^2-6t+8=(t-2)(t-4)$
$=\boldsymbol{(2x-3)(2x-5)}$

(3) $x^4-13x^2+36=(x^2)^2-13x^2+36=(x^2-4)(x^2-9)$
$=\boldsymbol{(x+2)(x-2)(x+3)(x-3)}$

(4) $x^4+x^2+1=(x^4+2x^2+1)-x^2=(x^2+1)^2-x^2$
$=(x^2+1+x)(x^2+1-x)$
$=\boldsymbol{(x^2+x+1)(x^2-x+1)}$

(5) $2x^2+5xy-3y^2+x-4y-1=2x^2+(5y+1)x-(3y^2+4y+1)$
$=2x^2+(5y+1)x-(3y+1)(y+1)$
$=\boldsymbol{(x+3y+1)(2x-y-1)}$

(6) $x^2+3xy+4x-3y-5=\underline{(3x-3)y+(x^2+4x-5)}$ ← 차수가 더 낮은 y에 대하여 내림차순으로 정리하기
$=3(x-1)y+(x-1)(x+5)$
$=\boldsymbol{(x-1)(x+3y+5)}$

(7) $\underline{x^3-2x^2-5x+6}=P(x)$

$P(1)=0$이므로
$P(x)=(x-1)(x^2-x-6)$
$=\boldsymbol{(x-1)(x+2)(x-3)}$

(8) $\underline{x^4+2x^3-3x^2-8x-4}=P(x)$

$P(-1)=0,\ P(2)=0$이므로
$P(x)=(x+1)(x-2)(x^2+3x+2)$
$=\boldsymbol{(x+1)^2(x+2)(x-2)}$

기출 & 변형하면…

유형 01 계수 비교법

개념 1, 2

0096 등식 $x^3-ax+6=(x-2)(x^2-bx+c)$가 x에 대한 항등식일 때, 상수 a, b, c에 대하여 $a+b+c$의 값은?

답 ④

풀이 $x^3-ax+6=x^3-(b+2)x^2+(c+2b)x-2c$
이 등식이 x에 대한 항등식이므로
$b+2=0$, $-a=c+2b$, $-2c=6$
$\therefore a=7, b=-2, c=-3$
$\therefore a+b+c=\mathbf{2}$

→ **0097** 등식 $kx+2xy+ky-4-3k=0$이 k의 값에 관계없이 항상 성립할 때, 상수 x, y에 대하여 x^2+y^2의 값은?

답 ⑤

풀이 $kx+2xy+ky-4-3k=0$을 k에 대하여 정리하면
$(x+y-3)k+(2xy-4)=0$
이 등식이 k에 대한 항등식이므로
$x+y-3=0$, $2xy-4=0$
$\therefore x+y=3, xy=2$
$\therefore x^2+y^2=(x+y)^2-2xy=3^2-2\cdot2=\mathbf{5}$

x, y에 대한 항등식임을 의미한다.

0098 임의의 실수 x, y에 대하여 등식
$a(x+y)+b(2x-3y)+8x-7y=0$
이 성립할 때, 상수 a, b에 대하여 a^2+b^2의 값을 구하시오.

답 13

풀이 $(a+2b+8)x+(a-3b-7)y=0$
이 등식이 x, y에 대한 항등식이므로
$a+2b+8=0$, $a-3b-7=0$
$\therefore a=-2, b=-3$
$\therefore a^2+b^2=(-2)^2+(-3)^2=\mathbf{13}$

→ **0099** $x+y=1$을 만족시키는 모든 실수 x, y에 대하여 $ax^2+bxy+cy^2=1$이 성립한다. 상수 a, b, c에 대하여 $a+b+c$의 값은?

($y=-x+1$)

답 ①

풀이 $y=-x+1$을 주어진 등식에 대입하면
$ax^2+bx(-x+1)+c(-x+1)^2=1$
$(a-b+c)x^2+(b-2c)x+c-1=0$
이 등식이 x에 대한 항등식이므로
$a-b+c=0$, $b-2c=0$, $c-1=0$
$\therefore a=1, b=2, c=1$
$\therefore a+b+c=\mathbf{4}$

$x=-1$을 대입하면 항상 성립한다.

0100 x에 대한 삼차방정식
$x^3+(k+4)x+(k-2)m+n+5=0$
이 k의 값에 관계없이 항상 -1을 근으로 가질 때, 상수 m, n에 대하여 $m+n$의 값은?

답 ②

풀이 주어진 삼차방정식이 -1을 근으로 가지므로
$-1-(k+4)+(k-2)m+n+5=0$
이 식을 k에 대하여 정리하면
$(-1+m)k+(-2m+n)=0$
이 등식이 k에 대한 항등식이므로
$-1+m=0$, $-2m+n=0$
$\therefore m=1, n=2$
$\therefore m+n=\mathbf{3}$

→ 서술형 **0101** x, y의 값에 관계없이 등식 $\dfrac{ax+by+6}{x+2y+2}=c$가 항상 성립할 때, 상수 a, b, c에 대하여 $a+b+c$의 값을 구하시오. (단, $x+2y+2\neq0$)

답 12

풀이 $\dfrac{ax+by+6}{x+2y+2}=c$에서 $ax+by+6=c(x+2y+2)$
$ax+by+6=cx+2cy+2c$ …❶ (40%)
이 등식이 x, y에 대한 항등식이므로
$a=c$, $b=2c$, $6=2c$
$\therefore a=3, b=6, c=3$ …❷ (40%)
$\therefore a+b+c=\mathbf{12}$ …❸ (20%)

Tip $\dfrac{ax+by+6}{x+2y+2}=c$에서 c는 상수이므로 임의의 x, y에 대하여 $ax+by+6$은 $x+2y+2$에 c를 곱한 식이라는 뜻이다.
이때 $6=2c$에서 $c=3$이므로 $a=3$, $b=2\cdot3=6$을 구할 수도 있다.

유형 02 수치 대입법

개념 1, 2

0102 모든 실수 x에 대하여 등식
$x^3+ax^2-14x+b=(x-3)(x-2)(cx+4)$
가 성립할 때, abc의 값은? (단, a, b, c는 상수이다.)

답 ①

풀이 주어진 등식의 좌변의 x^3의 계수는 1이고, 우변의 전개식에서 x^3의 계수는 c이므로 $c=1$

즉, $x^3+ax^2-14x+b=(x-3)(x-2)(x+4)$에 $x=3$, $x=2$를 각각 대입하여 정리하면

$9a+b=15$, $4a+b=20$

$\therefore a=-1, b=24$

$\therefore abc=\mathbf{-24}$

0103 임의의 실수 x에 대하여 등식
$x^3+ax^2-x+b=(x+1)(x-2)(x-c)+5$
가 성립할 때, 상수 a, b, c에 대하여 $a+b+c$의 값은?

답 ③

풀이 $x=-1$을 대입하여 정리하면 $a+b=5$ …… ㉠

$x=2$를 대입하여 정리하면 $4a+b=-1$ …… ㉡

㉠, ㉡을 연립하여 풀면

$a=-2$, $b=7$

주어진 등식의 상수항이 같으므로 $7=2c+5$ $\therefore c=1$

(우변의 상수항은 $1\cdot(-2)\cdot(-c)+5$)

$\therefore a+b+c=\mathbf{6}$

0104 x가 어떤 값을 갖더라도 등식
$3x^2-2x+1=ax(x-1)+b(x-1)(x+1)+cx(x+1)$
이 항상 성립할 때, 상수 a, b, c에 대하여 $3a+2b+c$의 값을 구하시오.

답 8

($x=0$, $x-1=0$, $x+1=0$이 되도록 하는 $x=0$, $x=1$, $x=-1$을 대입하면 우변이 간단해진다.)

풀이 주어진 등식의 양변에 $x=1$을 대입하면

$3-2+1=c(1+1)=2c$ $\therefore c=1$

주어진 등식의 양변에 $x=-1$을 대입하면

$3\cdot(-1)^2-2\cdot(-1)+1=-a(-1-1)=2a$

$\therefore a=3$

주어진 등식의 양변에 $x=0$을 대입하면

$1=b\cdot(-1)$ $\therefore b=-1$

$\therefore 3a+2b+c=\mathbf{8}$

0105 다항식 $f(x)$에 대하여
$x^4+ax^2+b=(x^2-1)(x+2)f(x)$
가 x의 값에 관계없이 항상 성립할 때, $f(4)$의 값을 구하시오. (단, a, b는 상수이다.)

답 2

풀이 주어진 등식의 양변에 $x=1$을 대입하면 ($x=-1$을 대입해도 같은 결과를 얻는다.)

$1+a+b=0$ $\therefore a+b=-1$ …… ㉠

주어진 등식의 양변에 $x=-2$를 대입하면

$16+4a+b=0$ $\therefore 4a+b=-16$ …… ㉡

㉠, ㉡을 연립하여 풀면 $a=-5$, $b=4$

$\therefore x^4-5x^2+4=(x^2-1)(x+2)f(x)$

이 등식의 양변에 $x=4$를 대입하면

$256-5\cdot16+4=15\cdot6\cdot f(4)$, $90f(4)=180$

$\therefore f(4)=\mathbf{2}$

유형 03 다항식의 나눗셈과 항등식

개념 1, 2

0106 다항식 x^3+ax+b가 x^2+2x+3으로 나누어떨어질 때, 상수 a, b에 대하여 ab의 값은?

답 ⑤

풀이 x^3+ax+b를 x^2+2x+3으로 나누었을 때의 몫을 $x+c$ (c는 상수)라 하면 ← 삼차식을 이차식으로 나누었을 때 몫은 일차식이고, 최고차항의 계수가 모두 1이므로 몫에서 일차항의 계수도 1이 된다.

$x^3+ax+b=(x^2+2x+3)(x+c)$

$x^3+ax+b=x^3+(c+2)x^2+(2c+3)x+3c$

이 등식이 x에 대한 항등식이므로

$c+2=0$, $a=2c+3$, $b=3c$

$\therefore a=-1, b=-6, c=-2$

$\therefore ab=\mathbf{6}$

0107 다항식 x^3+x^2+ax+b를 다항식 x^2-2x-3으로 나누었을 때의 나머지가 $x-1$일 때, 상수 a, b에 대하여 $a+b$의 값은?

($=(x+1)(x-3)$)

답 ①

풀이 x^3+x^2+ax+b를 x^2-2x-3으로 나누었을 때의 몫을 $x+c$ (c는 상수)라 하면

x^3+x^2+ax+b

$=(x+1)(x-3)(x+c)+x-1$ …… ㉠

㉠에 $x=-1$을 대입하면

$-1+1-a+b=-2$ $\therefore b=a-2$ …… ㉡

㉠에 $x=3$을 대입하면

$27+9+3a+b=2$ $\therefore 3a+b=-34$ …… ㉢

㉡을 ㉢에 대입하여 풀면 $a=-8$, $b=-10$

$\therefore a+b=\mathbf{-18}$

유형 04 항등식에서 계수의 합 구하기

개념 1, 2

0108 모든 실수 x에 대하여 등식

$(2x^2+3x-1)^3=a_6x^6+a_5x^5+a_4x^4+\cdots+a_1x+a_0$

이 항상 성립할 때, $a_0+a_1+a_2+\cdots+a_6$의 값은?

(단, a_0, a_1, a_2, $\cdots$, a_6은 상수이다.)

우변에 $x=1$을 대입했을 때와 같다.

답 ②

풀이 주어진 등식의 양변에 $x=1$을 대입하면

(좌변)$=(2+3-1)^3=4^3=64$

(우변)$=a_0+a_1+a_2+\cdots+a_6$

$\therefore a_0+a_1+a_2+\cdots+a_6=\mathbf{64}$

➜ **0109** 모든 실수 x에 대하여 등식

$x^{10}+2=a_{10}(x+2)^{10}+a_9(x+2)^9+\cdots+a_1(x+2)+a_0$

이 항상 성립할 때, $a_0+a_1+a_2+\cdots+a_{10}$의 값을 구하시오.

(단, a_0, a_1, a_2, $\cdots$, a_{10}은 상수이다.)

답 3

풀이 주어진 등식의 양변에 $x=-1$을 대입하면

$a_0+a_1+a_2+\cdots+a_{10}=(-1)^{10}+2=\mathbf{3}$

0110 임의의 실수 x에 대하여

$(x^2-x+2)^4=a_0+a_1x+a_2x^2+\cdots+a_8x^8$

이 항상 성립할 때, $a_1+a_3+a_5+a_7$의 값을 구하시오.

(단, a_0, a_1, a_2, $\cdots$, a_8은 상수이다.)

답 −120

Key $x=-1$, $x=1$을 양변에 대입한 후, 두 식을 빼서 구할 수 있다.

풀이 주어진 등식의 양변에 $x=1$을 대입하면

$a_0+a_1+a_2+a_3+\cdots+a_8=16$ ...... ㉠

주어진 등식의 양변에 $x=-1$을 대입하면

$a_0-a_1+a_2-a_3+\cdots+a_8=256$ ...... ㉡

㉠−㉡을 하면

$2(a_1+a_3+a_5+a_7)=-240$

$\therefore a_1+a_3+a_5+a_7=\mathbf{-120}$

➜ **0111** 등식

$(x^3+x+4)^2=a_0+a_1(x+1)+a_2(x+1)^2+\cdots+a_6(x+1)^6$

이 x에 대한 항등식일 때, $a_1+a_2+a_3+a_4+a_5$의 값을 구하시오. (단, a_0, a_1, a_2, $\cdots$, a_6은 상수이다.)

답 11

풀이 주어진 등식의 양변에 $x=0$을 대입하면

$a_0+a_1+a_2+\cdots+a_6=16$ ...... ㉠

주어진 등식의 양변에 $x=-1$을 대입하면

$a_0=4$

주어진 등식에서 좌변의 x^6의 계수가 1이고 우변의 x^6의 계수가 a_6이므로 $a_6=1$

㉠에서

$a_1+a_2+a_3+a_4+a_5=16-4-1=\mathbf{11}$

유형 05 나머지정리

개념 3

0112 다항식 $P(x)$를 $x-4$로 나누었을 때의 나머지가 6일 때, 다항식 $(x+5)P(x)$를 $x-4$로 나누었을 때의 나머지는?

답 ⑤

풀이 나머지정리에 의하여 $P(4)=6$

따라서 구하는 나머지는

$(4+5)P(4)=9\cdot6=\mathbf{54}$

➜ **0113** 다항식 $P(x)$를 $x+1$로 나누었을 때의 나머지가 5이고, 다항식 $Q(x)$를 $x+1$로 나누었을 때의 나머지가 -2일 때, 다항식 $2P(x)-3Q(x)$를 $x+1$로 나누었을 때의 나머지를 구하시오.

답 16

풀이 나머지정리에 의하여 $P(-1)=5$, $Q(-1)=-2$

따라서 구하는 나머지는

$2P(-1)-3Q(-1)=2\cdot5-3\cdot(-2)=\mathbf{16}$

0114 다항식 x^3-ax+2를 $x+1$로 나누었을 때의 나머지와 $x+2$로 나누었을 때의 나머지가 서로 같을 때, 상수 a의 값은? (=$f(x)$)

답 ②

풀이 나머지정리에 의하여

$f(-1)=f(-2)$

이때 $f(-1)=a+1$, $f(-2)=-6+2a$이므로

$a+1=-6+2a$

$\therefore a=\mathbf{7}$

➜ 서술형 **0115** 다항식 x^4+ax^3+bx+1을 $x-1$로 나누었을 때의 나머지가 6이고, $x-2$로 나누었을 때의 나머지가 1일 때, 상수 a, b에 대하여 ab의 값을 구하시오. (=$f(x)$)

답 -32

풀이 나머지정리에 의하여

$f(1)=6$, $f(2)=1$

$1+a+b+1=6$, $16+8a+2b+1=1$

$\therefore a+b=4$, $4a+b=-8$ …❶ (40%)

위의 두 식을 연립하여 풀면

$a=-4$, $b=8$ …❷ (40%)

$\therefore ab=\mathbf{-32}$ …❸ (20%)

0116 다항식 $f(x)$를 $x^2-7x+12$로 나누었을 때의 나머지가 $2x+1$일 때, $xf(2x-1)$을 $x-2$로 나누었을 때의 나머지는? $xf(2x-1)$에 $x=2$를 대입한 값과 같다.

답 ④

풀이 $f(x)$를 $x^2-7x+12$로 나누었을 때의 몫을 $Q(x)$로 놓으면

$f(x)=(x^2-7x+12)Q(x)+2x+1$

$\quad =(x-3)(x-4)Q(x)+2x+1$

$xf(2x-1)$을 $x-2$로 나누었을 때의 나머지는

$2\cdot f(2\cdot 2-1)=2f(3)$

이때 $f(3)=2\cdot 3+1=7$이므로 구하는 값은

$2f(3)=\mathbf{14}$

➜ **0117** 다항식 $f(x)$를 $(2x-3)(x+1)$로 나누었을 때의 몫이 $Q(x)$, 나머지가 $x+8$일 때, $f\left(\frac{1}{2}x\right)$를 $x+2$로 나누었을 때의 나머지는? $f\left(\frac{1}{2}x\right)$에 $x=-2$를 대입한 값과 같다.

답 ③

풀이 $f(x)$를 $(2x-3)(x+1)$로 나누었을 때의 몫이 $Q(x)$, 나머지가 $x+8$이므로

$f(x)=(2x-3)(x+1)Q(x)+x+8$

이때 $f\left(\frac{1}{2}x\right)$를 $x+2$로 나누었을 때의 나머지는

$f\left(\frac{1}{2}\cdot(-2)\right)=f(-1)$이므로 구하는 값은

$f(-1)=-1+8=\mathbf{7}$

서술형 **0118** 두 다항식 $f(x)$, $g(x)$에 대하여 $f(x)+g(x)$를 $x-2$로 나누었을 때의 나머지가 4이고, $f(x)g(x)$를 $x-2$로 나누었을 때의 나머지가 3이다. $\{f(x)\}^2+\{g(x)\}^2$을 $x-2$로 나누었을 때의 나머지를 구하시오. $=\{f(x)+g(x)\}^2-2f(x)g(x)$

답 10

Key 곱셈 공식의 변형을 이용한다.

풀이 $f(x)+g(x)$를 $x-2$로 나누었을 때의 나머지가 4이므로

$f(2)+g(2)=4$ …❶ (30%)

$f(x)g(x)$를 $x-2$로 나누었을 때의 나머지가 3이므로

$f(2)g(2)=3$ …❷ (30%)

따라서 $\{f(x)\}^2+\{g(x)\}^2$을 $x-2$로 나누었을 때의 나머지는

$\{f(2)\}^2+\{g(2)\}^2=\{f(2)+g(2)\}^2-2f(2)g(2)$

$\quad =4^2-2\cdot 3=\mathbf{10}$ …❸ (40%)

➜ **0119** 세 다항식 $f(x)=x^2-4x+4$, $g(x)=x^2-4x+2$, $h(x)$에 대하여 $\{f(x)\}^2-\{g(x)\}^2=(x-1)h(x)$가 x에 대한 항등식일 때, $h(x)$를 $x-1$로 나누었을 때의 나머지는? ($=\{f(x)-g(x)\}\{f(x)+g(x)\}$)

답 ①

풀이 $f(x)-g(x)=2$, $f(x)+g(x)=2x^2-8x+6$이므로

$\{f(x)\}^2-\{g(x)\}^2=\{f(x)-g(x)\}\{f(x)+g(x)\}$

$\quad =2(2x^2-8x+6)$

$\quad =4(x-1)(x-3)$

즉, $4(x-1)(x-3)=(x-1)h(x)$이므로

$h(x)=4(x-3)$

따라서 $h(x)$를 $x-1$로 나누었을 때의 나머지는

$h(1)=\mathbf{-8}$

유형 06 이차식, 삼차식으로 나누었을 때의 나머지 개념 3

0120 다항식 $x^{11}-x^5-x^3+1$을 x^3-x로 나누었을 때의 나머지를 $R(x)$라 할 때, $R(3)$의 값은? 답 ②

($=f(x)$, 몫을 $Q(x)$라 하자.)

풀이 $R(x)=ax^2+bx+c$ (a, b, c는 상수)로 놓으면 ← n차식($n\ge3$)을 삼차식으로 나누면 나머지는 이차 이하의 다항식이다.

$f(x)=(x^3-x)Q(x)+ax^2+bx+c$

$=x(x+1)(x-1)Q(x)+ax^2+bx+c$ …… ㉠

㉠에 $x=0$을 대입하면 $f(0)=c=1$

㉠에 $x=-1$을 대입하면

$f(-1)=a-b+1=2$ ← $f(-1)=-1+1+1+1=2$ $\quad\therefore a-b=1$ …… ㉡

㉠에 $x=1$을 대입하면

$f(1)=a+b+1=0$ ← $f(1)=1-1-1+1=0$ $\quad\therefore a+b=-1$ …… ㉢

㉡, ㉢을 연립하여 풀면 $a=0, b=-1$

따라서 $R(x)=-x+1$이므로 $R(3)=-2$

0121 다항식 $x^7-x^6-x^5-3$을 x^3-x로 나누었을 때의 몫을 $Q(x)$라 할 때, $Q(2)$의 값을 구하시오. 답 6

($=f(x)$, 나머지를 ax^2+bx+c (a, b, c는 상수)로 놓자.)

풀이 $f(x)=(x^3-x)Q(x)+ax^2+bx+c$

$=x(x+1)(x-1)Q(x)+ax^2+bx+c$ …… ㉠

㉠에 $x=0$을 대입하면 $f(0)=c=-3$

㉠에 $x=-1$을 대입하면

$f(-1)=a-b-3=-4$ ← $f(-1)=-1-1+1-3=-4$ $\quad\therefore a-b=-1$ …… ㉡

㉠에 $x=1$을 대입하면

$f(1)=a+b-3=-4$ ← $f(1)=1-1-1-3=-4$ $\quad\therefore a+b=-1$ …… ㉢

㉡, ㉢을 연립하여 풀면 $a=-1, b=0$

따라서 $f(x)=x(x+1)(x-1)Q(x)-x^2-3$이므로

$2^7-2^6-2^5-3=6Q(2)-7 \quad\therefore Q(2)=6$

0122 다항식 $f(x)$가 다음 조건을 만족시킬 때, $f(1)$의 값은? 답 ②

(가) $f(x)$를 x로 나누면 나머지가 7이다. ← $f(0)=7$
(나) $f(x)$를 $x+1$로 나누면 나머지가 1이다. ← $f(-1)=1$
(다) $f(x)$를 $x(x+1)$로 나누면 몫과 나머지가 서로 같다.

풀이 (다)에서 $f(x)$를 $x(x+1)$로 나누었을 때의 몫과 나머지를 $ax+b$ (a, b는 상수)로 놓으면 ← n차식($n\ge3$)을 이차식으로 나누면 나머지는 일차 이하의 다항식이다.

$f(x)=x(x+1)(ax+b)+ax+b$ …… ㉠

㉠에 $x=0, x=-1$을 각각 대입하면

$f(0)=b=7,\ f(-1)=-a+b=1 \quad\therefore a=6, b=7$

따라서 $f(x)=x(x+1)(6x+7)+6x+7$이므로

$f(1)=1\cdot2\cdot13+6\cdot1+7=39$

0123 다항식 $f(x)$를 $x-1$, $x+2$로 나누었을 때의 나머지가 각각 -5, 1이다. 다항식 $(x^2-2x-1)f(x)$를 x^2+x-2로 나누었을 때의 나머지를 $R(x)$라 할 때, $R(-2)$의 값은? 답 ③

($f(1)=-5,\ f(-2)=1$, 몫을 $Q(x)$라 하자.)

풀이 $R(x)=ax+b$ (a, b는 상수)로 놓으면 ← n차식($n\ge2$)을 이차식으로 나누면 나머지는 일차 이하의 다항식이다.

$(x^2-2x-1)f(x)$

$=(x^2+x-2)Q(x)+ax+b$

$=(x+2)(x-1)Q(x)+ax+b$ …… ㉠

㉠에 $x=1, x=-2$를 각각 대입하면

$-2f(1)=a+b,\ 7f(-2)=-2a+b$ ← $f(1)=-5,\ f(-2)=1$

$\therefore a+b=10,\ -2a+b=7$

위의 두 식을 연립하여 풀면 $a=1, b=9$

따라서 $R(x)=x+9$이므로 $R(-2)=7$

0124 다항식 $f(x)$를 $x(x-1)$로 나누었을 때의 나머지는 $-x+1$이고, $(x-1)(x-2)$로 나누었을 때의 나머지는 $3x-3$이다. $f(x)$를 $x(x-1)(x-2)$로 나누었을 때의 나머지를 ax^2+bx+c라 할 때, $3a-2b+c$의 값을 구하시오. (단, a, b, c는 상수이다.) 답 13

(몫을 $Q(x)$라 하자.)

풀이 $f(x)=x(x-1)(x-2)Q(x)+ax^2+bx+c$ …… ㉠

$f(x)$를 $x(x-1)$로 나누었을 때의 나머지가 $-x+1$이므로

$x(x-1)(x-2)Q(x)$는 $x(x-1)$로 나누어떨어지므로 ax^2+bx+c를 $x(x-1)$로 나누었을 때의 나머지와 같다.

$ax^2+bx+c=ax(x-1)-x+1$이어야 한다. ($=ax^2-(a+1)x+1$)

$\therefore f(x)=x(x-1)(x-2)Q(x)+ax^2-(a+1)x+1$ …… ㉡

한편, $f(x)$를 $(x-1)(x-2)$로 나누었을 때의 나머지가 $3x-3$이므로 $f(2)=3\cdot2-3=3$이고, ㉡에 $x=2$를 대입하면

$f(2)=4a-2(a+1)+1=3 \quad\therefore a=2$

$\therefore b=-3, c=1$ ← ㉠, ㉡에서 $b=-(a+1)=-3, c=1$

$\therefore 3a-2b+c=3\cdot2-2\cdot(-3)+1=13$

0125 다항식 $f(x)$를 $(x+1)^2$으로 나누었을 때의 나머지는 $-3x+1$이고, $x-2$로 나누었을 때의 나머지는 4이다. $f(x)$를 $(x+1)^2(x-2)$로 나누었을 때의 나머지를 $R(x)$라 할 때, $R(3)$의 값을 구하시오. 답 8

(몫을 $Q(x)$라 하자.)

풀이 $R(x)=ax^2+bx+c$ (a, b, c는 상수)로 놓으면 ← n차식($n\ge3$)을 삼차식으로 나누면 나머지는 이차 이하의 다항식이다.

$f(x)=(x+1)^2(x-2)Q(x)+ax^2+bx+c$ …… ㉠

$f(x)$를 $(x+1)^2$으로 나누었을 때의 나머지가 $-3x+1$이므로

$(x+1)^2(x-2)Q(x)$는 $(x+1)^2$으로 나누어떨어지므로 ax^2+bx+c를 $(x+1)^2$으로 나누었을 때의 나머지와 같다.

$ax^2+bx+c=a(x+1)^2-3x+1$이어야 한다. ($=ax^2+(2a-3)x+a+1$)

$\therefore f(x)=(x+1)^2(x-2)Q(x)+ax^2+(2a-3)x+a+1$ …… ㉡

한편, $f(x)$를 $x-2$로 나누었을 때의 나머지가 4이므로

$f(2)=4$이고, ㉡에 $x=2$를 대입하면

$f(2)=4a+2(2a-3)+a+1=4 \quad\therefore a=1$

$\therefore b=-1, c=2$ ← ㉠, ㉡에서 $b=2a-3=-1, c=a+1=2$

따라서 $R(x)=x^2-x+2$이므로 $R(3)=8$

유형 07 몫을 $x-a$로 나누었을 때의 나머지 개념 3

0126 다항식 $x^{25}+x^{23}+x^{21}+x$를 $x-1$로 나누었을 때의 몫을 $Q(x)$라 할 때, $Q(x)$를 $x+1$로 나누었을 때의 나머지는? 답 ④

풀이 $x^{25}+x^{23}+x^{21}+x$를 $x-1$로 나누었을 때의 나머지를 R로 놓으면

$x^{25}+x^{23}+x^{21}+x=(x-1)Q(x)+R$

이 등식의 양변에 $x=1$을 대입하면 $R=4$

$\therefore x^{25}+x^{23}+x^{21}+x=(x-1)Q(x)+4$ …… ㉠

$Q(x)$를 $x+1$로 나누었을 때의 나머지는 $Q(-1)$이므로 ㉠에 $x=-1$을 대입하면

$-1-1-1-1=-2Q(-1)+4$

$\therefore Q(-1)=\mathbf{4}$

→ 서술형 **0127** 다항식 $f(x)$를 $x+2$로 나누었을 때의 몫이 $Q(x)$, 나머지가 5이고, 다항식 $Q(x)$를 $x-3$으로 나누었을 때의 나머지가 2이다. 이때 $f(x)$를 $x-3$으로 나누었을 때의 나머지를 구하시오. 답 15

풀이 $f(x)$를 $x+2$로 나누었을 때의 몫이 $Q(x)$, 나머지가 5이므로

$f(x)=(x+2)Q(x)+5$ …… ㉠

$Q(x)$를 $x-3$으로 나누었을 때의 나머지가 2이므로

$Q(3)=2$ …❶ (50%)

$f(x)$를 $x-3$으로 나누었을 때의 나머지는 $f(3)$이므로 ㉠에 $x=3$을 대입하면

$f(3)=5Q(3)+5=5\cdot2+5=\mathbf{15}$ …❷ (50%)

유형 08 나머지정리를 활용한 수의 나눗셈 개념 3

0128 58^9을 59로 나누었을 때의 나머지는? 답 ⑤

$58^9=(59-1)^9$이므로 $(x-1)^9$을 x로 나누었을 때의 나머지를 이용한다.

풀이 $(x-1)^9$을 x로 나누었을 때의 몫을 $Q(x)$, 나머지를 R로 놓으면

$(x-1)^9=xQ(x)+R$ …… ㉠

㉠에 $x=0$을 대입하면 $-1=R$

㉠에 $x=59$를 대입하면

$58^9=59Q(59)-1$ ← 59로 나누어떨어지기에는 1만큼 부족하다는 의미에서 나머지 58을 바로 구할 수도 있다.

$=59\{Q(59)-1\}+59-1$

$=59\{Q(59)-1\}+58$

따라서 58^9을 59로 나누었을 때의 나머지는 **58**이다.

→ **0129** 12^{12}을 11로 나누었을 때의 나머지를 r_1이라 하고, 13^{13}을 14로 나누었을 때의 나머지를 r_2라 할 때, r_1+r_2의 값은? 답 ①

$(x+1)^{12}$을 x로 나누었을 때의 나머지를 이용한다. $(y-1)^{13}$을 y로 나누었을 때의 나머지를 이용한다.

풀이 $(x+1)^{12}$을 x로 나누었을 때의 몫을 $Q_1(x)$, 나머지를 R_1로 놓으면

$(x+1)^{12}=xQ_1(x)+R_1$ …… ㉠

㉠에 $x=0$을 대입하면 $1=R_1$

㉠에 $x=11$을 대입하면

$12^{12}=11Q_1(11)+1$ $\therefore r_1=1$

$(y-1)^{13}$을 y로 나누었을 때의 몫을 $Q_2(y)$, 나머지를 R_2로 놓으면

$(y-1)^{13}=yQ_2(y)+R_2$ …… ㉡

㉡에 $y=0$을 대입하면 $-1=R_2$

㉡에 $y=14$를 대입하면

$13^{13}=14Q_2(14)-1$ ← 14로 나누어떨어지기에는 1만큼 부족하다는 의미에서 나머지 13을 바로 구할 수도 있다.

$=14\{Q_2(14)-1\}+14-1=14\{Q_2(14)-1\}+13$

$\therefore r_2=13$

$\therefore r_1+r_2=\mathbf{14}$

0130 $8^{35}+6^{36}+6^{37}+3$을 7로 나누었을 때의 나머지를 구하시오. 답 4

$(x+1)^{35}+(x-1)^{36}+(x-1)^{37}+3$을 x로 나누었을 때의 나머지를 이용한다.

풀이 $(x+1)^{35}+(x-1)^{36}+(x-1)^{37}+3$을 x로 나누었을 때의 몫을 $Q(x)$, 나머지를 R로 놓으면

$(x+1)^{35}+(x-1)^{36}+(x-1)^{37}+3=xQ(x)+R$ …… ㉠

㉠에 $x=0$을 대입하면 $1+1-1+3=R$ $\therefore R=4$

㉠에 $x=7$을 대입하면 $8^{35}+6^{36}+6^{37}+3=7Q(7)+4$

따라서 $8^{35}+6^{36}+6^{37}+3$을 7로 나누었을 때의 나머지는 **4**이다.

→ **0131** 3^{2222}을 80으로 나누었을 때의 나머지는? 답 ④

$3^4=81=80+1$, $9(x+1)^{555}$을 x로 나누었을 때의 나머지를 이용한다.

풀이 $3^{2222}=(3^4)^{555}\cdot3^2=9\cdot81^{555}$

$9(x+1)^{555}$을 x로 나누었을 때의 몫을 $Q(x)$, 나머지를 R로 놓으면

$9(x+1)^{555}=xQ(x)+R$ …… ㉠

㉠에 $x=0$을 대입하면 $9=R$

㉠에 $x=80$을 대입하면 $9\cdot81^{555}=80Q(80)+9$

따라서 3^{2222}을 80으로 나누었을 때의 나머지는 **9**이다.

유형 09 인수정리 개념 3

$=f(x)$

0132 다항식 $x^4+ax^3+bx^2-4$가 $x-2$, $x+1$로 각각 나누어떨어질 때, 상수 a, b에 대하여 $b-a$의 값은? 답 ①

풀이 $f(x)$가 $x-2$, $x+1$로 각각 나누어떨어지므로

$f(2)=0$, $f(-1)=0$

$16+8a+4b-4=0$, $1-a+b-4=0$

$\therefore 2a+b=-3$, $-a+b=3$

위의 두 식을 연립하여 풀면 $a=-2$, $b=1$

$\therefore b-a=\mathbf{3}$

→ 서술형 **0133** 다항식 $P(x)=x^4+x^3+ax^2+bx-12$가 x^2-4로 나누어떨어질 때, 상수 a, b에 대하여 a^2+b^2의 값을 구하시오. 답 17

풀이 $P(x)$가 x^2-4, 즉 $(x-2)(x+2)$로 나누어떨어지므로

$P(2)=0$, $P(-2)=0$ …❶ (40%)

$16+8+4a+2b-12=0$, $16-8+4a-2b-12=0$

$\therefore 2a+b=-6$, $2a-b=2$

위의 두 식을 연립하여 풀면 $a=-1$, $b=-4$ …❷ (40%)

$a^2+b^2=(-1)^2+(-4)^2=\mathbf{17}$ …❸ (20%)

$x=6$을 $f(x-4)$에 대입하면 그 값은 0이다.

0134 다항식 $f(x)=x^4-ax^3-2x^2-16$에 대하여 $f(x-4)$가 $x-6$으로 나누어떨어질 때, 상수 a의 값은? 답 ③

풀이 $f(x-4)$가 $x-6$으로 나누어떨어지므로

$f(6-4)=f(2)=0$

$f(2)=16-8a-8-16=0$

$\therefore a=\mathbf{-1}$

→ **0135** 다항식 $P(x)$에 대하여 $P(x)-2$가 $x^2-3x-18$로 나누어떨어질 때, 다항식 $P(3x+9)$를 x^2+5x+4로 나누었을 때의 나머지를 구하시오. 답 2

풀이 $P(x)-2$가 $x^2-3x-18$, 즉 $(x+3)(x-6)$으로 나누어떨어지므로

$P(-3)-2=0$, $P(6)-2=0$

$\therefore P(-3)=2$, $P(6)=2$ …… ㉠

$P(3x+9)$를 x^2+5x+4, 즉 $(x+4)(x+1)$로 나누었을 때의 몫을 $Q(x)$, 나머지를 $ax+b$ (a, b는 상수)로 놓으면

n차식$(n\ge2)$을 이차식으로 나누면 나머지는 일차 이하의 다항식이다.

$P(3x+9)=(x+1)(x+4)Q(x)+ax+b$

이 등식의 양변에 $x=-4$, $x=-1$을 각각 대입하면

$P(-3)=-4a+b$, $P(6)=-a+b$

$\therefore -4a+b=2$, $-a+b=2$ ($\because$ ㉠)

위의 두 식을 연립하여 풀면 $a=0$, $b=2$

따라서 구하는 나머지는 2이다.

$f(1)=-6$, $f(2)=-6$이므로 $f(x)+6$은 $x-1$, $x-2$로 각각 나누어떨어진다. → $f(x)+6=(x-1)(x-2)Q(x)$

0136 최고차항의 계수가 1인 삼차다항식 $f(x)$를 $x-1$과 $x-2$로 나누었을 때의 나머지는 모두 -6이다. $f(x)$가 $x-3$으로 나누어떨어질 때, $f(4)$의 값은? 답 ①

풀이 $f(x)$를 $x-1$, $x-2$로 나누었을 때의 나머지가 모두 -6이므로

$f(x)=(x-1)(x-2)Q(x)-6$으로 놓을 수 있다.

이때 $f(x)$가 최고차항의 계수가 1인 삼차다항식이므로 $Q(x)$는 최고차항의 계수가 1인 일차다항식이다.

$Q(x)=x+a$ (a는 상수)라 하면

$f(x)=(x-1)(x-2)(x+a)-6$ …… ㉠

$f(x)$가 $x-3$으로 나누어떨어지므로 $f(3)=0$

㉠에 $x=3$을 대입하면

$f(3)=2\cdot1\cdot(3+a)-6=0$ $\therefore a=0$

따라서 $f(x)=x(x-1)(x-2)-6$이므로

$f(4)=4\cdot3\cdot2-6=\mathbf{18}$

→ **0137** 최고차항의 계수가 1인 삼차식 $f(x)$에 대하여 $f(1)=f(2)=f(3)=5$일 때, $f(x)$를 $x-6$으로 나누었을 때의 나머지는? 답 ⑤

$f(x)-5$는 $x-1$, $x-2$, $x-3$으로 각각 나누어떨어진다.
→ $f(x)-5=(x-1)(x-2)(x-3)Q(x)$

풀이 $f(x)$를 $x-1$, $x-2$, $x-3$으로 나누었을 때의 나머지가 모두 5이므로 $f(x)=(x-1)(x-2)(x-3)Q(x)+5$로 놓을 수 있다.

이때 $f(x)$가 최고차항의 계수가 1인 삼차식이므로

$Q(x)=1$

$\therefore f(x)=(x-1)(x-2)(x-3)+5$

따라서 $f(x)$를 $x-6$으로 나누었을 때의 나머지는

$f(6)=5\cdot4\cdot3+5=\mathbf{65}$

유형 10 조립제법

개념 4

0138 x에 대한 다항식 $2x^3-5x-7$을 $x-2$로 나누었을 때의 몫과 나머지를 오른쪽과 같이 조립제법을 이용하여 구하려고 한다. $a+b+c+R$의 값은?

a	2	□	b	□
		c	□	□
	2	□	□	R

답 ③

풀이 $a=2, b=-5, c=4,$ $R=-1$이므로

2	2	0	−5	−7
		4	8	6
	2	4	3	−1

$a+b+c+R$
$=2+(-5)+4+(-1)$
$=\mathbf{0}$

0139 x에 대한 다항식 x^3+ax^2+3x+b를 $x+3$으로 나누었을 때의 몫과 나머지를 오른쪽과 같이 조립제법을 이용하여 구하려고 한다. 다음 중 옳은 것은?

k	1	a	3	b
		−3	d	9
	1	c	−3	7

① $a=-5$ ② $b=2$ ③ $c=-2$
④ $d=-6$ ⑤ $k=3$

답 ④

풀이

−3	1	a	3	b
		−3	$-3a+9$	$9a-36$
	1	$a-3$	$-3a+12$	$9a+b-36$

따라서 $k=-3, c=a-3, d=-3a+9, -3a+12=-3,$
$9a+b-36=7$이므로
$a=5, b=-2, c=2, \mathbf{d=-6}, k=-3$

0140 다항식 $2x^3+5x^2-2x+1$을 $2x+1$로 나누었을 때의 몫과 나머지를 오른쪽과 같이 조립제법을 이용하여 구하려고 한다. 다음 물음에 답하시오.

(1) $a+b+c+d$의 값을 구하시오.

(2) 몫과 나머지를 구하시오.

$2a+1=0$을 만족시킨다.

a	2	5	−2	1
		b	c	2
	2	4	−4	d

답 풀이 참조

풀이 (1) 주어진 조립제법에서 $2a=-1$이므로 $a=-\frac{1}{2}$

$-\frac{1}{2}$	2	5	−2	1
		−1	−2	2
	2	4	−4	3

$\therefore b=-1, c=-2, d=3$
$\therefore a+b+c+d=\mathbf{-\frac{1}{2}}$

(2) $2x^3+5x^2-2x+1$을 $x+\frac{1}{2}$로 나누었을 때의 몫이 $2x^2+4x-4$, 나머지는 3이므로

$2x^3+5x^2-2x+1=\left(x+\frac{1}{2}\right)(2x^2+4x-4)+3$
$=(2x+1)(x^2+2x-2)+3$

따라서 주어진 다항식을 $2x+1$로 나누었을 때의 몫은 x^2+2x-2, 나머지는 3이다.

몫: x^2+2x-2, 나머지: 3

Tip $f(x)$를 $x+\frac{b}{a}$로 나누었을 때의 몫이 $Q(x)$, 나머지가 R일 때
→ $f(x)$를 $ax+b$로 나누었을 때의 몫은 $\frac{1}{a}Q(x)$, 나머지는 R이다.

0141 다항식 $2x^4-x^3+x-\frac{1}{2}$을 $2x-1$로 나누었을 때의 몫과 나머지를 오른쪽과 같이 조립제법을 이용하여 구하려고 한다. 보기에서 옳은 것만을 있는 대로 고르시오.

$2a-1=0$을 만족시킨다.

a	2	−1	d	1	$-\frac{1}{2}$
		c	0	0	$\frac{1}{2}$
	b	0	0	1	0

보기
ㄱ. $a=-\frac{1}{2}$ ㄴ. $b=2$ ㄷ. $c=-1$
ㄹ. $d=0$ ㅁ. 몫: $2x^3+1$ ㅂ. 나머지: 0

답 ㄴ, ㄹ, ㅂ

풀이 주어진 조립제법에서 $2a-1=0$이므로 $a=\frac{1}{2}$

$2x^4-x^3+x-\frac{1}{2}$
$=\left(x-\frac{1}{2}\right)(2x^3+1)$
$=(2x-1)\left(x^3+\frac{1}{2}\right)$

$\frac{1}{2}$	2	−1	0	1	$-\frac{1}{2}$
		1	0	0	$\frac{1}{2}$
	2	0	0	1	0

따라서 $2x^4-x^3+x-\frac{1}{2}$을 $2x-1$로 나누었을 때의 몫은 $x^3+\frac{1}{2}$, 나머지는 0이다.

ㄱ. $a=\frac{1}{2}$ ㉡. $b=2$
ㄷ. $c=1$ ㉣. $d=0$
ㅁ. 몫: $x^3+\frac{1}{2}$ ㉥. 나머지: 0

유형 11 조립제법을 이용하여 항등식의 미정계수 구하기 개념 4

0142 모든 실수 x에 대하여 등식

$$x^3-4x^2+3x+5=a(x-2)^3+b(x-2)^2+c(x-2)+d$$

가 성립할 때, 상수 a, b, c, d에 대하여 $a+b-c+d$의 값을 구하시오.

답 7

풀이

$$\begin{array}{r|rrrr}
2 & 1 & -4 & 3 & 5 \\
 & & 2 & -4 & -2 \\ \hline
2 & 1 & -2 & -1 & \boxed{3} \\
 & & 2 & 0 & \\ \hline
2 & 1 & 0 & \boxed{-1} & \\
 & & 2 & & \\ \hline
 & 1 & \boxed{2} & &
\end{array}$$

$\therefore x^3-4x^2+3x+5$

$=(x-2)(x^2-2x-1)+3$

$=(x-2)\{(x-2)x-1\}+3$

$=(x-2)[(x-2)\{(x-2)+2\}-1]+3$

$=(x-2)\{(x-2)^2+2(x-2)-1\}+3$

$=(x-2)^3+2(x-2)^2-(x-2)+3$

따라서 $a=1$, $b=2$, $c=-1$, $d=3$이므로

$a+b-c+d=\mathbf{7}$

➜ 서술형 **0143** x의 값에 관계없이 등식

$$2x^3-x^2+4x-3$$
$$=a(2x-1)^3+b(2x-1)^2+c(2x-1)+d$$

가 항상 성립할 때, 상수 a, b, c, d에 대하여 $32abcd$의 값을 구하시오.

답 -9

풀이

$$\begin{array}{r|rrrr}
\frac{1}{2} & 2 & -1 & 4 & -3 \\
 & & 1 & 0 & 2 \\ \hline
\frac{1}{2} & 2 & 0 & 4 & \boxed{-1} \\
 & & 1 & \frac{1}{2} & \\ \hline
\frac{1}{2} & 2 & 1 & \boxed{\frac{9}{2}} & \\
 & & 1 & & \\ \hline
 & 2 & \boxed{2} & &
\end{array}$$

…❶ (40%)

$\therefore 2x^3-x^2+4x-3$

$=\left(x-\frac{1}{2}\right)(2x^2+4)-1$

$=\left(x-\frac{1}{2}\right)\left\{\left(x-\frac{1}{2}\right)(2x+1)+\frac{9}{2}\right\}-1$

$=\left(x-\frac{1}{2}\right)\left[\left(x-\frac{1}{2}\right)\left\{2\left(x-\frac{1}{2}\right)+2\right\}+\frac{9}{2}\right]-1$

$=2\left(x-\frac{1}{2}\right)^3+2\left(x-\frac{1}{2}\right)^2+\frac{9}{2}\left(x-\frac{1}{2}\right)-1$

$=\frac{1}{4}(2x-1)^3+\frac{1}{2}(2x-1)^2+\frac{9}{4}(2x-1)-1$ …❷ (50%)

$\therefore 32abcd=32\cdot\frac{1}{4}\cdot\frac{1}{2}\cdot\frac{9}{4}\cdot(-1)=\mathbf{-9}$ …❸ (10%)

유형 12 인수분해 공식을 이용한 다항식의 인수분해 개념 5

0144 보기에서 옳은 것만을 있는 대로 고르시오.

답 ㄱ, ㄷ

보기

ㄱ. $a^3-6a^2b+12ab^2-8b^3=(a-2b)^3$

ㄴ. $a^2+b^2+1+2ab+2b+2a=(2a+2b+1)^2$

ㄷ. $(a-b)^3-8b^3=(a-3b)(a^2+3b^2)$

풀이 ㉠. $a^3-6a^2b+12ab^2-8b^3$ ← $x^3-3x^2y+3xy^2-y^3=(x-y)^3$

$=a^3-3\cdot a^2\cdot 2b+3\cdot a\cdot(2b)^2-(2b)^3$

$=(a-2b)^3$

ㄴ. $a^2+b^2+1+2ab+2b+2a$ ← $x^2+y^2+z^2+2xy+2yz+2zx=(x+y+z)^2$

$=a^2+b^2+1^2+2\cdot a\cdot b+2\cdot b\cdot 1+2\cdot 1\cdot a$

$=(a+b+1)^2$

㉢. $(a-b)^3-8b^3$

$=(a-b)^3-(2b)^3$ ← $x^3-y^3=(x-y)(x^2+xy+y^2)$

$=(a-b-2b)\{(a-b)^2+(a-b)\cdot 2b+(2b)^2\}$

$=(a-3b)(a^2-2ab+b^2+2ab-2b^2+4b^2)$

$=(a-3b)(a^2+3b^2)$

➜ **0145** 다음 중 옳지 않은 것은?

답 ④

① $x^2+y^2+z^2+2xy-2yz-2zx=(x+y-z)^2$

② $a^3-12a^2b+48ab^2-64b^3=(a-4b)^3$

③ $a^4+125a=a(a+5)(a^2-5a+25)$

④ $x^4-x^2+1=(x^2+x+1)(x^2-x+1)$

⑤ $x^3+8y^3-6xy+1$
$=(x+2y+1)(x^2+4y^2-2xy-x-2y+1)$

풀이 ① $x^2+y^2+z^2+2xy-2yz-2zx$

$=x^2+y^2+(-z)^2+2\cdot x\cdot y+2\cdot y\cdot(-z)+2\cdot(-z)\cdot x$

$=(x+y-z)^2$

② $a^3-12a^2b+48ab^2-64b^3$

$=a^3-3\cdot a^2\cdot 4b+3\cdot a\cdot(4b)^2-(4b)^3$

$=(a-4b)^3$

③ $a^4+125a=a(a^3+125)=a(a+5)(a^2-5a+25)$

④ $x^4-x^2+1=(x^2+1)^2-3x^2$

$=(x^2+\sqrt{3}x+1)(x^2-\sqrt{3}x+1)$

⑤ $x^3+8y^3-6xy+1$

$=x^3+(2y)^3+1^3-3\cdot x\cdot 2y\cdot 1$

$=(x+2y+1)(x^2+4y^2-2xy-x-2y+1)$

유형 13 공통부분이 있는 다항식의 인수분해 개념 6

0146 다항식 $(x^2+2)^2+5(x^2+2)+4$가 $(x^2+a)(x^2+b)$로 인수분해될 때, 상수 a, b에 대하여 $a+b$의 값은? 답 ⑤

풀이 $x^2+2=t$로 놓으면

$(x^2+2)^2+5(x^2+2)+4$
$=t^2+5t+4$
$=(t+1)(t+4)$
$=(x^2+2+1)(x^2+2+4)$
$=(x^2+3)(x^2+6)$

따라서 $a=3$, $b=6$ 또는 $a=6$, $b=3$이므로

$a+b=\mathbf{9}$

→ **0147** 다항식 $(x^2-6x)^2+8x^2-48x+15$를 인수분해하면 $(x+a)(x+b)(x^2+cx+d)$일 때, 상수 a, b, c, d에 대하여 $abcd$의 값을 구하시오. 답 -90

($8x^2-48x=8(x^2-6x)$)

풀이 $(x^2-6x)^2+8x^2-48x+15$
$=(x^2-6x)^2+8(x^2-6x)+15$

$x^2-6x=t$로 놓으면

(주어진 식)$=t^2+8t+15$
$=(t+3)(t+5)$
$=(x^2-6x+3)(x^2-6x+5)$
$=(x-1)(x-5)(x^2-6x+3)$

따라서 $a=-1$, $b=-5$, $c=-6$, $d=3$ 또는 $a=-5$, $b=-1$, $c=-6$, $d=3$이므로

$abcd=\mathbf{-90}$

서술형 두 개씩 곱해서 공통부분이 생기도록 짝을 짓는다.

0148 $(x-4)(x-2)(x+1)(x+3)+24$를 인수분해하면 $(x+a)(x+b)(x^2-x-8)$일 때, 상수 a, b에 대하여 a^2+b^2의 값을 구하시오. 답 13

Key $(x-4)(x-2)(x+1)(x+3)$에서 $(x-4)(x+3)$과 $(x-2)(x+1)$은 상수항의 합이 같다. ($-4+3=-1$, $-2+1=-1$)

풀이 $(x-4)(x-2)(x+1)(x+3)+24$
$=\{(x-4)(x+3)\}\{(x-2)(x+1)\}+24$
$=(x^2-x-12)(x^2-x-2)+24$ …❶ (40%)

$x^2-x=t$로 놓으면

(주어진 식)$=(t-12)(t-2)+24$
$=t^2-14t+48$
$=(t-6)(t-8)$
$=(x^2-x-6)(x^2-x-8)$
$=(x+2)(x-3)(x^2-x-8)$ …❷ (50%)

따라서 $a=2$, $b=-3$ 또는 $a=-3$, $b=2$이므로

$a^2+b^2=2^2+(-3)^2=\mathbf{13}$ …❸ (10%)

→ **0149** 모든 실수 x에 대하여

$(x^2+ax+b)^2=(x-3)(x-2)(x+1)(x+2)+k$

일 때, $a+b+k$의 값은? (단, a, b, k는 상수이다.) 답 ⑤

풀이 $(x-3)(x-2)(x+1)(x+2)+k$
$=\{(x-3)(x+2)\}\{(x-2)(x+1)\}+k$
$=(x^2-x-6)(x^2-x-2)+k$

$x^2-x=t$로 놓으면

(주어진 식)$=(t-6)(t-2)+k$
$=t^2-8t+12+k$

$t^2-8t+12+k$가 완전제곱식이 되어야 하므로

$12+k=\left(\frac{-8}{2}\right)^2$ $\quad\therefore k=4$

$\therefore t^2-8t+12+k=t^2-8t+16=(t-4)^2$

즉, $(t-4)^2=(x^2-x-4)^2$이므로

$a=-1$, $b=-4$

$\therefore a+b+k=\mathbf{-1}$

Tip 완전제곱식이 될 조건

x^2+ax+b $(b>0)$가 완전제곱식이 될 조건

→ $b=\left(\frac{a}{2}\right)^2$, $a=\pm2\sqrt{b}$ 암기

유형 14 x^4+ax^2+b 꼴의 다항식의 인수분해 개념 6

0150 다항식 x^4+3x^2-28을 인수분해하면 $(x+a)(x-a)(x^2+b)$일 때, 자연수 a, b에 대하여 $a+b$의 값을 구하시오. 답 9

풀이 $x^2=X$로 놓으면

$$x^4+3x^2-28=X^2+3X-28$$
$$=(X-4)(X+7)$$
$$=(x^2-4)(x^2+7)$$
$$=(x+2)(x-2)(x^2+7)$$

따라서 $a=2$, $b=7$이므로

$a+b=\mathbf{9}$

→ **0151** 다항식 $x^4-9x^2y^2+20y^4$이 $(x+ay)(x-ay)(x^2-by^2)$으로 인수분해될 때, 자연수 a, b에 대하여 ab의 값은? 답 ④

풀이 $x^2=X$, $y^2=Y$로 놓으면

$$x^4-9x^2y^2+20y^4=X^2-9XY+20Y^2$$
$$=(X-4Y)(X-5Y)$$
$$=(x^2-4y^2)(x^2-5y^2)$$
$$=(x+2y)(x-2y)(x^2-5y^2)$$

따라서 $a=2$, $b=5$이므로

$ab=\mathbf{10}$

0152 다항식 x^4+7x^2+16이 $(x^2+ax+b)(x^2-ax+b)$로 인수분해될 때, 양의 정수 a, b에 대하여 $a+b$의 값은? 답 ①

풀이 $x^4+7x^2+16=(x^4+8x^2+16)-x^2$

$$=(x^2+4)^2-x^2 \leftarrow A^2-B^2=(A+B)(A-B)$$
$$=(x^2+x+4)(x^2-x+4)$$

이때 a, b가 양의 정수이므로

$a=1$, $b=4$

$\therefore a+b=\mathbf{5}$

약수가 1과 자기 자신뿐인 수이다.

→ **0153** 다항식 k^4-6k^2+25의 값이 소수가 되도록 하는 두 정수 k의 값을 a, b라 할 때, ab의 값은? 답 ②

풀이 $k^4-6k^2+25=(k^4+10k^2+25)-16k^2$

$$=(k^2+5)^2-(4k)^2$$
$$=(k^2+4k+5)(k^2-4k+5) \quad \cdots\cdots ㉠$$

k^4-6k^2+25가 소수가 되는 경우는

(i) $k^2+4k+5=1$인 경우

$k^2+4k+4=0$, $(k+2)^2=0$ $\therefore k=-2$

$k=-2$를 ㉠에 대입하면 $1\cdot17=17$ ← 소수이다.

(ii) $k^2-4k+5=1$인 경우

$k^2-4k+4=0$, $(k-2)^2=0$ $\therefore k=2$

$k=2$를 ㉠에 대입하면 $17\cdot1=17$ ← 소수이다.

(i), (ii)에 의하여 두 정수 k의 값의 곱은

$ab=(-2)\cdot2=\mathbf{-4}$

유형 15 여러 개의 문자를 포함한 다항식의 인수분해 개념 6

0154 다항식 $x^3-(y+2)x^2+2(y-4)x+8y$가 $(x+a)(x-b)(x-cy)$로 인수분해될 때, 양의 정수 a, b, c에 대하여 abc의 값은? 답 ④

x는 3차, y는 1차로 y가 x보다 차수가 낮다.

풀이 주어진 식을 y에 대하여 내림차순으로 정리하면

$$(-x^2+2x+8)y+(x^3-2x^2-8x)$$
$$=-(x+2)(x-4)y+x(x+2)(x-4)$$
$$=(x+2)(x-4)(x-y)$$

따라서 $a=2$, $b=4$, $c=1$이므로

$abc=\mathbf{8}$

→ **0155** $x^2-3xy+2y^2+ax-5y+3$이 x, y에 대한 일차식으로 인수분해될 때, 정수 a의 값은? 답 ④

풀이 주어진 식을 x에 대하여 내림차순으로 정리하면

$$x^2+(-3y+a)x+2y^2-5y+3$$
$$=x^2+(-3y+a)x+(2y-3)(y-1) \quad \cdots\cdots ㉠$$

주어진 식이 x, y에 대한 두 일차식으로 인수분해되려면

$-(2y-3)-(y-1)=-3y+a$

$\therefore a=\mathbf{4}$

㉠이 $\{x+(2y-3)\}\{x+(y-1)\}$ 또는 $\{x-(2y-3)\}\{x-(y-1)\}$로 인수분해되어야 하는데, x항의 계수가 $-3y+a$이려면 $\{x-(2y-3)\}\{x-(y-1)\}$로 인수분해 되어야 한다.

$b-c$로 묶어서 인수분해한다.

0156 $(b-c)a^2+(b^2-c^2)a+b^2c-bc^2$의 인수인 것을 보기에서 있는 대로 고르시오. ($b^2-c^2=(b+c)(b-c)$, $b^2c-bc^2=bc(b-c)$)

답 ㄱ, ㄷ

보기

ㄱ. $a+b$　　ㄴ. $a-b$

ㄷ. $a+c$　　ㄹ. $b+c$

풀이 (주어진 식)

$=(b-c)a^2+(b+c)(b-c)a+bc(b-c)$

$=(b-c)\{a^2+(b+c)a+bc\}$

$=(b-c)(a+b)(a+c)$

따라서 주어진 식의 인수인 것은 ㄱ, ㄷ이다.

서술형

0157 양수 a, b, c에 대하여 $a^3+a^2b-3ac^2+ab^2+b^3-3bc^2=0$일 때, $\frac{12c^2}{a^2+b^2}$의 값을 구하시오.

답 4

a와 b는 3차, c는 2차로 c의 차수가 가장 낮다.

풀이 주어진 식의 좌변을 c에 대하여 내림차순으로 정리하면

$(-3a-3b)c^2+a^3+a^2b+ab^2+b^3$

$=-3(a+b)c^2+a^2(a+b)+b^2(a+b)$

$=(a+b)(-3c^2+a^2+b^2)=0$　…❶ (50%)

이때 $a+b>0$이므로 $a^2+b^2-3c^2=0$

$\therefore a^2+b^2=3c^2$　…❷ (40%)

$\therefore \frac{12c^2}{a^2+b^2}=\frac{12c^2}{3c^2}=\mathbf{4}$　…❸ (10%)

유형 16 인수정리와 조립제법을 이용한 다항식의 인수분해 개념 6

0158 다항식 x^3+6x^2+5x-6이 $(x+a)(x^2+bx+c)$로 인수분해될 때, $a+b-c$의 값은? (단, a, b, c는 상수이다.) ($=P(x)$)

답 ①

풀이 $P(-2)=-8+24-10-6=0$

이므로 오른쪽과 같이 조립제법을 이용하여 $P(x)$를 인수분해하면

-2	1	6	5	-6
		-2	-8	6
	1	4	-3	0

$P(x)=(x+2)(x^2+4x-3)$

따라서 $a=2$, $b=4$, $c=-3$이므로

$a+b-c=\mathbf{9}$

0159 다항식 $3x^4+4x^3-7x^2-4x+4$가 $(x+a)(x+a+1)f(x)$로 인수분해될 때, $f(2a)$의 값은? (단, a는 상수이다.) ($=P(x)$)

답 ④

풀이 $P(1)=3+4-7-4+4=0$

$P(-1)=3-4-7+4+4=0$

1	3	4	-7	-4	4
		3	7	0	-4
-1	3	7	0	-4	0
		-3	-4	4	
	3	4	-4	0	

$\therefore P(x)=(x-1)(x+1)(3x^2+4x-4)$

$=(x-1)(x+1)(x+2)(3x-2)$

$\therefore a=1$, $f(x)=(x-1)(3x-2)$

$\therefore f(2a)=f(2)=\mathbf{4}$

$g(x)$는 $x-1$, $x+2$를 인수로 가지므로 $g(1)=g(-2)=0$

0160 다항식 $g(x)=x^4-x^3+ax^2+x+b$가 $(x-1)(x+2)f(x)$로 인수분해될 때, $f(4)$의 값은? (단, a, b는 상수이다.)

답 ⑤

풀이 $g(1)=1-1+a+1+b=0$,

$g(-2)=16+8+4a-2+b=0$에서

$a+b=-1$, $4a+b=-22$　$\therefore a=-7$, $b=6$

$\therefore g(x)=x^4-x^3-7x^2+x+6$

1	1	-1	-7	1	6
		1	0	-7	-6
-2	1	0	-7	-6	0
		-2	4	6	
	1	-2	-3	0	

위의 조립제법에서

$g(x)=(x-1)(x+2)(x^2-2x-3)$

$=(x-1)(x+2)(x+1)(x-3)$

따라서 $f(x)=(x+1)(x-3)$이므로 $f(4)=\mathbf{5}$

$f(x)$를 $x-1$로 나누었을 때 나머지가 0이고, 그 몫을 다시 $x-1$로 나누어도 나머지가 0이다.

0161 다항식 $f(x)=x^3+ax^2-7x-b$가 $(x-1)^2$을 인수로 가질 때, 상수 a, b에 대하여 a^2+b^2의 값은?

답 ②

풀이 오른쪽 조립제법에서

$a-b-6=0$,

$2a-4=0$이므로

$a=2$, $b=-4$

$\therefore a^2+b^2=\mathbf{20}$

1	1	a	-7	$-b$
		1	$a+1$	$a-6$
1	1	$a+1$	$a-6$	$a-b-6$
		1	$a+2$	
	1	$a+2$	$2a-4$	

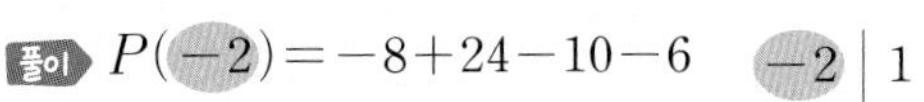

유형 17 계수가 대칭인 다항식의 인수분해 개념 6

0162 다항식 $x^4+7x^3+12x^2+7x+1$을 인수분해하면 $(x^2+ax+b)(x+c)^2$일 때, 상수 a, b, c에 대하여 $a+b+c$의 값을 구하시오. 답 7

풀이 $x^4+7x^3+12x^2+7x+1$

$=x^2\left(x^2+7x+12+\frac{7}{x}+\frac{1}{x^2}\right)$

$=x^2\left\{x^2+\frac{1}{x^2}+7\left(x+\frac{1}{x}\right)+12\right\}$

$=x^2\left\{\left(x+\frac{1}{x}\right)^2+7\left(x+\frac{1}{x}\right)+10\right\}$ ← $\left(x+\frac{1}{x}\right)^2-2=x^2+\frac{1}{x^2}$

$=x^2\left(x+\frac{1}{x}+5\right)\left(x+\frac{1}{x}+2\right)$

$=(x^2+5x+1)(x^2+2x+1)$

$=(x^2+5x+1)(x+1)^2$

따라서 $a=5$, $b=1$, $c=1$이므로

$a+b+c=\mathbf{7}$

0163 다항식 $x^4+2x^3-x^2+2x+1$이 x^2의 계수가 1인 두 이차식 $f(x)$, $g(x)$의 곱으로 인수분해된다. $f(1)>g(1)$일 때, $f(2)+g(-1)$의 값은? 답 ②

풀이 $x^4+2x^3-x^2+2x+1$

$=x^2\left(x^2+2x-1+\frac{2}{x}+\frac{1}{x^2}\right)$

$=x^2\left\{\left(x+\frac{1}{x}\right)^2+2\left(x+\frac{1}{x}\right)-3\right\}$

$=x^2\left(x+\frac{1}{x}-1\right)\left(x+\frac{1}{x}+3\right)$

$=(x^2-x+1)(x^2+3x+1)$

$f(1)>g(1)$이므로 ← x^2-x+1에 $x=1$을 대입하면 $1-1+1=1$, x^2+3x+1에 $x=1$을 대입하면 $1+3+1=5$

$f(x)=x^2+3x+1$, $g(x)=x^2-x+1$

$\therefore f(2)+g(-1)=(4+6+1)+(1+1+1)$

$=11+3=\mathbf{14}$

유형 18 인수분해를 이용하여 삼각형의 모양 판단하기 개념 5, 6

0164 삼각형의 세 변의 길이 a, b, c에 대하여 등식

$a^3+ab^2-b^2c-c^3=0$

이 성립할 때, 이 삼각형은 어떤 삼각형인가? 답 ②

풀이 주어진 식의 좌변을 b에 대하여 내림차순으로 정리하면 (a와 c는 3차, b는 2차로 b의 차수가 가장 낮다.)

$(a-c)b^2+a^3-c^3=(a-c)b^2+(a-c)(a^2+ac+c^2)$

$=(a-c)(a^2+b^2+c^2+ac)$

따라서 $(a-c)(a^2+b^2+c^2+ac)=0$이고

a, b, c가 삼각형의 세 변의 길이이므로

$a^2+b^2+c^2+ac>0$ ($a>0$, $b>0$, $c>0$)

$\therefore a-c=0$, 즉 $a=c$

따라서 주어진 조건을 만족시키는 삼각형은

$a=c$인 이등변삼각형이다.

0165 삼각형의 세 변의 길이 a, b, c에 대하여 등식

$b^4-a^2b^2+2b^2c^2+c^4-a^2c^2=0$

이 성립할 때, 이 삼각형은 어떤 삼각형인가? 답 ①

풀이 주어진 식의 좌변을 a에 대하여 내림차순으로 정리하면 (b와 c는 4차, a는 2차로 a의 차수가 가장 낮다.)

$-(b^2+c^2)a^2+b^4+2b^2c^2+c^4$

$=-(b^2+c^2)a^2+(b^2+c^2)^2$

$=(b^2+c^2)(b^2+c^2-a^2)$

따라서 $(b^2+c^2)(b^2+c^2-a^2)=0$이고

a, b, c가 삼각형의 세 변의 길이이므로

$b^2+c^2>0$ ($a>0$, $b>0$, $c>0$)

$\therefore b^2+c^2-a^2=0$, 즉 $a^2=b^2+c^2$

따라서 주어진 조건을 만족시키는 삼각형은

빗변의 길이가 a인 직각삼각형이다.

0166 삼각형의 세 변의 길이 a, b, c에 대하여 등식

$$a^3+b^3+a^2b+ab^2-ac^2-bc^2=0$$

이 성립한다. 삼각형의 넓이가 4이고, 가장 긴 변의 길이가 $2\sqrt{5}$일 때, 나머지 두 변의 길이의 합을 구하시오.

답 6

풀이 주어진 식의 좌변을 c에 대하여 내림차순으로 정리하면 (a와 b는 3차, c는 2차로 c의 차수가 가장 낮다.)

$-(a+b)c^2+a^3+b^3+a^2b+ab^2$
$=-(a+b)c^2+a^2(a+b)+b^2(b+a)$
$=(a+b)(a^2+b^2-c^2)$

따라서 $(a+b)(a^2+b^2-c^2)=0$이고

a, b, c가 삼각형의 세 변의 길이이므로 $a+b>0$ ($a>0$, $b>0$, $c>0$)

$\therefore a^2+b^2-c^2=0$, 즉 $c^2=a^2+b^2$

따라서 주어진 삼각형은 빗변의 길이가 c인 직각삼각형이므로 $c=2\sqrt{5}$

이때 삼각형의 넓이가 4이므로 $ab=8$ ($\frac{1}{2}ab=4$에서 $ab=8$)

$\therefore (a+b)^2=\underbrace{a^2+b^2}_{=c^2}+2ab=(2\sqrt{5})^2+2\cdot8=36$

$\therefore a+b=\mathbf{6}$

→ 서술형 **0167** 삼각형의 세 변의 길이 a, b, c가 다음 조건을 만족시킨다. 삼각형의 넓이를 S라 할 때, S^2의 값을 구하시오.

(가) $a^3+b^3+c^3-3abc=0$
(나) 삼각형의 둘레의 길이는 12이다.

답 48

풀이 $a^3+b^3+c^3-3abc$
$=(a+b+c)(a^2+b^2+c^2-ab-bc-ca)$
$=\frac{1}{2}(a+b+c)\{(a-b)^2+(b-c)^2+(c-a)^2\}=0$ …❶ (40%)

$a+b+c>0$이므로 $a=b=c$ ← $(a-b)^2+(b-c)^2+(c-a)^2=0$에서 $a-b=0$, $b-c=0$, $c-a=0$이므로 $a=b=c$

따라서 삼각형은 정삼각형이고

$a+b+c=12$이므로

$a=b=c=4$ …❷ (40%)

$\therefore S=\frac{\sqrt{3}}{4}\cdot4^2=4\sqrt{3}$

$\therefore S^2=(4\sqrt{3})^2=\mathbf{48}$ …❸ (20%)

Tip 한 변의 길이가 a인 정삼각형에서

(높이)$=\frac{\sqrt{3}}{2}a$, (넓이)$=\frac{\sqrt{3}}{4}a^2$

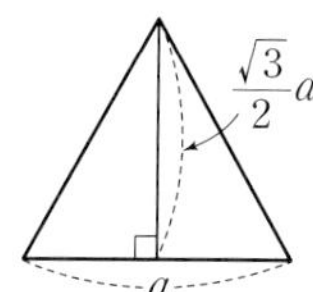

유형 19 인수분해를 이용한 수의 계산 (개념 5, 6)

0168 $\frac{10001(10000^2-9999)}{9999\times10000+1}$의 값을 구하시오.

답 10001

풀이 $x=10000$으로 놓으면

$\frac{10001(10000^2-9999)}{9999\times10000+1}=\frac{(x+1)\{x^2-(x-1)\}}{(x-1)x+1}$
$=\frac{(x+1)(x^2-x+1)}{x^2-x+1}$
$=x+1\ (\because x^2-x+1\neq0)$
$=\mathbf{10001}$

→ **0169** $46^3+12\times46^2+48\times46+64$의 값은?

답 ②

풀이 $x=46$으로 놓으면

$46^3+12\times46^2+48\times46+64$
$=x^3+12x^2+48x+64$
$=x^3+3\cdot4\cdot x^2+3\cdot4^2\cdot x+4^3$
$=(x+4)^3=(46+4)^3=\mathbf{125000}$

0170 인수분해를 이용하여 $23^3+23^2-33\cdot23+63$을 계산한 값은?

답 ③

풀이 $x=23$으로 놓으면

$23^3+23^2-33\cdot23+63=x^3+x^2-33x+63$

이때 $f(x)=x^3+x^2-33x+63$으로 놓으면

$f(3)=27+9-99+63=0$

이므로 오른쪽 조립제법에서

3	1	1	−33	63
		3	12	−63
	1	4	−21	0

$x^3+x^2-33x+63$
$=(x-3)(x^2+4x-21)$
$=(x-3)^2(x+7)$

$x=23$을 대입하면

(주어진 식)$=(23-3)^2(23+7)=20^2\cdot30=\mathbf{12000}$

→ **0171** $\sqrt{10\times13\times14\times17+36}$의 값을 구하시오.

답 176

풀이 $x=10$으로 놓으면

$10\times13\times14\times17+36$
$=x(x+3)(x+4)(x+7)+36$
$=(x^2+7x)(x^2+7x+12)+36$
$=(x^2+7x)^2+12(x^2+7x)+36$
$=(x^2+7x+6)^2$
$=(100+70+6)^2$
$=176^2$

($x^2+7x=t$로 놓으면 $(x^2+7x)^2+12(x^2+7x)+36=t^2+12t+36=(t+6)^2=(x^2+7x+6)^2$)

$\therefore \sqrt{10\times13\times14\times17+36}=\mathbf{176}$

유형 20 조건을 만족시키는 다항식 구하기 개념 1~3

0172 삼차식 $f(x)$가 다음 조건을 만족시킨다. 답 27

(가) $f(2)=6$
(나) $f(x)$를 $(x-1)^3$으로 나누었을 때의 몫과 나머지가 같다.

$f(x)$를 $x-3$으로 나누었을 때의 나머지를 구하시오.

풀이 $f(x)$가 삼차식이므로
$f(x)$를 $(x-1)^3$으로 나누었을 때의 몫은 상수 a $(a\neq0)$로 놓을 수 있다.
(나)에 의하여 $f(x)$를 $(x-1)^3$으로 나누었을 때의 나머지도 a이므로
$f(x)=a(x-1)^3+a$ ······ ㉠
(가)에서 $f(2)=6$이므로 ㉠에 $x=2$를 대입하면
$f(2)=a+a=6$ $\therefore a=3$
$\therefore f(x)=3(x-1)^3+3$
따라서 $f(x)$를 $x-3$으로 나누었을 때의 나머지는
$f(3)=3\cdot2^3+3=$ **27**

0173 최고차항의 계수가 1인 두 이차식 $f(x)$, $g(x)$가 다음 조건을 만족시킨다. 답 ①
└ $f(x)=x^2+\cdots$, $g(x)=x^2+\cdots$ 꼴이다.
최고차항의 계수가 2인 이차식이다.

(가) $f(x)+g(x)$는 x^2-3x+2로 나누어떨어진다.
(나) $f(x)-g(x)$를 $x+1$로 나누었을 때의 몫과 나머지가 같다.
(다) $f(x)$를 x로 나누었을 때의 나머지는 4이다.
└ 일차식 또는 상수이다.

$f(4)$의 값은?

풀이 (가)에 의하여 $f(x)+g(x)$를 x^2-3x+2로 나누었을 때의 몫은 2이므로
$f(x)+g(x)=2(x^2-3x+2)$ ······ ㉠
(나)에 의하여 $f(x)-g(x)$를 $x+1$로 나누었을 때의 몫과 나머지를 모두 상수 a $(a\neq0)$로 놓을 수 있으므로 ← n차다항식을 일차식 $x+1$로 나눈 나머지는 상수이다.
$f(x)-g(x)=a(x+1)+a$ ······ ㉡
(다)에 의하여 $f(0)=4$이므로 ㉠, ㉡에 각각 $x=0$을 대입하면
$4+g(0)=4$, $4-g(0)=a+a$
$g(0)=0=-2a+4$ $\therefore a=2$
㉠+㉡을 하면
$2f(x)=2(x^2-3x+2)+2(x+1)+2$
따라서 $f(x)=x^2-2x+4$이므로
$f(4)=4^2-2\cdot4+4=$ **12**

0174 상수가 아닌 다항식 $f(x)$가 모든 실수 x에 대하여 다음 등식을 만족시킬 때, $f(5)$의 값을 구하시오. 답 7

$$2xf(x)+9=\{f(x)\}^2+6x$$

$f(x)$를 n차다항식이라 하면
(좌변의 차수)$=n+1$, (우변의 차수)$=2n$이다. (단, $n\geq1$)

풀이 $f(x)$는 상수가 아닌 다항식이고 주어진 등식의 좌변과 우변의 차수가 같으므로 $f(x)$는 일차식이다. ← $n+1=2n$에서 $n=1$
$f(x)=ax+b$ ($a\neq0$, a, b는 상수)로 놓으면 주어진 등식은
$2x(ax+b)+9=(ax+b)^2+6x$
$2ax^2+2bx+9=a^2x^2+(2ab+6)x+b^2$
주어진 등식이 x에 대한 항등식이므로
$2a=a^2$, $2b=2ab+6$, $9=b^2$
$\therefore a=2, b=-3$
따라서 $f(x)=2x-3$이므로
$f(5)=$ **7**

서술형
0175 최고차항의 계수가 양수인 다항식 $f(x)$가 모든 실수 x에 대하여 답 100

$$\{f(x)\}^3=4x^2f(x)+16x^2+24x+8$$

을 만족시킨다. 다항식 $\{f(x)\}^2$을 $x-4$로 나누었을 때의 나머지를 구하시오.
$f(x)$를 n차다항식이라 하면
(좌변의 차수)$=3n$, (우변의 차수)$=n+2$이다. (단, $n\geq1$)

풀이 $f(x)$는 최고차항의 계수가 양수인 다항식이고 주어진 등식의 좌변과 우변의 차수가 같으므로 $f(x)$는 일차식이다. ···❶ (30%)
↑ $3n=n+2$에서 $n=1$
$f(x)=ax+b$ ($a>0$, a, b는 상수)로 놓으면 주어진 등식은
$(ax+b)^3=4x^2(ax+b)+16x^2+24x+8$
$a^3x^3+3a^2bx^2+3ab^2x+b^3=4ax^3+(4b+16)x^2+24x+8$
주어진 등식이 x에 대한 항등식이므로
$a^3=4a$, $3a^2b=4b+16$, $3ab^2=24$, $b^3=8$
$\therefore a=2, b=2$
$\therefore f(x)=2x+2$ ···❷ (50%)
따라서 $\{f(x)\}^2$을 $x-4$로 나누었을 때의 나머지는
$\{f(4)\}^2=(2\cdot4+2)^2=$ **100** ···❸ (20%)

실력 완성!

0176 다음 중 인수분해한 것이 옳지 않은 것은? 답 ④

① $x^3-8=(x-2)(x^2+2x+4)$ ($=x^3-2^3$)

② $8a^3+12a^2b+6ab^2+b^3=(2a+b)^3$ ($=(2a)^3+3\cdot(2a)^2\cdot b+3\cdot 2a\cdot b^2+b^3$)

③ $x^4+3x^2+4=(x^2+x+2)(x^2-x+2)$

④ $a^2+4b^2+c^2-4ab+4bc-2ca=(a-2b+c)^2$

⑤ $(x^2-3x)(x^2-3x+6)+8$ ($x^2-3x=X$)
$=(x-1)(x-2)(x^2-3x+4)$

풀이 ③ (좌변)$=(x^4+4x^2+4)-x^2=(x^2+2)^2-x^2$
$=(x^2+x+2)(x^2-x+2)$

④ (좌변)$=a^2+(-2b)^2+(-c)^2+2\cdot a\cdot(-2b)+2\cdot(-2b)\cdot(-c)+2\cdot(-c)\cdot a$
$=(a-2b-c)^2$

⑤ (좌변)$=X(X+6)+8=X^2+6X+8$
$=(X+2)(X+4)$
$=(x^2-3x+2)(x^2-3x+4)$
$=(x-1)(x-2)(x^2-3x+4)$

0177 $a(x^2-3)^2+b(x^2-1)+c=x^4-5x^2+12$가 x에 대한 항등식이 되도록 상수 a, b, c의 값을 정할 때, $a+b+c$의 값은? 답 ③

풀이 (좌변)$=a(x^4-6x^2+9)+b(x^2-1)+c$
$=ax^4+(-6a+b)x^2+9a-b+c$
$\therefore ax^4+(-6a+b)x^2+9a-b+c=x^4-5x^2+12$
이 등식이 x에 대한 항등식이므로
$a=1$, $-6a+b=-5$, $9a-b+c=12$
따라서 $a=1$, $b=1$, $c=4$이므로
$a+b+c=$ **6**

0178 모든 실수 x에 대하여 등식 $(x^2+x-2)^3=a_6x^6+a_5x^5+a_4x^4+\cdots+a_1x+a_0$이 성립할 때, $-a_0+a_1-a_2+a_3-a_4+a_5-a_6$의 값은? (단, a_0, a_1, a_2, $\cdots$, a_6은 상수이다.) 답 ②

풀이 주어진 등식의 양변에 $x=-1$을 대입하면
$(1-1-2)^3=a_0-a_1+a_2-a_3+a_4-a_5+a_6$
$a_0-a_1+a_2-a_3+a_4-a_5+a_6=-8$
$\therefore -a_0+a_1-a_2+a_3-a_4+a_5-a_6=$ **8**

0179 다음 중 다항식 $x^4+4x^3-x^2-16x-12$의 인수가 아닌 것은? ($=f(x)$) 답 ②

① $x-2$ ② $x-3$ ③ $x+1$
④ $x+2$ ⑤ $x+3$

풀이 $f(-1)=1-4-1+16-12=0$
$f(2)=16+32-4-32-12=0$

-1	1	4	-1	-16	-12
		-1	-3	4	12
2	1	3	-4	-12	0
		2	10	12	
	1	5	6	0	

위의 조립제법에서
$f(x)=(x+1)(x-2)(x^2+5x+6)$
$=(x+1)(x-2)(x+2)(x+3)$

0180 다항식 $x^{10}+x^9+1$을 $x-1$로 나누었을 때의 몫을 $Q(x)$라 할 때, $Q(x)$를 $x+1$로 나누었을 때의 나머지는? (나머지를 r라 하자.) 답 ④

풀이 $x^{10}+x^9+1=(x-1)Q(x)+r$ …… ㉠
㉠에 $x=1$을 대입하면
$1+1+1=r$ $\therefore r=3$
$Q(x)$를 $x+1$로 나누었을 때의 나머지는 $Q(-1)$이고
㉠에 $x=-1$을 대입하면
$1+(-1)+1=-2Q(-1)+3$
$\therefore Q(-1)=$ **1**

0181 오른쪽은 다항식 $P(x)=ax^3+bx^2+cx+d$를 $x-\frac{1}{3}$로 나누었을 때의 몫과 나머지를 구하는 과정이다. 답 9

$\frac{1}{3}$	a	b	c	d
		□	□	□
	3	-6	9	7

$P(x)$를 $3x-1$로 나누었을 때의 몫을 $Q(x)$, 나머지를 R라 할 때, $Q(1)+R$의 값을 구하시오. (단, a, b, c, d는 상수이다.)

풀이 $P(x)$를 $x-\frac{1}{3}$로 나누었을 때의 몫이 $3x^2-6x+9$, 나머지가 7이므로
$P(x)=\left(x-\frac{1}{3}\right)(3x^2-6x+9)+7$
$=(3x-1)(x^2-2x+3)+7$
따라서 $Q(x)=x^2-2x+3$, $R=7$이므로
$Q(1)+R=(1-2+3)+7=$ **9**

0182 다항식 $(x^2+6x+8)(x^2+8x+15)+k$가 x에 대한 이차식의 완전제곱식으로 인수분해되도록 하는 상수 k의 값은? 답 ④

풀이 $(x^2+6x+8)(x^2+8x+15)+k$
$=(x+2)(x+4)(x+3)(x+5)+k$
$=\{(x+2)(x+5)\}\{(x+3)(x+4)\}+k$
$=(x^2+7x+10)(x^2+7x+12)+k$
$x^2+7x+10=X$로 치환하면
(주어진 식)$=X(X+2)+k=X^2+2X+k$
이 식이 완전제곱식이 되어야 하므로 $k=\mathbf{1}$

0183 계수가 모두 정수인 두 이차식 $f(x)$, $g(x)$가
$f(x)g(x)=4x^4-4x^2+9$
를 만족시킨다. $f(\sqrt{2})+g(\sqrt{2})$의 값은? 답 ②

풀이 $4x^4-4x^2+9=(4x^4+12x^2+9)-16x^2$
$=(2x^2+3)^2-(4x)^2$
$=(2x^2+4x+3)(2x^2-4x+3)$
$\therefore f(\sqrt{2})+g(\sqrt{2})=(2\cdot2+4\sqrt{2}+3)+(2\cdot2-4\sqrt{2}+3)$
$=(7+4\sqrt{2})+(7-4\sqrt{2})$
$=\mathbf{14}$

0184 자연수 $11^4-6\cdot11^3+13\cdot11^2-12\cdot11+4$의 양의 약수의 개수는? 답 ④

풀이 $x=11$로 놓으면 (주어진 식)$=x^4-6x^3+13x^2-12x+4$
이때 $f(x)=x^4-6x^3+13x^2-12x+4$로 놓으면
$f(1)=1-6+13-12+4=0$
$f(2)=16-48+52-24+4=0$

1	1	−6	13	−12	4
		1	−5	8	−4
2	1	−5	8	−4	0
		2	−6	4	
	1	−3	2	0	

위의 조립제법에서
$f(x)=(x-1)(x-2)(x^2-3x+2)$
$=(x-1)^2(x-2)^2$
$\therefore 11^4-6\cdot11^3+13\cdot11^2-12\cdot11+4$
$=(11-1)^2(11-2)^2=10^2\cdot9^2=2^2\cdot3^4\cdot5^2$
따라서 주어진 자연수의 양의 약수의 개수는
$(2+1)\cdot(4+1)\cdot(2+1)=\mathbf{45}$

Tip 자연수의 양의 약수의 개수
$N=a^pb^qc^r$ (a, b, c는 서로 다른 소수, p, q, r는 자연수)일 때
→ (N의 양의 약수의 개수)$=(p+1)(q+1)(r+1)$

$2^{101}=(2^3)^{33}\cdot2^2=4\cdot8^{33}$, $2^3-1=7$
→ $x^{34}+4x^{33}+5$를 $x-1$로 나누었을 때의 나머지를 이용한다.

0185 $2^{101}+2^{102}+5$를 7로 나누었을 때의 나머지는? 답 ③

풀이 $x^{34}+4x^{33}+5$를 $x-1$로 나누었을 때의 몫을 $Q(x)$,
나머지를 R로 놓으면
$x^{34}+4x^{33}+5=(x-1)Q(x)+R$ …… ㉠
㉠에 $x=1$을 대입하면 $1+4+5=R$ $\therefore R=10$
㉠에 $x=8$을 대입하면
$2^{101}+2^{102}+5=7\cdot Q(8)+10=7\{Q(8)+1\}+3$
따라서 구하는 나머지는 **3**이다.

0186 다항식 x^4+ax^2+b가 $(x-1)^2f(x)$로 인수분해될 때, $f(2)$의 값은? $=P(x)$ 답 ⑤

풀이 $P(x)=x^4+ax^2+b=(x-1)^2f(x)$이므로
$P(1)=1+a+b=0$ $\therefore b=-a-1$
$\therefore P(x)=x^4+ax^2-a-1$
$P(x)$가 $(x-1)^2$으로 나누어떨어지므로 다음 조립제법에서

1	1	0	a	0	$-a-1$
		1	1	$a+1$	$a+1$
1	1	1	$a+1$	$a+1$	0
		1	2	$a+3$	
	1	2	$a+3$	$2a+4$	

$2a+4=0$ $\therefore a=-2$
$\therefore P(x)=(x-1)^2(x^2+2x+1)=(x-1)^2(x+1)^2$
따라서 $f(x)=(x+1)^2$이므로 $f(2)=\mathbf{9}$

0187 삼각형의 세 변의 길이 a, b, c가 다음 조건을 만족시킬 때, 삼각형의 넓이를 구하시오. 답 8

(가) $a^2b+a^2c-ab^2+ac^2-b^2c-bc^2=0$
(나) $a^3+a^2b+a(b^2-c^2)+b^3-bc^2=0$
(다) 가장 긴 변의 길이는 $4\sqrt{2}$이다.

a, b, c 중 차수가 가장 낮은 문자에 대하여 내림차순으로 정리하자.

풀이 (가)의 등식의 좌변을 c에 대하여 내림차순으로 정리하면
$(a-b)c^2+(a+b)(a-b)c+ab(a-b)$
$=(a-b)\{c^2+(a+b)c+ab\}=(a-b)(b+c)(c+a)$
$(a-b)(b+c)(c+a)=0$에서 ← $a>0$, $b>0$, $c>0$이므로 $b+c>0$, $c+a>0$
$a-b=0$ $\therefore a=b$ …… ㉠
(나)의 등식의 좌변을 c에 대하여 내림차순으로 정리하면
$-(a+b)c^2+a^3+a^2b+ab^2+b^3$
$=-(a+b)c^2+a^2(a+b)+b^2(a+b)$
$=(a+b)(a^2+b^2-c^2)$
$(a+b)(a^2+b^2-c^2)=0$에서 $a^2+b^2=c^2$ …… ㉡
㉠, ㉡에서 주어진 삼각형은 $a=b$이고 빗변의 길이가 c인 직각이등변삼각형이므로 (다)에 의하여 $c=4\sqrt{2}$ ← 직각삼각형에서 가장 길이가 긴 변은 빗변이다.
$a^2+b^2=c^2$에서 $2a^2=32$ $\therefore a=4$
따라서 삼각형의 넓이는 $\frac{1}{2}\times4\times4=8$

0188 200개의 다항식 x^2+2x-1, x^2+2x-2, x^2+2x-3, $\cdots$, $x^2+2x-200$이 있다. 이 중에서 자연수 m, n에 대하여 $(x+m)(x-n)$ 꼴로 인수분해되는 다항식의 개수를 구하시오.

답 13

풀이 200개의 다항식을 x^2+2x-k (k는 1 이상 200 이하의 자연수)로 놓으면 $x^2+2x-k=(x+m)(x-n)$이 되는 자연수 m, n이 존재해야 한다.

$(x+m)(x-n)=x^2+(m-n)x-mn$이므로

$m-n=2$, $1\le mn\le 200$

을 만족시키는 두 자연수 m, n의 순서쌍 (m, n)은

$(3, 1)$, $(4, 2)$, $\cdots$, $(14, 12)$, $(15, 13)$의 13개이다.

따라서 조건을 만족시키는 다항식의 개수는 **13**이다.

$P(x)=ax^2+bx+c$ (a, b, c는 상수)로 놓을 수 있다.

0189 이차 이하의 다항식 $P(x)$에 대하여 등식 $\{P(x)\}^2=3P(x^2)$이 x의 값에 관계없이 항상 성립하도록 하는 $P(x)$의 개수를 구하시오. (단, $P(x)\neq 0$)

답 3

풀이 $(ax^2+bx+c)^2=3(ax^4+bx^2+c)$에서

$$a^2x^4+2abx^3+(b^2+2ac)x^2+2bcx+c^2=3ax^4+3bx^2+3c$$

이 등식이 x에 대한 항등식이므로

$a^2=3a$, $2ab=0$, $b^2+2ac=3b$, $2bc=0$, $c^2=3c$

이때 $a^2=3a$에서 $a=0$ 또는 $a=3$

(i) $a=0$일 때, $b^2=3b$에서 $b=0$ 또는 $b=3$

$b=0$이면 $c^2=3c$에서 $c=3$이므로 $P(x)=3$

$b=3$이면 $2bc=0$에서 $c=0$이므로 $P(x)=3x$

$c=0$이면 $P(x)=0$이 되어 조건을 만족시키지 않는다.

(ii) $a=3$일 때, $6b=0$에서 $b=0$

$b=0$이므로 $6c=0$에서 $c=0$ $\quad\therefore P(x)=3x^2$

(i), (ii)에서 다항식 $P(x)$는 3, $3x$, $3x^2$의 **3**개이다.

몫을 $Q(x)$라 하자.

0190 다항식 $x^n(x^2-ax+b)$를 $(x-3)^2$으로 나누었을 때의 나머지가 $3^n(x-3)$일 때, 상수 a, b에 대하여 $a+b$의 값은? (단, n은 자연수이다.)

답 ③

풀이 $x^n(x^2-ax+b)=(x-3)^2Q(x)+3^n(x-3)$ $\cdots\cdots$ ㉠

㉠에 $x=3$을 대입하면 $3^n(-3a+b+9)=0$

$3^n\neq 0$이므로

$-3a+b+9=0$ $\quad\therefore b=3a-9$ $\cdots\cdots$ ㉡

㉠에 ㉡을 대입하면

$x^n(x^2-ax+3a-9)=(x-3)^2Q(x)+3^n(x-3)$

$x^n(x-3)(x-a+3)=(x-3)\{(x-3)Q(x)+3^n\}$

$x^n(x-a+3)=(x-3)Q(x)+3^n$

이 등식의 양변에 $x=3$을 대입하면

$3^n(6-a)=3^n$, $6-a=1$ $\quad\therefore a=5$

㉡에 $a=5$를 대입하면 $b=6$

$\therefore a+b=$ **11**

서술형

0191 다항식 $P(x)$를 x^2-4로 나누었을 때의 나머지는 $x+6$이다. 다항식 $P(4x)$를 $2x-1$로 나누었을 때의 나머지를 r_1, 다항식 $P(x+198)$을 $x+200$으로 나누었을 때의 나머지를 r_2라 할 때, r_1+r_2의 값을 구하시오.

답 12

풀이 $P(x)$를 x^2-4, 즉 $(x-2)(x+2)$로 나누었을 때의 몫을 $Q(x)$라 하면

$P(x)=(x-2)(x+2)Q(x)+x+6$

$P(4x)$를 $2x-1$로 나누었을 때의 나머지는

$P\left(4\cdot\frac{1}{2}\right)=P(2)=2+6=8$ $\quad\therefore r_1=8$ $\cdots$❶ (40%)

$P(x+198)$을 $x+200$으로 나누었을 때의 나머지는

$P(-200+198)=P(-2)=-2+6=4$

$\therefore r_2=4$ $\cdots$❷ (40%)

$\therefore r_1+r_2=$ **12** $\cdots$❸ (20%)

0192 $x^{10}-1$을 $(x-1)^2$으로 나누었을 때의 나머지를 $R(x)$라 할 때, $R(10)$의 값을 구하시오.

답 90

풀이 $x^{10}-1$을 $(x-1)^2$으로 나누었을 때의 몫을 $Q(x)$, 나머지를 $R(x)=ax+b$ (a, b는 상수)로 놓으면 ← n차식($n\ge 2$)을 이차식으로 나누면 나머지는 일차 이하의 다항식이다.

$x^{10}-1=(x-1)^2Q(x)+ax+b$ $\cdots\cdots$ ㉠

㉠에 $x=1$을 대입하면

$0=a+b$ $\quad\therefore b=-a$ $\cdots$❶ (30%)

이것을 ㉠에 대입하면

$x^{10}-1=(x-1)^2Q(x)+ax-a$

$=(x-1)\{(x-1)Q(x)+a\}$ $\cdots\cdots$ ㉡

한편,

$x^{10}-1=(x-1)(x^9+x^8+\cdots+x+1)$ $\cdots\cdots$ ㉢ $\cdots$❷ (30%)

1	1	0	0	0	0	0	0	0	0	0	−1
		1	1	1	1	1	1	1	1	1	1
	1	1	1	1	1	1	1	1	1	1	0

㉡, ㉢에서

$x^9+x^8+\cdots+x+1=(x-1)Q(x)+a$

이 등식에 $x=1$을 대입하면 $a=10$

따라서 $R(x)=10x-10$이므로

$R(10)=$ **90** $\cdots$❸ (40%)

02 나머지정리와 인수분해

방정식

03 복소수

04 이차방정식

05 이차방정식과 이차함수

06 여러 가지 방정식

※ 빈칸에 알맞은 것을 써넣고, 내용을 읽거나 따라 써 보세요.

개념 1 복소수

› 유형 01, 04

(1) 허수단위 i

제곱하여 -1이 되는 수를 기호 i로 나타내고, 이것을 □□□□라 한다. 즉,

$i^2=$□, $i=$□

(2) 복소수

실수 a, b에 대하여 $a+bi$ 꼴로 나타내는 수를 □□□라 하고, a를 이 복소수의 □□ □□, b를 이 복소수의 □□□□이라 한다.

(3) 복소수의 분류

① 허수와 순허수

복소수 $a+bi$ (a, b는 실수)에서 실수가 아닌 복소수 $a+bi$ $(b\neq0)$를 □□라 하고, 특히 □□□□이 0인 허수 bi $(b\neq0)$를 순허수라 한다.

② 복소수는 다음과 같이 분류할 수 있다.

$$\text{복소수 } a+bi \begin{cases} \square\square\ a & (b=0) \\ \square\square\ a+bi & (b\neq0) \end{cases} \quad (a,\ b\text{는 실수})$$

개념 2 복소수가 서로 같을 조건

› 유형 05

두 복소수 $a+bi$, $c+di$ (a, b, c, d는 실수)에 대하여

(1) $a=c$, $b=d$이면 □

(2) $a+bi=c+di$이면 □, □

(3) $a=0$, $b=0$이면 $a+bi=$□

(4) $a+bi=0$이면 □, □

개념 3 켤레복소수

› 유형 06~10

복소수 $a+bi$ (a, b는 실수)에 대하여 허수부분의 부호를 바꾼 복소수 □를 $a+bi$의 □□□□□라 하고, 기호 □로 나타낸다.

$$\overline{a+bi}=a-bi$$

답 **개념 1** (1) 허수단위, -1, $\sqrt{-1}$ (2) 복소수, 실수부분, 허수부분, 실수부분, 허수부분 (3) 허수, 실수부분, 실수, 허수
개념 2 (1) $a+bi=c+di$ (2) $a=c$, $b=d$ (3) 0 (4) $a=0$, $b=0$ **개념 3** $a-bi$, 켤레복소수, $\overline{a+bi}$

개념 1 복소수

0193 다음 복소수의 실수부분과 허수부분을 구하시오.

(1) $3+4i$ **실수부분: 3, 허수부분: 4**

(2) $8i-3$ **실수부분: -3, 허수부분: 8**

(3) $\sqrt{5}i$ **실수부분: 0, 허수부분: $\sqrt{5}$**

(4) $6+\sqrt{3}$ **실수부분: $6+\sqrt{3}$, 허수부분: 0**

0194 다음 수 중에서 허수를 있는 대로 고르시오.

0, i^2, $i+1$, $1+\sqrt{3}$, $\sqrt{2}i$, i^4, $\frac{1}{2}$

$i^2=-1$, $i^4=(i^2)^2=(-1)^2=1$이므로 허수가 아니다.
따라서 허수는 $i+1$, $\sqrt{2}i$이다.

개념 2 복소수가 서로 같을 조건

0195 다음 등식을 만족시키는 실수 a, b의 값을 구하시오.

(1) $a+4i=-2+bi$

$a=-2$, $b=4$

(2) $a+\sqrt{3}i=4-bi$

$a=4$, $b=-\sqrt{3}$

(3) $(a-2)+(ab-4)i=1+2i$

$a-2=1$, $ab-4=2$를 연립하여 풀면
$a=3$, $b=2$

(4) $(a+b)+(a-2b)i=-1+5i$

$a+b=-1$, $a-2b=5$를 연립하여 풀면
$a=1$, $b=-2$

개념 3 켤레복소수

0196 다음 복소수의 켤레복소수를 구하시오.

(1) $3+2i$ **$3-2i$**

(2) $2i-5$ **$-5-2i$**

(3) $-2i$ **$2i$**

(4) $\sqrt{7}$ **$\sqrt{7}$**

0197 다음 등식을 만족시키는 실수 a, b의 값을 구하시오.

(1) $\overline{4+6i}=a+bi$

$\overline{4+6i}=4-6i$
$\therefore a=4, b=-6$

(2) $\overline{-\sqrt{5}i-3}=a+bi$

$\overline{-\sqrt{5}i-3}=-3+\sqrt{5}i$
$\therefore a=-3, b=\sqrt{5}$

(3) $\overline{-1+\sqrt{2}}=a+bi$

$\overline{-1+\sqrt{2}}=-1+\sqrt{2}$
$\therefore a=-1+\sqrt{2}, b=0$

(4) $\overline{15i}=a+bi$

$\overline{15i}=-15i$
$\therefore a=0, b=-15$

개념 4 복소수의 사칙연산

> 유형 02~12

(1) 복소수의 사칙연산

a, b, c, d가 실수일 때

① 덧셈: $(a+bi)+(c+di)=$ □

② 뺄셈: $(a+bi)-(c+di)=$ □

③ 곱셈: $(a+bi)(c+di)=$ □

④ 나눗셈: $\dfrac{a+bi}{c+di}=\dfrac{(a+bi)(c-di)}{(c+di)(c-di)}=$ □ (단, $c+di\neq0$)

(2) 켤레복소수의 성질

복소수 z_1, z_2의 켤레복소수를 각각 $\overline{z_1}$, $\overline{z_2}$라 할 때

① $\overline{(\overline{z_1})}=$ □

② $z_1+\overline{z_1}=$(□□), $z_1\overline{z_1}=$(□□)

③ $\overline{z_1+z_2}=$ □, $\overline{z_1-z_2}=$ □

④ $\overline{z_1z_2}=$ □, $\overline{\left(\dfrac{z_1}{z_2}\right)}=$ □ (단, $z_2\neq0$)

(3) i의 거듭제곱

i^n (n은 자연수)은 i, -1, $-i$, 1이 반복되어 나타나므로

$i^{4k}=$ □, $i^{4k+1}=$ □, $i^{4k+2}=$ □, $i^{4k+3}=$ □

(단, k는 음이 아닌 정수, $i^0=1$)

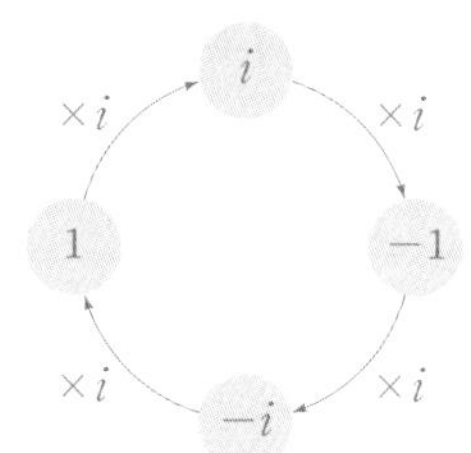

개념 5 음수의 제곱근

> 유형 12

(1) 음수의 제곱근

$a>0$일 때

① $\sqrt{-a}=$ □

② $-a$의 제곱근은 □와 □이다.

(2) 음수의 제곱근의 성질

① □, □이면 $\sqrt{a}\sqrt{b}=-\sqrt{ab}$

② $a>0$, $b<0$이면 $\dfrac{\sqrt{a}}{\sqrt{b}}=$ □

답 개념 4 (1) $(a+c)+(b+d)i$, $(a-c)+(b-d)i$, $(ac-bd)+(ad+bc)i$, $\dfrac{ac+bd}{c^2+d^2}+\dfrac{bc-ad}{c^2+d^2}i$ (2) z_1, 실수, 실수, $\overline{z_1}+\overline{z_2}$, $\overline{z_1}-\overline{z_2}$, $\overline{z_1}\times\overline{z_2}$, $\dfrac{\overline{z_1}}{\overline{z_2}}$ (3) 1, i, -1, $-i$ 개념 5 (1) $\sqrt{a}i$, $\sqrt{a}i$, $-\sqrt{a}i$ (2) $a<0$, $b<0$, $-\sqrt{\dfrac{a}{b}}$

개념 4 복소수의 사칙연산

0198 다음을 계산하시오.

(1) $(2+5i)-(1-3i)=(2-1)+(5+3)i$
$=\mathbf{1+8}\boldsymbol{i}$

(2) $(6+3i)+(i-3)=(6-3)+(3+1)i$
$=\mathbf{3+4}\boldsymbol{i}$

(3) $(1+i)(2-3i)=2-3i+2i-3i^2$
$=2-i-3\cdot(-1)$
$=\mathbf{5-}\boldsymbol{i}$

(4) $(3+\sqrt{2}i)(3-\sqrt{2}i)=3^2-(\sqrt{2}i)^2$
$=9-2i^2$
$=9-2\cdot(-1)=\mathbf{11}$

(5) $(-1+4i)^2=1-8i+16i^2$
$=1-8i+16\cdot(-1)$
$=\mathbf{-15-8}\boldsymbol{i}$

0199 다음을 $a+bi$ (a, b는 실수) 꼴로 나타내시오.

(1) $\frac{1+i}{1-i}=\frac{(1+i)^2}{(1-i)(1+i)}=\frac{1+2i+i^2}{1-i^2}$
$=\frac{2i}{2}=\boldsymbol{i}$

(2) $\frac{1-3i}{2+i}=\frac{(1-3i)(2-i)}{(2+i)(2-i)}=\frac{2-i-6i+3i^2}{4-i^2}$
$=\frac{-1-7i}{5}=\mathbf{-\frac{1}{5}-\frac{7}{5}}\boldsymbol{i}$

0200 다음을 계산하시오.

(1) $i^6=i^4\cdot i^2=1\cdot(-1)=\mathbf{-1}$

(2) $(-i)^{51}=-i^{51}=-(i^4)^{12}\cdot i^3=-1\cdot(-i)=\boldsymbol{i}$

(3) $i+i^2+i^3+i^4=i+(-1)+(-i)+1=\mathbf{0}$

(4) $i^{98}+i^{101}=(i^4)^{24}\cdot i^2+(i^4)^{25}\cdot i=\mathbf{-1+}\boldsymbol{i}$

개념 5 음수의 제곱근

0201 다음 수를 허수단위 i를 사용하여 나타내시오.

(1) $\sqrt{-2}=\boldsymbol{\sqrt{2}i}$

(2) $\sqrt{-4}=\sqrt{4}i=\mathbf{2}\boldsymbol{i}$

(3) $-\sqrt{-12}=-\sqrt{12}i=\mathbf{-2\sqrt{3}}\boldsymbol{i}$

(4) $-\sqrt{-\frac{16}{9}}=-\sqrt{\frac{16}{9}}i=\mathbf{-\frac{4}{3}}\boldsymbol{i}$

0202 다음 수의 제곱근을 구하시오.

(1) -3
$\pm\sqrt{-3}=\boldsymbol{\pm\sqrt{3}i}$

(2) -9
$\pm\sqrt{-9}=\pm\sqrt{9}i=\boldsymbol{\pm 3i}$

(3) -18
$\pm\sqrt{-18}=\pm\sqrt{18}i=\boldsymbol{\pm 3\sqrt{2}i}$

(4) $-\frac{1}{25}$
$\pm\sqrt{-\frac{1}{25}}=\pm\sqrt{\frac{1}{25}}i=\boldsymbol{\pm\frac{1}{5}i}$

0203 다음을 계산하시오.

(1) $\sqrt{3}\sqrt{-27}=\sqrt{3\cdot(-27)}=\sqrt{81}i=\mathbf{9}\boldsymbol{i}$

(2) $\sqrt{-2}\sqrt{-8}=-\sqrt{(-2)\cdot(-8)}=-\sqrt{16}=\mathbf{-4}$

(3) $\frac{\sqrt{-18}}{\sqrt{-2}}=\sqrt{\frac{-18}{-2}}=\sqrt{9}=\mathbf{3}$

(4) $\frac{\sqrt{12}}{\sqrt{-3}}=-\sqrt{\frac{12}{-3}}=-\sqrt{-4}=-\sqrt{4}i=\mathbf{-2}\boldsymbol{i}$

기출 & 변형하면…

유형 01 복소수의 뜻과 분류 개념 1

0204 보기에서 옳은 것만을 있는 대로 고른 것은? 답 ③

보기
ㄱ. 실수부분이 0인 복소수는 모두 순허수이다.
ㄴ. 3의 허수부분은 0이다.
$a+bi$ (a, b는 실수) 꼴로 나타내어 본다.
ㄷ. $1+i$의 허수부분은 i이다.
ㄹ. -4의 제곱근은 $\pm 2i$이다.
ㅁ. $a+bi$가 실수이면 $a\neq 0$, $b=0$이다.

풀이 ㄱ. 0은 실수부분이 0인 복소수이지만 실수이다.
ㄴ. $3=3+0\cdot i$의 허수부분은 0이다.
ㄷ. $1+i$의 허수부분은 1이다.
ㄹ. $(-4$의 제곱근$)=\pm\sqrt{-4}=\pm 2i$
ㅁ. $a=0$, $b=-2i$인 경우
$a+bi=0+(-2i)\cdot i=2$는 실수이지만
$a=0$, $b\neq 0$ 이다.

➜ **0205** 다음 복소수 중 허수의 개수를 구하시오. 답 3
실수가 아닌 것을 찾는다.

$\sqrt{11}$, $-3i$, $-7+\sqrt{2}$, $4+\pi$ 무리수 ⊂ 실수
$11+2i$, -5, $2+\sqrt{-9}$, $3+i^2$

풀이 $2+\sqrt{-9}=2+3i$, $3+i^2=3+(-1)=2$
따라서 허수는 $-3i$, $11+2i$, $2+\sqrt{-9}$의 **3**개이다.

유형 02 복소수의 사칙연산 개념 4

0206 $(4-3i)(2+i)+\frac{3-4i}{1+2i}$를 $a+bi$ 꼴로 나타낼 때, $a-b$의 값은? (단, a, b는 실수이다.) 답 ③

풀이 (주어진 식)$=8+4i-6i-3i^2+\frac{(3-4i)(1-2i)}{(1+2i)(1-2i)}$
$=11-2i+\frac{-5-10i}{5}$
$=11-2i-1-2i$
$=10-4i$
$\therefore a=10, b=-4$
$\therefore a-b=\mathbf{14}$

➜ **0207** $\frac{3+4i}{2+3i}-\frac{3-i}{2+i}$를 $a+bi$ 꼴로 나타낼 때, $13(b-a)$의 값은? (단, a, b는 실수이다.) 답 ⑤

풀이 (주어진 식)$=\frac{(3+4i)(2-3i)}{(2+3i)(2-3i)}-\frac{(3-i)(2-i)}{(2+i)(2-i)}$
$=\frac{18-i}{13}-\frac{5-5i}{5}$
$=\frac{5}{13}+\frac{12}{13}i$
$\therefore a=\frac{5}{13}, b=\frac{12}{13}$
$\therefore 13(b-a)=13\cdot\left(\frac{12}{13}-\frac{5}{13}\right)=\mathbf{7}$

0208 $(2-\sqrt{3}i)(-3+2\sqrt{3}i)+(2-\sqrt{3}i)(5-\sqrt{3}i)$의 값은?
└ 공통부분으로 묶는다. ┘

답 ④

Key〉 주어진 식 그대로 바로 계산하지 말고, 간단히 정리한 후 계산한다.

풀이 (주어진 식) $=(2-\sqrt{3}i)\{(-3+2\sqrt{3}i)+(5-\sqrt{3}i)\}$
$=(2-\sqrt{3}i)(2+\sqrt{3}i)$
$=4-3i^2=\mathbf{7}$

→ **0209** $\left(1-\frac{1-i}{1+i}\right)\left(1-\frac{1+i}{1-i}\right)$의 값은?

답 ②

풀이 (주어진 식) $=\left(\frac{1+i-1+i}{1+i}\right)\left(\frac{1-i-1-i}{1-i}\right)$
$=\frac{2i}{1+i}\cdot\frac{-2i}{1-i}$
$=\frac{-4i^2}{1-i^2}=\mathbf{2}$

유형 03 복소수가 주어질 때의 식의 값 구하기

개념 4

0210 $x=-1+\sqrt{2}i$일 때, $2x^2+4x-2$의 값은?
($X=a+bi$ (a, b는 실수))

답 ①

Key〉 $X=a+bi$ (a, b는 실수) 꼴의 복소수에 대한 이차 이상의 식의 값을 구할 때는 $X-a=bi$ 꼴로 변형한 후 양변을 제곱한다.

풀이 $x=-1+\sqrt{2}i$에서 $x+1=\sqrt{2}i$
$x+1=\sqrt{2}i$의 양변을 제곱하면
$x^2+2x+1=-2$ $\quad\therefore x^2+2x=-3$
$\therefore 2x^2+4x-2=2(x^2+2x)-2$
$=2\cdot(-3)-2=\mathbf{-8}$

→ **0211** $x=\frac{-1+\sqrt{3}i}{2}$일 때, $(x^3+x^2+5x+2)^2$의 값은?

답 ③

풀이 $x=\frac{-1+\sqrt{3}i}{2}$에서 $2x=-1+\sqrt{3}i$, $2x+1=\sqrt{3}i$
$2x+1=\sqrt{3}i$의 양변을 제곱하면
$4x^2+4x+1=-3$ $\quad\therefore x^2+x+1=0$
$\therefore (x^3+x^2+5x+2)^2=\{x(x^2+x+1)+4x+2\}^2$
$=(x\cdot 0+4x+2)^2$
$=(4x+2)^2$
이때 $4x+2=2\sqrt{3}i$이므로
$(x^3+x^2+5x+2)^2=(2\sqrt{3}i)^2=12i^2=\mathbf{-12}$

0212 $x=\frac{i}{1+i}$, $y=\frac{i}{1-i}$일 때, x^2+y^2의 값은?
(곱셈 공식의 변형으로 나타낸다.)

답 ③

풀이 $x=\frac{i}{1+i}=\frac{i(1-i)}{(1+i)(1-i)}=\frac{1+i}{2}$
$y=\frac{i}{1-i}=\frac{i(1+i)}{(1-i)(1+i)}=\frac{-1+i}{2}$
$x+y=\frac{1+i}{2}+\frac{-1+i}{2}=i$
$xy=\frac{i+1}{2}\cdot\frac{i-1}{2}=\frac{-2}{4}=-\frac{1}{2}$
$\therefore x^2+y^2=(x+y)^2-2xy$
$=i^2-2\cdot\left(-\frac{1}{2}\right)=-1+1=\mathbf{0}$

→ 서술형 **0213** $a=\frac{5+3i}{2}$, $b=\frac{5-3i}{2}$일 때, $a^3+a^2b+ab^2+b^3$의 값을 구하시오.
(인수분해를 이용하여 간단히 한다.)

답 **40**

풀이 $a^3+a^2b+ab^2+b^3=a^2(a+b)+b^2(a+b)$
$=(a^2+b^2)(a+b)$ …… ㉠ …❶ (40%)
$a+b=\frac{5+3i}{2}+\frac{5-3i}{2}=5$
$ab=\frac{5+3i}{2}\cdot\frac{5-3i}{2}=\frac{34}{4}=\frac{17}{2}$
$\therefore a^2+b^2=(a+b)^2-2ab$
$=5^2-2\cdot\frac{17}{2}=8$ …❷ (40%)
㉠에서
$a^3+a^2b+ab^2+b^3=8\cdot 5=\mathbf{40}$ …❸ (20%)

유형 04 복소수 z^n이 실수가 되기 위한 조건 개념 1, 4

서술형

$x+yi$ (x, y는 실수) 꼴로 정리한다.

0214 복소수 $z=(i+1)a^2-(i+8)a-2i-9$가 순허수가 되도록 하는 실수 a의 값을 구하시오. 답 9

풀이 $z=(i+1)a^2-(i+8)a-2i-9$

$=a^2-8a-9+(a^2-a-2)i$ …❶ (20%)

복소수 z가 순허수가 되려면

$a^2-8a-9=0$, $a^2-a-2\neq0$이어야 한다.

$a^2-8a-9=0$에서

$(a+1)(a-9)=0$

$\therefore a=-1$ 또는 $a=9$ …… ㉠ …❷ (40%)

$a^2-a-2\neq0$에서

$(a+1)(a-2)\neq0$

$\therefore a\neq-1, a\neq2$ …… ㉡

㉠, ㉡에서 $a=$**9** …❸ (40%)

0215 복소수 $z=(1+i)x^2+2(1+2i)x-3+3i$에 대하여 $z^2=0$이 되도록 하는 실수 x의 값을 구하시오. 답 −3

$z=0$

풀이 $z=(1+i)x^2+2(1+2i)x-3+3i$

$=(x^2+2x-3)+(x^2+4x+3)i$

$z^2=0$이려면 $z=0$이어야 하므로

$x^2+2x-3=0$, $x^2+4x+3=0$ (실수부분)$=0$ & (허수부분)$=0$

$x^2+2x-3=0$에서 $(x+3)(x-1)=0$

$\therefore x=-3$ 또는 $x=1$ …… ㉠

$x^2+4x+3=0$에서 $(x+1)(x+3)=0$

$\therefore x=-1$ 또는 $x=-3$ …… ㉡

㉠, ㉡에서 $x=$**−3**

$a+bi$ (a, b는 실수) 꼴로 정리한다.

0216 복소수 $z=x(2-i)+3(-4+i)$에 대하여 z^2이 음의 실수가 되도록 하는 실수 x의 값은? 답 ④

└ z는 순허수

풀이 $z=x(2-i)+3(-4+i)=(2x-12)+(-x+3)i$

z^2이 음의 실수가 되려면 z는 순허수이어야 하므로

$2x-12=0$, $-x+3\neq0$ (실수부분)$=0$ & (허수부분)$\neq0$

$\therefore x=$**6**

Tip 복소수 z^n이 실수가 되는 조건

① z^2이 실수 ➞ z가 실수 또는 순허수

② z^2이 음의 실수 ➞ z가 순허수

③ z^4이 실수 ➞ z^2이 실수 또는 순허수

④ z^4이 음의 실수 ➞ z^2이 순허수

z가 실수 또는 순허수

0217 복소수 $z=x(4+i)+2(-5+i)$에 대하여 z^2이 실수가 되도록 하는 모든 실수 x의 값의 곱은? 답 ①

풀이 $z=x(4+i)+2(-5+i)=(4x-10)+(x+2)i$

z^2이 실수가 되려면 z는 실수 또는 순허수이어야 한다.

(i) z가 실수인 경우

$x+2=0$ $\therefore x=-2$ (허수부분)$=0$

(ii) z가 순허수인 경우

$4x-10=0$, $x+2\neq0$ (실수부분)$=0$ & (허수부분)$\neq0$

$\therefore x=\dfrac{5}{2}$

(i), (ii)에 의하여 모든 실수 x의 값의 곱은

$(-2)\cdot\dfrac{5}{2}=$**−5**

0218 실수 a에 대하여 $(a+i)^4$이 실수가 되도록 하는 a의 값의 개수는? 답 ③

$(a+i)^2$이 실수 또는 순허수

풀이 $(a+i)^4$이 실수가 되기 위해서는 $(a+i)^2$이 실수이거나 순허수이어야 한다.

$(a+i)^2=a^2+2ai+i^2=(a^2-1)+2ai$이므로

(i) $(a+i)^2$이 실수인 경우

$2a=0$ $\therefore a=0$ (허수부분)$=0$

(ii) $(a+i)^2$이 순허수인 경우

$a^2-1=0$, $2a\neq0$ (실수부분)$=0$ & (허수부분)$\neq0$

$\therefore a=-1$ 또는 $a=1$

따라서 실수 a는 $-1, 0, 1$의 **3**개이다.

0219 복소수 $z=1-n-3i$에 대하여 z^4이 음의 실수가 되도록 하는 자연수 n의 값을 구하시오. 답 4

z^2이 순허수

풀이 z^4이 음의 실수가 되기 위해서는 z^2이 순허수이어야 한다.

(실수부분)$=0$ & (허수부분)$\neq0$

$z^2=\{(1-n)-3i\}^2$

$=(n^2-2n-8)+6(n-1)i$

$=(n+2)(n-4)+6(n-1)i$

이므로

$(n+2)(n-4)=0$, $n-1\neq0$

$\therefore n=$**4** ($\because$ n은 자연수)

유형 05 복소수가 서로 같을 조건 개념 2, 4

0220 실수 x, y에 대하여 등식 $(1+i)x+(1-i)y=4+2i$가 성립할 때, xy의 값은? 답 ②

풀이 주어진 등식에서

$x+y+(x-y)i=4+2i$

복소수가 서로 같을 조건에 의하여

$x+y=4$, $x-y=2$

위의 두 식을 연립하여 풀면

$x=3$, $y=1$

$\therefore xy=\mathbf{3}$

0221 등식 $(3+2i)x^2-5(2y+i)x=8+12i$를 만족시키는 정수 x, y에 대하여 $x+y$의 값은? 답 ④

풀이 주어진 등식에서

$(3x^2-10xy)+(2x^2-5x)i=8+12i$

복소수가 서로 같을 조건에 의하여

$3x^2-10xy=8$ ...... ㉠

$2x^2-5x=12$ ...... ㉡

㉡에서

$2x^2-5x-12=0$, $(2x+3)(x-4)=0$

$\therefore x=4$ ($\because$ x는 정수)

$x=4$를 ㉠에 대입하면

$48-40y=8$ $\therefore y=1$

$\therefore x+y=\mathbf{5}$

0222 실수 x, y에 대하여 $\frac{x}{1-2i}+\frac{y}{1+i}=2+i$가 성립할 때, $x+y$의 값은? 답 ③

풀이 주어진 등식에서

$$(\text{좌변})=\frac{x(1+2i)}{(1-2i)(1+2i)}+\frac{y(1-i)}{(1+i)(1-i)}$$

$$=\frac{x+2xi}{5}+\frac{y-yi}{2}$$

$$=\left(\frac{x}{5}+\frac{y}{2}\right)+\left(\frac{2x}{5}-\frac{y}{2}\right)i$$

이므로

$$\left(\frac{x}{5}+\frac{y}{2}\right)+\left(\frac{2x}{5}-\frac{y}{2}\right)i=2+i$$

복소수가 서로 같을 조건에 의하여

$\frac{x}{5}+\frac{y}{2}=2$, $\frac{2x}{5}-\frac{y}{2}=1$

$2x+5y=20$, $4x-5y=10$

위의 두 식을 연립하여 풀면

$x=5$, $y=2$

$\therefore x+y=\mathbf{7}$

0223 등식 $2x(3-i)+(1-5i)y=\overline{-8-12i}$를 만족시키는 실수 x, y에 대하여 $x+y$의 값은? 답 ①

풀이 주어진 등식에서

$(6x+y)-(2x+5y)i=-8+12i$

복소수가 서로 같을 조건에 의하여

$6x+y=-8$, $2x+5y=-12$

위의 두 식을 연립하여 풀면

$x=-1$, $y=-2$

$\therefore x+y=\mathbf{-3}$

유형 06 켤레복소수의 성질

개념 3, 4

$z=a+bi$ (a, b는 실수, $z\neq0$)로 놓자.

0224 0이 아닌 복소수 z에 대하여 보기에서 항상 실수인 것의 개수는? (단, $\bar{z}$는 z의 켤레복소수이다.) (허수부분)$=0$ 답 ③

$a-bi$

보기

ㄱ. $z+\bar{z}$ ㄴ. $z-\bar{z}$ ㄷ. $z\bar{z}$

ㄹ. $\frac{\bar{z}}{z}$ ㅁ. $\frac{1}{z}+\frac{1}{\bar{z}}$ ㅂ. $\frac{\bar{z}}{z}+\frac{z}{\bar{z}}$

풀이 ㉠. $z+\bar{z}=a+bi+(a-bi)=2a$ (실수)

ㄴ. $z-\bar{z}=a+bi-(a-bi)=2bi$

$b\neq0$이면 $z-\bar{z}$는 실수가 아니다.

㉢. $z\bar{z}=(a+bi)(a-bi)=a^2+b^2$ (실수)

→ 켤레복소수끼리 더하거나 곱하면 실수! 암기

ㄹ. $\frac{\bar{z}}{z}=\frac{a-bi}{a+bi}=\frac{(a-bi)^2}{(a+bi)(a-bi)}=\frac{a^2-b^2-2abi}{a^2+b^2}$

$ab\neq0$이면 $\frac{\bar{z}}{z}$는 실수가 아니다.

㉤. $\frac{1}{z}+\frac{1}{\bar{z}}=\frac{z+\bar{z}}{z\bar{z}}$ (실수) ($\because$ ㄱ, ㄷ)

㉥. $\frac{\bar{z}}{z}$의 켤레복소수가 $\frac{z}{\bar{z}}$이므로 $\frac{\bar{z}}{z}+\frac{z}{\bar{z}}$는 실수이다. ($\because$ ㄱ)

$z=a+bi$(a, b는 실수)로 놓자.

0225 복소수 z에 대하여 보기에서 옳은 것만을 있는 대로 고른 것은? (단, $\bar{z}$는 z의 켤레복소수이다.) 답 ⑤

$a-bi$

보기

ㄱ. $\bar{z}$가 순허수이면 z도 순허수이다.

ㄴ. $z\bar{z}=0$이면 $z=0$이다.

ㄷ. z의 실수부분이 0이면 z^2은 실수이다.

풀이 ㉠. $\bar{z}=a-bi$가 순허수이면 $a=0$, $b\neq0$

따라서 $z=bi$이므로 z도 순허수이다.

㉡. $z\bar{z}=a^2+b^2=0$이면 $a=0$, $b=0$ $\therefore z=0$

㉢. z의 실수부분 $a=0$이면 $z=bi$

따라서 $z^2=(bi)^2=-b^2$이므로 z^2은 실수이다.

유형 07 켤레복소수의 계산

개념 3, 4

0226 두 복소수 $z_1=1-i$, $z_2=\frac{1+i}{3}$에 대하여 $\frac{1}{z_1}+\frac{1}{\bar{z_2}}$의 값은? (단, $\bar{z_2}$는 z_2의 켤레복소수이다.) 답 ④

풀이 $\bar{z_2}=\frac{1-i}{3}$이므로

$z_2=\frac{1}{3}+\frac{1}{3}i$ 이므로 $\bar{z_2}=\frac{1}{3}-\frac{1}{3}i$

$\frac{1}{z_1}+\frac{1}{\bar{z_2}}=\frac{1}{1-i}+\frac{3}{1-i}=\frac{4}{1-i}$

$=\frac{4(1+i)}{(1-i)(1+i)}$

$=\mathbf{2+2i}$

0227 복소수 $z_1=1+2i$에 대하여 답 ②

$z_2=\bar{z_1}+(1+i)$, $z_3=\bar{z_2}+(1+i)$, $z_4=\bar{z_3}+(1+i)$

라 하자. 같은 방법으로 z_5, z_6, z_7, $\cdots$을 차례로 구할 때, 실수 a, b에 대하여 $z_{50}=a+bi$이다. $a+b$의 값은?

(단, $\bar{z_1}$, $\bar{z_2}$, $\bar{z_3}$는 각각 z_1, z_2, z_3의 켤레복소수이다.)

Key z_2, z_3, z_4, $\cdots$을 차례대로 구해 보면서 규칙성을 찾는다.

풀이 $z_2=\bar{z_1}+(1+i)=(1-2i)+(1+i)=2-i$

$z_3=\bar{z_2}+(1+i)=(2+i)+(1+i)=3+2i$

$z_4=\bar{z_3}+(1+i)=(3-2i)+(1+i)=4-i$

$z_5=\bar{z_4}+(1+i)=(4+i)+(1+i)=5+2i$

$\vdots$

n이 홀수일 때, $z_n=n+2i$

n이 짝수일 때, $z_n=n-i$

따라서 $z_{50}=50-i$이므로 복소수가 서로 같을 조건에 의하여

$a=50$, $b=-1$

$\therefore a+b=\mathbf{49}$

유형 08 켤레복소수의 성질을 이용한 식의 값 구하기 개념 3, 4

0228 $\alpha=-2+3i$, $\beta=1-2i$일 때, $\alpha\overline{\alpha}+\alpha\overline{\beta}+\overline{\alpha}\beta+\beta\overline{\beta}$의 값은? (단, $\overline{\alpha}$, $\overline{\beta}$는 각각 α, β의 켤레복소수이다.) 답 ①

풀이 $\alpha\overline{\alpha}+\alpha\overline{\beta}+\overline{\alpha}\beta+\beta\overline{\beta}=\alpha(\overline{\alpha}+\overline{\beta})+\beta(\overline{\alpha}+\overline{\beta})$

$=(\alpha+\beta)(\overline{\alpha}+\overline{\beta})$

$=(\alpha+\beta)(\overline{\alpha+\beta})$ ······ ㉠

이때

$\alpha+\beta=(-2+3i)+(1-2i)=-1+i$,

$\overline{\alpha+\beta}=-1-i$

이므로 ㉠에서

$\alpha\overline{\alpha}+\alpha\overline{\beta}+\overline{\alpha}\beta+\beta\overline{\beta}=(-1+i)(-1-i)=\mathbf{2}$

➜ **0229** 두 복소수 α, β에 대하여

$\alpha\overline{\alpha}=\beta\overline{\beta}=\frac{1}{2}$, $(\alpha+\beta)(\overline{\alpha+\beta})=4$

가 성립할 때, $(\alpha+\beta)\left(\frac{1}{\alpha}+\frac{1}{\beta}\right)$의 값을 구하시오.

(단, $\overline{\alpha}$, $\overline{\beta}$는 각각 α, β의 켤레복소수이다.) 답 8

풀이 $\alpha\overline{\alpha}=\beta\overline{\beta}=\frac{1}{2}$에서 $\frac{1}{\alpha}=2\overline{\alpha}$, $\frac{1}{\beta}=2\overline{\beta}$이므로

$(\alpha+\beta)\left(\frac{1}{\alpha}+\frac{1}{\beta}\right)=(\alpha+\beta)(2\overline{\alpha}+2\overline{\beta})$ ← $2\overline{\alpha}+2\overline{\beta}=2(\overline{\alpha}+\overline{\beta})=2\cdot\overline{\alpha+\beta}$

$=2(\alpha+\beta)(\overline{\alpha+\beta})$

$=2\cdot4=\mathbf{8}$

0230 $z^2=4-3i$일 때, $z\overline{z}$의 값은?

(단, $\overline{z}$는 z의 켤레복소수이다.) 답 ⑤

풀이 $(z\overline{z})^2=z^2\cdot\overline{z}^2$ ← $\overline{z}^2=\overline{z}\cdot\overline{z}=\overline{z\cdot z}=\overline{z^2}$

$=z^2\cdot\overline{z^2}$

$=(4-3i)(4+3i)=25$

$\therefore z\overline{z}=\mathbf{5}$ ($\because z\overline{z}\geq0$)

└ $z=a+bi$ (a, b는 실수)일 때 $z\overline{z}=(a+bi)(a-bi)=a^2+b^2\geq0$

➜ **0231** 복소수 $z=a+bi$ (a, b는 0이 아닌 실수)에 대하여

$(1+\sqrt{3}i)z=2\overline{z}$

일 때, $\left(\frac{\overline{z}}{z}\right)^3+\left(\frac{z}{\overline{z}}\right)^3$의 값을 구하시오.

(단, $\overline{z}$는 z의 켤레복소수이다.) 답 -2

풀이 $\frac{\overline{z}}{z}=\frac{1+\sqrt{3}i}{2}$이므로 $\frac{z}{\overline{z}}=\frac{1-\sqrt{3}i}{2}$

$\therefore \frac{\overline{z}}{z}+\frac{z}{\overline{z}}=1$, $\frac{\overline{z}}{z}\cdot\frac{z}{\overline{z}}=1$

$\therefore \left(\frac{\overline{z}}{z}\right)^3+\left(\frac{z}{\overline{z}}\right)^3=1^3-3\cdot1\cdot1$ ← 곱셈 공식의 변형 $a^3+b^3=(a+b)^3-3ab(a+b)$

$=\mathbf{-2}$

0232 두 복소수 α, β에 대하여

$\alpha=\overline{\alpha}$, $\overline{\beta}=-\beta$, $\alpha+\beta=4-5i$

일 때, $\frac{20\alpha}{\beta}$의 값은? (단, $\overline{\alpha}$, $\overline{\beta}$는 각각 α, β의 켤레복소수이다.) 답 ②

풀이 $\alpha=\overline{\alpha}$, $\beta=-\overline{\beta}$, $\alpha+\beta=4-5i$이므로

$\overline{\alpha}-\overline{\beta}=4-5i$, $\overline{\alpha-\beta}=4-5i$

$\therefore \alpha-\beta=\overline{4-5i}=4+5i$

두 식 $\alpha+\beta=4-5i$, $\alpha-\beta=4+5i$를 연립하여 풀면

$\alpha=4$, $\beta=-5i$

$\therefore \frac{20\alpha}{\beta}=\frac{80}{-5i}=-\frac{16}{i}=\mathbf{16i}$

Tip 문제의 주어진 조건에서

$\alpha=\overline{\alpha}$ ➜ α는 실수, $\beta=-\overline{\beta}$ ➜ β는 순허수

를 의미하므로 $\alpha+\beta=4-5i$에서 바로

$\alpha=4$, $\beta=-5i$임을 구할 수도 있다.

➜ 서술형 **0233** 두 복소수 z_1, z_2에 대하여 $\overline{z_1}-\overline{z_2}=1+4i$, $\overline{z_1}\cdot\overline{z_2}=3-2i$일 때, $(z_1-1)(z_2+1)=a+bi$이다. 두 실수 a, b에 대하여 $a+b$의 값을 구하시오.

(단, $\overline{z_1}$, $\overline{z_2}$는 각각 z_1, z_2의 켤레복소수이다.) 답 1

풀이 $\overline{z_1}-\overline{z_2}=\overline{z_1-z_2}=1+4i$이므로

$z_1-z_2=\overline{1+4i}=1-4i$ ···❶ (40%)

또, $\overline{z_1}\cdot\overline{z_2}=\overline{z_1z_2}=3-2i$이므로

$z_1z_2=\overline{3-2i}=3+2i$ ···❷ (40%)

$\therefore (z_1-1)(z_2+1)=z_1z_2+z_1-z_2-1$

$=(3+2i)+(1-4i)-1=3-2i$

따라서 $3-2i=a+bi$이므로 복소수가 서로 같을 조건에 의하여

$a=3$, $b=-2$

$\therefore a+b=\mathbf{1}$ ···❸ (20%)

유형 09 조건을 만족시키는 복소수 구하기

개념 3, 4

$z=a+bi$ (a, b는 실수)로 놓고 대입하자.

0234 등식 $3z+2\bar{z}=10-i$를 만족시키는 복소수 z는? (단, $\bar{z}$는 z의 켤레복소수이다.)

답 ①

풀이 $z=a+bi$ (a, b는 실수)로 놓으면 $3z+2\bar{z}=10-i$에서

$3(a+bi)+2(a-bi)=10-i$

$5a+bi=10-i$

복소수가 서로 같을 조건에 의하여

$5a=10,\ b=-1$

$\therefore a=2,\ b=-1$

$\therefore z=\mathbf{2-i}$

➜ **0235** 복소수 z와 그 켤레복소수 $\bar{z}$에 대하여

$2(z+\bar{z})+3(z-\bar{z})=8-18i$

가 성립할 때, $z\bar{z}$의 값은?

답 ④

풀이 $z=a+bi$ (a, b는 실수)로 놓으면 $\bar{z}=a-bi$이므로

$2(a+bi+a-bi)+3(a+bi-a+bi)=8-18i$

$4a+6bi=8-18i$

복소수가 서로 같을 조건에 의하여

$4a=8,\ 6b=-18$

$\therefore a=2,\ b=-3$

따라서 $z=2-3i$, $\bar{z}=2+3i$이므로

$z\bar{z}=(2-3i)(2+3i)=\mathbf{13}$

0236 실수 a, b에 대하여 복소수 $z=a+i$가 $z+z^2=3\bar{z}+b$를 만족시킬 때, a^2+b^2의 값을 구하시오. (단, $\bar{z}$는 z의 켤레복소수이다.)

답 53

풀이 $z+z^2=a+i+(a+i)^2=(a^2+a-1)+(2a+1)i$

$3\bar{z}+b=3(a-i)+b=3a+b-3i$

즉, $(a^2+a-1)+(2a+1)i=3a+b-3i$이므로

복소수가 서로 같을 조건에 의하여

$a^2+a-1=3a+b$ …… ㉠

$2a+1=-3$ …… ㉡

㉡에서 $a=-2$

$a=-2$를 ㉠에 대입하여 정리하면 $b=7$

$\therefore a^2+b^2=(-2)^2+7^2=\mathbf{53}$

➜ **0237** 복소수 z와 그 켤레복소수 $\bar{z}$에 대하여 $z+\bar{z}=4$, $z\bar{z}=5$가 성립할 때, 복소수 z를 모두 구하시오.

답 $2\pm i$

풀이 $z=a+bi$ (a, b는 실수)로 놓으면

$z+\bar{z}=(a+bi)+(a-bi)=2a$,

$z\bar{z}=(a+bi)(a-bi)=a^2+b^2$이므로

$2a=4$ …… ㉠

$a^2+b^2=5$ …… ㉡

㉠에서 $a=2$

$a=2$를 ㉡에 대입하면 $b^2=1$

$\therefore b=-1$ 또는 $b=1$

$\therefore z=\mathbf{2\pm i}$

유형 10 켤레복소수의 성질의 활용

개념 3, 4

0238 복소수

$z=(1+i)a^2-(3i+4)a+3+2i$

가 $\dfrac{1}{z}=\dfrac{1}{\bar{z}}$ ㉠을 만족시킬 때, 실수 a의 값을 구하시오. (단, $\bar{z}$는 z의 켤레복소수이다.)

(분모)$\neq0$이므로 $z\neq0$, $\bar{z}\neq0$

답 2

풀이 ㉠의 양변에 $z\bar{z}$를 곱하면

$z=\bar{z}$ …… ㉡

㉠, ㉡에 의하여 복소수 z는 0이 아닌 실수이다.

이때

$z=(1+i)a^2-(3i+4)a+3+2i$

$=(a^2-4a+3)+(a^2-3a+2)i$

$=(a-1)(a-3)+(a-1)(a-2)i$

이므로

$(a-1)(a-3)\neq0$, $(a-1)(a-2)=0$ ← z의 (실수부분)$\neq0$, (허수부분)$=0$이어야 한다.

$\therefore a=\mathbf{2}$

➜ **0239** 복소수 $z=(1+2i)x^2+(5+3i)x+6-2i$에 대하여 $z+\bar{z}=0$일 때, 모든 실수 x의 값의 합은? (단, $\bar{z}$는 z의 켤레복소수이다.)

$z=-\bar{z}$이므로 z는 0 또는 순허수

답 ③

풀이 $z+\bar{z}=0$이려면 z의 실수부분이 0이어야 한다.

$z=(1+2i)x^2+(5+3i)x+6-2i$

$=(x^2+5x+6)+(2x^2+3x-2)i$

이므로

$x^2+5x+6=0$ — 이차방정식의 근과 계수의 관계에 의하여 (모든 x의 값의 합)$=$(두 실근의 합)$=-5$를 바로 구할 수도 있다.

$(x+3)(x+2)=0$

$\therefore x=-3$ 또는 $x=-2$

따라서 모든 x의 값의 합은 $\mathbf{-5}$이다.

복잡한 켤레복소수의 성질에 대한 문제는 $z=a+bi$ (a, b는 실수) 꼴로 놓고 생각하자.

0240 두 복소수 z_1, z_2에 대하여 보기에서 옳은 것만을 있는 대로 고른 것은? (단, $\overline{z_1}$, $\overline{z_2}$는 각각 z_1, z_2의 켤레복소수이다.)

답 ①

보기

ㄱ. $z_1=\overline{z_2}$이면 z_1+z_2는 실수이다.

ㄴ. $z_1+\overline{z_2}=0$일 때, $z_1z_2=0$이면 $z_2=0$이다.

ㄷ. $z_1^2+z_2^2=0$이면 $z_1=0$이고 $z_2=0$이다.

ㄹ. $z_2=iz_1$이면 $\overline{z_1}^2=z_2^2$이다.

풀이 $z_1=a+bi$, $z_2=c+di$ (a, b, c, d는 실수)로 놓으면

ㄱ. $z_1+z_2=\overline{z_2}+z_2$는 실수이다.

ㄴ. $z_1z_2=-\overline{z_2}z_2=-c^2-d^2=0$이므로

$c^2+d^2=0$ $\qquad\therefore c=d=0$ ← $z_1=-\overline{z_2}=0$이므로 $c=d=0$ $\quad\therefore z_2=0$

따라서 $z_2=0$이다.

ㄷ. $z_1=1$, $z_2=i$일 때, $z_1^2+z_2^2=0$이지만

$z_1\neq0$, $z_2\neq0$이다.

ㄹ. $z_2=iz_1$에서 $c+di=i(a+bi)$

$c+di=-b+ai$

$\therefore a=d, c=-b$

$\therefore \overline{z_1}^2=(a-bi)^2$

$=(d+ci)^2$

$\neq z_2^2$

0241 서술형 복소수 $z=a+bi$ (a, b는 0이 아닌 실수)에 대하여 z^2-z가 실수일 때, $z+\overline{z}$의 값을 구하시오.

(단, $\overline{z}$는 z의 켤레복소수이다.)

답 1

풀이 $z^2-z=(a+bi)^2-(a+bi)$

$=a^2+2abi-b^2-a-bi$

$=(a^2-b^2-a)+(2a-1)bi$ $\quad$ …❶ (40%)

이때 z^2-z가 실수이므로

$(2a-1)b=0$ (허수부분)$=0$

$\therefore a=\frac{1}{2}$ ($\because b\neq0$) $\quad$ …❷ (40%)

따라서 $z=\frac{1}{2}+bi$, $\overline{z}=\frac{1}{2}-bi$이므로

$z+\overline{z}=\left(\frac{1}{2}+bi\right)+\left(\frac{1}{2}-bi\right)=\mathbf{1}$ $\quad$ …❸ (20%)

복소수 α가 실수이면 $\alpha=\overline{\alpha}$임을 이용하자.

0242 허수 z에 대하여 $\frac{1}{z^2-1}$이 실수이고 $z\overline{z}=9$일 때, $(z-\overline{z})^2$의 값은? (단, $\overline{z}$는 z의 켤레복소수이다.)

답 ①

풀이 $\frac{1}{z^2-1}$이 실수이므로 $\overline{\left(\frac{1}{z^2-1}\right)}=\frac{1}{z^2-1}$

$\frac{1}{\overline{z}^2-1}=\frac{1}{z^2-1}$, $z^2-1=\overline{z}^2-1$

$z^2-\overline{z}^2=0$, $(z+\overline{z})(z-\overline{z})=0$

이때 z가 허수이므로

$z+\overline{z}=0$ $\qquad\therefore z=-\overline{z}$ ← $z-\overline{z}=0$이면 $z=\overline{z}$이므로 실수가 되어 z가 허수라는 조건을 만족시키지 않는다.

따라서 z는 순허수이므로 $z=ai$ (a는 실수, $a\neq0$)로 놓으면

$z\overline{z}=ai\cdot(-ai)=-a^2i^2=a^2$

즉, $a^2=9$이므로

$(z-\overline{z})^2=(2ai)^2$ ← $z-\overline{z}=ai-(-ai)=2ai$

$=-4\cdot9=\mathbf{-36}$

복소수 α가 실수이면 $\alpha=\overline{\alpha}$임을 이용하자.

0243 실수가 아닌 복소수 z에 대하여 $\frac{z}{1+z^2}$가 실수일 때, $z\overline{z}$의 값은? (단, $\overline{z}$는 z의 켤레복소수이다.)

답 ②

풀이 $\frac{z}{1+z^2}$가 실수이므로 $\overline{\left(\frac{z}{1+z^2}\right)}=\frac{z}{1+z^2}$

$\frac{\overline{z}}{1+\overline{z}^2}=\frac{z}{1+z^2}$, $z(1+\overline{z}^2)=\overline{z}(1+z^2)$

$z\overline{z}^2-\overline{z}z^2+z-\overline{z}=0$

$z\overline{z}(\overline{z}-z)-(\overline{z}-z)=0$

$(z\overline{z}-1)(\overline{z}-z)=0$

$\therefore z\overline{z}=1$ 또는 $z=\overline{z}$

이때 z는 허수이므로 $z\overline{z}=\mathbf{1}$

유형 11 복소수의 거듭제곱 개념 4

0244 $\frac{1}{i}+\frac{1}{i^2}+\frac{1}{i^3}+\cdots+\frac{1}{i^{999}}$을 간단히 하면? 답 ①

Key 자연수 k에 대하여

$i^{4k-3}=i, i^{4k-2}=-1, i^{4k-1}=-i, i^{4k}=1$ 암기

이므로 합이 0이 되는 네 항씩 묶는다.

풀이 $\frac{1}{i}+\frac{1}{i^2}+\frac{1}{i^3}+\frac{1}{i^4}+\cdots+\frac{1}{i^{999}}$

$=\left(\frac{1}{i}-1-\frac{1}{i}+1\right)+\left(\frac{1}{i}-1-\frac{1}{i}+1\right)+\cdots+\left(\frac{1}{i}-1-\frac{1}{i}\right)$

$=\frac{1}{i}-1-\frac{1}{i}$

$=\mathbf{-1}$

0245 실수 a, b에 대하여 답 4

$(i+i^2)+(i^2+i^3)+(i^3+i^4)+\cdots+(i^{50}+i^{51})=a+bi$

일 때, a^2+b^2의 값을 구하시오. └ $i^2, i^3, \cdots, i^{50}$은 두 번씩 더해졌다.

풀이 $(i+i^2)+(i^2+i^3)+(i^3+i^4)+\cdots+(i^{50}+i^{51})$

$=(i+i^2+i^3+i^4+\cdots+i^{49}+i^{50})$

$+(i^2+i^3+i^4+i^5+\cdots+i^{50}+i^{51})$

$=\{(i-1-i+1)+\cdots+(i-1)\}$

$+\{(-1-i+1+i)+\cdots+(-1-i)\}$

$=(i-1)+(-1-i)=-2$

따라서 $-2=a+bi$이므로 복소수가 서로 같을 조건에 의하여

$a=-2, b=0 \quad \therefore a^2+b^2=(-2)^2+0^2=\mathbf{4}$

0246 $\left(\frac{1+i}{1-i}\right)^{1011}+\left(\frac{1-i}{1+i}\right)^{1012}$을 간단히 하면? 답 ⑤

풀이 $\frac{1+i}{1-i}=\frac{(1+i)^2}{(1-i)(1+i)}=\frac{2i}{2}=i$

$\frac{1-i}{1+i}=\frac{(1-i)^2}{(1+i)(1-i)}=\frac{-2i}{2}=-i$ ← $i^4=1$임을 이용할 수 있도록 각 항의 지수를 정리하자.

$\therefore \left(\frac{1+i}{1-i}\right)^{1011}+\left(\frac{1-i}{1+i}\right)^{1012}=i^{1011}+(-i)^{1012}$

$=i^{1008}\cdot i^3+i^{1012}$

$=i^{1008}(i^3+i^4)$

$=(i^4)^{252}(-i+1)$

$=\mathbf{1-i}$

Tip $\frac{1+i}{1-i}=i, \frac{1-i}{1+i}=-i$ 암기

0247 $z=\frac{1+i}{\sqrt{2}}$일 때, $z^8+z^{12}+z^{16}$의 값은? 답 ③

풀이 $z^2=\left(\frac{1+i}{\sqrt{2}}\right)^2=\frac{1+2i+i^2}{2}=\frac{2i}{2}=i$이므로

$z^8+z^{12}+z^{16}=(z^2)^4+(z^2)^6+(z^2)^8$ ← $z^2=i$임을 이용할 수 있도록 각 항의 지수를 정리하자.

$=i^4+i^6+i^8$

$=i^4(1+i^2+i^4)$

$=1-1+1=\mathbf{1}$

Tip $\left(\frac{1+i}{\sqrt{2}}\right)^2=i, \left(\frac{1-i}{\sqrt{2}}\right)^2=-i$ 암기

서술형

0248 $z=\frac{1-i}{\sqrt{2}}$일 때, $z^n=1$을 만족시키는 100 이하의 자연수 n의 개수를 구하시오. 답 12

$z^n=1$을 만족시키는 가장 작은 자연수 n부터 찾는다.

풀이 $z^2=\left(\frac{1-i}{\sqrt{2}}\right)^2=\frac{1-2i+i^2}{2}=\frac{-2i}{2}=-i$ …❶ (30%)

이므로

$(z^2)^4=(-i)^4=1$

$\therefore z^8=1$ …❷ (40%)

따라서 $z^n=1$을 만족시키는 자연수 n은 8의 배수이므로 100 이하의 자연수 n은 8, 16, 24, …, 96의 **12**개이다. …❸ (30%)

0249 두 복소수 $z_1=\frac{\sqrt{2}}{1-i}$, $z_2=\frac{-1+\sqrt{3}i}{2}$에 대하여 $z_1^n=z_2^n$을 만족시키는 자연수 n의 최솟값은? 답 ⑤

$z_1=\frac{\sqrt{2}(1+i)}{(1-i)(1+i)}=\frac{1+i}{\sqrt{2}}$

풀이 $z_1^2=\frac{(1+i)^2}{2}=\frac{2i}{2}=i$

$z_1^3=z_1\cdot z_1^2=z_1\cdot i=\frac{1+i}{\sqrt{2}}\cdot i=\frac{-1+i}{\sqrt{2}}$

$z_1^4=(z_1^2)^2=i^2=-1$

$z_1^5=z_1\cdot z_1^4=-z_1=\frac{-1-i}{\sqrt{2}}$

$z_1^6=(z_1^2)^3=i^3=-i$

$z_1^7=z_1\cdot z_1^6=z_1\cdot(-i)=\frac{1-i}{\sqrt{2}}$

$z_1^8=(z_1^4)^2=(-1)^2=1$

또, $z_2^2=\frac{(-1+\sqrt{3}i)^2}{4}=\frac{-1-\sqrt{3}i}{2}$

$z_2^3=z_2\cdot z_2^2=\frac{-1+\sqrt{3}i}{2}\cdot\frac{-1-\sqrt{3}i}{2}=\frac{1+3}{4}=1$

따라서 $z_1^n=z_2^n$이 성립하려면 n은 8과 3의 공배수, 즉 24의 배수이어야 하므로 구하는 n의 최솟값은 **24**이다.

유형 12 음수의 제곱근

개념 4, 5

0250 보기에서 옳은 것만을 있는 대로 고른 것은? 답 ③

보기

ㄱ. $\sqrt{-5}\sqrt{-5}=\sqrt{(-5)(-5)}=\sqrt{25}=5$

ㄴ. $\sqrt{-2}\sqrt{3}=\sqrt{-6}=\sqrt{6}i$

ㄷ. $\frac{\sqrt{-6}}{\sqrt{3}}=\sqrt{\frac{-6}{3}}=\sqrt{-2}=\sqrt{2}i$

ㄹ. $\frac{\sqrt{10}}{\sqrt{-2}}=\sqrt{\frac{10}{-2}}=\sqrt{-5}=\sqrt{5}i$

풀이 ㄱ. $\sqrt{-5}\sqrt{-5}=-\sqrt{(-5)(-5)}=-\sqrt{25}=-5$

ⓛ. $\sqrt{-2}\sqrt{3}=\sqrt{-6}=\sqrt{6}i$

ⓒ. $\frac{\sqrt{-6}}{\sqrt{3}}=\sqrt{\frac{-6}{3}}=\sqrt{-2}=\sqrt{2}i$

ㄹ. $\frac{\sqrt{10}}{\sqrt{-2}}=-\sqrt{\frac{10}{-2}}=-\sqrt{-5}=-\sqrt{5}i$

Tip 음수의 제곱근의 성질 암기

① $a<0, b<0$이면 $\sqrt{a}\sqrt{b}=-\sqrt{ab}$

② $a>0, b<0$이면 $\frac{\sqrt{a}}{\sqrt{b}}=-\sqrt{\frac{a}{b}}$

0251 0이 아닌 세 실수 a, b, c에 대하여

$\sqrt{a}\sqrt{b}=-\sqrt{ab}$, $\frac{\sqrt{c}}{\sqrt{a}}=-\sqrt{\frac{c}{a}}$ 답 ④

$a<0, b<0$ $\quad a<0, c>0$

일 때, 보기에서 옳은 것만을 있는 대로 고른 것은?

보기

ㄱ. $\sqrt{(a-c)^2}=-a+c$

ㄴ. $(\sqrt{b}+\sqrt{c})(\sqrt{b}-\sqrt{c})=-b-c$

ㄷ. $(\sqrt{a})^2(\sqrt{c})^2=ac$

ㄹ. $\sqrt{\frac{a}{c}}\sqrt{\frac{c}{a}}=i$

풀이 ⓖ. $a-c<0$이므로 $\sqrt{(a-c)^2}=|a-c|=-a+c$

ㄴ. $(\sqrt{b}+\sqrt{c})(\sqrt{b}-\sqrt{c})=(\sqrt{b})^2-(\sqrt{c})^2$

$=-\sqrt{b^2}-c$ ← $b<0$이므로 $(\sqrt{b})^2=\sqrt{b}\sqrt{b}=-\sqrt{b^2}$

$=-|b|-c$

$=b-c$

ⓒ. $(\sqrt{a})^2(\sqrt{c})^2=-\sqrt{a^2}\cdot c=-|a|\cdot c=ac$

ㄹ. $\frac{a}{c}<0, \frac{c}{a}<0$이므로 $\sqrt{\frac{a}{c}}\sqrt{\frac{c}{a}}=-\sqrt{\frac{a}{c}\cdot\frac{c}{a}}=-1$

$\sqrt{\ }$ 끼리의 곱셈이나 나눗셈에서 음수의 제곱근의 성질이 적용되는 $\sqrt{\ }$ 안의 수의 부호부터 확인하자.

0252 $\sqrt{-6}\sqrt{-12}+\frac{\sqrt{-27}}{\sqrt{-3}}+\frac{\sqrt{24}}{\sqrt{-3}}=a+bi$일 때, 실수 a, b에 대하여 $a+b$의 값은? 답 ②

풀이 $\sqrt{-6}\sqrt{-12}=-\sqrt{(-6)(-12)}=-\sqrt{72}=-6\sqrt{2}$

$\frac{\sqrt{-27}}{\sqrt{-3}}=\sqrt{\frac{-27}{-3}}=3$

$\frac{\sqrt{24}}{\sqrt{-3}}=-\sqrt{\frac{24}{-3}}=-\sqrt{-8}=-2\sqrt{2}i$

$\therefore$ (주어진 식) $=-6\sqrt{2}+3-2\sqrt{2}i=3-6\sqrt{2}-2\sqrt{2}i$

따라서 $a=3-6\sqrt{2}, b=-2\sqrt{2}$ 이므로

$a+b=(3-6\sqrt{2})+(-2\sqrt{2})=\mathbf{3-8\sqrt{2}}$

0253 $a=4-\sqrt{5}$일 때, $\sqrt{a-2}\sqrt{a-2}+\frac{\sqrt{2-a}}{\sqrt{a-2}}-\sqrt{a^2}$의 값은? 답 ⑤

$a-2, 2-a$의 부호부터 판단하자.

풀이 $a-2=2-\sqrt{5}<0$이므로 $2-a>0$

$\therefore$ (주어진 식) $=-\sqrt{(a-2)^2}-\sqrt{\frac{2-a}{a-2}}-|a|$

$=-|a-2|-i-a$

$=a-2-i-a$

$=\mathbf{-2-i}$

서술형

0254 $\frac{\sqrt{x-2}}{\sqrt{x-5}}=-\sqrt{\frac{x-2}{x-5}}$를 만족시키는 모든 정수 x의 값의 합을 구하시오. 답 9

주어진 등식이 성립하기 위한 조건을 생각해 보자.

풀이 $x-2\geq0, x-5<0$이므로 $2\leq x<5$ …❶ (50%)

따라서 주어진 등식을 만족시키는 정수 x는 2, 3, 4이므로 그 합은 9이다. …❷ (50%)

$-x-2\leq0, x-1\leq0$

0255 등식 $\sqrt{-x-2}\sqrt{x-1}=-\sqrt{(-x-2)(x-1)}$을 만족시키는 실수 x에 대하여 $\sqrt{(x-1)^2}+|x+2|-2(\sqrt{x-1})^2$의 최댓값을 M, 최솟값을 m이라 할 때, $M+m$의 값은? 답 ④

풀이 $-x-2\leq0, x-1\leq0$이므로 $x+2\geq0, x-1\leq0$ …… ㉠

$\therefore$ (주어진 식) $=|x-1|+|x+2|-2(\sqrt{x-1})^2$

$=-(x-1)+x+2-2(x-1)$

$=-2x+5$ ← $-2<0$이므로 x의 값이 커질수록 $-2x+5$의 값은 감소한다.

㉠에서 $-2\leq x\leq1$이므로 주어진 식은

$x=-2$일 때 최댓값 9, $x=1$일 때 최솟값 3을 갖는다.

$\therefore M+m=\mathbf{12}$

실력 완성!

0256 다음 중 옳은 것은? **답** ⑤

① $x^2=-1$이면 $x=i$이다.
② 0은 복소수가 아니다.
③ $2-i$의 허수부분은 $-i$이다.
④ 허수는 항상 bi ($b\neq0$인 실수) 꼴로 나타낼 수 있다.
⑤ 허수는 복소수이다.

풀이 ① $x^2=-1$이면 $x=\pm i$이다.
② 0은 실수이므로 복소수이다.
③ $2-i$의 허수부분은 -1이다.
④ $1+2i$는 허수이지만 bi ($b\neq0$인 실수) 꼴로 나타낼 수 없다.

0257 실수 x, y에 대하여 $\frac{2-i}{1+2i}+x-1+2yi=4-3i$가 성립할 때, $x+y$의 값은? **답** ④

풀이 $\frac{2-i}{1+2i}+x-1+2yi=4-3i$에서

$\frac{(2-i)(1-2i)}{(1+2i)(1-2i)}+x-1+2yi=4-3i$

$\frac{-5i}{5}+x-1+2yi=4-3i$

$x-1+(2y-1)i=4-3i$

복소수가 서로 같을 조건에 의하여

$x-1=4,\ 2y-1=-3$

$\therefore x=5,\ y=-1$

$\therefore x+y=\mathbf{4}$

서로 켤레복소수이다.

0258 $\alpha=6+4i$, $\beta=5-2i$일 때, $(\alpha-\overline{\beta})(\overline{\alpha}-\beta)$의 값을 구하시오. (단, $\overline{\alpha}$, $\overline{\beta}$는 각각 α, β의 켤레복소수이다.) **답** 5

풀이 $\alpha-\overline{\beta}=6+4i-(5+2i)=1+2i$이므로

$\overline{\alpha}-\beta=\overline{\alpha-\overline{\beta}}=\overline{1+2i}=1-2i$

$\therefore (\alpha-\overline{\beta})(\overline{\alpha}-\beta)=(1+2i)(1-2i)$
$=1-(2i)^2=\mathbf{5}$

$z=a+bi$ (a, b는 실수)로 놓자.

0259 0이 아닌 복소수 z의 켤레복소수를 $\overline{z}$라 할 때, 다음 중 옳지 않은 것은? **답** ⑤

① $z=\overline{z}$이면 z는 실수이다.
② $z\overline{z}$는 양의 실수이다.
③ $\overline{z}$의 켤레복소수는 z이다.
④ $z+\frac{1}{z}$이 실수이면 $\overline{z}+\frac{1}{\overline{z}}$도 실수이다.
⑤ z가 허수이면 $z=-\overline{z}$이다.

풀이 ② $z\overline{z}=(a+bi)(a-bi)=a^2+b^2$이므로 $z\overline{z}$는 양의 실수이다.
③ $\overline{(\overline{z})}=z$
④ $\overline{z}+\frac{1}{\overline{z}}$은 $z+\frac{1}{z}$의 켤레복소수이므로
$z+\frac{1}{z}$이 실수이면 $\overline{z}+\frac{1}{\overline{z}}$도 실수이다.

$\overline{z+\frac{1}{z}}=\overline{z}+\overline{\left(\frac{1}{z}\right)}=\overline{z}+\frac{1}{(\overline{z})}=\overline{z}+\frac{1}{\overline{z}}$

⑤ $z=1+2i$는 허수이지만 $-\overline{z}=-(1-2i)=-1+2i\neq z$

0260 복소수 z에 대하여 $z-zi=4$일 때, z^3-4z^2+6z+5의 값은? **답** ②

풀이 $z-zi=4$에서 $z(1-i)=4$

$\therefore z=\frac{4}{1-i}=\frac{4(1+i)}{(1-i)(1+i)}=2(1+i)$

$z^2=\{2(1+i)\}^2=4\cdot2i=8i$이므로

$z^3=z^2\cdot z=8i\cdot2(1+i)=16(-1+i)$

$\therefore z^3-4z^2+6z+5$
$=16(-1+i)-4\cdot8i+6\cdot2(1+i)+5$
$=\mathbf{1-4i}$

0261 10 이하의 자연수 n에 대하여 a_n은 1, -1, i 중 하나의 값을 갖고, $a_1+a_2+\cdots+a_{10}=4+2i$이다. $a_1^3+a_2^3+\cdots+a_{10}^3$의 값은? **답** ④

풀이 $a_1, a_2, a_3, \cdots, a_{10}$ 중에서 그 값이 1인 것의 개수를 a, -1인 것의 개수를 b, i인 것의 개수를 c라 하면

$a+b+c=10$ …… ㉠

이때 $a_1+a_2+\cdots+a_{10}=(a-b)+ci$이므로

$(a-b)+ci=4+2i$ $\therefore a-b=4,\ c=2$

$c=2$를 ㉠에 대입하면 $a+b=8$

두 식 $a+b=8$, $a-b=4$를 연립하여 풀면 $a=6$, $b=2$

따라서 $a_1, a_2, a_3, \cdots, a_{10}$ 중에서 값이 1인 것은 6개, -1인 것은 2개, i인 것은 2개이므로

$a_1^3+a_2^3+\cdots+a_{10}^3=6\cdot1^3+2\cdot(-1)^3+2\cdot i^3=\mathbf{4-2i}$

0262 등식 $(-2+i)z+8=(5-4i)\overline{z}+16i$를 만족시키는 복소수 z가 $z=a+bi$일 때, 실수 a, b에 대하여 $a+b$의 값은? (단, $\overline{z}$는 z의 켤레복소수이다.)

답 ④

풀이 $\overline{z}=a-bi$이므로

$(-2+i)(a+bi)-(5-4i)(a-bi)=-8+16i$

$-7a+3b+(5a+3b)i=-8+16i$

복소수가 서로 같을 조건에 의하여

$-7a+3b=-8,\ 5a+3b=16$

위의 두 식을 연립하여 풀면

$a=2,\ b=2$

$\therefore\ a+b=\mathbf{4}$

0263 두 복소수 α, β에 대하여 $\alpha\overline{\beta}=1$, $\alpha+\dfrac{1}{\overline{\alpha}}=3i$일 때, $\left(\beta+\dfrac{1}{\overline{\beta}}\right)^2$의 값은? (단, $\overline{\alpha}$, $\overline{\beta}$는 각각 α, β의 켤레복소수이다.)

답 ①

풀이 $\alpha\overline{\beta}=1$에서 $\overline{\beta}=\dfrac{1}{\alpha}$이므로

$\beta=\dfrac{1}{\overline{\alpha}},\ \dfrac{1}{\overline{\beta}}=\alpha$

이때

$\beta+\dfrac{1}{\overline{\beta}}=\dfrac{1}{\overline{\alpha}}+\alpha=3i$이므로

$\left(\beta+\dfrac{1}{\overline{\beta}}\right)^2=(3i)^2=9i^2=\mathbf{-9}$

0264 등식 $i^n-\dfrac{1}{i^n}=0$이 성립하도록 하는 모든 자연수 n의 값의 합은? (단, $n<10$)

답 ①

풀이 $\dfrac{1}{i^n}=\left(\dfrac{1}{i}\right)^n=(-i)^n$이므로

$i^n-(-i)^n=0$, 즉 $i^n=(-i)^n$

이 성립하려면 n은 짝수이어야 한다.

따라서 10보다 작은 자연수 n은 2, 4, 6, 8이므로 그 합은 **20**이다.

0265 두 복소수

$$z=(-1+2i)(3-i)+\frac{2+2i}{1-i},\ \omega=\left(\frac{1+i}{1-i}\right)^{99}$$

에 대하여 $z\overline{z}+z\overline{\omega}+\overline{z}\omega+\omega\overline{\omega}$의 값을 구하시오. (단, $\overline{z}$, $\overline{\omega}$는 각각 z, ω의 켤레복소수이다.)

답 65

풀이 $z=-3+i+6i+2+\dfrac{(2+2i)(1+i)}{(1-i)(1+i)}$

$=-1+7i+\dfrac{2(1+i)^2}{2}=-1+9i$

또, $\dfrac{1+i}{1-i}=\dfrac{(1+i)^2}{(1-i)(1+i)}=\dfrac{2i}{2}=i$이므로

$\omega=\left(\dfrac{1+i}{1-i}\right)^{99}=i^{99}=(i^4)^{24}\cdot i^3=-i$

$\therefore\ z+\omega=-1+9i+(-i)=-1+8i$

$\therefore\ z\overline{z}+z\overline{\omega}+\overline{z}\omega+\omega\overline{\omega}=z(\overline{z}+\overline{\omega})+\omega(\overline{z}+\overline{\omega})$

$=(z+\omega)(\overline{z+\omega})$

$=(-1+8i)(-1-8i)$

$=(-1)^2-(8i)^2$

$=\mathbf{65}$

0266 $\dfrac{\sqrt{9}-\sqrt{-6}}{\sqrt{-3}}+\sqrt{-2}(\sqrt{6}+\sqrt{-4})=a+bi$일 때, 실수 a, b에 대하여 a^2+b^2의 값은?

답 ①

풀이 (좌변)$=\dfrac{\sqrt{9}}{\sqrt{-3}}-\dfrac{\sqrt{-6}}{\sqrt{-3}}+\sqrt{-2}\sqrt{6}+\sqrt{-2}\sqrt{-4}$

$=-\sqrt{-3}-\sqrt{2}+\sqrt{-12}-\sqrt{8}$

$=-\sqrt{3}i-\sqrt{2}+2\sqrt{3}i-2\sqrt{2}$

$=-3\sqrt{2}+\sqrt{3}i$

$\therefore\ a=-3\sqrt{2},\ b=\sqrt{3}$

$\therefore\ a^2+b^2=(-3\sqrt{2})^2+(\sqrt{3})^2=\mathbf{21}$

0267 0이 아닌 세 실수 a, b, c에 대하여

$$\sqrt{a}\sqrt{b}=\sqrt{ab},\ \frac{\sqrt{c}}{\sqrt{b}}=-\sqrt{\frac{c}{b}}$$

일 때, $|a-b|+|b-c|-\sqrt{(a-b+c)^2}$을 간단히 하면?

답 ②

풀이 $\dfrac{\sqrt{c}}{\sqrt{b}}=-\sqrt{\dfrac{c}{b}}$에서 $b<0,\ c>0$

$\sqrt{a}\sqrt{b}=\sqrt{ab}$이고, $b<0$이므로 $a>0$ — $a<0,\ b<0$이면 $\sqrt{a}\sqrt{b}=-\sqrt{ab}$이 되므로 주어진 조건을 만족시키지 않는다.

따라서 $a-b>0,\ b-c<0,\ a-b+c>0$이므로

$|a-b|+|b-c|-\sqrt{(a-b+c)^2}$

$=(a-b)-(b-c)-|a-b+c|$

$=a-b-b+c-(a-b+c)$

$=\mathbf{-b}$

0268 복소수 $z=a+bi$가 다음 조건을 만족시킬 때, $a^2+b^2+c^2$의 값은? (단, a, b, c는 실수이다.) 답 ②

(가) $(1+i+z)^2<0$ $z^2<0$이면 z는 순허수임을 이용하자.
(나) $z^2=c+4i$

풀이 조건 (가)에서 $1+i+z$가 순허수이므로 (실수부분)$=0$, (허수부분)$\neq 0$

$1+i+z=1+i+(a+bi)=(a+1)+(b+1)i$에서

$a+1=0$, $b+1\neq 0$

$\therefore a=-1, b\neq -1$

조건 (나)에서

$z^2=(-1+bi)^2=1-b^2-2bi=c+4i$

복소수가 같을 조건에 의하여

$1-b^2=c$, $-2b=4$

$\therefore b=-2, c=-3$

$\therefore a^2+b^2+c^2=(-1)^2+(-2)^2+(-3)^2=$**14**

0269 복소수 z에 대하여 $z^2=i$일 때, $(z+\overline{z})^2$의 값은? (단, $\overline{z}$는 z의 켤레복소수이다.) 답 ②

풀이 $z^2=i$에서 $\overline{z}^2=-i$이므로

$(z+\overline{z})^2=z^2+2z\overline{z}+\overline{z}^2=2z\overline{z}$

이때 $(z\overline{z})^2=z^2\cdot\overline{z}^2=i\cdot(-i)=1$이므로

$z\overline{z}=1$ ($\because z\overline{z}\geq 0$)

$\therefore (z+\overline{z})^2=2\cdot 1=$**2**

0270 복소수 z가 다음 조건을 만족시킬 때, $z\overline{z}$의 값은? (단, $\overline{z}$는 z의 켤레복소수이다.) 답 ③

(가) $z-(1+i)$는 양의 실수이다.
(나) $(3+4i)z^2$을 제곱하면 음의 실수이다.

풀이 $z=a+bi$ (a, b는 실수)로 놓으면 조건 (가)에서

$z-(1+i)=(a-1)+(b-1)i$가 양의 실수이므로

$a-1>0$, $b-1=0$ $\quad\therefore a>1, b=1$

$\therefore z=a+i$ $(a>1)$

조건 (나)에서

$(3+4i)z^2=(3+4i)(a+i)^2$

$=(3a^2-8a-3)+(4a^2+6a-4)i$

는 순허수이므로

$3a^2-8a-3=0$, $4a^2+6a-4\neq 0$

$3a^2-8a-3=0$에서 $(3a+1)(a-3)=0$

$\therefore a=3$ ($\because a>1$)

$4a^2+6a-4\neq 0$에서 $(a+2)(2a-1)\neq 0$

$\therefore a\neq -2, a\neq \frac{1}{2}$

따라서 $z=3+i$이므로 $z\overline{z}=(3+i)(3-i)=$**10**

0271 실수가 아닌 두 복소수 z, ω가 $z+\overline{\omega}=0$을 만족시킬 때, 보기에서 항상 실수인 것만을 있는 대로 고른 것은? (단, $\overline{z}$, $\overline{\omega}$는 각각 z, ω의 켤레복소수이다.) 답 ③

두 복소수 z, ω의 허수부분은 0이 아니다.

보기
ㄱ. $\overline{z}+\omega$ ㄴ. $z\overline{\omega}$
ㄷ. $\overline{i(z+\omega)}$ ㄹ. $\frac{\overline{z}}{\omega}$

풀이 ㄱ. $\overline{z}+\omega$는 $z+\overline{\omega}$의 켤레복소수이고 $z+\overline{\omega}=0$이므로

$\overline{z}+\omega=0$ (실수)

ㄴ. $z\overline{\omega}=z(-z)=-z^2$

이때 복소수 z의 제곱이 항상 실수인 것은 아니므로

$z\overline{\omega}$가 항상 실수인 것은 아니다.

ㄷ. $\overline{i(z+\omega)}=-i(\overline{z}+\overline{\omega})=-i(\overline{z}-z)$는 항상 실수이다.

z는 실수가 아니므로 $\overline{z}-z$는 항상 순허수이다.

ㄹ. $\frac{\overline{z}}{\omega}=\frac{-\omega}{\omega}=-1$ (실수)

$z=-\overline{\omega}$이므로 $\overline{z}=-\omega$

0272 복소수 z를 입력하면 $z\times\frac{1+i}{\sqrt{2}}$의 값이 출력되는 컴퓨터 프로그램이 있다. 이 프로그램에 복소수 ω를 입력하고 출력된 값을 다시 입력하는 과정을 61번 시행하였더니 $\sqrt{2}(1-i)$가 출력되었다. 처음 입력한 복소수가 $\omega=a+bi$일 때, $a+b$의 값을 구하시오. (단, a, b는 실수이다.)

답 2

풀이 $\omega\cdot\left(\frac{1+i}{\sqrt{2}}\right)^{61}=\sqrt{2}(1-i)$ …… ㉠

이때 $\left(\frac{1+i}{\sqrt{2}}\right)^2=\frac{2i}{2}=i$이므로

$\left(\frac{1+i}{\sqrt{2}}\right)^{61}=(i)^{30}\cdot\left(\frac{1+i}{\sqrt{2}}\right)=(-1)\cdot\frac{1+i}{\sqrt{2}}=-\frac{1+i}{\sqrt{2}}$

위 식을 ㉠에 대입하면

$\omega\cdot\left(-\frac{1+i}{\sqrt{2}}\right)=\sqrt{2}(1-i)$이므로

$\omega=\sqrt{2}(1-i)\cdot\left(-\frac{\sqrt{2}}{1+i}\right)$

$=(-2)\cdot\frac{1-i}{1+i}$

$=(-2)\cdot\frac{(1-i)^2}{(1+i)(1-i)}$

$=(-2)\cdot(-i)=2i$

따라서 $2i=a+bi$이므로 $a=0$, $b=2$

$\therefore a+b=\mathbf{2}$

0273 $f(n)=\left(\frac{1+i}{1-i}\right)^{2n}+\left(\frac{1-i}{1+i}\right)^{n}$이라 할 때, $f(1)+f(2)+f(3)+\cdots+f(n)=-2$를 만족시키는 100 이하의 자연수 n의 개수는?

답 ③

풀이 $\frac{1+i}{1-i}=\frac{(1+i)^2}{(1-i)(1+i)}=\frac{2i}{2}=i$

$\frac{1-i}{1+i}=\frac{(1-i)^2}{(1+i)(1-i)}=\frac{-2i}{2}=-i$

$\therefore f(n)=\left(\frac{1+i}{1-i}\right)^{2n}+\left(\frac{1-i}{1+i}\right)^{n}$

$=i^{2n}+(-i)^n=(i^2)^n+(-i)^n$

$=(-1)^n+(-i)^n$

이때 자연수 k에 대하여

$f(1)=f(5)=\cdots=f(4k-3)=-1+(-i)=-1-i$

$f(2)=f(6)=\cdots=f(4k-2)=1+(-1)=0$

$f(3)=f(7)=\cdots=f(4k-1)=-1+i$

$f(4)=f(8)=\cdots=f(4k)=1+1=2$

이므로

$f(1)+f(2)+\cdots+f(4k-3)=-1-i$

$f(1)+f(2)+\cdots+f(4k-2)=-1-i$

$f(1)+f(2)+\cdots+f(4k-1)=-2$

$f(1)+f(2)+\cdots+f(4k)=0$

따라서 조건을 만족시키는 100 이하의 자연수 n은

$3, 7, 11, \cdots, 99$

의 **25**개이다.

서술형

0274 두 복소수 α, β에 대하여

$\alpha+\beta=1+i$, $\overline{\alpha}^2-\overline{\beta}^2=4+2i$

일 때, $\alpha\beta\times\overline{\alpha\beta}$의 값을 구하시오.

(단, $\overline{\alpha}$, $\overline{\beta}$는 각각 α, β의 켤레복소수이다.)

답 8

풀이 $\alpha+\beta=1+i$ …… ㉠

에서 $\overline{\alpha+\beta}=1-i$

이때 $\overline{\alpha}^2-\overline{\beta}^2=4+2i$에서

$(\overline{\alpha}+\overline{\beta})(\overline{\alpha}-\overline{\beta})=4+2i$

$(\overline{\alpha+\beta})(\overline{\alpha-\beta})=4+2i$

$(1-i)(\overline{\alpha-\beta})=4+2i$

$\therefore \overline{\alpha-\beta}=\frac{4+2i}{1-i}=\frac{(4+2i)(1+i)}{(1-i)(1+i)}=\frac{2+6i}{2}=1+3i$

$\therefore \alpha-\beta=1-3i$ …… ㉡ …❶ (50%)

㉠, ㉡을 연립하여 풀면

$\alpha=1-i$, $\beta=2i$이므로

$\alpha\beta=(1-i)\cdot 2i=2+2i$

$\overline{\alpha\beta}=\overline{2+2i}=2-2i$ …❷ (30%)

$\therefore \alpha\beta\times\overline{\alpha\beta}=(2+2i)(2-2i)=8$ …❸ (20%)

0275 다음 조건을 만족시키는 정수 a, b에 대하여 $a+b$의 최댓값을 구하시오.

(가) $\sqrt{-1-a}\sqrt{b-2}=-\sqrt{-(1+a)(b-2)}$

(나) $\frac{\sqrt{4-b}}{\sqrt{a-3}}=-\sqrt{\frac{4-b}{a-3}}$

답 4

풀이 조건 (가)에서

$-(1+a)=0$ 또는 $b-2=0$ 또는 $-(1+a)<0$, $b-2<0$

$\therefore a=-1$ 또는 $b=2$ 또는 $a>-1$, $b<2$ …… ㉠

조건 (나)에서 $4-b\ge 0$, $a-3<0$

$\therefore a<3$, $b\le 4$ …… ㉡

㉠, ㉡에서 $a=-1$, $b\le 4$ 또는 $a<3$, $b=2$ 또는 $-1<a<3$, $b<2$

(i) $a=-1$, $b\le 4$인 경우

$a+b$의 최댓값은 $-1+4=3$ …❶ (30%)

(ii) $a<3$, $b=2$인 경우

$a+b$의 최댓값은 $2+2=4$ …❷ (30%)

(iii) $-1<a<3$, $b<2$인 경우

$a+b$의 최댓값은 $2+1=3$ …❸ (30%)

(i), (ii), (iii)에 의하여 $a+b$의 최댓값은 4이다. …❹ (10%)

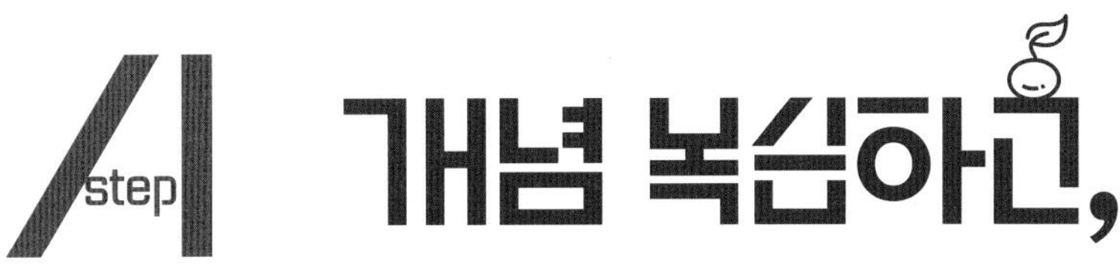

※ 빈칸에 알맞은 것을 써넣고, 내용을 읽거나 따라 써 보세요.

개념 1 이차방정식의 풀이

> 유형 01~05, 14

(1) 이차방정식의 실근과 허근

계수가 실수인 이차방정식은 복소수의 범위에서 항상 □개의 근을 갖는다.

이때 실수인 근을 □, 허수인 근을 □이라 한다.

(2) 이차방정식의 풀이

① 인수분해를 이용한 풀이

x에 대한 이차방정식 $(ax-b)(cx-d)=0$의 근은 $x=$□ 또는 $x=$□

② 근의 공식을 이용한 풀이

계수가 실수인 이차방정식 $ax^2+bx+c=0$의 근은 $x=$□

개념 2 절댓값 기호를 포함한 방정식의 풀이

> 유형 03

(1) 절댓값 기호 안의 식의 값이 □이 되는 x의 값을 기준으로 x의 값의 범위를 나누어서 방정식을 푼다.

(2) $ax^2+b|x|+c=0$ 꼴

$x^2=|x|^2$임을 이용하여 □ 꼴로 변형한 후, $|x|$의 값을 구한다.

(3) $\sqrt{x^2}$을 포함한 방정식

$\sqrt{x^2}=$□임을 이용하여 절댓값 기호를 포함한 방정식으로 변형한다.

개념 3 이차방정식의 근의 판별

> 유형 06, 07

(1) 이차방정식의 판별식

계수가 실수인 이차방정식 $ax^2+bx+c=0$에서 □를 이 방정식의 판별식이라 하고, 기호 D로 나타낸다. 즉

$D=$□

(2) 이차방정식의 근의 판별

계수가 실수인 이차방정식 $ax^2+bx+c=0$의 판별식을 $D=b^2-4ac$라 할 때

① □이면 서로 다른 두 실근을 갖는다.

② □이면 중근(서로 같은 두 실근)을 갖는다.

③ □이면 서로 다른 두 허근을 갖는다.

답 개념 1 (1) 2, 실근, 허근 (2) $\frac{b}{a}$, $\frac{d}{c}$, $\frac{-b\pm\sqrt{b^2-4ac}}{2a}$ 개념 2 (1) 0 (2) $a|x|^2+b|x|+c=0$ (3) $|x|$
개념 3 (1) b^2-4ac, b^2-4ac (2) $D>0$, $D=0$, $D<0$

개념 1 이차방정식의 풀이

0276 인수분해를 이용하여 다음 이차방정식을 푸시오.

(1) $x^2+6x-16=0$

$(x+8)(x-2)=0$ $\therefore$ $\boldsymbol{x=-8}$ **또는** $\boldsymbol{x=2}$

(2) $x^2-4x+4=0$

$(x-2)^2=0$ $\therefore$ $\boldsymbol{x=2}$

(3) $2x^2-x-1=0$

$(2x+1)(x-1)=0$ $\therefore$ $\boldsymbol{x=-\frac{1}{2}}$ **또는** $\boldsymbol{x=1}$

(4) $\frac{3}{2}x^2+\frac{5}{2}x+1=0$

양변에 2를 곱하면 $3x^2+5x+2=0$

$(x+1)(3x+2)=0$ $\therefore$ $\boldsymbol{x=-1}$ **또는** $\boldsymbol{x=-\frac{2}{3}}$

0277 근의 공식을 이용하여 다음 이차방정식을 푸시오.

(1) $x^2+x-1=0$

$$x=\frac{-1\pm\sqrt{1^2-4\cdot1\cdot(-1)}}{2\cdot1}=\boldsymbol{\frac{-1\pm\sqrt{5}}{2}}$$

(2) $3x^2+x+3=0$

$$x=\frac{-1\pm\sqrt{1^2-4\cdot3\cdot3}}{2\cdot3}=\frac{-1\pm\sqrt{-35}}{6}=\boldsymbol{\frac{-1\pm\sqrt{35}i}{6}}$$

(3) $2x^2-2x-3=0$

$$x=\frac{-(-1)\pm\sqrt{(-1)^2-2\cdot(-3)}}{2}=\boldsymbol{\frac{1\pm\sqrt{7}}{2}}$$

0278 다음 이차방정식을 풀고, 그 근이 실근인지 허근인지 말하시오.

(1) $4x^2+9x+2=0$

$(x+2)(4x+1)=0$ $\therefore$ $\boldsymbol{x=-2}$ **또는** $\boldsymbol{x=-\frac{1}{4}}$ **(실근)**

(2) $x^2+25=0$

$x^2=-25$ $\therefore$ $x=\pm\sqrt{-25}=\boldsymbol{\pm5i}$ **(허근)**

(3) $x^2+4x+5=0$

$$x=\frac{-2\pm\sqrt{2^2-1\cdot5}}{1}=-2\pm\sqrt{-1}=\boldsymbol{-2\pm i}\ \textbf{(허근)}$$

개념 2 절댓값 기호를 포함한 방정식의 풀이

0279 다음 방정식을 푸시오.

(1) $x\geq2$일 때, $x^2+|x-2|=4$

$x^2+x-2=4$, $x^2+x-6=0$

$(x+3)(x-2)=0$ $\therefore$ $\boldsymbol{x=2}$ $(\because x\geq2)$

(2) $x^2+|x|-2=0$

$|x|^2+|x|-2=0$, $(|x|+2)(|x|-1)=0$

$\therefore$ $|x|=-2$ 또는 $|x|=1$

그런데 $|x|\geq0$이므로 $|x|=1$

$\therefore$ $\boldsymbol{x=-1}$ **또는** $\boldsymbol{x=1}$

개념 3 이차방정식의 근의 판별

0280 다음 이차방정식의 근을 판별하시오. (주어진 각 이차방정식의 판별식을 D라 하자.)

(1) $x^2+x+3=0$

$D=1^2-4\cdot1\cdot3=-11<0$

따라서 **서로 다른 두 허근**을 갖는다.

(2) $9x^2-6x+1=0$

$\frac{D}{4}=(-3)^2-9\cdot1=0$

따라서 **중근**을 갖는다.

(3) $3x^2-2\sqrt{5}x+1=0$

$\frac{D}{4}=(-\sqrt{5})^2-3\cdot1=2>0$

따라서 **서로 다른 두 실근**을 갖는다.

0281 다음 조건을 만족시키는 실수 k의 값 또는 k의 값의 범위를 구하시오. → 주어진 각 이차방정식의 판별식을 D라 하자.

(1) 이차방정식 $x^2+3x+k=0$이 서로 다른 두 실근을 갖는다.

$D=3^2-4\cdot1\cdot k=9-4k>0$ $\therefore$ $\boldsymbol{k<\frac{9}{4}}$

(2) 이차방정식 $2x^2-kx+2=0$이 중근을 갖는다.

$D=(-k)^2-4\cdot2\cdot2=k^2-16=0$ $\therefore$ $\boldsymbol{k=\pm4}$

(3) 이차방정식 $kx^2-4x+4=0$이 서로 다른 두 허근을 갖는다.

$k\neq0$, $\frac{D}{4}=(-2)^2-k\cdot4=4-4k<0$ $\therefore$ $\boldsymbol{k>1}$

(4) 이차방정식 $3x^2+2x-k=0$이 실근을 갖는다.

$\frac{D}{4}=1^2-3\cdot(-k)=1+3k\geq0$ $\therefore$ $\boldsymbol{k\geq-\frac{1}{3}}$

0282 다음 x에 대한 이차식이 완전제곱식이 되도록 하는 실수 a의 값을 모두 구하시오. ((x에 대한 이차식)$=0$이 중근을 가져야 한다.)

(1) ax^2-6x+a

이차방정식 $ax^2-6x+a=0$의 판별식을 D라 하면

$\frac{D}{4}=(-3)^2-a\cdot a=9-a^2=0$

$a^2=9$ $\therefore$ $\boldsymbol{a=\pm3}$

(2) $x^2-4ax+3a^2+2a-1$

이차방정식 $x^2-4ax+3a^2+2a-1=0$의 판별식을 D라 하면

$\frac{D}{4}=(-2a)^2-(3a^2+2a-1)=0$

$4a^2-3a^2-2a+1=0$, $a^2-2a+1=0$

$(a-1)^2=0$ $\therefore$ $\boldsymbol{a=1}$

개념 4 이차방정식의 근과 계수의 관계

> 유형 08~14, 17, 18

(1) 이차방정식의 근과 계수의 관계

이차방정식 $ax^2+bx+c=0$의 두 근을 α, β라 하면

$\alpha+\beta=$ □, $\alpha\beta=$ □

(2) 두 수를 근으로 하는 이차방정식

두 수 α, β를 근으로 하고 x^2의 계수가 1인 이차방정식은

□

개념 5 이차방정식의 켤레근

> 유형 15

이차방정식 $ax^2+bx+c=0$에서

(1) a, b, c가 유리수일 때, 이차방정식의 한 근이 $p+q\sqrt{m}$이면 다른 한 근은

□ 이다. (단, p, q는 유리수, $q\neq0$, $\sqrt{m}$은 무리수)

(2) a, b, c가 실수일 때, 이차방정식의 한 근이 $p+qi$이면 다른 한 근은

□ 이다. (단, p, q는 실수, $q\neq0$, $i=\sqrt{-1}$)

개념 6 이차식의 인수분해

> 유형 16, 18

이차방정식 $ax^2+bx+c=0$의 두 근을 α, β라 할 때, 이차식 ax^2+bx+c를 인수분해 하면

$ax^2+bx+c=$ □

답 개념 4 (1) $-\frac{b}{a}$, $\frac{c}{a}$ (2) $x^2-(\alpha+\beta)x+\alpha\beta=0$ 개념 5 (1) $p-q\sqrt{m}$ (2) $p-qi$ 개념 6 $a(x-\alpha)(x-\beta)$

개념 4 이차방정식의 근과 계수의 관계

0283 다음 이차방정식의 두 근을 α, β라 할 때, $\alpha+\beta$, $\alpha\beta$의 값을 구하시오.

(1) $x^2-3x+1=0$

$\alpha+\beta=-\frac{-3}{1}=\mathbf{3}$, $\alpha\beta=\frac{1}{1}=\mathbf{1}$

(2) $2x^2+3x-5=0$

$\alpha+\beta=-\frac{3}{2}$, $\alpha\beta=\frac{-5}{2}=-\frac{5}{2}$

(3) $x^2-2ix+4=0$

$\alpha+\beta=-\frac{-2i}{1}=\mathbf{2i}$, $\alpha\beta=\frac{4}{1}=\mathbf{4}$

0284 이차방정식 $x^2-6x+2=0$의 두 근을 α, β라 할 때, 다음 식의 값을 구하시오. $\alpha+\beta=-\frac{-6}{1}=6$, $\alpha\beta=\frac{2}{1}=2$

(1) $(\alpha+1)(\beta+1)$

$=\alpha\beta+\alpha+\beta+1$
$=2+6+1=\mathbf{9}$

(2) $\frac{1}{\alpha}+\frac{1}{\beta}$

$=\frac{\alpha+\beta}{\alpha\beta}=\frac{6}{2}=\mathbf{3}$

(3) $\alpha^2+\beta^2$

$=(\alpha+\beta)^2-2\alpha\beta$
$=6^2-2\cdot2=\mathbf{32}$

(4) $(\alpha-\beta)^2$

$=(\alpha+\beta)^2-4\alpha\beta$
$=6^2-4\cdot2=\mathbf{28}$

(5) $\alpha^2-6\alpha$

$\alpha^2-6\alpha+2=0$
$\therefore \alpha^2-6\alpha=\mathbf{-2}$

(6) $1-\beta^2+6\beta$

$\beta^2-6\beta+2=0$
$\therefore 1-\beta^2+6\beta$
$=-(\beta^2-6\beta+2)+3$
$=\mathbf{3}$

0285 x^2의 계수가 1이고 -2, 3을 두 근으로 하는 이차방정식을 구하시오.

$x^2-(-2+3)x+(-2)\cdot3=0$
$\therefore \mathbf{x^2-x-6=0}$

0286 x^2의 계수가 2이고 $1-\sqrt{3}$, $1+\sqrt{3}$을 두 근으로 하는 이차방정식을 구하시오.

$2[x^2-\{(1-\sqrt{3})+(1+\sqrt{3})\}x+(1-\sqrt{3})(1+\sqrt{3})]=0$
$2(x^2-2x-2)=0$ $\therefore \mathbf{2x^2-4x-4=0}$

0287 x^2의 계수가 3이고 $-1-2i$, $-1+2i$를 두 근으로 하는 이차방정식을 구하시오.

$3[x^2-\{(-1-2i)+(-1+2i)\}x+(-1-2i)(-1+2i)]=0$
$3(x^2+2x+5)=0$ $\therefore \mathbf{3x^2+6x+15=0}$

0288 다음을 만족시키는 두 수 α, β를 구하시오. (단, $\alpha<\beta$)

(1) $\alpha+\beta=3$, $\alpha\beta=-5$

$x^2-3x-5=0$ $\therefore x=\frac{3\pm\sqrt{29}}{2}$

이때 $\alpha<\beta$이므로 $\alpha=\frac{3-\sqrt{29}}{2}$, $\beta=\frac{3+\sqrt{29}}{2}$

(2) $\alpha+\beta=-4$, $\alpha\beta=2$

$x^2+4x+2=0$ $\therefore x=-2\pm\sqrt{2}$

이때 $\alpha<\beta$이므로 $\alpha=-2-\sqrt{2}$, $\beta=-2+\sqrt{2}$

개념 5 이차방정식의 켤레근

0289 이차방정식 $x^2+ax+b=0$의 한 근이 다음과 같을 때, 유리수 a, b의 값을 구하시오.

(1) $2+\sqrt{2}$

다른 한 근은 $2-\sqrt{2}$이므로 근과 계수의 관계에 의하여
$(2+\sqrt{2})+(2-\sqrt{2})=-a$, $(2+\sqrt{2})(2-\sqrt{2})=b$
$\therefore \mathbf{a=-4, b=2}$

(2) $2\sqrt{3}-2$

다른 한 근은 $-2\sqrt{3}-2$이므로 근과 계수의 관계에 의하여
$(2\sqrt{3}-2)+(-2\sqrt{3}-2)=-a$, $(2\sqrt{3}-2)(-2\sqrt{3}-2)=b$
$\therefore \mathbf{a=4, b=-8}$

0290 이차방정식 $x^2+ax+b=0$의 한 근이 다음과 같을 때, 실수 a, b의 값을 구하시오.

(1) $3i$

다른 한 근은 $-3i$이므로 근과 계수의 관계에 의하여
$3i+(-3i)=-a$, $3i\cdot(-3i)=b$
$\therefore \mathbf{a=0, b=9}$

(2) $2+\sqrt{3}i$

다른 한 근은 $2-\sqrt{3}i$이므로 근과 계수의 관계에 의하여
$(2+\sqrt{3}i)+(2-\sqrt{3}i)=-a$, $(2+\sqrt{3}i)(2-\sqrt{3}i)=b$
$\therefore \mathbf{a=-4, b=7}$

개념 6 이차식의 인수분해

0291 다음 이차식을 복소수의 범위에서 인수분해하시오.

(1) $x^2-x+5=\left(x-\frac{1+\sqrt{19}i}{2}\right)\left(x-\frac{1-\sqrt{19}i}{2}\right)$

(2) $x^2+4=(x+2i)(x-2i)$

기출 & 변형하면…

유형 01 이차방정식의 풀이 개념 1

0292 이차방정식 $3x^2-4x+5=0$의 해가 $x=\frac{a\pm\sqrt{b}i}{3}$일 때, 유리수 a, b에 대하여 $a+b$의 값을 구하시오. 답 13

이차방정식이 두 허근을 해로 가지므로 근의 공식을 이용하여 풀자.

풀이 근의 공식을 이용하여 해를 구하면

$x=\frac{-(-2)\pm\sqrt{(-2)^2-3\cdot5}}{3}=\frac{2\pm\sqrt{11}i}{3}$

따라서 $a=2$, $b=11$이므로

$a+b=\mathbf{13}$

➜ 서술형 **0293** 실수 a, b에 대하여 $a\star b=ab-a-2b$라 하자. $(x\star x)-(x\star 1)=4$를 만족시키는 x의 값 중 큰 값을 α라 할 때, $2\alpha-\sqrt{17}$의 값을 구하시오. 답 3

풀이 $(x^2-x-2x)-(x-x-2)=4$ …❶ (40%)

$x^2-3x-2=0$

$\therefore x=\frac{-(-3)\pm\sqrt{(-3)^2-4\cdot1\cdot(-2)}}{2}=\frac{3\pm\sqrt{17}}{2}$

$\therefore \alpha=\frac{3+\sqrt{17}}{2}$ ← $\frac{3-\sqrt{17}}{2}<\frac{3+\sqrt{17}}{2}$ …❷ (50%)

$\therefore 2\alpha-\sqrt{17}=2\cdot\frac{3+\sqrt{17}}{2}-\sqrt{17}=\mathbf{3}$ …❸ (10%)

분수 꼴인 이차방정식은 양변에 분모의 최소공배수를 곱해서 계수를 정수로 바꾼 후 풀자.

0294 이차방정식 $\frac{(x+2)^2}{3}=\frac{x(2x+3)}{4}+1$의 근은? 답 ⑤

풀이 주어진 이차방정식의 양변에 12를 곱하면

$4(x+2)^2=3x(2x+3)+12$

$2x^2-7x-4=0$

$(2x+1)(x-4)=0$

$\therefore \boldsymbol{x=-\frac{1}{2}}$ **또는** $\boldsymbol{x=4}$

이차항의 계수를 유리수로 바꾼 후 풀자.

➜ **0295** 이차방정식 $(2-\sqrt{3})x^2-x-1+\sqrt{3}=0$을 푸시오. 답 풀이 참조

풀이 주어진 이차방정식의 양변에 $2+\sqrt{3}$을 곱하면

$(2+\sqrt{3})(2-\sqrt{3})x^2-(2+\sqrt{3})x+(2+\sqrt{3})(-1+\sqrt{3})=0$

$x^2-(2+\sqrt{3})x+1+\sqrt{3}=0$

$(x-1)(x-1-\sqrt{3})=0$

$\therefore \boldsymbol{x=1}$ **또는** $\boldsymbol{x=1+\sqrt{3}}$

유형 02 한 근이 주어진 이차방정식 개념 1

0296 이차방정식 $x^2-ax+3a-2=0$의 한 근이 2일 때, 다른 한 근은? (단, a는 상수이다.) 답 ①

이차방정식에 $x=2$를 대입하면 등식이 성립함을 이용하자.

풀이 $x^2-ax+3a-2=0$에 $x=2$를 대입하면

$2^2-2a+3a-2=0$ $\therefore a=-2$

따라서 주어진 이차방정식은 $x^2+2x-8=0$이므로

$(x+4)(x-2)=0$

$\therefore x=-4$ 또는 $x=2$

따라서 다른 한 근은 $\mathbf{-4}$이다.

➜ **0297** 이차방정식 $x^2-kx-2-\sqrt{2}=0$의 한 근이 $1+\sqrt{2}$일 때, 상수 k의 값은? 답 ④

계수 중에 무리수가 있으므로 이차방정식이 켤레근을 갖지 않음에 주의하자.

풀이 $x^2-kx-2-\sqrt{2}=0$에 $x=1+\sqrt{2}$를 대입하면

$(1+\sqrt{2})^2-k(1+\sqrt{2})-2-\sqrt{2}=0$

$1+\sqrt{2}-k(1+\sqrt{2})=0$

$k(1+\sqrt{2})=1+\sqrt{2}$

$\therefore k=\mathbf{1}$

이차방정식에 $x=1$을 대입하면 k에 대한 항등식이 됨을 이용하자.

0298 이차방정식 $kx^2+ax+(k-1)b=0$이 실수 k의 값에 관계없이 항상 $x=1$을 근으로 가질 때, 상수 a, b에 대하여 $a+b$의 값을 구하시오.

답 -2

풀이 주어진 이차방정식의 한 근이 1이므로

$k+a+(k-1)b=0$

$\therefore (1+b)k+a-b=0$ ← 항등식의 성질을 이용할 수 있도록 k에 대한 식으로 정리한다.

이 등식이 k의 값에 관계없이 항상 성립하므로

$1+b=0$, $a-b=0$ $\quad\therefore a=-1$, $b=-1$

$\therefore a+b=-2$

→ 서술형 **0299** 이차방정식 $x^2+ax+b=0$의 서로 다른 두 근이 ① α이고, 이차방정식 $x^2+(a-4)x+6b=0$의 서로 다른 두 근이 ③ β일 때, $\alpha+\beta$의 값을 구하시오. (단, a, b는 상수이다.)

답 6

$x=1$을 대입하면 등식이 성립하므로

$1+a+b=0$ $\quad\therefore a+b=-1$ ⋯⋯ ㉠

$x=3$을 대입하면 등식이 성립하므로

$9+3(a-4)+6b=0$ $\quad\therefore a+2b=1$ ⋯⋯ ㉡

풀이 ㉠, ㉡을 연립하여 풀면 $a=-3$, $b=2$ ⋯❶ (40%)

따라서 이차방정식 $x^2-3x+2=0$, 즉 $(x-1)(x-2)=0$의 다른 한 근은 2이므로 $\alpha=2$

또, 이차방정식 $x^2-7x+12=0$, 즉 $(x-3)(x-4)=0$의 다른 한 근은 4이므로 $\beta=4$ ⋯❷ (50%)

$\therefore \alpha+\beta=6$ ⋯❸ (10%)

유형 03 절댓값 기호를 포함한 이차방정식

개념 1, 2

0300 방정식 $x^2+|x-3|-9=0$의 모든 근의 합을 구하시오.

답 1

절댓값 기호 안의 식 $x-3$의 값이 0이 되는 x의 값을 기준으로 x의 값의 범위를 나누어서 방정식을 풀자.

풀이 (i) $x<3$일 때

$x-3<0$이므로 $|x-3|=-(x-3)$

$x^2-(x-3)-9=0$, $x^2-x-6=0$

$(x+2)(x-3)=0$ $\quad\therefore x=-2$ 또는 $x=3$

그런데 $x<3$이므로 $x=-2$ ← 구한 해가 x의 값의 범위를 만족시키는지 반드시 확인해야 한다.

(ii) $x\geq 3$일 때

$x-3\geq 0$이므로 $|x-3|=x-3$

$x^2+(x-3)-9=0$, $x^2+x-12=0$

$(x+4)(x-3)=0$ $\quad\therefore x=-4$ 또는 $x=3$

그런데 $x\geq 3$이므로 $x=3$

(i), (ii)에 의하여 $x=-2$ 또는 $x=3$이므로 모든 근의 합은 **1**이다.

→ **0301** 방정식 $x^2-4|x|-1=0$을 푸시오.

답 풀이 참조

Key $ax^2+b|x|+c=0$ 꼴 → $x^2=|x|^2$임을 이용하여 $a|x|^2+b|x|+c=0$ 꼴로 변형한 후 $|x|$의 값을 구한다.

풀이 $|x|^2-4|x|-1=0$이므로 ← $|x|$에 대하여 인수분해되지 않으므로 근의 공식을 이용한다.

$|x|=2\pm\sqrt{5}$

그런데 $|x|\geq 0$이므로 $|x|=2+\sqrt{5}$ ← $2<\sqrt{5}$이므로 $2-\sqrt{5}<0$

$\therefore$ **$x=-2-\sqrt{5}$ 또는 $x=2+\sqrt{5}$**

$\sqrt{a^2}=|a|$임을 이용하자.

0302 방정식 $x^2-\sqrt{x^2}-4=\sqrt{(x+1)^2}$의 근은?

답 ③

풀이 $x^2-|x|-4=|x+1|$이므로 ← 절댓값 기호 안의 두 식 x, $x+1$이 0이 되는 $x=-1$과 $x=0$을 기준으로 x의 값의 범위를 나누어야 한다.

(i) $x<-1$일 때

$x^2-(-x)-4=-(x+1)$

$x^2+2x-3=0$, $(x+3)(x-1)=0$

$\therefore x=-3$ 또는 $x=1$

그런데 $x<-1$이므로 $x=-3$

(ii) $-1\leq x<0$일 때

$x^2-(-x)-4=x+1$

$x^2=5$ $\quad\therefore x=\pm\sqrt{5}$

그런데 $-1\leq x<0$이므로 $x=\pm\sqrt{5}$는 근이 아니다.

(iii) $x\geq 0$일 때

$x^2-x-4=x+1$

$x^2-2x-5=0$ $\quad\therefore x=1\pm\sqrt{6}$

그런데 $x\geq 0$이므로 $x=1+\sqrt{6}$

(i), (ii), (iii)에 의하여 **$x=-3$ 또는 $x=1+\sqrt{6}$**

상수항을 우변으로 이항한 후 $|A|=k\ (k>0)$이면 $A=\pm k$임을 이용하자.

→ **0303** 방정식 $|x^2-5\sqrt{x^2}|-6=0$의 가장 큰 근을 M, 가장 작은 근을 m이라 할 때, $M+m$의 값은?

답 ③

풀이 $|x^2-5|x||=6$이므로 ← $\sqrt{x^2}=|x|$

$x^2-5|x|=\pm 6$

(i) $x^2-5|x|=6$일 때

$|x|^2-5|x|-6=0$, $(|x|+1)(|x|-6)=0$

$\therefore |x|=6$ ($\because |x|\geq 0$)

$\therefore x=\pm 6$

(ii) $x^2-5|x|=-6$일 때

$|x|^2-5|x|+6=0$, $(|x|-2)(|x|-3)=0$

$\therefore |x|=2$ 또는 $|x|=3$

$\therefore x=\pm 2$ 또는 $x=\pm 3$

(i), (ii)에 의하여 $x=\pm 2$ 또는 $x=\pm 3$ 또는 $x=\pm 6$

따라서 $M=6$, $m=-6$이므로 $M+m=$**0**

유형 04 가우스 기호를 포함한 방정식 개념 1

$[x]=1$ 또는 $[x]=2$임을 이용하여 x의 값의 범위를 나누자.

0304 다음 중 방정식 $[x]^2-2[x]-3=0$의 해가 아닌 것은? (단, $[x]$는 x보다 크지 않은 최대의 정수이다.) 답 ⑤

① -1 ② $-\frac{1}{2}$ ③ 3

④ $\frac{7}{2}$ ⑤ $\frac{9}{2}$

풀이 $[x]^2-2[x]-3=0$에서

$([x]+1)([x]-3)=0$

$\therefore [x]=-1$ 또는 $[x]=3$

$\therefore -1\leq x<0$ 또는 $3\leq x<4$

따라서 주어진 방정식의 해가 아닌 것은 ⑤이다.

Tip 가우스 기호 $[x]$

정수 n에 대하여 $[x]=n \rightarrow n\leq x<n+1$

➜ **0305** $1<x<3$일 때, 방정식 $2x^2-3[x]=x$의 모든 근의 합은? (단, $[x]$는 x보다 크지 않은 최대의 정수이다.) 답 ③

풀이 (i) $1<x<2$일 때, $[x]=1$이므로

$2x^2-3=x$, $2x^2-x-3=0$

$(x+1)(2x-3)=0$

$\therefore x=-1$ 또는 $x=\frac{3}{2}$

그런데 $1<x<2$이므로 $x=\frac{3}{2}$

(ii) $2\leq x<3$일 때, $[x]=2$이므로

$2x^2-6=x$, $2x^2-x-6=0$

$(2x+3)(x-2)=0$

$\therefore x=-\frac{3}{2}$ 또는 $x=2$

그런데 $2\leq x<3$이므로 $x=2$

(i), (ii)에 의하여 $x=\frac{3}{2}$ 또는 $x=2$

따라서 모든 근의 합은 $\frac{7}{2}$이다.

유형 05 이차방정식의 활용 개념 1

0306 그림과 같이 가로, 세로의 길이가 각각 30 m, 20 m인 직사각형 모양의 땅에 폭이 일정한 ㄷ자 모양의 길을 만들었더니 남은 땅의 넓이가 378 m^2가 되었다. 이때 길의 폭은 몇 m인가? 답 ②

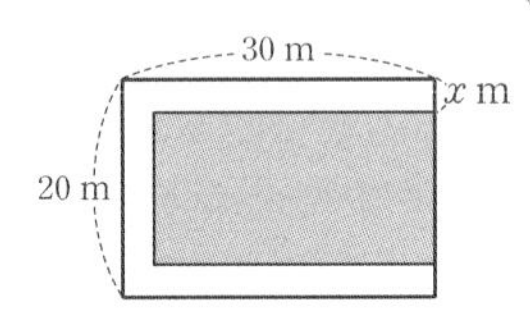

x m로 놓자.

풀이 남은 땅의 가로, 세로의 길이는 각각

$(30-x)$ m, $(20-2x)$ m이므로

$(30-x)(20-2x)=378$

$2x^2-80x+222=0$

$x^2-40x+111=0$, $(x-3)(x-37)=0$

$\therefore x=3$ 또는 $x=37$

그런데 $20-2x>0$에서 $x<10$이므로 $x=3$

따라서 구하는 길의 폭은 **3** m이다.

➜ **0307** 어느 가게에서 1개당 a원인 음료수를 하루에 b개 판매하였다. 이 가게에서 음료수 1개당 가격을 x % 내렸더니 하루 판매량이 $5x$ % 증가하여 하루 판매액이 35 % 증가하였다. 이때 x의 값을 구하시오. (단, $0<x<40$) 답 **10**

풀이 가격 인하 전 하루 판매액: ab

가격 인하 후 하루 판매액: $a\left(1-\frac{x}{100}\right)\cdot b\left(1+\frac{5x}{100}\right)$

(음료수 1개당 가격을 x % 내린 후의 가격 / $5x$ % 증가한 하루 판매량)

한편, 35 % 증가한 하루 판매액은 $ab\left(1+\frac{35}{100}\right)$이므로

$ab\left(1-\frac{x}{100}\right)\left(1+\frac{5x}{100}\right)=ab\left(1+\frac{35}{100}\right)$

$\left(1-\frac{x}{100}\right)\left(1+\frac{5x}{100}\right)=1+\frac{35}{100}$ ← 양변에 $\times 10000$을 하여 간단히 한다.

$(100-x)(100+5x)=13500$

$5x^2-400x+3500=0$

$x^2-80x+700=0$

$(x-10)(x-70)=0$

$\therefore x=\mathbf{10}$ ($\because 0<x<40$)

0308 이차방정식 $x^2+kx+k-1=0$이 중근을 갖도록 하는 실수 k의 값은? 답 ③

풀이 이차방정식 $x^2+kx+k-1=0$의 판별식을 D라 하면

$D=k^2-4(k-1)=0$

$k^2-4k+4=0$, $(k-2)^2=0$

$\therefore k=2$

→ **0309** 이차방정식 $2x^2-4x+4-k=0$은 서로 다른 두 허근을 갖고, 이차방정식 $x^2+5x-2k=0$은 서로 다른 두 실근을 갖도록 하는 정수 k의 개수는? 답 ⑤

(판별식을 D_1이라 하자. / 판별식을 D_2라 하자.)

풀이 $\frac{D_1}{4}=(-2)^2-2(4-k)<0$이므로

$4-8+2k<0$, $2k<4$ $\quad\therefore k<2$ ...... ㉠

$D_2=5^2-4\cdot(-2k)>0$이므로

$25+8k>0$, $8k>-25$ $\quad\therefore k>-\frac{25}{8}$ ...... ㉡

㉠, ㉡에서 $-\frac{25}{8}<k<2$이므로 정수 k는

$-3, -2, -1, 0, 1$의 5개이다.

이차항의 계수에 미지수가 있으므로 구한 값이 (이차항의 계수)$\neq0$을 만족시키는지 반드시 체크하자.

0310 x에 대한 이차방정식 $(k^2-4)x^2+2(k-2)x+1=0$이 실근을 갖도록 하는 실수 k의 값의 범위를 구하시오. 답 풀이 참조

풀이 주어진 방정식이 x에 대한 이차방정식이므로

$k^2-4\neq0$, $(k+2)(k-2)\neq0$

$\therefore k\neq-2, k\neq2$ ...... ㉠

이차방정식 $(k^2-4)x^2+2(k-2)x+1=0$의 판별식을 D라 하면

$\frac{D}{4}=(k-2)^2-(k^2-4)\geq0$, $-4k+8\geq0$

$\therefore k\leq2$ ...... ㉡

㉠, ㉡에서 $k<-2$ 또는 $-2<k<2$

→ **0311** 이차방정식 $x^2-2(a-b+c)x-ab-bc+3ca=0$이 중근을 가질 때, a, b, c를 세 변의 길이로 하는 삼각형은 어떤 삼각형인지 구하시오. 답 정삼각형

(판별식을 D라 하자. / a, b, c는 모두 양수인 실수이므로 실수의 성질을 이용할 수 있다.)

풀이 $\frac{D}{4}=\{-(a-b+c)\}^2-(-ab-bc+3ca)=0$이므로

$a^2+b^2+c^2-ab-bc-ca=0$

$2a^2+2b^2+2c^2-2ab-2bc-2ca=0$

$(a^2-2ab+b^2)+(b^2-2bc+c^2)+(c^2-2ca+a^2)=0$

$(a-b)^2+(b-c)^2+(c-a)^2=0$

a, b, c가 실수이므로 $a-b=0$, $b-c=0$, $c-a=0$

$\therefore a=b=c$

따라서 조건을 만족시키는 삼각형은 **정삼각형**이다.

서술형

0312 x에 대한 이차방정식

$x^2-2(k-a)x+k^2+a^2-b+1=0$

이 실수 k의 값에 관계없이 항상 중근을 가질 때, 실수 a, b에 대하여 $a+b$의 값을 구하시오. 답 1

(등식 (이차방정식의 판별식)$=0$이 k에 대한 항등식이다.)

풀이 이차방정식 $x^2-2(k-a)x+k^2+a^2-b+1=0$의 판별식을 D라 하면

$\frac{D}{4}=\{-(k-a)\}^2-(k^2+a^2-b+1)=0$

$k^2-2ak+a^2-k^2-a^2+b-1=0$

$\therefore -2ak+b-1=0$ ···❶ (40%)

이 등식이 k의 값에 관계없이 항상 성립하므로

$-2a=0$, $b-1=0$ ···❷ (30%)

$\therefore a=0, b=1$

$\therefore a+b=1$ ···❸ (30%)

→ **0313** 모든 실수 a에 대하여 허근을 갖는 이차방정식만을 보기에서 있는 대로 고른 것은? 답 ③

보기
ㄱ. $x^2-2x-a^2=0$ ← 판별식을 D_1이라 하자.
ㄴ. $(a^2+1)x^2-2(a+2)x+1=0$ ← 판별식을 D_2라 하자.
ㄷ. $x^2+2x+(a+1)^2+2=0$ ← 판별식을 D_3라 하자.

풀이 ㄱ. $\frac{D_1}{4}=(-1)^2-(-a^2)=1+a^2>0$

이므로 모든 실수 a에 대하여 서로 다른 두 실근을 갖는다.

ㄴ. $\frac{D_2}{4}=\{-(a+2)\}^2-(a^2+1)=4a+3$

이므로 $4a+3<0$, 즉 $a<-\frac{3}{4}$일 때만 허근을 갖는다.

ㄷ. $\frac{D_3}{4}=1^2-\{(a+1)^2+2\}=-(a+1)^2-1<0$

이므로 모든 실수 a에 대하여 허근을 갖는다.

유형 07 이차식이 완전제곱식이 되는 조건 개념 3

(x에 대한 이차식)$=0$이 중근을 가져야 한다.

0314 이차식 $(k-1)x^2-(2k-1)x+k-2$가 완전제곱식일 때, 실수 k의 값은? 답 ⑤

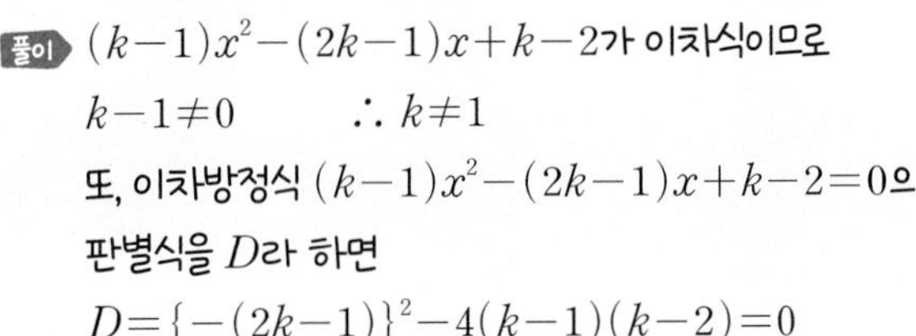

풀이 $(k-1)x^2-(2k-1)x+k-2$가 이차식이므로

$k-1\neq0$ $\quad\therefore k\neq1$

또, 이차방정식 $(k-1)x^2-(2k-1)x+k-2=0$의 판별식을 D라 하면

$D=\{-(2k-1)\}^2-4(k-1)(k-2)=0$

$4k^2-4k+1-4(k^2-3k+2)=0$

$8k-7=0 \qquad \therefore k=\mathbf{\frac{7}{8}}$

➜ (x에 대한 이차식)$=0$이 중근을 가져야 한다.

0315 x에 대한 이차식 $3x^2+2(a+5)x+a^2+3a-1$이 $3(x+b)^2$으로 인수분해될 때, 실수 a, b에 대하여 $a+b$의 값을 구하시오. (단, $a>0$) 답 7

풀이 x에 대한 이차방정식 $3x^2+2(a+5)x+a^2+3a-1=0$의 판별식을 D라 하면

$\frac{D}{4}=(a+5)^2-3(a^2+3a-1)=0$

$2a^2-a-28=0$, $(2a+7)(a-4)=0$

$\therefore a=4$ ($\because a>0$)

따라서 주어진 이차식은 $3x^2+18x+27$이고, 이것은 $3(x+3)^2$으로 인수분해되므로 ← $3x^2+18x+27=3(x^2+6x+9)=3(x+3)^2$

$b=3$

$\therefore a+b=\mathbf{7}$

유형 08 이차방정식의 근과 계수의 관계; 곱셈 공식의 변형 개념 4

0316 이차방정식 $x^2-2x+4=0$의 두 근을 α, β라 할 때, $\frac{\beta}{\alpha}+\frac{\alpha}{\beta}$의 값은? 답 ①

풀이 이차방정식의 근과 계수의 관계에 의하여

$\alpha+\beta=-(-2)=2$, $\alpha\beta=4$

$\therefore \frac{\beta}{\alpha}+\frac{\alpha}{\beta}=\frac{\alpha^2+\beta^2}{\alpha\beta}=\frac{(\alpha+\beta)^2-2\alpha\beta}{\alpha\beta}$

$=\frac{2^2-2\cdot4}{4}=\mathbf{-1}$

➜ **0317** 이차방정식 $3x^2+6x-2=0$의 두 근을 α, β라 할 때, $\alpha^3+\beta^3$의 값은? 답 ⑤

풀이 이차방정식의 근과 계수의 관계에 의하여

$\alpha+\beta=-2$, $\alpha\beta=-\frac{2}{3}$

$\therefore \alpha^3+\beta^3=(\alpha+\beta)^3-3\alpha\beta(\alpha+\beta)$

$=(-2)^3-3\cdot\left(-\frac{2}{3}\right)\cdot(-2)$

$=\mathbf{-12}$

$|\alpha-\beta|^2=(\alpha-\beta)^2$임을 이용하자.

0318 이차방정식 $2x^2-3x-1=0$의 두 근을 α, β라 할 때, $|\alpha-\beta|$의 값을 구하시오. 답 $\frac{\sqrt{17}}{2}$

풀이 이차방정식의 근과 계수의 관계에 의하여

$\alpha+\beta=\frac{3}{2}$, $\alpha\beta=-\frac{1}{2}$이므로

$(\alpha-\beta)^2=(\alpha+\beta)^2-4\alpha\beta$

$=\left(\frac{3}{2}\right)^2-4\cdot\left(-\frac{1}{2}\right)=\frac{17}{4}$

$\therefore |\alpha-\beta|=\mathbf{\frac{\sqrt{17}}{2}}$

Tip 이차방정식 $ax^2+bx+c=0$의 두 근을 α, β라 하면

$|\alpha-\beta|=\frac{\sqrt{b^2-4ac}}{|a|}$ (단, a, α, β는 실수) 암기

➜ 서술형 **0319** 이차방정식 $x^2-8x+4=0$의 두 근을 α, β라 할 때, $\sqrt{\alpha}+\sqrt{\beta}$의 값을 구하시오. 답 $2\sqrt{3}$

풀이 이차방정식의 근과 계수의 관계에 의하여

$\alpha+\beta=8$, $\alpha\beta=4$이므로 …❶ (30%)

$(\sqrt{\alpha}+\sqrt{\beta})^2=\alpha+\beta+2\sqrt{\alpha}\sqrt{\beta}$

$=\alpha+\beta+2\sqrt{\alpha\beta}$ ($\because \alpha>0, \beta>0$)

$=8+2\cdot2=12$ …❷ (50%)

$\therefore \sqrt{\alpha}+\sqrt{\beta}=\sqrt{12}=\mathbf{2\sqrt{3}}$ …❸ (20%)

Tip 음수의 제곱근의 성질

a, b가 실수일 때

① $a<0$, $b<0$이면 $\sqrt{a}\sqrt{b}=-\sqrt{ab}$

② $a>0$, $b<0$이면 $\frac{\sqrt{a}}{\sqrt{b}}=-\sqrt{\frac{a}{b}}$

유형 09 이차방정식의 근과 계수의 관계: 이차방정식의 근을 대입 개념 4

0320 이차방정식 $x^2+5x-1=0$의 두 근을 α, β라 할 때, $\alpha^2-5\beta$의 값을 구하시오. 답 26

풀이 $\alpha^2+5\alpha-1=0$이므로 $\alpha^2=-5\alpha+1$

이차방정식의 근과 계수의 관계에 의하여

$\alpha+\beta=-5$

$\therefore \alpha^2-5\beta=-5\alpha+1-5\beta$

$=-5(\alpha+\beta)+1$

$=-5\cdot(-5)+1=\mathbf{26}$

0321 이차방정식 $x^2-(4a-2)x+5=0$의 두 근을 α, β라 할 때, $(\alpha^2-4a\alpha+5)(\beta^2-4a\beta+5)$의 값은? 답 ⑤

풀이 $\alpha^2-(4a-2)\alpha+5=0$, $\beta^2-(4a-2)\beta+5=0$이므로

$\alpha^2-4a\alpha+5=-2\alpha$, $\beta^2-4a\beta+5=-2\beta$

이차방정식의 근과 계수의 관계에 의하여 $\alpha\beta=5$

$\therefore (\alpha^2-4a\alpha+5)(\beta^2-4a\beta+5)=(-2\alpha)\cdot(-2\beta)$

$=4\alpha\beta=\mathbf{20}$

0322 이차방정식 $x^2-6x+2=0$의 두 근을 α, β라 할 때, $\frac{\beta}{\alpha^2-6\alpha}+\frac{\alpha}{\beta^2-6\beta}$의 값은? 답 ①

풀이 $\alpha^2-6\alpha+2=0$, $\beta^2-6\beta+2=0$이므로

$\alpha^2-6\alpha=-2$, $\beta^2-6\beta=-2$

이차방정식의 근과 계수의 관계에 의하여 $\alpha+\beta=6$

$\therefore \frac{\beta}{\alpha^2-6\alpha}+\frac{\alpha}{\beta^2-6\beta}=\frac{\beta}{-2}+\frac{\alpha}{-2}=-\frac{\alpha+\beta}{2}$

$=-\frac{6}{2}=\mathbf{-3}$

0323 이차방정식 $x^2+2x+4=0$의 두 근을 α, β라 할 때, $\frac{1}{\alpha^2+3\alpha+4}+\frac{1}{\beta^2+3\beta+4}$의 값을 구하시오. 답 $-\frac{1}{2}$

풀이 $\alpha^2+2\alpha+4=0$, $\beta^2+2\beta+4=0$이므로

$\alpha^2+3\alpha+4=\alpha$, $\beta^2+3\beta+4=\beta$

이차방정식의 근과 계수의 관계에 의하여

$\alpha+\beta=-2$, $\alpha\beta=4$

$\therefore \frac{1}{\alpha^2+3\alpha+4}+\frac{1}{\beta^2+3\beta+4}=\frac{1}{\alpha}+\frac{1}{\beta}=\frac{\alpha+\beta}{\alpha\beta}$

$=\frac{-2}{4}=\mathbf{-\frac{1}{2}}$

0324 이차방정식 $3x^2-5x+4=0$의 두 근을 α, β라 할 때, $(3\alpha^2-2\alpha+2)(3\beta^2-2\beta+2)$의 값은? 답 ②

풀이 $3\alpha^2-5\alpha+4=0$, $3\beta^2-5\beta+4=0$이므로

$3\alpha^2-2\alpha+2=3\alpha-2$, $3\beta^2-2\beta+2=3\beta-2$

이차방정식의 근과 계수의 관계에 의하여

$\alpha+\beta=\frac{5}{3}$, $\alpha\beta=\frac{4}{3}$

$\therefore (3\alpha^2-2\alpha+2)(3\beta^2-2\beta+2)=(3\alpha-2)(3\beta-2)$

$=9\alpha\beta-6(\alpha+\beta)+4$

$=9\cdot\frac{4}{3}-6\cdot\frac{5}{3}+4$

$=\mathbf{6}$

0325 이차방정식 $x^2-3x+5=0$의 두 근을 α, β라 할 때, $(\alpha^3-3\alpha^2+7\alpha-3)(\beta^3-3\beta^2+7\beta-3)$의 값은? 답 ①

풀이 $\alpha^2-3\alpha+5=0$, $\beta^2-3\beta+5=0$이므로

$\alpha^3-3\alpha^2+5\alpha=0$, $\beta^3-3\beta^2+5\beta=0$

이차방정식의 근과 계수의 관계에 의하여

$\alpha+\beta=3$, $\alpha\beta=5$

$\therefore (\alpha^3-3\alpha^2+7\alpha-3)(\beta^3-3\beta^2+7\beta-3)$

$=\{(\alpha^3-3\alpha^2+5\alpha)+2\alpha-3\}$

$\{(\beta^3-3\beta^2+5\beta)+2\beta-3\}$

$=(2\alpha-3)(2\beta-3)$

$=4\alpha\beta-6(\alpha+\beta)+9$

$=4\cdot5-6\cdot3+9=\mathbf{11}$

유형 10 근과 계수의 관계를 이용하여 미정계수 구하기; 두 근의 관계식 개념 4

0326 이차방정식 $x^2+(a+5)x+2a=0$의 두 근 α, β에 대하여 $\frac{1}{\alpha}+\frac{1}{\beta}=2$일 때, 실수 a의 값을 구하시오.

답 -1

풀이 이차방정식의 근과 계수의 관계에 의하여

$\alpha+\beta=-a-5$, $\alpha\beta=2a$

$\frac{1}{\alpha}+\frac{1}{\beta}=2$에서 $\frac{\alpha+\beta}{\alpha\beta}=2$

$\frac{-a-5}{2a}=2$, $-a-5=4a$

$5a=-5$ $\quad\therefore a=\mathbf{-1}$

0327 이차방정식 $x^2+ax+b=0$의 두 근을 α, β라 할 때,

$(\alpha+1)(\beta+1)=-2$, $(3\alpha+1)(3\beta+1)=4$

가 성립한다. 이때 상수 a, b에 대하여 ab의 값은?

답 ②

풀이 이차방정식의 근과 계수의 관계에 의하여

$\alpha+\beta=-a$, $\alpha\beta=b$

$(\alpha+1)(\beta+1)=-2$에서 $\alpha\beta+\alpha+\beta+1=-2$

$b-a+1=-2$ $\quad\therefore a-b=3$ $\quad\cdots\cdots$ ㉠

$(3\alpha+1)(3\beta+1)=4$에서 $9\alpha\beta+3(\alpha+\beta)+1=4$

$9b-3a+1=4$ $\quad\therefore a-3b=-1$ $\quad\cdots\cdots$ ㉡

㉠, ㉡을 연립하여 풀면 $a=5$, $b=2$

$\therefore ab=\mathbf{10}$

0328 x에 대한 이차방정식 $x^2-(k-1)x+k^2-4k-6=0$의 두 근을 α, β라 할 때, $(\alpha-\beta)^2=20$을 만족시키는 양수 k의 값을 구하시오.

답 5

풀이 이차방정식의 근과 계수의 관계에 의하여

$\alpha+\beta=k-1$, $\alpha\beta=k^2-4k-6$

$\therefore (\alpha-\beta)^2=(\alpha+\beta)^2-4\alpha\beta$

$=(k-1)^2-4(k^2-4k-6)$

$=-3k^2+14k+25$

즉, $-3k^2+14k+25=20$이므로

$3k^2-14k-5=0$, $(3k+1)(k-5)=0$

$\therefore k=\mathbf{5}$ ($\because k>0$)

0329 이차방정식 $x^2-2x+k-3=0$의 두 실근 α, β가 $|\alpha|+|\beta|=8$을 만족시킬 때, 실수 k의 값은?

답 ②

풀이 이차방정식의 근과 계수의 관계에 의하여

$\alpha+\beta=2$, $\alpha\beta=k-3$

$|\alpha|+|\beta|=8$의 양변을 제곱하면

$\alpha^2+2|\alpha\beta|+\beta^2=64$

$(\alpha+\beta)^2-2\alpha\beta+2|\alpha\beta|=64$

$4-2\alpha\beta+2|\alpha\beta|=64$

$\therefore |\alpha\beta|-\alpha\beta=30$ $\quad\cdots\cdots$ ㉠

(i) $\alpha\beta\geq0$이면 ㉠이 성립하지 않는다. — $\alpha\beta\geq0$이면 $|\alpha\beta|=\alpha\beta$이므로 $|\alpha\beta|-\alpha\beta=0$이 된다.

(ii) $\alpha\beta<0$ 이면 ㉠에서 $-\alpha\beta-\alpha\beta=30$

$\alpha\beta=k-3=-15$ $\quad\therefore k=\mathbf{-12}$

유형 11 근과 계수의 관계를 이용하여 미정계수 구하기; 두 이차방정식 개념 4

0330 이차방정식 $x^2-3x+a=0$의 두 근이 α, β이고, 이차방정식 $x^2+x+b=0$의 두 근이 $\alpha+\beta$, $\alpha\beta$일 때, 실수 a, b에 대하여 $a-b$의 값은?

답 ⑤

풀이 이차방정식 $x^2-3x+a=0$의 두 근이 α, β이므로 근과 계수의 관계에 의하여

$\alpha+\beta=3$, $\alpha\beta=a$ $\quad\cdots\cdots$ ㉠

이차방정식 $x^2+x+b=0$의 두 근이 $\alpha+\beta$, $\alpha\beta$이므로 근과 계수의 관계에 의하여

$(\alpha+\beta)+\alpha\beta=-1$, $(\alpha+\beta)\alpha\beta=b$ $\quad\cdots\cdots$ ㉡

㉠을 ㉡에 대입하면 $3+a=-1$, $3a=b$

두 식을 연립하여 풀면 $a=-4$, $b=-12$

$\therefore a-b=8$

0331 이차방정식 $x^2-ax+b=0$의 두 근이 -1, 4일 때, 이차방정식 $bx^2-(a-b+1)x+1=0$의 두 근의 합을 구하시오. (단, a, b는 상수이다.)

답 -2

풀이 이차방정식 $x^2-ax+b=0$의 두 근이 -1, 4이므로 근과 계수의 관계에 의하여

$-1+4=a$, $(-1)\cdot4=b$

$\therefore a=3$, $b=-4$

따라서 이차방정식은

$bx^2-(a-b+1)x+1=-4x^2-8x+1=0$

이므로 두 근의 합은

$-\frac{-8}{-4}=\mathbf{-2}$

서술형

0332 이차방정식 $x^2+px+q=0$의 두 근을 α, β라 할 때, 이차방정식 $x^2-qx+p=0$의 두 근은 $\alpha+1$, $\beta+1$이다. 상수 p, q에 대하여 pq의 값을 구하시오.

답 1

풀이 이차방정식 $x^2+px+q=0$의 두 근이 α, β이므로
근과 계수의 관계에 의하여
$\alpha+\beta=-p$, $\alpha\beta=q$ ...... ㉠ ···❶ (30%)
이차방정식 $x^2-qx+p=0$의 두 근이 $\alpha+1$, $\beta+1$이므로
근과 계수의 관계에 의하여
$(\alpha+1)+(\beta+1)=q$, $(\alpha+1)(\beta+1)=p$
$\alpha+\beta=q-2$, $\alpha\beta+\alpha+\beta+1=p$ ...... ㉡ ···❷ (30%)
㉠을 ㉡에 대입하면
$-p=q-2$, $q-p+1=p$
두 식을 연립하여 풀면 $p=1$, $q=1$
$\therefore pq=\mathbf{1}$ ···❸ (40%)

0333 0이 아닌 세 실수 a, b, c에 대하여 이차방정식 $x^2+ax+b=0$의 두 근은 α, β이고, 이차방정식 $x^2+cx+a=0$의 두 근은 5α, 5β이다. 이때 $\frac{c}{b}$의 값을 구하시오.

답 125

풀이 이차방정식 $x^2+ax+b=0$의 두 근이 α, β이므로
근과 계수의 관계에 의하여
$\alpha+\beta=-a$, $\alpha\beta=b$ ...... ㉠
이차방정식 $x^2+cx+a=0$의 두 근이 5α, 5β이므로
근과 계수의 관계에 의하여 $5\alpha+5\beta=-c$, $5\alpha\cdot5\beta=a$
$\therefore 5(\alpha+\beta)=-c$, $25\alpha\beta=a$ ...... ㉡
㉠을 ㉡에 대입하면
$-5a=-c$, $25b=a$ $\therefore c=5a$, $b=\frac{a}{25}$
$\therefore \frac{c}{b}=5a\div\frac{a}{25}=5a\cdot\frac{25}{a}=\mathbf{125}$

유형 12 근과 계수의 관계를 이용하여 미정계수 구하기; 두 근의 조건 개념 4

0334 이차방정식 $x^2-(k+2)x+2k=0$의 두 근의 비가 $2:3$일 때, 모든 실수 k의 값의 곱은? 두 근을 2α, 3α $(\alpha\neq0)$로 놓자.

답 ②

풀이 이차방정식의 근과 계수의 관계에 의하여
$2\alpha+3\alpha=k+2$ $\therefore \alpha=\frac{k+2}{5}$ ...... ㉠
$2\alpha\cdot3\alpha=2k$ $\therefore 3\alpha^2=k$ ...... ㉡
㉠을 ㉡에 대입하면 $\frac{3(k+2)^2}{25}=k$ ← k의 값을 구해야 하므로 α를 소거하는 것이 편하다.
$3k^2-13k+12=0$, $(3k-4)(k-3)=0$
$\therefore k=\frac{4}{3}$ 또는 $k=3$
따라서 모든 실수 k의 값의 곱은 **4**이다.

0335 이차방정식 $x^2-(m-1)x+m=0$의 두 근의 차가 2일 때, 모든 실수 m의 값의 합은? 두 근을 α, $\alpha+2$로 놓자.

답 ①

풀이 이차방정식의 근과 계수의 관계에 의하여
$\alpha+(\alpha+2)=m-1$ $\therefore \alpha=\frac{1}{2}(m-3)$ ...... ㉠
$\alpha(\alpha+2)=m$ $\therefore \alpha^2+2\alpha=m$ ...... ㉡
㉠을 ㉡에 대입하면 $\frac{1}{4}(m-3)^2+(m-3)=m$
$\therefore m^2-6m-3=0$ (m의 값을 구해야 하므로 α를 소거하는 것이 편하다.)
위의 m에 대한 이차방정식의 판별식을 D라 하면
$\frac{D}{4}=(-3)^2-1\cdot(-3)=12>0$
이므로 서로 다른 두 실근을 갖고, 근과 계수의 관계에 의하여 모든 실수 m의 값의 합은 **6**이다.

0336 이차방정식 $x^2-6x+3k-4=0$의 한 실근이 다른 실근의 제곱과 같을 때, 양수 k의 값은? 두 근을 α, α^2으로 놓자.

답 ①

풀이 이차방정식의 근과 계수의 관계에 의하여
$\alpha+\alpha^2=6$ ...... ㉠
$\alpha\cdot\alpha^2=3k-4$ $\therefore k=\frac{\alpha^3+4}{3}$ ...... ㉡
㉠에서 $\alpha^2+\alpha-6=0$, $(\alpha+3)(\alpha-2)=0$
$\therefore \alpha=-3$ 또는 $\alpha=2$
$\alpha=-3$을 ㉡에 대입하면 $k=-\frac{23}{3}$
$\alpha=2$를 ㉡에 대입하면 $k=4$
$\therefore k=\mathbf{4}$ ($\because k>0$)

0337 x에 대한 이차방정식 $x^2-(m^2-3m-4)x+m-2=0$의 두 실근의 절댓값이 같고 부호가 서로 다를 때, 실수 m의 값은? 두 근을 α, $-\alpha$ $(\alpha\neq0)$로 놓자.

답 ③

풀이 이차방정식의 근과 계수의 관계에 의하여
$\alpha+(-\alpha)=m^2-3m-4$ ...... ㉠
$\alpha\cdot(-\alpha)=m-2$ ...... ㉡
㉠에서 $m^2-3m-4=0$, $(m+1)(m-4)=0$
$\therefore m=-1$ 또는 $m=4$
$m=-1$을 ㉡에 대입하면 $\alpha^2=3$
$m=4$를 ㉡에 대입하면 $\alpha^2=-2$
주어진 이차방정식이 실근을 가지므로 $\alpha^2=3$
$\therefore m=\mathbf{-1}$

유형 13 근과 계수의 관계를 이용하여 이차방정식 구하기 개념 4

0338 이차방정식 $x^2+4x-3=0$의 두 근을 α, β라 할 때, $3+\alpha$, $3+\beta$를 두 근으로 하는 이차방정식이 $x^2+ax+b=0$이다. 이때 상수 a, b에 대하여 $a+b$의 값은? 답 ②

풀이 근과 계수의 관계에 의하여 $\alpha+\beta=-4$, $\alpha\beta=-3$

$\therefore (3+\alpha)+(3+\beta)=\alpha+\beta+6=-4+6=2$

$(3+\alpha)(3+\beta)=9+3(\alpha+\beta)+\alpha\beta$

$=9+3\cdot(-4)+(-3)=-6$

따라서 $3+\alpha$, $3+\beta$를 두 근으로 하고 x^2의 계수가 1인 이차방정식은 $x^2-2x-6=0$이므로 $a=-2$, $b=-6$

$\therefore a+b=-8$

→ **0339** 이차방정식 $2x^2-x-5=0$의 두 근을 α, β라 할 때, $\alpha+\beta$, $\alpha\beta$를 두 근으로 하는 이차방정식은 $4x^2+ax+b=0$이다. 이때 상수 a, b에 대하여 $a+b$의 값은? 답 ⑤

풀이 근과 계수의 관계에 의하여 $\alpha+\beta=\frac{1}{2}$, $\alpha\beta=-\frac{5}{2}$

$\therefore (\alpha+\beta)+\alpha\beta=\frac{1}{2}+\left(-\frac{5}{2}\right)=-2$

$(\alpha+\beta)\alpha\beta=\frac{1}{2}\cdot\left(-\frac{5}{2}\right)=-\frac{5}{4}$

따라서 $\alpha+\beta$, $\alpha\beta$를 두 근으로 하고 x^2의 계수가 4인 이차방정식은

$4\left(x^2+2x-\frac{5}{4}\right)=0$ $\quad\therefore 4x^2+8x-5=0$

즉, $a=8$, $b=-5$이므로 $a+b=3$

0340 이차방정식 $ax^2+bx+c=0$의 두 근을 α, β라 할 때, 다음 중 $\frac{1}{\alpha}$, $\frac{1}{\beta}$을 두 근으로 하는 이차방정식은? (단, a, b, c는 상수이고, $c\neq0$이다.) 답 ⑤

풀이 근과 계수의 관계에 의하여 $\alpha+\beta=-\frac{b}{a}$, $\alpha\beta=\frac{c}{a}$

$\therefore \frac{1}{\alpha}+\frac{1}{\beta}=\frac{\alpha+\beta}{\alpha\beta}=\left(-\frac{b}{a}\right)\div\frac{c}{a}=\left(-\frac{b}{a}\right)\cdot\frac{a}{c}=-\frac{b}{c}$

$\frac{1}{\alpha}\cdot\frac{1}{\beta}=\frac{1}{\alpha\beta}=\frac{a}{c}$

따라서 $\frac{1}{\alpha}$, $\frac{1}{\beta}$을 두 근으로 하는 이차방정식은

$x^2+\frac{b}{c}x+\frac{a}{c}=0$ $\quad\therefore cx^2+bx+a=0$

→ **0341** 이차방정식 $x^2-2x+a=0$의 두 근을 α, β라 할 때, $\frac{\beta}{\alpha^2}$, $\frac{\alpha}{\beta^2}$를 두 근으로 하는 이차방정식이 $ax^2+4x+b=0$이다. 이때 상수 a, b에 대하여 $a+b$의 값을 구하시오. 답 5

풀이 근과 계수의 관계에 의하여

$\alpha+\beta=2$, $\alpha\beta=a$

$\therefore \frac{\beta}{\alpha^2}+\frac{\alpha}{\beta^2}=\frac{\alpha^3+\beta^3}{\alpha^2\beta^2}=\frac{(\alpha+\beta)^3-3\alpha\beta(\alpha+\beta)}{(\alpha\beta)^2}$

$=\frac{2^3-3\cdot a\cdot 2}{a^2}=\frac{8-6a}{a^2}$

$\frac{\beta}{\alpha^2}\cdot\frac{\alpha}{\beta^2}=\frac{1}{\alpha\beta}=\frac{1}{a}$

이때 $\frac{\beta}{\alpha^2}$, $\frac{\alpha}{\beta^2}$를 두 근으로 하는 이차방정식이

$ax^2+4x+b=0$이므로 $\frac{8-6a}{a^2}=-\frac{4}{a}$, $\frac{1}{a}=\frac{b}{a}$

따라서 $a=4$, $b=1$이므로 $a+b=5$

유형 14 잘못 보고 푼 이차방정식 개념 1, 4

서술형 **0342** 이차방정식 $ax^2+bx+c=0$을 푸는데 b를 잘못 보고 풀어 두 근 -3, 5를 얻었고, c를 잘못 보고 풀어 두 근 2, -4를 얻었다. 이 이차방정식의 올바른 근을 구하시오. 답 풀이 참조

(a, c는 바르게 보고 풀었음을 이용하자.)
(a, b는 바르게 보고 풀었음을 이용하자.)

풀이 두 근의 곱은 $\frac{c}{a}=(-3)\cdot5=-15$

$\therefore c=-15a$ …❶ (40%)

두 근의 합은 $-\frac{b}{a}=2+(-4)=-2$

$\therefore b=2a$ …❷ (40%)

따라서 주어진 이차방정식은 $ax^2+2ax-15a=0$

$x^2+2x-15=0$ ($\because a\neq0$), $(x+5)(x-3)=0$

$\therefore x=-5$ 또는 $x=3$ …❸ (20%)

→ **0343** 이차방정식 $ax^2+bx+c=0$을 푸는데 근의 공식을 $x=\frac{b\pm\sqrt{b^2-4ac}}{a}$로 잘못 적용하여 두 근 -4, 1을 얻었다. 이 이차방정식의 올바른 근을 구하시오. (단, a, b, c는 실수이다.) 답 풀이 참조

(잘못 적용한 공식을 이용해서 계수를 구하자.)

풀이 $\frac{b+\sqrt{b^2-4ac}}{a}+\frac{b-\sqrt{b^2-4ac}}{a}=-3$에서 $b=-\frac{3}{2}a$

$\frac{b+\sqrt{b^2-4ac}}{a}\cdot\frac{b-\sqrt{b^2-4ac}}{a}=-4$에서 $c=-a$

따라서 주어진 이차방정식은 $ax^2-\frac{3}{2}ax-a=0$

$2x^2-3x-2=0$ ($\because a\neq0$), $(2x+1)(x-2)=0$

$\therefore x=-\frac{1}{2}$ 또는 $x=2$

유형 15 이차방정식의 켤레근 개념 5

0344 이차방정식 $x^2+ax+b=0$의 한 근이 $\frac{2}{1-i}$일 때, 실수 a, b에 대하여 ab의 값은? 답 ①

실수인 계수를 갖는 이차방정식이므로 켤레근을 이용할 수 있도록 $a+bi$ 꼴로 만든다.

풀이 $\frac{2}{1-i}=\frac{2(1+i)}{(1-i)(1+i)}=\frac{2(1+i)}{2}=1+i$

이므로 주어진 이차방정식의 다른 한 근은 $1-i$이다.

이때 근과 계수의 관계에 의하여

$(1+i)+(1-i)=-a$, $(1+i)(1-i)=b$

따라서 $a=-2$, $b=2$이므로 $ab=\mathbf{-4}$

0345 x에 대한 이차방정식 $x^2-6x+a=0$의 한 근이 $b+\sqrt{2}$일 때, 유리수 a, b에 대하여 $a+2b$의 값은? 답 ②

계수가 모두 유리수이므로 켤레근을 갖는다.

풀이 다른 한 근은 $b-\sqrt{2}$이므로 이차방정식의 근과 계수의 관계에 의하여

$(b+\sqrt{2})+(b-\sqrt{2})=6$, $(b+\sqrt{2})(b-\sqrt{2})=a$

$2b=6$, $b^2-2=a$

따라서 $a=7$, $b=3$이므로

$a+2b=\mathbf{13}$

0346 이차방정식 $x^2-3x+4=0$의 두 근을 α, β라 할 때, $\frac{\overline{\beta}}{\alpha}+\frac{\overline{\beta}}{\alpha}$의 값은? (단, $\overline{\alpha}$, $\overline{\beta}$는 각각 α, β의 켤레복소수이다.) 답 ②

풀이 이차방정식의 근과 계수의 관계에 의하여

$\alpha+\beta=3$, $\alpha\beta=4$

이차방정식 $x^2-3x+4=0$의 판별식을 D라 하면

$D=(-3)^2-4\cdot1\cdot4=-7<0$

이므로 이 이차방정식은 서로 다른 두 허근을 갖는다.

이때 한 허근은 다른 허근의 켤레복소수이므로

$\overline{\alpha}=\beta$, $\overline{\beta}=\alpha$

$\therefore \frac{\beta}{\alpha}+\frac{\overline{\beta}}{\alpha}=\frac{\beta}{\alpha}+\frac{\alpha}{\beta}=\frac{\alpha^2+\beta^2}{\alpha\beta}=\frac{(\alpha+\beta)^2-2\alpha\beta}{\alpha\beta}$

$=\frac{3^2-2\cdot4}{4}=\mathbf{\frac{1}{4}}$

서술형 **0347** 다항식 $f(x)=x^2-px+q$가 다음 조건을 만족시킨다. 답 26

나머지정리를 이용할 수 있다.

(가) 다항식 $f(x)$를 $x-1$로 나눈 나머지는 1이다.

(나) 실수 a에 대하여 이차방정식 $f(x)=0$의 한 근은 $a+i$이다.

이때 $f(2p+q)$의 값을 구하시오. (단, p, q는 실수이다.)

켤레근을 갖는다.

풀이 (가)에서 $f(1)=1$이므로

$1-p+q=1$ $\therefore p=q$ …… ㉠ …❶ (30%)

(나)에서 다른 한 근은 $a-i$이므로 이차방정식의 근과 계수의 관계에 의하여

$(a+i)+(a-i)=p$, $(a+i)(a-i)=q$

$2a=p$, $a^2+1=q$ …… ㉡ …❷ (30%)

㉠, ㉡에 의하여 $2a=a^2+1$

$(a-1)^2=0$ $\therefore a=1$, $p=2$, $q=2$ …❸ (30%)

따라서 $f(x)=x^2-2x+2$이므로

$f(2p+q)=f(6)=36-12+2=\mathbf{26}$ …❹ (10%)

유형 16 이차식의 인수분해 개념 6

0348 이차식 x^2-2x+5를 복소수의 범위에서 인수분해하면? 답 ③

풀이 $x^2-2x+5=0$에서 근의 공식에 의하여

$x=-(-1)\pm\sqrt{(-1)^2-1\cdot5}=1\pm2i$

$\therefore x^2-2x+5=\{x-(1+2i)\}\{x-(1-2i)\}$

$=\mathbf{(x-1-2i)(x-1+2i)}$

0349 이차식 $\frac{1}{4}x^2-x+\frac{5}{4}$를 복소수의 범위에서 인수분해하면 $\frac{1}{4}(x-2+ai)(x+b+i)$일 때, 실수 a, b에 대하여 $a+b$의 값은? 답 ①

풀이 $\frac{1}{4}x^2-x+\frac{5}{4}=0$, 즉 $x^2-4x+5=0$에서 근의 공식에 의하여

$x=-(-2)\pm\sqrt{(-2)^2-1\cdot5}=2\pm i$

$\therefore \frac{1}{4}x^2-x+\frac{5}{4}=\frac{1}{4}\{x-(2+i)\}\{x-(2-i)\}$

$=\frac{1}{4}(x-2-i)(x-2+i)$

따라서 $a=-1$, $b=-2$이므로

$a+b=\mathbf{-3}$

유형 17 $f(ax+b)=0$의 두 근 개념 4

0350 방정식 $P(x)=0$의 한 근이 3일 때, 다음 중 2를 반드시 근으로 갖는 x에 대한 방정식은? 답 ③

$x=2$를 대입했을 때, 항상 등식이 성립해야 한다.

① $P(-x-1)=0$ ② $P(x+2)=0$
③ $P(2x-1)=0$ ④ $P(-x^2+1)=0$
⑤ $P(2x^2-4)=0$

풀이 $P(3)=0$이므로

①, ④ $P(-3)$은 항상 0인지 알 수 없다.

②, ⑤ $P(4)$는 항상 0인지 알 수 없다.

③ $P(2\cdot2-1)=P(3)=0$

0351 이차방정식 $f(x)=0$의 두 근 α, β에 대하여 $\alpha+\beta=2$일 때, 이차방정식 $f(5x-4)=0$의 두 근의 합은? 답 ②

$f(\alpha)=0, f(\beta)=0$

풀이 $f(5x-4)=0$이려면 $5x-4=\alpha$ 또는 $5x-4=\beta$

$\therefore x=\frac{\alpha+4}{5}$ 또는 $x=\frac{\beta+4}{5}$

따라서 이차방정식 $f(5x-4)=0$의 두 근의 합은

$\frac{\alpha+4}{5}+\frac{\beta+4}{5}=\frac{\alpha+\beta+8}{5}=\frac{2+8}{5}=\mathbf{2}$

Tip 이차방정식 $f(x)=0$의 두 근이 α, β일 때, $f(mx+n)=0$의 두 근은 $mx+n=\alpha$, $mx+n=\beta$를 만족시키는 x이다.

0352 이차방정식 $f(x)=0$의 두 근의 합이 4, 곱이 2일 때, 이차방정식 $f(4-2x)=0$의 두 근의 곱은? 답 ②

두 근을 α, β라 하면 $\alpha+\beta=4, \alpha\beta=2, f(\alpha)=0, f(\beta)=0$

풀이 $f(4-2x)=0$이려면 $4-2x=\alpha$ 또는 $4-2x=\beta$

$\therefore x=\frac{4-\alpha}{2}$ 또는 $x=\frac{4-\beta}{2}$

따라서 이차방정식 $f(4-2x)=0$의 두 근의 곱은

$$\frac{4-\alpha}{2}\cdot\frac{4-\beta}{2}=\frac{16-4(\alpha+\beta)+\alpha\beta}{4}=\frac{16-4\cdot4+2}{4}=\mathbf{\frac{1}{2}}$$

0353 이차방정식 $f(2-x)=0$의 두 근 α, β에 대하여 $\alpha+\beta=3, \alpha\beta=5$일 때, 이차방정식 $f(x+3)=0$의 두 근의 곱을 구하시오. 답 9

풀이 $f(2-\alpha)=0$, $f(2-\beta)=0$이므로 $f(x+3)=0$이려면

$x+3=2-\alpha$ 또는 $x+3=2-\beta$

$\therefore x=-1-\alpha$ 또는 $x=-1-\beta$

따라서 이차방정식 $f(x+3)=0$의 두 근의 곱은

$(-1-\alpha)(-1-\beta)=1+\alpha+\beta+\alpha\beta=\mathbf{9}$

유형 18 $f(\alpha)=f(\beta)=k$를 만족시키는 이차식 $f(x)$ 구하기 개념 4, 6

0354 이차식 $f(x)=x^2+4x+3$에 대하여 $f(\alpha)=-2$, $f(\beta)=-2$일 때, $\alpha^2+\beta^2$의 값은? 답 ③

풀이 $f(\alpha)=-2$, $f(\beta)=-2$이므로

$f(\alpha)+2=0$, $f(\beta)+2=0$

따라서 이차방정식 $f(x)+2=0$, 즉 $x^2+4x+5=0$의 두 근이 α, β이므로 근과 계수의 관계에 의하여

$\alpha+\beta=-4, \alpha\beta=5$

$$\therefore \alpha^2+\beta^2=(\alpha+\beta)^2-2\alpha\beta=(-4)^2-2\cdot5=\mathbf{6}$$

서술형

0355 이차방정식 $x^2+2x-2=0$의 두 근을 α, β라 할 때, 이차식 $f(x)$가 $f(\alpha)=\alpha$, $f(\beta)=\beta$를 만족시킨다. $f(x)$의 x^2의 계수가 -1일 때, $f(2)$의 값을 구하시오. 답 -4

풀이 이차방정식의 근과 계수의 관계에 의하여

$\alpha+\beta=-2, \alpha\beta=-2$ …❶ (30%)

$f(\alpha)=\alpha$, $f(\beta)=\beta$이므로

$f(\alpha)-\alpha=0$, $f(\beta)-\beta=0$

따라서 이차방정식 $f(x)-x=0$의 두 근이 α, β이고, $f(x)$의 x^2의 계수가 -1이므로

$$f(x)-x=-(x-\alpha)(x-\beta)=-\{x^2-(\alpha+\beta)x+\alpha\beta\}=-(x^2+2x-2)=-x^2-2x+2$$ …❷ (40%)

$\therefore f(x)=-x^2-x+2$

$\therefore f(2)=\mathbf{-4}$ …❸ (30%)

실력 완성!

0356 이차방정식 $2(x+1)^2=x^2+x-2$의 근은? 답 ④

풀이 $2(x+1)^2=x^2+x-2$에서

$2x^2+4x+2=x^2+x-2$, $x^2+3x+4=0$

$\therefore x=\frac{-3\pm\sqrt{3^2-4\cdot1\cdot4}}{2}=\frac{-3\pm\sqrt{7}i}{2}$

주어진 각 이차방정식의 판별식을 D라 할 때, $D<0$이어야 한다.

0357 다음 중 허근을 갖는 이차방정식을 모두 고르면? (정답 2개) 답 ①, ⑤

① $-x^2+\sqrt{3}x-4=0$ ② $x^2-x+\frac{1}{4}=0$
③ $x^2+4x+2=0$ ④ $2x^2-3x-1=0$
⑤ $3x^2-2x+1=0$

풀이 ① $D=(\sqrt{3})^2-4\cdot(-1)\cdot(-4)=-13<0$

② $D=(-1)^2-4\cdot1\cdot\frac{1}{4}=0$

③ $\frac{D}{4}=2^2-1\cdot2=2>0$

④ $D=(-3)^2-4\cdot2\cdot(-1)=17>0$

⑤ $\frac{D}{4}=(-1)^2-3\cdot1=-2<0$

0358 이차식 $2x^2-8x+10$을 복소수의 범위에서 인수분해하면? 답 ④

Key 이차항의 계수가 $a(a\neq0)$인 이차방정식 $f(x)=0$의 두 근이 α, β이면 $f(x)=a(x-\alpha)(x-\beta)$임을 이용한다.

풀이 $2x^2-8x+10=0$, 즉 $x^2-4x+5=0$에서 근의 공식에 의하여

$x=-(-2)\pm\sqrt{(-2)^2-1\cdot5}=2\pm i$

$\therefore 2x^2-8x+10=2\{x-(2+i)\}\{x-(2-i)\}$

$=2(x-2-i)(x-2+i)$

(이차항의 계수)$\neq0$이어야 한다.

0359 x에 대한 이차방정식 $(k+1)x^2+kx-k^2+2=0$의 한 근이 1일 때, 실수 k의 값은? 답 ⑤

풀이 주어진 방정식이 x에 대한 이차방정식이므로

$k+1\neq0$ $\therefore k\neq-1$

또, 주어진 이차방정식의 한 근이 1이므로

$k+1+k-k^2+2=0$

$k^2-2k-3=0$, $(k+1)(k-3)=0$

$\therefore k=3$ ($\because k\neq-1$)

절댓값 기호 안의 식 $x-3$의 값이 0이 되는 x의 값을 기준으로 x의 값의 범위를 나누어서 방정식을 풀자.

0360 방정식 $x^2-5x+2=|x-3|$의 모든 근의 곱을 구하시오. 답 풀이 참조

풀이 (i) $x<3$일 때, $x^2-5x+2=-(x-3)$

$x^2-4x-1=0$

$\therefore x=-(-2)\pm\sqrt{(-2)^2-1\cdot(-1)}=2\pm\sqrt{5}$

그런데 $x<3$이므로 $x=2-\sqrt{5}$

(ii) $x\geq3$일 때, $x^2-5x+2=x-3$

$(x-1)(x-5)=0$ $\therefore x=1$ 또는 $x=5$

그런데 $x\geq3$이므로 $x=5$

(i), (ii)에 의하여 $x=2-\sqrt{5}$ 또는 $x=5$

따라서 모든 근의 곱은 $5(2-\sqrt{5})=10-5\sqrt{5}$

0361 어느 가족이 작년까지 한 변의 길이가 5 m인 정사각형 모양의 밭을 가꾸었다. 올해는 그림과 같이 가로의 길이를 x m, 세로의 길이를 $(x-5)$ m만큼 늘여서 새로운 직사각형 모양의 밭을 가꾸었다. 올해 늘어난 ⌐ 모양의 밭의 넓이가 125 m²일 때, x의 값은? (단, $x>5$) 답 ④

$x-5>0$이어야 한다.

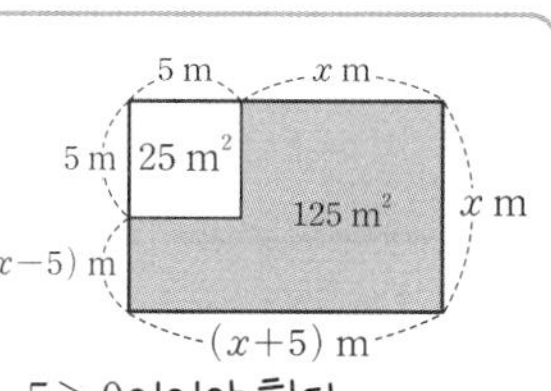

풀이 올해 가꾼 직사각형 모양의 밭의 가로의 길이가 $(x+5)$ m, 세로의 길이가 x m이고, 그 넓이는 $25+125=150$ (m²)이므로

$(x+5)x=150$, $x^2+5x-150=0$, $(x+15)(x-10)=0$

$\therefore x=-15$ 또는 $x=10$

이때 $x>5$이므로 $x=10$

0362 이차방정식 $(x-1)(x+5)=x$의 서로 다른 두 근을 α, β라 할 때, $(\alpha-1)(\beta-1)(\alpha+5)(\beta+5)$의 값은? 답 ①

풀이 이차방정식 $(x-1)(x+5)=x$, 즉
$x^2+3x-5=0$의 두 근이 α, β이므로 근과 계수의 관계에 의하여 $\alpha\beta=-5$
α, β가 이차방정식 $(x-1)(x+5)=x$의 두 근이므로
$(\alpha-1)(\alpha+5)=\alpha$, $(\beta-1)(\beta+5)=\beta$
$\therefore (\alpha-1)(\beta-1)(\alpha+5)(\beta+5)$
$=\{(\alpha-1)(\alpha+5)\}\{(\beta-1)(\beta+5)\}$
$=\alpha\beta=\mathbf{-5}$

0363 이차방정식 $3x^2+3ax-1=0$의 두 근이 α, β이고, $x^2-6x+b=0$의 두 근이 $\frac{1}{\alpha}$, $\frac{1}{\beta}$이다. 이때 실수 a, b에 대하여 ab의 값은? 답 ⑤

풀이 이차방정식 $3x^2+3ax-1=0$의 두 근이 α, β일 때,
$\frac{1}{\alpha}$, $\frac{1}{\beta}$을 두 근으로 갖는 이차방정식은
$-x^2+3ax+3=0$, 즉 $x^2-3ax-3=0$
이므로 $-3a=-6$, $b=-3$
따라서 $a=2$, $b=-3$이므로 $ab=\mathbf{-6}$

Tip 이차방정식 $ax^2+bx+c=0$의 두 근이 α, β일 때,
이차방정식 $cx^2+bx+a=0$의 두 근은 $\frac{1}{\alpha}$, $\frac{1}{\beta}$이다.

A학생은 b를 바르게 보고 풀었음을 이용하자.

0364 a, b가 유리수인 이차방정식 $x^2+ax+b=0$을 푸는데 A학생은 a를 다른 유리수로 잘못 보고 풀어 한 근 $-5+2i$를 얻었고, B학생은 b를 다른 유리수로 잘못 보고 풀어 한 근 $2+\sqrt{2}$를 얻었다. $a+b$의 값을 구하시오. 답 25

B학생은 a를 바르게 보고 풀었음을 이용하자.

풀이 이차방정식의 계수가 모두 유리수이므로 A학생이 a를 잘못 보고 풀어 얻은 두 근은 $-5+2i$, $-5-2i$이다.
이때 $b=(-5+2i)(-5-2i)$이므로 $b=29$
마찬가지로 B학생이 b를 잘못 보고 풀어 얻은 두 근은
$2+\sqrt{2}$, $2-\sqrt{2}$이므로
$-a=(2+\sqrt{2})+(2-\sqrt{2})$ $\therefore a=-4$
$\therefore a+b=\mathbf{25}$

이차방정식이라고 하지 않았으므로 이차항의 계수 $a-b$가 0인 경우와 0이 아닌 경우로 나누어서 생각하자.

0365 방정식 $(a-b)x^2-2cx+a+b=0$의 서로 다른 실근의 개수가 1일 때, a, b, c를 세 변의 길이로 하는 삼각형은 어떤 삼각형이 될 수 있는 것을 고르면? (정답 2개) 답 ②, ④

풀이 (i) $a-b=0$, 즉 $a=b$인 경우
$-2cx+a+b=0$에서 $x=\frac{a+b}{2c}$
따라서 조건을 만족시키는 삼각형은 **$a=b$인 이등변삼각형**이다.
(ii) $a-b\neq0$, 즉 $a\neq b$인 경우
이차방정식 $(a-b)x^2-2cx+a+b=0$의 판별식을 D라 하면
$\frac{D}{4}=(-c)^2-(a-b)(a+b)=0$ $\therefore a^2=b^2+c^2$
따라서 조건을 만족시키는 삼각형은 **빗변의 길이가 a인 직각삼각형**이다.

0366 이차방정식 $x^2+(m-5)x-18=0$의 두 근의 절댓값의 비가 1 : 2가 되도록 하는 모든 실수 m의 값의 곱을 구하시오. 답 16

(두 근의 곱)$=-18<0$이므로 두 근의 부호는 서로 다르다.

풀이 주어진 이차방정식의 두 근을 α, -2α $(\alpha\neq0)$로 놓으면
이차방정식의 근과 계수의 관계에 의하여
$\alpha+(-2\alpha)=-(m-5)$ $\therefore m=\alpha+5$ ...... ㉠
$\alpha\cdot(-2\alpha)=-18$, $\alpha^2=9$ $\therefore \alpha=\pm3$ ...... ㉡
㉡을 ㉠에 대입하면 $m=2$ 또는 $m=8$
따라서 모든 실수 m의 값의 곱은 **16**이다.

0367 한 변의 길이가 10인 정사각형 ABCD가 있다. 그림과 같이 정사각형 ABCD의 내부에 한 점 P를 잡고, 점 P를 지나고 정사각형의 각 변에 평행한 두 직선이 정사각형의 네 변과 만나는 점을 각각 E, F, G, H라 하자. 직사각형 PFCG의 둘레의 길이가 28이고 넓이가 43일 때, 두 선분 AE와 AH의 길이를 두 근으로 하는 이차방정식이 $x^2-ax+b=0$이다. 이때 상수 a, b에 대하여 $a+b$의 값을 구하시오. 답 9

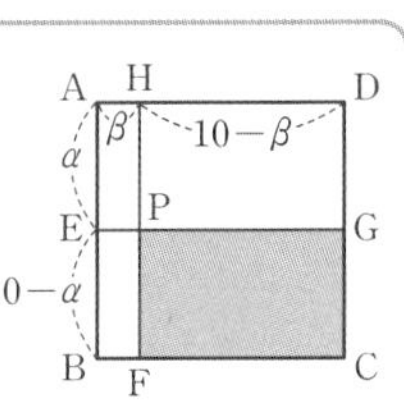

$\overline{AE}=\alpha$, $\overline{AH}=\beta$라 하자.

풀이 직사각형 PFCG의 둘레의 길이가 28이므로
$2\{(10-\alpha)+(10-\beta)\}=28$, $20-\alpha-\beta=14$
$\therefore \alpha+\beta=6$ ...... ㉠
직사각형 PFCG의 넓이가 43이므로 $(10-\alpha)(10-\beta)=43$
$\therefore 100-10(\alpha+\beta)+\alpha\beta=43$ ...... ㉡
㉠을 ㉡에 대입하면
$100-10\cdot6+\alpha\beta=43$ $\therefore \alpha\beta=3$
따라서 α, β를 두 근으로 하고 x^2의 계수가 1인 이차방정식은
$x^2-6x+3=0$이므로 $a=6$, $b=3$
$\therefore a+b=\mathbf{9}$

0368 이차방정식 $f(2x-5)=0$의 두 근 α, β에 대하여 $\alpha+\beta=\frac{1}{2}$, $\alpha\beta=4$일 때, 이차방정식 $f(6x)=0$의 두 근의 곱을 구하시오.

답 1

풀이 $f(2\alpha-5)=0$, $f(2\beta-5)=0$이므로 $f(6x)=0$이려면

$6x=2\alpha-5$ 또는 $6x=2\beta-5$

$\therefore x=\frac{2\alpha-5}{6}$ 또는 $x=\frac{2\beta-5}{6}$

따라서 이차방정식 $f(6x)=0$의 두 근의 곱은

$$\frac{2\alpha-5}{6}\cdot\frac{2\beta-5}{6}=\frac{4\alpha\beta-10(\alpha+\beta)+25}{36}$$

$$=\frac{4\cdot4-10\cdot\frac{1}{2}+25}{36}=\mathbf{1}$$

0369 서로 다른 두 소수 p, q에 대하여 이차방정식 $x^2-px+q=0$은 서로 다른 두 자연수를 근으로 가질 때, pq의 값은?

답 ①

풀이 이차방정식 $x^2-px+q=0$의 두 근을 α, β (α, β는 자연수)라 하면 근과 계수의 관계에 의하여

$\alpha+\beta=p$ …… ㉠

$\alpha\beta=q$ …… ㉡

㉡에서 q는 소수이고 α, β는 자연수이므로

$\alpha=1$, $\beta=q$ 또는 $\alpha=q$, $\beta=1$ ← 소수는 1과 자기 자신만을 약수로 가지므로 α, β 중 어느 하나는 1이어야 한다.

㉠에 대입하면 $p=q+1$

이때 p, q는 연속하는 자연수이면서 소수이므로

$p=3$, $q=2$

$\therefore pq=\mathbf{6}$

서술형

0370 이차방정식 $x^2-4x+k+3=0$이 실근을 갖고, 이차방정식 $x^2+2x+k+6=0$이 허근을 갖도록 하는 정수 k의 개수를 구하시오.

답 6

풀이 이차방정식 $x^2-4x+k+3=0$의 판별식을 D_1이라 하면

$\frac{D_1}{4}=(-2)^2-(k+3)\ge0$

$\therefore k\le1$ …… ㉠ …❶ (40%)

이차방정식 $x^2+2x+k+6=0$의 판별식을 D_2라 하면

$\frac{D_2}{4}=1^2-(k+6)<0$

$\therefore k>-5$ …… ㉡ …❷ (40%)

㉠, ㉡에 의하여 $-5<k\le1$이므로 정수 k는

-4, -3, -2, -1, 0, 1의 **6**개이다. …❸ (20%)

0371 이차방정식 $x^2-x+1=0$의 두 근을 α, β라 할 때, 이차식 $P(x)$가

$P(\alpha)=\beta$, $P(\beta)=\alpha$, $P(0)=-1$

을 만족시킨다. $P(1)$의 값을 구하시오.

답 -2

풀이 이차방정식 $x^2-x+1=0$의 두 근이 α, β이므로 근과 계수의 관계에 의하여

$\alpha+\beta=1$, $\alpha\beta=1$ …❶ (30%)

$\therefore \alpha=1-\beta$, $\beta=1-\alpha$

$P(\alpha)=\beta$, $P(\beta)=\alpha$에서 $P(\alpha)=1-\alpha$, $P(\beta)=1-\beta$이므로 $P(\alpha)+\alpha-1=0$, $P(\beta)+\beta-1=0$

따라서 이차방정식 $P(x)+x-1=0$의 두 근이 α, β이므로 $P(x)$의 x^2의 계수를 k ($k\ne0$)라 하면

$P(x)+x-1=k(x-\alpha)(x-\beta)$

$=k\{x^2-(\alpha+\beta)x+\alpha\beta\}$

$=k(x^2-x+1)$ …❷ (30%)

$\therefore P(x)=k(x^2-x+1)-x+1$

이때 $P(0)=-1$이므로

$k+1=-1$ $\therefore k=-2$

$\therefore P(x)=-2(x^2-x+1)-x+1$

$=-2x^2+x-1$ …❸ (30%)

$\therefore P(1)=\mathbf{-2}$ …❹ (10%)

A step 개념 복습하고,

※ 빈칸에 알맞은 것을 써넣고, 내용을 읽거나 따라 써 보세요.

개념 1 이차방정식과 이차함수의 관계

› 유형 01, 02

(1) 이차함수 $y=ax^2+bx+c$의 그래프와 x축의 교점의 x좌표는 이차방정식 [　　　　]의 실근과 같다.

$y=ax^2+bx+c$

α, β, x

$ax^2+bx+c=0$의 실근

(2) 이차함수 $y=ax^2+bx+c$의 그래프와 x축의 위치 관계는 이차방정식 [　　　　]의 판별식 $D=$[　　　　]의 부호에 따라 다음과 같다.

		$D>0$	$D=0$	$D<0$
$y=ax^2+bx+c$의 그래프와 x축	$a>0$	x	x	x
	$a<0$	x	x	x
$y=ax^2+bx+c$의 그래프와 x축의 위치 관계		서로 다른 [　][　]에서 만난다.	[　][　]에서 만난다.(접한다.)	만나지 [　][　][　].
$ax^2+bx+c=0$의 해		서로 다른 두 [　][　]	[　][　]	서로 다른 두 [　][　]

개념 2 이차함수의 그래프와 직선의 위치 관계

› 유형 03~06

이차함수 $y=ax^2+bx+c$의 그래프와 직선 $y=mx+n$의 위치 관계는 이차방정식

[　　　　] ······ ㉠

의 판별식 D의 부호에 따라 다음과 같다.

	$D>0$	$D=0$	$D<0$
$y=ax^2+bx+c\ (a>0)$의 그래프와 직선 $y=mx+n\ (m>0)$			
$y=ax^2+bx+c$의 그래프와 직선 $y=mx+n$의 위치 관계	서로 다른 [　][　]에서 만난다.	[　][　]에서 만난다.(접한다.)	만나지 [　][　][　].
㉠의 해	서로 다른 두 [　][　]	[　][　]	서로 다른 두 [　][　]

답 개념 1 (1) $ax^2+bx+c=0$ (2) $ax^2+bx+c=0$, b^2-4ac, 두 점, 한 점, 않는다, 실근, 중근, 허근

개념 2 $ax^2+(b-m)x+c-n=0$, 두 점, 한 점, 않는다, 실근, 중근, 허근

개념 1 이차방정식과 이차함수의 관계

0372 다음 이차함수의 그래프와 x축의 교점의 x좌표를 구하시오.

(1) $y=x^2-x-2$ ($=0$)

$(x+1)(x-2)=0$ $\therefore x=\mathbf{-1}$ **또는** $x=\mathbf{2}$

(2) $y=2x^2-3x+1$ ($=0$)

$(2x-1)(x-1)=0$ $\therefore x=\mathbf{\frac{1}{2}}$ **또는** $x=\mathbf{1}$

(3) $y=-3x^2+6x-3$ ($=0$)

$x^2-2x+1=0,\ (x-1)^2=0$ $\therefore x=\mathbf{1}$

(4) $y=x^2-2x-5$ ($=0$)

$x=-(-1)\pm\sqrt{(-1)^2-1\cdot(-5)}=\mathbf{1\pm\sqrt{6}}$

0373 다음 이차함수의 그래프와 x축의 위치 관계를 조사하시오.

(1) $y=x^2-2x-4$ ($=0$ (판별식: D))

$\frac{D}{4}=(-1)^2-1\cdot(-4)=5>0$

$\therefore$ **서로 다른 두 점에서 만난다.**

(2) $y=4x^2+4x+1$ ($=0$ (판별식: D))

$\frac{D}{4}=2^2-4\cdot1=0$

$\therefore$ **한 점에서 만난다.(접한다.)**

(3) $y=2x^2+5x+4$ ($=0$ (판별식: D))

$D=5^2-4\cdot2\cdot4=-7<0$

$\therefore$ **만나지 않는다.**

0374 이차함수 $y=x^2-4x+k$의 그래프와 x축의 위치 관계가 다음과 같을 때, 실수 k의 값 또는 k의 값의 범위를 구하시오.

$=0$ (판별식: D) $\rightarrow \frac{D}{4}=(-2)^2-1\cdot k=4-k$

(1) 한 점에서 만난다.

$4-k=0$ $\therefore \mathbf{k=4}$

(2) 서로 다른 두 점에서 만난다.

$4-k>0$ $\therefore \mathbf{k<4}$

(3) 만나지 않는다.

$4-k<0$ $\therefore \mathbf{k>4}$

(4) 만난다.

$4-k\geq0$ $\therefore \mathbf{k\leq4}$

개념 2 이차함수의 그래프와 직선의 위치 관계

0375 다음 이차함수의 그래프와 직선의 교점의 x좌표를 구하시오.

(1) $y=x^2-5x+2,\ y=3x-14$ ($=$)

$x^2-8x+16=0,\ (x-4)^2=0$ $\therefore x=\mathbf{4}$

(2) $y=-x^2+4x-11,\ y=14x+10$ ($=$)

$x^2+10x+21=0,\ (x+7)(x+3)=0$

$\therefore x=\mathbf{-7}$ **또는** $x=\mathbf{-3}$

0376 다음 이차함수의 그래프와 직선의 위치 관계를 조사하시오.

(1) $y=x^2-x-1,\ y=x-6$

$= \rightarrow x^2-2x+5=0$ (판별식: D)

$\frac{D}{4}=(-1)^2-1\cdot5=-4<0$

$\therefore$ **만나지 않는다.**

(2) $y=-x^2+2x+1,\ y=2x-3$

$= \rightarrow x^2-4=0$ (판별식: D)

$\frac{D}{4}=0^2-1\cdot(-4)=4>0$

$\therefore$ **서로 다른 두 점에서 만난다.**

(3) $y=2x^2+6x,\ y=2x-2$

$= \rightarrow x^2+2x+1=0$ (판별식: D)

$\frac{D}{4}=1^2-1\cdot1=0$

$\therefore$ **한 점에서 만난다.(접한다.)**

(4) $y=-2x^2-4x-1,\ y=-x-2$

$= \rightarrow 2x^2+3x-1=0$ (판별식: D)

$D=3^2-4\cdot2\cdot(-1)=17>0$

$\therefore$ **서로 다른 두 점에서 만난다.**

0377 이차함수 $y=-x^2+2x+1$의 그래프와 직선 $y=-4x+k$의 위치 관계가 다음과 같을 때, 실수 k의 값 또는 k의 값의 범위를 구하시오.

$= \rightarrow x^2-6x+k-1=0$ (판별식: D)

$\rightarrow \frac{D}{4}=(-3)^2-(k-1)=10-k$

(1) 한 점에서 만난다.

$10-k=0$ $\therefore \mathbf{k=10}$

(2) 서로 다른 두 점에서 만난다.

$10-k>0$ $\therefore \mathbf{k<10}$

(3) 만나지 않는다.

$10-k<0$ $\therefore \mathbf{k>10}$

(4) 만난다.

$10-k\geq0$ $\therefore \mathbf{k\leq10}$

개념 3 이차함수의 최대, 최소

> 유형 07, 10, 11

x의 값의 범위가 실수 전체일 때,
이차함수 $y=a(x-p)^2+q$의 최댓값과 최솟값은 다음과 같다.

(1) $a>0$일 때 $x=$ ☐ 에서 최솟값 ☐ 를 갖고, 최댓값은

.

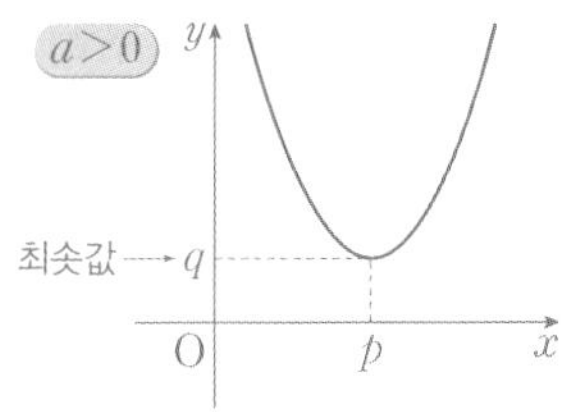

(2) $a<0$일 때 $x=$ ☐ 에서 최댓값 ☐ 를 갖고, 최솟값은

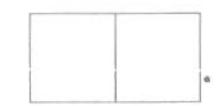.

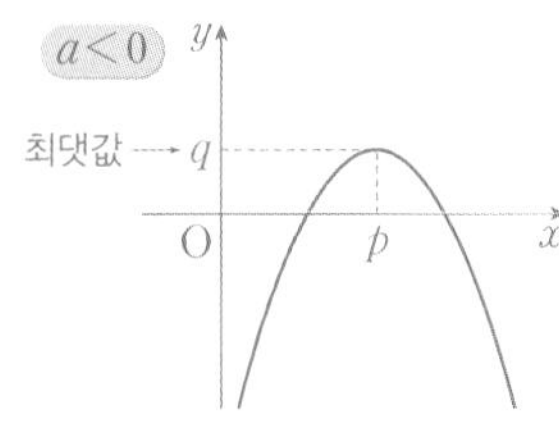

개념 4 제한된 범위에서의 이차함수의 최대, 최소

> 유형 08, 09, 11~13

x의 값의 범위가 $\alpha\le x\le\beta$일 때,
이차함수 $f(x)=a(x-p)^2+q$의 최댓값과 최솟값은
$y=f(x)$의 그래프의 꼭짓점의 x좌표인 p의 값의 범위에 따라 다음과 같다.

(1) $\alpha\le p\le\beta$일 때

➡ ☐ 중 가장 큰 값이 ☐☐☐, 가장 작은 값이 ☐☐☐이다.

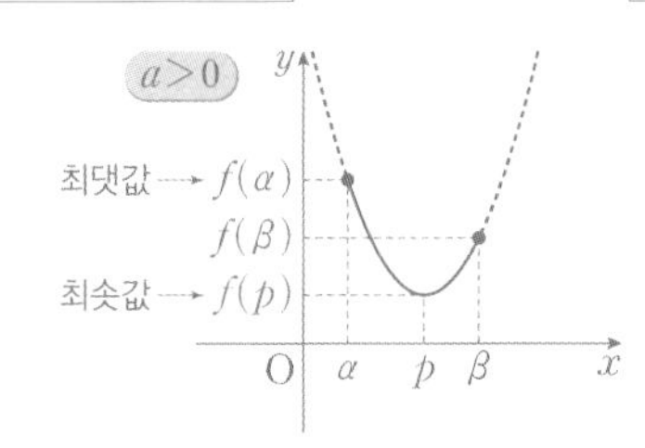

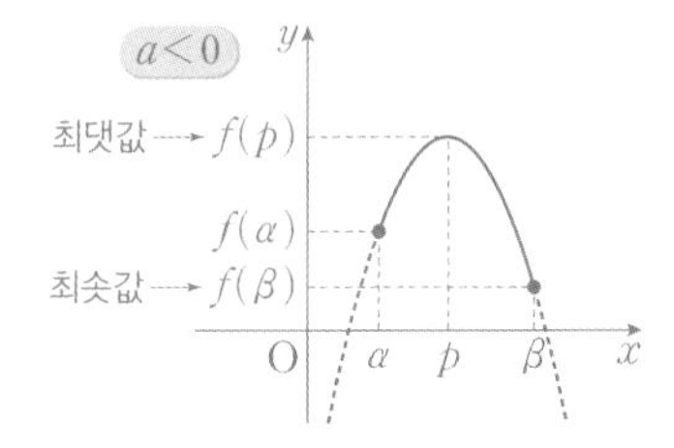

(2) $p<\alpha$ 또는 $p>\beta$일 때

➡ ☐ 중 큰 값이 ☐☐☐, 작은 값이 ☐☐☐이다.

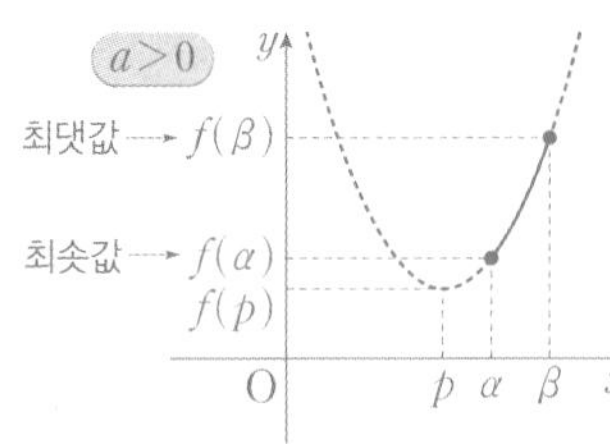

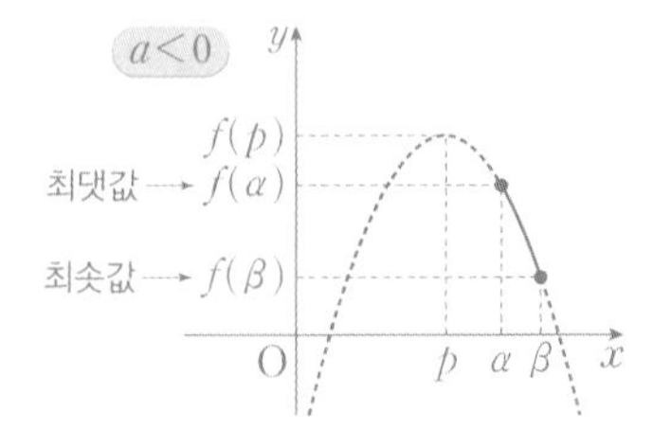

개념 3 (1) p, q, 없다 (2) p, q, 없다 개념 4 (1) $f(p)$, $f(\alpha)$, $f(\beta)$, 최댓값, 최솟값 (2) $f(\alpha)$, $f(\beta)$, 최댓값, 최솟값

개념 3 이차함수의 최대, 최소

0378 다음 이차함수의 최댓값 또는 최솟값과 그때의 x의 값을 구하시오. (그래프를 그려 본다.)

(1) $y=(x+4)^2-1$

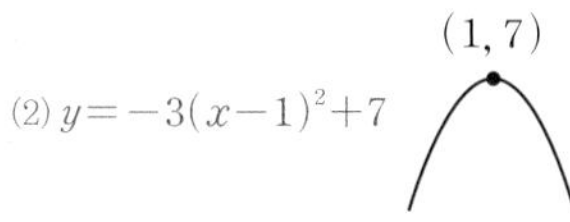

$\therefore$ 최솟값: -1, $x=-4$

(2) $y=-3(x-1)^2+7$

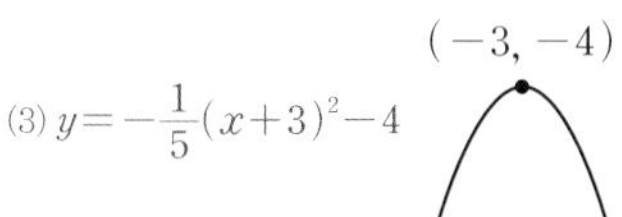

$\therefore$ 최댓값: 7, $x=1$

(3) $y=-\frac{1}{5}(x+3)^2-4$

(−3, −4)

$\therefore$ 최댓값: -4, $x=-3$

0379 이차함수 $y=2x^2-8x+19$에 대하여 다음 물음에 답하시오.

(1) 이차함수의 식을 $y=a(x-b)^2+c$ 꼴로 나타내시오.

$y=2x^2-8x+19=2(x-2)^2+11$

(2) 이차함수의 최솟값과 그때의 x의 값을 구하시오.

(2, 11)

$\therefore$ 최솟값: 11, $x=2$

0380 다음 이차함수의 최댓값과 최솟값을 구하시오.

(1) $y=x^2-2x+8=(x-1)^2+7$

(1, 7)

$\therefore$ 최솟값: 7, 최댓값: 없다.

(2) $y=\frac{1}{2}x^2-3x+1=\frac{1}{2}(x-3)^2-\frac{7}{2}$

$\left(3, -\frac{7}{2}\right)$

$\therefore$ 최솟값: $-\frac{7}{2}$, 최댓값: 없다.

(3) $y=-x^2+4x-5=-(x-2)^2-1$

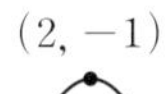
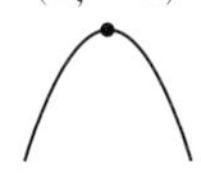

(2, −1)

$\therefore$ 최댓값: -1, 최솟값: 없다.

(4) $y=-3x^2+18x-10=-3(x-3)^2+17$

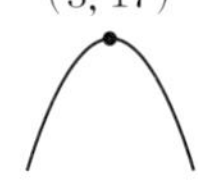

(3, 17)

$\therefore$ 최댓값: 17, 최솟값: 없다.

개념 4 제한된 범위에서의 이차함수의 최대, 최소

0381 x의 값의 범위가 다음과 같을 때, 이차함수 $f(x)=(x-2)^2-4$의 최댓값과 최솟값을 구하시오. (그래프를 그려 본다.)

(1) $1\le x\le 5$

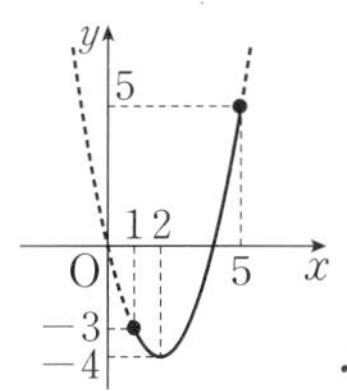

$\therefore$ 최댓값: 5, 최솟값: -4

(2) $-1\le x\le 1$

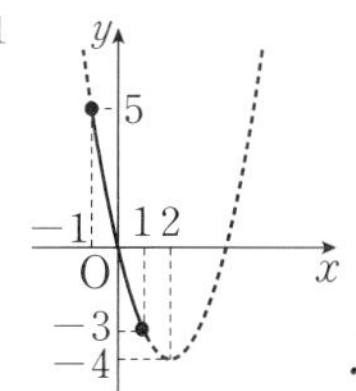

$\therefore$ 최댓값: 5, 최솟값: -3

(3) $2\le x\le 4$

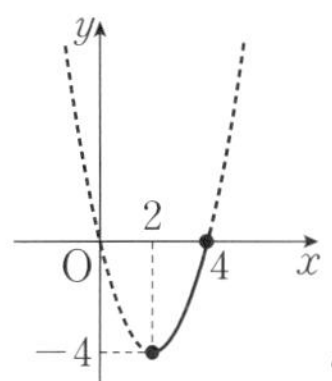

$\therefore$ 최댓값: 0, 최솟값: -4

0382 다음과 같이 x의 값의 범위가 주어진 이차함수의 최댓값과 최솟값을 구하시오.

(1) $f(x)=x^2-6x+3\ (2\le x\le 6)=(x-3)^2-6$

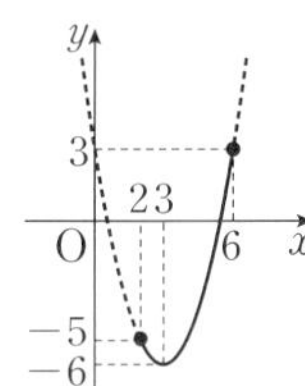

$\therefore$ 최댓값: 3, 최솟값: -6

(2) $f(x)=-2x^2-8x-5\ (-4\le x\le -1)=-2(x+2)^2+3$

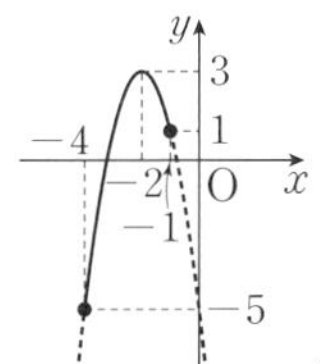

$\therefore$ 최댓값: 3, 최솟값: -5

(3) $f(x)=x^2+2x-3\ (-4\le x\le -2)=(x+1)^2-4$

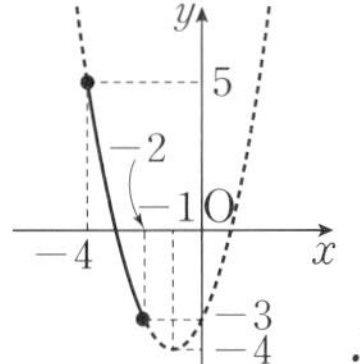

$\therefore$ 최댓값: 5, 최솟값: -3

(4) $f(x)=-x^2+3x\ (2\le x\le 4)=-\left(x-\frac{3}{2}\right)^2+\frac{9}{4}$

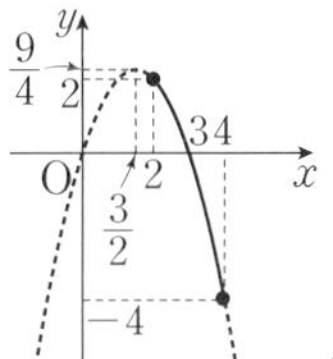

$\therefore$ 최댓값: 2, 최솟값: -4

05 이차방정식과 이차함수

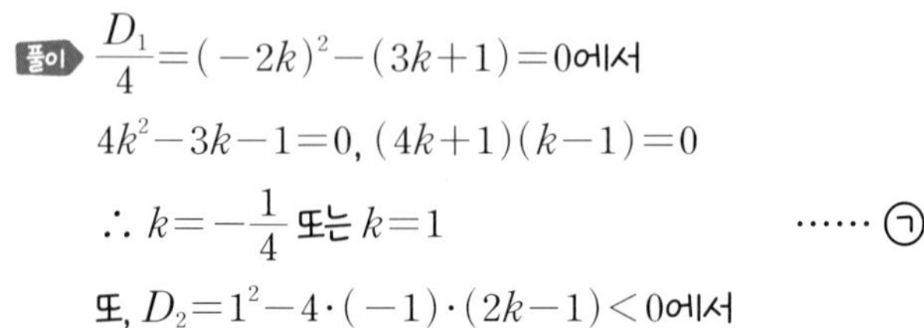

Bstep 기출 & 변형하면…

유형 01 이차함수의 그래프와 x축의 교점 (개념 1)

0383 이차함수 $y=x^2-2x+a$의 그래프가 x축과 만나는 서로 다른 두 점 중 한 점의 x좌표가 -2일 때, 상수 a의 값은? -2는 이차방정식 $x^2-2x+a=0$의 한 근이다. 답 ②

풀이 $x=-2$를 $x^2-2x+a=0$에 대입하면

$4+4+a=0 \qquad \therefore a=-8$

→ **0384** 이차함수 $y=4x^2-2ax+b$의 그래프가 그림과 같을 때, 실수 a, b에 대하여 $a+b$의 값은? (단, O는 원점이다.) 답 ⑤

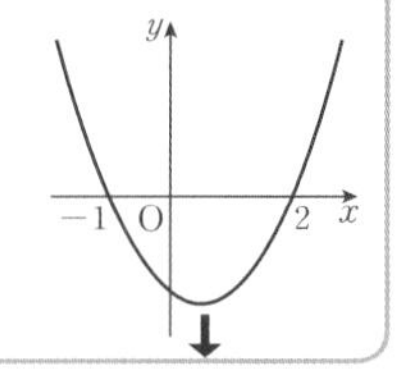

풀이 근과 계수의 관계에 의하여 (-1, 2는 이차방정식 $4x^2-2ax+b=0$의 두 근이다.)

$-1+2=-\dfrac{-2a}{4}$, $(-1)\cdot 2=\dfrac{b}{4}$

따라서 $a=2$, $b=-8$이므로

$a+b=\mathbf{-6}$

0385 이차함수 $y=x^2-3x-k$ $\left(=\left(x-\dfrac{3}{2}\right)^2-k-\dfrac{9}{4}\right)$의 그래프가 x축과 만나는 두 점 사이의 거리가 5일 때, 상수 k의 값은? 답 ①

Key 축의 방정식이 $x=\dfrac{3}{2}$이고, x축과 만나는 두 점 사이의 거리가 5이므로 x축과 만나는 두 점은 $(-1, 0)$, $(4, 0)$이다.

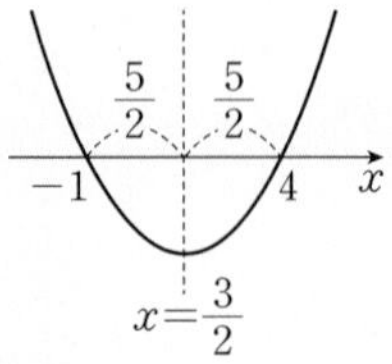

풀이 $x=-1$, $y=0$을 $y=x^2-3x-k$에 대입하면

$0=1+3-k \qquad \therefore k=4$

→ **0386** 이차함수 $y=ax^2+bx+c$의 그래프는 꼭짓점의 좌표가 $(3, -4)$이고 점 $(1, 0)$을 지난다. 상수 a, b, c에 대하여 $a+b-c$의 값은? ($y=a(x-3)^2-4$) 답 ①

풀이 이차함수 $y=a(x-3)^2-4$의 그래프가 점 $(1, 0)$을 지나므로

$4a-4=0 \qquad \therefore a=1$

$\therefore y=(x-3)^2-4=x^2-6x+5$

즉, $a=1$, $b=-6$, $c=5$이므로

$a+b-c=\mathbf{-10}$

유형 02 이차함수의 그래프와 x축의 위치 관계 (개념 1)

0387 이차함수 $y=\dfrac{1}{2}x^2+4x+k$ ($=0$ (판별식: D))의 그래프가 x축과 서로 다른 두 점에서 만나도록 하는 실수 k의 값의 범위는? 답 ④

풀이 $\dfrac{D}{4}=2^2-\dfrac{1}{2}k>0$에서

$4-\dfrac{1}{2}k>0$, $\dfrac{1}{2}k<4$

$\therefore \boldsymbol{k<8}$

→ **0388** 이차함수 $y=x^2-4kx+3k+1$ ($=0$ (판별식: D_1))의 그래프는 x축과 한 점에서 만나고, 이차함수 $y=-x^2+x+2k-1$ ($=0$ (판별식: D_2))의 그래프는 x축과 만나지 않도록 하는 실수 k의 값은? 답 ②

풀이 $\dfrac{D_1}{4}=(-2k)^2-(3k+1)=0$에서

$4k^2-3k-1=0$, $(4k+1)(k-1)=0$

$\therefore k=-\dfrac{1}{4}$ 또는 $k=1$ …… ㉠

또, $D_2=1^2-4\cdot(-1)\cdot(2k-1)<0$에서

$1+8k-4<0$, $8k<3 \qquad \therefore k<\dfrac{3}{8}$ …… ㉡

㉠, ㉡에서 $k=\mathbf{-\dfrac{1}{4}}$

=0 (판별식: D)

0389 이차함수 $y=x^2+2(m-1)x+m^2+5$의 그래프가 x축과 적어도 한 점에서 만나도록 하는 정수 m의 최댓값은? 답 ③

풀이 $\frac{D}{4}=(m-1)^2-(m^2+5)\geq 0$에서

$m^2-2m+1-m^2-5\geq 0$

$-2m-4\geq 0$, $-2m\geq 4$

$\therefore m\leq -2$

따라서 정수 m의 최댓값은 **−2**이다.

→ 서술형 **0390** x에 대한 이차함수 $y=x^2+(a-2k)x+k^2-k+b$의 그래프가 실수 k의 값에 관계없이 항상 x축에 접할 때, $16(a+b)$의 값을 구하시오. (단, a, b는 실수이다.) 답 20

풀이 $x^2+(a-2k)x+k^2-k+b=0$의 판별식을 D라 하면

$D=(a-2k)^2-4(k^2-k+b)=0$ …❶ (40%)

$\therefore (-4a+4)k+a^2-4b=0$

이 등식이 실수 k의 값에 관계없이 항상 성립하므로

$-4a+4=0$, $a^2-4b=0$ …❷ (40%)

위의 두 식을 연립하여 풀면

$a=1$, $b=\frac{1}{4}$

$\therefore 16(a+b)=16\cdot\frac{5}{4}=$**20** …❸ (20%)

유형 03 이차함수의 그래프와 직선의 두 교점 개념 2

0391 이차함수 $y=-x^2+b+1$의 그래프와 직선 $y=ax+2$의 두 교점의 x좌표가 각각 -1, 3일 때, 상수 a, b에 대하여 $b-a$의 값은? → $x^2+ax-b+1=0$ 답 ⑤

Key -1, 3은 이차방정식 $x^2+ax-b+1=0$의 두 근이다.

풀이 근과 계수의 관계에 의하여

$-1+3=-a$, $(-1)\cdot 3=-b+1$

따라서 $a=-2$, $b=4$이므로

$b-a=$**6**

→ **0392** 이차함수 $y=x^2-3x-1$의 그래프와 직선 $y=ax+b$가 두 점 P, Q에서 만나고, 점 P의 x좌표가 $2-\sqrt{2}$이다. 유리수 a, b에 대하여 $a-b$의 값은? → $x^2-(a+3)x-b-1=0$ 답 ⑤

Key $2-\sqrt{2}$는 계수가 모두 유리수인 이차방정식 $x^2-(a+3)x-b-1=0$의 한 근이므로 다른 한 근은 $2+\sqrt{2}$이다.

풀이 근과 계수의 관계에 의하여

$(2-\sqrt{2})+(2+\sqrt{2})=a+3$,

$(2-\sqrt{2})(2+\sqrt{2})=-b-1$

따라서 $a=1$, $b=-3$이므로

$a-b=$**4**

0393 이차함수 $y=2x^2-ax-2$의 그래프와 직선 $y=x+b$의 두 교점의 x좌표의 합이 4, 곱이 2일 때, 상수 a, b에 대하여 ab의 값은? → $2x^2-(a+1)x-b-2=0$ 답 ①

Key 두 교점의 x좌표는 이차방정식 $2x^2-(a+1)x-b-2=0$의 두 근이다.

풀이 근과 계수의 관계에 의하여

$\frac{a+1}{2}=4$, $\frac{-b-2}{2}=2$

따라서 $a=7$, $b=-6$이므로

$ab=$**−42**

→ 서술형 **0394** 그림과 같이 이차함수 $y=-x^2+3$의 그래프와 직선 $y=kx$가 만나는 서로 다른 두 점을 각각 A, B라 할 때, $\overline{OA}:\overline{OB}=3:1$이 되도록 하는 양수 k의 값을 구하시오. (단, O는 원점이다.) 답 2

풀이 두 점 A, B의 x좌표를 각각 α, β $(\alpha<0, \beta>0)$라 하면

$\overline{OA}:\overline{OB}=3:1$이므로

$|\alpha|:|\beta|=3:1$, $(-\alpha):\beta=3:1$

$\therefore \alpha=-3\beta$ ⋯⋯ ㉠ …❶ (40%)

α, β는 이차방정식 $-x^2+3=kx$, 즉 $x^2+kx-3=0$의 두 근이므로 근과 계수의 관계에 의하여

$\alpha+\beta=-k$, $\alpha\beta=-3$ ⋯⋯ ㉡ …❷ (40%)

㉠, ㉡을 연립하여 풀면

$\alpha=-3$, $\beta=1$, $k=$**2** …❸ (20%)

유형 04 이차함수의 그래프와 직선의 위치 관계 개념 2

0395 이차함수 $y=x^2-5x+4$의 그래프와 직선 $y=-3x+k$가 접하도록 하는 실수 k의 값은? 답 ③

$= \rightarrow x^2-2x+4-k=0$ (판별식: D)

풀이 $\frac{D}{4}=(-1)^2-(4-k)=0$에서

$1-4+k=0 \quad \therefore k=\mathbf{3}$

0396 이차함수 $y=x^2-8x+k+1$의 그래프와 직선 $y=x$가 서로 다른 두 점에서 만나도록 하는 자연수 k의 최댓값은? 답 ①

$= \rightarrow x^2-9x+k+1=0$ (판별식: D)

풀이 $D=(-9)^2-4(k+1)>0$에서

$81-4k-4>0,\ -4k>-77$

$\therefore k<\frac{77}{4}$

따라서 자연수 k의 최댓값은 **19**이다.

$= \rightarrow x^2-x+k-1=0$ (판별식: D_1)

0397 직선 $y=x+1$이 이차함수 $y=x^2+k$의 그래프와 서로 다른 두 점에서 만나고, 이차함수 $y=x^2-x+3k+11$의 그래프와 만나지 않도록 하는 정수 k의 개수를 구하시오. 답 4

$= \rightarrow x^2-2x+3k+10=0$ (판별식: D_2)

풀이 $D_1=(-1)^2-4(k-1)>0$에서

$1-4k+4>0,\ -4k>-5 \quad \therefore k<\frac{5}{4}$ ⋯⋯ ㉠

또, $\frac{D_2}{4}=(-1)^2-(3k+10)<0$에서

$1-3k-10<0,\ -3k<9 \quad \therefore k>-3$ ⋯⋯ ㉡

㉠, ㉡에서 $-3<k<\frac{5}{4}$이므로 정수 k는 $-2, -1, 0, 1$의 4개이다.

0398 이차함수 $y=2x^2-3x+3$의 그래프와 직선 $y=x-k$가 만나도록 하는 실수 k의 최댓값을 구하시오. 답 -1

$= \rightarrow 2x^2-4x+k+3=0$ (판별식: D)

풀이 $\frac{D}{4}=(-2)^2-2(k+3)\geq 0$에서

$4-2k-6\geq 0,\ -2k\geq 2$

$\therefore k\leq -1$

따라서 실수 k의 최댓값은 $\mathbf{-1}$이다.

유형 05 이차함수의 그래프에 접하는 직선의 방정식 개념 2

$x=-1, y=2$를 $y=-x^2+2x+a$에 대입하면 성립한다.

0399 점 $(-1, 2)$를 지나는 이차함수 $y=-x^2+2x+a$의 그래프에 접하고 직선 $y=\frac{1}{2}x$와 수직인 직선의 방정식은 $y=mx+n$이다. 실수 a, m, n에 대하여 $a+m+n$의 값은? 답 ②

$=-2x+n \quad \therefore m=-2$

풀이 $2=-1-2+a \quad \therefore a=5$

이차방정식 $-x^2+2x+5=-2x+n$, 즉

$x^2-4x+n-5=0$의 판별식을 D라 하면

$\frac{D}{4}=(-2)^2-(n-5)=0$에서

$4-n+5=0 \quad \therefore n=9$

$\therefore a+m+n=\mathbf{12}$

0400 이차함수 $y=x^2-2x+1$의 그래프에 접하고 직선 $y=2x-4$에 평행한 직선의 방정식이 $y=ax+b$일 때, 실수 a, b에 대하여 $a+b$의 값은? 답 ②

$=2x+b \quad \therefore a=2$

풀이 이차방정식 $x^2-2x+1=2x+b$, 즉

$x^2-4x+1-b=0$의 판별식을 D라 하면

$\frac{D}{4}=(-2)^2-(1-b)=0$에서

$4-1+b=0 \quad \therefore b=-3$

$\therefore a+b=\mathbf{-1}$

이차함수 $y=x^2-ax+1$의 그래프와 직선 $y=mx+n$이 점 $(1, 4)$를 지난다.

0401 점 $(1, 4)$에서 이차함수 $y=x^2-ax+1$의 그래프에 접하는 직선의 방정식이 $y=mx+n$일 때, 상수 a, m, n에 대하여 $a+m-n$의 값을 구하시오. 답 2

→ $x^2+(-a-m)x+1-n=0$ (판별식: D)

Key) $x=1$, $y=4$를 $y=x^2-ax+1$, $y=mx+n$에 각각 대입하면 등식이 성립한다.

풀이) $4=1-a+1$, $4=m+n$이므로

$a=-2$, $n=-m+4$ ······ ㉠

$x^2+(-a-m)x+1-n=0$, 즉

$x^2+(2-m)x+m-3=0$에서

$D=(2-m)^2-4(m-3)=0$, $m^2-8m+16=0$

$(m-4)^2=0$ $\therefore m=4$, $n=0$ ($\because$ ㉠)

$\therefore a+m-n=\mathbf{2}$

점 $(2, 3)$을 지나는 직선을 $y=m(x-2)+3$으로 놓자.

0402 점 $(2, 3)$을 지나고 이차함수 $y=x^2+3x+1$의 그래프와 접하는 두 직선의 기울기의 곱은? 답 ④

→ $x^2+(3-m)x+2m-2=0$ (판별식: D)

풀이) $D=(3-m)^2-4(2m-2)=0$

$9-6m+m^2-8m+8=0$, $m^2-14m+17=0$

$\therefore m=7\pm4\sqrt{2}$

따라서 구하는 기울기의 곱은

$(7+4\sqrt{2})(7-4\sqrt{2})=\mathbf{17}$

0403 직선 $y=ax+b$가 두 이차함수 $y=2x^2$과 $y=x^2+1$의 그래프에 동시에 접할 때, 상수 a, b에 대하여 ab의 값은? 답 ①

→ $2x^2-ax-b=0$ (판별식: D_1)

→ $x^2-ax+1-b=0$ (판별식: D_2)

풀이) $D_1=(-a)^2-4\cdot2\cdot(-b)=0$에서

$a^2+8b=0$ ······ ㉠

또, $D_2=(-a)^2-4(1-b)=0$에서

$a^2+4b-4=0$ ······ ㉡

㉠−㉡을 하면

$4b+4=0$ $\therefore b=-1$

$b=-1$을 ㉠에 대입하면

$a^2-8=0$ $\therefore a=2\sqrt{2}$ ($\because a>0$)

$\therefore ab=\mathbf{-2\sqrt{2}}$

서술형

0404 실수 a의 값에 관계없이 이차함수 $y=x^2+2ax+a^2+a$의 그래프에 항상 접하는 직선의 방정식을 구하시오. 답 풀이 참조

풀이) 구하는 직선의 방정식을 $y=mx+n$으로 놓자.

이차방정식 $x^2+2ax+a^2+a=mx+n$, 즉

$x^2+(2a-m)x+a^2+a-n=0$의 판별식을 D라 하면

$D=(2a-m)^2-4(a^2+a-n)=0$ ···❶ (40%)

$\therefore (-4m-4)a+m^2+4n=0$

이 등식이 실수 a의 값에 관계없이 항상 성립하므로

$-4m-4=0$, $m^2+4n=0$ ···❷ (40%)

$\therefore m=-1$, $n=-\frac{1}{4}$

$\therefore \mathbf{y=-x-\frac{1}{4}}$ ···❸ (20%)

유형 06 이차함수의 그래프와 직선이 접하는 점 개념 2

0405 이차함수 $y=x^2-3x$의 그래프와 직선 $y=x-4$가 접하는 점의 좌표를 구하시오. 답 풀이 참조

→ $x^2-4x+4=0$

풀이) $(x-2)^2=0$ $\therefore x=2$

$x=2$를 $y=x-4$에 대입하면 $y=-2$

따라서 구하는 점의 좌표는 $\mathbf{(2, -2)}$이다.

0406 점 (a, b)에서 이차함수 $y=2x^2-(k+1)x+3$의 그래프에 직선 $y=3x+1$이 접할 때, $a+b+k$의 값은? (단, $k<0$) 답 ①

→ $2x^2-(k+4)x+2=0$ ······ ㉠

풀이) ㉠의 판별식을 D라 하면

$D=\{-(k+4)\}^2-4\cdot2\cdot2=0$에서

$k^2+8k=0$, $k(k+8)=0$ $\therefore k=-8$ ($\because k<0$)

이것을 ㉠에 대입하면

$2x^2+4x+2=0$, $x^2+2x+1=0$

$(x+1)^2=0$ $\therefore x=-1$

$x=-1$을 $y=3x+1$에 대입하면 $y=-2$

$\therefore a=-1$, $b=-2$

$\therefore a+b+k=\mathbf{-11}$

05 이차방정식과 이차함수

유형 07 이차함수의 최대, 최소 개념 3

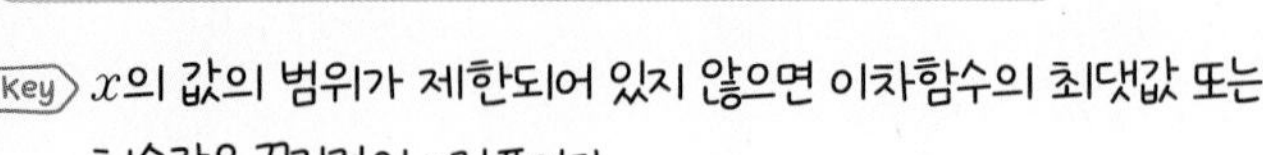

꼭짓점의 좌표가 $(b, 2)$이므로 $y=(x-b)^2+2$로 놓는다.

0407 이차함수 $y=x^2-4x+a$가 $x=b$에서 최솟값 2를 가질 때, 상수 a, b에 대하여 $a+b$의 값을 구하시오. 답 8

Key x의 값의 범위가 제한되어 있지 않으면 이차함수의 최댓값 또는 최솟값은 꼭짓점의 y좌표이다.

→ 최댓값 또는 최솟값을 가질 때의 x의 값은 꼭짓점의 x좌표이다.

풀이 $x^2-4x+a=(x-b)^2+2$

$x^2-4x+a=x^2-2bx+b^2+2$

따라서 $-4=-2b$, $a=b^2+2$이므로

$a=6$, $b=2$

$\therefore a+b=8$

0408 이차함수 $f(x)=-x^2+2ax-3a+3$의 최댓값을 $g(a)$라 할 때, $g(a)$의 최솟값은? (단, a는 실수이다.) 답 ①

$=-(x-a)^2+a^2-3a+3$

풀이 $f(x)=-(x-a)^2+a^2-3a+3$의 최댓값은

a^2-3a+3이므로

$g(a)=a^2-3a+3=\left(a-\frac{3}{2}\right)^2+\frac{3}{4}$

따라서 $g(a)$의 최솟값은 $\frac{3}{4}$이다.

0409 이차함수 $f(x)$가 다음 조건을 만족시킬 때, $f(0)$의 값을 구하시오. 답 31

꼭짓점의 좌표가 $(-5, 6)$이므로 $f(x)=a(x+5)^2+6$으로 놓는다.

(가) $x=-5$에서 최솟값 6을 갖는다.
(나) $f(-2)=15$

Key $f(x)=a(x+5)^2+6$이 최솟값을 가지므로 $a>0$이다.

풀이 (나)에서 $f(-2)=9a+6=15$

$\therefore a=1$

따라서 $f(x)=(x+5)^2+6$이므로

$f(0)=25+6=$**31**

0410 최고차항의 계수가 -1인 이차함수 $f(x)$가 $f(1)=f(5)=8$을 만족시킨다. 함수 $f(x)$의 최댓값을 구하시오. 답 12

$f(1)-8=0$, $f(5)-8=0$

Key 이차함수 $f(x)$에 대하여

$f(a)-k=0$, $f(b)-k=0$ (a, b, k는 상수)

이면 이차방정식 $f(x)-k=0$의 두 근은 a, b이다.

풀이 이차방정식 $f(x)-8=0$의 두 근이 1, 5이고

$f(x)-8$의 x^2의 계수가 -1이므로

$f(x)-8=-(x-1)(x-5)$

$\therefore f(x)=-(x-1)(x-5)+8$

$=-x^2+6x+3=-(x-3)^2+12$

따라서 $f(x)$는 $x=3$에서 최댓값 **12**를 갖는다.

유형 08 제한된 범위에서의 이차함수의 최대, 최소 개념 4

0411 $-1\le x\le 6$에서 이차함수 $f(x)=2x^2-4x+k$의 최댓값이 20일 때, 최솟값은? (단, k는 상수이다.) 답 ②

$=2(x-1)^2+k-2$

Key $-1\le x\le 6$일 때 $f(x)$는 $x=1$(대칭축)에서 최솟값을 가지므로 $x=-1$과 $x=6$ 중 $x=1$(대칭축)에서 더 멀리 떨어진 $x=6$에서 최댓값을 갖는다.

$x=-1$ $x=1$ $x=6$

풀이 $x=6$에서 최댓값 $f(6)=k+48$을 가지므로

$k+48=20$ $\therefore k=-28$

따라서 $-1\le x\le 6$에서 $f(x)$의 최솟값은

$k-2=-28-2=$**-30**

0412 $1\le x\le 4$에서 이차함수 $f(x)=ax^2-6ax+b$의 최댓값이 4, 최솟값이 -4일 때, 상수 a, b에 대하여 $a+b$의 값을 모두 구하시오. 답 ± 16

$=a(x-3)^2-9a+b$

Key 이차함수 $f(x)$의 그래프를 그리기 위해 a의 부호에 따라 경우를 나눈다.

풀이 (i) $a<0$일 때

$x=3$에서 최댓값 4,

$x=1$에서 최솟값 -4를 가지므로

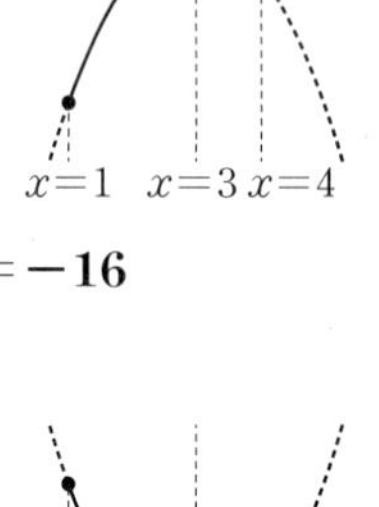

$f(3)=-9a+b=4$

$f(1)=-5a+b=-4$

$x=1$ $x=3$ $x=4$

따라서 $a=-2$, $b=-14$이므로 $a+b=$**-16**

(ii) $a>0$일 때

$x=1$에서 최댓값 4,

$x=3$에서 최솟값 -4를 가지므로

$f(1)=-5a+b=4$

$f(3)=-9a+b=-4$

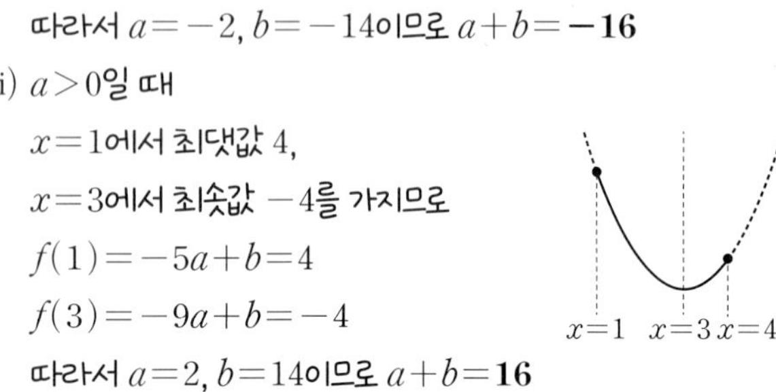

따라서 $a=2$, $b=14$이므로 $a+b=$**16**

서술형

0413 $a\le x\le 3$에서 이차함수 $y=2x^2-8x+1$의 최댓값은 11, 최솟값은 b일 때, 실수 a, b에 대하여 $a-b$의 값을 구하시오. 답 6

($y=2x^2-8x+1$을 $f(x)$로 놓자.)

Key 꼭짓점의 좌표를 구한 후 주어진 x의 값의 범위에서만 생각한다.

풀이 $f(x)=2x^2-8x+1$

$=2(x-2)^2-7$ …❶ (20%)

$f(3)=-5$이므로 최댓값이 11이려면

$a<2$

이때 $f(a)=11$이므로

$2a^2-8a+1=11$, $a^2-4a-5=0$

$(a+1)(a-5)=0$

$\therefore a=-1\ (\because a<2)$ …❷ (50%)

$-1\le x\le 3$에서 $f(x)$의 최솟값은 -7이므로 $b=-7$

$\therefore a-b=\mathbf{6}$ …❸ (30%)

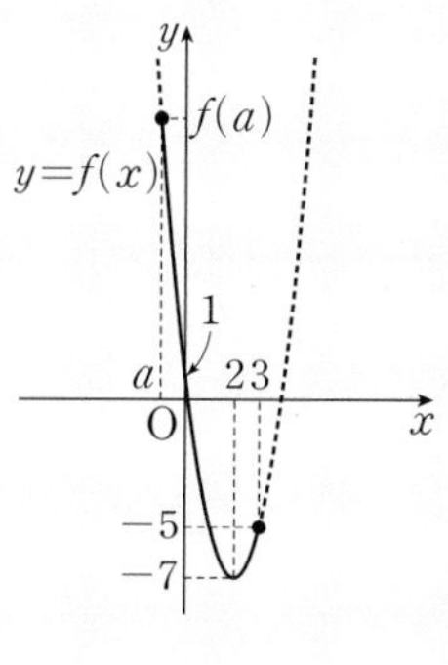

0414 $x\le 1$에서 이차함수 $y=-x^2+2kx$의 최댓값이 9일 때, 모든 상수 k의 값의 합을 구하시오. 답 2

($y=-x^2+2kx=-(x-k)^2+k^2$)

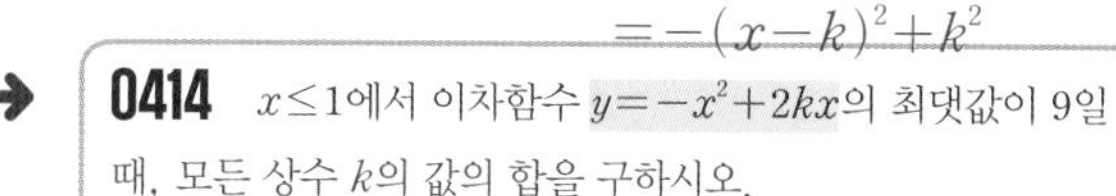

Key 꼭짓점의 x좌표가 $x\le 1$에 포함되는 경우와 포함되지 않는 경우로 나누어 본다.

풀이 (i) $k\le 1$일 때

$x=k$에서 최댓값 k^2을 가지므로

$k^2=9$ $\therefore k=\pm 3$

이때 $k\le 1$이므로 $k=-3$

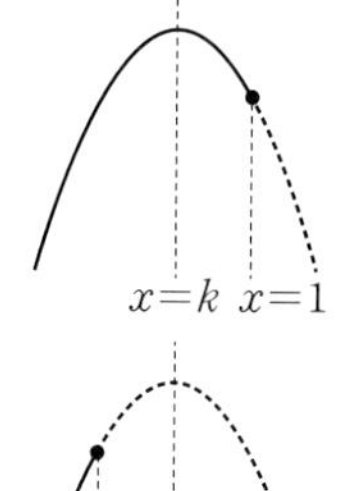

(ii) $k>1$일 때

$x=1$에서 최댓값 $2k-1$을 가지므로

$2k-1=9$ $\therefore k=5$

(i), (ii)에서 모든 상수 k의 값의 합은

$-3+5=\mathbf{2}$

유형 09 공통부분이 있는 함수의 최대, 최소 (개념 4)

0415 $-2\le x\le 1$에서 함수 $y=x^4-2x^2+k$의 최댓값이 15일 때, 최솟값을 구하시오. (단, k는 상수이다.) 답 6

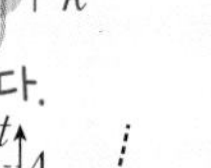

($=(x^2)^2-2x^2+k$, $x^2=t$로 놓는다.)

Key 이차식을 t로 치환할 때,
반드시 t의 값의 범위를 구한다.
→ $-2\le x\le 1$에서 $x^2=t$이므로
$0\le t\le 4$

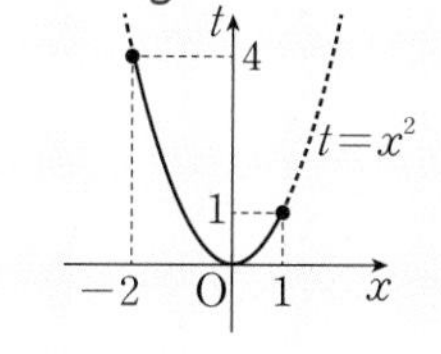

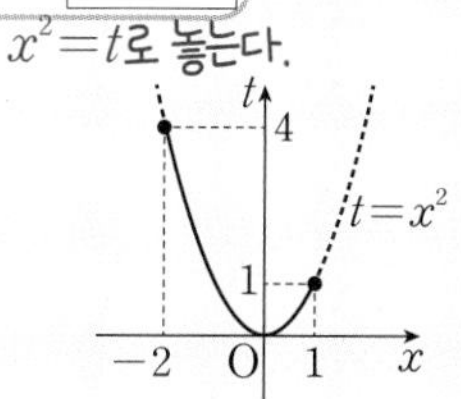

풀이 $y=t^2-2t+k=(t-1)^2+k-1\ (0\le t\le 4)$

따라서 $t=4$에서 최댓값 $k+8$을 가지므로

$k+8=15$ $\therefore k=7$

즉, $y=(t-1)^2+6$이므로 주어진 함수는

$t=1$에서 최솟값 $\mathbf{6}$을 갖는다.

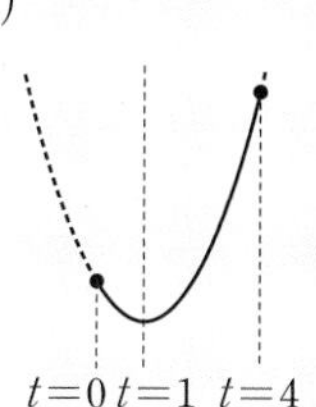

0416 $1\le x\le 4$에서 이차함수

$y=(2x-1)^2-6(2x-1)+5$ ($2x-1=t$)

의 최댓값을 M, 최솟값을 m이라 할 때, $M+m$의 값을 구하시오. 답 8

Key 공통부분을 t로 치환할 때, 반드시 t의 값의 범위를 구한다.
→ $1\le x\le 4$에서 $2x-1=t$이므로 $1\le t\le 7$

풀이 $y=t^2-6t+5=(t-3)^2-4\ (1\le t\le 7)$

따라서 $t=3$에서 최솟값 -4,

$t=7$에서 최댓값 12를 가지므로

$M=12$, $m=-4$

$\therefore M+m=\mathbf{8}$

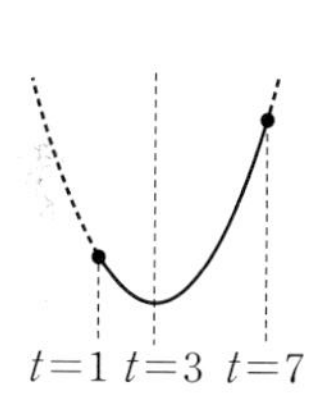

0417 함수 $y=(x^2-2x)^2+4(x^2-2x)+5$의 최솟값은? ($x^2-2x=t$) 답 ⑤

Key 이차식을 t로 치환할 때, 반드시 t의 값의 범위를 구한다.
→ $t=x^2-2x=(x-1)^2-1$이므로 $t\ge -1$

풀이 $y=t^2+4t+5=(t+2)^2+1\ (t\ge -1)$

따라서 $t=-1$에서 최솟값을 가지므로

$y=t^2+4t+5$에 $t=-1$을 대입하면

$y=\mathbf{2}$

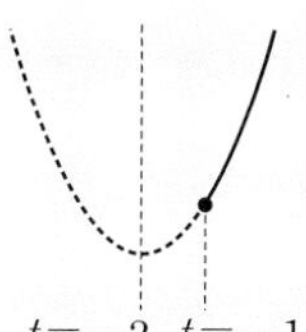

서술형

0418 $-1\le x\le 0$에서 함수

$y=(x^2-2x+3)^2-2(x^2-2x)+k$ ($x^2-2x+3=t$, $x^2-2x=t-3$)

의 최솟값이 20일 때, 상수 k의 값을 구하시오. 답 11

풀이 $-1\le x\le 0$에서

$t=x^2-2x+3=(x-1)^2+2$

이므로

$3\le t\le 6$ …❶ (30%)

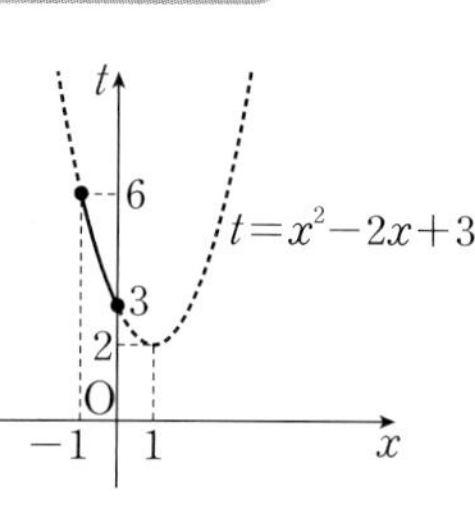

$y=t^2-2(t-3)+k$

$=t^2-2t+6+k$

$=(t-1)^2+5+k\ (3\le t\le 6)$ …❷ (40%)

따라서 $t=3$에서 최솟값 $k+9$를 가지므로

$k+9=20$

$\therefore k=\mathbf{11}$ …❸ (30%)

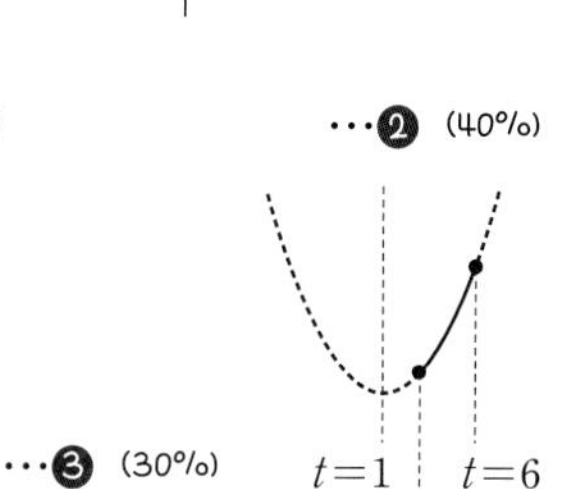

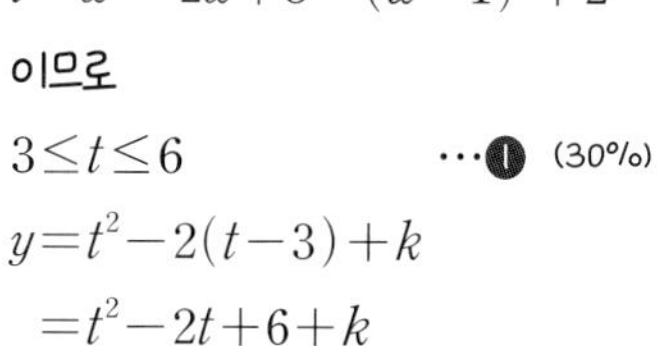

유형 10 완전제곱식을 이용한 이차식의 최대, 최소 개념 3

$=(x-y)^2+(y-2)^2+3$

0419 실수 x, y에 대하여 $x^2-2xy+2y^2-4y+7$이 $x=a$, $y=b$에서 최솟값 m을 갖는다. 상수 a, b, m에 대하여 $a+b+m$의 값을 구하시오. 답 7

Key (실수)$^2\ge0$이므로 (실수)^2+(실수)$^2\ge0$

→ $(x-y)^2+(y-2)^2\ge0$이므로

$(x-y)^2+(y-2)^2+3\ge3$

풀이 주어진 식은 $x=y$, $y=2$에서 최솟값 3을 가지므로

$a=2$, $b=2$, $m=3$

$\therefore a+b+m=\mathbf{7}$

→ 서술형 **0420** 실수 x, y에 대하여 두 복소수 $\alpha=x+yi$와 $\beta=(x-3)+(y-1)i$가 있다. $\alpha\overline{\alpha}+\beta\overline{\beta}$의 최솟값을 구하시오. (단, $\overline{\alpha}$, $\overline{\beta}$는 각각 α, β의 켤레복소수이다.) 답 5

풀이 $\alpha\overline{\alpha}=(x+yi)(x-yi)=x^2+y^2$

$\beta\overline{\beta}=\{(x-3)+(y-1)i\}\{(x-3)-(y-1)i\}$

$=(x-3)^2+(y-1)^2$ …❶ (40%)

$\therefore \alpha\overline{\alpha}+\beta\overline{\beta}=x^2+y^2+(x-3)^2+(y-1)^2$

$=2x^2-6x+2y^2-2y+10$

$=2\left(x-\frac{3}{2}\right)^2+2\left(y-\frac{1}{2}\right)^2+5$ …❷ (40%)

따라서 $x=\frac{3}{2}$, $y=\frac{1}{2}$에서 최솟값 **5**를 갖는다. …❸ (20%)

유형 11 조건을 만족시키는 이차식의 최대, 최소 개념 3, 4

$y=x-5$

0421 $x-y-5=0$을 만족시키는 실수 x, y에 대하여 x^2-6x+y^2의 최솟값은? 답 ②

Key $y=x-5$를 x^2-6x+y^2에 대입하면 x에 대한 이차식이 되므로 최솟값을 구할 수 있다.

풀이 $x^2-6x+y^2=x^2-6x+(x-5)^2$

$=x^2-6x+x^2-10x+25$

$=2x^2-16x+25$

$=2(x-4)^2-7$

따라서 $x=4$일 때 최솟값은 $\mathbf{-7}$이다.

→ **0422** 이차함수 $y=x^2+2x-8$의 그래프 위를 움직이는 점 (a, b)에 대하여 $3a^2-2b-4$의 최솟값을 구하시오. 답 8

$b=a^2+2a-8$

Key $b=a^2+2a-8$을 $3a^2-2b-4$에 대입하면 a에 대한 이차식이 되므로 최솟값을 구할 수 있다.

풀이 $3a^2-2b-4=3a^2-2(a^2+2a-8)-4$

$=a^2-4a+12$

$=(a-2)^2+8$

따라서 $a=2$일 때 최솟값은 **8**이다.

$y=-x+2$

0423 실수 x, y에 대하여 $x\ge0$, $y\ge0$이고 $x+y=2$일 때, $2x+y^2$의 최댓값을 M, 최솟값을 m이라 하자. $M-m$의 값은? 답 ①

Key $y=-x+2$이므로 $x\ge0$, $y\ge0$에서

$x\ge0$, $-x+2\ge0$ $\therefore 0\le x\le2$

풀이 $2x+y^2=2x+(-x+2)^2=x^2-2x+4=(x-1)^2+3$

따라서 $0\le x\le2$에서

$x=0$ 또는 $x=2$일 때 최댓값 4,

$x=1$일 때 최솟값 3을 가지므로

$M=4$, $m=3$ $\therefore M-m=\mathbf{1}$

$x=0$ $x=1$ $x=2$

→ 서술형 **0424** 이차방정식 $x^2-bx+1-a=0$이 중근을 가질 때, a^2-2a+b^2+10의 최솟값을 구하시오. (단, a, b는 실수이다.) 답 9

풀이 $x^2-bx+1-a=0$의 판별식을 D라 하면

$D=(-b)^2-4(1-a)=0$

$b^2-4+4a=0$ $\therefore b^2=4-4a$ …❶ (30%)

이때 $b^2\ge0$이므로 $4-4a\ge0$ $\therefore a\le1$ …❷ (30%)

$\therefore a^2-2a+b^2+10=a^2-2a+(4-4a)+10$

$=a^2-6a+14$

$=(a-3)^2+5$

따라서 $a\le1$에서 $a=1$일 때 최솟값 **9**를 갖는다. …❸ (40%)

$a=1$ $a=3$

유형 12 이차함수의 그래프의 대칭성 개념 4

0425 이차함수 $f(x)=-x^2+ax+b$가 다음 조건을 만족시킨다. 답 5

$=-\left(x-\frac{a}{2}\right)^2+b+\frac{a^2}{4}$ → 대칭축: $x=\frac{a}{2}$

(가) $f(-2)=f(6)$ 이차함수이므로 대칭축을 알 수 있다.
(나) 함수 $f(x)$의 최댓값은 14이다.

$0\le x\le 5$에서 함수 $f(x)$의 최솟값을 구하시오.
(단, a, b는 상수이다.)

풀이 (가)에서 대칭축이 $x=\frac{-2+6}{2}=2$이므로

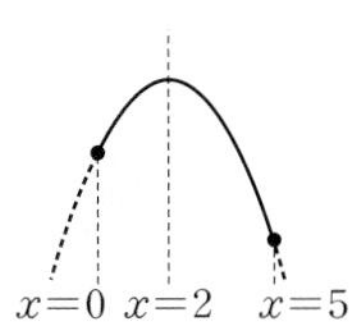

$\frac{a}{2}=2$ $\therefore a=4$

$f(x)=-(x-2)^2+b+4$이므로 (나)에서

$f(2)=b+4=14$ $\therefore b=10$

$\therefore f(x)=-(x-2)^2+14$

따라서 $0\le x\le 5$에서 $x=5$일 때 최솟값은 5이다.

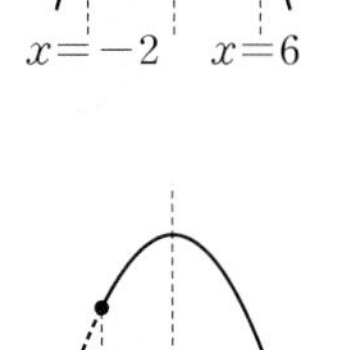

0426 최고차항의 계수가 2인 이차함수 $f(x)$가 다음 조건을 만족시킬 때, $f(4)$의 값을 구하시오. 답 21

$y=f(x)$의 그래프가 직선 $x=1$에 대하여 대칭이다.
(가) 모든 실수 x에 대하여 $f(1-x)=f(1+x)$이다.
(나) $2\le x\le 3$에서 함수 $f(x)$의 최솟값은 5이다.

Key 이차함수의 그래프가 직선 $x=1$에 대하여 대칭이면 꼭짓점의 x좌표는 1이다.
→ $f(x)=2(x-1)^2+a$ (a는 상수)로 놓자.

풀이 (나)에서 $x=2$일 때 최솟값은 $a+2$이므로

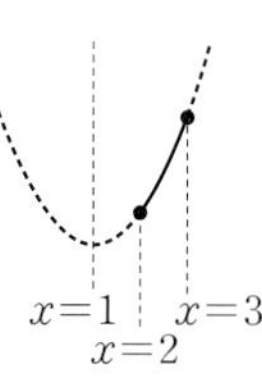

$a+2=5$ $\therefore a=3$

따라서 $f(x)=2(x-1)^2+3$이므로

$f(4)=18+3=$**21**

유형 13 이차함수의 최대, 최소의 활용 개념 4

0427 지면으로부터 13 m 높이에서 초속 24 m로 똑바로 위로 쏘아 올린 물체의 t초 후의 높이를 $h(t)$ m라 하면 $h(t)=-4t^2+24t+13$이 성립한다. 이 물체를 쏘아 올린 후 1초 이상 4초 이하에서 이 물체의 지면으로부터의 최소 높이를 구하시오. 답 33 m

$=-4(t-3)^2+49$

풀이 $1\le t\le 4$에서 $h(t)$는 $t=1$일 때 최솟값 33을 가지므로 이 물체의 지면으로부터의 최소 높이는 **33 m**이다.

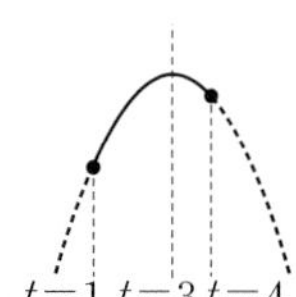

0428 어느 과일 가게에서 사과 한 개의 가격이 800원일 때, 하루에 1000개씩 팔린다. 이 사과 한 개의 가격을 x원 올리면 하루 판매량이 x개 감소한다고 할 때, 사과의 하루 판매금액이 최대가 되도록 하는 사과 한 개의 가격을 구하시오. 답 900원

사과 한 개의 가격: $(800+x)$원
하루 판매량: $(1000-x)$개
y원

풀이 $y=(800+x)(1000-x)=-x^2+200x+800000$

$=-(x-100)^2+810000$

따라서 $x=100$일 때 y의 값이 최대이므로 이때 사과 한 개의 가격은 $800+100=$**900(원)**이다.

0429 그림과 같이 이차함수 $y=-x^2+6x$의 그래프와 x축에 평행한 직선이 제1사분면에서 만나는 서로 다른 두 점을 각각 A, B라 하고, 두 점 A, B에서 x축에 내린 수선의 발을 각각 C, D라 하자. 직사각형 ACDB의 둘레의 길이의 최댓값을 구하시오. 답 20
(단, 점 A의 x좌표는 점 B의 x좌표보다 작다.)

$=-(x-3)^2+9$

Key 주어진 이차함수의 그래프의 대칭축이 $x=3$이므로 점 C의 x좌표를 $3-a$ $(0<a<3)$라 하면 점 D의 x좌표는 $3+a$이다.

풀이 $\overline{CD}=(3+a)-(3-a)=2a$

또, 점 A의 y좌표는 $-(3-a)^2+6(3-a)=9-a^2$이므로

$\overline{AC}=9-a^2$

따라서 직사각형 ACDB의 둘레의 길이는

$2(\overline{CD}+\overline{AC})=2\{2a+(9-a^2)\}=-2a^2+4a+18$

$=-2(a-1)^2+20$

이때 $0<a<3$이므로 $a=1$일 때 최댓값은 **20**이다.

0430 그림과 같이 길이가 10인 선분 AB를 지름으로 하는 반원이 있다. 지름 AB 위의 한 점 P에 대하여 선분 AP와 선분 PB를 지름으로 하는 반원을 각각 그렸을 때, 호 AB, 호 AP 및 호 PB로 둘러싸인 도형의 넓이의 최댓값은 $\frac{q}{p}\pi$이다. $p+q$의 값을 구하시오.
(단, p와 q는 서로소인 자연수이다.) 답 29

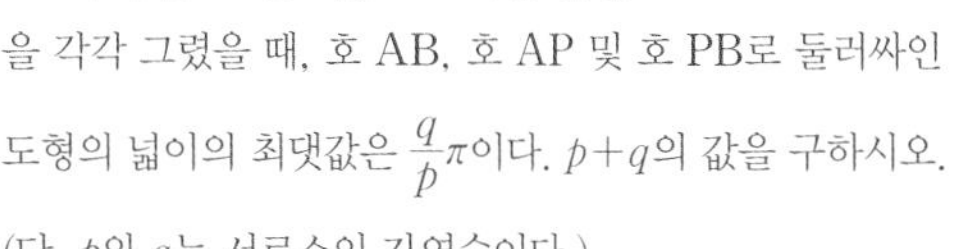

풀이 구하는 도형의 넓이는

$\frac{1}{2}\pi\cdot 5^2-\frac{1}{2}\pi\cdot\left(\frac{x}{2}\right)^2-\frac{1}{2}\pi\cdot\left(\frac{10-x}{2}\right)^2$

$=-\frac{\pi}{8}(2x^2-20x)=-\frac{\pi}{4}(x-5)^2+\frac{25}{4}\pi$

이때 $0<x<10$이므로 $x=5$일 때 최댓값은 $\frac{25}{4}\pi$이다.
$x>0$, $10-x>0$

따라서 $p=4$, $q=25$이므로

$p+q=$**29**

실력 완성!

1, b는 이차방정식 $x^2+ax+3=0$의 두 근이다.

0431 이차함수 $y=x^2+ax+3$의 그래프가 x축과 두 점 $(1, 0)$, $(b, 0)$에서 만날 때, $a+b$의 값은? (단, a는 상수이다.) 답 ②

풀이 근과 계수의 관계에 의하여

$1+b=-a$, $1\cdot b=3$

따라서 $a=-4$, $b=3$이므로

$a+b=\mathbf{-1}$

$=0$ (판별식: D)

0432 이차함수 $y=x^2+ax-a+3$의 그래프가 x축과 접할 때, 모든 실수 a의 값의 곱은? 답 ⑤

풀이 $D=a^2-4(-a+3)=0$

$a^2+4a-12=0$, $(a+6)(a-2)=0$

$\therefore a=-6$ 또는 $a=2$

따라서 모든 실수 a의 값의 곱은

$(-6)\cdot 2=\mathbf{-12}$

0433 이차함수 $y=2x^2-ax+2b$가 $x=2$에서 최솟값 -12를 가질 때, 상수 a, b에 대하여 $a+b$의 값은? 답 ①

꼭짓점의 좌표가 $(2, -12)$이므로 $y=2(x-2)^2-12$로 놓는다.

풀이 $y=2(x-2)^2-12=2x^2-8x-4$

따라서 $-a=-8$, $2b=-4$이므로

$a=8$, $b=-2$

$\therefore a+b=\mathbf{6}$

0434 이차함수 $y=x^2+(a-2)x-1-b$의 그래프와 x축은 서로 다른 두 점에서 만나고, 이 중 한 점의 x좌표가 $3+\sqrt{2}$일 때, 유리수 a, b에 대하여 $a+b$의 값은? 답 ①

Key $3+\sqrt{2}$는 계수가 모두 유리수인 이차방정식 $x^2+(a-2)x-1-b=0$의 한 근이므로 다른 한 근은 $3-\sqrt{2}$이다.

풀이 근과 계수의 관계에 의하여

$(3+\sqrt{2})+(3-\sqrt{2})=-a+2$

$(3+\sqrt{2})(3-\sqrt{2})=-1-b$

따라서 $a=-4$, $b=-8$이므로

$a+b=\mathbf{-12}$

$=0$ (판별식: D_1)

0435 이차함수 $y=x^2-2kx+k+2$의 그래프는 x축과 한 점에서 만나고, 이차함수 $y=-x^2+x+k$의 그래프는 x축보다 항상 아래쪽에 있도록 하는 실수 k의 값은? 답 ①

$=0$ (판별식: D_2)

풀이 $\dfrac{D_1}{4}=(-k)^2-(k+2)=0$에서

$k^2-k-2=0$, $(k+1)(k-2)=0$

$\therefore k=-1$ 또는 $k=2$ …… ㉠

또, $D_2=1^2-4\cdot(-1)\cdot k<0$에서

$1+4k<0$ $\therefore k<-\dfrac{1}{4}$ …… ㉡

㉠, ㉡에서 $k=\mathbf{-1}$

$f(x)=x^2-4x+a$ (a는 상수)로 놓자.

0436 최고차항의 계수가 1인 이차방정식 $f(x)=0$의 두 근을 α, β라 하자. $\alpha+\beta=4$이고 이차함수 $y=f(x)$의 그래프에 직선 $y=2x-7$이 접할 때, $f(6)$의 값을 구하시오. 답 14

풀이 이차방정식 $x^2-4x+a=2x-7$, 즉 $x^2-6x+a+7=0$의 판별식을 D라 하면

$\dfrac{D}{4}=(-3)^2-(a+7)=0$

$9-a-7=0$ $\therefore a=2$

따라서 $f(x)=x^2-4x+2$이므로

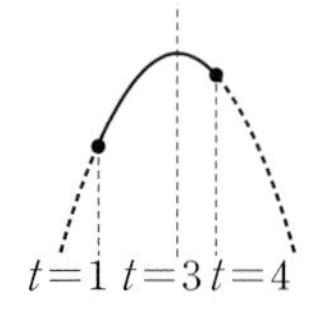

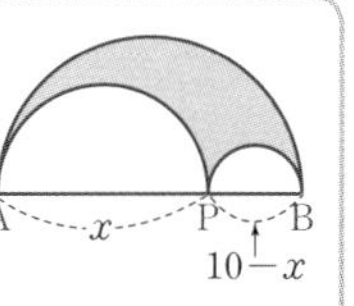

$f(6)=36-24+2=\mathbf{14}$

0437 이차함수 $y=2x^2-4x+1$의 그래프에 직선 $y=k$가 접할 때, 상수 k의 값은? **답 ③**

$\rightarrow 2x^2-4x+1-k=0$ (판별식: D)

풀이 $\dfrac{D}{4}=(-2)^2-2(1-k)=0$에서

$4-2+2k=0$ $\therefore k=\mathbf{-1}$

0438 x의 값의 범위가 $-2\le x\le 2$인 두 이차함수

$f(x)=x^2-2x+a$, $g(x)=-x^2-3ax+3$ ($=(x-1)^2+a-1$)

에 대하여 함수 $f(x)$의 최댓값이 10이다. 함수 $g(x)$의 최댓값을 M, 최솟값을 m이라 할 때, $M+m$의 값은?

(단, a는 상수이다.) **답 ①**

풀이 $-2\le x\le 2$에서 함수 $f(x)$는 $x=-2$일 때 최댓값 $a+8$을 가지므로

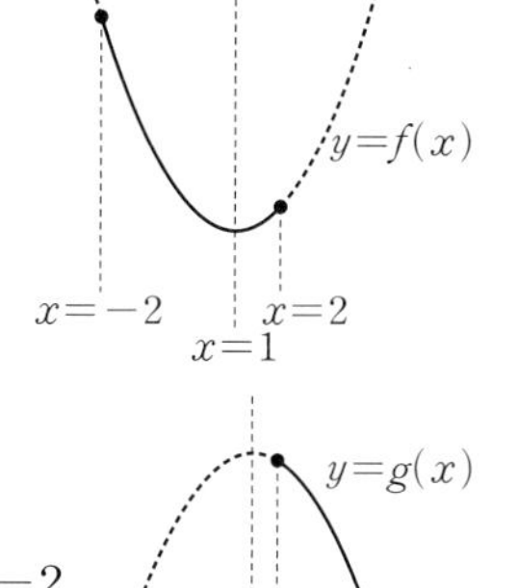

$a+8=10$

$\therefore a=2$

$g(x)=-x^2-6x+3$

$=-(x+3)^2+12$

$-2\le x\le 2$에서 함수 $g(x)$는 $x=-2$일 때 최댓값 11, $x=2$일 때 최솟값 -13을 가지므로

$M=11, m=-13$

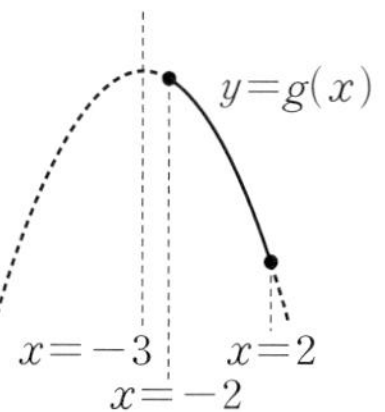

$\therefore M+m=\mathbf{-2}$

0439 $-2\le x\le 1$일 때, 함수

$y=(x^2+2x+2)^2-8(x^2+2x+2)+12$ ($x^2+2x+2=t$)

의 최댓값과 최솟값의 합은? **답 ①**

Key 이차식을 t로 치환하면 반드시 t의 값의 범위를 구한다.

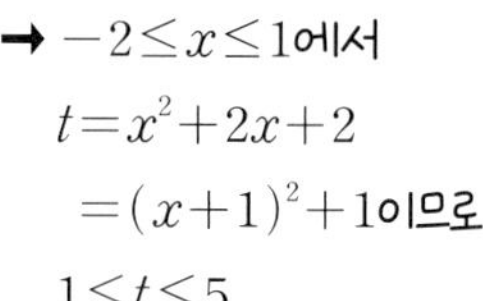

$\rightarrow -2\le x\le 1$에서

$t=x^2+2x+2$

$=(x+1)^2+1$이므로

$1\le t\le 5$

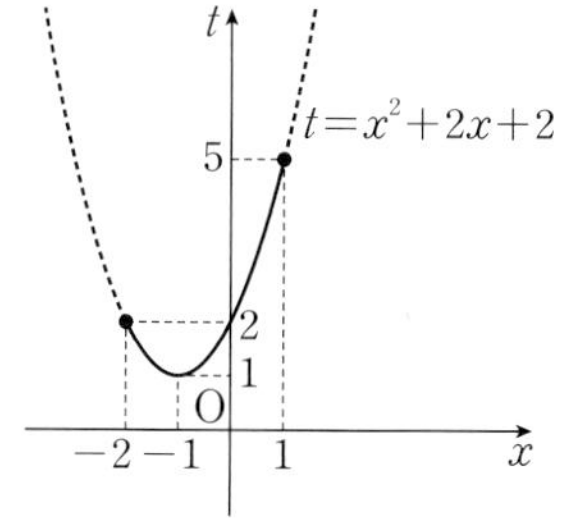

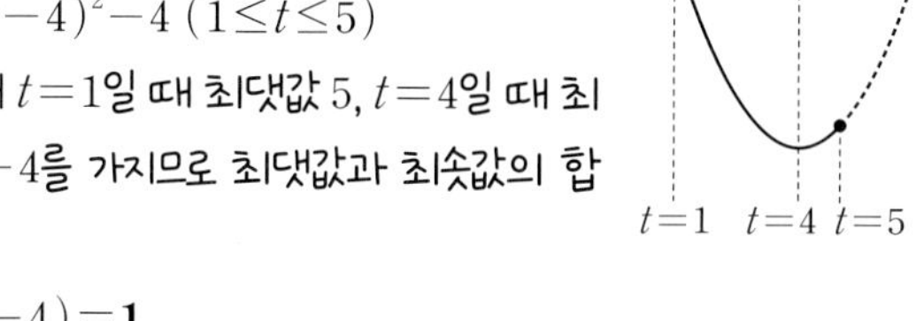

풀이 $y=t^2-8t+12$

$=(t-4)^2-4$ $(1\le t\le 5)$

따라서 $t=1$일 때 최댓값 5, $t=4$일 때 최솟값 -4를 가지므로 최댓값과 최솟값의 합은

$5+(-4)=\mathbf{1}$

0440 x, y가 실수일 때, $-x^2+2x-2y^2+11$의 최댓값은? **답 ④**

$=-(x-1)^2-2y^2+12$

Key (실수)$^2\ge 0$이므로 (실수)^2+(실수)$^2\ge 0$

$\rightarrow (x-1)^2+2y^2\ge 0$이므로

$-(x-1)^2-2y^2+12\le 12$

풀이 주어진 식은 $x=1$, $y=0$에서 최댓값 **12**를 갖는다.

05 이차방정식과 이차함수

0441 $3x-y^2=-3$을 만족시키는 실수 x, y에 대하여 $3x^2+2y^2+6x$의 최솟값은? 답 ②

($y^2=3x+3$)

Key $y^2=3x+3\geq 0$이므로 $x\geq -1$

풀이 $3x^2+2y^2+6x=3x^2+2(3x+3)+6x$
$=3x^2+12x+6$
$=3(x+2)^2-6$

따라서 $x\geq -1$에서

$x=-1$일 때 최솟값은 -3이다.

$x=-2$ $x=-1$

0443 이차함수 $y=x^2-3x-5$의 그래프와 직선 $y=mx-2$의 두 교점을 (x_1, y_1), (x_2, y_2)라 할 때, $y_1+y_2=0$이 되도록 하는 모든 실수 m의 값의 합은? 답 ①

($=$ ➡ $x^2-(m+3)x-3=0$)

Key x_1, x_2는 이차방정식 $x^2-(m+3)x-3=0$의 두 근이다.

풀이 근과 계수의 관계에 의하여

$x_1+x_2=m+3$, $x_1x_2=-3$ …… ㉠

두 점 (x_1, y_1), (x_2, y_2)는 직선 $y=mx-2$ 위의 점이므로

$y_1=mx_1-2$, $y_2=mx_2-2$

$\therefore y_1+y_2=m(x_1+x_2)-4$
$=m(m+3)-4$ ($\because$ ㉠)
$=m^2+3m-4$

이때 $y_1+y_2=0$에서

$m^2+3m-4=0$, $(m+4)(m-1)=0$

$\therefore m=-4$ 또는 $m=1$

따라서 모든 실수 m의 값의 합은 -3이다.

0442 최고차항의 계수가 1인 이차함수 $f(x)$에 대하여 함수 $y=f(x)$의 그래프는 x축과 서로 다른 두 점에서 만난다. 모든 실수 x에 대하여 $f(3-x)=f(3+x)$일 때, 보기에서 옳은 것만을 있는 대로 고른 것은? 답 ⑤

($y=f(x)$의 그래프가 직선 $x=3$에 대하여 대칭이다.)

보기

ㄱ. $f(3)<f(4)<f(0)$

ㄴ. 이차방정식 $f(x)=0$의 두 실근의 합은 6이다. (두 실근을 α, β라 하자.)

ㄷ. 이차방정식 $f(x)=0$의 두 실근의 곱이 8이면 이차함수 $y=f(x)$의 그래프와 x축이 만나는 두 점 사이의 거리는 2이다.

Key 이차함수의 그래프가 직선 $x=3$에 대하여 대칭이면 꼭짓점의 x좌표는 3이다.

➡ $f(x)=1\cdot(x-3)^2+a$ (a는 상수)로 놓자.

풀이 ㉠. $f(3)$은 최솟값이고 $f(4)<f(0)$이므로

$f(3)<f(4)<f(0)$ ($x=3$ (대칭축)에서 더 멀리 떨어진 $x=0$에서의 함숫값이 $x=4$에서의 함숫값보다 더 크다.)

㉡. $\dfrac{\alpha+\beta}{2}=3$이므로

$\alpha+\beta=6$

㉢. 이차방정식 $f(x)=0$, 즉 $x^2-6x+9+a=0$의 두 실근의 곱이 8이면 근과 계수의 관계에 의하여

$9+a=8$ $\therefore a=-1$

$\therefore f(x)=(x-3)^2-1$
$=x^2-6x+8$
$=(x-2)(x-4)$

따라서 이차함수 $y=f(x)$의 그래프와 x축이 만나는 두 점 사이의 거리는

$4-2=2$

0444 최고차항의 계수가 a인 이차함수 $f(x)$가 다음 조건을 만족시킨다. 답 ⑤

(가) $x=1$에서 최솟값 b를 갖는다.

(나) 직선 $y=4x+6$과 이차함수 $y=f(x)$의 그래프가 만나는 두 점의 x좌표의 합이 4, 곱이 2이다.

$a+b$의 값은? (단, a, b는 상수이다.)

(꼭짓점의 좌표가 $(1, b)$이므로 $f(x)=a(x-1)^2+b$ $(a>0)$로 놓는다.)

Key $f(x)=a(x-1)^2+b$가 최솟값을 가지므로 $a>0$이다.

풀이 (나)에서 직선 $y=4x+6$과 이차함수 $y=a(x-1)^2+b$의 그래프의 두 교점의 x좌표는 이차방정식

$4x+6=a(x-1)^2+b$, 즉 $ax^2-2(a+2)x+a+b-6=0$

의 두 근이다.

근과 계수의 관계에 의하여

$\dfrac{2(a+2)}{a}=4$, $\dfrac{a+b-6}{a}=2$

위의 두 식을 연립하여 풀면

$a=2$, $b=8$ $\therefore a+b=$ **10**

0445 그림과 같이 $\angle C=90°$이고 $\overline{AC}=12$, $\overline{BC}=6$인 직각삼각형 ABC가 있다. 빗변 AB 위의 한 점 P에서 $\overline{AC}$, $\overline{BC}$에 내린 수선의 발을 각각 Q, R라 하자. 직사각형 PRCQ의 넓이가 최대일 때, 직사각형 PRCQ의 둘레의 길이를 구하시오. (단, 점 P는 점 A와 점 B가 아니다.)

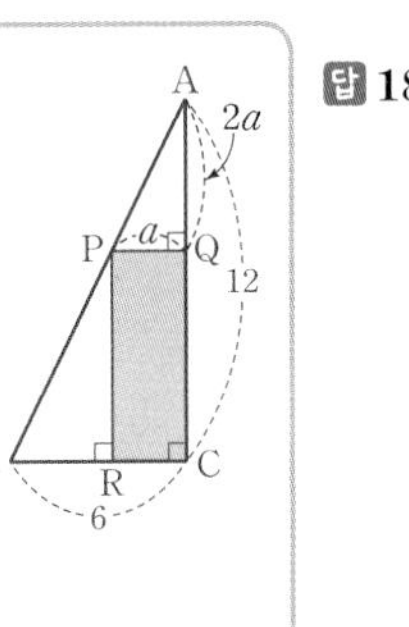

답 18

Key $\triangle ABC \backsim \triangle APQ$ (AA 닮음)이므로
$\overline{AQ}:\overline{PQ}=\overline{AC}:\overline{BC}=2:1$

풀이 $\overline{AQ}=2a$, $\overline{PQ}=a$라 하면
$\square PRCQ=a(12-2a)=-2a^2+12a$
$=-2(a-3)^2+18$
이때 $a>0$, $12-2a>0$에서 $0<a<6$이므로
$a=3$일 때 $\square PRCQ$의 넓이가 최대이다.
이때의 $\square PRCQ$의 둘레의 길이는
$2(3+6)=\mathbf{18}$

0446 좌표평면에서 직선 $y=t$가 두 이차함수 $y=\frac{1}{2}x^2+3$, $y=-\frac{1}{2}x^2+x+5$의 그래프와 만날 때, 만나는 서로 다른 점의 개수가 3인 모든 실수 t의 값의 합을 구하시오.

$=-\frac{1}{2}(x-1)^2+\frac{11}{2}$

└ 그래프를 그려서 확인한다.

답 17

풀이 $\frac{1}{2}x^2+3=-\frac{1}{2}x^2+x+5$에서
$x^2-x-2=0$, $(x+1)(x-2)=0$
$\therefore x=-1$ 또는 $x=2$
즉, 두 이차함수의 그래프의 교점의 좌표는
$\left(-1, \frac{7}{2}\right)$, $(2, 5)$
따라서 직선 $y=t$가 두 이차함수의 그래프와 만나는 서로 다른 점의 개수가 3인 경우는
$t=3$, $t=\frac{7}{2}$, $t=5$, $t=\frac{11}{2}$
일 때이므로 모든 실수 t의 값의 합은
$3+\frac{7}{2}+5+\frac{11}{2}=\mathbf{17}$

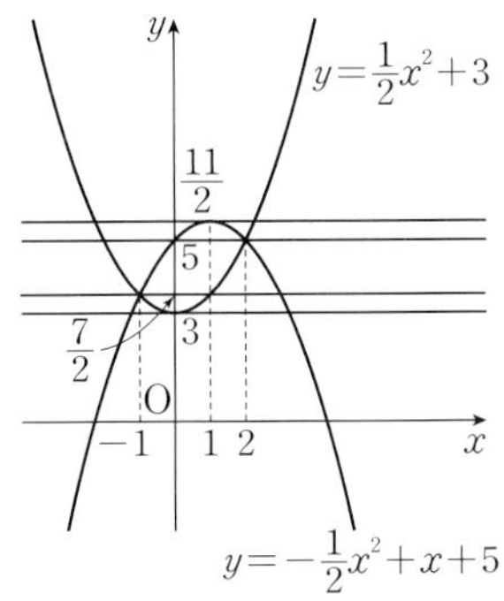

서술형

0447 이차함수 $f(x)=x^2+ax+b$가 다음 조건을 만족시킬 때, $a+b$의 값을 구하시오.
(단, $a>0$이고, a, b는 상수이다.)

(가) 직선 $y=2x+3$이 이차함수 $y=f(x)$의 그래프에 접한다.
(나) $-a\le x\le a$에서 최솟값은 -8이다.

답 40

풀이 $x^2+ax+b=2x+3$, 즉 $x^2+(a-2)x+b-3=0$
의 판별식을 D라 하면
$D=(a-2)^2-4(b-3)=0$, $a^2-4a-4b+16=0$
$\therefore b=\frac{a^2}{4}-a+4$ …… ㉠ …❶ (30%)
$\therefore f(x)=x^2+ax+b=x^2+ax+\frac{a^2}{4}-a+4$ ($\because$ ㉠)
$=\left(x+\frac{a}{2}\right)^2-a+4$ …❷ (30%)
(나)에 의하여 $-a\le x\le a$에서
$x=-\frac{a}{2}$일 때 최솟값은 -8이므로
$f\left(-\frac{a}{2}\right)=-a+4=-8$
$\therefore a=12$
$a=12$를 ㉠에 대입하면 $b=28$
$\therefore a+b=\mathbf{40}$ …❸ (40%)

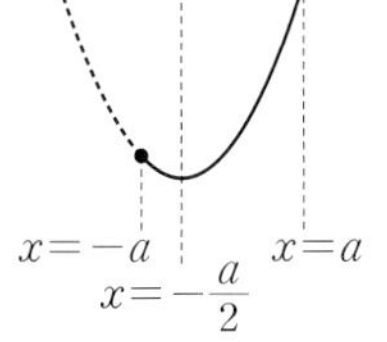

0448 $0\le x\le 2$에서 이차함수 $y=-x^2+2ax-a$의 최댓값이 6일 때, 모든 상수 a의 값의 합을 구하시오.

답 $-\frac{8}{3}$

풀이 $y=-x^2+2ax-a=-(x-a)^2+a^2-a$
(i) $a<0$일 때
$x=0$에서 최댓값 $-a$를 가지므로
$-a=6$ $\therefore a=-6$ …❶ (30%)

$x=a$ $x=0$ $x=2$

(ii) $0\le a<2$일 때
$x=a$에서 최댓값 a^2-a를 가지므로
$a^2-a=6$, $a^2-a-6=0$
$(a+2)(a-3)=0$
$\therefore a=-2$ 또는 $a=3$
이때 $0\le a<2$이므로 조건을 만족시키는 a의 값은 존재하지 않는다. …❷ (30%)

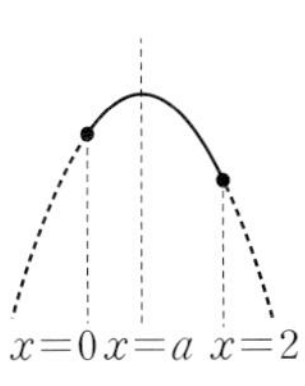

(iii) $a\ge 2$일 때
$x=2$에서 최댓값 $3a-4$를 가지므로
$3a-4=6$ $\therefore a=\frac{10}{3}$ …❸ (30%)

$x=0$ $x=a$ $x=2$

(i), (ii), (iii)에서 모든 상수 a의 값의 합은
$-6+\frac{10}{3}=\mathbf{-\frac{8}{3}}$ …❹ (10%)

05 이차방정식과 이차함수

step A 개념 복습하고,

※ 빈칸에 알맞은 것을 써넣고, 내용을 읽거나 따라 써 보세요.

개념 1 삼차방정식과 사차방정식의 풀이

> 유형 01, 02, 05, 06, 16

(1) 다항식 $f(x)$가 x에 대한 삼차식, 사차식일 때, 방정식

$f(x)=0$

을 각각 x에 대한 [ ], [ ]이라 한다.

➡ 삼차방정식, 사차방정식의 근은 인수분해를 이용하여 구한다.

(2) 삼 · 사차방정식 $f(x)=0$에서 $f(x)$를 인수분해하는 방법

[방법 1] [ ]을 이용하여 다항식 $f(x)$를 인수분해한다.

[방법 2] 방정식 $f(x)=0$에서

[1단계] $f(\alpha)=$[ ]을 만족시키는 상수 α의 값을 찾는다.

[2단계] $f(x)=($[ ]$)Q(x)$ 꼴로 인수분해한다.

[방법 3] 방정식에 [ ]이 있으면 치환하여 식을 간단히 한 후 인수분해한다.

개념 2 특수한 형태의 사차방정식의 풀이

> 유형 03, 04

(1) $x^4+ax^2+b=0\ (a\neq 0)$ 꼴

[방법 1] [ ]$=t$로 치환한 후 좌변을 인수분해하여 푼다.

[방법 2] 이차항 [ ]을 적당히 분리하여 $(x^2+A)^2-(Bx)^2=0$ 꼴로 변형한 후 좌변을 인수분해하여 푼다.

(2) $ax^4+bx^3+cx^2+bx+a=0\ (a\neq 0)$ 꼴

➡ 양변을 [ ]으로 나눈 후 [ ]$=t$로 치환하여 t에 대한 이차방정식을 푼다.

개념 3 삼차방정식의 근과 계수의 관계

> 유형 07, 08

(1) 삼차방정식의 근과 계수의 관계

삼차방정식 $ax^3+bx^2+cx+d=0$의 세 근을 α, β, γ라 하면

$\alpha+\beta+\gamma=$[ ], $\alpha\beta+\beta\gamma+\gamma\alpha=$[ ], $\alpha\beta\gamma=$[ ]

(2) 세 수를 근으로 하는 삼차방정식

세 수 α, β, γ를 근으로 하고 x^3의 계수가 1인 삼차방정식은

$x^3-($[ ]$)x^2+($[ ]$)x-$[ ]$=0$

답 개념 1 (1) 삼차방정식, 사차방정식 (2) 인수분해 공식, 0, $x-\alpha$, 공통부분 개념 2 (1) x^2, ax^2 (2) x^2, $x+\frac{1}{x}$
개념 3 (1) $-\frac{b}{a}$, $\frac{c}{a}$, $-\frac{d}{a}$ (2) $\alpha+\beta+\gamma$, $\alpha\beta+\beta\gamma+\gamma\alpha$, $\alpha\beta\gamma$

개념 1 삼차방정식과 사차방정식의 풀이

0449 다음 방정식을 푸시오.

(1) $x^3+27=0$

$(x+3)(x^2-3x+9)=0$ $\quad\therefore$ $x=-3$ 또는 $x=\dfrac{3\pm3\sqrt{3}i}{2}$

(2) $2x^3-2x^2+x-1=0$

$2x^2(x-1)+x-1=0$ ← 공통부분이 생기게 묶는다.

$(x-1)(2x^2+1)=0$ $\quad\therefore$ $x=1$ 또는 $x=\pm\dfrac{\sqrt{2}}{2}i$

0450 다음 방정식을 푸시오.

(1) $x^3-2x^2-5x+6=0$ — 좌변에 $x=1$을 대입하면 $1-2-5+6=0$

1	1	-2	-5	6
		1	-1	-6
	1	-1	-6	0

$(x-1)(x^2-x-6)=0$

$(x-1)(x+2)(x-3)=0$

$\therefore$ $x=-2$ 또는 $x=1$ 또는 $x=3$

(2) $x^3+4x^2+7x+6=0$ — 좌변에 $x=-2$를 대입하면 $-8+16-14+6=0$

-2	1	4	7	6
		-2	-4	-6
	1	2	3	0

$(x+2)(x^2+2x+3)=0$

$\therefore$ $x=-2$ 또는 $x=-1\pm\sqrt{2}i$

0451 다음 방정식을 푸시오.

(1) $(x^2+x)^2-8(x^2+x)+12=0$ ($x^2+x=t$)

$t^2-8t+12=(t-2)(t-6)=(x^2+x-2)(x^2+x-6)$

$=(x+2)(x-1)(x+3)(x-2)=0$

$\therefore$ $x=-3$ 또는 $x=-2$ 또는 $x=1$ 또는 $x=2$

(2) $(x^2-2x)^2-6(x^2-2x)-16=0$ ($x^2-2x=t$)

$t^2-6t-16=(t+2)(t-8)=(x^2-2x+2)(x^2-2x-8)$

$=(x^2-2x+2)(x+2)(x-4)=0$

$\therefore$ $x=1\pm i$ 또는 $x=-2$ 또는 $x=4$

개념 2 특수한 형태의 사차방정식의 풀이

0452 다음 방정식을 푸시오.

(1) $x^4-2x^2+1=0$ ← $x^2=t$로 놓자.

$t^2-2t+1=(t-1)^2=(x^2-1)^2=(x+1)^2(x-1)^2=0$

$\therefore$ $x=-1$ 또는 $x=1$

(2) $x^4+3x^2+4=0$ — 인수분해 공식 $A^2-B^2=(A+B)(A-B)$를 이용하여 좌변을 인수분해 할 수 있도록 이차항 $3x^2$을 적당히 분리하자.

$x^4+4x^2+4-x^2=(x^2+2)^2-x^2$

$=(x^2+x+2)(x^2-x+2)=0$

$\therefore$ $x=\dfrac{-1\pm\sqrt{7}i}{2}$ 또는 $x=\dfrac{1\pm\sqrt{7}i}{2}$

(3) $x^4+2x^3-x^2+2x+1=0$ ← $x\neq0$이므로 양변을 x^2으로 나누자.

$x^2+\dfrac{1}{x^2}+2\left(x+\dfrac{1}{x}\right)-1=\left(x+\dfrac{1}{x}\right)^2+2\left(x+\dfrac{1}{x}\right)-3$ ($x+\dfrac{1}{x}=t$)

$=t^2+2t-3=(t+3)(t-1)$

$=\left(x+\dfrac{1}{x}+3\right)\left(x+\dfrac{1}{x}-1\right)$

$=(x^2+3x+1)(x^2-x+1)=0$

$\therefore$ $x=\dfrac{-3\pm\sqrt{5}}{2}$ 또는 $x=\dfrac{1\pm\sqrt{3}i}{2}$

개념 3 삼차방정식의 근과 계수의 관계

0453 삼차방정식 $x^3-2x^2+3x+4=0$의 세 근을 α, β, γ라 할 때, 다음 식의 값을 구하시오.

(1) $\alpha+\beta+\gamma$ $=\mathbf{2}$

(2) $\alpha\beta+\beta\gamma+\gamma\alpha$ $=\mathbf{3}$

(3) $\alpha\beta\gamma$ $=\mathbf{-4}$

0454 삼차방정식 $x^3+4x^2-2x-1=0$의 세 근을 α, β, γ라 할 때, 다음 식의 값을 구하시오.

— 삼차방정식의 근과 계수의 관계에 의하여 $\alpha+\beta+\gamma=-4$, $\alpha\beta+\beta\gamma+\gamma\alpha=-2$, $\alpha\beta\gamma=1$

(1) $\alpha^2+\beta^2+\gamma^2=(\alpha+\beta+\gamma)^2-2(\alpha\beta+\beta\gamma+\gamma\alpha)$

$=(-4)^2-2\cdot(-2)=\mathbf{20}$

(2) $\dfrac{1}{\alpha}+\dfrac{1}{\beta}+\dfrac{1}{\gamma}=\dfrac{\alpha\beta+\beta\gamma+\gamma\alpha}{\alpha\beta\gamma}=\dfrac{-2}{1}=\mathbf{-2}$

(3) $(\alpha+1)(\beta+1)(\gamma+1)=\alpha\beta\gamma+\alpha\beta+\beta\gamma+\gamma\alpha+\alpha+\beta+\gamma+1$

$=1+(-2)+(-4)+1=\mathbf{-4}$

0455 다음 세 수를 근으로 하고 x^3의 계수가 1인 삼차방정식을 구하시오.

— 세 근을 α, β, γ라 할 때, $\alpha+\beta+\gamma$, $\alpha\beta+\beta\gamma+\gamma\alpha$, $\alpha\beta\gamma$를 이용하여 식을 세운다.

(1) -2, 0, 3 $\quad\therefore$ $x^3-x^2-6x=0$

(2) 1, $1+\sqrt{2}$, $1-\sqrt{2}$ $\quad\therefore$ $x^3-3x^2+x+1=0$

(3) -2, $3i$, $-3i$ $\quad\therefore$ $x^3+2x^2+9x+18=0$

개념 4 삼차방정식의 켤레근

> 유형 09

삼차방정식 $ax^3+bx^2+cx+d=0$에서

(1) a, b, c, d가 □□□일 때, 삼차방정식의 한 근이 $p+q\sqrt{m}$이면 다른 한 근은 □이다. (단, p, q는 유리수, $q\neq0$, $\sqrt{m}$은 무리수)

(2) a, b, c, d가 □□일 때, 삼차방정식의 한 근이 $p+qi$이면 다른 한 근은 □이다. (단, p, q는 실수, $q\neq0$, $i=\sqrt{-1}$)

개념 5 방정식 $x^3=1$, $x^3=-1$의 허근의 성질

> 유형 10

(1) 방정식 $x^3=1$의 한 허근을 ω라 하면 다음 성질이 성립한다. (단, $\bar{\omega}$는 ω의 켤레복소수)

① $\omega^3=$□, □$=0$ ② $\omega+\bar{\omega}=$□, $\omega\bar{\omega}=$□ ③ $\omega^2=\bar{\omega}=$□

(2) 방정식 $x^3=-1$의 한 허근을 ω라 하면 다음 성질이 성립한다.

(단, $\bar{\omega}$는 ω의 켤레복소수)

① $\omega^3=$□, □$=0$ ② $\omega+\bar{\omega}=$□, $\omega\bar{\omega}=$□ ③ $\omega^2=$□$=-\frac{1}{\omega}$

개념 6 연립이차방정식의 풀이

> 유형 11~14, 16

(1) 미지수가 2개인 연립방정식에서 차수가 가장 높은 방정식이 이차방정식일 때, 이 연립방정식을 □□□□□□□이라 한다.

(2) **미지수가 2개인 연립이차방정식의 풀이**

① $\begin{cases}\text{일차방정식}\\\text{이차방정식}\end{cases}$ 꼴의 연립이차방정식:

□□□□□을 한 문자에 대하여 정리한 것을 이차방정식에 대입하여 푼다.

② $\begin{cases}\text{이차방정식}\\\text{이차방정식}\end{cases}$ 꼴의 연립이차방정식

한 이차방정식에서 인수분해를 이용하여 □□□□□을 만든 후 이차방정식과 연립하여 푼다.

③ x, y에 대한 대칭식인 연립이차방정식

$x+y=u$, $xy=v$로 놓고 u, v에 대한 연립방정식으로 변형하여 방정식을 푼 후 x, y는 t에 대한 이차방정식 □의 두 근임을 이용한다.

개념 7 부정방정식의 풀이

> 유형 15, 16

(1) **정수 조건의 부정방정식의 풀이**

(일차식)×(일차식)=(□□) 꼴로 변형한 후 약수와 배수의 성질을 이용하여 곱해서 우변의 □□의 값이 되는 두 □□의 값의 쌍을 하나씩 찾는다.

(2) **실수 조건의 부정방정식의 풀이**

① $A^2+B^2=0$ 꼴로 변형하여 A, B가 실수일 때, □, □임을 이용한다.

② 한 문자에 대하여 □□□□으로 정리한 후 (판별식)≥0임을 이용한다.

답 개념 4 (1) 유리수, $p-q\sqrt{m}$ (2) 실수, $p-qi$ 개념 5 (1) 1, $\omega^2+\omega+1$, -1, 1, $\frac{1}{\omega}$ (2) -1, $\omega^2-\omega+1$, 1, 1, $-\bar{\omega}$

개념 6 (1) 연립이차방정식 (2) 일차방정식, 일차방정식, $t^2-ut+v=0$ 개념 7 (1) 정수, 정수, 정수 (2) $A=0$, $B=0$, 내림차순

개념 4 삼차방정식의 켤레근

0456 삼차방정식 $x^3+ax^2+bx+c=0$의 두 근이 -1, $2+\sqrt{3}$일 때, 유리수 a, b, c에 대하여 $a+b+c$의 값을 구하시오.

나머지 한 근: $2-\sqrt{3}$

$-1+(2+\sqrt{3})+(2-\sqrt{3})=-a \qquad \therefore a=-3$

$(-1)\cdot(2+\sqrt{3})+(2+\sqrt{3})(2-\sqrt{3})+(2-\sqrt{3})\cdot(-1)=b$

$\therefore b=-3$

$(-1)\cdot(2+\sqrt{3})(2-\sqrt{3})=-c \qquad \therefore c=1$

$\therefore a+b+c=\mathbf{-5}$

0457 삼차방정식 $x^3+ax^2+bx+c=0$의 두 근이 2, $-3+i$일 때, 실수 a, b, c에 대하여 $a+b+c$의 값을 구하시오.

나머지 한 근: $-3-i$

$2+(-3+i)+(-3-i)=-a \qquad \therefore a=4$

$2\cdot(-3+i)+(-3+i)(-3-i)+(-3-i)\cdot 2=b$

$\therefore b=-2$

$2\cdot(-3+i)(-3-i)=-c \qquad \therefore c=-20$

$\therefore a+b+c=\mathbf{-18}$

개념 5 방정식 $x^3=1$, $x^3=-1$의 허근의 성질

0458 방정식 $x^3=1$의 한 허근을 ω라 할 때, 다음 식의 값을 구하시오. (단, $\overline{\omega}$는 ω의 켤레복소수이다.)

$x^3-1=0 \rightarrow (x-1)(x^2+x+1)=0$

(1) $\omega^2+\omega+1=\mathbf{0}$

(2) $\omega+\overline{\omega}=\mathbf{-1}$

(3) $\omega\overline{\omega}=\mathbf{1}$

(4) $\omega^{14}+\omega^{13}+\omega^{12}=\omega^{12}(\omega^2+\omega+1)$
$=\mathbf{0}$

(5) $\omega^{26}+\omega^{16}$
$=(\omega^3)^8\cdot\omega^2+(\omega^3)^5\cdot\omega$
$=\omega^2+\omega=\mathbf{-1}$

(6) $\omega+\dfrac{1}{\omega}=\dfrac{\omega^2+1}{\omega}=\dfrac{-\omega}{\omega}=\mathbf{-1}$

0459 방정식 $x^3=-1$의 한 허근을 ω라 할 때, 다음 식의 값을 구하시오. (단, $\overline{\omega}$는 ω의 켤레복소수이다.)

$x^3+1=0 \rightarrow (x+1)(x^2-x+1)=0$

(1) $\omega^2-\omega+1=\mathbf{0}$

(2) $\omega+\overline{\omega}=\mathbf{1}$

(3) $\omega\overline{\omega}=\mathbf{1}$

(4) $\omega^{14}-\omega^{13}+\omega^{12}=\omega^{12}(\omega^2-\omega+1)$
$=\mathbf{0}$

(5) $\omega^{26}+\omega^{16}$
$=(\omega^3)^8\cdot\omega^2+(\omega^3)^5\cdot\omega$
$=\omega^2-\omega=\mathbf{-1}$

(6) $\omega+\dfrac{1}{\omega}=\dfrac{\omega^2+1}{\omega}=\dfrac{\omega}{\omega}=\mathbf{1}$

개념 6 연립이차방정식의 풀이

0460 다음 연립방정식을 푸시오.

(1) $\begin{cases} x+2y=0 \rightarrow x=-2y \cdots\cdots ㉠ \\ x^2+y^2=45 \end{cases}$

㉠을 $x^2+y^2=45$에 대입하면

$5y^2=45$, $y^2=9 \qquad \therefore y=\pm3$

㉠에서 $y=-3$일 때 $x=6$, $y=3$일 때 $x=-6$

$\therefore \begin{cases} \mathbf{x=6} \\ \mathbf{y=-3} \end{cases}$ **또는** $\begin{cases} \mathbf{x=-6} \\ \mathbf{y=3} \end{cases}$

(2) $\begin{cases} x-y=1 \rightarrow y=x-1 \cdots\cdots ㉠ \\ x^2+y^2=25 \end{cases}$

㉠을 $x^2+y^2=25$에 대입하면 $2x^2-2x+1=25$

$(x+3)(x-4)=0 \qquad \therefore x=-3$ 또는 $x=4$

㉠에서 $x=-3$일 때 $y=-4$, $x=4$일 때 $y=3$

$\therefore \begin{cases} \mathbf{x=-3} \\ \mathbf{y=-4} \end{cases}$ **또는** $\begin{cases} \mathbf{x=4} \\ \mathbf{y=3} \end{cases}$

(3) $\begin{cases} 2x^2+xy-y^2=0 \; (x+y)(2x-y)=0 \rightarrow y=-x \text{ 또는 } y=2x \\ x^2+xy+y^2=7 \cdots\cdots ㉠ \end{cases}$

(i) $y=-x$를 ㉠에 대입하여 풀면 $x^2=7$

$\therefore \mathbf{x=\pm\sqrt{7},\ y=\mp\sqrt{7}}$ **(복부호 동순)**

(ii) $y=2x$를 ㉠에 대입하여 풀면 $x^2=1$

$\therefore \mathbf{x=\pm1,\ y=\pm2}$ **(복부호 동순)**

(4) $\begin{cases} x+y=5 \\ xy=6 \end{cases}$

x, y는 t에 대한 이차방정식 $t^2-5t+6=0$의 두 근이므로

$(t-2)(t-3)=0 \qquad \therefore t=2$ 또는 $t=3$

$\therefore \begin{cases} \mathbf{x=2} \\ \mathbf{y=3} \end{cases}$ **또는** $\begin{cases} \mathbf{x=3} \\ \mathbf{y=2} \end{cases}$

(5) $\begin{cases} x+y=-3 \\ x^2+y^2=5 \; (x+y)^2-2xy=(-3)^2-2xy=5 \rightarrow xy=2 \end{cases}$

x, y는 t에 대한 이차방정식 $t^2+3t+2=0$의 두 근이므로

$(t+2)(t+1)=0 \qquad \therefore t=-2$ 또는 $t=-1$

$\therefore \begin{cases} \mathbf{x=-2} \\ \mathbf{y=-1} \end{cases}$ **또는** $\begin{cases} \mathbf{x=-1} \\ \mathbf{y=-2} \end{cases}$

개념 7 부정방정식의 풀이

0461 방정식 $(x-1)(y+1)=4$를 만족시키는 정수 x, y의 순서쌍 (x, y)를 모두 구하시오.

$x-1$	-4	-2	-1	1	2	4
$y+1$	-1	-2	-4	4	2	1

오른쪽 표에서 x, y의 순서쌍 (x, y)는 $\mathbf{(-3, -2)}$, $\mathbf{(-1, -3)}$, $\mathbf{(0, -5)}$, $\mathbf{(2, 3)}$, $\mathbf{(3, 1)}$, $\mathbf{(5, 0)}$

0462 방정식 $(x-y+2)^2+(x+y-4)^2=0$을 만족시키는 실수 x, y에 대하여 x^2+y^2의 값을 구하시오.

$x-y+2=0$, $x+y-4=0$

위의 두 식을 연립하여 풀면 $x=1$, $y=3$

$\therefore x^2+y^2=\mathbf{10}$

06 여러 가지 방정식

B step 기출 & 변형하면…

유형 01 삼차방정식과 사차방정식의 풀이 개념 1

$f(x)$로 놓으면 $f(1)=1+4+1-6=0$

0463 삼차방정식 $x^3+4x^2+x-6=0$의 서로 다른 세 실근을 α, β, γ $(\alpha>\beta>\gamma)$라 할 때, $2\alpha-\beta-\gamma$의 값은? 답 ④

풀이 오른쪽 조립제법에서

1	1	4	1	−6
		1	5	6
	1	5	6	0

$f(x)=(x-1)(x^2+5x+6)$
$=(x-1)(x+2)(x+3)$

따라서 $f(x)=0$에서

$x=-3$ 또는 $x=-2$ 또는 $x=1$

이때 $\alpha>\beta>\gamma$이므로 $\alpha=1$, $\beta=-2$, $\gamma=-3$

$\therefore 2\alpha-\beta-\gamma=\mathbf{7}$

$f(x)$로 놓으면 $f(-2)=-8+4-6+10=0$

0464 삼차방정식 $x^3+x^2+3x+10=0$의 두 허근을 α, β라 할 때, $\alpha^3+\beta^3$의 값을 구하시오. 답 −14

풀이 오른쪽 조립제법에서

−2	1	1	3	10
		−2	2	−10
	1	−1	5	0

$f(x)=(x+2)(x^2-x+5)$

이때 방정식 $f(x)=0$의 두 허근

α, β는 이차방정식 $x^2-x+5=0$의 근이므로 근과 계수의 관계에 의하여 $\alpha+\beta=1$, $\alpha\beta=5$

$\therefore \alpha^3+\beta^3=(\alpha+\beta)^3-3\alpha\beta(\alpha+\beta)$
$=1^3-3\cdot5\cdot1=\mathbf{-14}$

$f(x)$로 놓으면 $f(-1)=1-1-1+7-6=0$, $f(2)=16+8-4-14-6=0$

0465 사차방정식 $x^4+x^3-x^2-7x-6=0$의 두 허근을 α, β라 할 때, $\alpha\overline{\alpha}+\beta\overline{\beta}$의 값은? (단, $\overline{\alpha}$, $\overline{\beta}$는 각각 α, β의 켤레복소수이다.) 답 ③

풀이 오른쪽 조립제법에서

−1	1	1	−1	−7	−6
		−1	0	1	6
2	1	0	−1	−6	0
		2	4	6	
	1	2	3	0	

$f(x)$
$=(x+1)(x-2)(x^2+2x+3)$

이때 방정식 $f(x)=0$의 두 허근

α, β는 이차방정식 $x^2+2x+3=0$의

근이므로 근과 계수의 관계에 의하여 $\alpha\beta=3$

또, 이차방정식의 한 허근은 다른 허근의 켤레복소수이므로

$\overline{\alpha}=\beta$, $\overline{\beta}=\alpha$

$\therefore \alpha\overline{\alpha}+\beta\overline{\beta}=\alpha\beta+\beta\alpha=2\alpha\beta=2\cdot3=\mathbf{6}$

$f(x)$로 놓으면 $f(-1)=1+6+10-2-15=0$, $f(3)=81-162+90+6-15=0$

0466 사차방정식 $x^4-6x^3+10x^2+2x-15=0$의 해는 $x=\alpha$ 또는 $x=\beta$ 또는 $x=\gamma\pm i$이다. 이때 세 유리수 α, β, γ에 대하여 $\alpha+\beta+\gamma$의 값은? 답 ④

풀이 오른쪽 조립제법에서

−1	1	−6	10	2	−15
		−1	7	−17	15
3	1	−7	17	−15	0
		3	−12	15	
	1	−4	5	0	

$f(x)$
$=(x+1)(x-3)(x^2-4x+5)$

방정식 $f(x)=0$에서

$x=-1$ 또는 $x=3$ 또는 $x=2\pm i$

즉, $\alpha=-1$, $\beta=3$, $\gamma=2$ 또는 $\alpha=3$, $\beta=-1$, $\gamma=2$이므로

$\alpha+\beta+\gamma=\mathbf{4}$

유형 02 공통부분이 있는 사차방정식의 풀이 개념 1

0467 사차방정식 $(x^2+x)^2-14(x^2+x)+24=0$의 네 실근 중 가장 큰 근을 a, 가장 작은 근을 b라 할 때, $2a-b$의 값은? ($x^2+x=t$) 답 ⑤

풀이 $t^2-14t+24=0$, $(t-2)(t-12)=0$

$\therefore t=2$ 또는 $t=12$

(i) $t=2$, 즉 $x^2+x=2$일 때

$x^2+x-2=0$, $(x+2)(x-1)=0$

$\therefore x=-2$ 또는 $x=1$

(ii) $t=12$, 즉 $x^2+x=12$일 때

$x^2+x-12=0$, $(x+4)(x-3)=0$

$\therefore x=-4$ 또는 $x=3$

(i), (ii)에서 $x=-4$ 또는 $x=-2$ 또는 $x=1$ 또는 $x=3$

따라서 $a=3$, $b=-4$이므로 $2a-b=\mathbf{10}$

0468 사차방정식 $(x^2-3x+3)(x^2-3x-2)+4=0$의 모든 양수인 근의 곱은? ($x^2-3x=t$) 답 ⑤

풀이 $(t+3)(t-2)+4=0$, $t^2+t-2=0$

$(t+2)(t-1)=0$ $\therefore t=-2$ 또는 $t=1$

(i) $t=-2$, 즉 $x^2-3x=-2$일 때

$x^2-3x+2=0$, $(x-1)(x-2)=0$

$\therefore x=1$ 또는 $x=2$

(ii) $t=1$, 즉 $x^2-3x=1$일 때

$x^2-3x-1=0$ $\therefore x=\dfrac{3\pm\sqrt{13}}{2}$

(i), (ii)에서 주어진 방정식의 양수인 근은 1, 2, $\dfrac{3+\sqrt{13}}{2}$이므로

그 곱은 $1\cdot2\cdot\dfrac{3+\sqrt{13}}{2}=\mathbf{3+\sqrt{13}}$

0469 사차방정식 $(x^2+2x-1)^2+4(x^2+2x)-9=0$의 모든 실근의 합을 a, 모든 허근의 곱을 b라 할 때, $a+b$의 값은? (각 $x^2+2x=t$) **답** ②

풀이 $(t-1)^2+4t-9=0$, $t^2+2t-8=0$

$(t+4)(t-2)=0$ $\quad\therefore t=-4$ 또는 $t=2$

(i) $t=-4$, 즉 $x^2+2x=-4$일 때

$x^2+2x+4=0$이고 이 이차방정식은 서로 다른 두 허근을 갖는다. $\frac{(\text{판별식})}{4}=1^2-1\cdot4=-3<0$

따라서 주어진 방정식의 두 허근은 이차방정식 $x^2+2x+4=0$의 근이므로 근과 계수의 관계에 의하여

$b=4$

(ii) $t=2$, 즉 $x^2+2x=2$일 때

$x^2+2x-2=0$이고 이 이차방정식은 서로 다른 두 실근을 갖는다. $\frac{(\text{판별식})}{4}=1^2-1\cdot(-2)=3>0$

따라서 주어진 방정식의 두 실근은 이차방정식 $x^2+2x-2=0$의 근이므로 근과 계수의 관계에 의하여

$a=-2$

(i), (ii)에서 $a=-2$, $b=4$ $\quad\therefore a+b=$ **2**

➜ 서술형 **0470** 사차방정식 $(x-1)(x-2)(x-3)(x-4)=120$의 한 허근을 α라 할 때, $\alpha^2-5\alpha$의 값을 구하시오. **답** -16

풀이 공통부분이 생길 수 있도록 곱하는 순서를 적절히 바꾸자.

$\{(x-1)(x-4)\}\{(x-2)(x-3)\}-120=0$

$(x^2-5x+4)(x^2-5x+6)-120=0$

$x^2-5x=t$로 놓으면 주어진 방정식은

$(t+4)(t+6)-120=0$

$t^2+10t-96=0$, $(t+16)(t-6)=0$

$\therefore t=-16$ 또는 $t=6$ …❶ (30%)

(i) $t=-16$일 때, $x^2-5x+16=0$이고 이 이차방정식은 서로 다른 두 허근을 갖는다. $(\text{판별식})=(-5)^2-4\cdot1\cdot16=-39<0$ …❷ (20%)

(ii) $t=6$일 때, $x^2-5x-6=0$이고 이 이차방정식은 서로 다른 두 실근을 갖는다. $(\text{판별식})=(-5)^2-4\cdot1\cdot(-6)=49>0$ …❸ (20%)

(i), (ii)에서 주어진 방정식의 한 허근 α는 이차방정식 $x^2-5x+16=0$의 근이므로 $\alpha^2-5\alpha+16=0$

$\therefore \alpha^2-5\alpha=$ **-16** …❹ (30%)

① $x^2=t$로 치환한 후 좌변 t^2+at+b가 인수분해되면 인수분해해서 푼다.
② ①에서 바로 인수분해되지 않는 경우, ax^2을 적당히 분리하여 $(x^2+A)^2-(Bx)^2=0$ 꼴로 변형한 후 좌변을 인수분해하여 푼다.

유형 03 $x^4+ax^2+b=0$ 꼴의 사차방정식의 풀이 개념 2

0471 사차방정식 $x^4+x^2-20=0$의 두 실근의 곱은? ($x^2=t$) **답** ③

풀이 $t^2+t-20=0$, $(t+5)(t-4)=0$

$\therefore t=-5$ 또는 $t=4$

즉, $x^2=-5$ 또는 $x^2=4$이므로 $x=\pm\sqrt{5}i$ 또는 $x=\pm2$

따라서 주어진 방정식의 두 실근의 곱은

$2\cdot(-2)=$ **-4**

➜ **0472** 사차방정식 $x^4-10x^2+9=0$의 네 근을 α, β, γ, δ라 할 때, $|\alpha|+|\beta|+|\gamma|+|\delta|$의 값을 구하시오. ($x^2=t$) **답** 8

풀이 $t^2-10t+9=0$, $(t-1)(t-9)=0$

$\therefore t=1$ 또는 $t=9$

즉, $x^2=1$ 또는 $x^2=9$이므로 $x=\pm1$ 또는 $x=\pm3$

$\therefore |\alpha|+|\beta|+|\gamma|+|\delta|=|1|+|-1|+|3|+|-3|$

$=$ **8**

0473 사차방정식 $x^4-11x^2+1=0$의 네 근을 α, β, γ, δ라 할 때, $\frac{1}{\alpha}+\frac{1}{\beta}+\frac{1}{\gamma}+\frac{1}{\delta}$의 값을 구하시오. **답** 0

풀이 $(x^4-2x^2+1)-9x^2=0$, $(x^2-1)^2-(3x)^2=0$

$(x^2+3x-1)(x^2-3x-1)=0$

$\therefore x^2+3x-1=0$ 또는 $x^2-3x-1=0$

따라서 이차방정식 $x^2+3x-1=0$의 두 근을 α, β라 하고, 이차방정식 $x^2-3x-1=0$의 두 근을 γ, δ라 하면

이차방정식의 근과 계수의 관계에 의하여

$\alpha+\beta=-3$, $\alpha\beta=-1$, $\gamma+\delta=3$, $\gamma\delta=-1$

$\therefore \frac{1}{\alpha}+\frac{1}{\beta}+\frac{1}{\gamma}+\frac{1}{\delta}=\frac{\alpha+\beta}{\alpha\beta}+\frac{\gamma+\delta}{\gamma\delta}=\frac{-3}{-1}+\frac{3}{-1}=$ **0**

➜ **0474** 사차방정식 $x^4+4x^2+16=0$의 근 중 허수부분이 양수인 모든 근의 합은? **답** ⑤

풀이 $(x^4+8x^2+16)-4x^2=0$, $(x^2+4)^2-(2x)^2=0$

$(x^2+2x+4)(x^2-2x+4)=0$

$\therefore x^2+2x+4=0$ 또는 $x^2-2x+4=0$

$\therefore x=-1\pm\sqrt{3}i$ 또는 $x=1\pm\sqrt{3}i$

따라서 허수부분이 양수인 근은 $-1+\sqrt{3}i$, $1+\sqrt{3}i$이므로

그 합은

$(-1+\sqrt{3}i)+(1+\sqrt{3}i)=$ **$2\sqrt{3}i$**

유형 04 $ax^4+bx^3+cx^2+bx+a=0$ 꼴의 방정식의 풀이 개념 2

$x\neq0$이므로 양변을 x^2으로 나누자.

0475 사차방정식 $x^4-2x^3-x^2-2x+1=0$의 두 실근의 합을 a, 두 허근의 곱을 b라 할 때, $a+b$의 값은? 답 ②

풀이 $x^2-2x-1-\frac{2}{x}+\frac{1}{x^2}=0$, $x^2+\frac{1}{x^2}-2\left(x+\frac{1}{x}\right)-1=0$

$\left(x+\frac{1}{x}\right)^2-2\left(x+\frac{1}{x}\right)-3=0$

$x+\frac{1}{x}=t$로 놓으면 $t^2-2t-3=0$, $(t+1)(t-3)=0$

$\therefore t=-1$ 또는 $t=3$

(i) $t=-1$일 때, $x^2+x+1=0$이고 이 이차방정식은 서로 다른 두 허근을 가지므로 근과 계수의 관계에 의하여 (판별식)$=1^2-4\cdot1\cdot1=-3<0$

$b=1$

(ii) $t=3$일 때, $x^2-3x+1=0$이고 이 이차방정식은 서로 다른 두 실근을 가지므로 근과 계수의 관계에 의하여 (판별식)$=(-3)^2-4\cdot1\cdot1=5>0$

$a=3$

(i), (ii)에서 $a=3$, $b=1$이므로 $a+b=\mathbf{4}$

$x\neq0$이므로 양변을 x^2으로 나누자.

0476 서술형 사차방정식 $x^4-3x^3+2x^2-3x+1=0$의 한 실근을 α라 할 때, $\alpha+\frac{1}{\alpha}$의 값을 구하시오. 답 3

풀이 $x^2-3x+2-\frac{3}{x}+\frac{1}{x^2}=0$, $x^2+\frac{1}{x^2}-3\left(x+\frac{1}{x}\right)+2=0$

$\left(x+\frac{1}{x}\right)^2-3\left(x+\frac{1}{x}\right)=0$

$x+\frac{1}{x}=t$로 놓으면 $t^2-3t=0$, $t(t-3)=0$

$\therefore t=0$ 또는 $t=3$ …❶ (30%)

(i) $t=0$일 때, $x^2+1=0$이고 이 이차방정식은 서로 다른 두 허근을 갖는다. $x=\pm i$ …❷ (20%)

(ii) $t=3$일 때, $x^2-3x+1=0$이고 이 이차방정식은 서로 다른 두 실근을 갖는다. (판별식)$=(-3)^2-4\cdot1\cdot1=5>0$ …❸ (20%)

(i), (ii)에서 α는 방정식 $x^2-3x+1=0$, 즉 $x+\frac{1}{x}=3$의 한 실근이므로

$\alpha+\frac{1}{\alpha}=\mathbf{3}$ …❹ (30%)

유형 05 삼 · 사차방정식의 미정계수 구하기 개념 1

0477 삼차방정식 $x^3+kx^2-x+4=0$의 한 근이 1이고 나머지 두 근이 α, β일 때, $k+\alpha+\beta$의 값은? (단, k는 상수이다.) 답 ②

풀이 주어진 방정식의 한 근이 1이므로 $1+k-1+4=0$

$\therefore k=-4$

이때 $f(x)=x^3-4x^2-x+4$로 놓으면 $f(1)=0$

오른쪽 조립제법에서

$f(x)=(x-1)(x^2-3x-4)$

1	1	−4	−1	4
		1	−3	−4
	1	−3	−4	0

따라서 α, β는 이차방정식 $x^2-3x-4=0$의 두 근이므로 근과 계수의 관계에 의하여 $\alpha+\beta=3$

$\therefore k+\alpha+\beta=-4+3=\mathbf{-1}$

$x=\sqrt{3}$은 삼차방정식 $x^3+x^2+ax+b=0$의 근이다.

0478 삼차식 x^3+x^2+ax+b가 일차식 $x-\sqrt{3}$으로 나누어떨어질 때, 삼차방정식 $x^3+x^2+ax+b=0$의 세 근의 곱을 구하시오. (단, a, b는 유리수이다.) 답 3

풀이 $(\sqrt{3})^3+(\sqrt{3})^2+a\sqrt{3}+b=0$에서

$3\sqrt{3}+3+a\sqrt{3}+b=0$ $\therefore (3+a)\sqrt{3}+(3+b)=0$

이때 a, b가 유리수이므로

$3+a=0$, $3+b=0$ $\therefore a=-3$, $b=-3$

따라서 주어진 방정식은 $x^3+x^2-3x-3=0$

$x^2(x+1)-3(x+1)=0$, $(x+1)(x^2-3)=0$

$(x+1)(x+\sqrt{3})(x-\sqrt{3})=0$

$\therefore x=-1$ 또는 $x=-\sqrt{3}$ 또는 $x=\sqrt{3}$

즉, 구하는 곱은 $(-1)\cdot(-\sqrt{3})\cdot\sqrt{3}=\mathbf{3}$

$f(x)$로 놓으면 $f(-2)=0$, $f(3)=0$

0479 삼차방정식 $x^3+ax^2+bx+24=0$의 두 근이 -2, 3일 때, 나머지 한 근을 구하시오. (단, a, b는 상수이다.) 답 4

풀이 $f(-2)=0$에서 $2a-b=-8$ ······ ㉠

$f(3)=0$에서 $3a+b=-17$ ······ ㉡

㉠, ㉡을 연립하여 풀면 $a=-5$, $b=-2$

즉, $f(x)=x^3-5x^2-2x+24$이므로

오른쪽 조립제법에서

$f(x)$

$=(x+2)(x-3)(x-4)$

−2	1	−5	−2	24
		−2	14	−24
3	1	−7	12	0
		3	−12	
	1	−4	0	

따라서 방정식 $f(x)=0$에서

$x=-2$ 또는 $x=3$ 또는 $x=4$

즉, 나머지 한 근은 4이다.

$f(x)$로 놓으면 $f(-1)=0$, $f(2)=0$

0480 사차방정식 $x^4+2x^3+ax^2+bx-b=0$의 두 근이 -1, 2일 때, 나머지 두 근의 곱을 구하시오. (단, a, b는 상수이다.) 답 −2

풀이 $f(-1)=0$에서 $a-2b=1$ ······ ㉠

$f(2)=0$에서 $4a+b=-32$ ······ ㉡

㉠, ㉡을 연립하여 풀면 $a=-7$, $b=-4$

즉, $f(x)=x^4+2x^3-7x^2-4x+4$이므로 다음 조립제법에서

$f(x)$

$=(x+1)(x-2)(x^2+3x-2)$

−1	1	2	−7	−4	4
		−1	−1	8	−4
2	1	1	−8	4	0
		2	6	−4	
	1	3	−2	0	

이때 방정식 $f(x)=0$의 나머지 두 근은 이차방정식 $x^2+3x-2=0$의 근이므로 이차방정식의 근과 계수의 관계에 의하여 구하는 곱은 -2이다.

유형 06 삼차방정식의 근의 판별

$f(x)$로 놓으면 $f(1)=1-5+4-2k+2k=0$

0481 삼차방정식 $x^3-5x^2+2(2-k)x+2k=0$의 근이 모두 실수일 때, 정수 k의 최솟값은? 답 ③

풀이 오른쪽 조립제법에서

1	1	-5	$4-2k$	$2k$
		1	-4	$-2k$
	1	-4	$-2k$	0

$f(x)$
$=(x-1)(x^2-4x-2k)$

이때 방정식 $f(x)=0$의 근이 모두 실수가 되려면 이차방정식 $x^2-4x-2k=0$이 실근을 가져야 하므로 이 이차방정식의 판별식을 D라 하면

$\frac{D}{4}=(-2)^2-(-2k)\geq 0,\ 4+2k\geq 0 \qquad \therefore k\geq -2$

따라서 정수 k의 최솟값은 -2이다.

$f(x)$로 놓으면 $f(2)=8-4+2a-4-2a=0$

0482 삼차방정식 $x^3-x^2+(a-2)x-2a=0$이 한 개의 실근과 두 개의 허근을 가질 때, 실수 a의 값의 범위를 구하시오. 답 $a>\frac{1}{4}$

풀이 오른쪽 조립제법에서

2	1	-1	$a-2$	$-2a$
		2	2	$2a$
	1	1	a	0

$f(x)=(x-2)(x^2+x+a)$

이때 방정식 $f(x)=0$이 실근 1개와 허근 2개를 가지려면 이차방정식 $x^2+x+a=0$이 서로 다른 두 허근을 가져야 하므로 이 이차방정식의 판별식을 D라 하면

$D=1^2-4a<0,\ 4a>1 \qquad \therefore a>\frac{1}{4}$

$f(x)$로 놓으면 $f(-1)=-1+5-k-4+k=0$

0483 삼차방정식 $x^3+5x^2+(k+4)x+k=0$이 서로 다른 세 실근을 가질 때, 모든 자연수 k의 값의 합은? 답 ②

풀이 오른쪽 조립제법에서

-1	1	5	$k+4$	k
		-1	-4	$-k$
	1	4	k	0

$f(x)$
$=(x+1)(x^2+4x+k)$

이때 방정식 $f(x)=0$이 서로 다른 세 실근을 가지려면 이차방정식 $x^2+4x+k=0$이 $x=-1$이 아닌 서로 다른 두 실근을 가져야 하므로 이 이차방정식의 판별식을 D라 하면

$\frac{D}{4}=2^2-k>0 \qquad \therefore k<4 \qquad \cdots\cdots$ ㉠

또, $x=-1$을 $x^2+4x+k=0$에 대입하면 등식이 성립하지 않아야 하므로 $1-4+k\neq 0 \qquad \therefore k\neq 3 \qquad \cdots\cdots$ ㉡

㉠, ㉡에서 $k<3$ 또는 $3<k<4$

따라서 자연수 k는 1, 2이므로 그 합은 $1+2=3$

$f(x)$로 놓으면 $f(-2)=0$이어야 한다.

0484 삼차방정식 $x^3+ax^2+bx-8=0$이 중근 $x=-2$를 갖도록 하는 상수 a, b에 대하여 $a+b$의 값은? 답 ④

풀이 $f(-2)=-8+4a-2b-8=0$이므로 $2a-b-8=0$

$\therefore b=2a-8 \qquad \cdots\cdots$ ㉠

방정식 $f(x)=0$은 중근 $x=-2$를 가지므로 오른쪽 조립제법에서

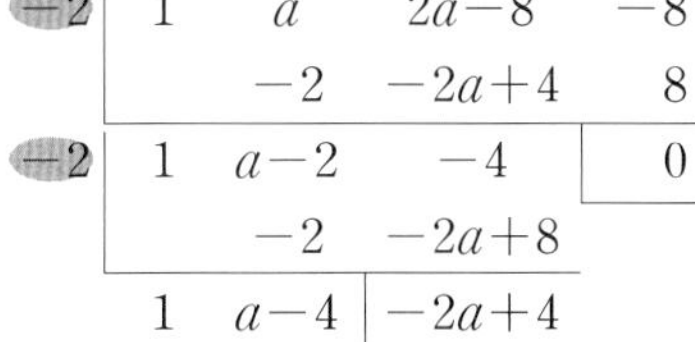

-2	1	a	$2a-8$	-8
		-2	$-2a+4$	8
-2	1	$a-2$	-4	0
		-2	$-2a+8$	
	1	$a-4$	$-2a+4$	

$-2a+4=0$

$\therefore a=2$

$a=2$를 ㉠에 대입하면 $b=-4$

$\therefore a+b=-2$

$f(x)$로 놓으면 $f(1)=1-5+2k+4-2k=0$

0485 삼차방정식 $x^3-5x^2+(2k+4)x-2k=0$이 중근을 갖도록 하는 모든 실수 k의 값의 곱은? 답 ①

풀이 오른쪽 조립제법에서

1	1	-5	$2k+4$	$-2k$
		1	-4	$2k$
	1	-4	$2k$	0

$f(x)$
$=(x-1)(x^2-4x+2k)$

이때 방정식 $f(x)=0$이 중근을 가지려면

(i) 이차방정식 $x^2-4x+2k=0$이 $x=1$을 근으로 갖는 경우

$1-4+2k=0 \qquad \therefore k=\frac{3}{2}$ ($k=\frac{3}{2}$이면 이차방정식 $x^2-4x+3=0$은 $x=1$, $x=3$을 근으로 갖는다.)

(ii) 이차방정식 $x^2-4x+2k=0$이 $x=1$이 아닌 중근을 갖는 경우

이 이차방정식의 판별식을 D라 하면

$\frac{D}{4}=(-2)^2-2k=0,\ 4-2k=0 \qquad \therefore k=2$ ($k=2$이면 이차방정식 $x^2-4x+4=0$은 중근 $x=2$를 갖는다.)

(i), (ii)에서 모든 실수 k의 값의 곱은

$\frac{3}{2}\cdot 2=3$

$f(x)$로 놓으면 $f(-1)=-1+3-k-2+k=0$

0486 삼차방정식 $x^3+3x^2+(k+2)x+k=0$의 서로 다른 실근이 한 개뿐일 때, 정수 k의 최솟값을 구하시오. 답 1

풀이 오른쪽 조립제법에서

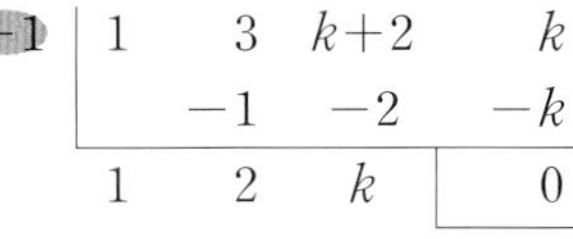

-1	1	3	$k+2$	k
		-1	-2	$-k$
	1	2	k	0

$f(x)$
$=(x+1)(x^2+2x+k)$

이때 방정식 $f(x)=0$의 서로 다른 실근이 한 개뿐이려면

(i) 이차방정식 $x^2+2x+k=0$이 허근을 갖는 경우

이 이차방정식의 판별식을 D라 하면

$\frac{D}{4}=1-k<0 \qquad \therefore k>1$

(ii) 이차방정식 $x^2+2x+k=0$이 $x=-1$을 중근으로 갖는 경우

$k=1$

(i), (ii)에서 k의 값의 범위는 $k\geq 1$이므로 정수 k의 최솟값은 1이다.

06 여러 가지 방정식

유형 07 삼차방정식의 근과 계수의 관계 개념 3

0487 삼차방정식 $x^3-6x^2-x+4=0$의 세 근을 α, β, γ라 할 때, $\alpha^2+\beta^2+\gamma^2$의 값은? 답 ③

풀이 삼차방정식의 근과 계수의 관계에 의하여

$\alpha+\beta+\gamma=6$, $\alpha\beta+\beta\gamma+\gamma\alpha=-1$

$\therefore \alpha^2+\beta^2+\gamma^2=(\alpha+\beta+\gamma)^2-2(\alpha\beta+\beta\gamma+\gamma\alpha)$

$=6^2-2\cdot(-1)=\mathbf{38}$

0488 서술형 삼차방정식 $x^3-2x^2+kx-4=0$의 세 근을 α, β, γ라 할 때, $\frac{1}{\alpha}+\frac{1}{\beta}+\frac{1}{\gamma}=\frac{3}{2}$이다. 이때 상수 k의 값을 구하시오. 답 6

풀이 삼차방정식의 근과 계수의 관계에 의하여

$\alpha\beta+\beta\gamma+\gamma\alpha=k$, $\alpha\beta\gamma=4$ ······ ㉠ ···❶ (40%)

$\frac{1}{\alpha}+\frac{1}{\beta}+\frac{1}{\gamma}=\frac{3}{2}$에서

$\frac{\alpha\beta+\beta\gamma+\gamma\alpha}{\alpha\beta\gamma}=\frac{3}{2}$ ······ ㉡

㉠을 ㉡에 대입하면 $\frac{k}{4}=\frac{3}{2}$ ···❷ (40%)

$\therefore k=\mathbf{6}$ ···❸ (20%)

0489 삼차방정식 $x^3-12x^2+27x+40=0$의 세 근을 α, β, γ라 할 때, $(1-\alpha)(1-\beta)(1-\gamma)$의 값은? 답 ⑤

풀이 삼차방정식의 근과 계수의 관계에 의하여

$\alpha+\beta+\gamma=12$, $\alpha\beta+\beta\gamma+\gamma\alpha=27$, $\alpha\beta\gamma=-40$

$\therefore (1-\alpha)(1-\beta)(1-\gamma)$

$=1-(\alpha+\beta+\gamma)+(\alpha\beta+\beta\gamma+\gamma\alpha)-\alpha\beta\gamma$

$=1-12+27-(-40)=\mathbf{56}$

0490 삼차방정식 $x^3-2x^2-7x+6=0$의 세 근을 α, β, γ라 할 때, $(\alpha+\beta)(\beta+\gamma)(\gamma+\alpha)$의 값은? 답 ①

풀이 삼차방정식의 근과 계수의 관계에 의하여

$\alpha+\beta+\gamma=2$, $\alpha\beta+\beta\gamma+\gamma\alpha=-7$, $\alpha\beta\gamma=-6$

$\therefore (\alpha+\beta)(\beta+\gamma)(\gamma+\alpha)$

$=(2-\gamma)(2-\alpha)(2-\beta)$

$=8-4(\alpha+\beta+\gamma)+2(\alpha\beta+\beta\gamma+\gamma\alpha)-\alpha\beta\gamma$

$=8-4\cdot2+2\cdot(-7)-(-6)=\mathbf{-8}$

0491 삼차방정식 $x^3-12x^2+ax+b=0$의 세 근의 비가 1 : 2 : 3일 때, 상수 a, b에 대하여 $a+b$의 값은? 답 ⑤

세 근을 α, 2α, 3α $(\alpha\neq0)$로 놓자.

풀이 삼차방정식의 근과 계수의 관계에 의하여

$\alpha+2\alpha+3\alpha=12$

$6\alpha=12$ $\quad\therefore \alpha=2$

따라서 세 근이 2, 4, 6이므로

$2\cdot4+4\cdot6+6\cdot2=a$, $2\cdot4\cdot6=-b$

$\therefore a=44$, $b=-48$

$\therefore a+b=\mathbf{-4}$

0492 삼차방정식 $x^3+9x^2+ax+b=0$의 세 근이 연속한 세 정수일 때, 상수 a, b에 대하여 $a+b$의 값을 구하시오. 답 50

세 근을 $\alpha-1$, α, $\alpha+1$로 놓자.

풀이 삼차방정식의 근과 계수의 관계에 의하여

$(\alpha-1)+\alpha+(\alpha+1)=-9$

$3\alpha=-9$ $\quad\therefore \alpha=-3$

따라서 세 근이 -4, -3, -2이므로

$(-4)\cdot(-3)+(-3)\cdot(-2)+(-2)\cdot(-4)=a$

$(-4)\cdot(-3)\cdot(-2)=-b$

$\therefore a=26$, $b=24$

$\therefore a+b=\mathbf{50}$

유형 08 삼차방정식의 작성 개념 3

0493 삼차방정식 $x^3-4x^2+2x-5=0$의 세 근을 α, β, γ라 할 때, $\alpha-2$, $\beta-2$, $\gamma-2$를 세 근으로 하고 x^3의 계수가 1인 삼차방정식은 $x^3+ax^2+bx+c=0$이다. 상수 a, b, c에 대하여 $a+b+c$의 값은? 답 ③

풀이 삼차방정식의 근과 계수의 관계에 의하여

$\alpha+\beta+\gamma=4$, $\alpha\beta+\beta\gamma+\gamma\alpha=2$, $\alpha\beta\gamma=5$

$\therefore (\alpha-2)+(\beta-2)+(\gamma-2)=\alpha+\beta+\gamma-6$

$=4-6=-2$,

$(\alpha-2)(\beta-2)+(\beta-2)(\gamma-2)+(\gamma-2)(\alpha-2)$

$=\alpha\beta+\beta\gamma+\gamma\alpha-4(\alpha+\beta+\gamma)+12$

$=2-4\cdot4+12=-2$,

$(\alpha-2)(\beta-2)(\gamma-2)$

$=\alpha\beta\gamma-2(\alpha\beta+\beta\gamma+\gamma\alpha)+4(\alpha+\beta+\gamma)-8$

$=5-2\cdot2+4\cdot4-8=9$

따라서 $\alpha-2$, $\beta-2$, $\gamma-2$를 세 근으로 하고 x^3의 계수가 1인 삼차방정식은

$x^3+2x^2-2x-9=0$

즉, $a=2$, $b=-2$, $c=-9$이므로

$a+b+c=\mathbf{-9}$

0494 삼차방정식 $x^3+3x^2-2x-1=0$의 세 근을 α, β, γ라 할 때, $\frac{1}{\alpha}$, $\frac{1}{\beta}$, $\frac{1}{\gamma}$을 세 근으로 하고 x^3의 계수가 1인 삼차방정식은 $x^3+ax^2+bx+c=0$이다. 상수 a, b, c에 대하여 $a+b-c$의 값은? 답 ①

풀이 삼차방정식의 근과 계수의 관계에 의하여

$\alpha+\beta+\gamma=-3$, $\alpha\beta+\beta\gamma+\gamma\alpha=-2$, $\alpha\beta\gamma=1$

$\therefore \frac{1}{\alpha}+\frac{1}{\beta}+\frac{1}{\gamma}=\frac{\alpha\beta+\beta\gamma+\gamma\alpha}{\alpha\beta\gamma}=\frac{-2}{1}=-2$,

$\frac{1}{\alpha}\cdot\frac{1}{\beta}+\frac{1}{\beta}\cdot\frac{1}{\gamma}+\frac{1}{\gamma}\cdot\frac{1}{\alpha}=\frac{\alpha+\beta+\gamma}{\alpha\beta\gamma}=\frac{-3}{1}=-3$,

$\frac{1}{\alpha}\cdot\frac{1}{\beta}\cdot\frac{1}{\gamma}=\frac{1}{\alpha\beta\gamma}=\frac{1}{1}=1$

따라서 $\frac{1}{\alpha}$, $\frac{1}{\beta}$, $\frac{1}{\gamma}$을 세 근으로 하고 x^3의 계수가 1인 삼차방정식은

$x^3+2x^2-3x-1=0$

즉, $a=2$, $b=-3$, $c=-1$이므로

$a+b-c=\mathbf{0}$

Tip 삼차방정식 $ax^3+bx^2+cx+d=0$ $(d\neq0)$의 세 근이 α, β, γ이면 $dx^3+cx^2+bx+a=0$의 세 근은 $\frac{1}{\alpha}$, $\frac{1}{\beta}$, $\frac{1}{\gamma}$이다.

$f(1)+1=0$, $f(2)+1=0$, $f(5)+1=0$
따라서 1, 2, 5는 삼차방정식 $f(x)+1=0$의 세 근이다.

0495 x^3의 계수가 1인 삼차식 $f(x)$에 대하여

$f(1)=f(2)=f(5)=-1$

이 성립할 때, 방정식 $f(x)=0$의 모든 근의 곱은? 답 ④

풀이 1, 2, 5를 세 근으로 하고 x^3의 계수가 1인 삼차방정식은

$x^3-(1+2+5)x^2+(1\cdot2+2\cdot5+5\cdot1)x-1\cdot2\cdot5=0$

$\therefore x^3-8x^2+17x-10=0$

즉, $f(x)+1=x^3-8x^2+17x-10$이므로

$f(x)=x^3-8x^2+17x-11$

따라서 삼차방정식의 근과 계수의 관계에 의하여 방정식 $f(x)=0$의 모든 근의 곱은 **11**이다.

$f(2)-a=0$, $f(3)-a=0$, $f(4)-a=0$
따라서 2, 3, 4는 삼차방정식 $f(x)-a=0$의 세 근이다.

0496 x^3의 계수가 1인 삼차식 $f(x)$에 대하여

$f(0)=12$, $f(2)=f(3)=f(4)=a$

가 성립할 때, 실수 a의 값은? 답 ⑤

풀이 2, 3, 4를 세 근으로 하고 x^3의 계수가 1인 삼차방정식은

$x^3-(2+3+4)x^2+(2\cdot3+3\cdot4+4\cdot2)x-2\cdot3\cdot4=0$

$\therefore x^3-9x^2+26x-24=0$

즉, $f(x)-a=x^3-9x^2+26x-24$이므로

$f(x)=x^3-9x^2+26x-24+a$

이때 $f(0)=12$이므로

$-24+a=12$ $\therefore a=\mathbf{36}$

유형 09 삼 · 사차방정식의 켤레근 개념 4

0497 삼차방정식 $x^3+ax^2+bx-4=0$의 한 근이 $2+\sqrt{3}$일 때, 유리수 a, b에 대하여 $b-a$의 값을 구하시오. (메모: $2-\sqrt{3}$도 근이다.) 답 25

풀이 $2+\sqrt{3}$, $2-\sqrt{3}$이 아닌 나머지 한 근을 α라 하면 삼차방정식의 근과 계수의 관계에 의하여

$(2+\sqrt{3})+(2-\sqrt{3})+\alpha=-a$에서

$4+\alpha=-a$ ...... ㉠

$(2+\sqrt{3})(2-\sqrt{3})+(2-\sqrt{3})\alpha+(2+\sqrt{3})\alpha=b$에서

$1+4\alpha=b$ ...... ㉡

$(2+\sqrt{3})(2-\sqrt{3})\alpha=4$에서 $\alpha=4$

$\alpha=4$를 ㉠, ㉡에 각각 대입하면 $a=-8$, $b=17$

$\therefore b-a=\mathbf{25}$

→ 서술형 **0498** 삼차방정식 $x^3+5x^2+px+q=0$의 두 근이 α, $-2+i$일 때, $p+q+\alpha$의 값을 구하시오. (단, p, q, α는 실수이다.) 답 13

풀이 삼차방정식 $x^3+5x^2+px+q=0$의 계수가 실수이므로

$-2+i$가 근이면 $-2-i$도 근이다. ...❶ (20%)

나머지 한 근이 α이므로 삼차방정식의 근과 계수의 관계에 의하여

$\alpha+(-2+i)+(-2-i)=-5$에서 $\alpha=-1$ ...❷ (30%)

$(-2+i)\alpha+(-2+i)(-2-i)+(-2-i)\alpha=p$에서

$-4\alpha+5=p$ ...... ㉠

$\alpha(-2+i)(-2-i)=-q$에서

$5\alpha=-q$ ...... ㉡ ...❸ (30%)

$\alpha=-1$을 ㉠, ㉡에 각각 대입하면 $p=9$, $q=5$

$\therefore p+q+\alpha=\mathbf{13}$ ...❹ (20%)

0499 한 근이 $2-\sqrt{2}i$인 삼차방정식 $x^3+ax^2+bx+c=0$과 이차방정식 $x^2+ax+4=0$이 공통인 근 m을 가질 때, m의 값은? (단, a, b, c는 실수이다.) (메모: $2+\sqrt{2}i$도 주어진 삼차방정식의 근이다. 이차방정식의 두 근의 곱은 4이다.) 답 ③

풀이 $(2-\sqrt{2}i)(2+\sqrt{2}i)=6\neq4$이므로 주어진 삼차방정식의 두 근 $2-\sqrt{2}i$, $2+\sqrt{2}i$는 이차방정식 $x^2+ax+4=0$의 두 근이 될 수 없다. ← $2-\sqrt{2}i\neq m$, $2+\sqrt{2}i\neq m$

즉, 주어진 삼차방정식의 세 근은 m, $2-\sqrt{2}i$, $2+\sqrt{2}i$이므로 삼차방정식의 근과 계수의 관계에 의하여

$m+(2-\sqrt{2}i)+(2+\sqrt{2}i)=-a$에서

$m+4=-a$ ...... ㉠

한편, m이 이차방정식 $x^2+ax+4=0$의 한 근이므로

$m^2+am+4=0$

㉠에서 $a=-m-4$를 위의 식에 대입하면

$m^2+(-m-4)m+4=0$

$-4m+4=0$ $\therefore m=\mathbf{1}$

→ **0500** 사차방정식 $x^4+ax^3+bx^2+cx+d=0$의 두 근이 $1+\sqrt{3}$, $1-i$일 때, 유리수 a, b, c, d에 대하여 $a+b+c+d$의 값은? (메모: $1-\sqrt{3}$, $1+i$도 근이다.) 답 ①

풀이 $1+\sqrt{3}$, $1-\sqrt{3}$, $1-i$, $1+i$를 네 근으로 하고 x^4의 계수가 1인 사차방정식은

$(x-1-\sqrt{3})(x-1+\sqrt{3})(x-1+i)(x-1-i)=0$

$\{(x-1-\sqrt{3})(x-1+\sqrt{3})\}\{(x-1+i)(x-1-i)\}=0$

$(x^2-2x-2)(x^2-2x+2)=0$

$(x^2-2x)^2-2^2=0$

$\therefore x^4-4x^3+4x^2-4=0$

따라서 $a=-4$, $b=4$, $c=0$, $d=-4$이므로

$a+b+c+d=\mathbf{-4}$

유형 10 방정식 $x^3=1$, $x^3=-1$의 허근의 성질 개념 5

0501 방정식 $x^3+1=0$의 한 허근을 ω라 할 때, $\dfrac{\omega^2}{1-\omega}-\dfrac{\omega}{1+\omega^2}$의 값은? (메모: $(x+1)(x^2-x+1)=0$ → ω는 $x^2-x+1=0$의 한 허근) 답 ②

풀이 $\omega^2-\omega+1=0$이므로

$$\frac{\omega^2}{1-\omega}-\frac{\omega}{1+\omega^2}=\frac{\omega^2}{-\omega^2}-\frac{\omega}{\omega}=-1-1=\mathbf{-2}$$

→ **0502** $\omega=\dfrac{-1-\sqrt{3}i}{2}$일 때, $(1+\omega)(1+\omega^2)(1+\omega^3)$의 값은? 답 ④

풀이 $\omega=\dfrac{-1-\sqrt{3}i}{2}$에서 $2\omega+1=-\sqrt{3}i$

양변을 제곱하면

$4\omega^2+4\omega+1=-3$, $4\omega^2+4\omega+4=0$

$\therefore \omega^2+\omega+1=0$

양변에 $\omega-1$을 곱하면

$(\omega-1)(\omega^2+\omega+1)=0$, $\omega^3-1=0$ $\therefore \omega^3=1$

$\therefore (1+\omega)(1+\omega^2)(1+\omega^3)=(-\omega^2)\cdot(-\omega)\cdot(1+1)$

$=2\omega^3=2\cdot1=\mathbf{2}$

$(x-1)(x^2+x+1)=0 \rightarrow \omega$는 $x^2+x+1=0$의 한 허근

0503 방정식 $x^3=1$의 한 허근을 ω라 할 때, 보기에서 옳은 것만을 있는 대로 고른 것은? (단, $\overline{\omega}$는 ω의 켤레복소수이다.) 답 ④

$\overline{\omega}$도 $x^2+x+1=0$의 한 허근

보기

ㄱ. $\omega^{11}+\omega^{10}+\omega^9=1$

ㄴ. $\omega^2+\overline{\omega}^2=-1$

ㄷ. $\dfrac{1}{1-\omega}+\dfrac{1}{1-\overline{\omega}}=1$

풀이 $\omega^3=1,\ \omega^2+\omega+1=0,\ \overline{\omega}^2+\overline{\omega}+1=0,$

$\omega+\overline{\omega}=-1,\ \omega\overline{\omega}=1$

ㄱ. $\omega^{11}+\omega^{10}+\omega^9=(\omega^3)^3\cdot\omega^2+(\omega^3)^3\cdot\omega+(\omega^3)^3$

$=\omega^2+\omega+1=0$

ㄴ. $\omega^2+\overline{\omega}^2=(\omega+\overline{\omega})^2-2\omega\overline{\omega}=(-1)^2-2\cdot1=-1$

ㄷ. $\dfrac{1}{1-\omega}+\dfrac{1}{1-\overline{\omega}}=\dfrac{1-\overline{\omega}+1-\omega}{(1-\omega)(1-\overline{\omega})}$

$=\dfrac{2-(\omega+\overline{\omega})}{1-(\omega+\overline{\omega})+\omega\overline{\omega}}$

$=\dfrac{2-(-1)}{1-(-1)+1}=1$

$(x+1)(x^2-x+1)=0 \rightarrow \omega$는 $x^2-x+1=0$의 한 허근

0504 방정식 $x^3=-1$의 한 허근을 ω라 할 때, 보기에서 옳은 것만을 있는 대로 고른 것은? (단, $\overline{\omega}$는 ω의 켤레복소수이다.) 답 ③

$\overline{\omega}$도 $x^2-x+1=0$의 한 허근

보기

ㄱ. $\omega^8-\overline{\omega}^4=0$

ㄴ. $\dfrac{1-\omega}{\omega}+\dfrac{1-\overline{\omega}}{\overline{\omega}}=-1$

ㄷ. $z=\dfrac{\omega-1}{2\omega+1}$일 때, $z\overline{z}=\dfrac{3}{7}$

풀이 $\omega^3=-1,\ \omega^2-\omega+1=0,\ \overline{\omega}^3=-1,\ \overline{\omega}^2-\overline{\omega}+1=0,$

$\omega+\overline{\omega}=1,\ \omega\overline{\omega}=1$

ㄱ. $\omega^8-\overline{\omega}^4=(\omega^3)^2\cdot\omega^2-\overline{\omega}^3\cdot\overline{\omega}=\omega^2+\overline{\omega}=\omega^2+(1-\omega)$

$=\omega^2-\omega+1=0$

ㄴ. $\dfrac{1-\omega}{\omega}+\dfrac{1-\overline{\omega}}{\overline{\omega}}=\dfrac{-\omega^2}{\omega}+\dfrac{-\overline{\omega}^2}{\overline{\omega}}=-\omega-\overline{\omega}$

$=-(\omega+\overline{\omega})=-1$

ㄷ. $z\overline{z}=\dfrac{\omega-1}{2\omega+1}\cdot\overline{\left(\dfrac{\omega-1}{2\omega+1}\right)}=\dfrac{\omega-1}{2\omega+1}\cdot\dfrac{\overline{\omega}-1}{2\overline{\omega}+1}$

$=\dfrac{(\omega-1)(\overline{\omega}-1)}{(2\omega+1)(2\overline{\omega}+1)}=\dfrac{\omega\overline{\omega}-(\omega+\overline{\omega})+1}{4\omega\overline{\omega}+2(\omega+\overline{\omega})+1}$

$=\dfrac{1-1+1}{4\cdot1+2\cdot1+1}=\dfrac{1}{7}$

Tip **켤레복소수의 성질**

복소수 z_1, z_2의 켤레복소수를 각각 $\overline{z_1}, \overline{z_2}$라 할 때

① $\overline{(\overline{z_1})}=z_1$

② $\overline{z_1+z_2}=\overline{z_1}+\overline{z_2},\ \overline{z_1-z_2}=\overline{z_1}-\overline{z_2}$

③ $\overline{z_1z_2}=\overline{z_1}\cdot\overline{z_2},\ \overline{\left(\dfrac{z_1}{z_2}\right)}=\dfrac{\overline{z_1}}{\overline{z_2}}$ (단, $z_2\neq0$)

$(x-1)(x^2+x+1)=0 \rightarrow \omega$는 $x^2+x+1=0$의 한 허근

0505 방정식 $x^3-1=0$의 한 허근을 ω라 할 때, 답 -1

$$\left(\omega+\frac{1}{\omega}\right)+\left(\omega^2+\frac{1}{\omega^2}\right)+\left(\omega^3+\frac{1}{\omega^3}\right)+\cdots+\left(\omega^{16}+\frac{1}{\omega^{16}}\right)$$

의 값을 구하시오.

풀이 $\omega^3=1,\ \omega^2+\omega+1=0$ 이므로

$\omega+\dfrac{1}{\omega}=\dfrac{\omega^2+1}{\omega}=\dfrac{-\omega}{\omega}=-1$

$\omega^2+\dfrac{1}{\omega^2}=\left(\omega+\dfrac{1}{\omega}\right)^2-2=(-1)^2-2=-1$

$\omega^3+\dfrac{1}{\omega^3}=1+\dfrac{1}{1}=2,\ \omega^4+\dfrac{1}{\omega^4}=\omega+\dfrac{1}{\omega}=-1$

$\omega^5+\dfrac{1}{\omega^5}=\omega^2+\dfrac{1}{\omega^2}=-1,\ \omega^6+\dfrac{1}{\omega^6}=1+\dfrac{1}{1}=2$

$\vdots$

$\omega^{15}+\dfrac{1}{\omega^{15}}=1+\dfrac{1}{1}=2$

$\omega^{16}+\dfrac{1}{\omega^{16}}=\omega+\dfrac{1}{\omega}=-1$

자연수 k에 대하여 $\omega^k+\dfrac{1}{\omega^k}$의 값은 $-1,\ -1,\ 2$가 순서대로 반복되고 있다.

$\therefore \left(\omega+\dfrac{1}{\omega}\right)+\left(\omega^2+\dfrac{1}{\omega^2}\right)+\left(\omega^3+\dfrac{1}{\omega^3}\right)+\cdots+\left(\omega^{16}+\dfrac{1}{\omega^{16}}\right)$

$=5\{-1+(-1)+2\}+(-1)=\mathbf{-1}$

$(x+1)(x^2-x+1)=0 \rightarrow \omega$는 $x^2-x+1=0$의 한 허근

0506 방정식 $x^3=-1$의 한 허근을 ω라 할 때, 답 1

$1-\omega+\omega^2-\omega^3+\omega^4-\omega^5+\cdots+\omega^{66}$

의 값을 구하시오.

풀이 $\omega^3=-1,\ \omega^2-\omega+1=0$이므로

$1-\omega+\omega^2-\omega^3+\omega^4-\omega^5+\cdots+\omega^{66}$

$=(1-\omega+\omega^2)-\omega^3(1-\omega+\omega^2)+\cdots$

$-\omega^{63}(1-\omega+\omega^2)+\omega^{66}$

$=\omega^{66}=(\omega^3)^{22}=(-1)^{22}=\mathbf{1}$

유형 11 { 일차방정식 / 이차방정식 꼴의 연립이차방정식의 풀이 개념 6

0507 연립방정식 $\begin{cases} 2x-3y=1 \to 3y=2x-1 \cdots\cdots ㉠ \\ x^2-9y^2=-5 \end{cases}$의 해를 $x=\alpha$, $y=\beta$라 할 때, $\alpha+\beta$의 값은? (단, $\alpha>0$, $\beta>0$)

답 ④

풀이 ㉠을 $x^2-9y^2=-5$에 대입하면

$x^2-(2x-1)^2=-5$, $3x^2-4x-4=0$

$(3x+2)(x-2)=0$ $\therefore x=-\frac{2}{3}$ 또는 $x=2$

이때 $\alpha>0$이므로 $x=2$

$x=2$를 ㉠에 대입하면 $y=1$

따라서 $\alpha=2$, $\beta=1$이므로 $\alpha+\beta=\mathbf{3}$

0508 연립방정식 $\begin{cases} x-y=2 \to y=x-2 \cdots\cdots ㉠ \\ xy-4x+9=0 \end{cases}$의 해를 $x=\alpha$, $y=\beta$라 할 때, $\alpha+\beta$의 값을 구하시오.

답 4

풀이 ㉠을 $xy-4x+9=0$에 대입하면

$x(x-2)-4x+9=0$, $x^2-6x+9=0$

$(x-3)^2=0$ $\therefore x=3$

$x=3$을 ㉠에 대입하면 $y=1$

따라서 $\alpha=3$, $\beta=1$이므로 $\alpha+\beta=\mathbf{4}$

$x=1$, $y=-2$를 연립방정식을 이루는 두 방정식에 각각 대입하면 등식이 성립한다.

0509 연립방정식 $\begin{cases} x-y=a \\ x^2+xy-y^2=b \end{cases}$의 한 근이 $x=1$, $y=-2$일 때, 나머지 한 근은 $x=\alpha$, $y=\beta$이다. $\alpha+\beta$의 값은?

답 ①

풀이 주어진 연립방정식의 한 근이 $x=1$, $y=-2$이므로

$1-(-2)=a$, $1^2+1\cdot(-2)-(-2)^2=b$

$\therefore a=3$, $b=-5$

$x-y=3$에서 $y=x-3$ $\cdots\cdots$ ㉠

㉠을 $x^2+xy-y^2=-5$에 대입하면

$x^2+x(x-3)-(x-3)^2=-5$

$x^2+3x-4=0$, $(x+4)(x-1)=0$

$\therefore x=-4$ 또는 $x=1$

㉠에서 $x=-4$일 때 $y=-7$

즉, 나머지 한 근은 $x=-4$, $y=-7$이므로

$\alpha=-4$, $\beta=-7$ $\therefore \alpha+\beta=\mathbf{-11}$

두 연립방정식의 공통인 해가 존재하므로 미지수를 포함하고 있지 않은 두 식 ㉠, ㉡을 연립하여 해를 구할 수 있다.

0510 두 연립방정식 $\begin{cases} x^2+ay^2=9 \\ x-y=-1 \cdots ㉠ \end{cases}$, $\begin{cases} x-5y=b \\ x^2-2y^2=-7 \cdots ㉡ \end{cases}$의 공통인 해가 존재할 때, 실수 a, b에 대하여 $a-b$의 값은? (단, $a>0$)

답 ④

풀이 ㉠에서 $y=x+1$을 ㉡에 대입하면

$x^2-2(x+1)^2=-7$, $x^2+4x-5=0$

$(x+5)(x-1)=0$ $\therefore x=-5$ 또는 $x=1$

이것을 $y=x+1$에 대입하면

$x=-5$, $y=-4$ 또는 $x=1$, $y=2$

(i) $x=-5$, $y=-4$를 $x^2+ay^2=9$, $x-5y=b$에 각각 대입하면

$25+16a=9$, $-5+20=b$ $\therefore a=-1$, $b=15$

(ii) $x=1$, $y=2$를 $x^2+ay^2=9$, $x-5y=b$에 각각 대입하면

$1+4a=9$, $1-10=b$ $\therefore a=2$, $b=-9$

(i), (ii)에서 $a>0$이므로 $a=2$, $b=-9$ $\therefore a-b=\mathbf{11}$

유형 12 { 이차방정식 / 이차방정식 꼴의 연립이차방정식의 풀이 개념 6

$(x-y)(x-2y)=0 \to x=y$ 또는 $x=2y$

0511 연립방정식 $\begin{cases} x^2-3xy+2y^2=0 \\ x^2-xy+4y^2=12 \cdots\cdots ㉠ \end{cases}$의 해를 $x=\alpha$, $y=\beta$라 할 때, $|\alpha-\beta|$의 최댓값은?

답 ①

풀이 (i) $x=y$를 ㉠에 대입하면 $y^2-y^2+4y^2=12$

$4y^2=12$ $\therefore x=\pm\sqrt{3}$, $y=\pm\sqrt{3}$ (복부호 동순)

(ii) $x=2y$를 ㉠에 대입하면 $4y^2-2y^2+4y^2=12$

$6y^2=12$ $\therefore x=\pm2\sqrt{2}$, $y=\pm\sqrt{2}$ (복부호 동순)

(i), (ii)에서 연립방정식의 해는

$\begin{cases} x=\sqrt{3} \\ y=\sqrt{3} \end{cases}$ 또는 $\begin{cases} x=-\sqrt{3} \\ y=-\sqrt{3} \end{cases}$ 또는 $\begin{cases} x=2\sqrt{2} \\ y=\sqrt{2} \end{cases}$ 또는 $\begin{cases} x=-2\sqrt{2} \\ y=-\sqrt{2} \end{cases}$

따라서 $|\alpha-\beta|$의 최댓값은 $\sqrt{2}$이다.

$(x+y)(x-5y)=0 \to x=-y$ 또는 $x=5y$

0512 연립방정식 $\begin{cases} x^2-4xy-5y^2=0 \\ x^2+y^2=26 \cdots\cdots ㉠ \end{cases}$을 만족시키는 x, y에 대하여 xy의 최댓값과 최솟값의 합을 구하시오.

답 -8

풀이 (i) $x=-y$를 ㉠에 대입하면 $y^2+y^2=26$

$2y^2=26$ $\therefore x=\pm\sqrt{13}$, $y=\mp\sqrt{13}$ (복부호 동순)

(ii) $x=5y$를 ㉠에 대입하면 $25y^2+y^2=26$

$26y^2=26$ $\therefore x=\pm5$, $y=\pm1$ (복부호 동순)

(i), (ii)에서 연립방정식의 해는

$\begin{cases} x=\sqrt{13} \\ y=-\sqrt{13} \end{cases}$ 또는 $\begin{cases} x=-\sqrt{13} \\ y=\sqrt{13} \end{cases}$ 또는 $\begin{cases} x=5 \\ y=1 \end{cases}$ 또는 $\begin{cases} x=-5 \\ y=-1 \end{cases}$

따라서 xy의 최댓값은 5, 최솟값은 -13이고, 그 합은

$5+(-13)=\mathbf{-8}$

0513 연립방정식 $\begin{cases} x^2+2x-y=3 & \cdots\cdots ㉠ \\ 2x^2+x+y=3 & \cdots\cdots ㉡ \end{cases}$의 해를 $x=\alpha$, $y=\beta$라 할 때, $\alpha+\beta$의 최솟값은? 답 ③

풀이 ㉠+㉡을 하면 $3x^2+3x=6$

$x^2+x-2=0$, $(x+2)(x-1)=0$

$\therefore x=-2$ 또는 $x=1$

$x=-2$를 ㉠에 대입하면 $y=-3$

$x=1$을 ㉠에 대입하면 $y=0$

즉, 연립방정식의 해는 $\begin{cases} x=-2 \\ y=-3 \end{cases}$ 또는 $\begin{cases} x=1 \\ y=0 \end{cases}$

따라서 $\alpha+\beta$의 최솟값은 -5이다.

➜ **0514** 연립방정식 $\begin{cases} x^2+2xy+y^2=4 & \cdots\cdots ㉠ \\ x^2-xy+2y^2=2 & \cdots\cdots ㉡ \end{cases}$의 해를 $x=\alpha$, $y=\beta$라 할 때, $\alpha^2+\beta^2$의 최댓값은? 답 ④

㉡×2−㉠을 하면 $x^2-4xy+3y^2=0$
$(x-y)(x-3y)=0$ ➜ $x=y$ 또는 $x=3y$

풀이 (i) $x=y$를 ㉠에 대입하면 $y^2+2y^2+y^2=4$

$4y^2=4$ $\quad\therefore x=\pm1$, $y=\pm1$ (복부호 동순)

(ii) $x=3y$를 ㉠에 대입하면 $9y^2+6y^2+y^2=4$

$16y^2=4$ $\quad\therefore x=\pm\frac{3}{2}$, $y=\pm\frac{1}{2}$ (복부호 동순)

(i), (ii)에서 연립방정식의 해는

$\begin{cases} x=1 \\ y=1 \end{cases}$ 또는 $\begin{cases} x=-1 \\ y=-1 \end{cases}$ 또는 $\begin{cases} x=\frac{3}{2} \\ y=\frac{1}{2} \end{cases}$ 또는 $\begin{cases} x=-\frac{3}{2} \\ y=-\frac{1}{2} \end{cases}$

따라서 $\alpha^2+\beta^2$의 최댓값은 $\frac{5}{2}$이다.

$x+y=u$, $xy=v$로 놓고 x, y는 t에 대한 이차방정식 $t^2-ut+v=0$의 두 근임을 이용한다.

유형 13 x, y에 대한 대칭식인 연립이차방정식의 풀이 개념 6

0515 연립방정식 $\begin{cases} x+y-xy=1 & \cdots\cdots ㉠ \\ 3(x+y)+xy=11 & \cdots\cdots ㉡ \end{cases}$의 해를 $x=\alpha$, $y=\beta$라 할 때, $\frac{\beta}{\alpha}$의 값을 구하시오. (단, $\alpha<\beta$) 답 2

풀이 ㉠+㉡을 하면 $4(x+y)=12$ $\quad\therefore x+y=3$

이것을 ㉠에 대입하면 $xy=2$

따라서 x, y는 t에 대한 이차방정식 $t^2-3t+2=0$의 두 근이므로

$(t-1)(t-2)=0$ $\quad\therefore t=1$ 또는 $t=2$

$\therefore x=1$, $y=2$ 또는 $x=2$, $y=1$

이때 $\alpha<\beta$이므로 $\alpha=1$, $\beta=2$ $\quad\therefore \frac{\beta}{\alpha}=2$

Tip 이차방정식의 작성

두 수 α, β를 근으로 하고 x^2의 계수가 1인 이차방정식은

$x^2-(\alpha+\beta)x+\alpha\beta=0$

두 근의 합 두 근의 곱

➜ **0516** 서술형 연립방정식 $\begin{cases} x^2+y^2=20 \\ xy=8 & \cdots\cdots ㉡ \end{cases}$을 만족시키는 x, y의 순서쌍 (x, y)를 모두 구하시오. 답 풀이 참조

$(x+y)^2-2xy=20$ ⋯⋯ ㉠

풀이 ㉡을 ㉠에 대입하면 $(x+y)^2-16=20$, $(x+y)^2=36$

$\therefore x+y=\pm6$ ⋯❶ (20%)

(i) $x+y=6$, $xy=8$일 때, x, y는 t에 대한 이차방정식 $t^2-6t+8=0$의 두 근이므로

$(t-2)(t-4)=0$ $\quad\therefore t=2$ 또는 $t=4$

$\therefore x=2$, $y=4$ 또는 $x=4$, $y=2$ ⋯❷ (30%)

(ii) $x+y=-6$, $xy=8$일 때, x, y는 t에 대한 이차방정식 $t^2+6t+8=0$의 두 근이므로

$(t+4)(t+2)=0$ $\quad\therefore t=-4$ 또는 $t=-2$

$\therefore x=-4$, $y=-2$ 또는 $x=-2$, $y=-4$ ⋯❸ (30%)

(i), (ii)에서 **(2, 4), (4, 2), (−4, −2), (−2, −4)**

⋯❹ (20%)

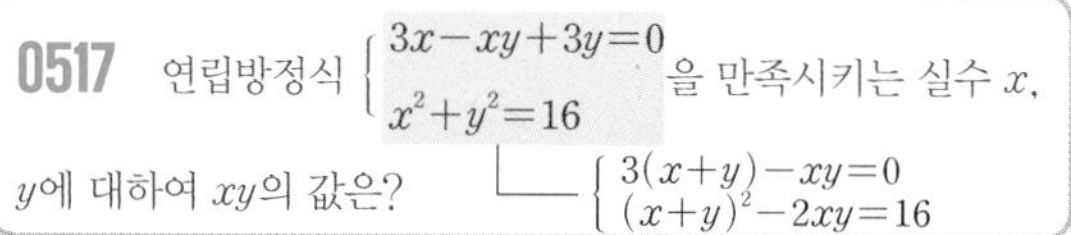

0517 연립방정식 $\begin{cases} 3x-xy+3y=0 \\ x^2+y^2=16 \end{cases}$을 만족시키는 실수 x, y에 대하여 xy의 값은? 답 ④

$\begin{cases} 3(x+y)-xy=0 \\ (x+y)^2-2xy=16 \end{cases}$

풀이 $x+y=u$, $xy=v$로 놓으면 $\begin{cases} 3u-v=0 & \cdots\cdots ㉠ \\ u^2-2v=16 & \cdots\cdots ㉡ \end{cases}$

㉠에서 $v=3u$ ⋯⋯ ㉢

㉢을 ㉡에 대입하면 $u^2-6u=16$, $u^2-6u-16=0$

$(u+2)(u-8)=0$ $\quad\therefore u=-2$ 또는 $u=8$

이것을 ㉢에 대입하면 $u=-2$, $v=-6$ 또는 $u=8$, $v=24$

(i) $u=-2$, $v=-6$일 때, x, y는 t에 대한 이차방정식 $t^2+2t-6=0$의 두 근이므로 $t=-1\pm\sqrt{7}$

(ii) $u=8$, $v=24$일 때, x, y는 t에 대한 이차방정식 $t^2-8t+24=0$의 두 근이므로 $t=4\pm2\sqrt{2}i$

(i), (ii)에서 x, y는 실수이므로

$\begin{cases} x=-1+\sqrt{7} \\ y=-1-\sqrt{7} \end{cases}$ 또는 $\begin{cases} x=-1-\sqrt{7} \\ y=-1+\sqrt{7} \end{cases}$ $\quad\therefore xy=-6$

➜ **0518** 두 연립방정식 $\begin{cases} x-y=a \\ x+y=5 & \cdots\cdots ㉠ \end{cases}$, $\begin{cases} x-2y=b \\ x^2+y^2=37 & \cdots\cdots ㉡ \end{cases}$의 공통인 해가 존재할 때, 자연수 a, b에 대하여 $a+b$의 값을 구하시오. 답 15

두 연립방정식의 공통인 해가 존재하므로 미지수를 포함하고 있지 않은 두 식 ㉠, ㉡을 연립하여 해를 구할 수 있다.

풀이 ㉡에서 $(x+y)^2-2xy=37$ ⋯⋯ ㉢

㉠을 ㉢에 대입하면 $25-2xy=37$ $\quad\therefore xy=-6$

즉, $x+y=5$, $xy=-6$일 때, x, y는 t에 대한 이차방정식 $t^2-5t-6=0$의 두 근이므로

$(t+1)(t-6)=0$ $\quad\therefore t=-1$ 또는 $t=6$

$\therefore x=-1$, $y=6$ 또는 $x=6$, $y=-1$

(i) $x=-1$, $y=6$을 $x-y=a$, $x-2y=b$에 각각 대입하면

$-1-6=a$, $-1-12=b$ $\quad\therefore a=-7$, $b=-13$

(ii) $x=6$, $y=-1$을 $x-y=a$, $x-2y=b$에 각각 대입하면

$6-(-1)=a$, $6-2\cdot(-1)=b$ $\quad\therefore a=7$, $b=8$

(i), (ii)에서 a, b는 자연수이므로 $a=7$, $b=8$

$\therefore a+b=15$

$\begin{cases} \text{일차방정식} \\ \text{이차방정식} \end{cases}$ 꼴인 연립방정식이 오직 한 쌍의 해를 갖거나 실근을 가지면
일차방정식을 이차방정식에 대입한 후 → 이차방정식의 판별식을 이용한다.

유형 14 연립이차방정식의 해의 조건

개념 6

0519 연립방정식 $\begin{cases} 3x-y=a \rightarrow y=3x-a \cdots\cdots ㉠ \\ x^2+y^2=a \cdots\cdots ㉡ \end{cases}$의 해가 오직 한 쌍만 존재하도록 하는 양수 a의 값은?

답 ③

풀이 ㉠을 ㉡에 대입하면 $x^2+(3x-a)^2=a$

$\therefore 10x^2-6ax+a^2-a=0$

주어진 연립방정식이 오직 한 쌍의 해를 가지려면 위의 이차방정식이 중근을 가져야 하므로 판별식을 D라 하면

$\frac{D}{4}=(-3a)^2-10(a^2-a)=0$

$9a^2-10a^2+10a=0,\ a^2-10a=0$

$a(a-10)=0$

$\therefore a=\mathbf{10}\ (\because a>0)$

→ **0520** 연립방정식 $\begin{cases} x+y=k \rightarrow y=-x+k \cdots\cdots ㉠ \\ xy+3x-4=0 \cdots\cdots ㉡ \end{cases}$이 오직 한 쌍의 해 $x=\alpha,\ y=\beta$를 가질 때, $k+\alpha^2+\beta^2$의 값을 구하시오. (단, $k>0$)

답 6

풀이 ㉠을 ㉡에 대입하면 $x(-x+k)+3x-4=0$

$\therefore x^2-(k+3)x+4=0 \quad \cdots\cdots ㉢$

주어진 연립방정식이 오직 한 쌍의 해를 가지려면 ㉢이 중근을 가져야 하므로 판별식을 D라 하면 $D=\{-(k+3)\}^2-16=0$

$k^2+6k-7=0,\ (k+7)(k-1)=0$

$\therefore k=1\ (\because k>0)$

$k=1$을 ㉢에 대입하면

$x^2-4x+4=0,\ (x-2)^2=0 \quad \therefore x=2$

$x=2$를 ㉡에 대입하면 $2y+2=0 \quad \therefore y=-1$

따라서 $\alpha=2,\ \beta=-1$이므로 $k+\alpha^2+\beta^2=\mathbf{6}$

0521 연립방정식 $\begin{cases} x+y=10-2a \\ xy=a^2-7 \end{cases}$이 실근을 가질 때, 정수 a의 최댓값을 구하시오.

답 3

풀이 $x,\ y$는 t에 대한 이차방정식 $t^2-2(5-a)t+a^2-7=0$의 두 근이므로 주어진 연립방정식이 실근을 가지려면 위의 이차방정식이 실근을 가져야 한다.

즉, 이 이차방정식의 판별식을 D라 하면

$\frac{D}{4}=\{-(5-a)\}^2-(a^2-7)\ge0$

$25-10a+a^2-a^2+7\ge0,\ -10a\ge-32 \quad \therefore a\le\frac{16}{5}$

따라서 정수 a의 최댓값은 **3**이다.

→ 서술형 **0522** 연립방정식 $\begin{cases} 3x+y=k \rightarrow y=-3x+k \cdots\cdots ㉠ \\ x^2+x-y=-8 \cdots\cdots ㉡ \end{cases}$의 실근이 존재하지 않도록 하는 모든 자연수 k의 값의 합을 구하시오.

답 6

풀이 ㉠을 ㉡에 대입하면 $x^2+x-(-3x+k)=-8$

$\therefore x^2+4x-k+8=0$ …❶ (40%)

주어진 연립방정식의 실근이 존재하지 않으려면 위의 이차방정식의 실근이 존재하지 않아야 하므로 판별식을 D라 하면

$\frac{D}{4}=2^2-(-k+8)<0$

$4+k-8<0 \quad \therefore k<4$ …❷ (50%)

따라서 자연수 k는 1, 2, 3이므로 그 합은

$1+2+3=\mathbf{6}$ …❸ (10%)

유형 15 부정방정식의 풀이

개념 7

0523 방정식 $xy-3x-5y-2=0$을 만족시키는 정수 x, y에 대하여 xy의 최댓값은?

답 ④

풀이 $x(y-3)-5(y-3)=17 \quad \therefore (x-5)(y-3)=17$

이때 $x,\ y$가 정수이므로

$x-5$	-17	-1	1	17
$y-3$	-1	-17	17	1

$\therefore \begin{cases} x=-12 \\ y=2 \end{cases}$ 또는 $\begin{cases} x=4 \\ y=-14 \end{cases}$ 또는 $\begin{cases} x=6 \\ y=20 \end{cases}$ 또는 $\begin{cases} x=22 \\ y=4 \end{cases}$

따라서 xy의 최댓값은 $6\cdot20=\mathbf{120}$이다.

→ **0524** 방정식 $\frac{1}{x}+\frac{1}{y}=\frac{1}{4}$을 만족시키는 자연수 x, y에 대하여 $x-y$의 최솟값을 구하시오.

답 -15

풀이 $\frac{1}{x}+\frac{1}{y}=\frac{1}{4}$에서 $\frac{x+y}{xy}=\frac{1}{4},\ 4x+4y=xy$

$xy-4x-4y=0,\ x(y-4)-4(y-4)=16$

$\therefore (x-4)(y-4)=16$

이때 $x,\ y$가 자연수이므로

$x-4$	1	2	4	8	16
$y-4$	16	8	4	2	1

$\therefore \begin{cases} x=5 \\ y=20 \end{cases}$ 또는 $\begin{cases} x=6 \\ y=12 \end{cases}$ 또는 $\begin{cases} x=8 \\ y=8 \end{cases}$ 또는 $\begin{cases} x=12 \\ y=6 \end{cases}$

또는 $\begin{cases} x=20 \\ y=5 \end{cases}$

따라서 $x-y$의 최솟값은 $5-20=\mathbf{-15}$이다.

0525 방정식 $x^2-2xy+3y^2-8y+8=0$을 만족시키는 실수 x, y에 대하여 xy의 값을 구하시오.

답 4

풀이 $x^2-2xy+y^2+2(y^2-4y+4)=0$

$\therefore (x-y)^2+2(y-2)^2=0$

이때 x, y는 실수이므로

$x-y=0, y-2=0$ $\quad\therefore x=2, y=2$

$\therefore xy=\mathbf{4}$

➜ **0526** 방정식 $x^2-6xy+10y^2-2x+4y+2=0$을 만족시키는 실수 x, y에 대하여 $x+y$의 값을 구하시오.

답 5

풀이 $x^2-2(3y+1)x+10y^2+4y+2=0$ ······ ㉠

x가 실수이므로 ㉠의 판별식을 D라 하면

$\frac{D}{4}=\{-(3y+1)\}^2-(10y^2+4y+2)\geq0$

$y^2-2y+1\leq0, (y-1)^2\leq0$

y는 실수이므로 $y-1=0$ $\quad\therefore y=1$

$y=1$을 ㉠에 대입하면 $x^2-8x+16=0$

$(x-4)^2=0$ $\quad\therefore x=4$

$\therefore x+y=\mathbf{5}$

유형 16 방정식의 활용

개념 1, 6, 7

0527 한 모서리의 길이가 자연수인 정육면체의 밑면의 가로와 세로의 길이를 각각 2 cm, 5 cm씩 늘이고 높이를 1 cm 줄여서 직육면체를 만들었더니 부피가 처음 정육면체의 부피($=x^3(\text{cm}^3)$)의 $\frac{7}{2}$배가 되었다. 처음 정육면체의 한 모서리의 길이는? (➜ x cm라 하자.)

답 ②

풀이 $(x+2)(x+5)(x-1)=\frac{7}{2}x^3$

$2(x^3+6x^2+3x-10)=7x^3$

$5x^3-12x^2-6x+20=0$

$(x-2)(5x^2-2x-10)=0$

$\therefore x=2$ 또는 $x=\frac{1\pm\sqrt{51}}{5}$

이때 x는 자연수이므로 $x=2$

따라서 처음 정육면체의 한 모서리의 길이는 **2 cm**이다.

➜ **0528** 오른쪽 그림과 같이 밑면의 반지름의 길이와 높이가 모두 x cm인 원기둥 모양의 그릇에 108π cm³의 물을 부었더니 그릇의 위에서부터 3 cm만큼이 채워지지 않았다. 이때 원기둥 모양의 그릇의 부피는? (단, 그릇의 두께는 무시한다.)

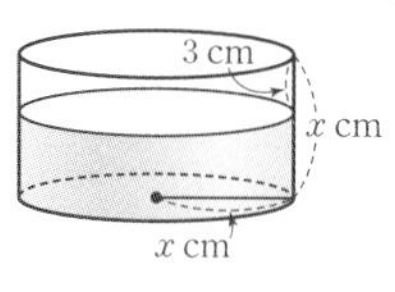

답 ④

풀이 $\pi x^2(x-3)=108\pi$이므로 $x^3-3x^2-108=0$

$(x-6)(x^2+3x+18)=0$

$\therefore x=6$ 또는 $x=\frac{-3\pm3\sqrt{7}i}{2}$

이때 $x-3>0$에서 $x>3$이므로 $x=6$

따라서 원기둥 모양의 그릇의 부피는

$\pi\cdot6^2\cdot6=\mathbf{216\pi(cm^3)}$

0529 각 자리의 숫자의 제곱의 합이 53인 두 자리 자연수가 있다. 이 자연수의 일의 자리의 숫자와 십의 자리의 숫자를 바꾼 수와 처음 수의 합이 99일 때, 처음 수를 구하시오. (단, 처음 수의 십의 자리의 숫자가 일의 자리의 숫자보다 작다.)

답 27

풀이 처음 두 자리 자연수의 십의 자리의 숫자를 x, 일의 자리의 숫자를 y $(x<y)$라 하면

$\begin{cases} x^2+y^2=53 & \cdots\cdots ㉠ \\ (10y+x)+(10x+y)=99 & \cdots\cdots ㉡ \end{cases}$

(바꾼 수: $10y+x$, 처음 수: $10x+y$)

㉡에서 $11(x+y)=99$ $\quad\therefore y=9-x$ ······ ㉢

㉢을 ㉠에 대입하면 $x^2+(9-x)^2=53$

$x^2-9x+14=0, (x-2)(x-7)=0$

$\therefore x=2$ 또는 $x=7$

이것을 ㉢에 대입하면 $x=2, y=7$ 또는 $x=7, y=2$

이때 $x<y$이므로 $x=2, y=7$

따라서 처음 수는 **27**이다.

➜ 서술형 **0530** 그림과 같이 $\overline{AB}=9$, $\overline{CD}=7$, $\angle BAD=\angle BCD=90°$인 사각형 ABCD가 있다. 이 사각형의 네 변의 길이는 서로 다른 자연수이고, 대각선 BD의 길이를 a라 할 때, a^2의 값을 구하시오. (단, $\overline{BC}>\overline{AD}$)

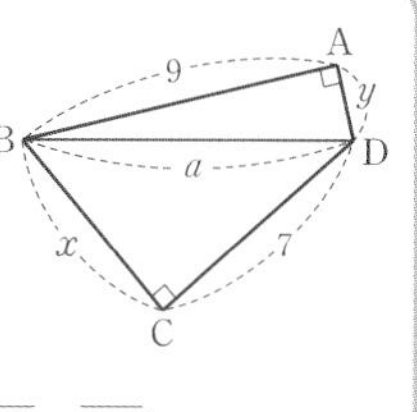

답 85

풀이 두 직각삼각형 ABD, BCD에서 ← 빗변의 길이가 a로 같다.

$\overline{AB}^2+\overline{AD}^2=\overline{BC}^2+\overline{CD}^2$이므로

$9^2+y^2=x^2+7^2, x^2-y^2=32$

$\therefore (x+y)(x-y)=32$

이때 x, y가 자연수이고 $x+y>x-y$이므로

$x+y=16, x-y=2$ 또는 $x+y=8, x-y=4$

위의 두 식을 각각 연립하여 풀면

$x=9, y=7$ 또는 $x=6, y=2$

그런데 사각형 ABCD의 네 변의 길이는 서로 다른 자연수이므로

$x=6, y=2$

따라서 직각삼각형 ABD에서 $a^2=9^2+2^2=\mathbf{85}$

실력 완성!

$f(x)$로 놓으면 $f(-2)=-8+12-6+2=0$

0531 삼차방정식 $x^3+3x^2+3x+2=0$의 해는 $x=\alpha$ 또는 $x=\frac{\beta\pm\sqrt{\gamma}i}{2}$이다. 이때 유리수 α, β, γ에 대하여 $\alpha+\beta+\gamma$의 값은? 답 ①

풀이 오른쪽 조립제법에서

-2	1	3	3	2
		-2	-2	-2
	1	1	1	0

$f(x)$
$=(x+2)(x^2+x+1)$
이므로 주어진 방정식은
$(x+2)(x^2+x+1)=0$
$\therefore x=-2$ 또는 $x=\frac{-1\pm\sqrt{3}i}{2}$
따라서 $\alpha=-2, \beta=-1, \gamma=3$이므로
$\alpha+\beta+\gamma=\mathbf{0}$

$x=\sqrt{2}$를 주어진 방정식에 대입하면 등식이 성립한다.

0532 삼차방정식 $3x^3+x^2+ax+b=0$의 한 근이 $\sqrt{2}$일 때, 유리수 a, b에 대하여 ab의 값은? 답 ②

풀이 주어진 방정식의 한 근이 $\sqrt{2}$이므로 $6\sqrt{2}+2+a\sqrt{2}+b=0$
$(6+a)\sqrt{2}+(2+b)=0$
이때 a, b가 유리수이므로 $6+a=0, 2+b=0$
따라서 $a=-6, b=-2$이므로 $ab=\mathbf{12}$

Tip 무리식의 상등
a, b, c, d가 유리수이고 $\sqrt{m}$이 무리수일 때
① $a+b\sqrt{m}=0 \Longleftrightarrow a=b=0$
② $a+b\sqrt{m}=c+d\sqrt{m} \Longleftrightarrow a=c, b=d$

0533 연립방정식 $\begin{cases} x-2y=3 \to x-3=2y \cdots\cdots ㉠ \\ (x-3)^2+y^2=20 \end{cases}$의 해를 $x=\alpha$, $y=\beta$라 할 때, 양수 α, β에 대하여 $\alpha+\beta$의 값은? 답 ④

풀이 ㉠을 $(x-3)^2+y^2=20$에 대입하면
$(2y)^2+y^2=20, 5y^2=20$ $\therefore y=\pm2$
이때 $\beta>0$이므로 $y=2$
$y=2$를 ㉠에 대입하면 $x=7$
따라서 $\alpha=7, \beta=2$이므로 $\alpha+\beta=\mathbf{9}$

0534 사차방정식 $(x^2-3x+6)(x^2-3x-2)+15=0$의 서로 다른 두 허근을 α, β라 할 때, $\alpha+\overline{\alpha}+\beta\overline{\beta}$의 값은? (단, $\overline{\alpha}$, $\overline{\beta}$는 각각 α, β의 켤레복소수이다.) 답 ②

($x^2-3x=t$)

풀이 $(t+6)(t-2)+15=0$에서 $t^2+4t+3=0$
$(t+3)(t+1)=0$ $\therefore t=-3$ 또는 $t=-1$
(i) $t=-3$일 때, 이차방정식 $x^2-3x+3=0$의 판별식을 D_1이라 하면 $D_1=(-3)^2-4\cdot3=-3<0$이므로 서로 다른 두 허근을 갖는다.
(ii) $t=-1$일 때, 이차방정식 $x^2-3x+1=0$의 판별식을 D_2라 하면 $D_2=(-3)^2-4=5>0$이므로 서로 다른 두 실근을 갖는다.
(i), (ii)에서 주어진 두 허근 α, β는 이차방정식 $x^2-3x+3=0$의 근이므로 근과 계수의 관계에 의하여 $\alpha+\beta=3$, $\alpha\beta=3$
또, 이차방정식의 한 허근은 다른 허근의 켤레복소수이므로
$\overline{\alpha}=\beta, \overline{\beta}=\alpha$
$\therefore \alpha+\overline{\alpha}+\beta\overline{\beta}=\alpha+\beta+\beta\alpha=3+3=\mathbf{6}$

인수분해 공식 $A^2-B^2=(A+B)(A-B)$를 이용하여 좌변을 인수분해할 수 있도록 이차항 $-20x^2$을 적당히 분리하자.

0535 사차방정식 $x^4-20x^2+4=0$의 모든 양수인 근의 곱을 구하시오. 답 2

풀이 $(x^4-4x^2+4)-16x^2=0, (x^2-2)^2-(4x)^2=0$
$(x^2+4x-2)(x^2-4x-2)=0$
$\therefore x^2+4x-2=0$ 또는 $x^2-4x-2=0$
$\therefore x=-2\pm\sqrt{6}$ 또는 $x=2\pm\sqrt{6}$
따라서 주어진 방정식의 양수인 근은 $-2+\sqrt{6}, 2+\sqrt{6}$이므로
그 곱은 $(-2+\sqrt{6})(2+\sqrt{6})=\mathbf{2}$

$x\neq0$이므로 양변을 x^2으로 나누자.

0536 사차방정식 $x^4+px^3+4x^2+px+1=0$의 한 근 α에 대하여 $\alpha+\frac{1}{\alpha}=3$일 때, 상수 p의 값은? 답 ③

풀이 $x^2+px+4+\frac{p}{x}+\frac{1}{x^2}=0, x^2+\frac{1}{x^2}+p\left(x+\frac{1}{x}\right)+4=0$
$\left(x+\frac{1}{x}\right)^2+p\left(x+\frac{1}{x}\right)+2=0$
$x+\frac{1}{x}=t$로 놓으면
$t^2+pt+2=0$ $\cdots\cdots$ ㉠
이때 주어진 방정식의 한 근 α에 대하여 $\alpha+\frac{1}{\alpha}=3$이므로 $t=3$은 방정식 ㉠의 한 근이다. → $t=3$을 ㉠에 대입하면 등식이 성립한다.
따라서 $3^2+3p+2=0$이므로 $p=-\frac{\mathbf{11}}{\mathbf{3}}$

$f(x)$로 놓으면 $f(1)=1+2+2a-3-2a=0$

0537 삼차방정식 $x^3+2x^2+(2a-3)x-2a=0$에 대하여 보기에서 옳은 것만을 있는 대로 고른 것은? 답 ⑤

보기
ㄱ. 적어도 하나의 실근을 갖는다.
ㄴ. 오직 하나의 실근을 갖도록 하는 정수 a의 최솟값은 2이다.
ㄷ. 중근을 갖도록 하는 실수 a는 2개이다.

풀이 오른쪽 조립제법에서

1	1	2	$2a-3$	$-2a$
		1	3	$2a$
	1	3	$2a$	0

$f(x)$
$=(x-1)(x^2+3x+2a)$ ← $=0$ …… ㉠

ㄱ. $x=1$은 방정식 $f(x)=0$의 근이므로 적어도 하나의 실근을 갖는다.

ㄴ. 방정식 $f(x)=0$이 오직 하나의 실근을 가지려면 이차방정식 ㉠이 서로 다른 두 허근을 가져야 하므로 이 이차방정식의 판별식을 D라 하면

$D=3^2-4\cdot2a<0$에서 $a>\frac{9}{8}$

따라서 정수 a의 최솟값은 2이다.

ㄷ. (i) 이차방정식 ㉠이 $x=1$을 근으로 갖는 경우
$1+3+2a=0$ $\therefore a=-2$
(ii) 이차방정식 ㉠이 중근을 갖는 경우
$D=3^2-4\cdot2a=0$ $\therefore a=\frac{9}{8}$
(i), (ii)에서 방정식 $f(x)=0$이 중근을 갖도록 하는 실수 a는 -2, $\frac{9}{8}$의 2개이다.

0538 삼차방정식 $x^3+2x^2+3x-3=0$의 세 근을 α, β, γ라 할 때, $\alpha^3+\beta^3+\gamma^3$의 값을 구하시오. 답 **19**

풀이 삼차방정식의 근과 계수의 관계에 의하여
$\alpha+\beta+\gamma=-2, \alpha\beta+\beta\gamma+\gamma\alpha=3, \alpha\beta\gamma=3$이므로
$\alpha^2+\beta^2+\gamma^2=(\alpha+\beta+\gamma)^2-2(\alpha\beta+\beta\gamma+\gamma\alpha)$
$=(-2)^2-2\cdot3=-2$
$\therefore \alpha^3+\beta^3+\gamma^3$
$=(\alpha+\beta+\gamma)(\alpha^2+\beta^2+\gamma^2-\alpha\beta-\beta\gamma-\gamma\alpha)+3\alpha\beta\gamma$
$=(-2)\cdot(-2-3)+3\cdot3=\mathbf{19}$

$2+i$도 근이다.

0539 삼차방정식 $x^3+px+q=0$의 한 근이 $\frac{5}{2+i}$일 때, 실수 p, q에 대하여 $p+q$의 값은? 답 ①
($=2-i$)

풀이 $2-i$, $2+i$가 아닌 나머지 한 근을 α라 하면 삼차방정식의 근과 계수의 관계에 의하여
$(2-i)+(2+i)+\alpha=0$에서 $4+\alpha=0$ $\therefore \alpha=-4$
$(2-i)(2+i)-4(2+i)-4(2-i)=p$에서 $p=-11$
$-4(2+i)(2-i)=-q$에서 $q=20$
$\therefore p+q=\mathbf{9}$

0540 삼차방정식 $x^3=1$의 한 허근을 ω라 할 때, 이차방정식 $x^2+ax+b=0$의 한 근이 2ω가 되도록 하는 실수 a, b에 대하여 $a+b$의 값을 구하시오. 답 **6**
$2\overline{\omega}$도 주어진 이차방정식의 근이다.

풀이 $x^3=1$에서 $x^3-1=0$, 즉 $(x-1)(x^2+x+1)=0$이므로
$\omega, \overline{\omega}$는 이차방정식 $x^2+x+1=0$의 서로 다른 두 허근이다.
$\therefore \omega+\overline{\omega}=-1, \omega\overline{\omega}=1$ …… ㉠
또, 이차방정식 $x^2+ax+b=0$에서 근과 계수의 관계에 의하여
$2(\omega+\overline{\omega})=-a, 4\omega\overline{\omega}=b$ …… ㉡
㉠을 ㉡에 대입하면 $2\cdot(-1)=-a, 4\cdot1=b$
따라서 $a=2, b=4$이므로 $a+b=\mathbf{6}$

$(x-y)(x-3y)=0 \rightarrow x=y$ 또는 $x=3y$

0541 연립방정식 $\begin{cases} x^2-4xy+3y^2=0 \\ 3x^2-4xy+2y^2=17 \text{ …… ㉠} \end{cases}$의 해를 $x=\alpha$, $y=\beta$라 할 때, $\alpha^2+\beta^2$의 최댓값은? 답 ②

풀이 (i) $x=y$를 ㉠에 대입하면
$3y^2-4y^2+2y^2=17, y^2=17$
$\therefore x=\pm\sqrt{17}, y=\pm\sqrt{17}$ (복부호 동순)
(ii) $x=3y$를 ㉠에 대입하면
$27y^2-12y^2+2y^2=17, 17y^2=17$
$\therefore x=\pm3, y=\pm1$ (복부호 동순)
(i), (ii)에서 연립방정식의 해는
$\begin{cases} x=\sqrt{17} \\ y=\sqrt{17} \end{cases}$ 또는 $\begin{cases} x=-\sqrt{17} \\ y=-\sqrt{17} \end{cases}$ 또는 $\begin{cases} x=3 \\ y=1 \end{cases}$ 또는 $\begin{cases} x=-3 \\ y=-1 \end{cases}$
따라서 $\alpha^2+\beta^2$의 최댓값은 **34**이다.

0542 연립방정식 $\begin{cases} x+y=1 \text{ …… ㉠} \\ x^2y+xy^2=-2 \rightarrow xy(x+y)=-2 \text{ …… ㉡} \end{cases}$를 만족시키는 x, y에 대하여 $2x+3y$의 최댓값은? 답 ④

풀이 ㉠을 ㉡에 대입하면 $xy=-2$
따라서 x, y는 t에 대한 이차방정식 $t^2-t-2=0$의 두 근이므로
$(t+1)(t-2)=0$ $\therefore t=-1$ 또는 $t=2$
$\therefore x=-1, y=2$ 또는 $x=2, y=-1$
따라서 $2x+3y$의 최댓값은 **4**이다.

0543 연립방정식 $\begin{cases} 2x-y+k=0 \rightarrow y=2x+k \cdots\cdots ㉠ \\ 4x^2-2y=17 \cdots\cdots ㉡ \end{cases}$ 이 실근을 갖지 않을 때, 정수 k의 최댓값은?

답 ②

풀이 ㉠을 ㉡에 대입하면 $4x^2-2(2x+k)=17$

$\therefore 4x^2-4x-2k-17=0$

주어진 연립방정식이 실근을 갖지 않으려면 위의 이차방정식이 실근을 갖지 않아야 하므로 이 이차방정식의 판별식을 D라 하면

$\frac{D}{4}=(-2)^2-4(-2k-17)<0$

$4+8k+68<0 \qquad \therefore k<-9$

따라서 정수 k의 최댓값은 **-10**이다.

$f(x)$로 놓으면 $f(1)=1-3+k+2-k=0$

0544 삼차방정식 $x^3-3x^2+(k+2)x-k=0$의 서로 다른 세 실근 1, α, β가 직각삼각형의 세 변의 길이가 될 때, 상수 k의 값은?

답 ⑤

풀이 오른쪽 조립제법에서

1	1	-3	$k+2$	$-k$
		1	-2	k
	1	-2	k	0

$f(x)$
$=(x-1)(x^2-2x+k)$

이때 방정식 $f(x)=0$이 서로 다른 세 실근을 가지려면 이차방정식 $x^2-2x+k=0$이 1이 아닌 서로 다른 두 실근을 가져야 하므로 이 이차방정식의 판별식을 D라 하면

$\frac{D}{4}=(-1)^2-k>0 \qquad \therefore k<1 \qquad \cdots\cdots ㉠$

또, $1-2+k\neq0$에서 $k\neq1 \qquad \cdots\cdots ㉡$

($x=1$을 $x^2-2x+k=0$에 대입하면 등식이 성립하지 않아야 한다.)

㉠, ㉡에서 $k<1$

이차방정식 $x^2-2x+k=0$의 두 실근을 α, β $(0<\alpha<\beta)$라 하면 이차방정식의 근과 계수의 관계에 의하여

$\alpha+\beta=2, \alpha\beta=k$

(i) 빗변의 길이가 1인 경우, $\alpha^2+\beta^2=1$이므로

$(\alpha+\beta)^2-2\alpha\beta=1, 2^2-2k=1 \qquad \therefore k=\frac{3}{2}$

그런데 $k<1$이어야 하므로 조건을 만족시키지 않는다.

(ii) 빗변의 길이가 β인 경우, $\alpha^2+1=\beta^2$이므로

$\beta=2-\alpha$를 대입하면 $\alpha^2+1=(2-\alpha)^2$

$\alpha^2+1=4-4\alpha+\alpha^2, 4\alpha=3 \qquad \therefore \alpha=\frac{3}{4}, \beta=\frac{5}{4}$

$\therefore k=\alpha\beta=\frac{3}{4}\cdot\frac{5}{4}=\frac{15}{16}$

(i), (ii)에서 $k=\mathbf{\frac{15}{16}}$

삼차방정식의 근과 계수의 관계에 의하여
$\alpha+\beta+\gamma=-a, \alpha\beta+\beta\gamma+\gamma\alpha=b, \alpha\beta\gamma=-c$

0545 삼차방정식 $x^3+ax^2+bx+c=0$의 세 근을 α, β, γ라 하자. $\frac{1}{\alpha\beta}$, $\frac{1}{\beta\gamma}$, $\frac{1}{\gamma\alpha}$을 세 근으로 하는 삼차방정식을 $x^3-x^2+3x-1=0$이라 할 때, $a^2+b^2+c^2$의 값은? (단, a, b, c는 상수이다.)

답 ③

풀이 삼차방정식 $x^3-x^2+3x-1=0$의 세 근이 $\frac{1}{\alpha\beta}, \frac{1}{\beta\gamma}, \frac{1}{\gamma\alpha}$이므로 근과 계수의 관계에 의하여

$\frac{1}{\alpha\beta}+\frac{1}{\beta\gamma}+\frac{1}{\gamma\alpha}=\frac{\alpha+\beta+\gamma}{\alpha\beta\gamma}=\frac{-a}{-c}=1$

$\therefore a=c \qquad \cdots\cdots ㉠$

$\frac{1}{\alpha\beta}\cdot\frac{1}{\beta\gamma}+\frac{1}{\beta\gamma}\cdot\frac{1}{\gamma\alpha}+\frac{1}{\gamma\alpha}\cdot\frac{1}{\alpha\beta}$

$=\frac{1}{\alpha\beta^2\gamma}+\frac{1}{\alpha\beta\gamma^2}+\frac{1}{\alpha^2\beta\gamma}=\frac{\alpha\beta+\beta\gamma+\gamma\alpha}{(\alpha\beta\gamma)^2}=\frac{b}{(-c)^2}=3$

$\therefore b=3c^2 \qquad \cdots\cdots ㉡$

$\frac{1}{\alpha\beta}\cdot\frac{1}{\beta\gamma}\cdot\frac{1}{\gamma\alpha}=\frac{1}{(\alpha\beta\gamma)^2}=\frac{1}{(-c)^2}=1$

$\therefore c^2=1 \qquad \cdots\cdots ㉢$

㉠, ㉢에서 $a^2=c^2=1$

㉡, ㉢에서 $b^2=9c^4=9$

$\therefore a^2+b^2+c^2=1+9+1=\mathbf{11}$

$\rightarrow x^2-x+1=0$

0546 방정식 $x+\frac{1}{x}=1$을 만족시키는 한 근 ω에 대하여 $\omega^n+\overline{\omega}^n=2$를 만족시키는 100 이하의 자연수 n의 개수를 구하시오. (단, $\overline{\omega}$는 ω의 켤레복소수이다.)

답 16

$\overline{\omega}$도 이차방정식 $x^2-x+1=0$의 한 허근

풀이 $\omega^2-\omega+1=0, \overline{\omega}^2-\overline{\omega}+1=0, \omega+\overline{\omega}=1, \omega\overline{\omega}=1$

또, $x^2-x+1=0$의 양변에 $x+1$을 곱하면

$(x+1)(x^2-x+1)=0, x^3+1=0$

$\therefore \omega^3=-1, \overline{\omega}^3=-1$

$\omega^2+\overline{\omega}^2=(\omega+\overline{\omega})^2-2\omega\overline{\omega}=1^2-2\cdot1=-1$

$\omega^3+\overline{\omega}^3=-1+(-1)=-2$

$\omega^4+\overline{\omega}^4=\omega^3\cdot\omega+\overline{\omega}^3\cdot\overline{\omega}=-(\omega+\overline{\omega})=-1$

$\omega^5+\overline{\omega}^5=\omega^3\cdot\omega^2+\overline{\omega}^3\cdot\overline{\omega}^2=-(\omega^2+\overline{\omega}^2)=-(-1)=1$

$\omega^6+\overline{\omega}^6=(\omega^3)^2+(\overline{\omega}^3)^2=(-1)^2+(-1)^2=2$

$\omega^7+\overline{\omega}^7=(\omega^3)^2\cdot\omega+(\overline{\omega}^3)^2\cdot\overline{\omega}=\omega+\overline{\omega}=1$

⋮

(자연수 n … $\omega^n+\overline{\omega}^n$ … 1, −1, … −1, 1, 2 가 순서대… 반복되고 …)

따라서 $\omega^n+\overline{\omega}^n=2$를 만족시키려면 n은 6의 배수이어야 하므로 100 이하의 자연수 n은 6, 12, 18, ⋯, 96의 **16**개이다.

두 근을 α, β라 하자.

0547 이차방정식 $x^2-(m+5)x-m-1=0$의 두 근이 정수가 되도록 하는 모든 정수 m의 값의 곱을 구하시오. 답 13

풀이 이차방정식의 근과 계수의 관계에 의하여

$\alpha+\beta=m+5$ ······ ㉠

$\alpha\beta=-m-1$ ······ ㉡

㉠+㉡을 하면 $\alpha+\beta+\alpha\beta=4$

$\alpha(\beta+1)+(\beta+1)=5$

$\therefore (\alpha+1)(\beta+1)=5$

이때 α, β가 정수이므로

$\alpha+1$	-5	-1	1	5
$\beta+1$	-1	-5	5	1

$\therefore \begin{cases}\alpha=-6\\ \beta=-2\end{cases}$ 또는 $\begin{cases}\alpha=-2\\ \beta=-6\end{cases}$ 또는 $\begin{cases}\alpha=0\\ \beta=4\end{cases}$ 또는 $\begin{cases}\alpha=4\\ \beta=0\end{cases}$

따라서 ㉠에 대입하면 m의 값은 -13, -1이므로 그 곱은

$(-13)\cdot(-1)=\mathbf{13}$

0548 그림과 같이 가로의 길이가 20 cm, 세로의 길이가 12 cm인 직사각형 모양의 종이가 있다. 이 종이의 네 귀퉁이에서 한 변의 길이가 x cm인 정사각형 모양을 잘라내고 점선을 따라 접었더니 부피가 256 cm^{3}인 뚜껑 없는 직육면체 모양의 상자가 되었다. 모든 x의 값의 합을 $p+q\sqrt{17}$이라 할 때, $p+q$의 값을 구하시오. (단, p와 q는 유리수이다.) 답 8

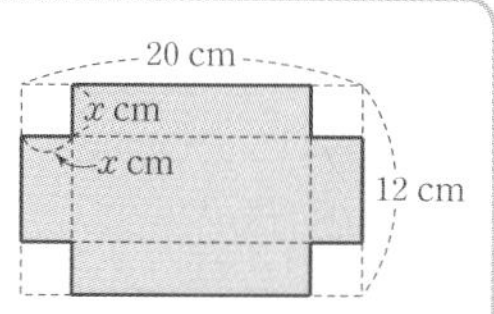

→ $12-2x>0$에서 $x<6$

풀이 밑면의 가로의 길이는 $(20-2x)$ cm, 세로의 길이는 $(12-2x)$ cm, 높이는 x cm인 뚜껑 없는 직육면체 모양의 상자의 부피가 256 cm^{3}이므로

$(20-2x)(12-2x)x=256$, $x(x-6)(x-10)=64$

$\therefore x^3-16x^2+60x-64=0$ (단, $0<x<6$)

$f(x)=x^3-16x^2+60x-64$로 놓으면

$f(2)=8-64+120-64=0$이므로

오른쪽 조립제법에서

$f(x)$

$=(x-2)(x^2-14x+32)$

2	1	-16	60	-64
		2	-28	64
	1	-14	32	0

이때 방정식 $f(x)=0$의 해는

$x=2$ 또는 $x=7\pm\sqrt{17}$

그런데 $0<x<6$이므로 $x=2$ 또는 $x=7-\sqrt{17}$

따라서 모든 x의 값의 합은 $2+(7-\sqrt{17})=9-\sqrt{17}$이므로

$p=9, q=-1$ $\quad\therefore p+q=\mathbf{8}$

서술형

이차방정식의 두 근의 곱은 2이다.

0549 한 근이 $1+\sqrt{2}i$인 삼차방정식 $x^3+ax^2+bx+c=0$과 이차방정식 $x^2+ax+2=0$이 공통인 근을 가질 때, 실수 a, b, c에 대하여 $|a|+|b|+|c|$의 값을 구하시오. 답 11

풀이 주어진 삼차방정식의 계수가 실수이므로 $1+\sqrt{2}i$가 근이면 $1-\sqrt{2}i$도 근이다. ···❶ (10%)

이때 $(1+\sqrt{2}i)(1-\sqrt{2}i)=3\neq2$이므로 $1+\sqrt{2}i$, $1-\sqrt{2}i$는 이차방정식 $x^2+ax+2=0$의 두 근이 될 수 없다.

주어진 삼차방정식과 이차방정식의 공통인 근을 m이라 하면

삼차방정식의 근과 계수의 관계에 의하여

$m+(1+\sqrt{2}i)+(1-\sqrt{2}i)=-a$에서

$m+2=-a$ ······ ㉠

$m(1+\sqrt{2}i)+(1+\sqrt{2}i)(1-\sqrt{2}i)+m(1-\sqrt{2}i)=b$에서

$2m+3=b$ ······ ㉡

$m(1+\sqrt{2}i)(1-\sqrt{2}i)=-c$에서

$3m=-c$ ······ ㉢ ···❷ (30%)

한편, m이 이차방정식 $x^2+ax+2=0$의 한 근이므로

$m^2+am+2=0$

㉠에서 $a=-m-2$를 위의 식에 대입하면

$m^2+(-m-2)m+2=0$

$-2m+2=0$ $\quad\therefore m=1$ ···❸ (30%)

$m=1$을 ㉠, ㉡, ㉢에 각각 대입하면 $a=-3, b=5, c=-3$

$\therefore |a|+|b|+|c|=\mathbf{11}$ ···❹ (30%)

0550 그림과 같이 한 변의 길이가 10인 두 정사각형 ABCD, PQRS가 있다. 선분 AD와 선분 PQ가 점 H에서 수직으로 만나고 선분 CD와 선분 QR가 점 I에서 수직으로 만난다. 사각형 HQID의 넓이가 18이고 $\overline{AP}=\sqrt{65}$일 때, 선분 QD의 길이를 구하시오.
(단, 사각형 HQID의 둘레의 길이는 20보다 작다.) 답 $3\sqrt{5}$

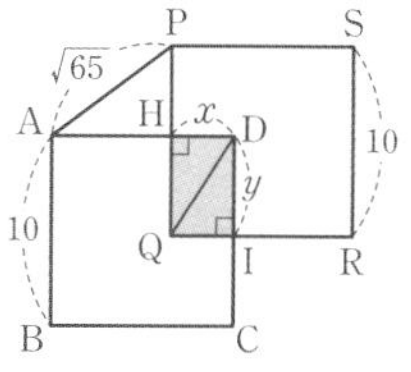

풀이 사각형 HQID의 넓이가 18이므로

$xy=18$ ······ ㉠ ···❶ (20%)

$\overline{AH}=10-x$, $\overline{PH}=10-y$이므로 $\overline{AH}^2+\overline{PH}^2=\overline{AP}^2$에서

$(10-x)^2+(10-y)^2=65$, $x^2+y^2-20(x+y)+135=0$

$\therefore (x+y)^2-2xy-20(x+y)+135=0$ ······ ㉡

㉠, ㉡에서 $(x+y)^2-20(x+y)+99=0$ ······ ㉢

그런데 사각형 HQID의 둘레의 길이가 20보다 작으므로

$2(x+y)<20$에서 $0<x+y<10$

㉢에서 $x+y=t$ $(0<t<10)$로 놓으면 $t^2-20t+99=0$

$(t-9)(t-11)=0$ $\quad\therefore t=9$ ($\because 0<t<10$)

$\therefore x+y=9$ ···❷ (60%)

$\therefore \overline{QD}=\sqrt{x^2+y^2}=\sqrt{(x+y)^2-2xy}$

$=\sqrt{9^2-2\cdot18}=\mathbf{3\sqrt{5}}$ ···❸ (20%)

부등식

07 연립일차부등식

08 이차부등식과 연립이차부등식

※ 빈칸에 알맞은 것을 써넣고, 내용을 읽거나 따라 써 보세요.

개념 1 부등식의 기본 성질

> 유형 01

실수 a, b, c에 대하여

(1) $a>b$, $b>c$이면 a $\square$ c

(2) $a>b$이면 $a+c$ $\square$ $b+c$, $a-c$ $\square$ $b-c$

(3) $a>b$, $c>0$이면 ac $\square$ bc, $\frac{a}{c}$ $\square$ $\frac{b}{c}$

(4) $a>b$, $c<0$이면 ac $\square$ bc, $\frac{a}{c}$ $\square$ $\frac{b}{c}$

개념 2 부등식 $ax>b$의 풀이

> 유형 02

부등식 $ax>b$의 해는

(1) $a>0$일 때, $\square$

(2) $a<0$일 때, $\square$

(3) $a=0$일 때, $\begin{cases} b\geq 0\text{이면 해는 } \square\square. \\ b<0\text{이면 해는 } \square\square\ \square\square\text{이다.} \end{cases}$

개념 3 연립일차부등식

> 유형 03, 06, 07, 08, 13

(1) $\square\square\square\square\square$: 두 개 이상의 부등식을 한 쌍으로 묶어서 나타낸 것

(2) $\square\square\square\square\square\square\square$: 일차부등식으로만 이루어진 연립부등식

(3) 연립부등식에서 각 부등식의 공통인 해를 연립부등식의 $\square$라 하고, 연립부등식의 해를 구하는 것을 '연립부등식을 $\square\square$'고 한다.

(4) **연립일차부등식의 풀이**

[1단계] 각각의 $\square\square\square\square\square$을 푼다.

[2단계] 각 부등식의 $\square$를 수직선 위에 나타낸다.

[3단계] $\square\square\square\square$을 찾아 주어진 연립부등식의 해를 구한다.

답 **개념 1** (1) > (2) >, > (3) >, > (4) <, <
개념 2 (1) $x>\frac{b}{a}$ (2) $x<\frac{b}{a}$ (3) 없다, 모든 실수
개념 3 (1) 연립부등식 (2) 연립일차부등식 (3) 해, 푼다 (4) 일차부등식, 해, 공통부분

개념 1 부등식의 기본 성질

0551 $a<b<0$일 때, 다음 □ 안에 알맞은 부등호를 써넣으시오.

(1) $a+1$ [<] $b+1$

(2) $a-3$ [<] $b-3$

(3) $-2a+1$ [>] $-2b+1$

(4) $\frac{a}{b}$ [>] 1

(5) $-\frac{a}{3}+\frac{b}{3}$ [>] 0

0552 $\underbrace{2<x\le 6}_{㉠}$일 때, 다음 식의 값의 범위를 구하시오.

(1) $x+2$

㉠의 각 변에 2를 더하면 $\mathbf{4<x+2\le 8}$

(2) $2x-1$

㉠의 각 변에 2를 곱하면 $4<2x\le 12$
위 부등식의 각 변에서 1을 빼면 $\mathbf{3<2x-1\le 11}$

(3) $-x$

㉠의 각 변에 -1을 곱하면 $\mathbf{-6\le -x<-2}$

(4) $\frac{x+4}{2}$

㉠의 각 변에 4를 더하면 $6<x+4\le 10$
위 부등식의 각 변을 2로 나누면 $\mathbf{3<\frac{x+4}{2}\le 5}$

(5) $\frac{12}{x}$

㉠의 각 변에 역수를 취하면 $\frac{1}{6}\le\frac{1}{x}<\frac{1}{2}$
위 부등식의 각 변에 12를 곱하면 $\mathbf{2\le\frac{12}{x}<6}$

개념 2 부등식 $ax>b$의 풀이

0553 다음 부등식을 푸시오.

(1) $3x-3<-x+5$

$4x<8$ $\therefore \mathbf{x<2}$

(2) $2x+3(2-x)>3$

$2x+6-3x>3,\ -x>-3$ $\therefore \mathbf{x<3}$

(3) $\frac{1}{2}x+4\ge-\frac{3}{2}x-6$

$2x\ge-10$ $\therefore \mathbf{x\ge-5}$

0554 다음을 만족시키는 실수 a의 값을 구하시오.

(1) 부등식 $(a-2)x>3$의 해는 없다.

$a-2=0$이어야 하므로 $\mathbf{a=2}$

(2) 부등식 $(a+5)x\le 6$의 해는 모든 실수이다.

$a+5=0$이어야 하므로 $\mathbf{a=-5}$

0555 다음 x에 대한 부등식을 푸시오.

(1) $ax<a-4$

(i) $a>0$일 때, $x<\frac{a-4}{a}$ **(ii) $a<0$일 때, $x>\frac{a-4}{a}$**
(iii) $a=0$일 때, $0\cdot x<-4$이므로 **해는 없다.**

(2) $ax+9\ge a^2+3x$

$(a-3)x\ge a^2-9$이므로 $(a-3)x\ge(a+3)(a-3)$
(i) $a>3$일 때, $x\ge a+3$ **(ii) $a<3$일 때, $x\le a+3$**
(iii) $a=3$일 때, $0\cdot x\ge 0$이므로 **해는 모든 실수**이다.

개념 3 연립일차부등식

0556 다음 연립부등식을 푸시오.

(1) $\begin{cases} x-2>-1 \rightarrow x>1 & \cdots\cdots ㉠ \\ 2x\le 8 \rightarrow x\le 4 & \cdots\cdots ㉡ \end{cases}$

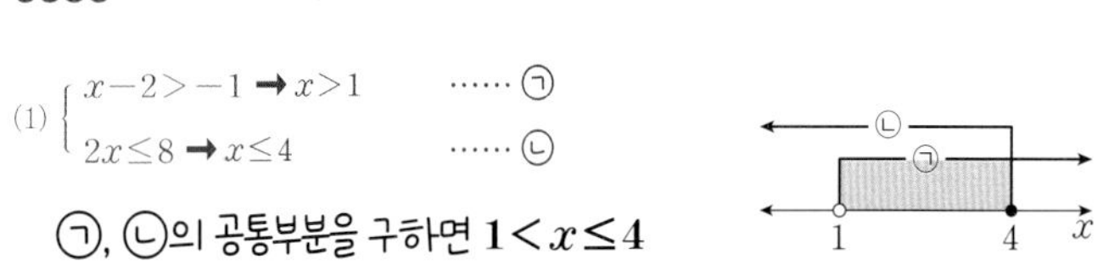

㉠, ㉡의 공통부분을 구하면 $\mathbf{1<x\le 4}$

(2) $\begin{cases} 3x-4>2 \rightarrow 3x>6 \quad \therefore x>2 & \cdots\cdots ㉠ \\ x-2>-x+4 \rightarrow 2x>6 \quad \therefore x>3 & \cdots\cdots ㉡ \end{cases}$

㉠, ㉡의 공통부분을 구하면 $\mathbf{x>3}$

(3) $\begin{cases} \underbrace{6(x-1)}_{6x-6}<x-1 \rightarrow 5x<5 \quad \therefore x<1 & \cdots\cdots ㉠ \\ x+1\ge \underbrace{2(x-2)}_{2x-4} \rightarrow x\le 5 & \cdots\cdots ㉡ \end{cases}$

㉠, ㉡의 공통부분을 구하면 $\mathbf{x<1}$

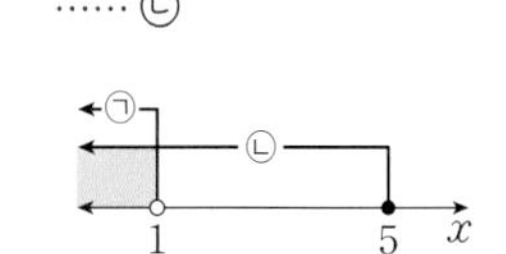

(4) 양변에 분모의 최소공배수 4를 곱하자.
$\begin{cases} \frac{1}{2}x-\frac{1}{4}\ge\frac{1}{4}x-1 \rightarrow 2x-1\ge x-4 \quad \therefore x\ge-3 & \cdots\cdots ㉠ \\ x+2<1 \rightarrow x<-1 & \cdots\cdots ㉡ \end{cases}$

㉠, ㉡의 공통부분을 구하면 $\mathbf{-3\le x<-1}$

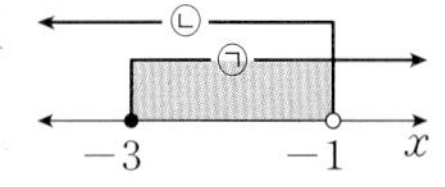

(5) 양변에 10을 곱하자.
$\begin{cases} 0.3(x+2)\ge 0.5x-0.2 \rightarrow 3x+6\ge 5x-2 \quad \therefore x\le 4 & \cdots\cdots ㉠ \\ \frac{1}{2}x-\frac{1}{3}\le\frac{8}{3} \rightarrow \frac{1}{2}x\le 3 \quad \therefore x\le 6 & \cdots\cdots ㉡ \end{cases}$

㉠, ㉡의 공통부분을 구하면 $\mathbf{x\le 4}$

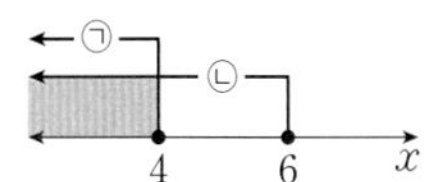

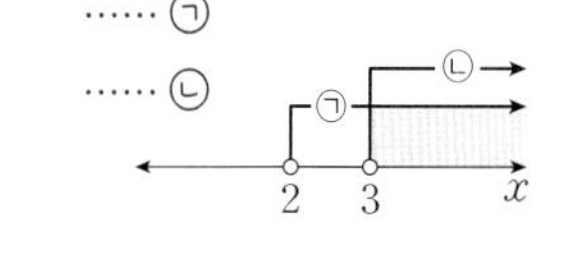

개념 4 특수한 해를 갖는 연립일차부등식

> 유형 04, 06, 07

(1) 해가 한 개인 경우

$\begin{cases} x\le a \\ x\ge a \end{cases}$ ➡ 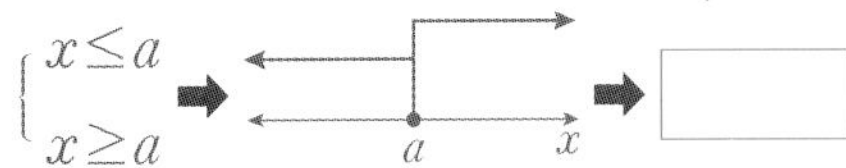 ➡ □

(2) 해가 없는 경우

① $\begin{cases} x\le a \\ x\ge b \end{cases}$ (단, $a<b$)   ② $\begin{cases} x<a \\ x\ge a \end{cases}$ ③ $\begin{cases} x<a \\ x>a \end{cases}$

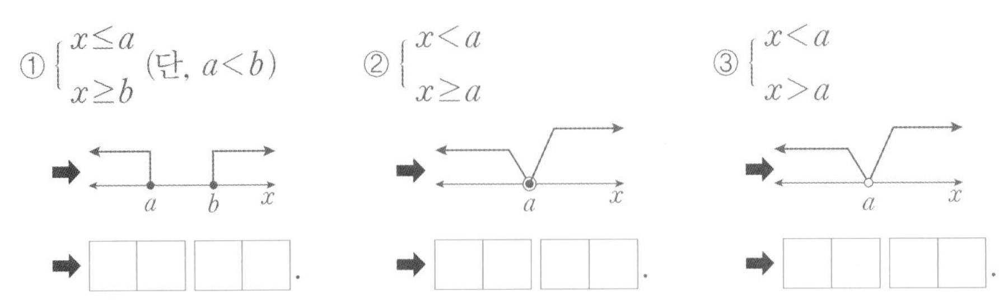

➡ □□□□.   ➡ □□□□.   ➡ □□□□.

개념 5 $A<B<C$ 꼴의 부등식

> 유형 05, 06, 07, 08, 13

$A<B<C$ 꼴의 부등식은 연립부등식 $\begin{cases} \square \\ \square \end{cases}$ 꼴로 바꾸어 푼다.

개념 6 절댓값 기호를 포함한 부등식

> 유형 09~12

(1) $a>0$일 때

① $|x|<a$ ➡ □

② $|x|>a$ ➡ □

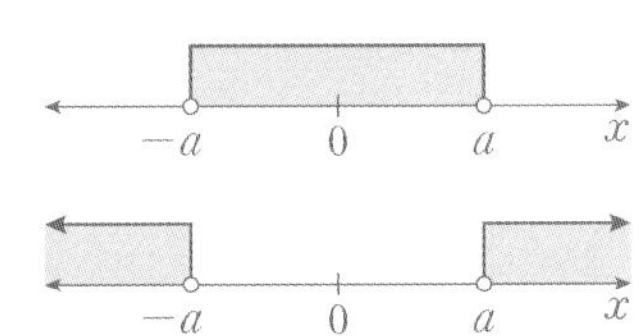

(2) 절댓값 기호를 포함한 부등식의 풀이

[1단계] 절댓값 기호 안의 식의 값이 □이 되는 x의 값을 기준으로 범위를 나눈다.

[2단계] 각 범위에서 절댓값 기호를 없앤 후 식을 정리하여 해를 구한다.

이때 $|x-a|=\begin{cases} \square & (x\ge a) \\ \square & (x<a) \end{cases}$ 임을 이용한다.

[3단계] [2단계]에서 구한 해를 합친 x의 값의 범위를 구한다.

답 **개념 4** (1) $x=a$ (2) 해는 없다, 해는 없다, 해는 없다
개념 5 $A<B$, $B<C$
개념 6 (1) $-a<x<a$, $x<-a$ 또는 $x>a$ (2) 0, $x-a$, $-(x-a)$

개념 4 특수한 해를 갖는 연립일차부등식

0557 다음 연립부등식을 푸시오.

(1) $\begin{cases} 5x-1<6x+1 \rightarrow -x<2 & \therefore x>-2 & \cdots\cdots ㉠ \\ 5x\le 3x-4 \rightarrow 2x\le -4 & \therefore x\le -2 & \cdots\cdots ㉡ \end{cases}$

㉠, ㉡의 공통부분이 없으므로 **해는 없다.**

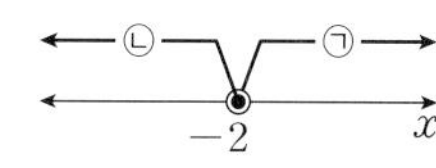

(2) $\begin{cases} 2\left(x-\frac{1}{2}\right)\le 9 \rightarrow 2x-1\le 9 & \therefore x\le 5 & \cdots\cdots ㉠ \\ x-1\ge 4 \rightarrow x\ge 5 & & \cdots\cdots ㉡ \end{cases}$

㉠, ㉡의 공통부분을 구하면 $\boldsymbol{x=5}$

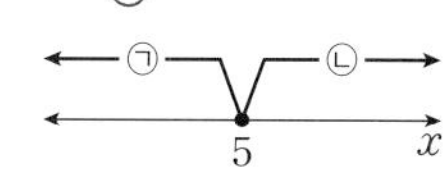

(3) $\begin{cases} 4(x-1)>x+2 \rightarrow 4x-4>x+2 & \therefore x>2 & \cdots\cdots ㉠ \\ -2x+7>4x+1 \rightarrow -6x>-6 & \therefore x<1 & \cdots\cdots ㉡ \end{cases}$

㉠, ㉡의 공통부분이 없으므로 **해는 없다.**

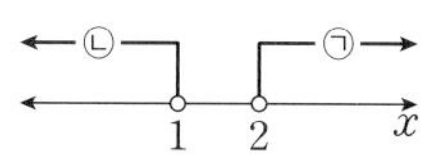

개념 5 $A<B<C$ 꼴의 부등식

0558 다음 부등식을 푸시오.

(1) $-4<6x-1\le 3$

$-3<6x\le 4$ $\quad\therefore \boldsymbol{-\frac{1}{2}<x\le \frac{2}{3}}$

(2) $-7\le 2x-3<1$

$-4\le 2x<4$ $\quad\therefore \boldsymbol{-2\le x<2}$

0559 다음 부등식을 푸시오.

(1) $\underbrace{9x<5x+4}_{㉠}\le 3x+2$ (㉡: $5x+4\le 3x+2$)

㉠에서 $4x<4$ $\quad\therefore x<1$

㉡에서 $2x\le -2$ $\quad\therefore x\le -1$

㉠, ㉡의 공통부분을 구하면

$\boldsymbol{x\le -1}$

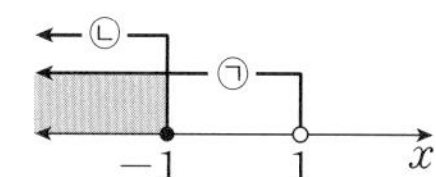

(2) $\underbrace{2x-4\le 3x}_{㉠}\le 5x-10$ (㉡: $3x\le 5x-10$)

㉠에서 $-x\le 4$ $\quad\therefore x\ge -4$

㉡에서 $-2x\le -10$ $\quad\therefore x\ge 5$

㉠, ㉡의 공통부분을 구하면

$\boldsymbol{x\ge 5}$

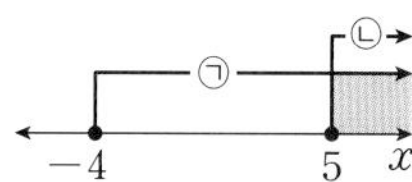

(3) $\underbrace{\frac{2-2x}{3}<\frac{x+6}{2}}_{㉠}\le 9-x$ (㉡: $\frac{x+6}{2}\le 9-x$)

㉠에서 $4-4x<3x+18$ $\quad\therefore x>-2$

㉡에서 $x+6\le 18-2x$ $\quad\therefore x\le 4$

㉠, ㉡의 공통부분을 구하면

$\boldsymbol{-2<x\le 4}$

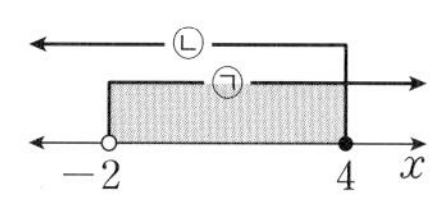

개념 6 절댓값 기호를 포함한 부등식

0560 다음 부등식을 푸시오.

(1) $|x|<2$ $\quad\boldsymbol{-2<x<2}$

(2) $|x|\ge 3$ $\quad\boldsymbol{x\le -3}$ **또는** $\boldsymbol{x\ge 3}$

(3) $|2x-3|\le 7$

$-7\le 2x-3\le 7$이므로

$-4\le 2x\le 10$ $\quad\therefore \boldsymbol{-2\le x\le 5}$

(4) $|-x+2|-6>0$

$|-x+2|>6$에서

$-x+2<-6$ 또는 $-x+2>6$, $-x<-8$ 또는 $-x>4$

$\therefore$ $\boldsymbol{x<-4}$ **또는** $\boldsymbol{x>8}$

(5) $|x+2|<3x$

(i) $x<-2$일 때

$-(x+2)<3x$에서 $4x>-2$ $\quad\therefore x>-\frac{1}{2}$

그런데 $x<-2$이므로 해는 없다.

(ii) $x\ge -2$일 때

$x+2<3x$에서 $-2x<-2$ $\quad\therefore x>1$

(i), (ii)에 의하여 $\boldsymbol{x>1}$

(6) $|x-1|\ge 2x+5$

(i) $x<1$일 때

$-(x-1)\ge 2x+5$에서 $-3x\ge 4$ $\quad\therefore x\le -\frac{4}{3}$

(ii) $x\ge 1$일 때

$x-1\ge 2x+5$에서 $-x\ge 6$ $\quad\therefore x\le -6$

그런데 $x\ge 1$이므로 해는 없다.

(i), (ii)에 의하여 $\boldsymbol{x\le -\frac{4}{3}}$

(7) $|x|+|x-2|<4$

(i) $x<0$일 때, $\underbrace{-x-(x-2)<4}_{x>-1}$ $\quad\therefore -1<x<0$

(ii) $0\le x<2$일 때, $x-(x-2)<4$ $\quad\therefore 0\le x<2$ — $0\cdot x<2$이므로 해는 모든 실수이다.

(iii) $x\ge 2$일 때, $\underbrace{x+x-2<4}_{x<3}$ $\quad\therefore 2\le x<3$

(i), (ii), (iii)에 의하여 $\boldsymbol{-1<x<3}$

(8) $|x+1|-|x-2|\ge 1$

(i) $x<-1$일 때, $\underbrace{-(x+1)+(x-2)\ge 1}_{0\cdot x\ge 4}$에서 해는 없다.

(ii) $-1\le x<2$일 때, $\underbrace{x+1+(x-2)\ge 1}_{x\ge 1}$에서 $1\le x<2$

(iii) $x\ge 2$일 때, $\underbrace{x+1-(x-2)\ge 1}_{0\cdot x\ge -2\text{이므로 해는 모든 실수이다.}}$에서 $x\ge 2$

(i), (ii), (iii)에 의하여 $\boldsymbol{x\ge 1}$

B step 기출 & 변형하면…

유형 01 부등식의 기본 성질 (개념 1)

0561 실수 a, b에 대하여 $a \le b$일 때, 다음 중 항상 성립하는 것은?

① $a-2 \ge b-2$ ② $a+b \ge 2b$
③ $\frac{1}{a} \ge \frac{1}{b}$ (단, $a \ne 0$, $b \ne 0$) ④ $-\frac{a}{3}+4 \ge -\frac{b}{3}+4$
⑤ $a^2 \le b^2$

답 ④

풀이 ① $a \le b$의 양변에서 2를 빼면 $a-2 \le b-2$
② $a \le b$의 양변에 b를 더하면 $a+b \le 2b$
③ $a=-1$, $b=1$인 경우 $a \le b$이지만 $\frac{1}{a} \le \frac{1}{b}$
④ $a \le b$의 양변에 $-\frac{1}{3}$을 곱하면 $-\frac{a}{3} \ge -\frac{b}{3}$
양변에 4를 더하면 $-\frac{a}{3}+4 \ge -\frac{b}{3}+4$
⑤ $a=-2$, $b=-1$인 경우 $a \le b$이지만 $a^2 \ge b^2$

0562 실수 a, b, c, d에 대하여 $b<a<0$, $d<c<0$일 때, 보기에서 옳은 것만을 있는 대로 고른 것은?

보기
ㄱ. $a+c<b+d$
ㄴ. $ac<bd$
ㄷ. $a^2+c^2<b^2+d^2$

답 ④

풀이 ㄱ. $b<a<0$에서 $b-a<0$, $d<c<0$에서 $c-d>0$
즉, $b-a<c-d$이므로 $b+d<a+c$
ㄴ. $b<a<0$의 각 변에 c를 곱하면 $bc>ac>0$ ($c<0$)
$d<c<0$의 각 변에 b를 곱하면 $bd>bc>0$ ($b<0$)
따라서 $ac<bc<bd$이므로 $ac<bd$
ㄷ. $b<a<0$에서 $b^2>a^2>0$, $d<c<0$에서 $d^2>c^2>0$
$a^2-b^2<0$, $d^2-c^2>0$이므로 $a^2-b^2<d^2-c^2$
$\therefore a^2+c^2<b^2+d^2$

유형 02 부등식 $ax>b$의 풀이 (개념 2)

0563 $a<b$일 때, x에 대한 부등식 $ax+3b<3a+bx$의 해를 구하시오.
$Ax>B$ 꼴로 변형하자.

답 $x>3$

풀이 주어진 부등식에서 $(a-b)x<3(a-b)$
이때 $a<b$에서 $a-b<0$이므로 양변을 $a-b$로 나누면
$\mathbf{x>3}$

0564 부등식 $(a-b)x>2a-3b$의 해가 $x<1$일 때, 부등식 $bx<2a-b$의 해는? (단, a, b는 실수이다.)
부등호의 방향이 바뀌었으므로 $a-b<0$이다.

답 ⑤

풀이 $a-b<0$이므로 $x<\frac{2a-3b}{a-b}$
즉, $\frac{2a-3b}{a-b}=1$이므로
$2a-3b=a-b$ $\therefore a=2b$
이때 $a-b=2b-b<0$이므로 $b<0$
따라서 부등식 $bx<2a-b$에서 $bx<3b$이므로
$\mathbf{x>3}$ ($\because b<0$)

0565 부등식 $(a^2-a-2)x \ge a+1$은 $a=m$일 때 해가 모든 실수이고, $a=n$일 때 해가 없다. 상수 m, n에 대하여 m^3-n^3의 값을 구하시오.
$(a+1)(a-2)x \ge a+1$

답 -9

풀이 $(a+1)(a-2)x \ge a+1$이 모든 실수인 해를 갖거나 해를 갖지 않으려면 $(a+1)(a-2)=0$, 즉
$a=-1$ 또는 $a=2$가 되어야 한다.
(i) $a=-1$일 때, $0 \cdot x \ge 0$이므로 해는 모든 실수이다.
$\therefore m=-1$
(ii) $a=2$일 때, $0 \cdot x \ge 3$이므로 해는 없다. $\therefore n=2$
$\therefore m^3-n^3=(-1)^3-2^3=\mathbf{-9}$

0566 (서술형) 부등식 $x+2a>ax-b+4$를 만족시키는 x가 존재하지 않을 때, 실수 a, b에 대하여 $a+b$의 최댓값을 구하시오.
$(1-a)x>-2a-b+4$

답 3

풀이 $(1-a)x>-2a-b+4$를 만족시키는 x가 존재하지 않으므로
$1-a=0$, $-2a-b+4 \ge 0$ ← 부등식 $0 \cdot x>k$에서 $k<0$이면 해는 모든 실수이다. $k \ge 0$이면 해는 없다. …❶ (40%)
$1-a=0$에서 $a=1$
$-2a-b+4 \ge 0$에서 $-2-b+4 \ge 0$
$\therefore b \le 2$ …❷ (40%)
따라서 $a+b$의 최댓값은 $a=1$, $b=2$일 때
$1+2=\mathbf{3}$ …❸ (20%)

유형 03 연립일차부등식의 풀이 개념 3

0567 연립부등식 $\begin{cases} 3x+2\le -x+6 \\ -x+4\ge 3x-4 \end{cases}$의 해의 최댓값은? 답 ③

풀이 $3x+2\le -x+6$에서

$4x\le 4$ $\quad\therefore x\le 1$ ⋯⋯ ㉠

$-x+4\ge 3x-4$에서

$-4x\ge -8$ $\quad\therefore x\le 2$ ⋯⋯ ㉡

㉠, ㉡의 공통부분을 구하면 $x\le 1$

따라서 연립부등식의 해의 최댓값은 **1**이다.

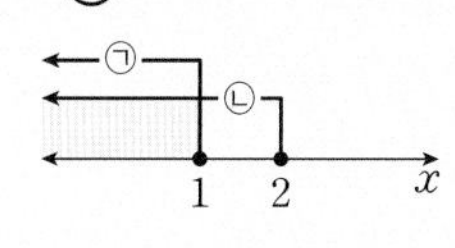

→ 서술형 **0568** 연립부등식 $\begin{cases} 3x-5\le 2x \\ x+10<2x+7 \end{cases}$을 만족시키는 모든 정수 x의 값의 합을 구하시오. 답 9

풀이 $3x-5\le 2x$에서 $x\le 5$ ⋯⋯ ㉠

$x+10<2x+7$에서 $-x<-3$

$\therefore x>3$ ⋯⋯ ㉡ ⋯❶ (40%)

㉠, ㉡의 공통부분을 구하면

$3<x\le 5$ ⋯❷ (40%)

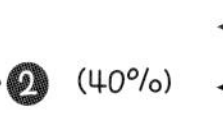

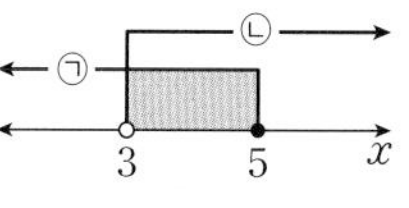

따라서 모든 정수 x의 값의 합은

$4+5=$**9** ⋯❸ (20%)

양변에 2를 곱하자.

0569 연립부등식 $\begin{cases} \frac{5x-9}{2}\ge x \\ 3(x+2)>-x-6 \end{cases}$의 해를 수직선 위에 나타내면 그림과 같을 때, 실수 a, b에 대하여 $b-a$의 값을 구하시오. 답 6

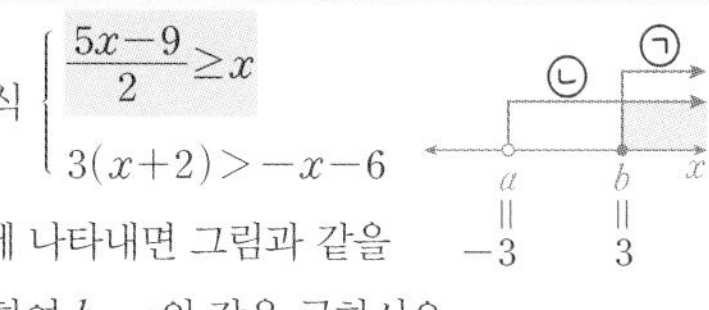

풀이 $\frac{5x-9}{2}\ge x$에서 $5x-9\ge 2x$

$3x\ge 9$ $\quad\therefore x\ge 3$ ⋯⋯ ㉠

$3(x+2)>-x-6$에서

$4x>-12$ $\quad\therefore x>-3$ ⋯⋯ ㉡

위의 그림에서 $a=-3$, $b=3$이므로

$b-a=$**6**

양변에 분모의 최소공배수 12를 곱하자.

→ **0570** 연립부등식 $\begin{cases} \frac{x}{3}-1\le\frac{x}{4} \\ 2x+5<3(x-2)+2 \end{cases}$의 해를 수직선 위에 바르게 나타낸 것은? 답 ③

풀이 $\frac{x}{3}-1\le\frac{x}{4}$에서 $4x-12\le 3x$

$\therefore x\le 12$ ⋯⋯ ㉠

$2x+5<3(x-2)+2$에서 $-x<-9$

$\therefore x>9$ ⋯⋯ ㉡

㉠, ㉡의 공통부분을 구하면

$9<x\le 12$

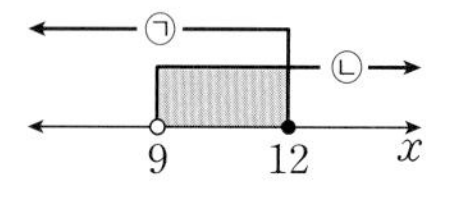

유형 04 특수한 해를 갖는 연립일차부등식의 풀이 개념 4

0571 연립부등식 $\begin{cases} 14-2x\le 5x-7 \\ 8x-12\le 21-3x \end{cases}$의 해를 구하시오. 답 $x=3$

풀이 $14-2x\le 5x-7$에서 $-7x\le -21$

$\therefore x\ge 3$ ⋯⋯ ㉠

$8x-12\le 21-3x$에서 $11x\le 33$

$\therefore x\le 3$ ⋯⋯ ㉡

㉠, ㉡의 공통부분을 구하면

$x=3$

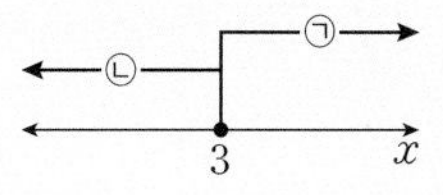

양변에 10을 곱하자.

→ **0572** 연립부등식 $\begin{cases} 0.2x+0.3\le -\frac{1}{2} \\ \frac{3x-3}{5}-\frac{x+6}{2}<x \end{cases}$를 풀면? 답 ⑤

양변에 분모의 최소공배수 10을 곱하자.

Key 각 일차부등식의 양변에 적절한 수를 곱하여 계수를 정수로 바꾼 후 푼다.

풀이 $0.2x+0.3\le -\frac{1}{2}$에서

$2x+3\le -5$, $2x\le -8$

$\therefore x\le -4$ ⋯⋯ ㉠

$\frac{3x-3}{5}-\frac{x+6}{2}<x$에서

$6x-6-5x-30<10x$, $-9x<36$

$\therefore x>-4$ ⋯⋯ ㉡

㉠, ㉡의 공통부분이 없으므로

해는 없다.

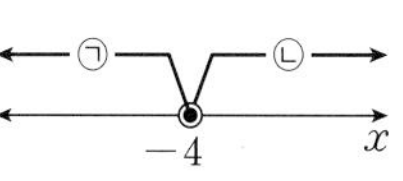

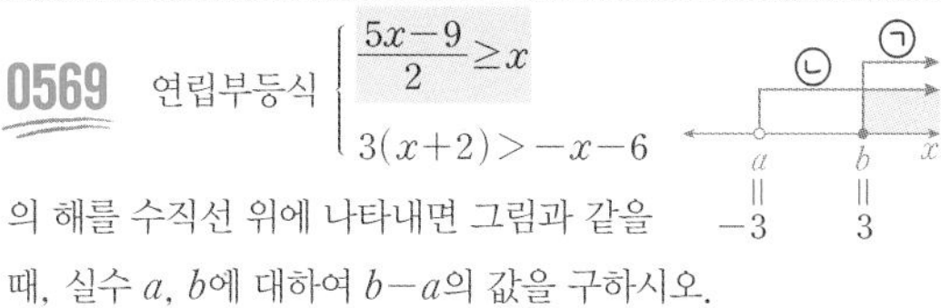

유형 05 $A<B<C$ 꼴의 연립일차부등식의 풀이 개념 5

0573 다음 중 부등식 $\frac{1}{2}x-9<x\le\frac{2}{3}x+3$의 해가 아닌 것은?

① -17 ② -9 ③ -1 ④ 9 ⑤ 10

답 ⑤

풀이 $\frac{1}{2}x-9<x$에서 $-\frac{1}{2}x<9$

$\therefore x>-18$ …… ㉠

$x\le\frac{2}{3}x+3$에서 $\frac{1}{3}x\le3$

$\therefore x\le9$ …… ㉡

㉠, ㉡의 공통부분을 구하면

$-18<x\le9$

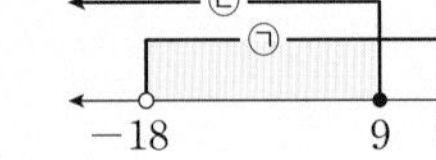

따라서 부등식의 해가 아닌 것은 **10**이다.

0574 서술형 부등식 $x-4<2\le3x+8$을 만족시키는 정수 x의 개수를 구하시오.

답 8

풀이 $x-4<2$에서 $x<6$ …… ㉠

$2\le3x+8$에서 $-3x\le6$

$\therefore x\ge-2$ …… ㉡

㉠, ㉡의 공통부분을 구하면

$-2\le x<6$ …❶ (60%)

따라서 부등식을 만족시키는 정수 x는

$-2, -1, 0, \cdots, 5$의 8개이다. …❷ (40%)

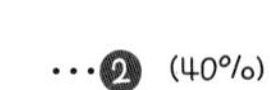

0575 부등식 $3x-1<x+5<4x+11$의 해가 $a<x<b$일 때, $a+b$의 값은?

답 ③

풀이 $3x-1<x+5$에서 $2x<6$

$\therefore x<3$ …… ㉠

$x+5<4x+11$에서 $-3x<6$

$\therefore x>-2$ …… ㉡

㉠, ㉡의 공통부분을 구하면

$-2<x<3$

따라서 $a=-2$, $b=3$이므로

$a+b=$**1**

0576 부등식 $1+\frac{x+1}{2}<\frac{2x+4}{3}\le1+\frac{3(x-1)}{4}$을 만족시키는 x에 대하여 $A=x-5$일 때, A의 값의 범위를 구하시오.

답 $A\ge8$

풀이 $1+\frac{x+1}{2}<\frac{2x+4}{3}$에서 $6+3(x+1)<2(2x+4)$ ← 양변에 분모의 최소공배수 6을 곱한다.

$6+3x+3<4x+8$ $\therefore x>1$ …… ㉠

$\frac{2x+4}{3}\le1+\frac{3(x-1)}{4}$에서 $4(2x+4)\le12+9(x-1)$ ← 양변에 분모의 최소공배수 12를 곱한다.

$8x+16\le12+9x-9$ $\therefore x\ge13$ …… ㉡

㉠, ㉡의 공통부분을 구하면

$x\ge13$

따라서 $A=x-5$에서 $x-5\ge8$이므로

$\boldsymbol{A\ge8}$

유형 06 해가 주어진 연립일차부등식의 미정계수 구하기 개념 3~5

0577 연립부등식 $\begin{cases}3x-2a<6x+a+6\\x-3\le7\end{cases}$의 해가 $-3<x\le b$일 때, 실수 a, b에 대하여 ab의 값은?

답 ⑤

풀이 $3x-2a<6x+a+6$에서 $-3x<3a+6$

$\therefore x>-a-2$ …… ㉠

$x-3\le7$에서 $x\le10$ …… ㉡

주어진 연립부등식의 해가 $-3<x\le b$이므로

$-a-2=-3$, $10=b$ ← ㉠, ㉡의 공통부분이 $-a-2<x\le10$이고, $-3<x\le b$와 같다.

$\therefore a=1$, $b=10$

$\therefore ab=$**10**

0578 부등식 $5(x-4)<4x+a\le5x-10$의 해가 $b\le x<32$일 때, 실수 a, b에 대하여 $a+b$의 값을 구하시오.

답 34

풀이 $5(x-4)<4x+a$에서 $5x-20<4x+a$

$\therefore x<a+20$ …… ㉠

$4x+a\le5x-10$에서 $-x\le-a-10$

$\therefore x\ge a+10$ …… ㉡

주어진 연립부등식의 해가 $b\le x<32$이므로

$a+10=b$, $a+20=32$ ← ㉠, ㉡의 공통부분이 $a+10\le x<a+20$이고, $b\le x<32$와 같다.

$\therefore a=12$, $b=22$

$\therefore a+b=$**34**

0579 연립부등식 $\begin{cases} x+\dfrac{a}{4}\ge\dfrac{x}{2}-\dfrac{1}{4} \\ 3x+2\ge5x-b \end{cases}$의 해가 $x=3$일 때, 실수 a, b에 대하여 $b-a$의 값을 구하시오.

답 11

풀이 $x+\dfrac{a}{4}\ge\dfrac{x}{2}-\dfrac{1}{4}$에서 $4x+a\ge2x-1$ ← 양변에 분모의 최소공배수 4를 곱한다.

$\therefore x\ge-\dfrac{a+1}{2}$ …… ㉠

$3x+2\ge5x-b$에서 $-2x\ge-2-b$

$\therefore x\le1+\dfrac{b}{2}$ …… ㉡

주어진 연립부등식의 해가 $x=3$이므로

$-\dfrac{a+1}{2}=3$, $1+\dfrac{b}{2}=3$ ← ㉠, ㉡의 공통부분이 $x=-\dfrac{a+1}{2}=1+\dfrac{b}{2}$이고, $x=3$과 같다.

$a+1=-6$, $2+b=6$

$\therefore a=-7$, $b=4$

$\therefore b-a=$**11**

0580 연립부등식 $\begin{cases} x+1\ge2x+a \\ 3x+5\le-x-2a+1 \end{cases}$의 해가 $x\le-1$일 때, 실수 a의 값은?

답 ③

풀이 $x+1\ge2x+a$에서 $x\le-a+1$ …… ㉠

$3x+5\le-x-2a+1$에서 $x\le-\dfrac{a+2}{2}$ …… ㉡

(i) $-a+1<-\dfrac{a+2}{2}$, 즉 $a>4$인 경우

← $-a+1<-\dfrac{a+2}{2}$에서 $2(-a+1)<-a-2$, $-a<-4$ $\therefore a>4$

㉠, ㉡의 공통부분은 $x\le-a+1$이므로

$-a+1=-1$ $\therefore a=2$

그런데 $a>4$이므로 조건을 만족시키지 않는다.

(ii) $-a+1=-\dfrac{a+2}{2}$, 즉 $a=4$인 경우

㉠, ㉡의 공통부분은 $x\le-3$이므로 조건을 만족시키지 않는다.

(iii) $-a+1>-\dfrac{a+2}{2}$, 즉 $a<4$인 경우

㉠, ㉡의 공통부분은 $x\le-\dfrac{a+2}{2}$이므로

$-\dfrac{a+2}{2}=-1$ $\therefore a=0$

(i), (ii), (iii)에 의하여 $a=$**0**

유형 07 연립일차부등식이 해를 갖거나 갖지 않을 조건 (개념 3~5)

0581 연립부등식 $\begin{cases} -x+8\ge2x+2 \\ 4x+a>3x+3a \end{cases}$가 해를 갖지 않도록 하는 실수 a의 값의 범위를 구하시오.

답 $a\ge1$

풀이 $-x+8\ge2x+2$에서 $-3x\ge-6$

$\therefore x\le2$ …… ㉠

$4x+a>3x+3a$에서 $x>2a$ …… ㉡

주어진 연립부등식이 해를 갖지 않으려면 그림에서

$2a\ge2$ ← $2a=2$인 경우에도 해를 갖지 않음에 주의하자.

$\therefore$ $a\ge1$

0582 연립부등식 $\begin{cases} 6x-a<2x+1 \\ x+2<2x-3 \end{cases}$이 해를 갖지 않도록 하는 자연수 a의 최댓값은?

답 ④

풀이 $6x-a<2x+1$에서 $x<\dfrac{a+1}{4}$ …… ㉠

$x+2<2x-3$에서 $x>5$ …… ㉡

주어진 연립부등식이 해를 갖지 않으려면 그림에서

$\dfrac{a+1}{4}\le5$ ← $\dfrac{a+1}{4}=5$인 경우에도 해를 갖지 않음에 주의하자.

$\therefore a\le19$

따라서 자연수 a의 최댓값은 **19**이다.

0583 연립부등식 $\begin{cases} 3x-5\ge x+1 \\ 2(x+6)\le x+5a \end{cases}$가 해를 갖도록 하는 실수 a의 값의 범위는?

답 ③

풀이 $3x-5\ge x+1$에서 $2x\ge6$

$\therefore x\ge3$ …… ㉠

$2(x+6)\le x+5a$에서 $2x+12\le x+5a$

$\therefore x\le5a-12$ …… ㉡

주어진 연립부등식이 해를 가지려면 그림에서

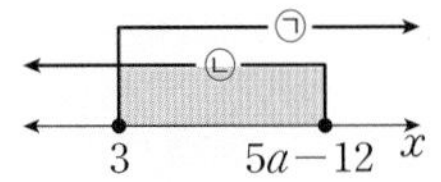
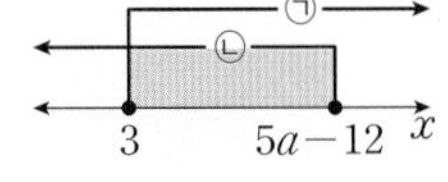

$5a-12\ge3$ ← $5a-12=3$인 경우에도 $x=3$으로 해를 갖는다.

$\therefore$ $a\ge3$

서술형 **0584** 부등식 $7x+a\le3x-2<10x+12$가 해를 갖도록 하는 모든 자연수 a의 값의 합을 구하시오.

답 15

풀이 $7x+a\le3x-2$에서 $4x\le-a-2$

$\therefore x\le-\dfrac{a+2}{4}$ …… ㉠

$3x-2<10x+12$에서 $-7x<14$

$\therefore x>-2$ …… ㉡ …❶ (40%)

주어진 부등식이 해를 가지려면 그림에서

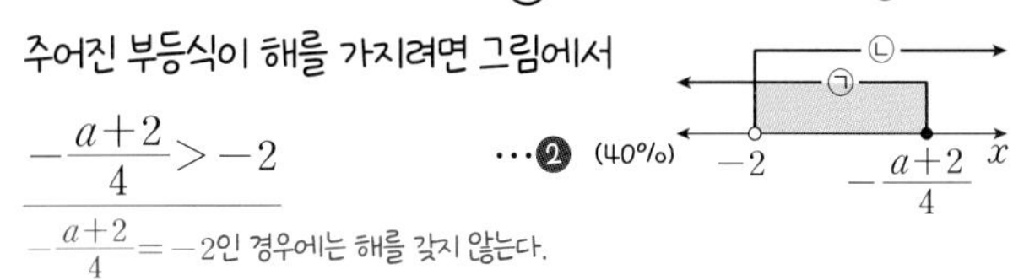

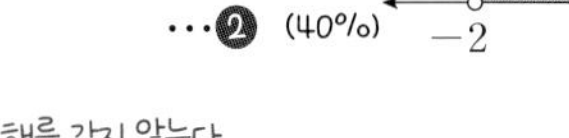

$-\dfrac{a+2}{4}>-2$ …❷ (40%)

← $-\dfrac{a+2}{4}=-2$인 경우에는 해를 갖지 않는다.

$a+2<8$ $\therefore a<6$

따라서 모든 자연수 a의 값의 합은

$1+2+3+4+5=$**15** …❸ (20%)

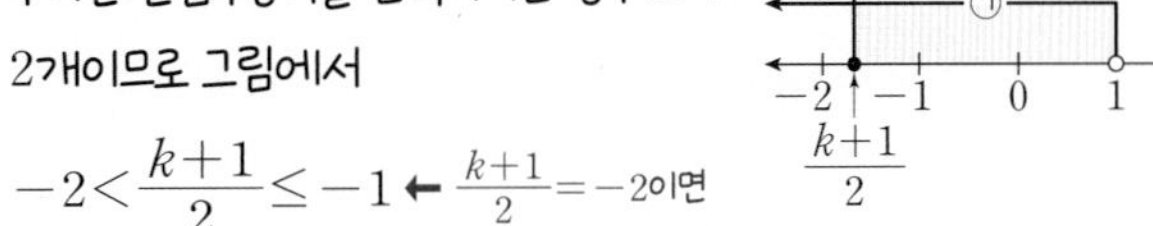

유형 08 정수인 해의 개수가 주어진 연립일차부등식 개념 3, 5

0585 연립부등식 $\begin{cases} 2x-2<x-1 \\ x-1\ge -x+k \end{cases}$를 만족시키는 정수 x가 2개일 때, 실수 k의 값의 범위는? 답 ②

풀이 $2x-2<x-1$에서 $x<1$ …… ㉠

$x-1\ge -x+k$에서 $2x\ge k+1$

$\therefore x\ge \dfrac{k+1}{2}$ …… ㉡

주어진 연립부등식을 만족시키는 정수 x가 2개이므로 그림에서

$-2<\dfrac{k+1}{2}\le -1$ ← $\dfrac{k+1}{2}=-2$이면 정수인 해는 $-2, -1, 0$의 3개, $\dfrac{k+1}{2}=-1$이면 정수인 해는 $-1, 0$의 2개

$\therefore$ $\mathbf{-5<k\le -3}$

0586 부등식 $3x-1\le 5x+3\le 4x+a$를 만족시키는 정수 x가 6개가 되도록 하는 실수 a의 최솟값을 구하시오. 답 6

풀이 $3x-1\le 5x+3$에서 $-2x\le 4$

$\therefore x\ge -2$ …… ㉠

$5x+3\le 4x+a$에서 $x\le a-3$ …… ㉡

주어진 연립부등식을 만족시키는 정수 x가 6개이므로 그림에서

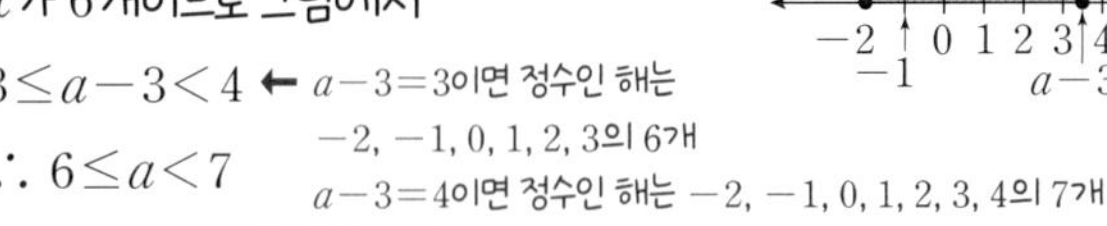

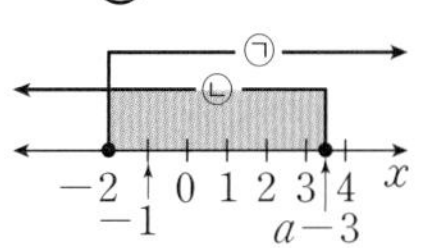

$3\le a-3<4$ ← $a-3=3$이면 정수인 해는 $-2, -1, 0, 1, 2, 3$의 6개, $a-3=4$이면 정수인 해는 $-2, -1, 0, 1, 2, 3, 4$의 7개

$\therefore 6\le a<7$

따라서 a의 최솟값은 **6**이다.

0587 연립부등식 $\begin{cases} x+3>4 \\ 3x<a+2 \end{cases}$를 만족시키는 모든 정수 x의 값의 합이 9가 되도록 하는 자연수 a의 최댓값과 최솟값의 합은? 답 ②

$2+3+4=9$이므로 연립부등식을 만족시키는 정수 x는 2, 3, 4이다.

풀이 $x+3>4$에서 $x>1$ …… ㉠

$3x<a+2$에서 $x<\dfrac{a+2}{3}$ …… ㉡

주어진 연립부등식을 만족시키는 정수 x가 2, 3, 4이므로 그림에서

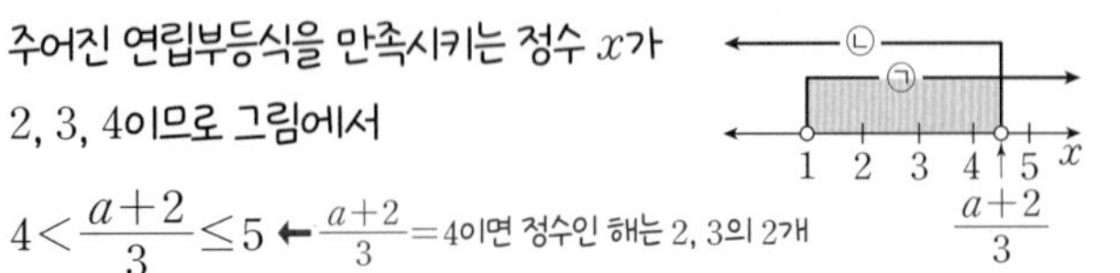

$4<\dfrac{a+2}{3}\le 5$ ← $\dfrac{a+2}{3}=4$이면 정수인 해는 2, 3의 2개, $\dfrac{a+2}{3}=5$이면 정수인 해는 2, 3, 4의 3개

$\therefore 10<a\le 13$

따라서 자연수 a의 최댓값은 13, 최솟값은 11이므로 그 합은 **24**이다.

서술형 **0588** 연립부등식 $\begin{cases} x-\dfrac{k}{12}\le \dfrac{1}{3}x-\dfrac{1}{6} \\ 2x-5\le 12x+8 \end{cases}$을 만족시키는 자연수 x가 1개뿐일 때, 실수 k의 값의 범위를 구하시오. 답 풀이 참조

풀이 $x-\dfrac{k}{12}\le \dfrac{1}{3}x-\dfrac{1}{6}$에서 $12x-k\le 4x-2$

$8x\le k-2$ $\quad\therefore x\le \dfrac{k-2}{8}$ …… ㉠

$2x-5\le 12x+8$에서 $-10x\le 13$

$\therefore x\ge -\dfrac{13}{10}$ …… ㉡ …❶ (50%)

주어진 연립부등식을 만족시키는 자연수 x가 1개뿐이므로 그림에서

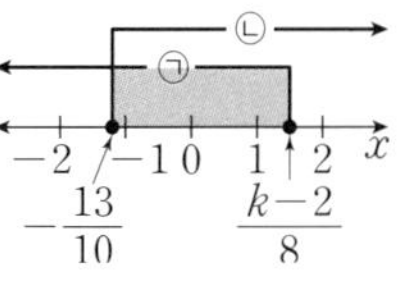

$1\le \dfrac{k-2}{8}<2$ ← $\dfrac{k-2}{8}=1$이면 x는 1의 1개, $\dfrac{k-2}{8}=2$이면 x는 1, 2의 2개

$\therefore$ $\mathbf{10\le k<18}$ …❷ (50%)

유형 09 절댓값 기호를 포함한 부등식의 풀이; $|ax+b|<c$, $|ax+b|>c$ 꼴 개념 6

0589 부등식 $|x-1|\le 6$을 만족시키는 정수 x의 개수는? 답 ④

풀이 $|x-1|\le 6$에서 $-6\le x-1\le 6$

$\therefore -5\le x\le 7$

따라서 정수 x는 $-5, -4, -3, \cdots, 7$의 **13**개이다.

0590 부등식 $|x-a|<5$를 만족시키는 정수 x의 최댓값이 7일 때, 정수 a의 값을 구하시오. 답 3

풀이 $|x-a|<5$에서 $-5<x-a<5$

$\therefore a-5<x<a+5$

a는 정수이고, 정수 x의 최댓값이 7이므로

$a+4=7$ $\quad\therefore$ $\mathbf{a=3}$

0591 부등식 $|2x-a|\geq 3$의 해가 $x\leq -1$ 또는 $x\geq b$일 때, 상수 a, b에 대하여 $a+b$의 값은? 답 ⑤

풀이 $|2x-a|\geq 3$에서 $2x-a\leq -3$ 또는 $2x-a\geq 3$

$\therefore x\leq \frac{a-3}{2}$ 또는 $x\geq \frac{a+3}{2}$

주어진 부등식의 해가 $x\leq -1$ 또는 $x\geq b$이므로

$\frac{a-3}{2}=-1$ $\therefore a=1$

$\frac{a+3}{2}=b$ $\therefore b=2$

$\therefore a+b=\mathbf{3}$

→ **0592** 부등식 $|x-a|>2$의 해가 $-2<x<3$을 포함하도록 하는 정수 a의 값 중에서 음의 정수의 최댓값을 M, 양의 정수의 최솟값을 m이라 하자. 이때 $M+m$의 값을 구하시오. 답 1

풀이 $|x-a|>2$에서 $x-a<-2$ 또는 $x-a>2$

$\therefore x<a-2$ 또는 $x>a+2$ ...... ㉠

이때 ㉠이 $-2<x<3$을 포함하려면

$a-2\geq 3$ 또는 $a+2\leq -2$이어야 한다.

$a-2\geq 3$에서 $a\geq 5$, $a+2\leq -2$에서 $a\leq -4$이므로

$a\leq -4$ 또는 $a\geq 5$

따라서 정수 a의 값 중에서 음의 정수의 최댓값은 -4, 양의 정수의 최솟값은 5이므로 $M=-4$, $m=5$

$\therefore M+m=\mathbf{1}$

유형 10 절댓값 기호를 포함한 부등식의 풀이: $|ax+b|<cx+d$ 꼴 개념 6

서술형 $2x-3=0$, 즉 $x=\frac{3}{2}$을 기준으로 x의 값의 범위를 나누자.

0593 부등식 $|2x-3|-4<x+1$의 해가 $a<x<b$일 때, $b-a$의 값을 구하시오. 답 $\frac{26}{3}$

풀이 (i) $x<\frac{3}{2}$일 때, $2x-3<0$이므로

$-(2x-3)-4<x+1$ $\therefore x>-\frac{2}{3}$

그런데 $x<\frac{3}{2}$이므로 $-\frac{2}{3}<x<\frac{3}{2}$ ...❶ (30%)

(ii) $x\geq \frac{3}{2}$일 때, $2x-3\geq 0$이므로

$(2x-3)-4<x+1$ $\therefore x<8$

그런데 $x\geq \frac{3}{2}$이므로 $\frac{3}{2}\leq x<8$ ...❷ (30%)

(i), (ii)에 의하여 $-\frac{2}{3}<x<8$ ...❸ (20%)

따라서 $a=-\frac{2}{3}$, $b=8$이므로 $b-a=\mathbf{\frac{26}{3}}$ ...❹ (20%)

→ $4-x=0$, 즉 $x=4$를 기준으로 x의 값의 범위를 나누자.

0594 부등식 $|4-x|>7-x$를 만족시키는 정수 x의 최솟값을 구하시오. 답 6

풀이 (i) $x>4$일 때, $4-x<0$이므로

$-(4-x)>7-x$ $\therefore x>\frac{11}{2}$

그런데 $x>4$이므로 $x>\frac{11}{2}$

(ii) $x\leq 4$일 때, $4-x\geq 0$이므로

$4-x>7-x$

$0\cdot x>3$이므로 해는 없다.

(i), (ii)에 의하여 $x>\frac{11}{2}$

따라서 부등식을 만족시키는 정수 x의 최솟값은 **6**이다.

$3x+2=0$, 즉 $x=-\frac{2}{3}$를 기준으로 x의 값의 범위를 나누자.

0595 부등식 $|3x+2|<x+a+1$의 해가 $-2<x<2$일 때, 양수 a의 값은? 답 ⑤

풀이 (i) $x<-\frac{2}{3}$일 때, $3x+2<0$이므로

$-(3x+2)<x+a+1$ $\therefore x>-\frac{a+3}{4}$

$\therefore -\frac{a+3}{4}<x<-\frac{2}{3}$ ← $a>0$에서 $-\frac{a+3}{4}<-\frac{3}{4}<-\frac{2}{3}$

(ii) $x\geq -\frac{2}{3}$일 때, $3x+2\geq 0$이므로

$3x+2<x+a+1$ $\therefore x<\frac{a-1}{2}$

$\therefore -\frac{2}{3}\leq x<\frac{a-1}{2}$ ← $a>0$에서 $\frac{a-1}{2}>-\frac{1}{2}>-\frac{2}{3}$

(i), (ii)에 의하여 $-\frac{a+3}{4}<x<\frac{a-1}{2}$

따라서 $-\frac{a+3}{4}=-2$, $\frac{a-1}{2}=2$이므로 $a=\mathbf{5}$

$2x+4=0$, 즉 $x=-2$를 기준으로 x의 값의 범위를 나누자.

→ **0596** 부등식 $|2x+4|>3x-3$의 해가 $x<a$에 포함되도록 하는 실수 a의 최솟값은? 답 ④

풀이 (i) $x<-2$일 때, $2x+4<0$이므로

$-(2x+4)>3x-3$ $\therefore x<-\frac{1}{5}$

그런데 $x<-2$이므로 $x<-2$

(ii) $x\geq -2$일 때, $2x+4\geq 0$이므로

$2x+4>3x-3$ $\therefore x<7$

그런데 $x\geq -2$이므로 $-2\leq x<7$

(i), (ii)에 의하여 $x<7$

이때 $x<7$이 $x<a$에 포함되려면

그림에서 $a\geq 7$

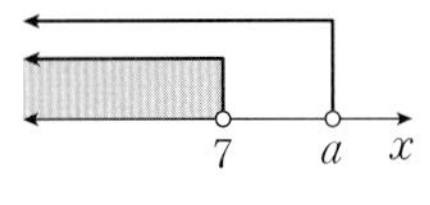

따라서 a의 최솟값은 7이다.

유형 11 절댓값 기호를 포함한 부등식의 풀이: 절댓값 기호가 두 개인 경우 개념 6

$2x+3=0$, $x-3=0$이 되는 x의 값을 기준으로 범위를 나누자.

0597 부등식 $|2x+3|-|x-3|>6$의 해가 $x<a$ 또는 $x>b$일 때, $b-a$의 값은? 답 ⑤

풀이 (i) $x<-\frac{3}{2}$일 때, $2x+3<0$, $x-3<0$이므로

$-(2x+3)+(x-3)>6$ $\therefore x<-12$

그런데 $x<-\frac{3}{2}$이므로 $x<-12$

(ii) $-\frac{3}{2}\le x<3$일 때, $2x+3\ge0$, $x-3<0$이므로

$(2x+3)+(x-3)>6$ $\therefore x>2$

그런데 $-\frac{3}{2}\le x<3$이므로 $2<x<3$

(iii) $x\ge3$일 때, $2x+3>0$, $x-3\ge0$이므로

$(2x+3)-(x-3)>6$ $\therefore x>0$

그런데 $x\ge3$이므로 $x\ge3$

(i), (ii), (iii)에 의하여 $x<-12$ 또는 $x>2$이므로

$a=-12$, $b=2$ $\therefore b-a=\mathbf{14}$

서술형 $x+2=0$, $2x-6=0$이 되는 x의 값을 기준으로 범위를 나누자.

0598 부등식 $|x+2|-|2x-6|>2$를 만족시키는 정수 x의 개수를 구하시오. 답 3

풀이 (i) $x<-2$일 때, $x+2<0$, $2x-6<0$이므로

$-(x+2)+(2x-6)>2$ $\therefore x>10$

그런데 $x<-2$이므로 해가 없다. …❶ (25%)

(ii) $-2\le x<3$일 때, $x+2\ge0$, $2x-6<0$이므로

$(x+2)+(2x-6)>2$ $\therefore x>2$

그런데 $-2\le x<3$이므로 $2<x<3$ …❷ (25%)

(iii) $x\ge3$일 때, $x+2>0$, $2x-6\ge0$이므로

$(x+2)-(2x-6)>2$ $\therefore x<6$

그런데 $x\ge3$이므로 $3\le x<6$ …❸ (25%)

(i), (ii), (iii)에 의하여 $2<x<6$이므로 정수 x는 3, 4, 5의 3개이다. …❹ (25%)

$2x-5=0$, $x-1=0$이 되는 x의 값을 기준으로 범위를 나누자.

0599 부등식 $|2x-5|+3|x-1|\le10-x$를 만족시키는 x의 최댓값을 M, 최솟값을 m이라 할 때, $M+m$의 값은? 답 ②

풀이 (i) $x<1$일 때, $2x-5<0$, $x-1<0$이므로

$-(2x-5)-3(x-1)\le10-x$ $\therefore x\ge-\frac{1}{2}$

그런데 $x<1$이므로 $-\frac{1}{2}\le x<1$

(ii) $1\le x<\frac{5}{2}$일 때, $2x-5<0$, $x-1\ge0$이므로

$-(2x-5)+3(x-1)\le10-x$ $\therefore x\le4$

그런데 $1\le x<\frac{5}{2}$이므로 $1\le x<\frac{5}{2}$

(iii) $x\ge\frac{5}{2}$일 때, $2x-5\ge0$, $x-1>0$이므로

$(2x-5)+3(x-1)\le10-x$ $\therefore x\le3$

그런데 $x\ge\frac{5}{2}$이므로 $\frac{5}{2}\le x\le3$

(i), (ii), (iii)에 의하여 $\underbrace{-\frac{1}{2}}_{=m}\le x\le\underbrace{3}_{=M}$이므로 $M+m=\mathbf{\frac{5}{2}}$

$x+2=0$, $x-2=0$이 되는 x의 값을 기준으로 범위를 나누자.

0600 부등식 $\left||x+2|+\sqrt{x^2-4x+4}\right|\le6$의 해가 $a\le x\le b$일 때, ab의 값을 구하시오. 답 -9

$-6\le|x+2|+|x-2|\le6$

풀이 (i) $x<-2$일 때, $x+2<0$, $x-2<0$이므로

$-6\le-(x+2)-(x-2)\le6$

$-6\le-2x\le6$ $\therefore -3\le x\le3$

그런데 $x<-2$이므로 $-3\le x<-2$

(ii) $-2\le x<2$일 때, $x+2\ge0$, $x-2<0$이므로

$-6\le(x+2)-(x-2)\le6$

$-6\le0\cdot x+4\le6$이므로 해는 모든 실수이다.

그런데 $-2\le x<2$이므로 $-2\le x<2$

(iii) $x\ge2$일 때, $x+2>0$, $x-2\ge0$이므로

$-6\le(x+2)+(x-2)\le6$

$-6\le2x\le6$ $\therefore -3\le x\le3$

그런데 $x\ge2$이므로 $2\le x\le3$

(i), (ii), (iii)에 의하여 $-3\le x\le3$이므로 $a=-3$, $b=3$

$\therefore ab=\mathbf{-9}$

유형 12 절댓값 기호를 포함한 부등식: 해가 없거나 무수히 많은 경우 개념 6

0601 부등식 $k<|4x-1|+5$의 해가 모든 실수가 되도록 하는 정수 k의 최댓값은? 답 ③

부등식 $|x|>$(음수)의 해는 모든 실수임을 이용하자.

풀이 $k<|4x-1|+5$에서 $k-5<|4x-1|$

이 부등식의 해가 모든 실수이려면

$k-5<0$ $\therefore k<5$

따라서 정수 k의 최댓값은 4이다.

0602 부등식 $|3x-7|\le\frac{2}{3}a-6$의 해가 존재하지 않도록 하는 실수 a의 값의 범위를 구하시오. 답 $a<9$

부등식 $|x|\le$(음수)의 해는 존재하지 않음을 이용하자.

풀이 주어진 부등식의 해가 존재하지 않으려면

$\frac{2}{3}a-6<0$

$\therefore a<9$

유형 13 연립일차부등식의 활용

개념 3, 5

서술형 (가로의 길이)+(세로의 길이)=9 m

0603 둘레의 길이가 18 m인 직사각형 모양의 출입문을 만들려고 한다. 출입문의 가로, 세로의 길이는 모두 1 m 이상이고 세로의 길이는 가로의 길이의 2배 이상이 되도록 할 때, 가로의 길이의 최댓값을 구하시오.

답 3 m

풀이 출입문의 가로의 길이를 x m라 하면 세로의 길이는 $(9-x)$ m

출입문의 가로, 세로의 길이는 모두 1 m 이상이므로

$x\geq1,\ 9-x\geq1\qquad \therefore 1\leq x\leq8$ ······ ㉠

···❶ (40%)

세로의 길이는 가로의 길이의 2배 이상이므로

$9-x\geq2x,\ 3x\leq9\qquad \therefore x\leq3$ ······ ㉡

㉠, ㉡의 공통부분을 구하면 $1\leq x\leq3$ ···❷ (40%)

따라서 가로의 길이의 최댓값은 **3 m**이다. ···❸ (20%)

0604 어떤 제과점에서 빵과 과자를 각각 한 봉지씩 만드는 데 필요한 우유와 설탕의 양은 다음 표와 같다. 우유 820 ml 이하와 설탕 850 g 이하로 빵과 과자를 합하여 7봉지를 만들려고 할 때, 만들 수 있는 빵 봉지 개수의 최댓값과 최솟값의 합을 구하시오.

	우유(ml)	설탕(g)
빵	120	110
과자	100	150

답 11

풀이 만들 수 있는 빵 봉지의 개수를 x라 하면 과자 봉지의 개수는 $7-x$이다.

이때 필요한 우유의 양이 820 ml 이하이므로

$120x+100(7-x)\leq820$

$12x+70-10x\leq82,\ 2x\leq12$

$\therefore x\leq6$ ······ ㉠

필요한 설탕의 양이 850 g 이하이므로

$110x+150(7-x)\leq850$

$11x+105-15x\leq85,\ -4x\leq-20$

$\therefore x\geq5$ ······ ㉡

㉠, ㉡의 공통부분을 구하면 $5\leq x\leq6$

따라서 만들 수 있는 빵 봉지 개수의 최댓값은 6, 최솟값은 5이므로 최댓값과 최솟값의 합은 **11**이다.

0605 어떤 학교의 학생들이 영화제에 참가하기 위해 차량에 나눠 탑승하려고 모였다. 차량 한 대에 5명씩 배정하면 10명의 학생이 남고, 7명씩 배정하면 차량이 두 대가 남는다. 가능한 차량의 수의 최댓값과 최솟값의 차는? 마지막 차량에 탄 학생은 1명 이상 7명 이하이다.

답 ②

풀이 모든 차량의 수를 x라 하면 차량에 탑승한 학생 수는 $5x+10$이므로

$7(x-3)+1\leq5x+10\leq7(x-3)+7$ (마지막 차량을 포함하여 3대를 제외한 차량의 수이다.)

$\therefore 7x-20\leq5x+10\leq7x-14$

$7x-20\leq5x+10$에서 $2x\leq30$

$\therefore x\leq15$ ······ ㉠

$5x+10\leq7x-14$에서 $-2x\leq-24$

$\therefore x\geq12$ ······ ㉡

㉠, ㉡의 공통부분을 구하면 $12\leq x\leq15$

따라서 가능한 차량의 수의 최댓값은 15, 최솟값은 12이므로 최댓값과 최솟값의 차는 **3**이다.

0606 어느 수련회 숙소에서 학생들의 방을 배정하려고 한다. 한 방에 4명씩 배정하면 12명의 학생이 남고, 5명씩 배정하면 방이 1개가 남는다. 전체 학생 수의 최댓값은? 마지막 방에 배정된 학생은 1명 이상 5명 이하이다.

답 ①

풀이 모든 방의 개수를 x라 하면 전체 학생 수는 $4x+12$이므로

$5(x-2)+1\leq4x+12\leq5(x-2)+5$ (마지막 방을 포함하여 2개의 방을 제외한 방의 개수이다.)

$\therefore 5x-9\leq4x+12\leq5x-5$

$5x-9\leq4x+12$에서 $x\leq21$ ······ ㉠

$4x+12\leq5x-5$에서 $-x\leq-17$

$\therefore x\geq17$ ······ ㉡

㉠, ㉡의 공통부분을 구하면 $17\leq x\leq21$

따라서 전체 학생 수의 최댓값은 $x=21$일 때

$4\cdot21+12=$**96**

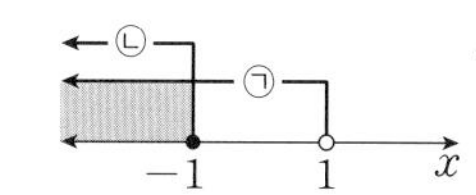

step C 실력 완성!

0607 부등식 $3x-2<2x+4<4x-1$을 풀면? 답 ⑤

풀이 $3x-2<2x+4$에서 $x<6$ ······ ㉠

$2x+4<4x-1$에서 $-2x<-5$

$\therefore x>\frac{5}{2}$ ······ ㉡

㉠, ㉡의 공통부분을 구하면

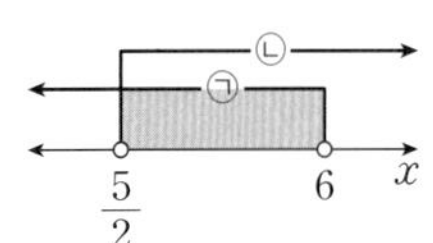

$\mathbf{\frac{5}{2}<x<6}$

0608 연립부등식 $\begin{cases} 4-x>a \\ 3(x+2)<7x \end{cases}$가 해를 갖도록 하는 실수 a의 값의 범위는? 답 ③

풀이 $4-x>a$에서 $x<-a+4$ ······ ㉠

$3(x+2)<7x$에서 $3x+6<7x$, $-4x<-6$

$\therefore x>\frac{3}{2}$ ······ ㉡

주어진 연립부등식이 해를 가지려면

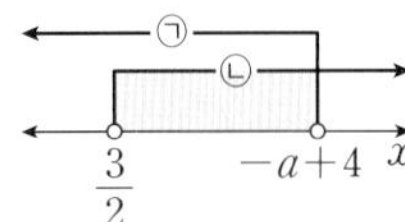

그림에서 $-a+4>\frac{3}{2}$

$\therefore \mathbf{a<\frac{5}{2}}$

0609 $0<a<b<1$을 만족시키는 실수 a, b에 대하여 보기에서 옳은 것만을 있는 대로 고른 것은? 답 ⑤

보기

ㄱ. $|a|<|b|$

ㄴ. $a+\frac{1}{b}<b+\frac{1}{a}$

ㄷ. $a+\frac{1}{a}>b+\frac{1}{b}$

풀이 ㉠. $0<a<b<1$이므로 $|a|<|b|$

㉡. $0<a<b<1$이므로 $1<\frac{1}{b}<\frac{1}{a}$

$\frac{1}{b}<\frac{1}{a}$의 양변에 a를 더하면 $a+\frac{1}{b}<a+\frac{1}{a}$

이때 $a<b$이므로 $a+\frac{1}{b}<a+\frac{1}{a}<b+\frac{1}{a}$

㉢. $\left(a+\frac{1}{a}\right)-\left(b+\frac{1}{b}\right)=(a-b)+\left(\frac{1}{a}-\frac{1}{b}\right)$

$=(a-b)-\frac{a-b}{ab}$

$=\underbrace{(a-b)}_{<0}\underbrace{\left(1-\frac{1}{ab}\right)}_{<0}>0$

$<0 \leftarrow \frac{1}{a}>1$, $\frac{1}{b}>1$이므로 $\frac{1}{ab}>1$

$\therefore a+\frac{1}{a}>b+\frac{1}{b}$

부등호의 방향이 바뀌지 않았으므로 $a-b>0$이다.

0610 부등식 $(a-b)x<a+2b$의 해가 $x<3$일 때, 부등식 $ax>2b$의 해를 구하시오. (단, a, b는 실수이다.) 답 $x>\frac{4}{5}$

풀이 $a-b>0$이므로 $x<\frac{a+2b}{a-b}$

즉, $\frac{a+2b}{a-b}=3$이므로 $a+2b=3a-3b$ $\therefore b=\frac{2}{5}a$

이때 $a-b=a-\frac{2}{5}a=\frac{3}{5}a>0$이므로 $a>0$

따라서 부등식 $ax>2b$에서 $ax>\frac{4}{5}a$이므로

$\mathbf{x>\frac{4}{5}}$ ($\because a>0$)

0611 부등식 $2x+a<3x+2<2x+3$이 해를 갖지 않도록 하는 실수 a의 최솟값은? 답 ③

풀이 $2x+a<3x+2$에서

$-x<-a+2$ $\therefore x>a-2$ ······ ㉠

$3x+2<2x+3$에서 $x<1$ ······ ㉡

주어진 연립부등식이 해를 갖지 않으려면

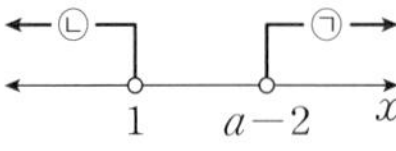

그림에서 $a-2\geq1$

$\therefore a\geq3$

따라서 a의 최솟값은 3이다.

$3+4+5=12$이므로 연립부등식을 만족시키는 정수 x는 3, 4, 5이다.

0612 연립부등식 $\begin{cases} x+2>4 \\ 3x\leq a-1 \end{cases}$을 만족시키는 모든 정수 x의 값의 합이 12가 되도록 하는 자연수 a의 개수를 구하시오. 답 3

풀이 $x+2>4$에서 $x>2$ ······ ㉠

$3x\leq a-1$에서 $x\leq\frac{a-1}{3}$ ······ ㉡

주어진 연립부등식을 만족시키는 정수 x가 3, 4, 5이므로 그림에서

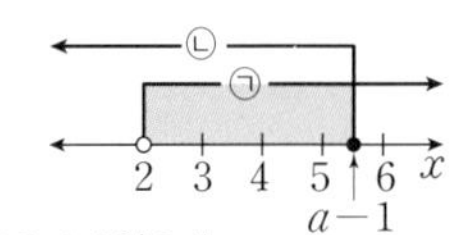

$5\leq\frac{a-1}{3}<6$ ← $\frac{a-1}{3}=5$이면 정수인 해는 3, 4, 5의 3개, $\frac{a-1}{3}=6$이면 정수인 해는 3, 4, 5, 6의 4개

$\therefore 16\leq a<19$

따라서 자연수 a는 16, 17, 18의 **3**개이다.

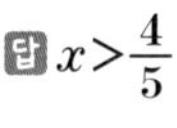

0613 연립부등식 $\begin{cases} 2x+a<2-\dfrac{2-x}{2} \\ 3-2(1-x)>9-x \end{cases}$ 를 만족시키는 정수 x가 4개일 때, 정수 a의 값은?

답 ②

풀이 $2x+a<2-\dfrac{2-x}{2}$에서 $4x+2a<4-2+x$ (양변에 2를 곱한다.)

$\therefore x<-\dfrac{2(a-1)}{3}$ …… ㉠

$3-2(1-x)>9-x$에서 $3-2+2x>9-x$

$\therefore x>\dfrac{8}{3}$ …… ㉡

주어진 연립부등식을 만족시키는 정수 x가 4개이므로 그림에서

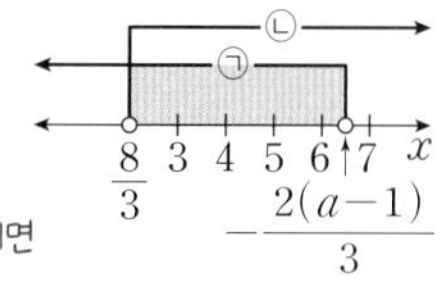

$6<-\dfrac{2(a-1)}{3}\le 7$ ← $-\dfrac{2(a-1)}{3}=6$이면 정수인 해는 3, 4, 5의 3개, $-\dfrac{2(a-1)}{3}=7$이면 정수인 해는 3, 4, 5, 6의 4개

$\therefore -\dfrac{19}{2}\le a<-8$

따라서 조건을 만족시키는 정수 a는 $\mathbf{-9}$이다.

0614 $|x-3|<1$, $|y-5|<2$일 때, 다음 중 옳지 않은 것은?

① $2<x<4$ ② $5<x+y<11$ ③ $-5<x-y<1$
④ $6<xy<28$ ⑤ $\dfrac{4}{7}<\dfrac{x}{y}<\dfrac{2}{3}$

답 ⑤

풀이 $|x-3|<1$에서 $-1<x-3<1$

$\therefore 2<x<4$ (①) …… ㉠

$|y-5|<2$에서 $-2<y-5<2$

$\therefore 3<y<7$ …… ㉡

② ㉠+㉡을 하면 $5<x+y<11$

③ ㉠−㉡을 하면 $-5<x-y<1$

④ ㉠×㉡을 하면 $6<xy<28$

⑤ ㉠÷㉡을 하면 $\dfrac{2}{7}<\dfrac{x}{y}<\dfrac{4}{3}$

Tip $0<a<x<b$, $0<c<y<d$일 때,

(1) $a<x<b$, $+)\ c<y<d$ ⇒ $a+c<x+y<b+d$

(2) $a<x<b$, $-)\ c<y<d$ ⇒ $a-d<x-y<b-c$

(3) $a<x<b$, $\times)\ c<y<d$ ⇒ (최솟값) $<xy<$ (최댓값) (ac, ad, bc, bd 중에서)

(4) $a<x<b$, $\div)\ c<y<d$ ⇒ (최솟값) $<\dfrac{x}{y}<$ (최댓값) ($\dfrac{a}{c}, \dfrac{a}{d}, \dfrac{b}{c}, \dfrac{b}{d}$ 중에서)

$3x-1=0$, 즉 $x=\dfrac{1}{3}$을 기준으로 x의 값의 범위를 나누자.

0615 부등식 $|3x-1|<x+a$의 해가 $-1<x<3$일 때, 양수 a의 값을 구하시오.

답 5

풀이 (i) $x<\dfrac{1}{3}$일 때, $3x-1<0$이므로

$-(3x-1)<x+a$

$-3x+1<x+a$, $-4x<a-1$

$\therefore x>-\dfrac{a-1}{4}$

그런데 $x<\dfrac{1}{3}$이고 a가 양수이므로 $-\dfrac{a-1}{4}<x<\dfrac{1}{3}$

(ii) $x\ge\dfrac{1}{3}$일 때, $3x-1\ge 0$이므로

$3x-1<x+a$, $2x<a+1$

$\therefore x<\dfrac{a+1}{2}$

그런데 $x\ge\dfrac{1}{3}$이고 a가 양수이므로 $\dfrac{1}{3}\le x<\dfrac{a+1}{2}$

(i), (ii)에 의하여 $-\dfrac{a-1}{4}<x<\dfrac{a+1}{2}$이므로

$-\dfrac{a-1}{4}=-1$, $\dfrac{a+1}{2}=3$

$\therefore a=\mathbf{5}$

0616 농도가 10 %인 소금물 300 g에 농도가 40 %인 소금물을 섞어서 농도가 20 % 이상 25 % 이하인 소금물을 만들려고 할 때, 농도가 40 %인 소금물의 양의 범위를 구하시오.

답 풀이 참조

풀이 농도가 10 %인 소금물 300 g에 들어 있는 소금의 양은

$\dfrac{10}{100}\times 300=30(\text{g})$

농도가 40 %인 소금물 x g을 섞는다고 하면 소금의 양은

$30+\dfrac{40}{100}\times x(\text{g})$이고 소금물의 양이 $(300+x)$ g이므로

$20\le\dfrac{30+\dfrac{40}{100}x}{300+x}\times 100\le 25$

$\dfrac{x}{5}+60\le\dfrac{2}{5}x+30\le\dfrac{x}{4}+75$

$\dfrac{x}{5}+60\le\dfrac{2}{5}x+30$에서 $-\dfrac{x}{5}\le -30$

$\therefore x\ge 150$ …… ㉠

$\dfrac{2}{5}x+30\le\dfrac{x}{4}+75$에서 $\dfrac{3}{20}x\le 45$

$\therefore x\le 300$ …… ㉡

㉠, ㉡의 공통부분을 구하면 $150\le x\le 300$

따라서 농도가 40 %인 소금물을 **150 g 이상 300 g 이하**로 섞어야 한다.

Tip ① (소금물의 농도) $=\dfrac{(\text{소금의 양})}{(\text{소금물의 양})}\times 100$ (%)

② (소금의 양) $=\dfrac{(\text{소금의 농도})}{100}\times$ (소금물의 양) (g)

0617 긴 의자에 학생들을 앉히려고 한다. 한 의자에 3명씩 앉으면 학생 2명이 앉지 못하고, 한 의자에 4명씩 앉으면 의자가 1개 남는다고 한다. 가능한 의자의 개수의 최댓값과 최솟값의 합은? 마지막 의자에 앉는 학생은 1명 이상 4명 이하이다. **답** ④

풀이 의자의 개수를 x라 하면 학생 수는 $3x+2$이므로

$4(x-2)+1 \le 3x+2 \le 4(x-2)+4$ — 마지막 의자를 포함하여 2개의 의자를 제외한 의자의 개수이다.

$\therefore 4x-7 \le 3x+2 \le 4x-4$

$4x-7 \le 3x+2$에서 $x \le 9$ ...... ㉠

$3x+2 \le 4x-4$에서 $x \ge 6$ ...... ㉡

㉠, ㉡의 공통부분을 구하면 $6 \le x \le 9$

따라서 가능한 의자의 개수의 최댓값은 9, 최솟값은 6이므로 최댓값과 최솟값의 합은 **15**이다.

세 실수가 삼각형의 세 변의 길이이려면
① (각 변의 길이) >0
② (가장 긴 변의 길이) $<$ (나머지 두 변의 길이의 합)

0618 삼각형의 세 변의 길이가 각각

$-x+4,\ x+4,\ |2x+8|$

일 때, x의 값의 범위는 $p<x<q$이다. 이때 $p+q$의 값은? **답** ①

풀이 삼각형의 세 변의 길이는 모두 양수이므로

$-x+4>0,\ x+4>0,\ |2x+8|>0$

$\therefore -4<x<4$ — $|2x+8|>0$이려면 $2x+8 \ne 0$이어야 하므로 $x \ne 4$

이때 세 변의 길이는 $-x+4,\ x+4,\ 2x+8$이다. — $-4<x<4$일 때, $2x+8>0$이므로 $|2x+8|=2x+8$

(i) $-x+4$가 가장 긴 변인 경우

$-x+4<(x+4)+(2x+8)$이므로 $-4x<8$

$\therefore x>-2$

(ii) $x+4$가 가장 긴 변인 경우

$x+4<(-x+4)+(2x+8)$이므로 $0 \cdot x<8$

따라서 해는 모든 실수이다.

(iii) $2x+8$이 가장 긴 변인 경우

$2x+8<(-x+4)+(x+4)$이므로 $2x<0$

$\therefore x<0$

(i), (ii), (iii)에 의하여 $-2<x<0$이므로 $p=-2,\ q=0$

$\therefore p+q=$ **-2**

부등식 $|x|<k\ (k \le 0)$의 해는 존재하지 않음을 이용하자.

0619 부등식 $|a^2x+a|<a$를 만족시키는 정수 x가 존재하도록 하는 실수 a의 값의 범위는? **답** ②

풀이 (i) $a<0$일 때, $|a^2x+a| \ge 0$이므로 주어진 부등식이 성립하지 않는다.

(ii) $a=0$일 때, $0<0$이므로 주어진 부등식이 성립하지 않는다.

(iii) $a>0$일 때, $|a^2x+a|<a$에서

$-a<a^2x+a<a,\ -2a<a^2x<0$

$\therefore -\frac{2}{a}<x<0\ (\because a>0)$

$-\frac{2}{a}<x<0$을 만족시키는 정수 x가 존재하려면 -1이 이 범위에 포함되어야 하므로 $-\frac{2}{a}<-1$

$\therefore a<2$ — $-\frac{2}{a}=-1$이면 정수 x가 존재하지 않는다.

그런데 $a>0$이므로 $0<a<2$

(i), (ii), (iii)에 의하여 **$0<a<2$**

$x-2=0,\ x+1=0$이 되는 x의 값을 기준으로 범위를 나누자.

0620 부등식 $|x-2|+\sqrt{x^2+2x+1} \le 5$의 해가 $a \le x \le b$일 때, a^2+b^2의 값을 구하시오. — $|x-2|+|x+1| \le 5$ **답** 13

풀이 (i) $x<-1$일 때, $x-2<0,\ x+1<0$이므로

$-(x-2)-(x+1) \le 5$

$-x+2-x-1 \le 5,\ -2x \le 4$

$\therefore x \ge -2$

그런데 $x<-1$이므로 $-2 \le x<-1$

(ii) $-1 \le x<2$일 때, $x-2<0,\ x+1 \ge 0$이므로

$-(x-2)+(x+1) \le 5$

$0 \cdot x \le 2$이므로 해는 모든 실수이다.

그런데 $-1 \le x<2$이므로 $-1 \le x<2$

(iii) $x \ge 2$일 때, $x-2 \ge 0,\ x+1>0$이므로

$(x-2)+(x+1) \le 5$

$2x \le 6 \qquad \therefore x \le 3$

그런데 $x \ge 2$이므로 $2 \le x \le 3$

(i), (ii), (iii)에 의하여 $-2 \le x \le 3$이므로

$a=-2,\ b=3$

$\therefore a^2+b^2=$ **13**

부등식 $|x|>$(음수)의 해는 모든 실수임을 이용하자.

0621 부등식 $|3x+1|-3>k$의 해가 모든 실수가 되도록 하는 실수 k의 값의 범위는? **답** ①

풀이 $|3x+1|-3>k$에서 $|3x+1|>k+3$

이 부등식의 해가 모든 실수이려면

$k+3<0$ $\quad\therefore\ \boldsymbol{k<-3}$

0622 부등식 $2x-a<x-4<3x-b$를 만족시키는 자연수 x가 2개가 되도록 하는 10 이하의 자연수 a, b의 순서쌍 (a, b)의 개수를 구하시오. **답** 10

풀이 $2x-a<x-4$에서 $x<a-4$ ······ ㉠

$x-4<3x-b$에서 $-2x<-b+4$

$\therefore\ x>\dfrac{b-4}{2}$ ······ ㉡

주어진 부등식을 만족시키는 해가 존재하고 이 해는 ㉠과 ㉡의 공통부분이므로 $\dfrac{b-4}{2}<x<a-4$

이를 만족시키는 자연수 x가 2개가 되도록 하는 자연수 a, b의 값을 구하면

(i) $a\le 6$일 때, 조건을 만족시키지 않는다. ← $a\le 6$이면 $a-4\le 2$이므로 자연수 x가 1개 이하이다.

(ii) $a=7$일 때, $\dfrac{b-4}{2}<1$이므로 $b<6$

따라서 b는 1부터 5까지의 모든 자연수이다.

(iii) $a=8$일 때, $1\le\dfrac{b-4}{2}<2$이므로 $6\le b<8$

따라서 b는 6 또는 7이다.

(iv) $a=9$일 때, $2\le\dfrac{b-4}{2}<3$이므로 $8\le b<10$

따라서 b는 8 또는 9이다.

(v) $a=10$일 때, $3\le\dfrac{b-4}{2}<4$이므로 $10\le b<12$

따라서 b는 10이다.

(i)~(v)에 의하여 모든 순서쌍 (a, b)의 개수는

$5+2+2+1=\mathbf{10}$

서술형

0623 작은 테이블이 10개 있고, 나머지는 모두 큰 테이블이 있는 식당이 있다. 어느 동아리 학생들이 이 식당에 들어가 앉으려고 한다. 작은 테이블에 2명, 큰 테이블에 4명씩 앉으면 학생이 8명 남고, 작은 테이블에 3명, 큰 테이블에 5명씩 앉으면 작은 테이블은 앉을 자리가 없이 꽉 차고 큰 테이블이 2개 남는다. 이 동아리 전체 학생 수의 최솟값을 구하시오. **답** 60

마지막 큰 테이블에 앉는 학생은 1명 이상 5명 이하이다.

풀이 큰 테이블의 개수를 x라 하면

동아리 전체 학생 수는 $4x+28$이므로 ($10\times 2+x\times 4+8$)

$30+5(x-3)+1\le 4x+28\le 30+5(x-3)+5$

$\therefore\ 5x+16\le 4x+28\le 5x+20$ ···❶ (40%)

$5x+16\le 4x+28$에서 $x\le 12$ ······ ㉠

$4x+28\le 5x+20$에서 $x\ge 8$ ······ ㉡

㉠, ㉡의 공통부분을 구하면 $8\le x\le 12$ ···❷ (40%)

따라서 전체 학생 수의 최솟값은 $x=8$일 때

$4\cdot 8+28=\mathbf{60}$ ···❸ (20%)

0624 양수 a, b에 대하여 부등식 $|x-a|+|x+2|\le b$를 만족시키는 정수 x의 개수를 $f(a, b)$라 할 때, $f(n, n+4)=25$를 만족시키는 자연수 n의 값을 구하시오. **답** 20

풀이 $f(n, n+4)$에서

$a=n$, $b=n+4$를 주어진 부등식에 대입하면

$|x-n|+|x+2|\le n+4$ ← $x-n=0$, $x+2=0$이 되는 x의 값을 기준으로 범위를 나누자. 이때 n은 자연수이므로 $n>-2$이다.

(i) $x<-2$일 때,

$x-n<0$, $x+2<0$이므로

$-(x-n)-(x+2)\le n+4$

$-2x\le 6$ $\quad\therefore\ x\ge -3$

그런데 $x<-2$이므로 $-3\le x<-2$ ···❶ (25%)

(ii) $-2\le x<n$일 때, $x-n<0$, $x+2\ge 0$이므로

$-(x-n)+(x+2)\le n+4$

$0\cdot x\le 2$ 이므로 해는 모든 실수이다.

그런데 $-2\le x<n$이므로 $-2\le x<n$ ···❷ (25%)

(iii) $x\ge n$일 때, $x-n\ge 0$, $x+2>0$이므로

$(x-n)+(x+2)\le n+4$

$2x\le 2n+2$ $\quad\therefore\ x\le n+1$ ···❸ (25%)

그런데 $x\ge n$이므로 $n\le x\le n+1$

(i), (ii), (iii)에 의하여 $-3\le x\le n+1$이므로 정수 x의 개수는

$(n+1)-(-3)+1=n+5$

$f(n, n+4)=25$이므로 $n+5=25$

$\therefore\ n=\mathbf{20}$ ···❹ (25%)

※ 빈칸에 알맞은 것을 써넣고, 내용을 읽거나 따라 써 보세요.

개념 1 이차부등식과 이차함수의 관계

› 유형 01, 11, 12

(1) 이차부등식

부등식의 모든 항을 좌변으로 이항하여 정리하였을 때, 좌변이 x에 대한 □□□인 부등식

(2) 이차부등식의 해와 이차함수의 그래프의 관계

이차식 $f(x)=ax^2+bx+c$에 대하여

① 부등식 $f(x)>0$의 해

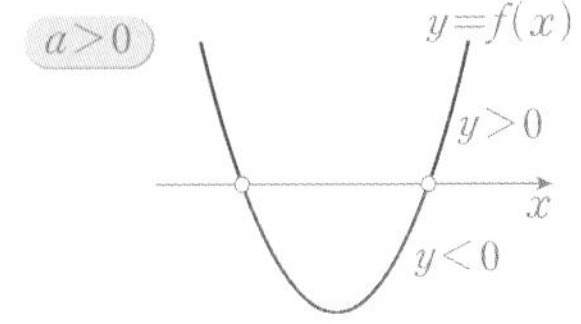

➡ $y=f(x)$에서 y □ 0인 x의 값의 범위

➡ $y=f(x)$의 그래프가 x축보다 □□에 있는 부분의 x의 값의 범위

② 부등식 $f(x)<0$의 해

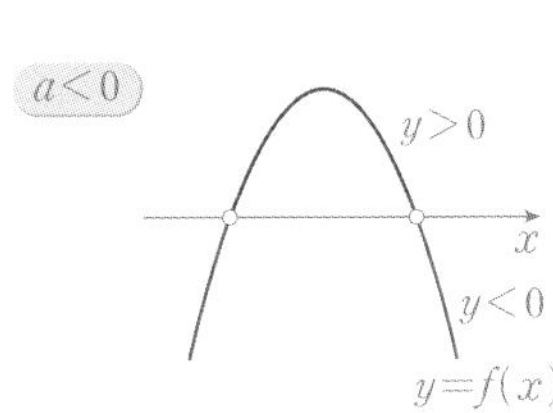

➡ $y=f(x)$에서 y □ 0인 x의 값의 범위

➡ $y=f(x)$의 그래프가 x축보다 □□□에 있는 부분의 x의 값의 범위

개념 2 이차부등식의 풀이

› 유형 02, 03, 06, 07, 11, 16

이차함수 $y=ax^2+bx+c$ $(a>0)$의 그래프가 x축과 만나는 점의 x좌표를 α, β $(\alpha\le\beta)$, 이차방정식 $ax^2+bx+c=0$의 판별식을 D라 하면 이차부등식의 해는 다음과 같다.

	$D>0$	$D=0$	$D<0$
$y=ax^2+bx+c$의 그래프			
(1) $ax^2+bx+c>0$의 해	□	$x\ne\alpha$인 모든 실수	모든 실수
(2) $ax^2+bx+c\ge0$의 해	$x\le\alpha$ 또는 $x\ge\beta$	모든 실수	□
(3) $ax^2+bx+c<0$의 해	$\alpha<x<\beta$	없다.	없다.
(4) $ax^2+bx+c\le0$의 해	$\alpha\le x\le\beta$	□	없다.

개념 3 이차부등식의 작성

› 유형 04, 05, 11

(1) 해가 $\alpha<x<\beta$이고 x^2의 계수가 1인 이차부등식은

$(x-\alpha)(x-\beta)$ □ 0, 즉 $x^2-(\alpha+\beta)x+\alpha\beta$ □ 0

(2) 해가 $x<\alpha$ 또는 $x>\beta$ $(\alpha<\beta)$이고 x^2의 계수가 1인 이차부등식은

$(x-\alpha)(x-\beta)$ □ 0, 즉 $x^2-(\alpha+\beta)x+\alpha\beta$ □ 0

답 개념 1 (1) 이차식 (2) ① >, 위쪽, ② <, 아래쪽 개념 2 (1) $x<\alpha$ 또는 $x>\beta$ (2) 모든 실수 (4) $x=\alpha$ 개념 3 (1) <, < (2) >, >

개념 1 이차부등식과 이차함수의 관계

0625 이차함수 $y=f(x)$의 그래프가 그림과 같을 때, 다음 이차부등식의 해를 구하시오.

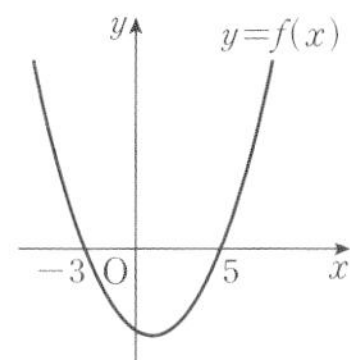

(1) $f(x)<0$
└ $y=0$ (x축)

$-3<x<5$

(2) $f(x)\geq 0$

$x\leq -3$ 또는 $x\geq 5$

0626 이차함수 $y=f(x)$의 그래프와 직선 $y=g(x)$가 그림과 같을 때, 다음 이차부등식의 해를 구하시오.

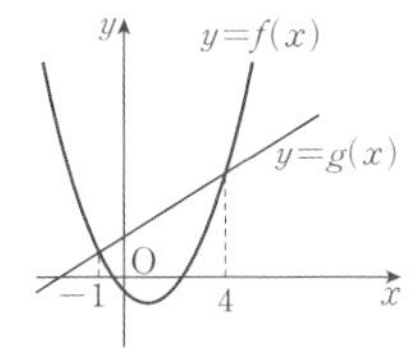

(1) $f(x)<g(x)$

$-1<x<4$

(2) $f(x)\geq g(x)$

$x\leq -1$ 또는 $x\geq 4$

개념 2 이차부등식의 풀이

0627 다음 이차부등식을 푸시오.

(1) $x^2-2x<0$

$x(x-2)<0$ $\quad\therefore 0<x<2$

(2) $2x^2-x-1\leq 0$

$(2x+1)(x-1)\leq 0$ $\quad\therefore -\frac{1}{2}\leq x\leq 1$

(3) $x^2+x-2\geq -x+1$

$x^2+2x-3\geq 0,\ (x+3)(x-1)\geq 0$

$\therefore x\leq -3$ 또는 $x\geq 1$

(4) $3x^2+7x+2>0$

$(x+2)(3x+1)>0$ $\quad\therefore x<-2$ 또는 $x>-\frac{1}{3}$

(5) $-x^2+4x+5>0$

$x^2-4x-5<0,\ (x+1)(x-5)<0$ $\quad\therefore -1<x<5$

0628 다음 이차부등식을 푸시오. Tip (실수)$^2\geq 0$

(1) $2(x+1)^2\leq 0$

$x=-1$

(2) $x^2-6x+9>0$

$(x-3)^2>0$ $\quad\therefore x\neq 3$인 모든 실수

(3) $4x^2+15x+5<3x-4$

$4x^2+12x+9<0,\ (2x+3)^2<0$ $\quad\therefore$ 해는 없다.

(4) $9x^2\geq 12x-4$

$9x^2-12x+4\geq 0,\ (3x-2)^2\geq 0$ $\quad\therefore$ 모든 실수

0629 다음 이차부등식을 푸시오.

(1) $x^2-x+4\geq 0$ 모든 실수
$=\left(x-\frac{1}{2}\right)^2+\frac{15}{4}\geq\frac{15}{4}$

(2) $3x^2+6x+4<0$ 해는 없다.
$=3(x+1)^2+1\geq 1$

(3) $x^2\leq 4(x-2)$에서 $x^2-4x+8\leq 0$ 해는 없다.
$=(x-2)^2+4\geq 4$

(4) $4x^2+5x+1>x-2$에서 $4x^2+4x+3>0$ 모든 실수
$=(2x+1)^2+2\geq 2$

개념 3 이차부등식의 작성

0630 해가 다음과 같고 x^2의 계수가 1인 이차부등식을 구하시오.

(1) $-1\leq x\leq 2$

$(x+1)(x-2)\leq 0$ $\quad\therefore x^2-x-2\leq 0$

(2) $x<0$ 또는 $x>3$

$x(x-3)>0$ $\quad\therefore x^2-3x>0$

(3) $x\neq 1$인 모든 실수

$(x-1)^2>0$ $\quad\therefore x^2-2x+1>0$

(4) $x=-3$

$(x+3)^2\leq 0$ $\quad\therefore x^2+6x+9\leq 0$

0631 이차부등식 $x^2+ax+b<0$의 해가 $-3<x<4$일 때, 상수 a, b의 값을 구하시오.

x^2의 계수가 1이므로 $(x+3)(x-4)<0$ $\quad\therefore x^2-x-12<0$

$\therefore a=-1,\ b=-12$

0632 이차부등식 $x^2+ax+b\geq 0$의 해가 $x\leq -1$ 또는 $x\geq 5$일 때, 상수 a, b의 값을 구하시오.

x^2의 계수가 1이므로 $(x+1)(x-5)\geq 0$ $\quad\therefore x^2-4x-5\geq 0$

$\therefore a=-4,\ b=-5$

개념 4 이차부등식이 항상 성립할 조건

> 유형 08~10, 12

모든 실수 x에 대하여

① $ax^2+bx+c>0$이 성립하려면 ➡ a $\square$ 0, b^2-4ac $\square$ 0

② $ax^2+bx+c\geq 0$이 성립하려면 ➡ a $\square$ 0, b^2-4ac $\square$ 0

③ $ax^2+bx+c<0$이 성립하려면 ➡ a $\square$ 0, b^2-4ac $\square$ 0

④ $ax^2+bx+c\leq 0$이 성립하려면 ➡ a $\square$ 0, b^2-4ac $\square$ 0

개념 5 연립이차부등식

> 유형 13~16, 20

(1) 연립이차부등식

차수가 가장 높은 부등식이 이차부등식인 연립부등식

(2) 연립이차부등식의 풀이

각 부등식의 해를 구한 다음 이들의 공통부분을 구하여 푼다.

개념 6 이차방정식의 실근의 조건

> 유형 17~19

(1) 이차방정식의 실근의 부호

계수가 실수인 이차방정식 $ax^2+bx+c=0$의 두 실근을 α, β, 판별식을 D라 하면

① 두 근이 모두 양수 ➡ D $\square$ 0, $\alpha+\beta$ $\square$ 0, $\alpha\beta$ $\square$ 0

② 두 근이 모두 음수 ➡ D $\square$ 0, $\alpha+\beta$ $\square$ 0, $\alpha\beta$ $\square$ 0

③ 두 근이 서로 다른 부호 ➡ $\alpha\beta$ $\square$ 0

(2) 이차방정식의 근의 분리

이차방정식 $ax^2+bx+c=0$ $(a>0)$의 두 실근을 α, β, 판별식을 D, $f(x)=ax^2+bx+c$라 할 때

① 두 근이 모두 p보다 크다.

➡ D $\square$ 0, $f(p)$ $\square$ 0, (꼭짓점의 x좌표) $\square$ p

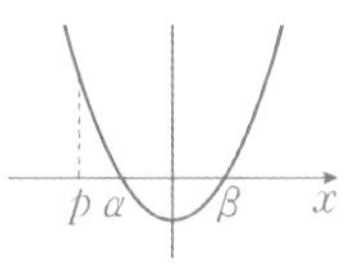

② 두 근이 모두 p보다 작다.

➡ D $\square$ 0, $f(p)$ $\square$ 0, (꼭짓점의 x좌표) $\square$ p

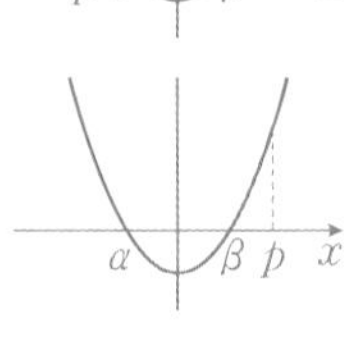

③ 두 근 사이에 p가 있다. ← 두 근 사이의 값이 주어지면 D의 부호와 꼭짓점의 x좌표의 범위는 생각하지 않아도 된다.

➡ $f(p)$ $\square$ 0

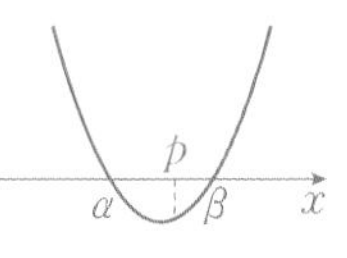

④ 두 근이 p, q $(p<q)$ 사이에 있다.

➡ D $\square$ 0, $f(p)$ $\square$ 0, $f(q)$ $\square$ 0, $p<$(꼭짓점의 x좌표)$<q$

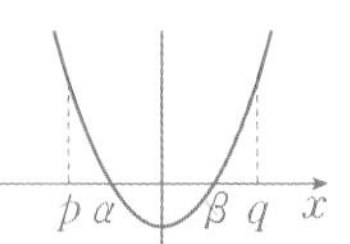

답 개념 4 $>$, $<$, $>$, $\leq$, $<$, $<$, $<$, $\leq$ 개념 6 (1) $\geq$, $>$, $>$, $\geq$, $<$, $>$, $<$ (2) $\geq$, $>$, $>$, $\geq$, $>$, $<$, $<$, $\geq$, $>$, $>$

그래프를 그려서 생각한다.

개념 4 이차부등식이 항상 성립할 조건

0633 모든 실수 x에 대하여 다음 이차부등식이 성립하도록 하는 실수 k의 값의 범위를 구하시오. 이차방정식의 판별식: D

(1) $x^2-x+k>0$

$D=(-1)^2-4k<0$

$1-4k<0$ $\therefore$ $k>\frac{1}{4}$

(2) $x^2-2(k+1)x+k+3\ge0$

$\frac{D}{4}=\{-(k+1)\}^2-(k+3)\le0$

$k^2+k-2\le0$, $(k+2)(k-1)\le0$

$\therefore$ $-2\le k\le1$

(3) $-3x^2+12x+2k<0$

$\frac{D}{4}=6^2-(-3)\cdot2k<0$

$36+6k<0$ $\therefore$ $k<-6$

(4) $-x^2+kx-4\le0$

$D=k^2-4\cdot(-1)\cdot(-4)\le0$

$k^2-16\le0$, $(k+4)(k-4)\le0$

$\therefore$ $-4\le k\le4$

0634 모든 실수 x에 대하여 다음 이차부등식의 해가 존재하지 않도록 하는 실수 k의 값의 범위를 구하시오. 이차방정식의 판별식: D

(1) $x^2-3x+k<0$

$D=(-3)^2-4k\le0$

$9-4k\le0$ $\therefore$ $k\ge\frac{9}{4}$

(2) $-3x^2+2kx-12\ge0$

$\frac{D}{4}=k^2-(-3)\cdot(-12)<0$

$k^2-36<0$, $(k+6)(k-6)<0$

$\therefore$ $-6<k<6$

개념 5 연립이차부등식

0635 다음 연립부등식을 푸시오.

(1) $\begin{cases}2x-3<1 \rightarrow 2x<4 & \therefore x<2\\ x^2-5x+4\le0 \rightarrow (x-1)(x-4)\le0 & \therefore 1\le x\le4\end{cases}$

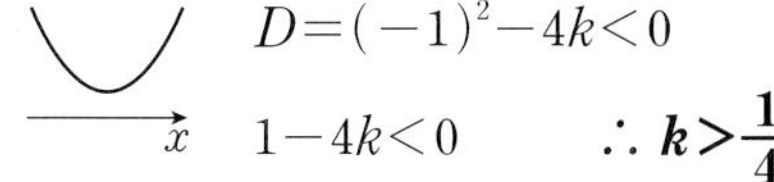

$\therefore$ $1\le x<2$

(2) $\begin{cases}x^2+3x-10<0 \rightarrow (x+5)(x-2)<0 & \therefore -5<x<2\\ 2x^2-7x+5\ge0 \rightarrow (x-1)(2x-5)\ge0 & \therefore x\le1 \text{ 또는 } x\ge\frac{5}{2}\end{cases}$

$\therefore$ $-5<x\le1$

0636 다음 부등식을 푸시오.

(1) $5x-6\le x^2<x+6$

㉠: $x^2-5x+6\ge0$에서 $x\le2$ 또는 $x\ge3$

㉡: $x^2-x-6<0$에서 $-2<x<3$

$\therefore$ $-2<x\le2$

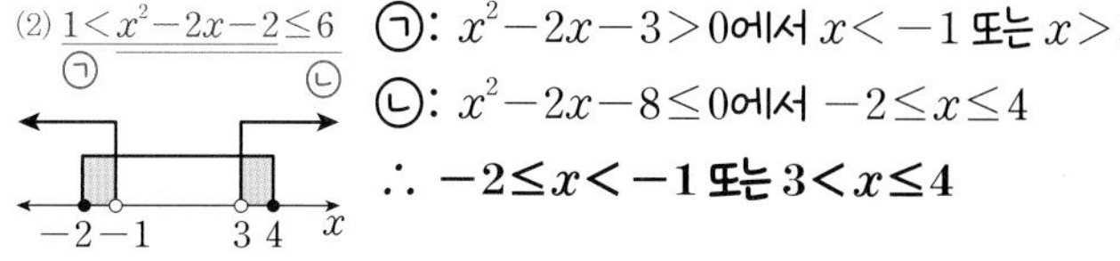

(2) $1<x^2-2x-2\le6$

㉠: $x^2-2x-3>0$에서 $x<-1$ 또는 $x>3$

㉡: $x^2-2x-8\le0$에서 $-2\le x\le4$

$\therefore$ $-2\le x<-1$ 또는 $3<x\le4$

개념 6 이차방정식의 실근의 조건

두 근: α, β, 판별식: D

0637 이차방정식 $x^2-2x+k=0$의 두 근이 모두 양수일 때, 실수 k의 값의 범위를 구하시오. $D\ge0$, $\alpha+\beta>0$, $\alpha\beta>0$

(i) $\frac{D}{4}=(-1)^2-k\ge0$에서 $k\le1$ (ii) $\alpha+\beta=2>0$ (iii) $\alpha\beta=k>0$

(i), (ii), (iii)에 의하여 $0<k\le1$

0638 이차방정식 $x^2+kx+4=0$의 두 근이 모두 음수일 때, 실수 k의 값의 범위를 구하시오. $D\ge0$, $\alpha+\beta<0$, $\alpha\beta>0$

(i) $D=k^2-4\cdot4\ge0$에서 $k\le-4$ 또는 $k\ge4$

(ii) $\alpha+\beta=-k<0$에서 $k>0$ (iii) $\alpha\beta=4>0$

(i), (ii), (iii)에 의하여 $k\ge4$

0639 이차방정식 $x^2-4x-k(k-2)=0$의 두 근의 부호가 서로 다를 때, 실수 k의 값의 범위를 구하시오. $\alpha\beta<0$

$-k(k-2)<0$, $k(k-2)>0$ $\therefore$ $k<0$ 또는 $k>2$

0640 이차방정식 $x^2-2x+3k-2=0$의 두 근이 모두 4보다 작을 때, 실수 k의 값의 범위를 구하시오. $f(x)=(x-1)^2+3k-3$ → 축: $x=1$

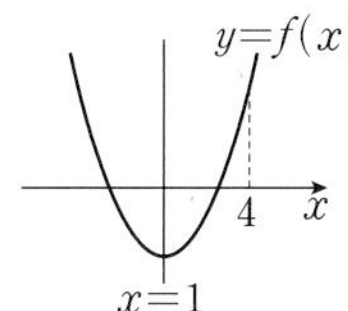

(i) $\frac{D}{4}=(-1)^2-3k+2\ge0$에서 $k\le1$

(ii) $f(4)=3k+6>0$에서 $k>-2$

(iii) $1<4$ (꼭짓점의 x좌표)

(i), (ii), (iii)에 의하여 $-2<k\le1$

0641 이차방정식 $x^2+(2k^2+1)x-k-3=0$의 두 근 사이에 1이 있을 때, 실수 k의 값의 범위를 구하시오. $f(x)=x^2+(2k^2+1)x-k-3$

$f(1)=2k^2-k-1<0$에서

$(2k+1)(k-1)<0$ $\therefore$ $-\frac{1}{2}<k<1$

0642 이차방정식 $x^2+kx-k+3=0$의 두 근이 -3과 1 사이에 있을 때, 실수 k의 값의 범위를 구하시오. $f(x)=\left(x+\frac{k}{2}\right)^2-\frac{k^2}{4}-k+3$ → 축: $x=-\frac{k}{2}$

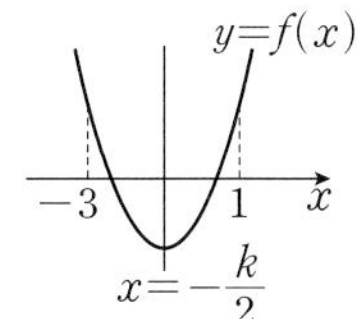

(i) $D=k^2-4(-k+3)\ge0$에서

$(k+6)(k-2)\ge0$

$\therefore$ $k\le-6$ 또는 $k\ge2$

(ii) $f(-3)=12-4k>0$에서 $k<3$

(iii) $f(1)=4>0$

(iv) $-3<-\frac{k}{2}<1$ (꼭짓점의 x좌표)

$\therefore$ $-2<k<6$

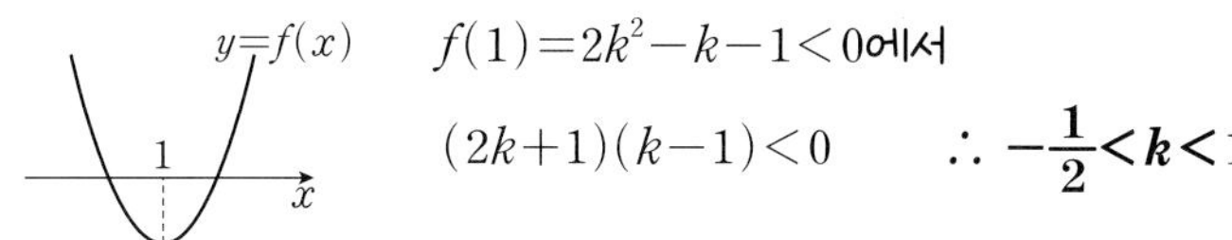

(i)~(iv)에 의하여 $2\le k<3$

기출 & 변형하면…

유형 01 그래프를 이용한 이차부등식의 풀이 개념 1

0643 이차함수 $y=f(x)$의 그래프와 직선 $y=g(x)$가 그림과 같을 때, 부등식 $g(x)-f(x)\le 0$을 만족시키는 모든 정수 x의 값의 합을 구하시오. — $f(x)\ge g(x)$

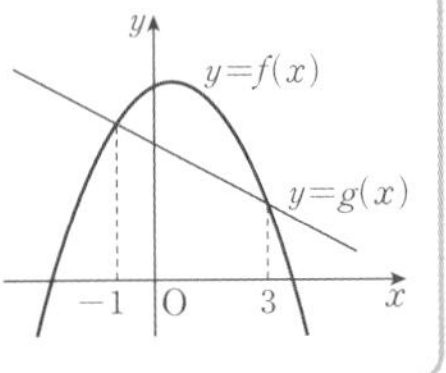

답 5

풀이 $f(x)\ge g(x)$이므로 $-1\le x\le 3$

따라서 정수 x의 값의 합은

$-1+0+1+2+3=\mathbf{5}$

→ **0644** 두 이차함수 $y=f(x)$, $y=g(x)$의 그래프가 그림과 같을 때, 부등식 $0\le f(x)<g(x)$의 해는 $a\le x<b$이다. 이때 $a+4b$의 값을 구하시오. (㉠: $0\le f(x)$, ㉡: $f(x)<g(x)$)

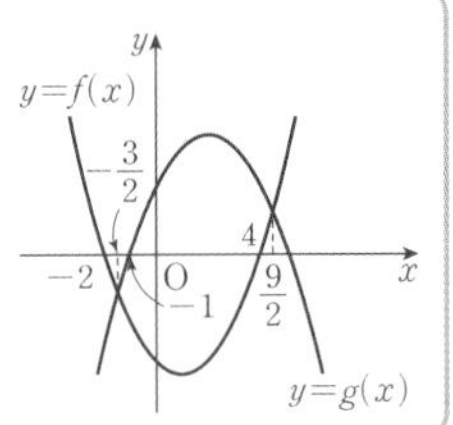

답 22

풀이 ㉠에서 $x\le -2$ 또는 $x\ge 4$

㉡에서 $-\frac{3}{2}<x<\frac{9}{2}$

$\therefore 4\le x<\frac{9}{2}$

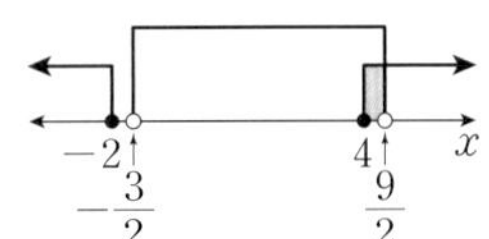

따라서 $a=4$, $b=\frac{9}{2}$이므로

$a+4b=4+4\cdot\frac{9}{2}=\mathbf{22}$

유형 02 이차부등식의 풀이 개념 2

— 모든 항을 좌변으로 이항하여 푼다.

0645 이차부등식 $-2x^2-x+5<10x-1$의 해가 $x<\alpha$ 또는 $x>\beta$일 때, $\alpha\beta$의 값은?

답 ②

풀이 $2x^2+11x-6>0$이므로 $(x+6)(2x-1)>0$

$\therefore x<-6$ 또는 $x>\frac{1}{2}$

따라서 $\alpha=-6$, $\beta=\frac{1}{2}$이므로

$\alpha\beta=\mathbf{-3}$

→ **0646** 다음 이차부등식 중 해가 존재하지 않는 것은?

① $x^2+3x-10\le 0$ ② $x^2+6x\ge -11$
③ $4x^2+1>4x$ ④ $9x^2<6x-1$
⑤ $x^2+8x+16\le 0$

답 ④

풀이 ① $(x+5)(x-2)\le 0$ $\therefore -5\le x\le 2$

② $x^2+6x+11\ge 0$

그런데 $x^2+6x+11=(x+3)^2+2\ge 2$이므로 주어진 부등식의 해는 모든 실수이다.

③ $4x^2-4x+1>0$에서 $(2x-1)^2>0$

그런데 $(2x-1)^2\ge 0$이므로 주어진 부등식의 해는 $2x-1\ne 0$, 즉 $x\ne\frac{1}{2}$인 모든 실수이다.

④ $9x^2-6x+1<0$에서 $(3x-1)^2<0$

그런데 $(3x-1)^2\ge 0$이므로 주어진 부등식의 해는 없다.

⑤ $(x+4)^2\le 0$

그런데 $(x+4)^2\ge 0$이므로 주어진 부등식의 해는 $x+4=0$, 즉 $x=-4$이다.

$(x+9)(x-3)>0$
$\therefore x<-9$ 또는 $x>3$

0647 이차부등식 $x^2-4x+2\le 0$의 해가 $\alpha\le x\le\beta$일 때, $\alpha^2+\beta^2$의 값을 구하시오. 답 12

풀이 $x^2-4x+2\le 0$은 $(x-\alpha)(x-\beta)\le 0$과 같으므로
$\alpha+\beta=4,\ \alpha\beta=2$
$\therefore \alpha^2+\beta^2=(\alpha+\beta)^2-2\alpha\beta$
$=4^2-2\cdot 2=\mathbf{12}$

0648 다음 중 이차부등식 $x^2+6x-27>0$과 해가 같은 것은? 답 ④

① $|x+1|>5$ ② $|x-2|>4$
③ $|x-2|<4$ ④ $|x+3|>6$
⑤ $|x+3|<6$

풀이 ① $x+1<-5$ 또는 $x+1>5$ $\therefore x<-6$ 또는 $x>4$
② $x-2<-4$ 또는 $x-2>4$ $\therefore x<-2$ 또는 $x>6$
③ $-4<x-2<4$ $\therefore -2<x<6$
④ $x+3<-6$ 또는 $x+3>6$ $\therefore x<-9$ 또는 $x>3$
⑤ $-6<x+3<6$ $\therefore -9<x<3$

0649 이차함수 $y=f(x)$의 그래프가 그림과 같다. 부등식 $f(x)>-5$의 해가 $\alpha<x<\beta$일 때, $\beta-\alpha$의 값을 구하시오. 답 6

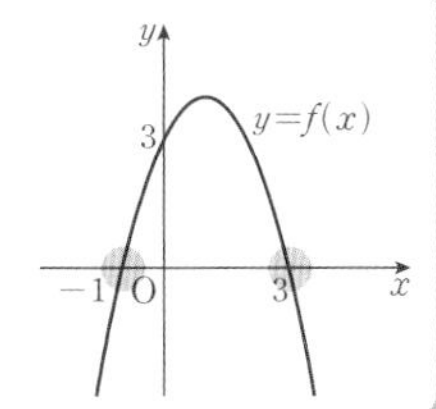

Key x축과 만나는 점을 이용하여 식을 세운다.

풀이 $f(x)=a(x+1)(x-3)\ (a<0)$으로 놓으면
$f(0)=3$이므로 $-3a=3$ $\therefore a=-1$
$\therefore f(x)=-(x+1)(x-3)$
$f(x)>-5$에서 $-(x+1)(x-3)>-5$
$x^2-2x-8<0,\ (x+2)(x-4)<0$
$\therefore -2<x<4$
따라서 $\alpha=-2,\ \beta=4$이므로
$\beta-\alpha=\mathbf{6}$

0650 이차함수 $y=ax^2+bx+c$의 그래프가 그림과 같을 때, 부등식 $ax^2-bx+c<0$을 만족시키는 정수 x의 개수를 구하시오. (단, a, b, c는 상수이다.) 답 5

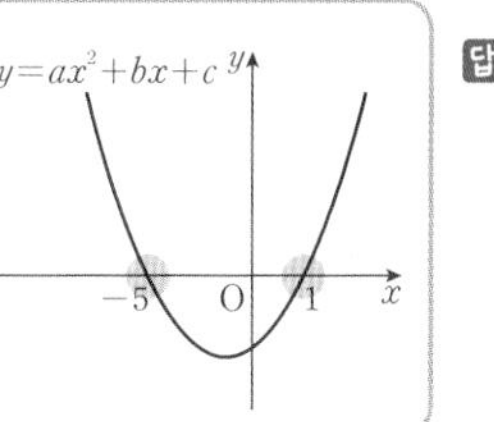

풀이 $y=a(x+5)(x-1)\ (a>0)$로 놓으면
$y=ax^2+4ax-5a$
즉, $b=4a,\ c=-5a$이므로 이것을 $ax^2-bx+c<0$에 대입하면
$ax^2-4ax-5a<0$
$x^2-4x-5<0\ (\because a>0)$
$(x+1)(x-5)<0$ $\therefore -1<x<5$
따라서 정수 x는 $0, 1, 2, 3, 4$의 **5**개이다.

유형 03 절댓값 기호를 포함한 이차부등식의 풀이 개념 2

0651 부등식 $x^2-2x-3<3|x-1|$을 만족시키는 모든 정수 x의 값의 합은? 답 ⑤

절댓값 기호 안의 식의 값이 0이 되는 x의 값을 기준으로 구간을 나누어 생각한다.

풀이 (i) $x<1$일 때
$x^2-2x-3<-3(x-1)$에서 $x^2+x-6<0$
$(x+3)(x-2)<0$ $\therefore -3<x<2$
그런데 $x<1$이므로 $-3<x<1$
(ii) $x\ge 1$일 때
$x^2-2x-3<3(x-1)$에서 $x^2-5x<0$
$x(x-5)<0$ $\therefore 0<x<5$
그런데 $x\ge 1$이므로 $1\le x<5$
(i), (ii)에 의하여 $-3<x<5$
따라서 정수 x는 $-2, -1, 0, 1, 2, 3, 4$이므로 그 합은
$-2+(-1)+0+1+2+3+4=\mathbf{7}$

서술형
0652 부등식 $x^2-2|x|-3\ge 0$의 해가 $x\le\alpha$ 또는 $x\ge\beta$일 때, $\alpha+2\beta$의 값을 구하시오. 답 3

풀이 (i) $x<0$일 때
$x^2+2x-3\ge 0$에서 $(x+3)(x-1)\ge 0$
$\therefore x\le -3$ 또는 $x\ge 1$
그런데 $x<0$이므로 $x\le -3$
(ii) $x\ge 0$일 때
$x^2-2x-3\ge 0$에서 $(x+1)(x-3)\ge 0$
$\therefore x\le -1$ 또는 $x\ge 3$
그런데 $x\ge 0$이므로 $x\ge 3$ …❶ (50%)
(i), (ii)에 의하여 $x\le -3$ 또는 $x\ge 3$ …❷ (30%)
따라서 $\alpha=-3,\ \beta=3$이므로
$\alpha+2\beta=-3+2\cdot 3=\mathbf{3}$ …❸ (20%)

유형 04 해가 주어진 이차부등식 개념 3

$a<0$

0653 이차부등식 $ax^2+4x+b<0$의 해가 $x<-\frac{2}{3}$ 또는 $x>2$일 때, 실수 a, b에 대하여 $a+b$의 값은? 답 ①

풀이1 $a\left(x+\frac{2}{3}\right)(x-2)<0$이므로 $ax^2-\frac{4}{3}ax-\frac{4}{3}a<0$

이 부등식이 $ax^2+4x+b<0$과 같으므로

$-\frac{4}{3}a=4$, $-\frac{4}{3}a=b$

따라서 $a=-3$, $b=4$이므로

$a+b=\mathbf{1}$

풀이2 이차방정식 $ax^2+4x+b=0$의 해가 $x=-\frac{2}{3}$ 또는 $x=2$이므로

근과 계수의 관계에 의하여

$-\frac{4}{a}=-\frac{2}{3}+2$ $\quad\therefore a=-3$

$\frac{b}{a}=-\frac{2}{3}\cdot 2=-\frac{4}{3}$ $\quad\therefore b=4$

$a<0$

0654 이차부등식 $ax^2+bx+c>0$의 해가 $-\frac{1}{3}<x<1$일 때, $\frac{b}{c}$의 값은? (단, a, b, c는 실수이고 $c\neq0$이다.) 답 ④

풀이1 $a\left(x+\frac{1}{3}\right)(x-1)>0$이므로 $ax^2-\frac{2}{3}ax-\frac{a}{3}>0$

이 부등식이 $ax^2+bx+c>0$과 같으므로

$b=-\frac{2}{3}a$, $c=-\frac{a}{3}$ $\quad\therefore \frac{b}{c}=\frac{-\frac{2}{3}a}{-\frac{a}{3}}=\mathbf{2}$

풀이2 이차방정식 $ax^2+bx+c=0$의 해가 $x=-\frac{1}{3}$ 또는 $x=1$이므로

근과 계수의 관계에 의하여

$-\frac{b}{a}=-\frac{1}{3}+1=\frac{2}{3}$ $\quad\therefore b=-\frac{2}{3}a$

$\frac{c}{a}=-\frac{1}{3}\cdot 1=-\frac{1}{3}$ $\quad\therefore c=-\frac{a}{3}$

0655 이차부등식 $x^2-2(a-1)x+b+1\le0$의 해가 $x=4$일 때, 실수 a, b에 대하여 $a+b$의 값은? 답 ⑤

풀이 $(x-4)^2\le0$이므로 $x^2-8x+16\le0$

이 부등식이 $x^2-2(a-1)x+b+1\le0$과 같으므로

$-2(a-1)=-8$, $b+1=16$

따라서 $a=5$, $b=15$이므로

$a+b=\mathbf{20}$

$a>0$

0656 이차부등식 $ax^2+bx+c\le0$의 해가 $\frac{1}{8}\le x\le\frac{1}{2}$일 때, 이차부등식 $cx^2+bx+a\le0$을 만족시키는 x의 최댓값과 최솟값의 차는? (단, a, b, c는 실수이다.) 답 ②

풀이 $a\left(x-\frac{1}{8}\right)\left(x-\frac{1}{2}\right)\le0$이므로 $ax^2-\frac{5}{8}ax+\frac{a}{16}\le0$

이 부등식이 $ax^2+bx+c\le0$과 같으므로

$b=-\frac{5}{8}a$, $c=\frac{a}{16}$

이것을 $cx^2+bx+a\le0$에 대입하면

$\frac{a}{16}x^2-\frac{5}{8}ax+a\le0$

$x^2-10x+16\le0$ ($\because a>0$)

$(x-2)(x-8)\le0$ $\quad\therefore 2\le x\le8$

따라서 x의 최댓값은 8, 최솟값은 2이므로 그 차는 **6**이다.

$f(x)<0$의 해가 $\alpha<x<\beta$ $(\alpha<\beta)$일 때
① $f(mx+n)<0$의 해는 $\alpha<mx+n<\beta$의 해와 같다.
② $f(mx+n)\ge0$의 해는 $mx+n\le\alpha$ 또는 $mx+n\ge\beta$의 해와 같다.

유형 05 부등식 $f(x)<0$과 부등식 $f(ax+b)<0$ 사이의 관계 개념 3

0657 이차부등식 $f(x)<0$의 해가 $1<x<5$일 때, 부등식 $f(2x-1)<0$의 해는? 답 ③

풀이 $f(x)<0$의 해가 $1<x<5$이므로

$f(2x-1)<0$의 해는 $1<2x-1<5$에서

$\mathbf{1<x<3}$

0658 이차부등식 $f(x)<0$의 해가 $x<-3$ 또는 $x>3$일 때, 부등식 $f(1-x)\le0$을 만족시키는 10 이하의 자연수 x의 개수를 구하시오. 답 7

풀이 $f(x)<0$의 해가 $x<-3$ 또는 $x>3$이므로

$f(1-x)\le0$의 해는 $1-x\le-3$ 또는 $1-x\ge3$에서

$x\le-2$ 또는 $x\ge4$

따라서 10 이하의 자연수 x는 4, 5, 6, ⋯, 10의 **7**개이다.

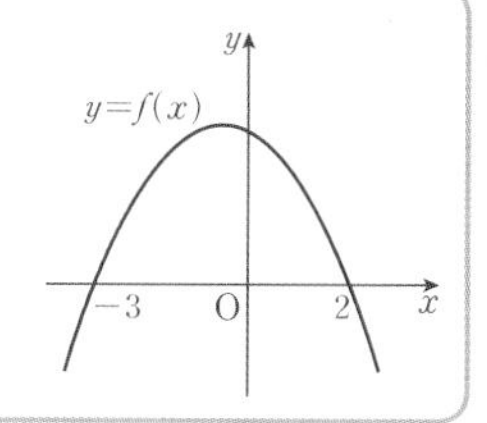

0659 이차함수 $y=f(x)$의 그래프가 그림과 같을 때, 부등식 $f\left(\frac{x-2}{3}\right)<0$의 해를 구하시오.

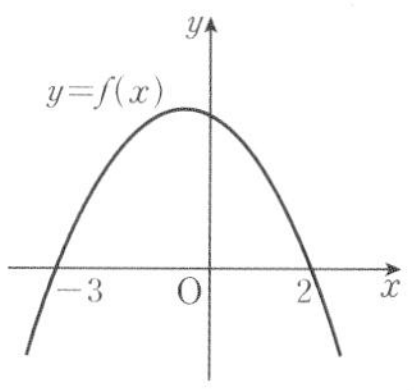

답 풀이 참조

풀이 $f(x)<0$의 해는 $x<-3$ 또는 $x>2$이므로

$f\left(\frac{x-2}{3}\right)<0$의 해는 $\frac{x-2}{3}<-3$ 또는 $\frac{x-2}{3}>2$에서

$\boldsymbol{x<-7}$ **또는** $\boldsymbol{x>8}$

→ **0660** 이차부등식 $ax^2+bx+c\geq0$의 해가 $-2\leq x\leq4$일 때, 부등식 $a(x-3)^2+b(x-3)+c\leq0$의 해를 구하시오. (단, a, b, c는 실수이다.)

부등호의 방향에 유의하자.

답 풀이 참조

풀이 $f(x)=ax^2+bx+c$로 놓으면

$f(x)\geq0$의 해가 $-2\leq x\leq4$이므로

$f(x)\leq0$의 해는 $x\leq-2$ 또는 $x\geq4$

따라서 $a(x-3)^2+b(x-3)+c\leq0$, 즉 $f(x-3)\leq0$의 해는

$x-3\leq-2$ 또는 $x-3\geq4$에서

$\boldsymbol{x\leq1}$ **또는** $\boldsymbol{x\geq7}$

① $a>0$일 때, $\underline{ax^2+bx+c}\leq0$의 해가 1개 → ($=f(x)$)

② $a<0$일 때, $\underline{ax^2+bx+c}\geq0$의 해가 1개 → ($=f(x)$)

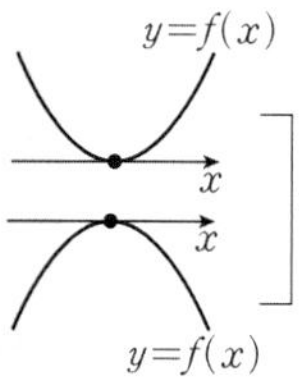

→ 이차방정식 $f(x)=0$의 판별식 $D=b^2-4ac=0$

유형 06 이차부등식이 해를 한 개만 가질 조건 개념 2

0661 이차부등식 $3x^2-2(k-2)x-3k\leq0$의 해가 오직 한 개 존재할 때, 모든 실수 k의 값의 합은?

답 ①

풀이 이차방정식 $3x^2-2(k-2)x-3k=0$의 판별식을 D라 하면

$\frac{D}{4}=\{-(k-2)\}^2-3\cdot(-3k)=0$

$\therefore k^2+5k+4=0$ ((판별식)$=5^2-16>0$)

이때 이차방정식의 근과 계수의 관계에 의하여 모든 실수 k의 값의 합은 $\boldsymbol{-5}$이다.

→ 서술형 **0662** 이차부등식 $4x^2-12x+2k+1\leq0$의 해가 $x=a$뿐일 때, ak의 값을 구하시오. (단, a, k는 실수이다.)

답 6

풀이 이차방정식 $4x^2-12x+2k+1=0$의 판별식을 D라 하면

$\frac{D}{4}=(-6)^2-4(2k+1)=0$, $36-8k-4=0$

$8k=32$ $\therefore k=4$ …❶ (40%)

따라서 $4x^2-12x+2k+1\leq0$에 $k=4$를 대입하면

$4x^2-12x+9\leq0$ $\therefore (2x-3)^2\leq0$

이 부등식의 해는 $x=\frac{3}{2}$이므로 $a=\frac{3}{2}$ …❷ (40%)

$\therefore ak=\boldsymbol{6}$ …❸ (20%)

0663 이차부등식 $(m-1)x^2-6x+m-9\geq0$의 해가 오직 한 개 존재할 때, 실수 m의 값은?

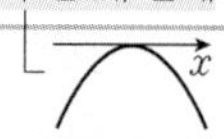

답 ③

풀이 이차부등식 $(m-1)x^2-6x+m-9\geq0$의 해가 오직 한 개 존재하려면

$m-1<0$ $\therefore m<1$ …… ㉠

또, 이차방정식 $(m-1)x^2-6x+m-9=0$의 판별식을 D라 하면

$\frac{D}{4}=(-3)^2-(m-1)(m-9)=0$

$m^2-10m=0$, $m(m-10)=0$

$\therefore m=0$ 또는 $m=10$ …… ㉡

㉠, ㉡에서 $m=\boldsymbol{0}$

→ **0664** x에 대한 이차부등식 $ax^2+(a^2-3a)x+a-3\leq0$의 해가 오직 한 개 존재할 때, 모든 실수 a의 값의 합은?

답 ④

풀이 이차부등식 $ax^2+(a^2-3a)x+a-3\leq0$의 해가 오직 한 개 존재하려면

$a>0$ …… ㉠

또, 이차방정식 $ax^2+(a^2-3a)x+a-3=0$의 판별식을 D라 하면

$D=(a^2-3a)^2-4a(a-3)=0$

$(a^2-3a)(a^2-3a-4)=0$, $a(a-3)(a+1)(a-4)=0$

$\therefore a=-1$ 또는 $a=0$ 또는 $a=3$ 또는 $a=4$ …… ㉡

㉠, ㉡에서 $a=3$ 또는 $a=4$

따라서 모든 실수 a의 값의 합은 **7**이다.

유형 07 이차부등식이 해를 가질 조건 (개념 2)

0665 이차부등식 $x^2-4kx+6k+4<0$이 해를 갖도록 하는 자연수 k의 최솟값은? 답 ③

$=f(x)$, $y=f(x)$

풀이 이차방정식 $f(x)=0$이 서로 다른 두 실근을 가져야 하므로 이 이차방정식의 판별식을 D라 하면

$\frac{D}{4}=(-2k)^2-(6k+4)>0$에서 $2k^2-3k-2>0$

$(2k+1)(k-2)>0$ $\quad \therefore k<-\frac{1}{2}$ 또는 $k>2$

따라서 자연수 k의 최솟값은 3이다.

0666 다음 중 이차부등식 $ax^2-3x+a+4\geq0$이 해를 갖도록 하는 실수 a의 값이 아닌 것은? 답 ①

$a\neq0$, $=f(x)$, a의 값의 범위에 따라 나누어 생각한다.

① -5 ② -3 ③ -1 ④ 1 ⑤ 3

풀이 (i) $a>0$일 때, 이차함수 $y=f(x)$의 그래프는 아래로 볼록하므로 주어진 부등식의 해는 항상 존재한다.

(ii) $a<0$일 때, 이차방정식 $f(x)=0$이 실근을 가져야 하므로 이 이차방정식의 판별식을 D라 하면 $D=(-3)^2-4a(a+4)\geq0$

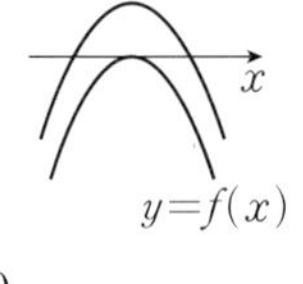

$4a^2+16a-9\leq0$, $(2a+9)(2a-1)\leq0$

$\therefore -\frac{9}{2}\leq a<0$ ($\because a<0$)

(i), (ii)에 의하여 $-\frac{9}{2}\leq a<0$ 또는 $a>0$이므로 실수 a의 값이 아닌 것은 -5이다.

이차방정식 $ax^2+bx+c=0$의 판별식을 D라 할 때, 모든 실수 x에 대하여

① $ax^2+bx+c>0$이 성립하면 $a>0$이고 $D<0$
② $ax^2+bx+c\geq0$이 성립하면 $a>0$이고 $D\leq0$
③ $ax^2+bx+c<0$이 성립하면 $a<0$이고 $D<0$
④ $ax^2+bx+c\leq0$이 성립하면 $a<0$이고 $D\leq0$

유형 08 이차부등식이 항상 성립할 조건 (개념 4)

0667 이차부등식 $x^2-(a+2)x+1\geq0$이 모든 실수 x에 대하여 성립하도록 하는 실수 a의 값의 범위를 구하시오. 답 풀이참조

$D\leq0$

풀이 이차방정식 $x^2-(a+2)x+1=0$의 판별식을 D라 하면

$D=\{-(a+2)\}^2-4\leq0$

$a^2+4a\leq0$, $a(a+4)\leq0$

$\therefore$ **$-4\leq a\leq0$**

0668 (서술형) 모든 실수 x에 대하여 $\sqrt{4x^2+2(a-1)x+a+2}$가 실수가 되도록 하는 정수 a의 개수를 구하시오. 답 9

$\sqrt{\ }$ 안의 식의 값이 0 이상이어야 한다.

풀이 모든 실수 x에 대하여 $4x^2+2(a-1)x+a+2\geq0$이 성립해야 한다. …❶ (30%)

이차방정식 $4x^2+2(a-1)x+a+2=0$의 판별식을 D라 하면

$\frac{D}{4}=(a-1)^2-4(a+2)\leq0$ …❷ (40%)

$a^2-6a-7\leq0$, $(a+1)(a-7)\leq0$ $\quad \therefore -1\leq a\leq7$

따라서 정수 a는 $-1, 0, 1, \cdots, 7$의 9개이다. …❸ (30%)

0669 이차부등식 $kx^2+4x+k-3>0$의 해가 모든 실수가 되도록 하는 정수 k의 최솟값을 구하시오. 답 5

$k>0$, $D<0$

풀이 $k>0$ …… ㉠

이차방정식 $kx^2+4x+k-3=0$의 판별식을 D라 하면

$\frac{D}{4}=2^2-k(k-3)<0$

$k^2-3k-4>0$, $(k+1)(k-4)>0$

$\therefore k<-1$ 또는 $k>4$ …… ㉡

㉠, ㉡에서 $k>4$

따라서 정수 k의 최솟값은 5이다.

0670 모든 실수 x에 대하여 부등식

$(m+1)x^2+(m+1)x+1>0$

이 성립하도록 하는 모든 정수 m의 값의 합은? 답 ②

풀이 (i) $m=-1$일 때 반드시 CHECK!

$0\cdot x^2+0\cdot x+1=1>0$이므로 모든 실수 x에 대하여 주어진 부등식이 성립한다.

(ii) $m\neq-1$일 때

$m+1>0$ $\quad \therefore m>-1$ …… ㉠

또, 이차방정식 $(m+1)x^2+(m+1)x+1=0$의 판별식을 D라 하면

$D=(m+1)^2-4(m+1)<0$, $m^2-2m-3<0$

$(m+1)(m-3)<0$ $\quad \therefore -1<m<3$ …… ㉡

㉠, ㉡에서 $-1<m<3$

(i), (ii)에 의하여 $-1\leq m<3$이므로 모든 정수 m의 값의 합은

$-1+0+1+2=2$

이차방정식 $ax^2+bx+c=0$의 판별식을 D라 할 때,
① $ax^2+bx+c>0$의 해가 없으면 $a<0$이고 $D\le0$
② $ax^2+bx+c\ge0$의 해가 없으면 $a<0$이고 $D<0$
③ $ax^2+bx+c<0$의 해가 없으면 $a>0$이고 $D\le0$
④ $ax^2+bx+c\le0$의 해가 없으면 $a>0$이고 $D<0$

유형 09 이차부등식이 해를 갖지 않을 조건 개념 4

0671 이차부등식 $ax^2-2ax-1\ge0$의 해가 존재하지 않도록 하는 실수 a의 값의 범위는? 답 ②

풀이 모든 실수 x에 대하여 $ax^2-2ax-1<0$이 성립해야 하므로

$a<0$ ...... ㉠

이차방정식 $ax^2-2ax-1=0$의 판별식을 D라 하면

$\frac{D}{4}=(-a)^2-a\cdot(-1)<0$

$a^2+a<0,\ a(a+1)<0$

$\therefore -1<a<0$ ...... ㉡

㉠, ㉡에서 $\mathbf{-1<a<0}$

0672 이차부등식 $(k+2)x^2-2kx+1<0$의 해가 존재하지 않도록 하는 모든 정수 k의 값의 합을 구하시오. 답 2

풀이 모든 실수 x에 대하여 $(k+2)x^2-2kx+1\ge0$이 성립해야 하므로

$k+2>0$ $\therefore k>-2$ ...... ㉠

이차방정식 $(k+2)x^2-2kx+1=0$의 판별식을 D라 하면

$\frac{D}{4}=(-k)^2-(k+2)\le0$

$k^2-k-2\le0,\ (k+1)(k-2)\le0$

$\therefore -1\le k\le2$ ...... ㉡

㉠, ㉡에서 $-1\le k\le2$

따라서 정수 k는 $-1, 0, 1, 2$이므로 그 합은

$-1+0+1+2=\mathbf{2}$

제한된 범위에서 함수 $f(x)$의 최대·최소를 이용한다.

유형 10 제한된 범위에서 항상 성립하는 이차부등식 개념 4

0673 $-2\le x\le1$에서 이차부등식 $x^2-2x+3-k\le0$이 항상 성립할 때, 실수 k의 최솟값을 구하시오. 답 11

풀이 $f(x)=x^2-2x+3-k$로 놓으면

$f(x)=(x-1)^2+2-k$

이때 $-2\le x\le1$에서 $f(x)\le0$이어야 하므로 $f(-2)\le0$에서

$4+4+3-k\le0$

$\therefore k\ge11$

따라서 실수 k의 최솟값은 **11**이다.

0674 이차부등식 $2x^2-13x+20<0$을 만족시키는 모든 실수 x에 대하여 이차부등식 $x^2-6x+k<0$이 항상 성립하도록 하는 실수 k의 최댓값을 구하시오. 답 8

(먼저 x의 값의 범위를 구한다.)

풀이 $2x^2-13x+20<0$에서

$(2x-5)(x-4)<0$ $\therefore \frac{5}{2}<x<4$

$f(x)=x^2-6x+k$로 놓으면

$f(x)=(x-3)^2-9+k$

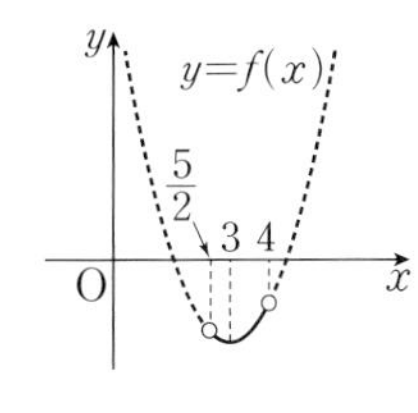

이때 $\frac{5}{2}<x<4$에서 $f(x)<0$이어야 하므로 $f(4)\le0$에서

$16-24+k\le0$ $\therefore k\le8$

따라서 실수 k의 최댓값은 8이다.

0675 두 이차함수 $f(x)=x^2-5x-1$, $g(x)=-x^2-5x+a-2$에 대하여 $-3\le x\le2$에서 부등식 $f(x)\le g(x)$가 항상 성립할 때, 실수 a의 최솟값은? 답 ⑤

풀이 $f(x)\le g(x)$에서 $f(x)-g(x)\le0$

$h(x)=f(x)-g(x)$로 놓으면

$h(x)=(x^2-5x-1)-(-x^2-5x+a-2)$

$=2x^2-a+1$

이때 $-3\le x\le2$에서 $h(x)\le0$이어야 하므로

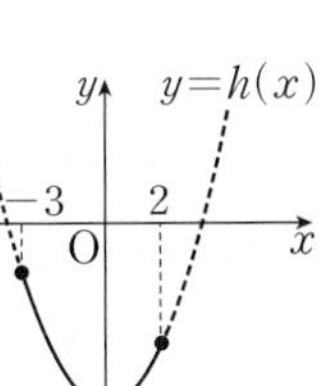

$h(-3)\le0$에서

$18-a+1\le0$ $\therefore a\ge19$

따라서 실수 a의 최솟값은 **19**이다.

서술형 **0676** $x\ge0$에서 이차부등식 $x^2-2kx+k^2+k-2\ge0$이 항상 성립할 때, 실수 k의 값의 범위를 구하시오. 답 풀이 참조

풀이 $f(x)=x^2-2kx+k^2+k-2$로 놓으면

$f(x)=(x-k)^2+k-2$

(i) $k<0$일 때

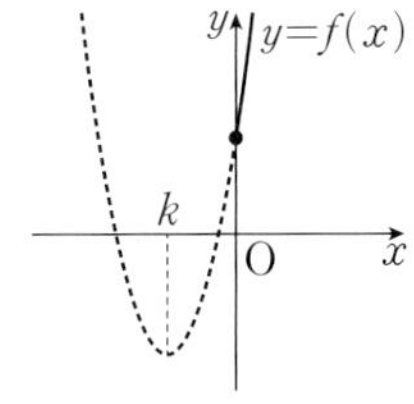

$f(0)\ge0$에서 $k^2+k-2\ge0$

$(k+2)(k-1)\ge0$

$\therefore k\le-2\ (\because k<0)$ ···❶ (40%)

(ii) $k\ge0$일 때

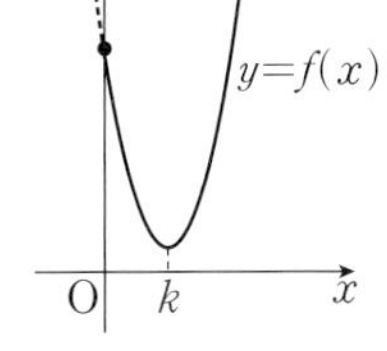

$f(k)\ge0$에서 $k-2\ge0$

$\therefore k\ge2$ 

(i), (ii)에 의하여

$\mathbf{k\le-2}$ **또는** $\mathbf{k\ge2}$ 

유형 11 이차부등식과 두 그래프의 위치 관계: 만나는 경우 개념 1~3

0677 이차함수 $y=x^2-ax+4$의 그래프가 직선 $y=x+9$보다 위쪽에 있는 부분의 x의 값의 범위가 $x<-1$ 또는 $x>b$일 때, 실수 a, b에 대하여 $a+b$의 값은? (단, $b>-1$) 답 ③

풀이 $x^2-ax+4>x+9$, 즉 $x^2-(a+1)x-5>0$ …… ㉠
의 해가 $x<-1$ 또는 $x>b$이다.
한편, 해가 $x<-1$ 또는 $x>b$이고 x^2의 계수가 1인 이차부등식은
$(x+1)(x-b)>0$
$\therefore x^2-(b-1)x-b>0$ …… ㉡
㉠, ㉡이 일치하므로 $-(a+1)=-(b-1)$, $-5=-b$
따라서 $a=3$, $b=5$이므로 $a+b=8$

➜ **0678** 이차함수 $y=x^2+mx+n$의 그래프가 직선 $y=x+1$보다 아래쪽에 있는 부분의 x의 값의 범위가 $-1<x<4$일 때, 실수 m, n에 대하여 mn의 값은? 답 ②

풀이 $x^2+mx+n<x+1$, 즉 $x^2+(m-1)x+n-1<0$ …… ㉠
의 해가 $-1<x<4$이다.
한편, 해가 $-1<x<4$이고 x^2의 계수가 1인 이차부등식은
$(x+1)(x-4)<0$ $\therefore x^2-3x-4<0$ …… ㉡
㉠, ㉡이 일치하므로 $m-1=-3$, $n-1=-4$
따라서 $m=-2$, $n=-3$이므로 $mn=6$

0679 이차함수 $y=-3x^2+ax+6$의 그래프가 직선 $y=2b+1$보다 위쪽에 있는 부분의 x의 값의 범위가 $-\frac{1}{3}<x<1$일 때, 실수 a, b에 대하여 $a+b$의 값을 구하시오. 답 4

풀이 $-3x^2+ax+6>2b+1$, 즉 $3x^2-ax+2b-5<0$ …… ㉠
의 해가 $-\frac{1}{3}<x<1$이다.
한편, 해가 $-\frac{1}{3}<x<1$이고 x^2의 계수가 3인 이차부등식은
$3\left(x+\frac{1}{3}\right)(x-1)<0$ $\therefore 3x^2-2x-1<0$ …… ㉡
㉠, ㉡이 일치하므로 $-a=-2$, $2b-5=-1$
따라서 $a=2$, $b=2$이므로 $a+b=4$

➜ **0680** 이차함수 $y=-2x^2+ax+a+1$의 그래프가 이차함수 $y=-x^2+3x+2b$의 그래프보다 아래쪽에 있는 부분의 x의 값의 범위가 $x<-6$ 또는 $x>2$일 때, 실수 a, b에 대하여 $a-b$의 값은? 답 ⑤

풀이 $-2x^2+ax+a+1<-x^2+3x+2b$, 즉
$x^2+(3-a)x+2b-a-1>0$ …… ㉠
의 해가 $x<-6$ 또는 $x>2$이다.
한편, 해가 $x<-6$ 또는 $x>2$이고 x^2의 계수가 1인 이차부등식은
$(x+6)(x-2)>0$ $\therefore x^2+4x-12>0$ …… ㉡
㉠, ㉡이 일치하므로 $3-a=4$, $2b-a-1=-12$
따라서 $a=-1$, $b=-6$이므로 $a-b=5$

유형 12 이차부등식과 두 그래프의 위치 관계: 만나지 않는 경우 개념 1, 4

0681 이차함수 $y=x^2-4x+5$의 그래프가 직선 $y=2x+a$보다 항상 위쪽에 있도록 하는 실수 a의 값의 범위는? 답 ⑤

풀이 모든 실수 x에 대하여
$x^2-4x+5>2x+a$, 즉 $x^2-6x+5-a>0$이 성립해야 한다.
이차방정식 $x^2-6x+5-a=0$의 판별식을 D라 하면
$\frac{D}{4}=(-3)^2-(5-a)<0$
$\therefore a<-4$

➜ 서술형 **0682** 함수 $y=kx^2-2x+3$의 그래프가 이차함수 $y=-x^2+2kx+1$의 그래프보다 항상 위쪽에 있을 때, 실수 k의 값의 범위를 구하시오. 답 풀이 참조

풀이 모든 실수 x에 대하여
$kx^2-2x+3>-x^2+2kx+1$,
즉 $(k+1)x^2 \quad 2(k+1)x+2>0$ …… ㉠
이 성립해야 한다.
(i) $k=-1$일 때 반드시 CHECK!
$0\cdot x^2-0\cdot x+2=2>0$이므로 모든 실수 x에 대하여 ㉠이 성립한다. …❶ (40%)
(ii) $k\neq-1$일 때
모든 실수 x에 대하여 ㉠이 성립하려면
$k+1>0$ $\therefore k>-1$ …… ㉡
또, 이차방정식 $(k+1)x^2-2(k+1)x+2=0$의 판별식을 D라 하면
$\frac{D}{4}=\{-(k+1)\}^2-2(k+1)<0$
$(k+1)(k-1)<0$ $\therefore -1<k<1$ …… ㉢
㉡, ㉢에서 $-1<k<1$ …❷ (40%)
(i), (ii)에 의하여 실수 k의 값의 범위는
$-1\leq k<1$ …❸ (20%)

유형 13 연립이차부등식의 풀이

개념 5

0683 연립부등식 $\begin{cases} x^2-2x-8\le0 \\ x^2-4x-5>0 \end{cases}$의 해가 $a\le x<b$일 때, ab의 값을 구하시오.

답 2

풀이 $x^2-2x-8\le0$에서 $(x+2)(x-4)\le0$

$\therefore -2\le x\le4$ …… ㉠

$x^2-4x-5>0$에서 $(x+1)(x-5)>0$

$\therefore x<-1$ 또는 $x>5$ …… ㉡

㉠, ㉡에서 $-2\le x<-1$

따라서 $a=-2$, $b=-1$이므로

$ab=\mathbf{2}$

서술형 **0684** 연립부등식 $x^2-x+6\le2x^2\le x^2-3x+4$의 해가 $\alpha\le x\le\beta$일 때, $\alpha^2+\beta^2$의 값을 구하시오.

답 25

풀이 $x^2-x+6\le2x^2$에서 $x^2+x-6\ge0$

$(x+3)(x-2)\ge0$

$\therefore x\le-3$ 또는 $x\ge2$ …… ㉠ …❶ (30%)

$2x^2\le x^2-3x+4$에서 $x^2+3x-4\le0$

$(x+4)(x-1)\le0$

$\therefore -4\le x\le1$ …… ㉡ …❷ (30%)

㉠, ㉡에서 $-4\le x\le-3$ …❸ (20%)

따라서 $\alpha=-4$, $\beta=-3$이므로

$\alpha^2+\beta^2=(-4)^2+(-3)^2=\mathbf{25}$ …❹ (20%)

0685 연립부등식 $\begin{cases} x^2-3x-4\le0 \\ x^2+2x-3\le0 \end{cases}$의 해와 이차부등식 $ax^2+bx+6\ge0$의 해가 서로 같을 때, 실수 a, b에 대하여 $b-a$의 값은?

답 ②

풀이 $x^2-3x-4\le0$에서 $(x+1)(x-4)\le0$

$\therefore -1\le x\le4$ …… ㉠

$x^2+2x-3\le0$에서 $(x+3)(x-1)\le0$

$\therefore -3\le x\le1$ …… ㉡

㉠, ㉡에서 $-1\le x\le1$

한편, 해가 $-1\le x\le1$이고 x^2의 계수가 1인 이차부등식은

$(x+1)(x-1)\le0$ $\quad\therefore x^2-1\le0$

양변에 -6을 곱하면 $-6x^2+6\ge0$

이 부등식이 $ax^2+bx+6\ge0$과 같으므로

$a=-6$, $b=0$

$\therefore b-a=\mathbf{6}$

(분자) >0, (분모) <0 또는 (분자) $=0$, (분모) $\ne0$

0686 $\dfrac{\sqrt{2x^2-15x-17}}{\sqrt{x^2-3x-40}}=-\sqrt{\dfrac{2x^2-15x-17}{x^2-3x-40}}$을 만족시키는 정수 x의 개수를 구하시오.

답 4

풀이 (i) $2x^2-15x-17>0$에서 $(x+1)(2x-17)>0$

$\therefore x<-1$ 또는 $x>\dfrac{17}{2}$ …… ㉠

$x^2-3x-40<0$에서 $(x+5)(x-8)<0$

$\therefore -5<x<8$ …… ㉡

㉠, ㉡에서 $-5<x<-1$

(ii) $2x^2-15x-17=0$에서 $(x+1)(2x-17)=0$

$\therefore x=-1$ 또는 $x=\dfrac{17}{2}$ …… ㉢

$x^2-3x-40\ne0$에서 $(x+5)(x-8)\ne0$

$\therefore x\ne-5$이고 $x\ne8$ …… ㉣

㉢, ㉣에서 $x=-1$ 또는 $x=\dfrac{17}{2}$

(i), (ii)에 의하여 $-5<x\le-1$ 또는 $x=\dfrac{17}{2}$

따라서 정수 x는 -4, -3, -2, -1의 **4**개이다.

0687 연립부등식 $\begin{cases} |x-2|\le4 \\ x^2+3x-10<0 \end{cases}$을 만족시키는 모든 정수 x의 값의 합은?

답 ②

풀이 $|x-2|\le4$에서 $-4\le x-2\le4$

$\therefore -2\le x\le6$ …… ㉠

$x^2+3x-10<0$에서 $(x+5)(x-2)<0$

$\therefore -5<x<2$ …… ㉡

㉠, ㉡에서 $-2\le x<2$

따라서 정수 x는 -2, -1, 0, 1이므로 그 합은

$-2+(-1)+0+1=\mathbf{-2}$

0688 연립부등식 $\begin{cases} x^2-5x-6\le0 \\ x^2-7|x|+12<0 \end{cases}$의 해가 $\alpha<x<\beta$일 때, $\alpha+\beta$의 값은?

$|x|^2-7|x|+12<0$

답 ④

풀이 $x^2-5x-6\le0$에서 $(x+1)(x-6)\le0$

$\therefore -1\le x\le6$ …… ㉠

$|x|^2-7|x|+12<0$에서 $(|x|-3)(|x|-4)<0$

$3<|x|<4$

$\therefore -4<x<-3$ 또는 $3<x<4$ …… ㉡

㉠, ㉡에서 $3<x<4$

따라서 $\alpha=3$, $\beta=4$이므로

$\alpha+\beta=\mathbf{7}$

유형 14 해가 주어진 연립이차부등식 개념 5

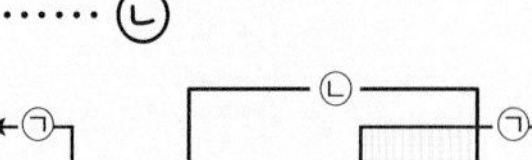
$(x+2)(x-3)>0$ ∴ $x<-2$ 또는 $x>3$ …… ㉠

0689 연립부등식 $\begin{cases} x^2-x-6>0 \\ x^2-(a+5)x+5a\le0 \end{cases}$의 해가 $3<x\le5$가 되도록 하는 실수 a의 최솟값은? └ $(x-a)(x-5)\le0$

답 ①

풀이 $(x-a)(x-5)\le0$에서

$a\le x\le5$ 또는 $5\le x\le a$ …… ㉡

㉠, ㉡의 공통부분이 $3<x\le5$이므로 $a\le x\le5$

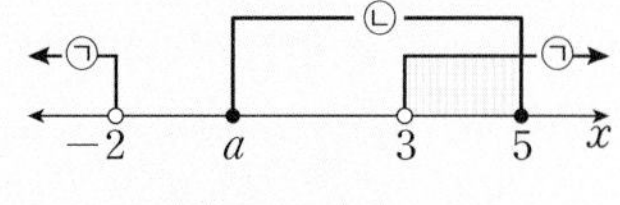

따라서 a의 값의 범위는 $-2\le a\le3$이므로 실수 a의 최솟값은 -2이다.

→ $x(x-3)\le0$ ∴ $0\le x\le3$ …… ㉠

0690 연립부등식 $\begin{cases} x^2-3x\le0 \\ x^2-(k+1)x+k\ge0 \end{cases}$의 해가 $0\le x\le1$ 또는 $2\le x\le3$이 되도록 하는 실수 k의 값을 구하시오. └ $(x-1)(x-k)\ge0$

답 2

풀이 $(x-1)(x-k)\ge0$에서

$x\le k$ 또는 $x\ge1$이거나 $x\le1$ 또는 $x\ge k$ …… ㉡

㉠, ㉡의 공통부분이 $0\le x\le1$ 또는 $2\le x\le3$이므로 $x\le1$ 또는 $x\ge k$

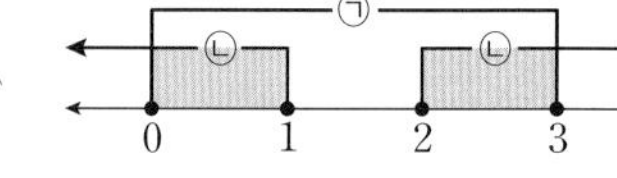

∴ $k=2$

서술형 **0691** 연립부등식 $\begin{cases} x^2+x-12<0 \\ |x-k|>5 \end{cases}$의 해가 존재하지 않도록 하는 정수 k의 개수를 구하시오.

답 4

풀이 $x^2+x-12<0$에서 $(x+4)(x-3)<0$

∴ $-4<x<3$ …… ㉠ …❶ (20%)

$|x-k|>5$에서 $x-k<-5$ 또는 $x-k>5$

∴ $x<k-5$ 또는 $x>k+5$ …… ㉡ …❷ (30%)

㉠, ㉡의 공통부분이 존재하지 않아야 하므로

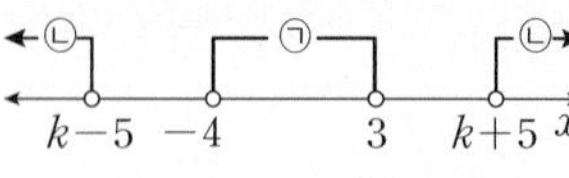

$k-5\le-4$, $k+5\ge3$

∴ $-2\le k\le1$ …❸ (30%)

따라서 정수 k는 -2, -1, 0, 1의 **4**개이다. …❹ (20%)

→ **0692** 모든 실수 x에 대하여 부등식 $-x^2+ax\le a\le x^2+ax+3$이 성립하도록 하는 실수 a의 값의 범위를 구하시오.

답 풀이 참조

풀이 모든 실수 x에 대하여 $-x^2+ax\le a$, 즉 $x^2-ax+a\ge0$이 성립해야 하므로 ($=0$ (판별식: D_1))

$D_1=(-a)^2-4a\le0$에서 $a^2-4a\le0$

$a(a-4)\le0$ ∴ $0\le a\le4$ …… ㉠

모든 실수 x에 대하여 $a\le x^2+ax+3$, 즉 $x^2+ax+3-a\ge0$이 성립해야 하므로 ($=0$ (판별식: D_2))

$D_2=a^2-4(3-a)\le0$에서 $a^2+4a-12\le0$

$(a+6)(a-2)\le0$ ∴ $-6\le a\le2$ …… ㉡

㉠, ㉡에서 $\mathbf{0\le a\le2}$

유형 15 정수인 해의 개수가 주어진 연립이차부등식 개념 5

수직선 위에 주어진 조건을 만족시키도록 나타내어 푼다.

0693 연립부등식 $\begin{cases} |x-2|<k \\ x^2-2x-3\le0 \end{cases}$을 만족시키는 정수 x가 3개일 때, 양수 k의 최댓값은?

답 ②

풀이 $|x-2|<k$에서 $-k<x-2<k$

∴ $2-k<x<2+k$ …… ㉠ ($x=2$에서 대칭)

$x^2-2x-3\le0$에서 $(x+1)(x-3)\le0$

∴ $-1\le x\le3$ …… ㉡

㉠, ㉡을 동시에 만족시키는 정수 x가 3개이므로

$0\le2-k<1$, $2+k>3$

이어야 한다.

∴ $1<k\le2$

따라서 양수 k의 최댓값은 2이다.

→ **0694** x에 대한 연립부등식 $\begin{cases} 2(x-1)>x+1 \\ x^2-(a+1)x+a\le0 \end{cases}$을 만족시키는 정수 x가 오직 1개일 때, 실수 a의 값의 범위를 구하시오.

답 풀이 참조

풀이 $2(x-1)>x+1$에서 $2x-2>x+1$

∴ $x>3$ …… ㉠

$x^2-(a+1)x+a\le0$에서 $(x-a)(x-1)\le0$

∴ $a\le x\le1$ 또는 $1\le x\le a$ …… ㉡

㉠, ㉡을 동시에 만족시키는 정수 x가 오직 1개이므로

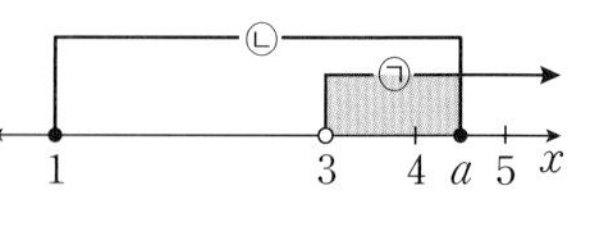

$1\le x\le a$

∴ $\mathbf{4\le a<5}$

유형 16 이차방정식의 근의 판별

개념 2, 5

$a-2\neq0$, 즉 $a\neq2$

0695 이차방정식 $(a-2)x^2-2ax+2a=0$이 실근을 갖도록 하는 모든 정수 a의 값의 합을 구하시오.

답 8

풀이 이차방정식 $(a-2)x^2-2ax+2a=0$의 판별식을 D라 하면

$\frac{D}{4}=(-a)^2-2a(a-2)\geq0$, $-a^2+4a\geq0$

$a^2-4a\leq0$, $a(a-4)\leq0$

$\therefore 0\leq a\leq4$

이때 $a\neq2$이므로 $0\leq a<2$ 또는 $2<a\leq4$

따라서 정수 a는 $0, 1, 3, 4$이므로 그 합은

$0+1+3+4=$**8**

0696 이차방정식 $x^2+4x+a^2-12=0$은 서로 다른 두 실근을 갖고, 이차방정식 $x^2+2(a-4)x+a+26=0$은 허근을 갖도록 하는 정수 a의 개수는?

답 ④

풀이 이차방정식 $x^2+4x+a^2-12=0$의 판별식을 D_1이라 하면

$\frac{D_1}{4}=2^2-(a^2-12)>0$, $a^2-16<0$

$(a+4)(a-4)<0$ $\quad\therefore -4<a<4$ ······ ㉠

이차방정식 $x^2+2(a-4)x+a+26=0$의 판별식을 D_2라 하면

$\frac{D_2}{4}=(a-4)^2-(a+26)<0$, $a^2-9a-10<0$

$(a+1)(a-10)<0$ $\quad\therefore -1<a<10$ ······ ㉡

㉠, ㉡에서 $-1<a<4$

따라서 정수 a는 $0, 1, 2, 3$의 **4**개이다.

이차방정식 $ax^2+bx+c=0$의 두 실근을 α, β, 판별식을 D라 하면

① 두 근이 모두 양수 → $D\geq0$, $\alpha+\beta>0$, $\alpha\beta>0$

② 두 근이 모두 음수 → $D\geq0$, $\alpha+\beta<0$, $\alpha\beta>0$

③ 두 근의 부호가 반대 → $\alpha\beta<0$

유형 17 이차방정식의 실근의 부호

개념 6

0697 이차방정식 $x^2-4x+2a+3=0$의 두 근이 모두 0보다 크도록 하는 실수 a의 값의 범위는?

답 ②

풀이 이차방정식 $x^2-4x+2a+3=0$의 두 근을 α, β, 판별식을 D라 하면

(i) $\frac{D}{4}=(-2)^2-(2a+3)\geq0$

$-2a\geq-1$ $\quad\therefore a\leq\frac{1}{2}$

(ii) $\alpha+\beta=4>0$

(iii) $\alpha\beta=2a+3>0$ $\quad\therefore a>-\frac{3}{2}$

(i), (ii), (iii)에 의하여 실수 a의 값의 범위는 $\boldsymbol{-\frac{3}{2}<a\leq\frac{1}{2}}$

서술형 **0698** 이차방정식 $x^2+2mx-m+6=0$의 두 근이 모두 음수가 되도록 하는 모든 정수 m의 값의 곱을 구하시오.

답 120

풀이 이차방정식 $x^2+2mx-m+6=0$의 두 근을 α, β, 판별식을 D라 하면

(i) $\frac{D}{4}=m^2-(-m+6)\geq0$

$m^2+m-6\geq0$, $(m+3)(m-2)\geq0$

$\therefore m\leq-3$ 또는 $m\geq2$ ······ ㉠ ···❶ (30%)

(ii) $\alpha+\beta=-2m<0$ $\quad\therefore m>0$ ······ ㉡ ···❷ (30%)

(iii) $\alpha\beta=-m+6>0$ $\quad\therefore m<6$ ······ ㉢ ···❸ (30%)

(i), (ii), (iii)에 의하여

$2\leq m<6$

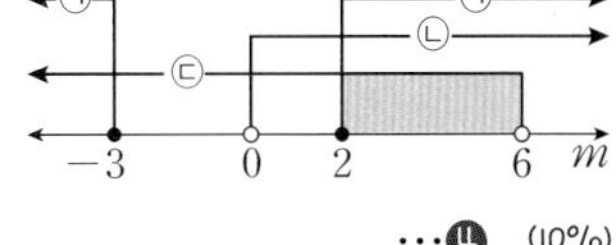

따라서 정수 m은 $2, 3, 4, 5$이므로 그 곱은 **120**이다. ···❹ (10%)

0699 x에 대한 이차방정식 $x^2-(k-3)x+k^2-4k-12=0$의 두 근의 부호가 서로 다르게 되도록 하는 정수 k의 최댓값과 최솟값의 차를 구하시오.

답 6

풀이 이차방정식 $x^2-(k-3)x+k^2-4k-12=0$의 두 근을 α, β라 하면

$\alpha\beta=k^2-4k-12<0$

$(k+2)(k-6)<0$ $\quad\therefore -2<k<6$

따라서 정수 k의 최댓값은 5, 최솟값은 -1이므로 그 차는 **6**이다.

$\alpha\beta<0$

0700 x에 대한 이차방정식 $x^2+ax+a^2+2a-3=0$의 두 근의 부호가 서로 다르고 양수인 근의 절댓값이 음수인 근의 절댓값보다 크도록 하는 정수 a의 개수는?

$\alpha+\beta>0$

답 ②

풀이 이차방정식 $x^2+ax+a^2+2a-3=0$의 두 근을 α, β라 하면

$\alpha\beta=a^2+2a-3<0$

$(a+3)(a-1)<0$ $\quad\therefore -3<a<1$ ······ ㉠

또, 양수인 근의 절댓값이 음수인 근의 절댓값보다 크므로

$\alpha+\beta=-a>0$ $\quad\therefore a<0$ ······ ㉡

㉠, ㉡에서 $-3<a<0$

따라서 정수 a는 $-2, -1$의 **2**개이다.

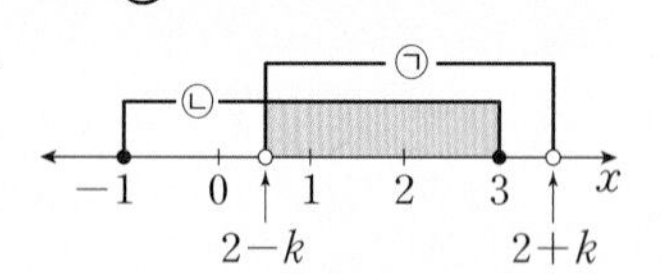

이차방정식 $ax^2+bx+c=0$의 두 근에 대한 조건이 주어지면 이차함수 $f(x)=ax^2+bx+c$의 그래프를 그려 본다.

유형 18 이차방정식의 근의 분리

개념 6

$=f(x)=(x+1)^2+\times\times\times$ → 축: $x=-1$

0701 이차방정식 $x^2+2x+4-k=0$의 두 근이 모두 3보다 작을 때, 정수 k의 개수는? └ 판별식: D

답 ④

풀이

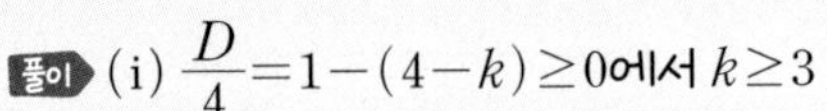

(i) $\frac{D}{4}=1-(4-k)\ge0$에서 $k\ge3$

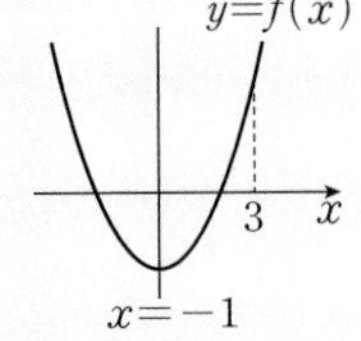

(ii) $f(3)=19-k>0$에서

$k<19$

(iii) $\underline{-1}<3$
꼭짓점의 x좌표

(i), (ii), (iii)에 의하여 $3\le k<19$

따라서 정수 k는 3, 4, 5, ⋯, 18의 **16**개이다.

$=f(x)=(x-a)^2+\times\times\times$ → 축: $x=a$

0702 이차방정식 $x^2-2ax+a+2=0$의 두 근이 모두 1보다 크도록 하는 실수 a의 값의 범위를 구하시오. └ 판별식: D

답 풀이 참조

풀이 (i) $\frac{D}{4}=(-a)^2-(a+2)\ge0$에서

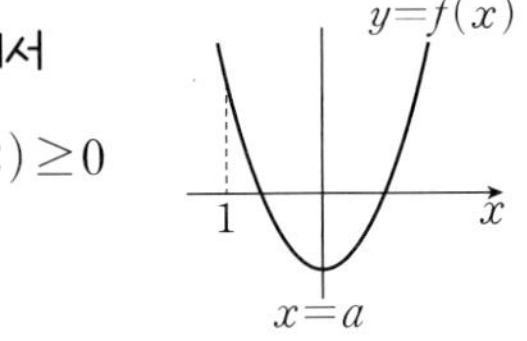

$a^2-a-2\ge0$, $(a+1)(a-2)\ge0$

$\therefore a<-1$ 또는 $a>2$

(ii) $f(1)=3-a>0$에서 $a<3$

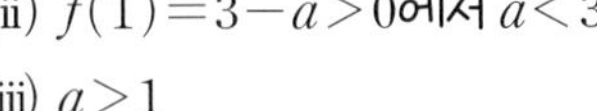

(iii) $\underline{a}>1$
꼭짓점의 x좌표

(i), (ii), (iii)에 의하여 $\mathbf{2\le a<3}$

$=f(x)$

0703 이차방정식 $x^2+a^2x-5=0$의 두 근을 α, β라 할 때, $\alpha<1<\beta<2$를 만족시키는 모든 정수 a의 값의 곱은?

답 ②

풀이 (i) $f(1)<0$에서 $a^2-4<0$

$(a+2)(a-2)<0$

$\therefore -2<a<2$

(ii) $f(2)>0$에서 $2a^2-1>0$

$(\sqrt{2}a+1)(\sqrt{2}a-1)>0$

$\therefore a<-\frac{\sqrt{2}}{2}$ 또는 $a>\frac{\sqrt{2}}{2}$

(i), (ii)에 의하여 $-2<a<-\frac{\sqrt{2}}{2}$ 또는 $\frac{\sqrt{2}}{2}<a<2$

따라서 정수 a는 -1, 1이므로 그 곱은 $\mathbf{-1}$이다.

$=f(x)=\left(x+\frac{k-4}{2}\right)^2+\times\times\times$ → 축: $x=-\frac{k-4}{2}$

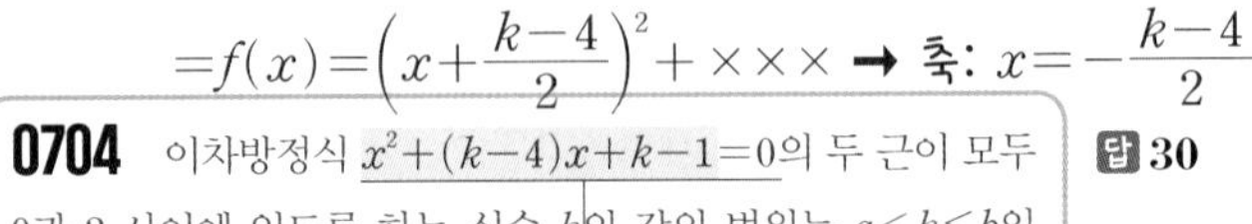

0704 이차방정식 $x^2+(k-4)x+k-1=0$의 두 근이 모두 0과 2 사이에 있도록 하는 실수 k의 값의 범위는 $a<k\le b$일 때, $9ab$의 값을 구하시오. └ 판별식: D

답 30

풀이 (i) $D=(k-4)^2-4(k-1)\ge0$에서

$k^2-12k+20\ge0$, $(k-2)(k-10)\ge0$

$\therefore k\le2$ 또는 $k\ge10$

(ii) $f(0)=k-1>0$에서 $k>1$

(iii) $f(2)=3k-5>0$에서 $k>\frac{5}{3}$

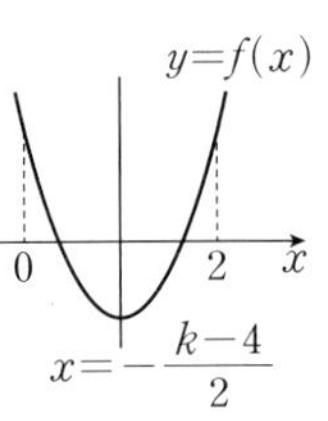

(iv) $0<\underline{-\frac{k-4}{2}}<2$에서 $0<k<4$
꼭짓점의 x좌표

(i)~(iv)에 의하여 $\frac{5}{3}<k\le2$

따라서 $a=\frac{5}{3}$, $b=2$이므로 $9ab=\mathbf{30}$

유형 19 삼 · 사차방정식의 근의 조건

개념 6

0705 사차방정식 $x^4-6x^2+2a-10=0$이 서로 다른 네 실근을 갖도록 하는 모든 정수 a의 값의 합은?

답 ⑤

풀이 $x^2=X$로 놓으면 주어진 방정식은

$X^2-6X+2a-10=0$ ⋯⋯ ㉠

이때 주어진 사차방정식이 서로 다른 네 실근을 가지려면 방정식 ㉠의 두 근이 서로 다른 양수이어야 한다.

(i) ㉠의 판별식을 D라 하면

$\frac{D}{4}=(-3)^2-(2a-10)>0$ $\therefore a<\frac{19}{2}$

(ii) (두 근의 합)$=6>0$

(iii) (두 근의 곱)$=2a-10>0$ $\therefore a>5$

(i), (ii), (iii)에 의하여 $5<a<\frac{19}{2}$

따라서 정수 a는 6, 7, 8, 9이므로 그 합은 **30**이다.

$=f(x)$

0706 삼차방정식 $x^3-6x^2+(k+9)x-5k-20=0$이 4보다 큰 한 실근과 4보다 작은 서로 다른 두 실근을 갖도록 하는 정수 k의 개수는?

답 ②

풀이 $f(5)=0$이므로 $f(x)=(x-5)(x^2-x+k+4)$

즉, 방정식 $f(x)=0$에서 $x=5$ 또는 $x^2-x+k+4=0$

이때 이차방정식 $x^2-x+k+4=0$의 두 근이 4보다 작은 서로 다른 두 실근이다. $=g(x)=\left(x-\frac{1}{2}\right)^2+\times\times\times$, $g(x)=0$의 판별식: D

(i) $D=(-1)^2-4(k+4)>0$에서 $k<-\frac{15}{4}$

(ii) $g(4)=16+k>0$에서 $k>-16$

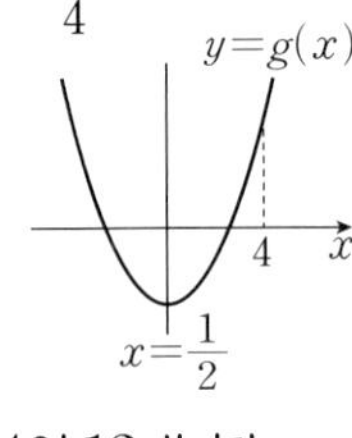

(iii) $\underline{\frac{1}{2}}<4$
꼭짓점의 x좌표

(i), (ii), (iii)에 의하여 $-16<k<-\frac{15}{4}$

따라서 정수 k는 -15, -14, -13, ⋯, -4의 **12**개이다.

유형 20 이차부등식의 활용

개념 2, 5

0707 가로, 세로의 길이가 각각 12 m, 34 m인 직사각형 모양의 화단이 있다. 가로의 길이를 x m만큼 늘이고, 세로의 길이를 x m만큼 줄여서 만든 화단의 넓이가 240 m^2 이상이 되도록 하는 x의 최댓값을 구하시오.

답 28

풀이 새로 만든 화단의 가로, 세로의 길이는
각각 $(12+x)$ m, $(34-x)$ m이므로
$(12+x)(34-x) \ge 240$
$x^2-22x-168 \le 0$, $(x+6)(x-28) \le 0$
$\therefore -6 \le x \le 28$
그런데 $0<x<34$이어야 하므로 $0<x \le 28$
따라서 x의 최댓값은 28이다.

0708 A상품 한 개를 20만 원에 판매하면 한 달에 70개가 팔리고, 가격을 x만 원씩 인상할 때마다 한 달 판매량이 $2x$개씩 줄어든다고 한다. A상품의 한 달 판매액이 1500만 원 이상이 되도록 할 때, A상품 한 개의 가격의 최댓값은?

답 ③

풀이 가격을 x만 원 인상한다고 하면 한 달에 판매량이 $2x$개 줄어들므로
$(20+x)(70-2x) \ge 1500$
$2x^2-30x+100 \le 0$, $x^2-15x+50 \le 0$
$(x-5)(x-10) \le 0$ $\quad\therefore 5 \le x \le 10$
따라서 A상품 한 개의 가격의 최댓값은 $x=10$일 때
$20+10=$ **30(만 원)**이다.

0709 세 변의 길이가 각각 $x-2$, x, $x+2$인 삼각형이 둔각삼각형이 되도록 하는 모든 자연수 x의 값의 합은?

답 ⑤

풀이 $x-2$, x, $x+2$는 변의 길이이므로
$x-2>0$, $x>0$, $x+2>0$ $\quad\therefore x>2$ ······ ㉠
세 변 중 가장 긴 변의 길이는 $x+2$이므로 삼각형이 만들어질 조건인 (가장 긴 변의 길이)$<$(나머지 두 변의 길이의 합)에 의하여
$x+2<(x-2)+x$ $\quad\therefore x>4$ ······ ㉡
둔각삼각형이려면 가장 긴 변의 길이의 제곱이 나머지 두 변의 길이의 제곱의 합보다 커야 하므로
$(x+2)^2>(x-2)^2+x^2$
$x^2+4x+4>x^2-4x+4+x^2$, $x^2-8x<0$
$x(x-8)<0$ $\quad\therefore 0<x<8$ ······ ㉢
㉠, ㉡, ㉢에서 $4<x<8$
따라서 자연수 x는 5, 6, 7이므로 그 합은
$5+6+7=$ **18**

Tip 삼각형의 세 변의 길이가 a, b, c $(a \le b \le c)$일 때
① (변의 길이)>0, 즉 $a>0$, $b>0$, $c>0$
② 삼각형이 만들어질 조건: $c<a+b$
③ 예각삼각형: $c^2<a^2+b^2$
직각삼각형: $c^2=a^2+b^2$
둔각삼각형: $c^2>a^2+b^2$

서술형
0710 둘레의 길이가 30인 직사각형의 가로의 길이는 세로의 길이보다 길다. 이 직사각형의 넓이가 54 이상이 되도록 할 때, 가로의 길이의 최댓값을 구하시오.

답 9

풀이 직사각형의 둘레의 길이가 30이므로 가로의 길이를 x로 놓으면 세로의 길이는 $15-x$이다. ···❶ (30%)
이때 x, $15-x$는 변의 길이이고 가로의 길이는 세로의 길이보다 길므로
$x>0$, $15-x>0$, $x>15-x$
$\therefore \frac{15}{2}<x<15$ ······ ㉠
직사각형의 넓이가 54 이상이어야 하므로
$x(15-x) \ge 54$
$x^2-15x+54 \le 0$, $(x-6)(x-9) \le 0$
$\therefore 6 \le x \le 9$ ······ ㉡
㉠, ㉡에서 $\frac{15}{2}<x \le 9$ ···❷ (60%)
따라서 가로의 길이의 최댓값은 9이다. ···❸ (10%)

08 이차부등식과 연립이차부등식

실력 완성!

0711 x에 대한 부등식 $ax^2-4ax+4a\le0$에 대한 설명으로 옳은 것만을 **보기**에서 있는 대로 고른 것은? $a(x-2)^2\le0$

답 ①

보기
ㄱ. $a<0$일 때, 해는 모든 실수이다.
ㄴ. $a=0$일 때, 해는 $x=2$뿐이다.
ㄷ. $a>0$일 때, 해는 없다.

풀이 ㉠. $a<0$일 때, $(x-2)^2\ge0$이므로 해는 모든 실수이다.
ㄴ. $a=0$일 때, x의 값에 관계없이 $0\cdot x\le0$이므로 부등식이 항상 성립한다.
따라서 해는 모든 실수이다.
ㄷ. $a>0$일 때, $(x-2)^2\le0$이므로 해는 $x=2$이다.

0712 이차함수 $y=2x^2-5x-3$의 그래프가 $y=x^2+3x+6$의 그래프보다 아래쪽에 있는 부분의 x의 값의 범위를 구하시오. $2x^2-5x-3<x^2+3x+6$

답 풀이 참조

풀이 $2x^2-5x-3<x^2+3x+6$에서
$x^2-8x-9<0$, $(x+1)(x-9)<0$
$\therefore$ $\mathbf{-1<x<9}$

0713 두 이차함수 $y=f(x)$, $y=g(x)$의 그래프가 그림과 같을 때, 부등식 $f(x)g(x)<0$의 해를 구하시오. $f(x)>0, g(x)<0$ 또는 $f(x)<0, g(x)>0$

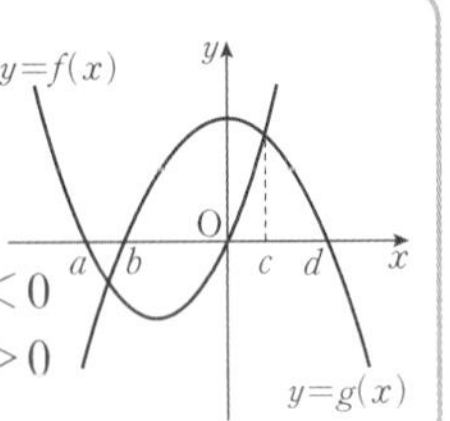

답 풀이 참조

풀이 (i) $f(x)>0$, $g(x)<0$을 만족시키는 x의 값의 범위는
$x<a$ 또는 $x>d$
(ii) $f(x)<0$, $g(x)>0$을 만족시키는 x의 값의 범위는
$b<x<0$
(i), (ii)에 의하여 $\mathbf{x<a}$ **또는** $\mathbf{b<x<0}$ **또는** $\mathbf{x>d}$

0714 이차부등식 $ax^2+bx+c\le0$의 해가 $-3\le x\le1$일 때, 이차부등식 $bx^2-cx+a<0$을 만족시키는 정수 x의 개수는? $a>0$
(단, a, b, c는 상수이다.)

답 ①

풀이 해가 $-3\le x\le1$이고 x^2의 계수가 a $(a>0)$인 이차부등식은
$a(x+3)(x-1)\le0$ $\qquad\therefore$ $ax^2+2ax-3a\le0$
이 부등식이 $ax^2+bx+c\le0$과 같으므로 $b=2a$, $c=-3a$
이것을 $bx^2-cx+a<0$에 대입하면 $2ax^2+3ax+a<0$
이때 $a>0$이므로 $2x^2+3x+1<0$, $(x+1)(2x+1)<0$
$\therefore$ $-1<x<-\frac{1}{2}$
따라서 정수 x의 개수는 **0**이다.

0715 이차부등식 $ax^2+4x-a+\frac{10}{a}+1\ge0$의 해가 모든 실수가 되도록 하는 모든 정수 a의 값의 합을 구하시오. $a>0, D\le0$

답 6

풀이 모든 실수 x에 대하여 $ax^2+4x-a+\frac{10}{a}+1\ge0$이 성립해야 하므로 $a>0$ …… ㉠
이차방정식 $ax^2+4x-a+\frac{10}{a}+1=0$의 판별식을 D라 하면
$\frac{D}{4}=2^2-a\left(-a+\frac{10}{a}+1\right)\le0$에서 $a^2-a-6\le0$
$(a+2)(a-3)\le0$ $\qquad\therefore$ $-2\le a\le3$ …… ㉡
㉠, ㉡에서 $0<a\le3$
따라서 정수 a는 1, 2, 3이므로 그 합은
$1+2+3=\mathbf{6}$

0716 이차함수 $y=kx^2$의 그래프가 직선 $y=-4x+3-k$보다 항상 위쪽에 있을 때, 정수 k의 최솟값을 구하시오. $k>0, kx^2>-4x+3-k$

답 5

풀이 모든 실수 x에 대하여
$kx^2>-4x+3-k$, 즉 $kx^2+4x+k-3>0$
이 성립해야 한다.
$\therefore$ $k>0$ …… ㉠
이차방정식 $kx^2+4x+k-3=0$의 판별식을 D라 하면
$\frac{D}{4}=2^2-k(k-3)<0$에서 $k^2-3k-4>0$
$(k+1)(k-4)>0$ $\qquad\therefore$ $k<-1$ 또는 $k>4$ …… ㉡
㉠, ㉡에서 $k>4$
따라서 정수 k의 최솟값은 **5**이다.

0717 연립부등식 $\begin{cases} x^2-2x-3>0 \\ x^2-6x+8\le 0 \end{cases}$의 모든 해에 대하여 $x^2-2(a+1)x+a^2+2a<0$이 성립할 때, 실수 a의 값의 범위를 구하시오. $x^2-2(a+1)x+a(a+2)<0$

답 풀이 참조

풀이 $x^2-2x-3>0$에서 $(x+1)(x-3)>0$

$\therefore x<-1$ 또는 $x>3$ ······ ㉠

$x^2-6x+8\le 0$에서 $(x-2)(x-4)\le 0$

$\therefore 2\le x\le 4$ ······ ㉡

㉠, ㉡에서 $3<x\le 4$

$x^2-2(a+1)x+a(a+2)<0$에서

$(x-a)(x-a-2)<0$

$\therefore a<x<a+2$

$3<x\le 4$일 때

$a<x<a+2$가 항상 성립해야 하므로

a, 3, 4, $a+2$, x

$a\le 3$, $a+2>4$

$\therefore$ **$2<a\le 3$**

0718 연립부등식 $\begin{cases} x^2+x-20<0 \\ x^2-2kx+k^2-25>0 \end{cases}$의 해가 존재하지 않을 때, 실수 k의 값의 범위는? $x^2-2kx+(k+5)(k-5)>0$

답 ①

풀이 $x^2+x-20<0$에서

$(x+5)(x-4)<0$

$\therefore -5<x<4$ ······ ㉠

$x^2-2kx+(k+5)(k-5)>0$에서

$(x-k+5)(x-k-5)>0$

$\therefore x<k-5$ 또는 $x>k+5$ ······ ㉡

주어진 연립부등식이 해를 갖지 않으려면 ㉠, ㉡의 공통부분이 존재하지 않아야 하므로

㉡, ㉠, ㉡, $k-5$, -5, 4, $k+5$, x

$k-5\le -5$, $k+5\ge 4$

$\therefore$ **$-1\le k\le 0$**

0719 이차방정식 $3x^2+(k-1)x+3=0$이 허근을 갖도록 하는 정수 k의 최댓값과 최솟값의 곱은? (판별식)<0

답 ①

풀이 이차방정식 $3x^2+(k-1)x+3=0$의 판별식을 D라 하면

$D=(k-1)^2-4\cdot 3\cdot 3<0$

$k^2-2k-35<0$, $(k+5)(k-7)<0$

$\therefore -5<k<7$

따라서 정수 k의 최댓값은 6, 최솟값은 -4이므로 그 곱은 **-24**이다.

0720 사차방정식 $x^4-4x^2+a-3=0$이 서로 다른 두 실근과 서로 다른 두 허근을 갖도록 하는 정수 a의 최댓값은?

답 ②

풀이 $x^2=X$로 놓으면 주어진 방정식은

$X^2-4X+a-3=0$ ······ ㉠

이때 주어진 사차방정식이 서로 다른 두 실근과 서로 다른 두 허근을 가지려면 방정식 ㉠의 두 근이 서로 다른 부호이어야 하므로

($X>0$, $X<0$)

(두 근의 곱)$=a-3<0$

$\therefore a<3$

따라서 정수 a의 최댓값은 2이다.

08 이차부등식과 연립이차부등식

0721 이차함수 $f(x)=ax^2+bx+c$에 대하여 $f(x)\le 0$의 해가 $x=2$이고, $bc=-16$일 때, $f(3)$의 값은? (단, a, b, c는 실수이다.) **답** ⑤

풀이 $f(x)\le 0$의 해가 $x=2$이고 $f(x)$의 최고차항의 계수가 a이므로

$f(x)=a(x-2)^2\ (a>0)$

이때 $a(x-2)^2=ax^2-4ax+4a$이므로

$b=-4a,\ c=4a$

이것을 $bc=-16$에 대입하면

$-16a^2=-16,\ a^2-1=0$

$(a+1)(a-1)=0$

$\therefore a=-1$ 또는 $a=1$

그런데 $a>0$이므로 $a=1$

따라서 $f(x)=(x-2)^2$이므로

$f(3)=\mathbf{1}$

0722 이차함수 $y=f(x)$의 그래프가 그림과 같을 때, 부등식 $f(ax+b)\le 0$의 해가 $1\le x\le 3$이다. 상수 a, b에 대하여 $a-b$의 값을 구하시오. (단, $a>0$) **답** 4

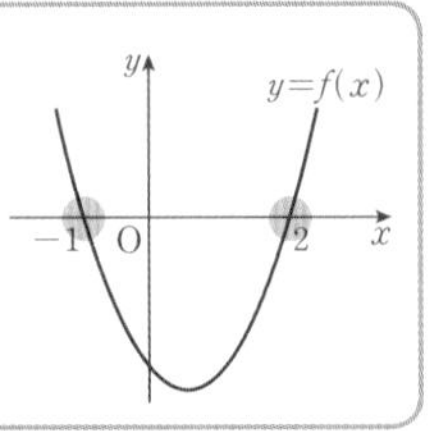

풀이 주어진 그래프에서 $f(x)\le 0$의 해는 $-1\le x\le 2$이므로

$f(ax+b)\le 0$의 해는 $-1\le ax+b\le 2$에서

$-\dfrac{b+1}{a}\le x\le -\dfrac{b-2}{a}$

이것이 $1\le x\le 3$과 같으므로

$-\dfrac{b+1}{a}=1,\ -\dfrac{b-2}{a}=3$

$b+1=-a,\ b-2=-3a$

두 식을 연립하여 풀면

$a=\dfrac{3}{2},\ b=-\dfrac{5}{2}$

$\therefore a-b=\mathbf{4}$

0723 연립부등식 $\begin{cases}|x-a|<4\\ x^2-4x-12\le 0\end{cases}$ 을 만족시키는 정수 x가 3개일 때, 모든 정수 a의 값의 합은? **답** ③

풀이 $|x-a|<4$에서 $-4<x-a<4$

$\therefore a-4<x<a+4$ ······ ㉠

$x^2-4x-12\le 0$에서 $(x+2)(x-6)\le 0$

$\therefore -2\le x\le 6$ ······ ㉡

㉠, ㉡을 동시에 만족시키는 정수 x가 3개이므로

$0<a+4\le 1$에서

$-4<a\le -3$

$3\le a-4<4$에서

$7\le a<8$

따라서 정수 a는 -3, 7이므로

그 합은 **4**이다.

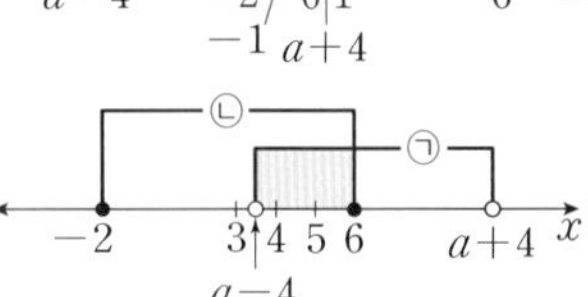

0724 두 이차함수 $y=f(x)$, $y=g(x)$의 그래프가 그림과 같을 때, 부등식 $\{f(x)\}^2\le f(x)g(x)$를 만족시키는 정수 x의 개수는? **답** ③

$f(x)\{f(x)-g(x)\}\le 0$

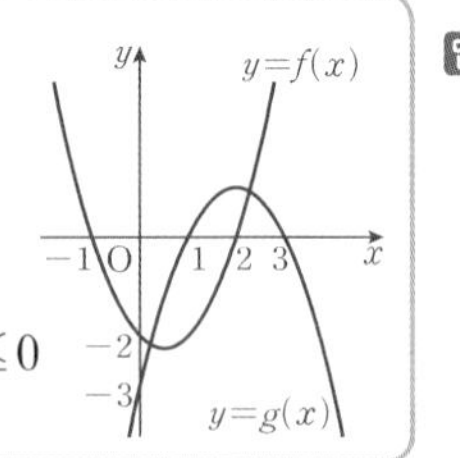

풀이 $f(x)\{f(x)-g(x)\}\le 0$에서

$f(x)\ge 0,\ f(x)-g(x)\le 0$ 또는

$f(x)\le 0,\ f(x)-g(x)\ge 0$

즉, $f(x)\ge 0,\ f(x)\le g(x)$ 또는 $f(x)\le 0,\ f(x)\ge g(x)$

$f(x)=g(x)$를 만족시키는 x의 값을

$\alpha,\ \beta\ (0<\alpha<1,\ 2<\beta<3)$라 하면

(i) $f(x)\ge 0,\ f(x)\le g(x)$일 때

주어진 그래프에서 $2\le x\le \beta$

(ii) $f(x)\le 0,\ f(x)\ge g(x)$일 때

주어진 그래프에서 $-1\le x\le \alpha$

(i), (ii)에 의하여 $-1\le x\le \alpha$ 또는 $2\le x\le \beta$

따라서 정수 x는 -1, 0, 2의 **3**개이다.

0725 $-c<-b<-a$
$a<b<c$인 실수 a, b, c에 대하여 연립부등식 **답** ①

$$\begin{cases} x^2-(b+c)x+bc\ge0 \\ x^2+(a+c)x+ac<0 \end{cases}$$

의 해가 $-3<x\le-2$ 또는 $3\le x<5$일 때, 이차부등식 $x^2+cx-ab<0$을 만족시키는 정수 x의 최댓값과 최솟값의 합은?

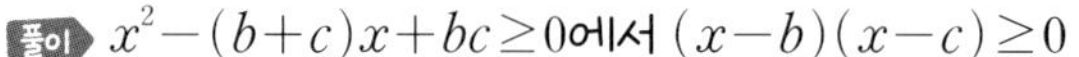

풀이 $x^2-(b+c)x+bc\ge0$에서 $(x-b)(x-c)\ge0$

$\therefore x\le b$ 또는 $x\ge c$ ($\because b<c$) ...... ㉠

$x^2+(a+c)x+ac<0$에서 $(x+a)(x+c)<0$

$\therefore -c<x<-a$ ($\because a<c$) ...... ㉡

이때 주어진 부등식의 해가 $-3<x\le-2$ 또는 $3\le x<5$이므로

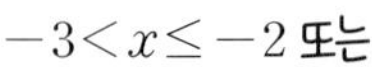

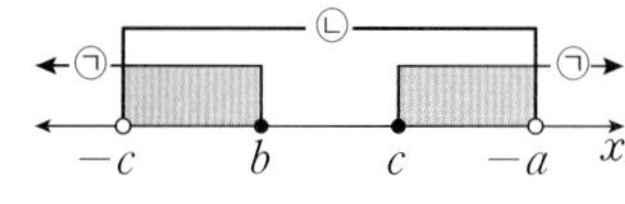

㉠, ㉡의 공통부분이 그림과 같아야 한다.

$\therefore a=-5, b=-2, c=3$

$x^2+cx-ab<0$에서 $x^2+3x-10<0$

$(x+5)(x-2)<0$ $\therefore -5<x<2$

따라서 정수 x의 최댓값은 1, 최솟값은 -4이므로 그 합은 $\mathbf{-3}$이다.

0726 최고차항의 계수가 각각 $\frac{1}{2}$, 2인 두 이차함수 $f(x)$, $g(x)$가 다음 조건을 만족시킨다. **답** ④

> (가) 두 함수 $y=f(x)$와 $y=g(x)$의 그래프는 직선 $x=p$를 축으로 한다. → 축이 같으면 교점도 직선 $x=p$에 대하여 대칭이다.
> (나) 부등식 $f(x)\ge g(x)$의 해는 $-2\le x\le6$이다.

$\frac{p}{3}\{f(2)-g(2)\}$의 값은? (단, p는 상수이다.)

풀이 (가), (나)에 의하여 두 이차함수 $y=f(x)$, $y=g(x)$의 그래프의 개형을 그리면 그림과 같으므로

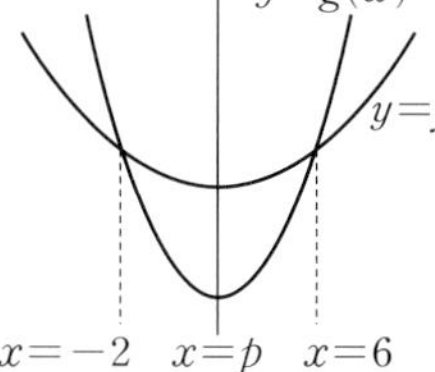

$p=\frac{-2+6}{2}=2$

$f(x)-g(x)\ge0$에서

$-\frac{3}{2}(x+2)(x-6)\ge0$이므로

$f(2)-g(2)=-\frac{3}{2}(2+2)(2-6)=24$

$\therefore \frac{p}{3}\{f(2)-g(2)\}=\frac{2}{3}\cdot24=\mathbf{16}$

서술형

0727 어느 스마트폰 공장에서 스마트폰 1대의 값을 $2x$ % 인상하면 판매 대수가 x % 감소한다고 한다. 이때 이 공장의 스마트폰의 총 판매 금액이 8 % 이상 증가하도록 하는 x의 최댓값을 구하시오. **답** 40

풀이 처음 스마트폰 1대의 값을 A, 판매 대수를 B라 하면 스마트폰 1대의 값을 $2x$ %만큼 인상했을 때의 스마트폰 1대의 값은

$A\left(1+\frac{2x}{100}\right)$, 판매 대수는 $B\left(1-\frac{x}{100}\right)$ …❶ (30%)

스마트폰의 총 판매 금액이 8 % 이상 증가하면

$A\left(1+\frac{2x}{100}\right)B\left(1-\frac{x}{100}\right)\ge AB\left(1+\frac{8}{100}\right)$

$\frac{100+2x}{100}\cdot\frac{100-x}{100}\ge\frac{108}{100}$

$(100+2x)(100-x)\ge10800$

$-2x^2+100x-800\ge0$, $x^2-50x+400\le0$

$(x-10)(x-40)\le0$ $\therefore 10\le x\le40$ …❷ (60%)

따라서 x의 최댓값은 **40**이다. …❸ (10%)

0728 모든 실수 x에 대하여 부등식 **답** 5

$$-x^2+5x-2\le mx+n\le x^2-3x+6$$

이 성립할 때, 실수 m, n에 대하여 m^2+n^2의 값을 구하시오.

풀이 모든 실수 x에 대하여 $-x^2+5x-2\le mx+n$, 즉 $x^2+(m-5)x+n+2\ge0$이 성립해야 하므로 이차방정식 $x^2+(m-5)x+n+2=0$의 판별식을 D_1이라 하면

$D_1=(m-5)^2-4(n+2)\le0$

$\therefore \frac{(m-5)^2-8}{4}\le n$ ...... ㉠ …❶ (30%)

모든 실수 x에 대하여 $mx+n\le x^2-3x+6$, 즉 $x^2-(m+3)x+6-n\ge0$이 성립해야 하므로 이차방정식 $x^2-(m+3)x+6-n=0$의 판별식을 D_2라 하면

$D_2=\{-(m+3)\}^2-4(6-n)\le0$

$\therefore n\le\frac{-(m+3)^2+24}{4}$ ...... ㉡ …❷ (30%)

㉠, ㉡에서

$\frac{(m-5)^2-8}{4}\le n\le\frac{-(m+3)^2+24}{4}$ ...... ㉢

이때 $\frac{(m-5)^2-8}{4}\le\frac{-(m+3)^2+24}{4}$이므로

$m^2-10m+25-8\le-m^2-6m-9+24$

$2m^2-4m+2\le0$, $(m-1)^2\le0$ $\therefore m=1$

이것을 ㉢에 대입하면 $2\le n\le2$ $\therefore n=2$

$\therefore m^2+n^2=1^2+2^2=\mathbf{5}$ …❸ (40%)

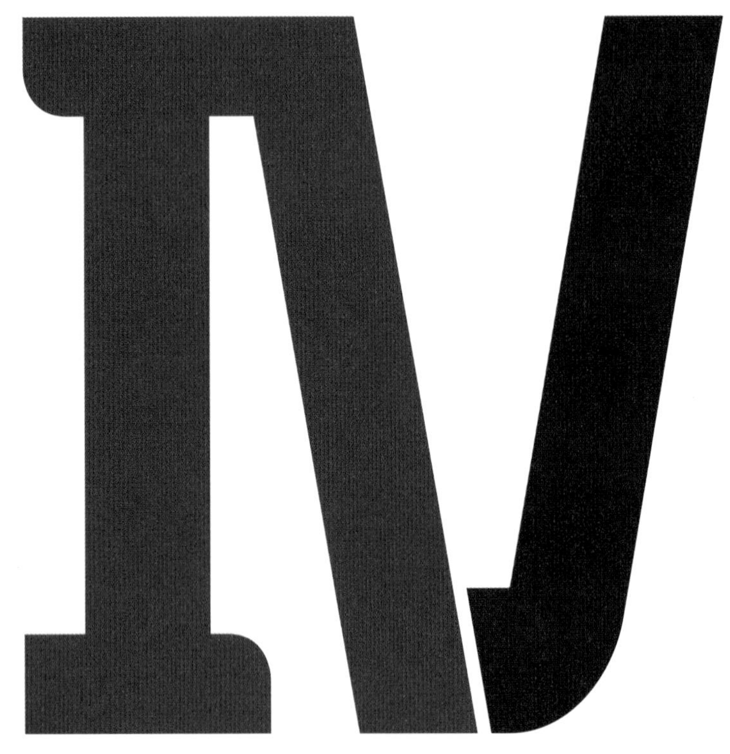

순열과 조합

09 순열과 조합

※ 빈칸에 알맞은 것을 써넣고, 내용을 읽거나 따라 써 보세요.

개념 1 경우의 수

> 유형 01~08

(1) ☐☐ ☐☐

두 사건 A, B가 동시에 일어나지 않을 때, 사건 A와 사건 B가 일어나는 경우의 수가 각각 m, n이면

(사건 A 또는 사건 B가 일어나는 경우의 수)=☐

(2) ☐☐ ☐☐

두 사건 A, B에 대하여 사건 A가 일어나는 경우의 수가 m이고 그 각각에 대하여 사건 B가 일어나는 경우의 수가 n이면

(두 사건 A, B가 동시에 일어나는 경우의 수)=☐

개념 2 순열

> 유형 09~16

(1) 서로 다른 n개에서 r $(0<r\le n)$개를 택하여 일렬로 나열하는 것을 n개에서 r개를 택하는 ☐☐이라 하고, 이 순열의 수를 기호 ☐로 나타낸다.

$_{n}\mathrm{P}_{r}$: 서로 다른 것의 개수 (n), 택하는 것의 개수 (r)

➡ $_{n}\mathrm{P}_{r}=\underbrace{n(n-1)(n-2)\times\cdots\times(n-r+1)}_{r\text{개}}$ (단, $0<r\le n$)

(2) 1부터 n까지의 자연수를 차례대로 곱한 것을 n의 ☐☐이라 하고, 기호 ☐로 나타낸다. 즉,

$n!=n(n-1)(n-2)\times\cdots\times3\times2\times1$

(3) 순열의 수의 성질

① $_{n}\mathrm{P}_{n}=n(n-1)(n-2)\times\cdots\times3\times2\times1=$☐

② $_{n}\mathrm{P}_{0}=$☐, $0!=$☐

③ $_{n}\mathrm{P}_{r}=\dfrac{n!}{\square}$ (단, $0\le r\le n$)

답 개념 1 (1) 합의 법칙, $m+n$ (2) 곱의 법칙, $m\times n$ 개념 2 (1) 순열, $_{n}\mathrm{P}_{r}$ (2) 계승, $n!$ (3) $n!$, 1, 1, $(n-r)!$

개념 1 경우의 수

0729 서로 다른 두 개의 주사위를 동시에 던질 때, 다음을 구하시오.

┌ 순서쌍으로 나타낸다.

(1) 나오는 눈의 수의 합이 4인 경우의 수

$(1, 3), (2, 2), (3, 1)$ $\quad \therefore \mathbf{3}$

(2) 나오는 눈의 수의 합이 6인 경우의 수

$(1, 5), (2, 4), (3, 3), (4, 2), (5, 1)$ $\quad \therefore \mathbf{5}$

┌ 동시에 일어날 수 없다.

(3) 나오는 눈의 수의 합이 4 또는 6인 경우의 수

눈의 수의 합이 4인 경우의 수는 3

눈의 수의 합이 6인 경우의 수는 5

$\therefore 3+5=\mathbf{8}$

0730 1부터 30까지의 자연수가 각각 하나씩 적힌 30장의 카드 중에서 한 장을 뽑을 때, 2의 배수 또는 5의 배수가 적힌 카드를 뽑는 경우의 수를 구하시오.

2의 배수가 적힌 카드를 뽑는 경우의 수는 $\frac{30}{2}=15$

5의 배수가 적힌 카드를 뽑는 경우의 수는 $\frac{30}{5}=6$

10의 배수가 적힌 카드를 뽑는 경우의 수는 $\frac{30}{10}=3$

2와 5의 공배수

$\therefore 15+6-3=\mathbf{18}$

0731 집과 학교 사이에는 4개의 버스 노선과 2개의 지하철 노선이 있다. 집에서 출발하여 학교로 갔다가 다시 집으로 돌아올 때, 다음을 구하시오.

4개의 버스 노선

집 — 학교

2개의 지하철 노선

(1) 갈 때는 버스를, 올 때는 지하철을 이용하는 경우의 수

$4\times2=\mathbf{8}$

(2) 갈 때와 올 때 모두 버스를 이용하는 경우의 수

$4\times4=\mathbf{16}$

(3) 갈 때와 올 때 모두 지하철을 이용하는 경우의 수

$2\times2=\mathbf{4}$

a로 3가지, b, c도 각각 3가지

0732 $(a+b+c)(x+y+z)$를 전개할 때, 항의 개수를 구하시오.

$3\times3=\mathbf{9}$

개념 2 순열

0733 다음 값을 구하시오.

(1) ${}_5\mathrm{P}_2=5\times4=\mathbf{20}$ (2) ${}_4\mathrm{P}_0=\mathbf{1}$

(3) ${}_3\mathrm{P}_3=3\times2\times1=\mathbf{6}$ (4) ${}_4\mathrm{P}_2\times3!=(4\times3)\times(3\times2\times1)=\mathbf{72}$

Tip (2) ${}_n\mathrm{P}_0=1$

(3) ${}_n\mathrm{P}_n=n!$

0734 다음을 만족시키는 자연수 n 또는 r의 값을 구하시오.

(1) ${}_n\mathrm{P}_2=42$

$n(n-1)=42$

$n^2-n-42=0$

$(n+6)(n-7)=0$

$\therefore n=\mathbf{7}$ ($\because n$은 자연수)

(2) ${}_6\mathrm{P}_r=120$

$6\times5\times4=120$이므로

$r=\mathbf{3}$

(3) ${}_8\mathrm{P}_r=\frac{8!}{3!}$

$\frac{8!}{(8-r)!}=\frac{8!}{3!}$

$\therefore r=\mathbf{5}$

(4) ${}_n\mathrm{P}_n=24$

$n!=24=4\times3\times2\times1$

$\therefore n=\mathbf{4}$

0735 다음을 구하시오.

(1) 5명의 학생을 일렬로 세우는 경우의 수

${}_5\mathrm{P}_5=5!=5\times4\times3\times2\times1=\mathbf{120}$

(2) 학생 수가 30명인 어느 학급에서 회장과 부회장을 각각 한 명씩 뽑는 경우의 수

${}_{30}\mathrm{P}_2=30\times29=\mathbf{870}$

(3) 1, 2, 3, 4, 5의 숫자가 각각 하나씩 적힌 5장의 카드 중에서 서로 다른 3장을 뽑아 만들 수 있는 세 자리 자연수의 개수

${}_5\mathrm{P}_3=5\times4\times3=\mathbf{60}$

개념 3 조합

> 유형 16~22

(1) 서로 다른 n개에서 순서를 생각하지 않고 r $(0<r\le n)$개를 택하는 것을 n개에서 r개를 택하는 □□이라 하고, 이 조합의 수를 기호 □로 나타낸다.

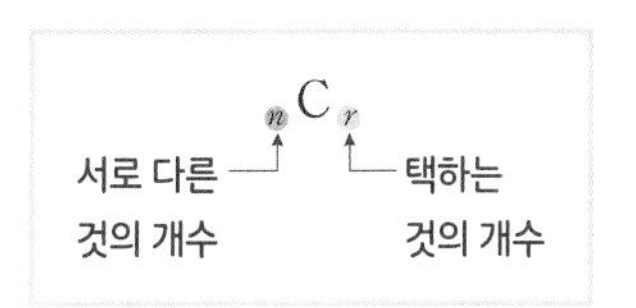

서로 다른 것의 개수 → n , $_{n}\mathrm{C}_{r}$, r ← 택하는 것의 개수

➡ $_{n}\mathrm{C}_{r}=\dfrac{_{n}\mathrm{P}_{r}}{r!}=\dfrac{n(n-1)(n-2)\times\cdots\times(n-r+1)}{r!}$

$=\dfrac{n!}{r!(n-r)!}$ (단, $0\le r\le n$)

(2) 조합의 수의 성질

① $_{n}\mathrm{C}_{0}=$□, $_{n}\mathrm{C}_{n}=$□

② $_{n}\mathrm{C}_{r}={}_{n}\mathrm{C}_{□}$ (단, $0\le r\le n$)

③ $_{n}\mathrm{C}_{r}={}_{n-1}\mathrm{C}_{□}+{}_{n-1}\mathrm{C}_{□}$ (단, $1\le r<n$)

증명 ③ $_{n-1}\mathrm{C}_{r}+{}_{n-1}\mathrm{C}_{r-1}$

$=\dfrac{(n-1)!}{r!(n-1-r)!}+\dfrac{(n-1)!}{(r-1)!\{n-1-(r-1)\}!}$

$=\dfrac{(n-1)!(n-r)}{r!(n-r)!}+\dfrac{(n-1)!\times r}{r!(n-r)!}$

$=\dfrac{(n-1)!\times n}{r!(n-r)!}=\dfrac{n!}{r!(n-r)!}={}_{n}\mathrm{C}_{r}$

위의 증명은 시험에 자주 출제된다.

(3) 특정한 것을 포함하거나 포함하지 않는 조합의 수

서로 다른 n개에서 r개를 택할 때

① 특정한 k개를 포함하여 뽑는 경우의 수

특정한 k개를 이미 뽑았다고 생각하고 나머지 $(n-k)$개에서 필요한 $(r-k)$개를 뽑는다.

➡ □

② 특정한 k개를 제외하고 뽑는 경우의 수

특정한 k개를 제외하고 나머지 $(n-k)$개에서 필요한 r개를 뽑는다.

➡ □

개념 4 조합을 이용하여 조를 나누는 경우의 수

> 유형 23~24

(1) 서로 다른 n개의 물건을 p개, q개, r개 $(p+q+r=n)$의 세 묶음으로 나누는 경우의 수

① p, q, r가 모두 다른 수일 때, $_{n}\mathrm{C}_{p}\times{}_{n-p}\mathrm{C}_{q}\times{}_{r}\mathrm{C}_{r}$

② p, q, r 중 어느 두 수가 같을 때, $_{n}\mathrm{C}_{p}\times{}_{n-p}\mathrm{C}_{q}\times{}_{r}\mathrm{C}_{r}\times$□

③ p, q, r가 모두 같은 수일 때, $_{n}\mathrm{C}_{p}\times{}_{n-p}\mathrm{C}_{q}\times{}_{r}\mathrm{C}_{r}\times$□

(2) n묶음으로 나누어 n명에게 나누어 주는 경우의 수

(n묶음으로 나누는 경우의 수)$\times$□

답 개념 3 (1) 조합, $_{n}\mathrm{C}_{r}$ (2) 1, 1, $n-r$, r, $r-1$ (3) $_{n-k}\mathrm{C}_{r-k}$, $_{n-k}\mathrm{C}_{r}$ 개념 4 (1) $\dfrac{1}{2!}$, $\dfrac{1}{3!}$ (2) $n!$

개념 3 조합

0736 다음 값을 구하시오.

(1) ${}_5C_2=\dfrac{5\times4}{2\times1}=\mathbf{10}$ (2) ${}_6C_4={}_6C_2=\dfrac{6\times5}{2\times1}=\mathbf{15}$

(3) ${}_5C_0=\mathbf{1}$ (4) ${}_8C_8=\mathbf{1}$

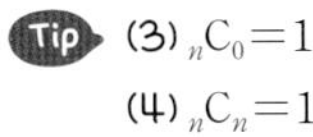 (3) ${}_nC_0=1$
(4) ${}_nC_n=1$

0737 다음을 만족시키는 자연수 n 또는 r의 값을 구하시오.

(1) ${}_nC_2=21$

$\dfrac{n(n-1)}{2\times1}=21$

$n^2-n-42=0$

$(n+6)(n-7)=0$

$\therefore n=\mathbf{7}$ ($\because n$은 자연수)

(2) ${}_6C_r={}_6C_{r-2}$

${}_6C_r={}_6C_{6-r}$

$6-r=r-2$ ($\because r\neq r-2$)

$\therefore r=\mathbf{4}$

(3) ${}_nC_4={}_nC_7$

${}_nC_4={}_nC_{n-4}$

$n-4=7$

$\therefore n=\mathbf{11}$

(4) ${}_5C_2+{}_5C_1={}_6C_r$ (단, $r<4$)

$\dfrac{5\times4}{2\times1}+5=15=\dfrac{6\times5}{2\times1}={}_6C_2$

$\therefore r=\mathbf{2}$

[다른 풀이]

${}_{n-1}C_r+{}_{n-1}C_{r-1}={}_nC_r$이므로

${}_5C_2+{}_5C_1={}_6C_2$ $\therefore r=2$

0738 다음을 구하시오.

(1) 10명의 학생 중에서 대표 3명을 뽑는 경우의 수

${}_{10}C_3=\dfrac{10\times9\times8}{3\times2\times1}=\mathbf{120}$

(2) 어떤 동아리 회원 16명이 서로 한 번씩 악수할 때, 악수한 총횟수

중복되는 경우 없이 악수할 2명을 선택하는 경우의 수와 같다.

${}_{16}C_2=\dfrac{16\times15}{2\times1}=\mathbf{120}$

(3) 서로 다른 빵 4개와 서로 다른 맛 우유 3개 중에서 빵 2개와 우유 2개를 고르는 경우의 수

${}_4C_2\times{}_3C_2=\dfrac{4\times3}{2\times1}\times3=6\times3=\mathbf{18}$

(${}_3C_2={}_3C_1$)

0739 민정, 지호, 준현이를 포함한 6명의 학생 중에서 다음 조건을 만족시키도록 3명을 뽑는 경우의 수를 구하시오.

(1) 민정이를 포함하여 뽑는 경우

민정이를 제외한 5명 중 2명을 뽑는 경우의 수와 같다.

${}_5C_2=\dfrac{5\times4}{2\times1}=\mathbf{10}$

(2) 지호, 준현이를 제외하고 뽑는 경우

4명 중 3명을 뽑는 경우의 수와 같다.

${}_4C_3={}_4C_1=\mathbf{4}$

(3) 민정이는 반드시 포함하고, 지호, 준현이를 제외하여 뽑는 경우

민정, 지호, 준현이를 제외한 3명 중 2명을 뽑는 경우의 수와 같다.

${}_3C_2={}_3C_1=\mathbf{3}$

개념 4 조합을 이용하여 조를 나누는 경우의 수

0740 서로 다른 사탕 9개를 다음과 같이 세 묶음으로 나누는 경우의 수를 구하시오.

(1) 2개, 3개, 4개

$${}_9C_2\times{}_7C_3\times{}_4C_4=\frac{9\times8}{2\times1}\times\frac{7\times6\times5}{3\times2\times1}\times1=36\times35\times1=\mathbf{1260}$$

(2) 1개, 4개, 4개

$${}_9C_1\times{}_8C_4\times{}_4C_4\times\frac{1}{2!}=9\times\frac{8\times7\times6\times5}{4\times3\times2\times1}\times1\times\frac{1}{2}=9\times70\times1\times\frac{1}{2}=\mathbf{315}$$

(3) 3개, 3개, 3개

$${}_9C_3\times{}_6C_3\times{}_3C_3\times\frac{1}{3!}=\frac{9\times8\times7}{3\times2\times1}\times\frac{6\times5\times4}{3\times2\times1}\times1\times\frac{1}{3\times2\times1}=84\times20\times1\times\frac{1}{6}=\mathbf{280}$$

0741 서로 다른 초콜릿 6개를 1개, 1개, 4개의 세 묶음으로 나누어 3명에게 나누어 주는 경우의 수를 구하시오.

$$\underbrace{\left({}_6C_1\times{}_5C_1\times{}_4C_4\times\frac{1}{2!}\right)}_{\text{분할}}\times\underbrace{3!}_{\text{분배}}=\left(6\times5\times1\times\frac{1}{2}\right)\times(3\times2\times1)=15\times6=\mathbf{90}$$

B step 기출 & 변형하면…

유형 01 합의 법칙

개념 1

0742 서로 다른 두 개의 주사위를 동시에 던질 때, 나오는 눈의 수의 합이 5의 배수가 되는 경우의 수는? 답 ①

5 또는 10

풀이 (i) 눈의 수의 합이 5인 경우

(1, 4), (2, 3), (3, 2), (4, 1)의 4가지

(ii) 눈의 수의 합이 10인 경우

(4, 6), (5, 5), (6, 4)의 3가지

(i), (ii)는 동시에 일어날 수 없으므로 구하는 경우의 수는

$4+3=\mathbf{7}$

→ **0743** 서로 다른 두 개의 주사위를 동시에 던질 때, 나오는 눈의 수의 차가 2 또는 4가 되는 경우의 수는? 답 ③

풀이 (i) 눈의 수의 차가 2인 경우

(1, 3), (2, 4), (3, 1), (3, 5), (4, 2), (4, 6), (5, 3), (6, 4)의 8가지

(ii) 눈의 수의 차가 4인 경우

(1, 5), (2, 6), (5, 1), (6, 2)의 4가지

(i), (ii)는 동시에 일어날 수 없으므로 구하는 경우의 수는

$8+4=\mathbf{12}$

0744 1부터 100까지의 자연수 중에서 4와 5로 모두 나누어떨어지지 않는 자연수의 개수는? 답 ⑤

4의 배수도 아니고, 5의 배수도 아니다.
→ (전체) − (4의 배수 또는 5의 배수)

풀이 4의 배수인 수는 $\frac{100}{4}=25$(개)

5의 배수인 수는 $\frac{100}{5}=20$(개)

20의 배수인 수는 $\frac{100}{20}=5$(개)

4와 5의 공배수

즉, 4의 배수 또는 5의 배수인 자연수의 개수는

$25+20-5=40$

따라서 구하는 자연수의 개수는

$100-40=\mathbf{60}$

→ 서술형 **0745** 1부터 72까지 자연수가 각각 하나씩 적힌 72개의 공이 들어 있는 주머니에서 한 개의 공을 꺼낼 때, 72와 서로소인 수가 적힌 공을 꺼낼 경우의 수를 구하시오. 답 **24**

풀이 $72=2^3\times3^2$이므로 72와 서로소인 수는 2의 배수와 3의 배수가 아닌 모든 수이다. …❶ (20%)

2의 배수인 수는 $\frac{72}{2}=36$(개)

3의 배수인 수는 $\frac{72}{3}=24$(개)

6의 배수인 수는 $\frac{72}{6}=12$(개)

2와 3의 공배수

즉, 2의 배수 또는 3의 배수인 수의 개수는

$36+24-12=48$ …❷ (50%)

따라서 구하는 경우의 수는

$72-48=\mathbf{24}$ …❸ (30%)

계수의 절댓값이 가장 큰 문자를 기준으로 경우를 나눈다.

유형 02 방정식과 부등식의 해의 개수

개념 1

0746 방정식 $x+2y+3z=14$를 만족시키는 자연수 x, y, z의 순서쌍 (x, y, z)의 개수는? 답 ④

풀이 (i) $z=1$일 때, $x+2y=11$이므로 순서쌍 (x, y)는

(1, 5), (3, 4), (5, 3), (7, 2), (9, 1)의 5개

(ii) $z=2$일 때, $x+2y=8$이므로 순서쌍 (x, y)는

(2, 3), (4, 2), (6, 1)의 3개

(iii) $z=3$일 때, $x+2y=5$이므로 순서쌍 (x, y)는

(1, 2), (3, 1)의 2개

(iv) $z=4$일 때, $x+2y=2$이므로 자연수 x, y는 존재하지 않는다.

(i)~(iv)에 의하여 $5+3+2=\mathbf{10}$

→ **0747** 방정식 $x+y+2z=6$을 만족시키는 음이 아닌 정수 x, y, z의 순서쌍 (x, y, z)의 개수는? 답 ②

$x\ge0$, $y\ge0$, $z\ge0$

풀이 (i) $z=0$일 때, $x+y=6$이므로 순서쌍 (x, y)는

(0, 6), (1, 5), (2, 4), (3, 3), (4, 2), (5, 1), (6, 0)의 7개

(ii) $z=1$일 때, $x+y=4$이므로 순서쌍 (x, y)는

(0, 4), (1, 3), (2, 2), (3, 1), (4, 0)의 5개

(iii) $z=2$일 때, $x+y=2$이므로 순서쌍 (x, y)는

(0, 2), (1, 1), (2, 0)의 3개

(iv) $z=3$일 때, $x+y=0$이므로 순서쌍 (x, y)는

(0, 0)의 1개

(i)~(iv)에 의하여 $7+5+3+1=\mathbf{16}$

0748 부등식 $a+2b+4c\le 11$을 만족시키는 자연수 a, b, c의 순서쌍 (a, b, c)의 개수는? **답** ③

풀이 (i) $c=1$일 때, $a+2b\le 7$이므로 순서쌍 (a, b)는
$(1, 1), (1, 2), (1, 3), (2, 1), (2, 2), (3, 1), (3, 2), (4, 1), (5, 1)$의 9개

(ii) $c=2$일 때, $a+2b\le 3$이므로 순서쌍 (a, b)는
$(1, 1)$의 1개

(iii) $c=3$일 때, $a+2b\le -1$이므로 자연수 a, b는 존재하지 않는다.

(i), (ii), (iii)에 의하여 $9+1=\mathbf{10}$

→ 서술형 **0749** 서로 다른 두 개의 주사위 A, B를 동시에 던져서 나오는 눈의 수를 각각 a, b라 할 때, x에 대한 이차방정식 $x^2-2ax+2b=0$이 허근을 갖도록 하는 a, b의 순서쌍 (a, b)의 개수를 구하시오. **답** 12

($1\le a\le 6$, $1\le b\le 6$) (판별식)$<D$

풀이 이차방정식 $x^2-2ax+2b=0$의 판별식을 D라 하면
$\frac{D}{4}=(-a)^2-2b<0$, 즉 $a^2<2b$가 성립해야 한다. …❶ (40%)

(i) $a=1$일 때, $b>\frac{1}{2}$이므로 b는 $1, 2, 3, 4, 5, 6$의 6개

(ii) $a=2$일 때, $b>2$이므로 b는 $3, 4, 5, 6$의 4개

(iii) $a=3$일 때, $b>\frac{9}{2}$이므로 b는 $5, 6$의 2개

(iv) $a=4$일 때, $b>8$이므로 조건을 만족시키는 b의 값은 존재하지 않는다. …❷ (40%)

(i)~(iv)에 의하여 $6+4+2=\mathbf{12}$ …❸ (20%)

유형 03 곱의 법칙 개념 1

0750 십의 자리의 숫자는 짝수이고, 일의 자리의 숫자는 홀수인 두 자리 자연수의 개수는? **답** ④

풀이
십의 자리: 2, 4, 6, 8
일의 자리: 1, 3, 5, 7, 9

$\therefore 4\times 5=\mathbf{20}$

→ **0751** 다음 조건을 만족시키는 세 자리 자연수의 개수는? **답** ③

(가) 5의 배수이다. → 일의 자리의 숫자는 0 또는 5
(나) 십의 자리의 숫자는 소수이다. → 2, 3, 5, 7

풀이

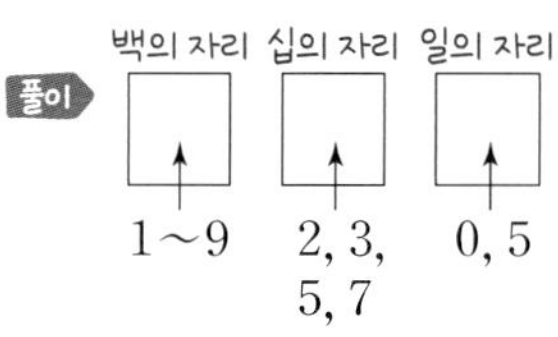

$\therefore 9\times 4\times 2=\mathbf{72}$

0752 두 집합 $A=\{2, 3, 5\}$, $B=\{1, 3, 5, 7, 9\}$에 대하여 $X=\{(a, b)\mid a\in A, b\in B\}$일 때, $n(X)$를 구하시오. **답** 15

풀이 a의 값이 될 수 있는 것은 집합 A의 원소 $2, 3, 5$의 3개
b의 값이 될 수 있는 것은 집합 B의 원소 $1, 3, 5, 7, 9$의 5개
따라서 순서쌍 (a, b)의 개수는 $3\times 5=15$이므로
$n(X)=\mathbf{15}$

→ **0753** $(a+b)(x+y+z)(m+n)$을 전개할 때, 항의 개수는? **답** ③

(2개, 3개, 2개)

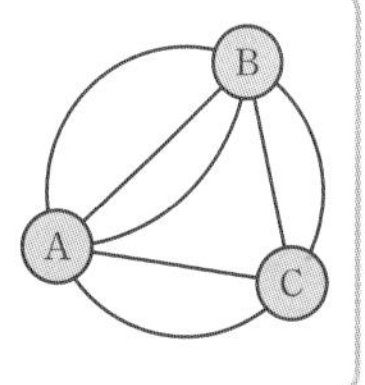

풀이 $2\times 3\times 2=\mathbf{12}$

자연수 $N=a^pb^qc^r$ (a, b, c는 소수, p, q, r는 자연수)에 대하여
(1) (N의 양의 약수의 개수)$=(p+1)\times(q+1)\times(r+1)$
(2) (N의 양의 약수의 합)$=(1+a+a^2+\cdots+a^p)\times(1+b+b^2+\cdots+b^q)\times(1+c+c^2+\cdots+c^r)$

유형 04 약수의 개수 개념 1

0754 270의 양의 약수의 개수는? 답 ④

풀이 270을 소인수분해하면 $270=2\times3^3\times5$
$\therefore (1+1)\times(3+1)\times(1+1)=\mathbf{16}$

→ **0755** 360의 양의 약수 중 짝수의 개수는? 답 ②

2를 적어도 1개 이상 소인수로 갖는 약수

풀이 360을 소인수분해하면 $360=2^3\times3^2\times5$
짝수는 2를 소인수로 가지므로 360의 양의 약수 중 짝수의 개수는
$2^2\times3^2\times5$의 양의 약수의 개수와 같다.
$\therefore (2+1)\times(2+1)\times(1+1)=\mathbf{18}$

서술형
0756 480과 1200의 양의 공약수의 개수를 구하시오. 답 20

최대공약수의 약수

풀이 480, 1200을 각각 소인수분해하면
$480=2^5\times3\times5$
$1200=2^4\times3\times5^2$ …❶ (30%)
두 수의 최대공약수는 $2^4\times3\times5$ …❷ (30%)
480과 1200의 양의 공약수의 개수는 두 수의 최대공약수
$2^4\times3\times5$의 약수의 개수와 같으므로
$(4+1)\times(1+1)\times(1+1)=\mathbf{20}$ …❸ (40%)

→ **0757** 10의 거듭제곱 중 양의 약수의 개수가 225인 수는? 답 ⑤

풀이 $10^n=2^n\times5^n$ (n은 자연수)에서
$(n+1)(n+1)=225$
$(n+1)^2=15^2,\ n+1=\pm15$
$\therefore n=14$ ($\because n$은 자연수)
따라서 구하는 수는 $\mathbf{10^{14}}$이다.

유형 05 도로망에서의 경우의 수 개념 1

0758 그림과 같이 3개의 도시 A, B, C를 연결하는 도로가 있다. 지현이가 A도시를 출발하여 B도시, C도시를 차례로 한 번씩 거쳐서 다시 A도시로 돌아오는 경우의 수를 구하시오. 답 12

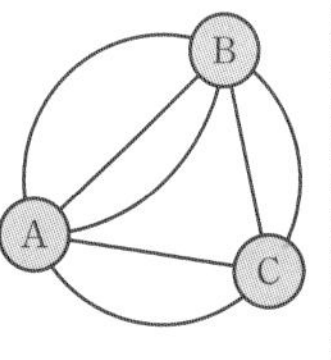

풀이 $A\to B\to C\to A$
$\quad 3\times2\times2=\mathbf{12}$

→ **0759** 그림과 같이 어느 국립공원에는 야영장에서 대피소로 가는 길이 3가지, 대피소에서 정상으로 가는 길이 4가지, 야영장에서 정상으로 바로 가는 길이 2가지가 있다. 야영장에서 정상까지 가는 모든 경우의 수를 구하시오.
(단, 한 번 지나간 지점은 다시 지나지 않는다.) 답 14

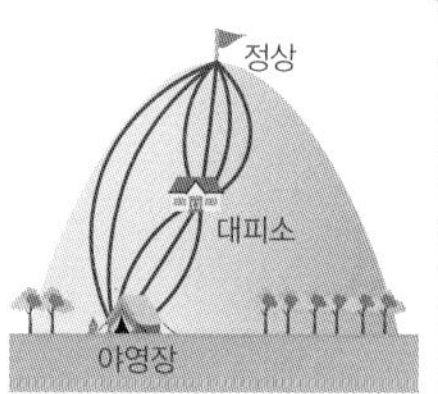

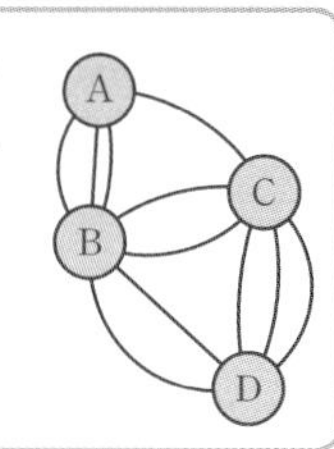

풀이 야영장을 A, 대피소를 B, 정상을 C라 하면
(i) $A\to B\to C$
$\quad 3\times4=12$
(ii) $A\to C$
$\quad 2$
(i), (ii)에 의하여 $12+2=\mathbf{14}$

0760 그림과 같이 네 지역 A, B, C, D를 연결하는 도로망이 있다. A지역에서 출발하여 B, C 두 지역을 모두 거쳐 D지역에 도착하는 경우의 수를 구하시오. (단, 한 번 지나간 지역은 다시 지나지 않는다.)

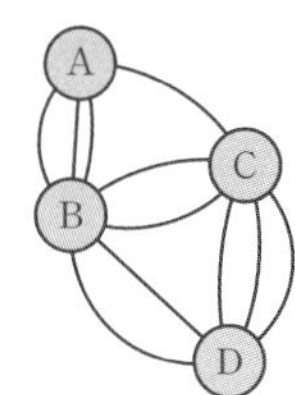

답 22

풀이 (i) A → B → C → D
$3 \times 2 \times 3 = 18$

(ii) A → C → B → D
$1 \times 2 \times 2 = 4$

(i), (ii)에 의하여 $18+4=$**22**

0761 집, 학교, 도서관을 연결하는 길이 그림과 같을 때, 집에서 출발하여 학교를 오직 한 번만 경유하여 집으로 돌아오는 경우의 수는? (단, 한 번 지나간 길은 다시 지나지 않는다.)

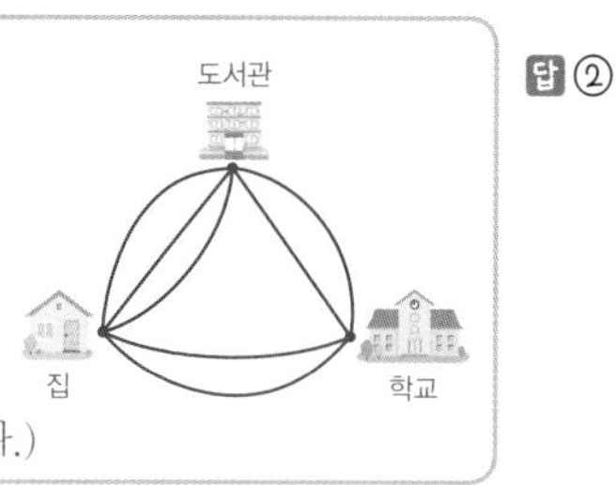

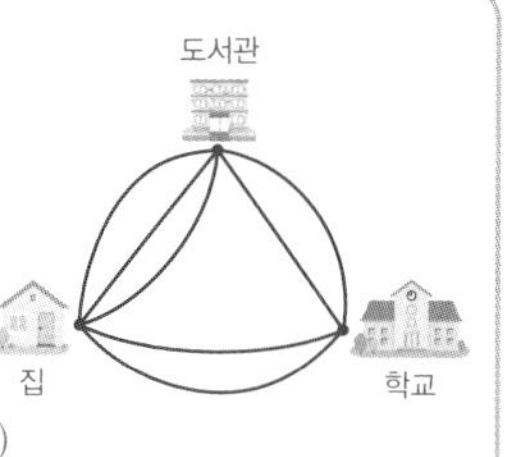

답 ②

풀이 (i) 집 → 학교 → 집
$2 \times 1 = 2$

(ii) 집 → 학교 → 도서관 → 집
$2 \times 2 \times 3 = 12$

(iii) 집 → 도서관 → 학교 → 집
$3 \times 2 \times 2 = 12$

(iv) 집 → 도서관 → 학교 → 도서관 → 집
$3 \times 2 \times 1 \times 2 = 12$

(i) ~ (iv)에 의하여 $2+12+12+12=$**38**

유형 06 색칠하는 경우의 수

개념 1

0762 그림과 같은 4개의 영역 A, B, C, D에 빨강, 파랑, 노랑, 초록의 네 가지 색을 모두 사용하여 칠하는 경우의 수는?

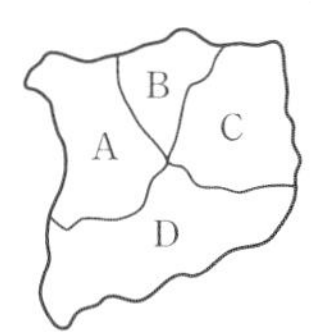

답 ④

풀이 A에 칠할 수 있는 색은 4가지
B에 칠할 수 있는 색은 3가지 (칠한 색 제외)
C에 칠할 수 있는 색은 2가지 (칠한 색 제외)
D에 칠할 수 있는 색은 1가지 (칠한 색 제외)
$\therefore 4 \times 3 \times 2 \times 1 =$ **24**

0763 그림의 4개의 영역 A, B, C, D를 서로 다른 4가지 색으로 칠하려고 한다. 같은 색을 중복하여 사용해도 좋으나 인접한 영역은 서로 다른 색으로 칠할 때, 칠하는 경우의 수를 구하시오.

A	B	
	C	D

답 48

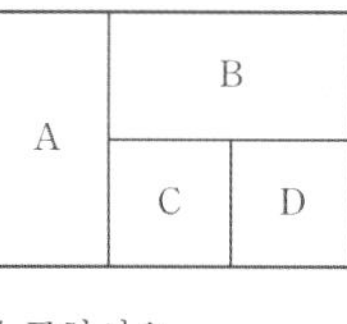

풀이 (가장 많은 영역과 이웃한 영역을 먼저 칠한다.)
B에 칠할 수 있는 색은 4가지
C에 칠할 수 있는 색은 3가지 (칠한 색 제외)
A, D에 칠할 수 있는 색은 각각 2가지 (∵ B, C와 다른 색)
$\therefore 4 \times 3 \times 2 \times 2 =$ **48**

0764 그림의 5개의 영역 A, B, C, D, E를 서로 다른 5가지 색으로 칠하려고 한다. 같은 색을 중복하여 사용해도 좋으나 인접한 영역은 서로 다른 색으로 칠할 때, 칠하는 경우의 수를 구하시오.

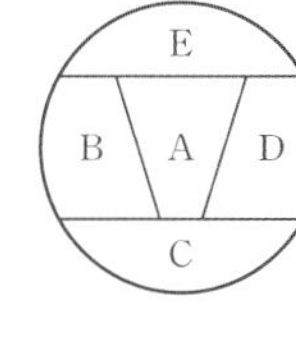

답 420

풀이 A에 칠할 수 있는 색은 5가지

(i) B와 D에 같은 색을 칠하는 경우
B에 칠할 수 있는 색은 4가지
D에 칠할 수 있는 색은 1가지 (∵ B와 같은 색)
C, E에 칠할 수 있는 색은 각각 3가지 (∵ A, B와 다른 색)
$\therefore 4 \times 1 \times 3 \times 3 = 36$

(ii) B와 D에 다른 색을 칠하는 경우
B에 칠할 수 있는 색은 4가지
D에 칠할 수 있는 색은 3가지 (칠한 색 제외)
C, E에 칠할 수 있는 색은 각각 2가지 (∵ A, B, D와 다른 색)
$\therefore 4 \times 3 \times 2 \times 2 = 48$

(i), (ii)에 의하여 $5 \times (36+48) =$ **420**

0765 그림의 6개의 영역 A, B, C, D, E, F를 서로 다른 3가지 색을 모두 사용하여 칠하려고 한다. 같은 색을 중복하여 사용해도 좋으나 인접한 영역은 서로 다른 색으로 칠할 때, 칠하는 경우의 수는?

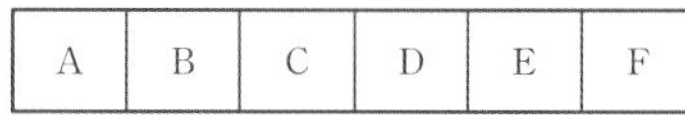

답 ⑤

풀이 3가지 색을 사용하여 칠하는 경우의 수는

A	B	C	D	E	F

$3 \times 2 \times 2 \times 2 \times 2 \times 2 = 96$

이때 2가지 색만을 사용하여 칠하는 경우의 수는
$3 \times 2 = 6$
(3: A, C, E에 칠할 수 있는 색, 2: B, D, F에 칠할 수 있는 색)
$\therefore 96-6=$**90**

(1) 지불하는 경우의 수: 50원짜리 동전이 a개, 100원짜리 동전이 b개, 500원짜리 동전이 c개일 때 ➜ $(a+1)\times(b+1)\times(c+1)$
(2) 지불하는 금액의 수: 큰 단위의 화폐를 작은 단위의 화폐로 바꾸어 계산한다.
(3) 갖고 있는 화폐의 일부를 이용하여 지불할 수 있는 경우의 수: 방정식, 부등식을 세워 직접 계산한다.

유형 07 지불하는 경우의 수와 지불 금액의 수 개념 1

0766 50원, 100원, 500원짜리 동전이 각각 3개씩 있다. 0원을 지불하는 경우를 제외하고 동전의 전부 또는 일부를 사용하여 지불할 수 있는 경우의 수를 a, 지불할 수 있는 금액의 수를 b라 할 때, $a-b$의 값은? 답 ③

풀이 (i) 지불할 수 있는 경우의 수

$a=4\times4\times4-1=63$
(1: 0원을 지불하는 경우)
(4: 0개, 1개, 2개, 3개 ➜ 4가지)

(ii) 지불할 수 있는 금액의 수

50원짜리 동전 9개, 500원짜리 동전 3개로 지불할 수 있는 금액과 같으므로
(50원짜리 동전 2개로 지불할 수 있는 금액과 100원짜리 동전 1개로 지불할 수 있는 금액은 같다.)

$b=10\times4-1=39$ ➜ 100원짜리 동전 3개를 50원짜리 동전 6개로 바꾸어 계산한다.

(i), (ii)에 의하여 $a-b=63-39=\mathbf{24}$

➜ **0767** 서연이가 500원짜리 동전 1개, 100원짜리 동전 6개, 50원짜리 동전 6개를 가지고 편의점에서 가격이 600원인 과자를 1개 사려고 할 때, 지불할 수 있는 경우의 수는? 답 ⑤

풀이 지불하는 500원짜리 동전의 개수를 x, 100원짜리 동전의 개수를 y, 50원짜리 동전의 개수를 z라 하면

$500x+100y+50z=600$

$\therefore 10x+2y+z=12$ (단, $0\le x\le1$, $0\le y\le6$, $0\le z\le6$)

(i) $x=0$일 때, $2y+z=12$이므로 순서쌍 (y, z)는
$(6, 0), (5, 2), (4, 4), (3, 6)$의 4개

(ii) $x=1$일 때, $2y+z=2$이므로 순서쌍 (y, z)는
$(1, 0), (0, 2)$의 2개

(i), (ii)에 의하여 $4+2=\mathbf{6}$

유형 08 수형도를 이용하는 경우의 수 개념 1

0768 a, b, c, d를 모두 사용하여 만든 네 자리 문자열 중에서 다음 조건을 만족시키는 문자열의 개수를 구하시오. 답 6

(가) 첫째 자리의 문자는 a 또는 b이다.
(나) 셋째 자리의 문자는 a 또는 c가 될 수 없다.

풀이 첫째 자리 둘째 자리 셋째 자리 넷째 자리

a — b — d — c
a — c — b — d
a — c — d — b
a — d — b — c
b — a — d — c
b — c — d — a

따라서 조건을 만족시키는 문자열은 6개이다.

➜ **0769** 그림과 같은 정육면체 ABCD−EFGH의 꼭짓점 A에서 출발하여 모서리를 따라 움직여 꼭짓점 F를 경유하고 꼭짓점 G에 도착하는 경우의 수를 구하시오. (단, 한 번 지나간 꼭짓점은 다시 지나지 않는다.) 답 12

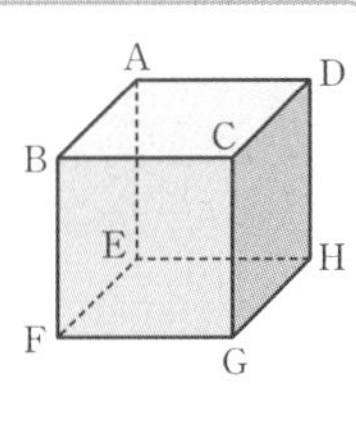

풀이

A — B — C — D — H — E — F — G
A — B — F — E — H — D — C — G
A — B — F — E — H — G
A — B — F — G
A — D — C — B — F — E — H — G
A — D — C — B — F — G

(i) A−B−⋯인 경우의 수와 A−E−⋯인 경우의 수는 서로 같다. ➜ 각각 4가지

(ii) A−D−C−⋯인 경우의 수와 A−D−H−⋯인 경우의 수는 서로 같다. ➜ 각각 2가지

(i), (ii)에 의하여 $2\times4+2\times2=\mathbf{12}$

0770 5명의 학생 A, B, C, D, E가 시험을 보기 위해 각자의 스마트폰을 한 곳에 모아 놓았다. 시험이 끝나고 각자 하나씩 스마트폰을 가져갔을 때, A학생만 자신의 스마트폰을 가져가고 나머지 4명의 학생은 모두 자기 스마트폰이 아닌 스마트폰을 가져가는 경우의 수는? 답 ③

풀이

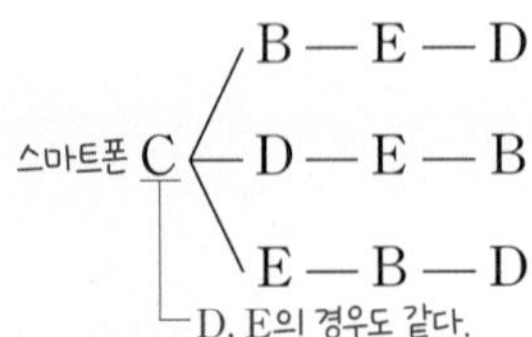

$\therefore 3\times3=\mathbf{9}$

➜ **0771** 동건이와 민건이가 4개의 자연수 1, 2, 3, 4를 한 번씩만 사용하여 네 자리 자연수를 각각 만들었다. 동건이가 만든 네 자리 자연수와 민건이가 만든 네 자리 자연수의 서로 같은 자리의 숫자끼리 비교했을 때, 어느 자리의 숫자도 같지 않도록 두 수를 만드는 경우의 수를 구하시오. 답 216

풀이 동건이가 만들 수 있는 네 자리 자연수의 개수는

$4!=4\times3\times2\times1=24$

동건이가 만든 네 자리 자연수가 1234일 때

동건이가 만든 수 1 2 3 4

민건이가 만든 수
2 — 1 — 4 — 3
2 — 3 — 4 — 1
2 — 4 — 1 — 3
(3, 4의 경우도 같다.)

이므로 민건이가 만들 수 있는 네 자리 자연수의 개수는 $3\times3=9$

따라서 구하는 경우의 수는 $24\times9=\mathbf{216}$

$_nP_r=\frac{n!}{(n-r)!}=n(n-1)(n-2)\times\cdots\times(n-r+1)$ (단, $0<r\le n$)

유형 09 순열의 계산 및 성질

개념 2

0772 $_nP_3+3_nP_2=5_{n+1}P_2$를 만족시키는 자연수 n의 값은? 답 ②

풀이 주어진 등식은 $n(n-1)(n-2)+3n(n-1)=5(n+1)n$

이므로 양변을 n으로 나누면

$(n-1)(n-2)+3(n-1)=5(n+1)$

$n^2-3n+2+3n-3=5n+5$

$n^2-5n-6=0$, $(n+1)(n-6)=0$

$\therefore n=\mathbf{6}$ ($\because$ n은 자연수)

→ **0773** $_{12}P_r=(n-2)\times{}_{11}P_{r-1}$을 만족시키는 자연수 n의 값을 구하시오. (단, r는 12 이하의 자연수이다.) 답 14

풀이 주어진 등식은 $\frac{12!}{(12-r)!}=(n-2)\times\frac{11!}{(12-r)!}$이므로

$12=n-2$ $\therefore n=\mathbf{14}$

유형 10 순열의 수

개념 2

0774 10명의 야구 선수 중에서 투수 1명과 지명 타자 1명을 뽑는 경우의 수는? (단, 1명이 투수와 지명타자를 동시에 할 수 없다.) 답 ④

풀이 $_{10}P_2=10\times9=\mathbf{90}$

→ **0775** MONDAY에 있는 6개의 문자 중에서 3개를 뽑아 일렬로 나열하는 경우의 수는? 답 ⑤

풀이 $_6P_3=6\times5\times4=\mathbf{120}$

0776 서로 다른 사탕 5개 중에서 3개를 골라 상자 A, B, C에 하나씩 넣는 경우의 수를 구하시오. 답 60

풀이 $_5P_3=5\times4\times3=\mathbf{60}$

→ 서술형 **0777** 5개의 숫자 0, 1, 2, 3, 4 중에서 서로 다른 3개의 수를 택하여 만들 수 있는 세 자리 자연수의 개수를 구하시오. 답 48

풀이

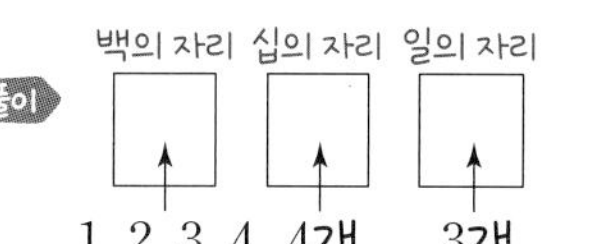

백의 자리에는 0이 올 수 없으므로 백의 자리에 올 수 있는 숫자는

1, 2, 3, 4의 4개 …❶ (20%)

십의 자리와 일의 자리에 올 수 있는 숫자는 백의 자리에 오는 숫자를 제외한 4개의 숫자 중 2개이므로

$_4P_2=4\times3=12$ …❷ (60%)

$\therefore 4\times12=\mathbf{48}$ …❸ (20%)

(1) 이웃하는 것이 있는 경우
(이웃하는 것을 묶어서 하나로 생각하여 배열하는 경우의 수) × (묶음 안에서 배열하는 경우의 수)
(2) 이웃하지 않는 경우
① (전체 경우의 수) − (이웃하는 경우의 수)　　② 이웃해도 되는 경우를 먼저 배열한 후 생각한다.

유형 11 이웃하거나 이웃하지 않는 순열의 수 　개념 2

0778 1, 2, 3, 4, 5의 숫자가 각각 하나씩 적혀 있는 5장의 카드가 있다. 이 5장의 카드를 일렬로 나열할 때, 짝수가 적혀 있는 카드끼리 이웃하도록 나열하는 경우의 수는? 한 장으로 생각한다.

답 ③

풀이 (2, 4)를 하나의 카드로 생각하여 1, (2, 4), 3, 5의 4장의 카드를 일렬로 나열하는 경우의 수는
$4!=4\times3\times2\times1=24$
2, 4가 적혀 있는 카드의 자리를 바꾸는 경우의 수는
$2!=2\times1=2$
$\therefore\ 24\times2=\mathbf{48}$

0779 1학년 학생 n명과 2학년 학생 3명을 일렬로 세울 때, 2학년 학생 3명을 이웃하게 세우는 경우의 수가 720이다. n의 값은? 한 명으로 생각한다.

답 ①

풀이 2학년 학생 3명을 한 명으로 생각하여 $(n+1)$명을 일렬로 세우는 경우의 수는
$(n+1)!$
2학년 학생 3명이 자리를 바꾸는 경우의 수는
$3!=3\times2\times1=6$
따라서 $(n+1)!\times6=720$이므로
$(n+1)!=120$
$n+1=5\ (\because\ 5!=120)$
$\therefore\ n=\mathbf{4}$

0780 농구 선수 3명과 배구 선수 2명을 일렬로 세울 때, 배구 선수끼리 이웃하지 않게 세우는 경우의 수는?

답 ④

풀이 1 (전체 경우의 수) − (배구 선수끼리 이웃하는 경우의 수)
$=5!-4!\times2!=120-(24\times2)=\mathbf{72}$

풀이 2 농구 선수 3명을 일렬로 세우는 경우의 수는
$3!=3\times2\times1=6$
∨ (농) ∨ (농) ∨ (농) ∨
농구 선수의 양 끝과 사이사이의 4개의 자리에 배구 선수 2명을 세우는 경우의 수는
${}_4\mathrm{P}_2=4\times3=12$
$\therefore\ 6\times12=\mathbf{72}$

0781 a, b, c, d, e를 일렬로 나열할 때, c와 e는 이웃하지 않고 a와 b는 이웃하도록 나열하는 경우의 수는?

답 ③

풀이 1 (a, b가 이웃하는 경우의 수)
− (a, b와 c, e가 각각 이웃하는 경우의 수)
$=4!\times\underbrace{2!}_{a,\,b\text{가 자리를 바꾸는 경우의 수}}-3!\times\underbrace{2!}_{a,\,b\text{가 자리를 바꾸는 경우의 수}}\times\underbrace{2!}_{c,\,e\text{가 자리를 바꾸는 경우의 수}}$
$=48-24=\mathbf{24}$

풀이 2 ∨ (a b) ∨ d ∨
$\underbrace{2!}_{(a,\,b),\,d\text{를 일렬로 나열하는 경우의 수}}\times\underbrace{2!}_{a,\,b\text{가 자리를 바꾸는 경우의 수}}\times\underbrace{{}_3\mathrm{P}_2}_{(a,\,b)\text{와 }d\text{의 양 끝과 사이사이에 }c,\,e\text{를 나열하는 경우의 수}}=2\times2\times(3\times2)=\mathbf{24}$

0782 1부터 9까지 9개의 자연수를 사용하여 네 자리 수의 비밀번호를 설정하려고 한다. 다음 조건을 따르는 비밀번호의 개수를 구하시오.

> (가) 모든 자리의 숫자는 다르다.
> (나) 2와 4가 모두 포함되고 2와 4는 이웃한 자리에 오도록 설정한다.

답 252

풀이 (2, 4)는 반드시 포함되므로 (2, 4)의 자리를 정하는 경우의 수는 3이고 2, 4가 자리를 바꾸는 경우의 수는 2!이므로
$3\times2!=6$
나머지 7개의 숫자 중에서 2개의 숫자를 택하여 남은 2개의 자리에 배치하는 경우의 수는
${}_7\mathrm{P}_2=7\times6=42$
$\therefore\ 6\times42=\mathbf{252}$

서술형
0783 남자 4명, 여자 3명을 앞줄에 일렬로 3명, 뒷줄에 일렬로 4명으로 세워서 사진을 찍으려고 한다. 여자 3명을 앞줄 또는 뒷줄에서 옆으로 서로 이웃하게 세워 사진을 찍는 경우의 수를 구하시오.

답 432

풀이 (i) 여자 3명을 앞줄에 일렬로 세우는 경우의 수는
$3!=3\times2\times1=6$
남자 4명을 뒷줄에 일렬로 세우는 경우의 수는
$4!=4\times3\times2\times1=24$
$\therefore\ 6\times24=144$　…❶ (40%)
(ii) 남자 4명 중 3명을 앞줄에 일렬로 세우는 경우의 수는
${}_4\mathrm{P}_3=4\times3\times2=24$
여자 3명을 한 명으로 생각하여 남자 1명과 뒷줄에 세우는 경우의 수는
$2!\times3!=12$
$\therefore\ 24\times12=288$　…❷ (40%)
(i), (ii)에 의하여 $144+288=\mathbf{432}$　…❸ (20%)

유형 12 자리에 대한 조건이 있는 순열의 수 개념 2

0784 5개의 문자 a, b, c, d, e를 일렬로 배열할 때, a를 가장 앞에, e를 가장 뒤에 배열하는 경우의 수는? 답 ③

풀이 a □ □ □ e

$\therefore 3!=3\times2\times1=\mathbf{6}$

➜ **0785** 지민이와 민교를 포함한 5명이 일렬로 서서 벚꽃을 배경으로 사진을 찍으려고 한다. 지민이와 민교가 양 끝에 오도록 사진을 찍는 경우의 수는? 답 ①

풀이
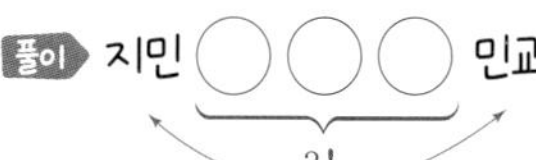

$\therefore 3!\times2!=(3\times2\times1)\times(2\times1)=\mathbf{12}$

0786 8개의 의자가 일렬로 놓여 있고 의자에 두 사람이 앉을 때, 두 사람 사이에 빈 의자를 하나만 두고 앉는 경우의 수는? A, B 답 ④

풀이
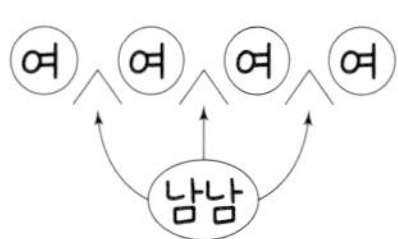

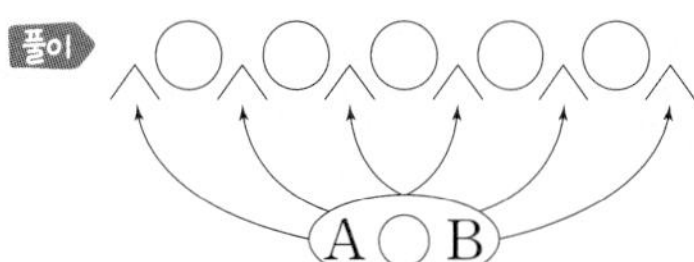

(A ○ B)를 남은 5개의 의자의 양 끝과 사이사이의 6개의 자리에 배치하는 경우의 수는 6

이때 A, B의 자리를 바꾸는 경우의 수는

$2!=2\times1=2$

$\therefore 6\times2=\mathbf{12}$

➜ 서술형 **0787** 남학생 2명과 여학생 4명을 모두 일렬로 세울 때, 여학생 사이에 남학생 2명이 서로 이웃하여 서는 경우의 수를 구하시오. 답 144

풀이 여학생 4명을 일렬로 세우는 경우의 수는

$4!=4\times3\times2\times1=24$ …❶ (40%)

여 여 여 여 / 남남

남학생 2명을 한 명으로 생각하여 여학생 4명 사이사이에 세우는 경우의 수는 3

이때 남학생 2명이 자리를 바꾸는 경우의 수는

$2!=2\times1=2$ …❷ (40%)

$\therefore 24\times3\times2=\mathbf{144}$ …❸ (20%)

0788 할아버지, 할머니, 아버지, 어머니, 아들, 딸로 구성된 6명의 가족이 있다. 이 가족이 그림과 같이 앞줄에 3개, 뒷줄에 3개의 좌석이 있는 비행기에 탑승하려고 한다. 아들과 딸이 창가 쪽 좌석에 앉도록 하는 경우의 수는? 답 ⑤

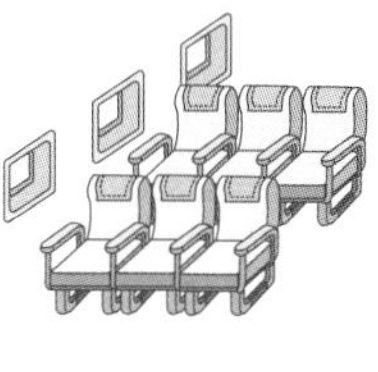

풀이 $2!\times4!=(2\times1)\times(4\times3\times2\times1)=\mathbf{48}$

- $4!$: 나머지 4명이 자리를 정하는 경우의 수
- $2!$: 아들과 딸이 자리를 정하는 경우의 수

➜ **0789** 할아버지, 할머니, 아버지, 어머니, 아들, 딸로 구성된 6명의 가족이 있다. 이 가족이 그림과 같은 6개의 좌석에 모두 앉을 때, 할아버지, 할머니가 같은 열에 앉고, 아들, 딸이 서로 다른 열에 앉는 경우의 수를 구하시오. 답 144

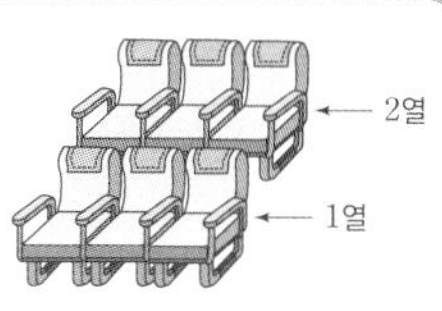

풀이 할아버지, 할머니가 앉는 열을 정하는 경우의 수는

$2!=2\times1=2$

할아버지, 할머니가 앉는 열에서 할아버지, 할머니의 좌석을 정하는 경우의 수는

${}_3P_2=3\times2=6$

할아버지, 할머니가 앉는 열에서 아들 또는 딸이 앉는 경우의 수는

2

나머지 열에 남은 3명이 앉는 경우의 수는

$3!=3\times2\times1=6$

$\therefore 2\times6\times2\times6=\mathbf{144}$

(사건 A가 일어나는 경우의 수)=(전체 경우의 수)−(사건 A가 일어나지 않는 경우의 수)

유형 13 '적어도'의 조건이 있는 순열의 수

개념 2

0790 남학생 3명과 여학생 3명을 일렬로 세울 때, 적어도 한쪽 끝에는 남학생이 서는 경우의 수는? 답 ⑤

풀이 (전체 경우의 수)−(양 끝에 모두 여학생이 서는 경우의 수)

$=6!-({}_3P_2\times4!)$

$=720-(6\times24)=\mathbf{576}$

→ **0791** 6개의 숫자 1, 2, 3, 4, 5, 6을 한 번씩 사용하여 여섯 자리 자연수를 만들 때, 3과 4 사이에 다른 숫자가 적어도 2개 있는 경우의 수는? 답 ①

풀이 6개의 숫자를 한 번씩 사용하여 여섯 자리 자연수를 만드는 경우의 수는 $6!=720$

(i) 3과 4 사이에 숫자가 없는 경우

1, 2, (3, 4), 5, 6을 나열하는 경우의 수는 $5!=120$

3과 4의 순서를 정하는 경우의 수는 $2!=2$

$\therefore 120\times2=240$

(ii) 3과 4 사이에 하나의 숫자가 있는 경우

3과 4 사이에 들어갈 숫자 △를 정하는 경우의 수는 4

(3, △, 4)를 하나의 숫자로 생각하여 4개의 숫자를 나열하는 경우의 수는 $4!=24$

3과 4의 순서를 정하는 경우의 수는 $2!=2$

$\therefore 4\times24\times2=192$

(i), (ii)에 의하여 $240+192=432$

따라서 구하는 경우의 수는 $720-432=\mathbf{288}$

유형 14 순열을 이용한 자연수의 개수

개념 2

0792 5개의 숫자 0, 1, 2, 3, 4 중에서 서로 다른 3개의 숫자를 사용하여 세 자리 자연수를 만들 때, 짝수인 자연수의 개수는? 답 ①

일의 자리 수가 0 또는 2 또는 4

풀이 (i) □□0 → ${}_4P_2=4\times3=12$

(ii) □□2 → $3\times3=9$

(iii) □□4 → $3\times3=9$

백의 자리에는 0이 올 수 없다.

(i), (ii), (iii)에 의하여 $12+9+9=\mathbf{30}$

→ **0793** 6개의 숫자 1, 2, 3, 4, 5, 6을 한 번씩만 사용하여 여섯 자리 자연수를 만들 때, 일의 자리의 숫자와 백의 자리의 숫자와 만의 자리의 숫자가 모두 홀수인 자연수의 개수를 구하시오. 답 36

풀이 □ 홀 □ 홀 □ 홀

홀수가 3개, 짝수가 3개이므로

$3!\times3!=6\times6=\mathbf{36}$

0794 6개의 숫자 0, 1, 2, 3, 4, 5 중에서 서로 다른 4개의 숫자를 사용하여 만들 수 있는 네 자리 자연수 중 4의 배수의 개수는? 답 ①

끝의 두 자리 수가 4의 배수

풀이 (i) □□04, □□20, □□40인 경우

천의 자리, 백의 자리에 올 수 있는 숫자의 경우의 수는

${}_4P_2=4\times3=12$

이므로 4의 배수의 개수는 $3\times12=36$

(ii) □□12, □□24, □□32, □□52인 경우

천의 자리, 백의 자리에 올 수 있는 숫자의 경우의 수는 (0이 올 수 없다.)

$3\times3=9$

이므로 4의 배수의 개수는 $4\times9=36$

(i), (ii)에 의하여 $36+36=\mathbf{72}$

→ 서술형 **0795** 6개의 숫자 0, 1, 3, 5, 7, 9 중에서 서로 다른 3개의 숫자를 사용하여 만들 수 있는 세 자리 자연수 중 3의 배수의 개수를 구하시오. 답 36

각 자리의 숫자의 합이 3의 배수

풀이 3으로 나누었을 때 나머지가 0인 수, 즉 0, 3, 9를 A,

3으로 나누었을 때 나머지가 1인 수, 즉 1, 7을 B,

3으로 나누었을 때 나머지가 2인 수, 즉 5를 C라 하면 …❶ (20%)

(i) A에서 3개를 택하는 경우의 수

AAA → $2\times2\times1=4$ (백의 자리에는 0이 올 수 없다.)

(ii) A, B, C에서 각각 1개씩 택하는 경우의 수

ABC → $2\times2\times1=4$, ACB → $2\times1\times2=4$

(백의 자리에는 0이 올 수 없다.)

BAC → $2\times3\times1=6$, BCA → $2\times1\times3=6$

CAB → $1\times3\times2=6$, CBA → $1\times2\times3=6$

$\therefore 4+4+6+6+6+6=32$ …❷ (60%)

(i), (ii)에 의하여 $4+32=\mathbf{36}$ …❸ (20%)

유형 15 규칙에 따라 배열하는 경우의 수

개념 2

0796 7개의 숫자 0, 1, 2, 3, 4, 5, 6 중에서 서로 다른 3개의 숫자를 사용하여 세 자리 자연수를 만들 때, 250보다 큰 수의 개수는?

답 ③

풀이 25□ 꼴의 자연수의 개수는 4 (↑ 1, 3, 4, 6)

26□ 꼴의 자연수의 개수는 5 (↑ 0, 1, 3, 4, 5)

3□□, 4□□, 5□□, 6□□ 꼴의 자연수의 개수는

$4\times{}_6P_2=4\times(6\times5)=120$

$\therefore$ $4+5+120=\mathbf{129}$

→ **0797** 5개의 문자 a, b, c, d, e를 모두 한 번씩 사용하여 사전식으로 배열할 때, $bdcea$는 몇 번째에 오는지 구하시오.

답 40번째

풀이 a□□□□ 꼴의 문자열의 개수는 $4!=24$

ba□□□ 꼴의 문자열의 개수는 $3!=6$

bc□□□ 꼴의 문자열의 개수는 $3!=6$

bda□□ 꼴의 문자열의 개수는 $2!=2$

bdc□□ 꼴의 문자열은 순서대로 $bdcae$, $bdcea$의 2개이므로

$bdcea$는 **40번째**에 온다.

└ $24+6+6+2+2=40$

유형 16 조합의 계산 및 성질

개념 2, 3

0798 다음 조건을 모두 만족시키는 자연수 n, r에 대하여 $n\times r$의 값은?

(가) ${}_nP_r=210$　　(나) ${}_nC_r=35$

답 ①

풀이 ${}_nP_r={}_nC_r\times r!$이므로

$210=35\times r!$에서 $r!=6=3\times2\times1$　　$\therefore$ $r=3$

이때 ${}_nP_3=n(n-1)(n-2)=210=7\times6\times5$이므로

$n=7$

$\therefore$ $n\times r=7\times3=\mathbf{21}$

→ **0799** 자연수 n에 대하여 등식 ${}_nP_4=k\times{}_nC_4$를 만족시키는 자연수 k의 값은?

답 ④

풀이 ${}_nP_r={}_nC_r\times r!$이므로 ${}_nP_4={}_nC_4\times4!$

$\therefore$ $k=4!=\mathbf{24}$

0800 등식 ${}_{n-1}P_2+4={}_{n+1}C_{n-1}$을 만족시키는 모든 자연수 n의 값의 합은?

$={}_{n+1}C_2$

답 ②

풀이 $(n-1)(n-2)+4=\dfrac{(n+1)n}{2}$에서

$2(n^2-3n+2+4)=n^2+n$

$n^2-7n+12=0$, $(n-3)(n-4)=0$

$\therefore$ $n=3$ 또는 $n=4$

따라서 모든 자연수 n의 값의 합은

$3+4=\mathbf{7}$

→ **0801** x에 대한 이차방정식 ${}_nC_2x^2-{}_nC_3x+{}_nC_4=0$의 두 근을 α, β라 할 때, $\alpha\beta=\frac{5}{2}$이다. $\alpha+\beta$의 값은? (단, n은 자연수이다.)

답 ⑤

풀이 이차방정식의 근과 계수의 관계에 의하여

$$\alpha\beta=\frac{{}_nC_4}{{}_nC_2}=\frac{\dfrac{n(n-1)(n-2)(n-3)}{4\times3\times2\times1}}{\dfrac{n(n-1)}{2\times1}}$$

$$=\frac{(n-2)(n-3)}{12}=\frac{5}{2}$$

즉, $(n-2)(n-3)=30$에서 $n^2-5n-24=0$

$(n+3)(n-8)=0$　　$\therefore$ $n=8$ ($\because$ n은 자연수)

$$\therefore\ \alpha+\beta=\frac{{}_8C_3}{{}_8C_2}=\frac{\dfrac{8\times7\times6}{3\times2\times1}}{\dfrac{8\times7}{2\times1}}=\mathbf{2}$$

유형 17 조합의 수 개념 3

0802 남학생 4명, 여학생 6명으로 구성된 동아리에서 남학생 2명, 여학생 3명을 뽑는 경우의 수는? 답 ①

풀이 ${}_4C_2\times{}_6C_3=\frac{4\times3}{2\times1}\times\frac{6\times5\times4}{3\times2\times1}=6\times20=\mathbf{120}$

0803 크기가 서로 다른 빨간 구슬 5개와 모양이 서로 다른 파란 구슬 3개가 들어 있는 주머니에서 빨간 구슬 2개와 파란 구슬 2개를 꺼내는 경우의 수는? 답 ③

풀이 ${}_5C_2\times\underbrace{{}_3C_2}_{={}_3C_1}=\frac{5\times4}{2\times1}\times3=10\times3=\mathbf{30}$

0804 서로 다른 수학책 6권, 서로 다른 영어책 6권, 서로 다른 과학책 5권 중에서 3권의 책을 선택할 때, 선택한 세 권이 모두 같은 과목의 책일 경우의 수는? 답 ①

풀이 ${}_6C_3+{}_6C_3+\underbrace{{}_5C_3}_{={}_5C_2}=\frac{6\times5\times4}{3\times2\times1}+\frac{6\times5\times4}{3\times2\times1}+\frac{5\times4}{2\times1}$

$=20+20+10=\mathbf{50}$

서술형

0805 1부터 10까지의 자연수 중에서 서로 다른 세 수를 택하여 더할 때, 세 수의 합이 3의 배수가 되는 경우의 수를 구하시오. 답 42

각 자리의 숫자의 합이 3의 배수

풀이 3으로 나누었을 때 나머지가 0인 수, 즉 3, 6, 9를 A,
3으로 나누었을 때 나머지가 1인 수, 즉 1, 4, 7, 10을 B,
3으로 나누었을 때 나머지가 2인 수, 즉 2, 5, 8을 C라 하면 …❶ (20%)

(i) A에서 3개, B에서 3개, C에서 3개를 택하는 경우의 수
AAA → 1
BBB → ${}_4C_3={}_4C_1=4$
CCC → 1
∴ $1+4+1=6$

(ii) A, B, C에서 각각 1개씩 택하는 경우의 수
ABC → ${}_3C_1\times{}_4C_1\times{}_3C_1=3\times4\times3=36$ …❷ (60%)

(i), (ii)에 의하여 $6+36=\mathbf{42}$ …❸ (20%)

유형 18 특정한 것을 포함하거나 포함하지 않는 조합의 수 개념 3

0806 정우와 연수를 포함한 12명의 학생 중에서 4명을 뽑을 때, 정우와 연수를 모두 뽑는 경우의 수를 바르게 나타낸 것은? 답 ④

① ${}_{12}C_4$ ② ${}_{12}C_2$ ③ ${}_{10}C_4$
④ ${}_{10}C_2$ ⑤ ${}_8C_4$

풀이 정우와 연수를 제외한 10명의 학생 중에서 2명을 뽑는 경우의 수와 같으므로 ${}_{10}C_2$

0807 10명의 농구 선수 중에서 경기에 출전할 5명의 선수를 뽑으려고 한다. 두 선수 A, B를 포함하여 뽑는 경우의 수를 m, 두 선수 A, B를 포함하지 않고 뽑는 경우의 수를 n이라 할 때, $m+n$의 값은? 답 ①

풀이 (i) 두 선수 A, B를 포함하여 뽑는 경우의 수
두 선수 A, B를 제외한 8명의 선수 중에서 3명을 뽑는 경우의 수와 같으므로

$m={}_8C_3=\frac{8\times7\times6}{3\times2\times1}=56$

(ii) 두 선수 A, B를 포함하지 않고 뽑는 경우의 수
두 선수 A, B를 제외한 8명의 선수 중에서 5명을 뽑는 경우의 수와 같으므로

$n={}_8C_5={}_8C_3=\frac{8\times7\times6}{3\times2\times1}=56$

(i), (ii)에 의하여 $m+n=56+56=\mathbf{112}$

0808 크기가 서로 다른 5켤레의 구두 10짝 중에서 6짝을 택할 때, 두 켤레만 짝이 맞도록 택하는 경우의 수는? 답 ④

풀이 $_5C_2\times(_6C_2-{}_3C_1)=\frac{5\times4}{2\times1}\times\left(\frac{6\times5}{2\times1}-3\right)$

$=10\times(15-3)=$**120**

짝이 맞는 두 켤레 선택 → 5켤레 중 2켤레
짝이 맞는 1켤레 선택 → 3켤레 중 1켤레
두 켤레를 제외한 6짝 중에서 2짝을 선택

0809 현수와 민주를 포함한 9명이 어느 공연장을 가는데 5명은 버스를 타고, 나머지 4명은 지하철을 타고 가기로 했다. 현수와 민주 중 한 사람만 지하철을 타고 가는 경우의 수를 구하시오. 답 70

풀이 (i) 현수만 지하철을 타는 경우

현수, 민주를 제외한 7명 중에서 3명이 지하철을 타는 경우의 수와 같으므로

$_7C_3=\frac{7\times6\times5}{3\times2\times1}=35$

(ii) 민주만 지하철을 타는 경우

마찬가지로 경우의 수는 35이다.

(i), (ii)에 의하여 $35+35=$**70**

유형 19 '적어도'의 조건이 있는 조합의 수 (개념 3)

0810 남자 4명, 여자 3명으로 구성된 모임에서 대표 3명을 선출할 때, 여자가 적어도 1명 이상 선출되는 경우의 수는? 답 ④

풀이 (전체 경우의 수) − (대표가 모두 남자인 경우의 수)

$=_7C_3-{}_4C_3=\frac{7\times6\times5}{3\times2\times1}-4=35-4=$**31**

($_4C_3={}_4C_1$)

서술형 **0811** 1학년과 2학년 학생 10명으로 구성된 동아리에서 회의에 참가할 두 명을 뽑으려고 한다. 2학년 학생이 적어도 한 명 포함되도록 뽑는 경우의 수가 30일 때, 이 동아리의 2학년 학생 수를 구하시오. 답 4

(n명, $(10-n)$명)

풀이 (전체 경우의 수) − (모두 1학년 학생인 경우의 수) $=30$ 이므로 1학년 학생 수를 n이라 하면

$_{10}C_2-{}_nC_2=30$ …❶ (30%)

$\frac{10\times9}{2\times1}-\frac{n(n-1)}{2\times1}=30,\ 45-\frac{n(n-1)}{2}=30$

$n(n-1)=30,\ n^2-n-30=0$

$(n+5)(n-6)=0$

$\therefore n=6$ ($\because$ n은 자연수) …❷ (50%)

따라서 2학년 학생 수는 $10-6=$**4** …❸ (20%)

0812 남자 5명, 여자 6명으로 이루어진 팀에서 세미나 발표회에 발표자로 나설 4명을 뽑으려고 한다. 발표자는 남자와 여자 모두 포함하여 구성해야 한다고 할 때, 가능한 경우의 수는? 남자와 여자 모두 적어도 1명 이상 답 ②

풀이 (전체 경우의 수)

$-\{$(모두 남자인 경우의 수) + (모두 여자인 경우의 수)$\}$

$=_{11}C_4-(_5C_4+{}_6C_4)$ ($_5C_4={}_5C_1$, $_6C_4={}_6C_2$)

$=\frac{11\times10\times9\times8}{4\times3\times2\times1}-\left(5+\frac{6\times5}{2\times1}\right)$

$=330-(5+15)=$**310**

0813 1부터 10까지의 자연수가 각각 하나씩 적힌 10개의 공이 들어 있는 주머니에서 3개의 공을 동시에 꺼내려고 한다. 3이 적힌 공을 포함하는 경우의 수를 a, 짝수와 홀수가 적힌 공을 각각 적어도 1개 이상 포함하는 경우의 수를 b라 할 때, $a+b$의 값은? 답 ③

(홀수 5개, 짝수 5개)

풀이 $a=$(3을 제외한 나머지 9개의 공 중에서 2개의 공을 뽑는 경우의 수)

$=_9C_2=\frac{9\times8}{2\times1}=36$

$b=$(전체 경우의 수)

$-\{$(모두 홀수인 경우의 수) + (모두 짝수인 경우의 수)$\}$

$=_{10}C_3-(_5C_3+{}_5C_3)$ ($_5C_3={}_5C_2$)

$=\frac{10\times9\times8}{3\times2\times1}-\left(\frac{5\times4}{2\times1}+\frac{5\times4}{2\times1}\right)$

$=120-(10+10)=100$

$\therefore a+b=36+100=$**136**

유형 20 뽑아서 나열하는 경우의 수 개념 3

0814 4명의 어른, 3명의 어린이 중에서 4명을 뽑아 일렬로 놓인 4개의 의자에 앉히려고 한다. 어른과 어린이를 각각 2명씩 뽑아 앉힐 때, 어린이를 서로 이웃하도록 앉히는 경우의 수는? 답 ⑤

풀이 $_4C_2\times{_3C_2}\times3!\times2!$

(어른 2명, 어린이 2명을 뽑는 경우의 수 / 어린이가 자리를 바꾸는 경우의 수 / (어린이, 어린이)를 한 명으로 생각하여 3명을 일렬로 앉히는 경우의 수)

$=\dfrac{4\times3}{2\times1}\times\dfrac{3\times2}{2\times1}\times(3\times2\times1)\times(2\times1)$

$=6\times3\times6\times2=\mathbf{216}$

0815 6개의 문자 a, b, c, d, e, f 중에서 5개를 택하여 일렬로 나열할 때, a, b를 포함하고 a, b가 서로 이웃하지 않도록 나열하는 경우의 수를 구하시오. 답 288

풀이 a, b를 포함하여 5개의 문자를 택하는 경우의 수는 a, b를 제외한 나머지 4개의 문자 중에서 3개를 택하는 경우의 수와 같으므로

$_4C_3={_4C_1}=4$ □, △, ☆

(□, △, ☆을 나열하는 경우의 수 / 택한 3개의 문자의 양 끝과 사이사이의 4개의 자리에 a, b를 나열하는 경우의 수)

$3!\times{_4P_2}=(3\times2\times1)\times(4\times3)$ ∨□∨△∨☆∨

$=6\times12=72$

$\therefore 4\times72=\mathbf{288}$

0816 집합 $X=\{x|x$는 9 이하의 자연수$\}$에 대하여 집합 X의 원소 중 서로 다른 홀수 2개와 서로 다른 짝수 3개를 택하여 만들 수 있는 다섯 자리 자연수의 개수를 구하시오. 답 4800

풀이 집합 $X=\{1, 2, 3, 4, 5, 6, 7, 8, 9\}$이므로 홀수는 5개, 짝수는 4개이다.

$\therefore {_5C_2}\times{_4C_3}\times5!=\dfrac{5\times4}{2\times1}\times4\times(5\times4\times3\times2\times1)$

$=10\times4\times120=\mathbf{4800}$

(홀수를 택하는 경우의 수 / 짝수를 택하는 경우의 수 $(={_4C_1})$ / 5개의 숫자를 배열하는 경우의 수)

서술형 **0817** 앞좌석에 2명, 뒷좌석에 3명이 탑승할 수 있는 승용차가 있다. 부모 2명과 자녀 3명이 승용차에 탑승할 때, 부모 중 한 명은 앞좌석에서 운전을 하고, 다른 한 명은 뒷좌석에 탑승하는 경우의 수를 구하시오. 답 36

풀이 부모 중 앞좌석에서 운전하는 한 명을 뽑는 경우의 수는 $_2C_1=2$

부모 중 운전을 하지 않는 한 명이 뒷좌석에 탑승하는 경우의 수는 $_3C_1=3$

즉, 부모가 차량에 탑승하는 경우의 수는 $2\times3=6$ …❶ (40%)

자녀 3명이 나머지 세 좌석에 탑승하는 경우의 수는

$3!=3\times2\times1=6$ …❷ (40%)

$\therefore 6\times6=\mathbf{36}$ …❸ (20%)

유형 21 함수의 개수 개념 3

0818 집합 $X=\{1, 2, 3, 4, 5, 6\}$에 대하여 함수 $f: X\longrightarrow X$ 중에서 $f(4)<f(5)<f(6)$을 만족시키는 함수 f의 개수를 구하시오. 답 4320

풀이 $f(4)$, $f(5)$, $f(6)$의 값을 정하는 경우의 수는

$_6C_3=\dfrac{6\times5\times4}{3\times2\times1}=20$

정의역의 원소 1, 2, 3은 공역의 원소 1, 2, 3, 4, 5, 6에 대응할 수 있으므로 공역의 원소를 택하는 경우의 수는 $6^3=216$

$\therefore 20\times216=\mathbf{4320}$

0819 두 집합 $X=\{1, 2, 3, 4, 5\}$, $Y=\{1, 2, 3, 4, 5, 6\}$에 대하여 함수 $f: X\longrightarrow Y$ 중에서 $f(1)=2$, $f(3)=4$이고 $f(1)<f(2)$, $f(3)>f(4)>f(5)$를 만족시키는 함수 f의 개수를 구하시오. 답 12

풀이 $f(1)<f(2)$이므로

$f(2)$의 값은 집합 Y의 원소 3, 4, 5, 6 중 1개이다.

$\therefore {_4C_1}=4$

$f(3)>f(4)>f(5)$이므로

$f(4)$, $f(5)$의 값은 집합 Y의 원소 1, 2, 3 중 서로 다른 2개이다.

$\therefore {_3C_2}={_3C_1}=3$

$\therefore 4\times3=\mathbf{12}$

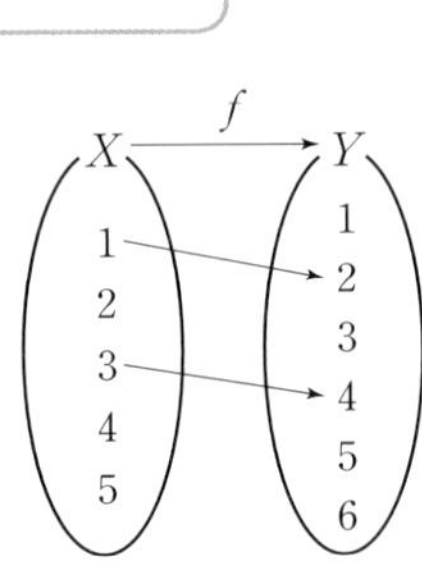

(1) 직선의 개수: n개의 점 중 2개의 점을 택하는 경우의 수 → ${}_{n}C_{2}$
(2) 삼각형의 개수: n개의 점 중 3개의 점을 택하는 경우의 수 → ${}_{n}C_{3}$
(3) 한 직선 위에 있는 3개 이상의 점 중에서 택하여 만들 수 있는 직선은 1개 뿐이고, 삼각형은 만들어지지 않는다.

유형 22 직선과 다각형의 개수 개념 3

0820 그림과 같이 평행한 두 직선 위에 8개의 점이 있을 때, 주어진 점을 연결하여 만들 수 있는 서로 다른 직선의 개수를 구하시오.

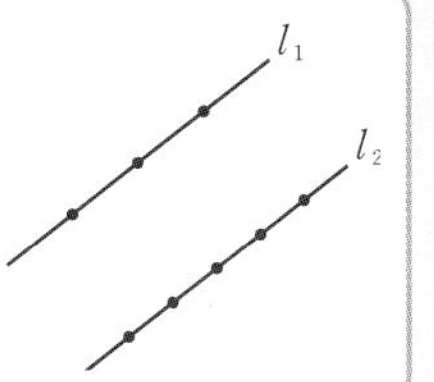

답 17

풀이1 ${}_{3}C_{1}\times{}_{5}C_{1}+2=3\times5+2=\mathbf{17}$
(${}_{3}C_{1}$: 직선 l_1의 3개의 점 중에서 1개를 선택하는 경우의 수, ${}_{5}C_{1}$: 직선 l_2의 5개의 점 중에서 1개를 선택하는 경우의 수, 2: 직선 l_1, l_2)

풀이2 ${}_{8}C_{2}-({}_{3}C_{2}+{}_{5}C_{2})+2=\frac{8\times7}{2\times1}-\left(3+\frac{5\times4}{2\times1}\right)+2$
$=28-(3+10)+2=\mathbf{17}$
(${}_{8}C_{2}$: 8개의 점 중에서 2개를 선택하는 경우의 수, ${}_{3}C_{2}$: 직선 l_1의 3개의 점 중에서 2개를 선택하는 경우의 수, ${}_{5}C_{2}$: 직선 l_2의 5개의 점 중에서 2개를 선택하는 경우의 수, 2: 두 직선 l_1, l_2)

→ **0821** 그림과 같이 두 개의 직선 l, m 위에 각각 4개, 7개의 점이 있다. 직선 l 위의 점과 직선 m 위의 점을 양 끝점으로 하는 2개의 선분을 그을 때, 두 직선 l, m 사이에서 두 선분이 만나는 경우의 수를 구하시오.

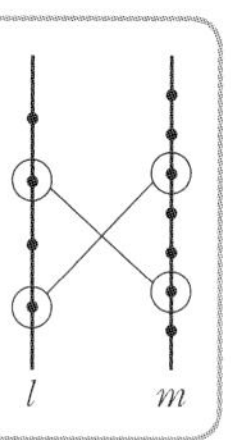

답 126

풀이 직선 l 위의 점 2개를 선택하고, 직선 m 위의 점 2개를 선택하여 교점이 생기도록 연결하면 되므로

${}_{4}C_{2}\times{}_{7}C_{2}=\frac{4\times3}{2\times1}\times\frac{7\times6}{2\times1}=6\times21=\mathbf{126}$

0822 그림과 같이 반원 위에 10개의 점이 있다. 이 점들을 이어서 만들 수 있는 서로 다른 직선의 개수를 a, 서로 다른 삼각형의 개수를 b라 할 때, $a+b$의 값은?

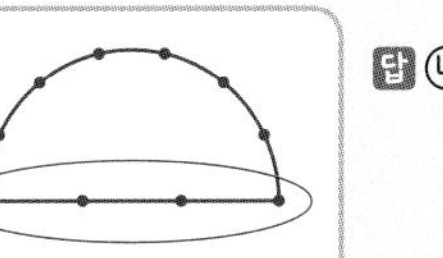

답 ④

풀이 $a={}_{10}C_{2}-{}_{4}C_{2}+1=\frac{10\times9}{2\times1}-\frac{4\times3}{2\times1}+1=45-6+1=40$
(${}_{4}C_{2}$: 지름 위의 4개의 점 중에서 2개를 선택하는 경우의 수)

$b={}_{10}C_{3}-{}_{4}C_{3}=\frac{10\times9\times8}{3\times2\times1}-4=120-4=116$
(일직선 위의 3개의 점으로는 삼각형이 만들어지지 않는다.)

$\therefore a+b=40+116=\mathbf{156}$

→ **0823** 그림과 같이 같은 간격으로 놓인 12개의 점이 있다. 이 중 두 점을 이어 만들 수 있는 서로 다른 직선의 개수를 a, 이 중 네 점을 이어 만들 수 있는 서로 다른 정사각형의 개수를 b라 할 때, $a+b$의 값은?

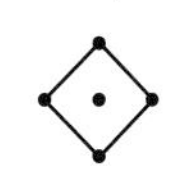

답 ⑤

풀이 (세로) + (대각선) + (대각선), (가로) 3개
4개 + 2개 + 2개 = 8개

$\therefore a={}_{12}C_{2}-({}_{3}C_{2}\times8+{}_{4}C_{2}\times3)+(8+3)$
$=66-(24+18)+11=35$

6개, 2개, 2개

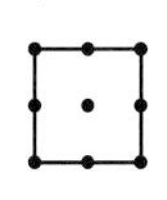

$\therefore b=6+2+2=10$
$\therefore a+b=35+10=\mathbf{45}$

0824 그림과 같이 3개의 평행한 직선과 5개의 평행한 직선이 서로 만나고 있다. 이 평행한 직선으로 만들어지는 평행사변형의 개수는?

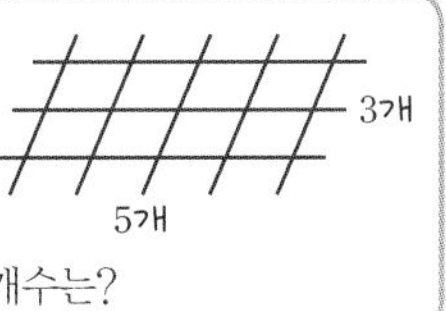

답 ②

풀이 ${}_{3}C_{2}\times{}_{5}C_{2}=3\times\frac{5\times4}{2\times1}=3\times10=\mathbf{30}$
(${}_{3}C_{2}={}_{3}C_{1}$)

→ **0825** 그림과 같이 2개, 3개, 3개의 평행한 직선이 서로 만날 때, 이 평행한 직선으로 만들어지는 평행사변형의 개수를 구하시오.

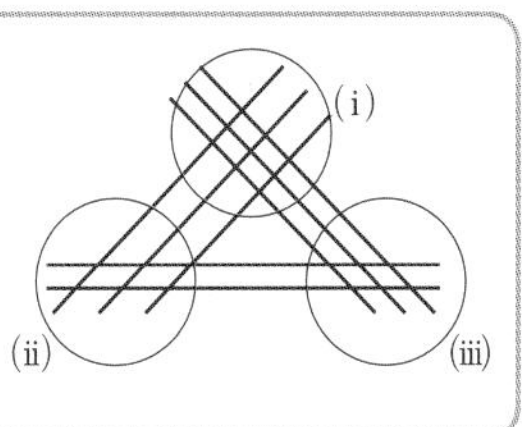

답 15

풀이 (i) ${}_{3}C_{2}\times{}_{3}C_{2}=3\times3=9$
(ii) ${}_{2}C_{2}\times{}_{3}C_{2}=1\times3=3$
(iii) ${}_{2}C_{2}\times{}_{3}C_{2}=1\times3=3$
(i), (ii), (iii)에 의하여 $9+3+3=\mathbf{15}$

유형 23 조합을 이용하여 조를 나누는 경우의 수

개념 4

0826 서로 다른 사탕 5개를 같은 종류의 상자 3개에 나누어 넣을 때, 빈 상자가 없도록 넣는 경우의 수를 구하시오.

답 25

풀이 (i) 1개, 1개, 3개로 나누어 상자에 넣는 경우

$${}_5C_1\times{}_4C_1\times{}_3C_3\times\frac{1}{2!}=5\times4\times1\times\frac{1}{2}=10$$

(ii) 1개, 2개, 2개로 나누어 상자에 넣는 경우

$${}_5C_1\times{}_4C_2\times{}_2C_2\times\frac{1}{2!}=5\times6\times1\times\frac{1}{2}=15$$

(i), (ii)에 의하여 $10+15=\mathbf{25}$

0827 다음은 서로 다른 맛 김밥 9줄을 나누어 담는 경우의 수를 구한 것이다.

(가) 3줄, 6줄로 서로 다른 모양의 용기 두 개에 나누어 담는 경우의 수는 a이다. 분배

(나) 3줄, 3줄, 3줄로 똑같은 모양의 용기 세 개에 나누어 담는 경우의 수는 b이다. 분할

$b-a$의 값을 구하시오.

답 112

풀이 $a=({}_9C_3\times{}_6C_6)\times\underline{2!}=84\times1\times2=168$ (용기에 담는 경우의 수)

$$b={}_9C_3\times{}_6C_3\times{}_3C_3\times\frac{1}{3!}=84\times20\times1\times\frac{1}{6}=280$$

$\therefore b-a=280-168=\mathbf{112}$

0828 어른 6명, 어린이 3명을 3명씩 세 개의 조로 나눌 때, 각 조에 어린이 1명이 포함되도록 나누는 경우의 수는?

답 ①

각 조에 어른이 2명씩 포함된다.

풀이 어른 6명을 2명, 2명, 2명으로 나누는 경우의 수는

$${}_6C_2\times{}_4C_2\times{}_2C_2\times\frac{1}{3!}=15\times6\times1\times\frac{1}{6}=15$$

어린이를 각 조에 분배하는 경우의 수는

$3!=6$

$\therefore 15\times6=\mathbf{90}$

0829 7명이 3개의 조로 나누어 서로 다른 3대의 자동차에 각 조가 나눠서 타려고 한다. 각 조의 인원이 2명 이상이 되도록 나누어 타는 경우의 수는?

답 ④

풀이 2명, 2명, 3명으로 나누는 경우의 수는

$${}_7C_2\times{}_5C_2\times{}_3C_3\times\frac{1}{2!}=21\times10\times1\times\frac{1}{2}=105$$

서로 다른 3대의 자동차에 나누어 타는 경우의 수는

$3!=6$

$\therefore 105\times6=\mathbf{630}$

0830 A, B, C를 포함한 11명의 학생을 4명, 4명, 3명씩 3개의 팀으로 나눌 때, A, B, C가 같은 팀에 포함되도록 나누는 경우의 수를 구하시오.

답 315

풀이 (i) A, B, C가 3명인 팀에 들어가는 경우

나머지 8명을 4명, 4명으로 나누면 되므로

$${}_8C_4\times{}_4C_4\times\frac{1}{2!}=70\times1\times\frac{1}{2}=35$$

(ii) A, B, C가 4명인 팀에 들어가는 경우

나머지 8명을 1명, 3명, 4명으로 나누면 되므로 (1명: A, B, C와 같은 팀)

$${}_8C_1\times{}_7C_3\times{}_4C_4=8\times35\times1=280$$

(i), (ii)에 의하여 $35+280=\mathbf{315}$

0831 올라가는 엘리베이터에 6명이 타고 있고, 이 엘리베이터는 2층부터 6층까지 5개 층에서 멈출 수 있다. 3개의 층에서 6명이 나누어 모두 내리는 경우의 수를 m이라 할 때, $\frac{m}{100}$의 값을 구하시오.

(단, 엘리베이터에 새로 타는 사람은 없다.)

답 54

풀이 5개의 층 중 내릴 3개의 층을 정하는 경우의 수는

${}_5C_3={}_5C_2=10$ …… ㉠

(i) 1명, 1명, 4명으로 나누는 경우

$${}_6C_1\times{}_5C_1\times{}_4C_4\times\frac{1}{2!}=6\times5\times1\times\frac{1}{2}=15$$

(ii) 1명, 2명, 3명으로 나누는 경우

$${}_6C_1\times{}_5C_2\times{}_3C_3=6\times10\times1=60$$

(iii) 2명, 2명, 2명으로 나누는 경우

$${}_6C_2\times{}_4C_2\times{}_2C_2\times\frac{1}{3!}=15\times6\times1\times\frac{1}{6}=15$$

(i), (ii), (iii)에 의하여 $15+60+15=90$

이 3개의 집단이 ㉠에서 택한 3개의 층에 내리는 경우의 수는

$3!=6$

따라서 $m=10\times90\times6=5400$이므로 $\frac{m}{100}=\mathbf{54}$

왼쪽, 오른쪽 구분이 있는 것이 아니고, 누가 누구와 경기를 하느냐가 대진표를 결정한다.

유형 24 대진표 작성하기

개념 4

0832 체육대회에서 A, B, C, D, E 5명이 그림과 같은 대진표로 팔씨름대회를 진행할 때, 대진표를 작성하는 경우의 수는?

답 ④

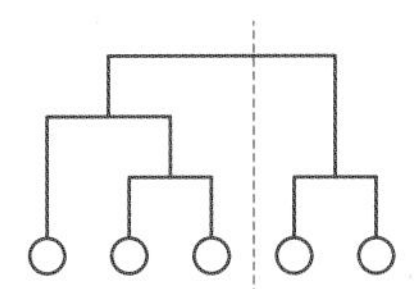

풀이 5명을 3명, 2명으로 나누는 경우의 수는

$_5C_3 \times _2C_2 = 10 \times 1 = 10$

3명 중에서 부전승으로 올라가는 1명을 뽑는 경우의 수는

$_3C_1 = 3$

$\therefore 10 \times 3 = \mathbf{30}$

서술형 **0833** 6개의 팀이 그림과 같은 대진표로 시합을 할 때, 대진표를 작성하는 경우의 수를 구하시오.

답 45

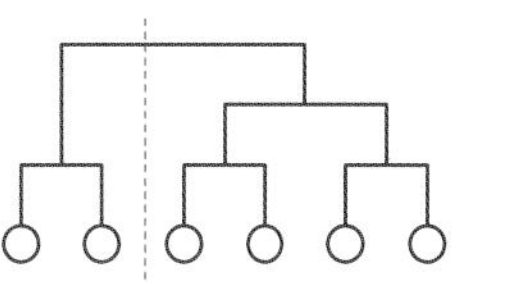

풀이 6팀을 2팀, 4팀으로 나누는 경우의 수는

$_6C_2 \times _4C_4 = 15 \times 1 = 15$ …❶ (40%)

4팀을 2팀, 2팀으로 나누는 경우의 수는

$_4C_2 \times _2C_2 \times \frac{1}{2!} = 6 \times 1 \times \frac{1}{2} = 3$ …❷ (40%)

$\therefore 15 \times 3 = \mathbf{45}$ …❸ (20%)

0834 A팀을 포함한 6개의 팀이 그림과 같은 대진표로 경기를 할 때, A팀이 부전승으로 준결승에 올라가도록 대진표를 작성하는 경우의 수는?

답 ③

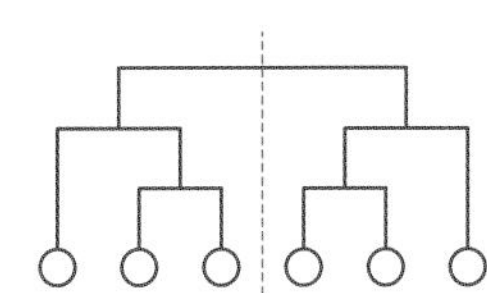

풀이 6팀을 3팀, 3팀으로 나눌 때, A팀과 함께 할 2개의 팀을 고르는 경우의 수는

$_5C_2 = 10$

A팀은 부전승 자리에 오고, A팀이 포함되지 않은 3팀은 2팀, 1팀으로 나누는 경우의 수는

$_3C_2 \times _1C_1 = 3 \times 1 = 3$

$\therefore 10 \times 3 = \mathbf{30}$

0835 A, B를 포함한 8개의 팀이 그림과 같은 대진표로 경기를 할 때, A와 B가 결승에서 만나도록 대진표를 작성하는 경우의 수는? A와 B는 8강전, 4강전에서 경기를 함께 할 수 없다.

답 ②

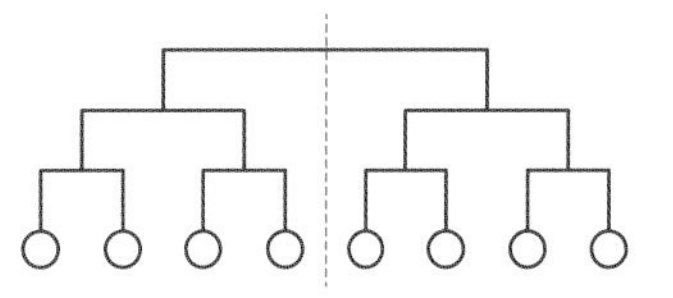

풀이1 A팀과 8강전, 4강전 경기를 함께 할 3팀을 고르는 경우의 수는

$_6C_3 = 20$

A팀과 함께 경기할 3팀을 1팀, 2팀으로 나누는 경우의 수는

$_3C_1 \times _2C_2 = 3 \times 1 = 3$

마찬가지로 B팀과 함께 경기할 3팀을 1팀, 2팀으로 나누는 경우의 수도 3

$\therefore 20 \times 3 \times 3 = \mathbf{180}$

풀이2 A팀, B팀과 각각 8강전 경기를 함께 할 2팀을 고르는 경우의 수는

$_6P_2 = 30$

나머지 네 팀을 2팀, 2팀으로 나누어 A팀, B팀과 4강전 경기를 하는 경우의 수는

$_4C_2 \times _2C_2 \times \frac{1}{2!} \times 2! = 6 \times 1 \times \frac{1}{2} \times 2 = 6$

$\therefore 30 \times 6 = \mathbf{180}$

실력 완성!

0836 그림과 같이 어느 분식점에서 김밥 3종류, 라면 4종류, 튀김 2종류를 판매하고 있다. 이 중 2개의 음식을 주문하려고 한다. '김밥과 라면'(i) 또는 '라면과 튀김'(ii)을 주문하는 경우의 수를 구하시오.

메뉴		
원조김밥	김치라면	고구마튀김
참치김밥	치즈라면	새우튀김
치즈김밥	만두라면	
	떡라면	

답 20

풀이 (i) $3\times4=12$

(ii) $4\times2=8$

$\therefore 12+8=\mathbf{20}$

0837 A, B, C를 포함한 10명의 학생 중에서 4명의 위원을 선출할 때, A는 선출되고 B와 C는 선출되지 않는 경우의 수는?

7명 중에서 3명을 선출하는 경우와 같다.

답 ⑤

풀이 ${}_7C_3=\dfrac{7\times6\times5}{3\times2\times1}=\mathbf{35}$

0838 12명의 학생으로 구성된 동아리에서 대표 4명을 뽑을 때, 적어도 1명이 남학생인 경우의 수는 460이다. 이 동아리의 남학생 수는?

답 ①

풀이 여학생 수를 x, 남학생 수를 $12-x$라 하면

(전체 경우의 수)−(모두 여학생인 경우의 수)

$={}_{12}C_4-{}_xC_4=\dfrac{12\times11\times10\times9}{4\times3\times2\times1}-{}_xC_4=495-{}_xC_4=460$

즉, ${}_xC_4=35$이므로

$x(x-1)(x-2)(x-3)=35\times4!$

$=7\times6\times5\times4$

$\therefore x=7$

따라서 동아리의 남학생 수는 $12-7=\mathbf{5}$이다.

0839 1000원짜리 지폐 3장, 500원짜리 동전 2개, 100원짜리 동전 6개의 일부 또는 전부를 사용하여 지불할 수 있는 경우의 수를 a, 지불할 수 있는 금액의 수를 b라 할 때, $a-b$의 값은? (단, 0원을 지불하는 경우는 제외한다.)

답 ③

풀이 $a=4\times3\times7-1=83$

(4: 1000원짜리를 지불하는 경우의 수, 3: 500원짜리를 지불하는 경우의 수, 7: 100원짜리를 지불하는 경우의 수, 1: 0원을 지불하는 경우의 수)

$b=\{(1000\times3,\ 500\times2,\ 100\times6)$원으로 지불하는 금액의 수$\}$

$=\{(500\times8,\ 100\times6)$원으로 지불하는 금액의 수$\}$

$=\{(100\times46)$원으로 지불하는 금액의 수$\}$

$=46$ 100원, 200원, 300원, ⋯, 4600원

$\therefore a-b=83-46=\mathbf{37}$

0840 5명의 학생 A, B, C, D, E의 시험 답안지를 모두 걷은 후 임의로 다시 나누어 줄 때, 5명 중 2명만 자신의 답안지를 받는 경우의 수는?

답 ④

풀이 5명의 학생 중 자신의 답안지를 받는 학생 2명을 선택하는 경우의 수는

${}_5C_2=\dfrac{5\times4}{2\times1}=10$

자신의 답안지를 받는 학생이 A, B일 때

A B C D E

A − B < D − E − C / E − C − D

이므로 A, B만 자신의 답안지를 받는 경우의 수는 2이고, 자신의 답안지를 받는 학생이 다른 경우에도 각각의 경우의 수가 2이다.

$\therefore 10\times2=\mathbf{20}$

0841 다음을 만족시키는 자연수 n의 값을 구하시오.

$${}_{n+2}P_4=56\times{}_nP_2$$

답 6

풀이 주어진 등식은 $(n+2)(n+1)n(n-1)=56\times n(n-1)$이므로

$(n+2)(n+1)=56=8\times7$

$\therefore n=\mathbf{6}$ ($\because$ n은 자연수)

0842 남학생 3명, 여학생 3명이 한 줄로 서서 사진을 찍을 때, 남학생과 여학생이 교대로 서는 경우의 수는? **답** ④

풀이 (i) '남 여 남 여 남 여'의 순으로 서는 경우의 수

$3!\times3!=6\times6=36$

(ii) '여 남 여 남 여 남'의 순으로 서는 경우의 수

$3!\times3!=6\times6=36$

(i), (ii)에 의하여 $36+36=\mathbf{72}$

0843 1에서 12까지의 자연수 중에서 서로 다른 세 개의 수를 택하여 곱한 값이 10의 배수가 되는 경우의 수는? **답** ④

10 또는 (짝수, 5)가 포함되어야 한다.

풀이 (i) 3개의 수에 10이 포함되는 경우

$_{11}C_2=\dfrac{11\times10}{2\times1}=55$

(ii) 3개의 수에 5가 포함되고 10이 포함되지 않는 경우

나머지 2개의 수 중에서 적어도 1개는 짝수이어야 한다.

$\therefore\ _{10}C_2-{}_5C_2=45-10=35$

홀수 1, 3, 7, 9, 11의 5개 중에서 2개를 선택하는 경우의 수

(i), (ii)에 의하여 $55+35=\mathbf{90}$

0844 분할 똑같은 3개의 주머니에 서로 다른 종류의 사탕 6개를 나누어 넣을 때, 빈 주머니가 없도록 넣는 경우의 수는? **답** ④

풀이 (i) 1개, 1개, 4개로 주머니에 나누어 넣는 경우

$_6C_1\times{}_5C_1\times{}_4C_4\times\dfrac{1}{2!}=6\times5\times1\times\dfrac{1}{2}=15$

(ii) 1개, 2개, 3개로 주머니에 나누어 넣는 경우

$_6C_1\times{}_5C_2\times{}_3C_3=6\times10\times1=60$

(iii) 2개, 2개, 2개로 주머니에 나누어 넣는 경우

$_6C_2\times{}_4C_2\times{}_2C_2\times\dfrac{1}{3!}=15\times6\times1\times\dfrac{1}{6}=15$

(i), (ii), (iii)에 의하여 $15+60+15=\mathbf{90}$

0845 자연수 $N=x^ay^bz^c$의 양의 약수의 개수가 24일 때, N의 최솟값을 구하시오.
(단, x, y, z는 서로 다른 소수이고, a, b, c는 자연수이다.) **답** 360

풀이 $a\le b\le c$라 할 때

$(a+1)\times(b+1)\times(c+1)=24=2^3\times3$

(i) $24=2\times2\times6$, 즉 $a=1$, $b=1$, $c=5$일 때

자연수 N이 최소가 되는 경우는

$N=2^5\times3\times5=480$

(ii) $24=2\times3\times4$, 즉 $a=1$, $b=2$, $c=3$일 때

자연수 N이 최소가 되는 경우는

$N=2^3\times3^2\times5=360$

(i), (ii)에 의하여 N의 최솟값은 **360**이다.

0846 $3<a<b<c<d<10$인 네 자연수 a, b, c, d에 대하여 천의 자리의 수, 백의 자리의 수, 십의 자리의 수, 일의 자리의 수가 각각 a, b, c, d인 네 자리 자연수 중 4600보다 크고 7000보다 작은 모든 자연수의 개수는? **답** ②

풀이 $4600<\boxed{a}\,\boxed{b}\,\boxed{c}\,\boxed{d}<7000$

(i) $a=4$일 때, 6, 7, 8, 9의 4개의 수 중에서 3개를 선택하는 경우의 수는 $_4C_3={}_4C_1=4$

(ii) $a=5$일 때, 6, 7, 8, 9의 4개의 수 중에서 3개를 선택하는 경우의 수는 $_4C_3={}_4C_1=4$

(iii) $a=6$일 때, 7, 8, 9의 3개의 수 중에서 3개를 선택하는 경우의 수는 $_3C_3=1$

(i), (ii), (iii)에 의하여 $4+4+1=\mathbf{9}$

0847 다음을 만족시키는 세 수 a, b, c에 대하여 $a+b+c$의 값은? **답** ⑤

- $_{10}C_r={}_{10}C_{3r+2}$를 만족시키는 자연수 r의 값 a
- $(x+y+z+w)(m+n)^2$을 전개할 때, 항의 개수 b
- 200의 양의 약수의 개수 c

거듭제곱을 먼저 전개한다.

풀이 (i) $_{10}C_r={}_{10}C_{3r+2}$를 만족시키는 r의 값은

$r=3r+2$인 경우 $2r=-2$에서 $r=-1$

이때 $r<0$이므로 성립하지 않는다.

$10-r=3r+2$인 경우 $4r=8$에서 $r=2$

$\therefore a=2$

(ii) $(x+y+z+w)(m+n)^2$

$=\underbrace{(x+y+z+w)}_{4\text{개}}\underbrace{(m^2+2mn+n^2)}_{3\text{개}}$이므로

$4\times3=12\qquad\therefore b=12$

(iii) $200=2^3\times5^2$이므로 양의 약수의 개수는

$(3+1)\times(2+1)=12\qquad\therefore c=12$

(i), (ii), (iii)에서 $a+b+c=2+12+12=\mathbf{26}$

0848 아이스크림 통에 초코, 바닐라, 딸기, 커피의 네 가지 맛 아이스크림이 있다. 아이스크림 콘 위에 그림과 같이 3덩어리의 아이스크림을 올리려고 한다. 같은 맛을 두 덩어리 올려도 상관없지만 같은 맛을 연달아 올리지 않을 때, 아이스크림 콘을 만들 수 있는 경우의 수는?

← 3
← 3
← 4

답 ⑤

풀이 $4\times3\times3=\mathbf{36}$

- 두 번째 올린 맛과 다른 3가지
- 처음 올린 맛과 다른 3가지
- 콘 위에 처음 올릴 수 있는 맛 4가지

0849 그림과 같이 의자 6개가 일렬로 놓여 있다. 남학생 2명과 여학생 3명이 모두 의자에 앉을 때, 남학생이 이웃하지 않는 경우의 수는? (단, 두 학생 사이에 빈 의자가 있는 경우는 이웃하지 않는 것으로 한다.)

답 ③

풀이1 (남, 남), 여, 여, 여, 빈 의자에서

남학생이 이웃하여 앉는 경우의 수는

$5!\times2!=120\times2=240$

└ 남학생 2명이 자리를 바꾸는 경우의 수

따라서 남학생이 이웃하지 않는 경우의 수는

(전체 경우의 수)−(남학생이 이웃하여 앉는 경우의 수)

$=6!-240=720-240=\mathbf{480}$

풀이2 여학생 3명과 빈 의자 1개를 배열하는 경우의 수는

$4!=24$

∨(여)∨(여)∨(여)∨(빈 의자)∨

여학생 3명과 빈 의자 1개의 양 끝과 사이사이의 5개의 자리에 남학생 2명이 앉는 경우의 수는

${}_5P_2=5\times4=20$

$\therefore 24\times20=\mathbf{480}$

0850 그림의 빈칸에 6장의 사진 A, B, C, D, E, F를 하나씩 배치하여 사진첩의 한 면을 완성할 때, A와 B가 이웃하지 않고 C와 D가 이웃하지 않는 경우의 수는?

(옆으로 이웃할 수 있는 자리의 개수)=3

(단, 옆으로 이웃하는 경우만 이웃하는 것으로 한다.)

답 ⑤

풀이 (전체 경우의 수)−{(A, B가 이웃하는 경우의 수)

+(C, D가 이웃하는 경우의 수)

−(A, B와 C, D가 각각 이웃하는 경우의 수)}

$=6!-({}_3C_1\times2!\times4!+{}_3C_1\times2!\times4!-2\times{}_2C_1\times2!\times2!\times2!)$

- ${}_3C_1$: 자리 선택
- $2!$: A, B 자리 바꿈
- $4!$: 나머지 4장의 자리 배열
- $2!\times2!\times2!$: A, B 자리 바꿈 / C, D 자리 바꿈 / 나머지 2장의 자리 배열
- ${}_2C_1$: A, B가 들어갈 자리 선택

$=720-(144+144-32)=\mathbf{464}$

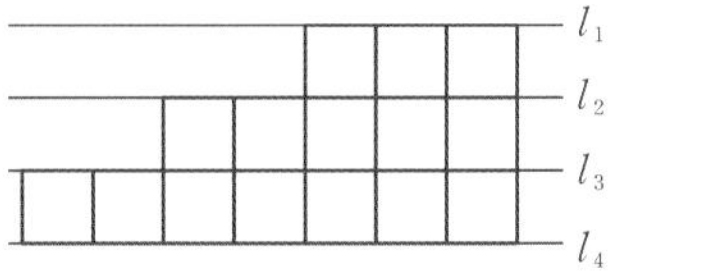

0851 그림과 같이 합동인 정사각형 15개로 만든 도형이 있다. 이 도형의 선으로 만들어지는 정사각형이 아닌 직사각형의 개수를 구하시오.

l_1
l_2
l_3
l_4

답 54

풀이 (i) 직사각형의 두 변이 l_1과 (l_2 또는 l_3 또는 l_4)일 때

${}_4C_2\times3=6\times3=18$

세로선 4개 중에서 2개를 선택하는 경우의 수

(ii) 직사각형의 두 변이 l_2와 (l_3 또는 l_4)일 때

${}_6C_2\times2=15\times2=30$

(iii) 직사각형의 두 변이 l_3와 l_4일 때

${}_8C_2=28$

(i), (ii), (iii)에 의하여 모든 직사각형의 개수는

$18+30+28=76$

한편, (정사각형의 개수)$=15+6+1=22$

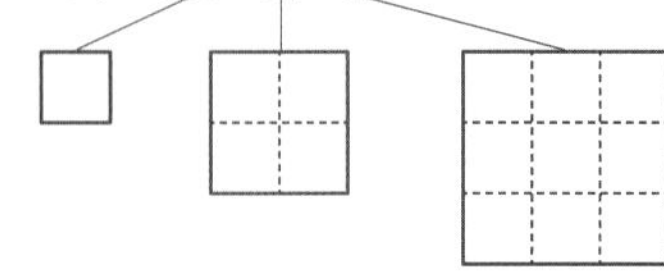

이므로 구하는 정사각형이 아닌 직사각형의 개수는

$76-22=\mathbf{54}$

0852 6개의 문자 A, B, C, D, E, F를 일렬로 나열할 때, 다음 조건을 만족시키는 경우의 수는? 답 ④

(가) B가 오른쪽 맨 끝에 온다. □□□□□B
(나) A는 C와 이웃한다.
(다) A는 B와 이웃하지 않는다.

풀이 ((가), (나)를 만족시키는 경우의 수)
　　－((가), (나)를 만족시키고 (다)를 만족시키지 않는 경우의 수)

$=4!\times2!-3!$ (3!: □□□CAB)

4!: A, C를 하나의 문자로 보고 4개의 문자를 나열하는 경우의 수
2!: A, C가 자리를 바꾸는 경우의 수

$=48-6=\mathbf{42}$

0853 그림과 같이 크기가 같은 6개의 정사각형에 1부터 6까지의 자연수가 하나씩 적혀 있다. 서로 다른 4가지 색의 일부 또는 전부를 사용하여 다음 조건을 만족시키도록 6개의 정사각형에 색을 칠하는 경우의 수는? (단, 한 정사각형에 한 가지 색만을 칠한다.) 답 ④

1	2	3
4	5	6

(가) 1이 적힌 정사각형과 5가 적힌 정사각형에는 같은 색을 칠한다.
(나) 변을 공유하는 두 정사각형에는 서로 다른 색을 칠한다.

풀이 1, 5에 칠할 수 있는 색은 4가지

(i) 2, 6에 같은 색을 칠하는 경우
　2, 6에 칠할 수 있는 색은 3가지 (∵ 1, 5에 칠한 색 제외)
　3, 4에 칠할 수 있는 색은 각각 3가지 (∵ 1 또는 2에 칠한 색 제외)
　$\therefore 3\times3\times3=27$

(ii) 2, 6에 다른 색을 칠하는 경우
　2, 6에 다른 색을 칠하는 경우의 수는 $3\times2=6$ (3: 1, 5에 칠한 색 제외)
　3에 칠할 수 있는 색은 2가지 (∵ 2, 6에 칠한 색 제외)
　4에 칠할 수 있는 색은 3가지 (∵ 1, 5에 칠한 색 제외)
　$\therefore 6\times2\times3=36$

$\therefore 4\times(27+36)=\mathbf{252}$

서술형

0854 8명의 선수가 그림과 같은 토너먼트 방식으로 경기를 하는데 각각의 경기에서 두 선수 사이에 실력이 우세한 선수가 이긴다고 한다. 실력이 3위인 선수가 결승전에 나갈 수 있도록 대진표를 작성하는 경우의 수를 구하시오. (단, 선수들끼리 실력이 같은 경우는 없다.) 답 90

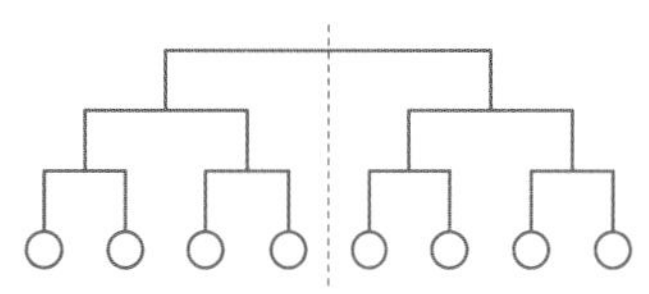

풀이 실력이 3위인 선수가 결승전에 나가려면 위의 그림과 같이 대진표를 4명, 4명으로 나누었을 때, 1, 2위는 한쪽에 있어야 하고 3위는 다른 쪽에 있어야 한다. …❶ (20%)

이때 실력이 3위인 선수와 8강전, 4강전의 경기를 함께 할 3명의 선수를 정하는 경우의 수는

${}_5C_3={}_5C_2=10$ …❷ (30%)

1위, 2위, □, □의 4명을 2명, 2명으로 나누는 경우의 수는

${}_4C_2\times{}_2C_2\times\frac{1}{2!}=6\times1\times\frac{1}{2}=3$

3위, □, □, □의 4명을 2명, 2명으로 나누는 경우의 수는

${}_4C_2\times{}_2C_2\times\frac{1}{2!}=6\times1\times\frac{1}{2}=3$ …❸ (30%)

$\therefore 10\times3\times3=\mathbf{90}$ …❹ (20%)

0855 그림과 같이 2개, 3개, 3개의 평행한 직선이 서로 만날 때, 이 평행한 직선들로 만들 수 있는 평행사변형이 아닌 사다리꼴의 개수를 구하시오. 답 45

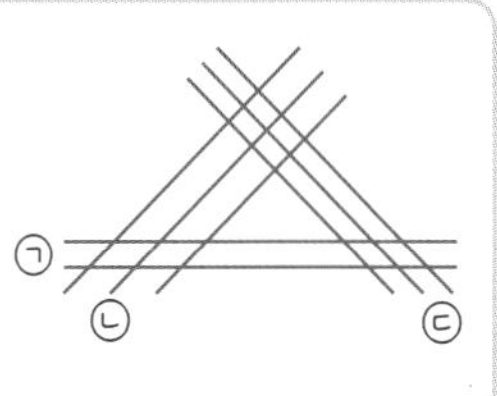

풀이 평행사변형이 아닌 사다리꼴은 한 쌍의 대변이 서로 평행하고 다른 두 변은 서로 평행하지 않아야 한다. …❶ (40%)

위의 그림에서 평행한 직선의 묶음을 ㉠, ㉡, ㉢이라 하면

(i) 평행한 두 변이 ㉠에 있을 때

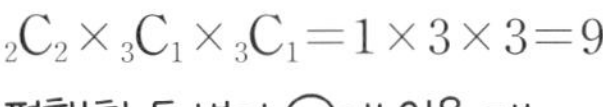

　㉠의 두 직선 중 두 개를 택하고
　㉡, ㉢에서 각각 한 직선을 택하면
　${}_2C_2\times{}_3C_1\times{}_3C_1=1\times3\times3=9$

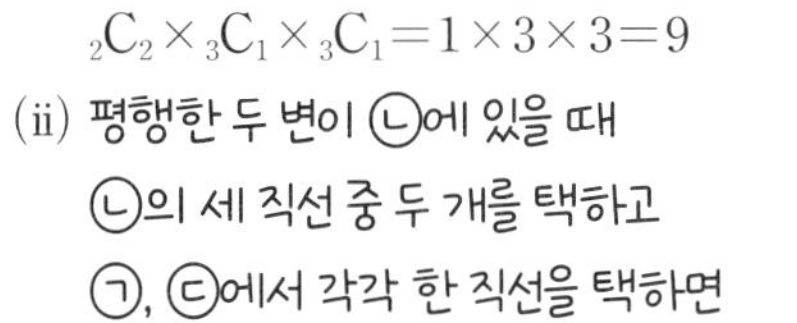

(ii) 평행한 두 변이 ㉡에 있을 때

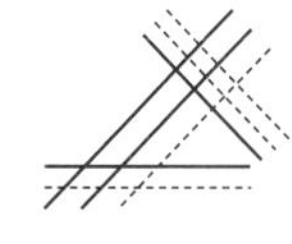

　㉡의 세 직선 중 두 개를 택하고
　㉠, ㉢에서 각각 한 직선을 택하면
　${}_3C_2\times{}_2C_1\times{}_3C_1=3\times2\times3=18$

(iii) 평행한 두 변이 ㉢에 있을 때

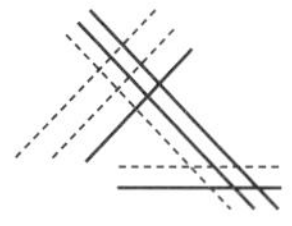

　㉢의 세 직선 중 두 개를 택하고
　㉠, ㉡에서 각각 한 직선을 택하면
　${}_3C_2\times{}_2C_1\times{}_3C_1=3\times2\times3=18$ …❷ (40%)

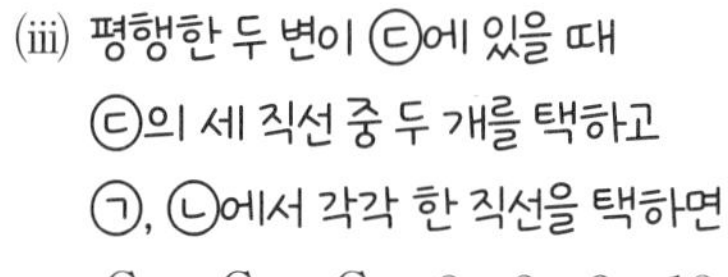

(i), (ii), (iii)에 의하여 $9+18+18=\mathbf{45}$ …❸ (20%)

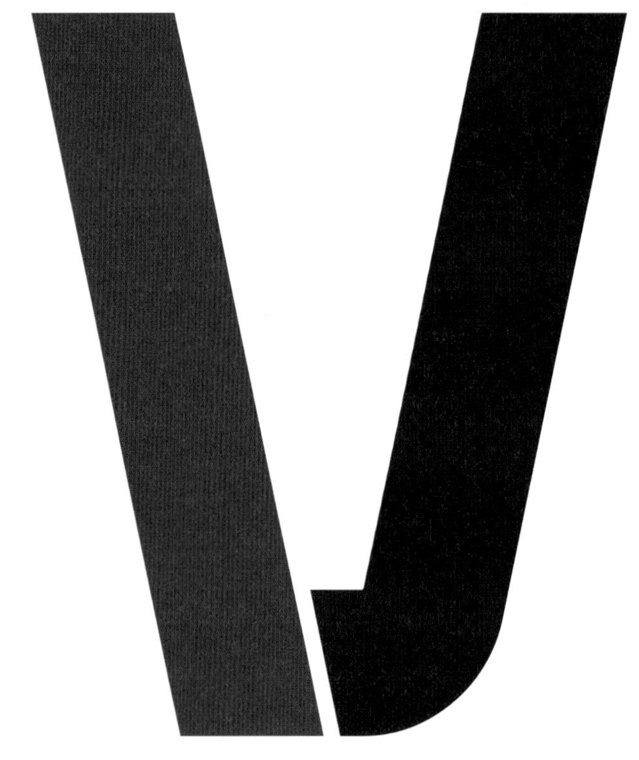

행렬과 그 연산

10 행렬과 그 연산

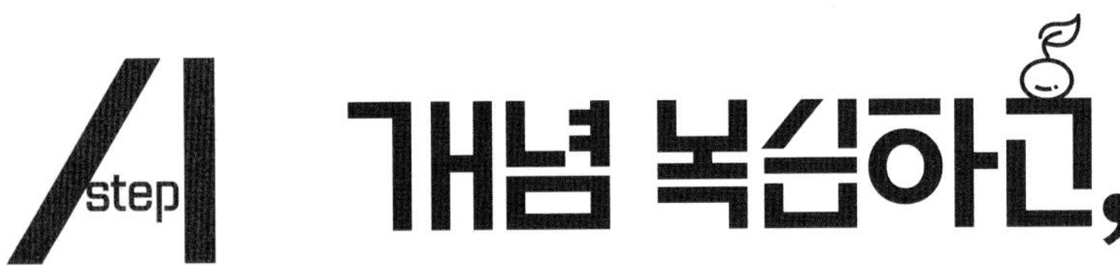

※ 빈칸에 알맞은 것을 써넣고, 내용을 읽거나 따라 써 보세요.

개념 1 행렬의 뜻

> 유형 01, 02

(1) ① □□: 여러 개의 수 또는 문자를 직사각형 모양으로 배열하고 괄호로 묶어 놓은 것

제1열 제2열

제1행 → $\begin{pmatrix} a_{11} & a_{12} \\ a_{21} & a_{22} \end{pmatrix}$ ← 제2행

② □□: 행렬을 구성하고 있는 각각의 수 또는 문자

③ □: 행렬에서 가로줄

④ □: 행렬에서 세로줄

⑤ **(i, j) 성분**: 행렬에서 제□행과 제□열이 만나는 위치에 있는 성분

⑥ □×□ **행렬**: m개의 행과 n개의 열로 이루어진 행렬

⑦ □□□□□: 행의 개수와 열의 개수가 서로 같은 행렬

(2) 두 행렬이 서로 같을 조건

두 행렬 A, B가 같은 □이고 대응하는 □□이 각각 같을 때, A와 B는 서로 같다고 하며, 기호 A□B로 나타낸다.

즉, 두 행렬 $A=\begin{pmatrix} a_{11} & a_{12} \\ a_{21} & a_{22} \end{pmatrix}$, $B=\begin{pmatrix} b_{11} & b_{12} \\ b_{21} & b_{22} \end{pmatrix}$에 대하여

$\begin{cases} a_{11}=b_{11},\ a_{12}=b_{12} \\ a_{21}=b_{21},\ a_{22}=b_{22} \end{cases}$ ➡ A□B

개념 2 행렬의 덧셈, 뺄셈, 실수배

> 유형 03

(1) 행렬의 덧셈, 뺄셈, 실수배

두 행렬 $A=\begin{pmatrix} a_{11} & a_{12} \\ a_{21} & a_{22} \end{pmatrix}$, $B=\begin{pmatrix} b_{11} & b_{12} \\ b_{21} & b_{22} \end{pmatrix}$에 대하여

① $A+B=\begin{pmatrix} a_{11}+b_{11} & \square \\ a_{21}+b_{21} & a_{22}+b_{22} \end{pmatrix}$ ② $A-B=\begin{pmatrix} a_{11}-b_{11} & a_{12}-b_{12} \\ \square & a_{22}-b_{22} \end{pmatrix}$

③ $kA=\begin{pmatrix} ka_{11} & ka_{12} \\ ka_{21} & \square \end{pmatrix}$ (단, k는 실수)

(2) 행렬의 덧셈, 실수배에 대한 성질

행렬 A, B, C가 같은 꼴이고 k, l이 실수일 때,

① **교환법칙**: $A+B=$□

② **결합법칙**: $(A+B)+C=$□, $(kl)A=k(lA)=l(kA)$

③ **분배법칙**: $(k+l)A=$□, $k(A+B)=$□

(3) 모든 성분이 0인 행렬을 □□□이라 하고, 보통 기호 O로 나타낸다.

➡ 정사각행렬 A와 같은 꼴인 영행렬 O에 대하여 $A+O=O+A=$□

답 **개념 1** (1) 행렬, 성분, 행, 열, i, j, m, n, 정사각행렬 (2) 꼴, 성분, =, =

개념 2 (1) $a_{12}+b_{12}$, $a_{21}-b_{21}$, ka_{22} (2) $B+A$, $A+(B+C)$, $kA+lA$, $kA+kB$ (3) 영행렬, A

행: —, 열: |

개념 1 행렬의 뜻

0856 다음 행렬의 꼴을 말하시오.

(1) $\begin{pmatrix} 3 & -2 \\ 1 & 0 \end{pmatrix}$ **2×2 행렬**

(2) $(1\quad 2\quad 3)$ **1×3 행렬**

(3) $\begin{pmatrix} 4 & 1 \\ -1 & 2 \\ 8 & 3 \end{pmatrix}$ **3×2 행렬**

0857 행렬 $A=\begin{pmatrix} -1 & 2 & 3 \\ 5 & -2 & 4 \\ 7 & 8 & 9 \end{pmatrix}$에 대하여 $(2, 3)$ 성분과 $(3, 1)$ 성분을 차례대로 구하시오.

4, 7

0858 2×3 행렬 A의 (i, j) 성분 a_{ij}가 $a_{ij}=i-j^2+1$일 때, 행렬 A를 구하시오.

$a_{11}=1-1^2+1=1$, $a_{12}=1-2^2+1=-2$, $a_{13}=1-3^2+1=-7$,
$a_{21}=2-1^2+1=2$, $a_{22}=2-2^2+1=-1$, $a_{23}=2-3^2+1=-6$

$\therefore A=\begin{pmatrix} a_{11} & a_{12} & a_{13} \\ a_{21} & a_{22} & a_{23} \end{pmatrix}=\begin{pmatrix} \mathbf{1} & \mathbf{-2} & \mathbf{-7} \\ \mathbf{2} & \mathbf{-1} & \mathbf{-6} \end{pmatrix}$

0859 다음 등식을 만족시키는 실수 x, y의 값을 구하시오.

(1) $\begin{pmatrix} x+2 \\ y-3 \end{pmatrix}=\begin{pmatrix} -1 \\ 5 \end{pmatrix}$

$x+2=-1$, $y-3=5$이므로
$x=-3$, $y=8$

(2) $(x-y\quad x+3y)=(3\quad 7)$

$x-y=3$, $x+3y=7$이므로
$x=4$, $y=1$

(3) $\begin{pmatrix} x-2 & 2 \\ 3 & x+4 \end{pmatrix}=\begin{pmatrix} 2x-3 & 2 \\ 3 & y-1 \end{pmatrix}$

$x-2=2x-3$, $x+4=y-1$이므로
$x=1$, $y=6$

개념 2 행렬의 덧셈, 뺄셈, 실수배

0860 다음을 계산하시오.

(1) $(2\quad -3)+(-1\quad -5)=(2-1\quad -3-5)=(\mathbf{1}\quad \mathbf{-8})$

(2) $\begin{pmatrix} -1 & 2 \\ 2 & 4 \end{pmatrix}+\begin{pmatrix} 3 & 1 \\ 1 & -1 \end{pmatrix}=\begin{pmatrix} -1+3 & 2+1 \\ 2+1 & 4-1 \end{pmatrix}=\begin{pmatrix} \mathbf{2} & \mathbf{3} \\ \mathbf{3} & \mathbf{3} \end{pmatrix}$

(3) $\begin{pmatrix} 1 & 2 \\ 3 & -1 \end{pmatrix}-\begin{pmatrix} -2 & 3 \\ 1 & -2 \end{pmatrix}=\begin{pmatrix} 1+2 & 2-3 \\ 3-1 & -1+2 \end{pmatrix}=\begin{pmatrix} \mathbf{3} & \mathbf{-1} \\ \mathbf{2} & \mathbf{1} \end{pmatrix}$

(4) $\begin{pmatrix} 0 & 7 \\ 2 & -5 \\ -5 & 1 \end{pmatrix}-\begin{pmatrix} 2 & 4 \\ -1 & 5 \\ 3 & 0 \end{pmatrix}=\begin{pmatrix} 0-2 & 7-4 \\ 2+1 & -5-5 \\ -5-3 & 1-0 \end{pmatrix}=\begin{pmatrix} \mathbf{-2} & \mathbf{3} \\ \mathbf{3} & \mathbf{-10} \\ \mathbf{-8} & \mathbf{1} \end{pmatrix}$

0861 행렬 $A=\begin{pmatrix} 2 & -1 \\ 3 & 1 \end{pmatrix}$에 대하여 다음 행렬을 구하시오.

(1) $2A$

$=2\begin{pmatrix} 2 & -1 \\ 3 & 1 \end{pmatrix}$

$=\begin{pmatrix} \mathbf{4} & \mathbf{-2} \\ \mathbf{6} & \mathbf{2} \end{pmatrix}$

(2) $-A$

$=-\begin{pmatrix} 2 & -1 \\ 3 & 1 \end{pmatrix}$

$=\begin{pmatrix} \mathbf{-2} & \mathbf{1} \\ \mathbf{-3} & \mathbf{-1} \end{pmatrix}$

0862 두 행렬 $A=\begin{pmatrix} -2 & 3 \\ 0 & 1 \end{pmatrix}$, $B=\begin{pmatrix} 1 & 1 \\ -2 & 3 \end{pmatrix}$에 대하여 $A-2B$를 구하시오.

$A-2B=\begin{pmatrix} -2 & 3 \\ 0 & 1 \end{pmatrix}-2\begin{pmatrix} 1 & 1 \\ -2 & 3 \end{pmatrix}$

$=\begin{pmatrix} -2 & 3 \\ 0 & 1 \end{pmatrix}-\begin{pmatrix} 2 & 2 \\ -4 & 6 \end{pmatrix}=\begin{pmatrix} \mathbf{-4} & \mathbf{1} \\ \mathbf{4} & \mathbf{-5} \end{pmatrix}$

0863 행렬 $A=\begin{pmatrix} -1 & 6 \\ 4 & 0 \end{pmatrix}$과 영행렬 O에 대하여 등식 $3A+X=O$를 만족시키는 행렬 X를 구하시오.

(영행렬 O: $\begin{pmatrix} 0 & 0 \\ 0 & 0 \end{pmatrix}$)

$X=-3A=-3\begin{pmatrix} -1 & 6 \\ 4 & 0 \end{pmatrix}=\begin{pmatrix} \mathbf{3} & \mathbf{-18} \\ \mathbf{-12} & \mathbf{0} \end{pmatrix}$

개념 3 행렬의 곱셈

> 유형 04~07, 15

(1) 행렬의 곱셈

두 행렬 $A=\begin{pmatrix} a_{11} & a_{12} \\ a_{21} & a_{22} \end{pmatrix}$, $B=\begin{pmatrix} b_{11} & b_{12} \\ b_{21} & b_{22} \end{pmatrix}$에 대하여

$AB=$ ☐

(2) 행렬의 거듭제곱

A가 정사각행렬이고, m, n이 자연수일 때,

① $A^{☐}=AA$, $A^{☐}=A^2A$, $\cdots$, $A^{☐}=A^nA$

② $A^mA^n=A^{☐}$, $(A^m)^n=A^{☐}$

참고 (1) 두 행렬 A, B의 곱 AB는 행렬 A의 열의 개수와 행렬 B의 행의 개수가 같을 때만 가능하다.

➡ ($a\times b$ 행렬)$\times$($b\times c$ 행렬)$=$(☐$\times$☐ 행렬)

(2) 행렬의 곱셈에서는 $AB=O$라고 해서 항상 $A=O$ 또는 $B=O$인 것은 아니다.

(3) $A^1=A$이다.

개념 4 행렬의 곱셈에 대한 성질

> 유형 05, 08~14

(1) 행렬의 곱셈에 대한 성질

합과 곱이 가능한 세 행렬 A, B, C에 대하여

① AB ☐ BA

② 결합법칙: $(AB)C=$ ☐ $=ABC$

$k(AB)=(kA)B=A(kB)$ (단, k는 실수)

③ 분배법칙: $A(B+C)=$ ☐

$(A+B)C=$ ☐

(2) 왼쪽 위에서 오른쪽 아래로 내려가는 대각선 위의 성분은 모두 1이고, 그 외의 성분은 모두 0인 정사각행렬을 ☐☐☐☐이라 하고, 보통 기호 ☐로 나타낸다.

➡ 정사각행렬 A와 같은 꼴인 단위행렬 E에 대하여

$AE=EA=$ ☐

참고 (1) 행렬의 곱셈에서는 교환법칙이 성립하지 않으므로 지수법칙, 곱셈 공식 등이 성립하지 않는다.

① $(AB)^n$ ☐ A^nB^n (단, n은 자연수)

② $(A+B)^2$ ☐ $A^2\pm 2AB+B^2$

③ $(A+B)(A-B)$ ☐ A^2-B^2

(2) 단위행렬의 성질

① $E^2=E^3=E^4=\cdots=E^n=$ ☐ (단, n은 자연수)

② $(kE)^n=$ ☐ (단, k는 실수)

(3) 케일리-해밀턴의 정리

행렬 $A=\begin{pmatrix} a & b \\ c & d \end{pmatrix}$, $E=\begin{pmatrix} 1 & 0 \\ 0 & 1 \end{pmatrix}$, $O=\begin{pmatrix} 0 & 0 \\ 0 & 0 \end{pmatrix}$에 대하여

$A^2-($☐$)A+($☐$)E=O$

답 개념 3 (1) $\begin{pmatrix} a_{11}b_{11}+a_{12}b_{21} & a_{11}b_{12}+a_{12}b_{22} \\ a_{21}b_{11}+a_{22}b_{21} & a_{21}b_{12}+a_{22}b_{22} \end{pmatrix}$ (2) 2, 3, $n+1$, $m+n$, mn 참고 a, c

개념 4 (1) $\neq$, $A(BC)$, $AB+AC$, $AC+BC$ (2) 단위행렬, E, A 참고 $\neq$, $\neq$, $\neq$, E, k^nE, $a+d$, $ad-bc$

개념 3 행렬의 곱셈

0864 행렬 A가 2×3 행렬, 행렬 B가 1×2 행렬, 행렬 C가 3×1 행렬일 때, 보기의 행렬이 존재하는 것만을 있는 대로 고르시오. **ㄴ, ㅁ, ㅂ**

보기
ㄱ. AB ㄴ. BA ㄷ. A^2
ㄹ. B^2 ㅁ. AC ㅂ. CBA

ㄱ. $(2\times3)\times(1\times2)$ ㉡. $(1\times2)\times(2\times3)$
ㄷ. $(2\times3)\times(2\times3)$ ㄹ. $(1\times2)\times(1\times2)$
㉤. $(2\times3)\times(3\times1)$ ㉥. $(3\times1)\times(1\times2)\times(2\times3)$

Tip 밑줄 친 두 수가 같을 때만 행렬의 곱이 가능하다.

0865 다음을 계산하시오. ← $(a\times b$ 행렬$)\times(b\times c$ 행렬$)=(a\times c$ 행렬$)$

(1) $(2\ \ 4)\begin{pmatrix}3\\5\end{pmatrix}$

$=(2\cdot3+4\cdot5)=\mathbf{(26)}$

(2) $(-3\ \ 7)\begin{pmatrix}1&-3\\-2&2\end{pmatrix}$

$=(-3\cdot1+7\cdot(-2)\ \ -3\cdot(-3)+7\cdot2)$
$=\mathbf{(-17\ \ 23)}$

(3) $\begin{pmatrix}-1\\5\end{pmatrix}(4\ \ 3)$

$=\begin{pmatrix}-1\cdot4&-1\cdot3\\5\cdot4&5\cdot3\end{pmatrix}=\begin{pmatrix}\mathbf{-4}&\mathbf{-3}\\\mathbf{20}&\mathbf{15}\end{pmatrix}$

(4) $\begin{pmatrix}2&1\\1&2\end{pmatrix}\begin{pmatrix}-1\\3\end{pmatrix}$

$=\begin{pmatrix}2\cdot(-1)+1\cdot3\\1\cdot(-1)+2\cdot3\end{pmatrix}=\begin{pmatrix}\mathbf{1}\\\mathbf{5}\end{pmatrix}$

(5) $\begin{pmatrix}1&-6\\-2&-3\end{pmatrix}\begin{pmatrix}2&3\\-1&0\end{pmatrix}$

$=\begin{pmatrix}1\cdot2+(-6)\cdot(-1)&1\cdot3+(-6)\cdot0\\-2\cdot2+(-3)\cdot(-1)&-2\cdot3+(-3)\cdot0\end{pmatrix}$
$=\begin{pmatrix}\mathbf{8}&\mathbf{3}\\\mathbf{-1}&\mathbf{-6}\end{pmatrix}$

(6) $(4\ \ 5)\begin{pmatrix}-1&3\\0&2\end{pmatrix}\begin{pmatrix}5\\-1\end{pmatrix}=(-4\ \ 22)\begin{pmatrix}5\\-1\end{pmatrix}$
$=(-4\cdot5+22\cdot(-1))=\mathbf{(-42)}$
└ $(4\cdot(-1)+5\cdot0\ \ 4\cdot3+5\cdot2)=(-4\ \ 22)$

0866 행렬 $A=\begin{pmatrix}-1&-1\\1&0\end{pmatrix}$에 대하여 다음 행렬을 구하시오.

(1) $A^2=\begin{pmatrix}-1&-1\\1&0\end{pmatrix}\begin{pmatrix}-1&-1\\1&0\end{pmatrix}=\begin{pmatrix}\mathbf{0}&\mathbf{1}\\\mathbf{-1}&\mathbf{-1}\end{pmatrix}$

(2) $A^3=\begin{pmatrix}0&1\\-1&-1\end{pmatrix}\begin{pmatrix}-1&-1\\1&0\end{pmatrix}=\begin{pmatrix}\mathbf{1}&\mathbf{0}\\\mathbf{0}&\mathbf{1}\end{pmatrix}$
└ $A^2\cdot A$

개념 4 행렬의 곱셈에 대한 성질

0867 두 행렬 $A=\begin{pmatrix}2&1\\3&4\end{pmatrix}$, $B=\begin{pmatrix}1&-1\\-1&1\end{pmatrix}$에 대하여 다음을 구하시오.

(1) $AB=\begin{pmatrix}2&1\\3&4\end{pmatrix}\begin{pmatrix}1&-1\\-1&1\end{pmatrix}=\begin{pmatrix}\mathbf{1}&\mathbf{-1}\\\mathbf{-1}&\mathbf{1}\end{pmatrix}$

(2) $BA=\begin{pmatrix}1&-1\\-1&1\end{pmatrix}\begin{pmatrix}2&1\\3&4\end{pmatrix}=\begin{pmatrix}\mathbf{-1}&\mathbf{-3}\\\mathbf{1}&\mathbf{3}\end{pmatrix}$

Tip (1), (2)에서 $AB\neq BA$이다.

(3) $(A+B)(A-B)=\begin{pmatrix}3&0\\2&5\end{pmatrix}\begin{pmatrix}1&2\\4&3\end{pmatrix}=\begin{pmatrix}\mathbf{3}&\mathbf{6}\\\mathbf{22}&\mathbf{19}\end{pmatrix}$
└ $A+B=\begin{pmatrix}2&1\\3&4\end{pmatrix}+\begin{pmatrix}1&-1\\-1&1\end{pmatrix}=\begin{pmatrix}3&0\\2&5\end{pmatrix}$, $A-B=\begin{pmatrix}2&1\\3&4\end{pmatrix}-\begin{pmatrix}1&-1\\-1&1\end{pmatrix}=\begin{pmatrix}1&2\\4&3\end{pmatrix}$

(4) $A^2-B^2=\begin{pmatrix}7&6\\18&19\end{pmatrix}-\begin{pmatrix}2&-2\\-2&2\end{pmatrix}=\begin{pmatrix}\mathbf{5}&\mathbf{8}\\\mathbf{20}&\mathbf{17}\end{pmatrix}$
└ $A^2=\begin{pmatrix}2&1\\3&4\end{pmatrix}\begin{pmatrix}2&1\\3&4\end{pmatrix}=\begin{pmatrix}7&6\\18&19\end{pmatrix}$, $B^2=\begin{pmatrix}1&-1\\-1&1\end{pmatrix}\begin{pmatrix}1&-1\\-1&1\end{pmatrix}=\begin{pmatrix}2&-2\\-2&2\end{pmatrix}$

Tip (3), (4)에서 $(A+B)(A-B)\neq A^2-B^2$이다.

0868 단위행렬 $E=\begin{pmatrix}1&0\\0&1\end{pmatrix}$에 대하여 다음을 구하시오.

(1) $-E=-\begin{pmatrix}1&0\\0&1\end{pmatrix}=\begin{pmatrix}\mathbf{-1}&\mathbf{0}\\\mathbf{0}&\mathbf{-1}\end{pmatrix}$

(2) $(-2E)^2=4E=4\begin{pmatrix}1&0\\0&1\end{pmatrix}=\begin{pmatrix}\mathbf{4}&\mathbf{0}\\\mathbf{0}&\mathbf{4}\end{pmatrix}$

(3) $3E^{98}+(-E)^{99}+(-E)^{100}=3E-E+E=3E=3\begin{pmatrix}1&0\\0&1\end{pmatrix}=\begin{pmatrix}\mathbf{3}&\mathbf{0}\\\mathbf{0}&\mathbf{3}\end{pmatrix}$

0869 행렬 $A=\begin{pmatrix}-2&3\\1&-1\end{pmatrix}$과 단위행렬 $E=\begin{pmatrix}1&0\\0&1\end{pmatrix}$에 대하여 다음을 구하시오.

(1) $AE=A=\begin{pmatrix}\mathbf{-2}&\mathbf{3}\\\mathbf{1}&\mathbf{-1}\end{pmatrix}$

(2) $EA=A=\begin{pmatrix}\mathbf{-2}&\mathbf{3}\\\mathbf{1}&\mathbf{-1}\end{pmatrix}$

(3) $(A+E)^2=A^2+2A+E\ (\because AE=EA=A)$
$=\begin{pmatrix}-2&3\\1&-1\end{pmatrix}\begin{pmatrix}-2&3\\1&-1\end{pmatrix}+2\begin{pmatrix}-2&3\\1&-1\end{pmatrix}+\begin{pmatrix}1&0\\0&1\end{pmatrix}$
$=\begin{pmatrix}7&-9\\-3&4\end{pmatrix}+\begin{pmatrix}-4&6\\2&-2\end{pmatrix}+\begin{pmatrix}1&0\\0&1\end{pmatrix}=\begin{pmatrix}\mathbf{4}&\mathbf{-3}\\\mathbf{-1}&\mathbf{3}\end{pmatrix}$

[다른 풀이]

$A+E=\begin{pmatrix}-1&3\\1&0\end{pmatrix}$이므로

$(A+E)^2=\begin{pmatrix}-1&3\\1&0\end{pmatrix}\begin{pmatrix}-1&3\\1&0\end{pmatrix}=\begin{pmatrix}\mathbf{4}&\mathbf{-3}\\\mathbf{-1}&\mathbf{3}\end{pmatrix}$

기출 & 변형하면…

유형 01 행렬의 뜻과 성분

개념 1

0870 행렬 $A=\begin{pmatrix} -1 & 0 & 3 \\ 3 & -1 & 5 \end{pmatrix}$에 대하여 다음 중 옳지 않은 것은? (단, a_{ij}는 행렬 A의 (i, j) 성분이다.)

① 2×3 행렬이다.

② $a_{13}=a_{21}=3$

③ $(1, 1)$ 성분과 $(2, 3)$ 성분의 합은 4이다. $a_{11}=-1, a_{23}=5$

④ 제2행의 모든 성분의 합은 -1이다. $3+(-1)+5=7$

⑤ $i=j$이면 $a_{ij}=-1$이다. $a_{11}=a_{22}=-1$

답 ④

0871 행렬 $A=\begin{pmatrix} 1 & 4 & -3 \\ a & 5 & 2 \\ 3 & -2 & b \end{pmatrix}$의 각 열의 모든 성분의 합이 모두 같을 때, 실수 a, b에 대하여 $a+b$의 값은?

답 ④

Key 행: —, 열: |

풀이 제2열: $4+5+(-2)=7$

제1열: $1+a+3=7$ $\quad\therefore a=3$

제3열: $-3+2+b=7$ $\quad\therefore b=8$

$\therefore a+b=\mathbf{11}$

0872 행렬 A의 (i, j) 성분 a_{ij}가

$$a_{ij}=\begin{cases} 2j & (i>j) \\ i^2+2 & (i=j) \\ i+2j & (i<j) \end{cases} \text{ (단, } i=1, 2, 3, j=1, 2)$$

일 때, 행렬 A를 구하시오.

답 풀이참조

풀이 $a_{11}=1^2+2=3$, $a_{12}=1+2\cdot2=5$,

$a_{21}=2\cdot1=2$, $a_{22}=2^2+2=6$,

$a_{31}=2\cdot1=2$, $a_{32}=2\cdot2=4$

$$\therefore A=\begin{pmatrix} a_{11} & a_{12} \\ a_{21} & a_{22} \\ a_{31} & a_{32} \end{pmatrix}=\begin{pmatrix} \mathbf{3} & \mathbf{5} \\ \mathbf{2} & \mathbf{6} \\ \mathbf{2} & \mathbf{4} \end{pmatrix}$$

서술형

0873 행렬 $A=\begin{pmatrix} a & 1 \\ -8 & b \end{pmatrix}$의 (i, j) 성분 a_{ij}가

$a_{ij}=pi+qj-2$

일 때, pq의 값을 구하시오. (단, a, b, p, q는 상수이다.)

답 -20

풀이 $a_{12}=p+2q-2=1$

$\therefore p+2q=3$ ······ ㉠

$a_{21}=2p+q-2=-8$

$\therefore 2p+q=-6$ ······ ㉡ …❶ (50%)

㉠, ㉡을 연립하여 풀면

$p=-5, q=4$ …❷ (30%)

$\therefore pq=\mathbf{-20}$ …❸ (20%)

0874 행렬 A의 (i, j) 성분 a_{ij}가

$$a_{ij}=\begin{cases} 2j-i & (i\ge j) \\ a_{ji} & (i<j) \end{cases} \text{ (단, } i, j=1, 2, 3)$$

일 때, 행렬 A의 모든 성분의 합을 구하시오.

답 6

풀이 $a_{11}=2\cdot1-1=1$, $a_{21}=2\cdot1-2=0$,

$a_{22}=2\cdot2-2=2$, $a_{31}=2\cdot1-3=-1$,

$a_{32}=2\cdot2-3=1$, $a_{33}=2\cdot3-3=3$

이므로 $a_{12}=a_{21}=0$, $a_{13}=a_{31}=-1$,

$a_{23}=a_{32}=1$

$$\therefore A=\begin{pmatrix} a_{11} & a_{12} & a_{13} \\ a_{21} & a_{22} & a_{23} \\ a_{31} & a_{32} & a_{33} \end{pmatrix}=\begin{pmatrix} 1 & 0 & -1 \\ 0 & 2 & 1 \\ -1 & 1 & 3 \end{pmatrix}$$

따라서 모든 성분의 합은 6이다.

0875 행렬 A의 (i, j) 성분 a_{ij}가

$a_{ij}=-a_{ji}$ (단, $i, j=1, 2$)

일 때, 행렬 B의 (i, j) 성분 b_{ij}는

$b_{ij}=a_{ij}^2+i-j$ (단, $i, j=1, 2$)

이다. 행렬 B의 모든 성분의 합이 18일 때, 행렬 B의 $(2, 1)$ 성분을 구하시오.

답 10

풀이 $a_{11}=-a_{11}$이므로 $2a_{11}=0$ $\quad\therefore a_{11}=0$

$a_{22}=-a_{22}$이므로 $2a_{22}=0$ $\quad\therefore a_{22}=0$

또, $a_{21}=-a_{12}$이므로 $B=\begin{pmatrix} 0 & a_{12}^2-1 \\ a_{12}^2+1 & 0 \end{pmatrix}$

이때 행렬 B의 모든 성분의 합이 18이므로

$2a_{12}^2=18$, $a_{12}^2=9$

$\therefore b_{21}=a_{12}^2+1=\mathbf{10}$

0876 그림은 세 도시 1, 2, 3 사이를 연결하는 이동 방향이 지정된 길을 나타낸 것이다. 행렬 A의 (i, j) 성분 a_{ij}를 i도시에서 j도시로 직접 가는 길의 개수라 할 때, 행렬 A를 구하시오. (단, $i, j=1, 2, 3$)

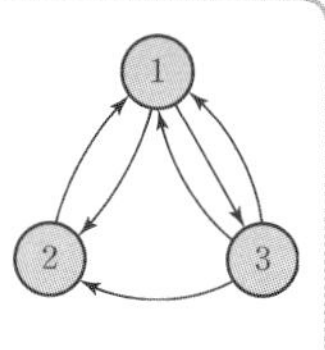

답 풀이참조

풀이 $A=\begin{pmatrix} a_{11} & a_{12} & a_{13} \\ a_{21} & a_{22} & a_{23} \\ a_{31} & a_{32} & a_{33} \end{pmatrix}=\begin{pmatrix} \mathbf{0} & \mathbf{1} & \mathbf{1} \\ \mathbf{1} & \mathbf{0} & \mathbf{0} \\ \mathbf{2} & \mathbf{1} & \mathbf{0} \end{pmatrix}$

0877 그림은 어느 미술관의 두 전시홀 H_1, H_2와 각 전시홀을 연결하는 이동 방향이 지정된 통로를 나타낸 것이다. 행렬 X의 (i, j) 성분 a_{ij}를 H_i에서 H_j로 하나의 통로만 이용하여 이동하는 방법의 수라 할 때, 행렬 X의 제2열의 모든 성분의 합을 구하시오.

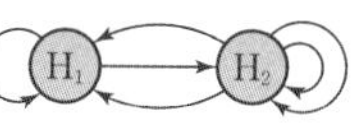

답 3

풀이 $a_{12}=1$, $a_{22}=2$

따라서 제2열의 모든 성분의 합은

$1+2=\mathbf{3}$

행렬의 꼴이 서로 같고, 대응하는 성분도 모두 같아야 한다.

유형 02 서로 같은 행렬

개념 1

0878 두 행렬 $A=\begin{pmatrix} x & xy \\ -y & 5 \end{pmatrix}$, $B=\begin{pmatrix} 3-y & xy \\ \frac{4}{x} & 5 \end{pmatrix}$에 대하여 $A=B$일 때, x^2+y^2의 값은?

(단, $x\neq0$이고, x, y는 실수이다.)

답 ⑤

풀이 $x=3-y$, $-y=\frac{4}{x}$에서

$x+y=3$, $xy=-4$

$\therefore x^2+y^2=(x+y)^2-2xy=3^2-2\cdot(-4)=\mathbf{17}$

0879 등식 $\begin{pmatrix} a^2-ab+b^2 & -1 \\ 2 & 2a-5 \end{pmatrix}=\begin{pmatrix} 8-ab & -1 \\ 2 & 3-2b \end{pmatrix}$를 만족시키는 실수 a, b에 대하여 $\frac{b}{a}+\frac{a}{b}$의 값을 구하시오.

(단, $a\neq0$, $b\neq0$)

답 2

풀이 $a^2-ab+b^2=8-ab$, $2a-5=3-2b$에서

$a^2+b^2=8$, $a+b=4$

이때 $ab=\frac{1}{2}\{(a+b)^2-(a^2+b^2)\}=\frac{1}{2}(4^2-8)=4$이므로

$\frac{b}{a}+\frac{a}{b}=\frac{a^2+b^2}{ab}=\frac{8}{4}=\mathbf{2}$

0880 두 행렬 $A=\begin{pmatrix} 1 & 2 \\ 3 & 4 \end{pmatrix}$, $B=\begin{pmatrix} x+y & y+z \\ z+x & 4 \end{pmatrix}$에 대하여 $A=B$일 때, $x^2+y^2+z^2$의 값을 구하시오.

(단, x, y, z는 상수이다.)

답 5

풀이 $1=x+y$ …… ㉠

$2=y+z$ …… ㉡

$3=z+x$ …… ㉢

㉠+㉡+㉢을 하면 $6=2(x+y+z)$

$\therefore x+y+z=3$ …… ㉣

㉣에 ㉠, ㉡, ㉢을 각각 대입한 후 정리하면

$x=1$, $y=0$, $z=2$

$\therefore x^2+y^2+z^2=1+0+4=\mathbf{5}$

서술형

0881 두 양수 a, b에 대하여 $\begin{pmatrix} 3a+2b & 1 \\ 3 & b^2 \end{pmatrix}=\begin{pmatrix} 9a^2 & 1 \\ 3 & 6b \end{pmatrix}$일 때, ab의 값을 구하시오.

답 8

풀이 $3a+2b=9a^2$ …… ㉠

$b^2=6b$에서 $b(b-6)=0$

$\therefore b=6$ ($\because b>0$) …❶ (40%)

$b=6$을 ㉠에 대입하면

$3a+12=9a^2$, $3a^2-a-4=0$, $(a+1)(3a-4)=0$

$\therefore a=\frac{4}{3}$ ($\because a>0$) …❷ (40%)

$\therefore ab=\mathbf{8}$ …❸ (20%)

유형 03 행렬의 덧셈, 뺄셈, 실수배 개념 2

0882 두 실수 x, y에 대하여 등식

$$\begin{pmatrix} x+1 & 4 \\ 2y & x+y \end{pmatrix} - 2\begin{pmatrix} y+2 & 2 \\ y & x-2 \end{pmatrix} = \begin{pmatrix} 0 & 0 \\ 0 & 0 \end{pmatrix}$$

이 성립할 때, $x+y$의 값은?

답 ③

풀이 $\begin{pmatrix} x-2y-3 & 0 \\ 0 & -x+y+4 \end{pmatrix} = \begin{pmatrix} 0 & 0 \\ 0 & 0 \end{pmatrix}$이므로

$x-2y-3=0$, $-x+y+4=0$

위의 두 식을 연립하여 풀면

$x=5$, $y=1$

$\therefore x+y=\mathbf{6}$

0883 두 행렬 $A=\begin{pmatrix} -1 & 2 \\ 4 & 1 \end{pmatrix}$, $B=\begin{pmatrix} 1 & -2 \\ -1 & 2 \end{pmatrix}$에 대하여 $2(X-2A)=B-X$를 만족시키는 이차정사각행렬 X의 모든 성분의 합은? $2X-4A=B-X \rightarrow 3X=4A+B$

답 ④

풀이 $3X=4A+B=4\begin{pmatrix} -1 & 2 \\ 4 & 1 \end{pmatrix}+\begin{pmatrix} 1 & -2 \\ -1 & 2 \end{pmatrix}$

$=\begin{pmatrix} -4 & 8 \\ 16 & 4 \end{pmatrix}+\begin{pmatrix} 1 & -2 \\ -1 & 2 \end{pmatrix}=\begin{pmatrix} -3 & 6 \\ 15 & 6 \end{pmatrix}$

$\therefore X=\begin{pmatrix} -1 & 2 \\ 5 & 2 \end{pmatrix}$

따라서 모든 성분의 합은

$-1+2+5+2=\mathbf{8}$

0884 두 이차정사각행렬 A, B가

$A+B=\begin{pmatrix} 1 & -1 \\ -2 & 1 \end{pmatrix}$ ㉠, $A-B=\begin{pmatrix} 3 & -1 \\ 4 & -1 \end{pmatrix}$ ㉡

을 만족시킬 때, 행렬 $2A+B$의 모든 성분의 곱은?

답 ③

풀이 ㉠+㉡을 하면 $2A=\begin{pmatrix} 4 & -2 \\ 2 & 0 \end{pmatrix}$

㉠−㉡을 하면 $2B=\begin{pmatrix} -2 & 0 \\ -6 & 2 \end{pmatrix}$

$\therefore B=\begin{pmatrix} -1 & 0 \\ -3 & 1 \end{pmatrix}$

$\therefore 2A+B=\begin{pmatrix} 4 & -2 \\ 2 & 0 \end{pmatrix}+\begin{pmatrix} -1 & 0 \\ -3 & 1 \end{pmatrix}=\begin{pmatrix} 3 & -2 \\ -1 & 1 \end{pmatrix}$

따라서 모든 성분의 곱은

$3\cdot(-2)\cdot(-1)\cdot1=\mathbf{6}$

서술형

0885 두 행렬 $A=\begin{pmatrix} -6 & 7 \\ 5 & 4 \end{pmatrix}$, $B=\begin{pmatrix} -2 & -1 \\ 0 & 3 \end{pmatrix}$에 대하여 행렬 X, Y가

$X+2Y=A$ ㉠, $2X-Y=B$ ㉡

를 만족시킨다. $X+Y=\begin{pmatrix} p & q \\ r & s \end{pmatrix}$일 때, $ps-qr$의 값을 구하시오. (단, p, q, r, s는 실수이다.)

답 -24

풀이 ㉠$+2\times$㉡을 하면

$5X=A+2B \qquad \therefore X=\frac{1}{5}A+\frac{2}{5}B$

$2\times$㉠−㉡을 하면

$5Y=2A-B \qquad \therefore Y=\frac{2}{5}A-\frac{1}{5}B$

$\therefore X+Y=\frac{1}{5}(3A+B)$

$=\frac{1}{5}\left\{\begin{pmatrix} -18 & 21 \\ 15 & 12 \end{pmatrix}+\begin{pmatrix} -2 & -1 \\ 0 & 3 \end{pmatrix}\right\}$

$=\frac{1}{5}\begin{pmatrix} -20 & 20 \\ 15 & 15 \end{pmatrix}=\begin{pmatrix} -4 & 4 \\ 3 & 3 \end{pmatrix}$ …❶ (60%)

즉, $p=-4$, $q=4$, $r=3$, $s=3$이므로 …❷ (20%)

$ps-qr=-4\cdot3-4\cdot3=\mathbf{-24}$ …❸ (20%)

0886 두 실수 x, y에 대하여

$$\begin{pmatrix} -1 \\ 4 \end{pmatrix}=x\begin{pmatrix} 1 \\ 2 \end{pmatrix}+y\begin{pmatrix} 2 \\ 1 \end{pmatrix}$$

일 때, $6x+5y$의 값을 구하시오.

답 8

풀이 $\begin{pmatrix} -1 \\ 4 \end{pmatrix}=\begin{pmatrix} x+2y \\ 2x+y \end{pmatrix}$이므로

$x+2y=-1$, $2x+y=4$

위의 두 식을 연립하여 풀면

$x=3$, $y=-2$

$\therefore 6x+5y=18-10=\mathbf{8}$

0887 두 행렬 $A=\begin{pmatrix} 1 & 0 \\ 1 & 2 \end{pmatrix}$, $B=\begin{pmatrix} -1 & 0 \\ 0 & -2 \end{pmatrix}$에 대하여 행렬 $\begin{pmatrix} -1 & 0 \\ 3 & -2 \end{pmatrix}$를 $xA+yB$의 꼴로 나타낼 때, xy의 값을 구하시오. (단, x, y는 실수이다.)

답 12

풀이 $\begin{pmatrix} -1 & 0 \\ 3 & -2 \end{pmatrix}=x\begin{pmatrix} 1 & 0 \\ 1 & 2 \end{pmatrix}+y\begin{pmatrix} -1 & 0 \\ 0 & -2 \end{pmatrix}$에서

$\begin{pmatrix} -1 & 0 \\ 3 & -2 \end{pmatrix}=\begin{pmatrix} x-y & 0 \\ x & 2x-2y \end{pmatrix}$

따라서 $x-y=-1$, $x=3$이므로 $y=4$

$\therefore xy=\mathbf{12}$

① $(a\ b)\begin{pmatrix} p \\ q \end{pmatrix} = (ap+bq)$ ② $\begin{pmatrix} a & b \\ c & d \end{pmatrix}\begin{pmatrix} p \\ q \end{pmatrix} = \begin{pmatrix} ap+bq \\ cp+dq \end{pmatrix}$ ③ $\begin{pmatrix} a & b \\ c & d \end{pmatrix}\begin{pmatrix} p & q \\ r & s \end{pmatrix} = \begin{pmatrix} ap+br & aq+bs \\ cp+dr & cq+ds \end{pmatrix}$

유형 04 행렬의 곱셈

개념 3

0888 두 행렬 $A=\begin{pmatrix} 1 & 2 \\ 3 & 6 \end{pmatrix}$, $B=\begin{pmatrix} 2 & x \\ y & -5 \end{pmatrix}$에 대하여 $AB=\begin{pmatrix} 0 & 0 \\ 0 & 0 \end{pmatrix}$일 때, 행렬 BA는? (단, x, y는 실수이다.)
$AB \neq BA$

답 ⑤

풀이 $AB=\begin{pmatrix} 1 & 2 \\ 3 & 6 \end{pmatrix}\begin{pmatrix} 2 & x \\ y & -5 \end{pmatrix}=\begin{pmatrix} 2+2y & x-10 \\ 6+6y & 3x-30 \end{pmatrix}$

즉, $2+2y=0$, $x-10=0$이므로 $x=10$, $y=-1$

따라서 $B=\begin{pmatrix} 2 & 10 \\ -1 & -5 \end{pmatrix}$이므로

$BA=\begin{pmatrix} 2 & 10 \\ -1 & -5 \end{pmatrix}\begin{pmatrix} 1 & 2 \\ 3 & 6 \end{pmatrix}=\begin{pmatrix} \mathbf{32} & \mathbf{64} \\ \mathbf{-16} & \mathbf{-32} \end{pmatrix}$

➜ **0889** 두 행렬 $A=\begin{pmatrix} 1 & k \\ 2 & 2 \end{pmatrix}$, $B=\begin{pmatrix} k & 0 \\ 1 & k \end{pmatrix}$에 대하여 행렬 $(A+B)(A-B)$의 모든 성분의 합이 -2일 때, 양수 k의 값은? $\neq A^2-B^2$ ($\because AB \neq BA$)

답 ②

풀이 $A+B=\begin{pmatrix} 1+k & k \\ 3 & 2+k \end{pmatrix}$, $A-B=\begin{pmatrix} 1-k & k \\ 1 & 2-k \end{pmatrix}$

$\therefore (A+B)(A-B)=\begin{pmatrix} 1+k & k \\ 3 & 2+k \end{pmatrix}\begin{pmatrix} 1-k & k \\ 1 & 2-k \end{pmatrix}$

$=\begin{pmatrix} -k^2+k+1 & 3k \\ -2k+5 & -k^2+3k+4 \end{pmatrix}$

이때 모든 성분의 합이 -2이므로

$-2k^2+5k+10=-2$, $2k^2-5k-12=0$

$(2k+3)(k-4)=0$ $\therefore k=\mathbf{4}$ ($\because k>0$)

0890 이차방정식 $x^2+x-3=0$의 두 근을 α, β라 할 때, 행렬 $\begin{pmatrix} \alpha \\ \alpha+4\beta \end{pmatrix}(\beta\ \ 2\alpha)$의 모든 성분의 합을 구하시오.
$\alpha+\beta=-1$, $\alpha\beta=-3$

답 -2

풀이 $\begin{pmatrix} \alpha \\ \alpha+4\beta \end{pmatrix}(\beta\ \ 2\alpha)=\begin{pmatrix} \alpha\beta & 2\alpha^2 \\ \alpha\beta+4\beta^2 & 2\alpha^2+8\alpha\beta \end{pmatrix}$

따라서 모든 성분의 합은

$4(\alpha^2+\beta^2)+10\alpha\beta=4\{(\alpha+\beta)^2-2\alpha\beta\}+10\alpha\beta$

$=4(\alpha+\beta)^2+2\alpha\beta$

$=4\cdot(-1)^2+2\cdot(-3)$

$=4-6=\mathbf{-2}$

➜ **0891** 두 양수 x, y에 대하여 $\begin{pmatrix} x & y \\ y & x \end{pmatrix}\begin{pmatrix} x \\ y \end{pmatrix}=\begin{pmatrix} 25 \\ 24 \end{pmatrix}$가 성립할 때, x^3+y^3의 값을 구하시오.

답 91

풀이 $\begin{pmatrix} x^2+y^2 \\ 2xy \end{pmatrix}=\begin{pmatrix} 25 \\ 24 \end{pmatrix}$에서

$x^2+y^2=25$, $2xy=24$ $\therefore xy=12$

$\therefore (x+y)^2=x^2+y^2+2xy=25+24=49$

이때 x, y가 모두 양수이므로 $x+y=7$

$\therefore x^3+y^3=(x+y)^3-3xy(x+y)=7^3-3\cdot12\cdot7$

$=343-252=\mathbf{91}$

$AE=EA=A$이므로
① $(A+E)(A-E)=A^2-E$ ② $(A+E)^2=A^2+2A+E$ ③ $(A-E)^2=A^2-2A+E$

유형 05 단위행렬과 행렬의 곱셈

개념 3, 4

0892 이차정사각행렬 A에 대하여 $A^2=\begin{pmatrix} -1 & -4 \\ 8 & 7 \end{pmatrix}$일 때, $(A+E)(A-E)=\begin{pmatrix} p & q \\ r & s \end{pmatrix}$이다. 이때 $p+s$의 값을 구하시오. (단, E는 단위행렬이고, p, q, r, s는 실수이다.)

답 4

풀이 $(A+E)(A-E)=A^2-E$

$=\begin{pmatrix} -1 & -4 \\ 8 & 7 \end{pmatrix}-\begin{pmatrix} 1 & 0 \\ 0 & 1 \end{pmatrix}=\begin{pmatrix} -2 & -4 \\ 8 & 6 \end{pmatrix}$

즉, $p=-2$, $s=6$이므로 $p+s=\mathbf{4}$

➜ 서술형 **0893** 행렬 A의 모든 성분의 합이 1일 때, 행렬 $(A+E)^2-(A-E)^2$의 모든 성분의 합을 구하시오. (단, E는 단위행렬이다.)

답 4

풀이 $(A+E)^2-(A-E)^2=A^2+2A+E-(A^2-2A+E)$

$=4A$ …❶ (50%)

이때 행렬 A의 모든 성분의 합이 1이므로 주어진 행렬의 모든 성분의 합은 $4\cdot1=\mathbf{4}$ …❷ (50%)

Tip 행렬 A의 모든 성분의 합이 S일 때
($A=\begin{pmatrix} a & b \\ c & d \end{pmatrix}$, $S=a+b+c+d$)
행렬 kA (k는 상수)의 모든 성분의 합은 kS이다.
($kA=\begin{pmatrix} ka & kb \\ kc & kd \end{pmatrix}$, $kS=k(a+b+c+d)$)

10 행렬과 그 연산

유형 06 행렬의 제곱, 세제곱 개념 3

0894 행렬 $A=\begin{pmatrix} a & 1 \\ 1 & 2 \end{pmatrix}$에 대하여 행렬 A^2의 모든 성분의 합이 9일 때, 상수 a의 값은? 답 ②

풀이 $A^2=\begin{pmatrix} a & 1 \\ 1 & 2 \end{pmatrix}\begin{pmatrix} a & 1 \\ 1 & 2 \end{pmatrix}=\begin{pmatrix} a^2+1 & a+2 \\ a+2 & 5 \end{pmatrix}$

모든 성분의 합이 9이므로

$a^2+2a+10=9$, $a^2+2a+1=0$, $(a+1)^2=0$

$\therefore a=-1$

0895 방정식 $x^3=1$의 한 허근을 ω라 할 때, 행렬 $A=\begin{pmatrix} \omega^2 & 1 \\ \omega+1 & \omega^2 \end{pmatrix}$에 대하여 행렬 A^2의 모든 성분의 합을 구하시오. 답 0

($x^3-1=0$, $(x-1)(x^2+x+1)=0$)

풀이 $\omega^3=1$, $\omega^2+\omega+1=0$ $\quad\therefore \omega+1=-\omega^2$

$A=\begin{pmatrix} \omega^2 & 1 \\ \omega+1 & \omega^2 \end{pmatrix}=\begin{pmatrix} \omega^2 & 1 \\ -\omega^2 & \omega^2 \end{pmatrix}$에서

$A^2=\begin{pmatrix} \omega^2 & 1 \\ -\omega^2 & \omega^2 \end{pmatrix}\begin{pmatrix} \omega^2 & 1 \\ -\omega^2 & \omega^2 \end{pmatrix}=\begin{pmatrix} \omega^4-\omega^2 & 2\omega^2 \\ -2\omega^4 & \omega^4-\omega^2 \end{pmatrix}$

$=\begin{pmatrix} \omega-\omega^2 & 2\omega^2 \\ -2\omega & \omega-\omega^2 \end{pmatrix}$ ($\because \omega^3=1$)

따라서 모든 성분의 합은 **0**이다.

0896 행렬 $A=\begin{pmatrix} 1 & -1 \\ 2 & 1 \end{pmatrix}$에 대하여 행렬 $(A-E)(A^2+A+E)$의 모든 성분의 곱을 구하시오. (단, E는 단위행렬이다.) 답 -72

($(A-E)(A^2+A+E)=A^3-E$ ($\because AE=EA=A$))

풀이 $A^2=\begin{pmatrix} 1 & -1 \\ 2 & 1 \end{pmatrix}\begin{pmatrix} 1 & -1 \\ 2 & 1 \end{pmatrix}=\begin{pmatrix} -1 & -2 \\ 4 & -1 \end{pmatrix}$

$A^3=A^2A=\begin{pmatrix} -1 & -2 \\ 4 & -1 \end{pmatrix}\begin{pmatrix} 1 & -1 \\ 2 & 1 \end{pmatrix}=\begin{pmatrix} -5 & -1 \\ 2 & -5 \end{pmatrix}$

$\therefore A^3-E=\begin{pmatrix} -5 & -1 \\ 2 & -5 \end{pmatrix}-\begin{pmatrix} 1 & 0 \\ 0 & 1 \end{pmatrix}=\begin{pmatrix} -6 & -1 \\ 2 & -6 \end{pmatrix}$

따라서 모든 성분의 곱은 $-6\cdot(-1)\cdot2\cdot(-6)=\mathbf{-72}$

0897 두 이차정사각행렬 A, B에 대하여

$A+B=\begin{pmatrix} 5 & 4 \\ 3 & 6 \end{pmatrix}$ ㉠, $A-B=\begin{pmatrix} -3 & 4 \\ 1 & -2 \end{pmatrix}$ ㉡

일 때, 행렬 A^3-B^3을 구하시오. 답 풀이참조

풀이 $\dfrac{㉠+㉡}{2}$, $\dfrac{㉠-㉡}{2}$을 하면 $A=\begin{pmatrix} 1 & 4 \\ 2 & 2 \end{pmatrix}$, $B=\begin{pmatrix} 4 & 0 \\ 1 & 4 \end{pmatrix}$

$A^2=\begin{pmatrix} 1 & 4 \\ 2 & 2 \end{pmatrix}\begin{pmatrix} 1 & 4 \\ 2 & 2 \end{pmatrix}=\begin{pmatrix} 9 & 12 \\ 6 & 12 \end{pmatrix}$

$A^3=A^2A=\begin{pmatrix} 9 & 12 \\ 6 & 12 \end{pmatrix}\begin{pmatrix} 1 & 4 \\ 2 & 2 \end{pmatrix}=\begin{pmatrix} 33 & 60 \\ 30 & 48 \end{pmatrix}$

$B^2=\begin{pmatrix} 4 & 0 \\ 1 & 4 \end{pmatrix}\begin{pmatrix} 4 & 0 \\ 1 & 4 \end{pmatrix}=\begin{pmatrix} 16 & 0 \\ 8 & 16 \end{pmatrix}$

$B^3=B^2B=\begin{pmatrix} 16 & 0 \\ 8 & 16 \end{pmatrix}\begin{pmatrix} 4 & 0 \\ 1 & 4 \end{pmatrix}=\begin{pmatrix} 64 & 0 \\ 48 & 64 \end{pmatrix}$

$\therefore A^3-B^3=\begin{pmatrix} 33 & 60 \\ 30 & 48 \end{pmatrix}-\begin{pmatrix} 64 & 0 \\ 48 & 64 \end{pmatrix}=\begin{pmatrix} \mathbf{-31} & \mathbf{60} \\ \mathbf{-18} & \mathbf{-16} \end{pmatrix}$

유형 07 행렬의 거듭제곱 개념 3

A, A^2, A^3, ⋯을 직접 구하면서 규칙을 파악한다.

① $A^k=E$ (k는 자연수)이면 A^{k+1}부터 다시 A, A^2, A^3, ⋯, A^k이 반복된다.
$A^k=-E$이면 $A^{2k}=E$임을 이용한다.

② $A^2=A$이면 $A=A^2=A^3=A^4=\cdots$이다.

0898 행렬 $A=\begin{pmatrix} 1 & 1 \\ -1 & 0 \end{pmatrix}$에 대하여 $A^n=E$를 만족시키는 자연수 n의 최솟값은? (단, E는 단위행렬이다.) 답 ③

풀이 $A^2=\begin{pmatrix} 1 & 1 \\ -1 & 0 \end{pmatrix}\begin{pmatrix} 1 & 1 \\ -1 & 0 \end{pmatrix}=\begin{pmatrix} 0 & 1 \\ -1 & -1 \end{pmatrix}$

$A^3=A^2A=\begin{pmatrix} 0 & 1 \\ -1 & -1 \end{pmatrix}\begin{pmatrix} 1 & 1 \\ -1 & 0 \end{pmatrix}=\begin{pmatrix} -1 & 0 \\ 0 & -1 \end{pmatrix}=-E$

$\therefore A^6=(A^3)^2=(-E)^2=E$

따라서 $A^n=E$를 만족시키는 자연수 n의 최솟값은 **6**이다.

서술형

0899 행렬 $A=\begin{pmatrix} 1 & -2 \\ 1 & -1 \end{pmatrix}$에 대하여 $A^n=A$를 만족시키는 100 이하의 자연수 n의 개수를 구하시오. 답 25

풀이 $A^2=\begin{pmatrix} 1 & -2 \\ 1 & -1 \end{pmatrix}\begin{pmatrix} 1 & -2 \\ 1 & -1 \end{pmatrix}=\begin{pmatrix} -1 & 0 \\ 0 & -1 \end{pmatrix}=-E$

(E는 단위행렬) ⋯❶ (20%)

$\therefore A^4=(A^2)^2=(-E)^2=E$

따라서 $A^n=A$를 만족시키는 100 이하의 자연수 n은

$\underset{4\cdot1-3}{1}$, 5, 9, ⋯, $\underset{4\cdot25-3}{97}$ ⋯❷ (60%)

의 **25**개이다. ⋯❸ (20%)

Tip 4로 나누었을 때 나머지가 1인 자연수는 $4k-3$ (k는 자연수) 꼴이다.
→ $4k-3\le100$에서 $k\le25.\times\times\times$이므로 자연수 k는 25개이다.

$\alpha+\beta=1, \alpha\beta=-1 \qquad \therefore A=\begin{pmatrix} 1 & -1 \\ 0 & 1 \end{pmatrix}$

0900 행렬 $A=\begin{pmatrix} 1 & 1 \\ 0 & 0 \end{pmatrix}$에 대하여 행렬

$A+A^2+A^3+\cdots+A^{100}$

의 모든 성분의 합은?

답 ④

풀이 $A^2=\begin{pmatrix} 1 & 1 \\ 0 & 0 \end{pmatrix}\begin{pmatrix} 1 & 1 \\ 0 & 0 \end{pmatrix}=\begin{pmatrix} 1 & 1 \\ 0 & 0 \end{pmatrix}=A$

즉, $A=A^2=A^3=\cdots=A^{100}=\begin{pmatrix} 1 & 1 \\ 0 & 0 \end{pmatrix}$이므로

$A+A^2+A^3+\cdots+A^{100}=\begin{pmatrix} 100 & 100 \\ 0 & 0 \end{pmatrix}$

따라서 모든 성분의 합은

$100+100=\mathbf{200}$

0901 이차방정식 $x^2-x-1=0$의 두 근을 α, β라 할 때, 행렬 $A=\begin{pmatrix} \alpha+\beta & \alpha\beta \\ 0 & \alpha+\beta \end{pmatrix}$에 대하여 행렬

$A-A^2+A^3-A^4+\cdots+A^{99}$

의 모든 성분의 합을 구하시오.

답 -48

풀이 $A^2=\begin{pmatrix} 1 & -1 \\ 0 & 1 \end{pmatrix}\begin{pmatrix} 1 & -1 \\ 0 & 1 \end{pmatrix}=\begin{pmatrix} 1 & -2 \\ 0 & 1 \end{pmatrix}$

$A^3=A^2A=\begin{pmatrix} 1 & -2 \\ 0 & 1 \end{pmatrix}\begin{pmatrix} 1 & -1 \\ 0 & 1 \end{pmatrix}=\begin{pmatrix} 1 & -3 \\ 0 & 1 \end{pmatrix}$

$A^4=A^3A=\begin{pmatrix} 1 & -3 \\ 0 & 1 \end{pmatrix}\begin{pmatrix} 1 & -1 \\ 0 & 1 \end{pmatrix}=\begin{pmatrix} 1 & -4 \\ 0 & 1 \end{pmatrix}$

$\therefore A^n=\begin{pmatrix} 1 & -n \\ 0 & 1 \end{pmatrix}$

$\therefore A-A^2+A^3-A^4+\cdots+A^{99}=\begin{pmatrix} 1 & -50 \\ 0 & 1 \end{pmatrix}$

$-1+2-3+4-\cdots+98-99$

따라서 모든 성분의 합은 $1+(-50)+1=\mathbf{-48}$

0902 행렬 $A=\begin{pmatrix} 1 & -1 \\ -1 & 1 \end{pmatrix}$에 대하여 행렬 A^{16}의 $(1, 1)$ 성분과 $(2, 2)$ 성분의 곱이 2^k일 때, 자연수 k의 값을 구하시오.

답 30

풀이 $A^2=\begin{pmatrix} 1 & -1 \\ -1 & 1 \end{pmatrix}\begin{pmatrix} 1 & -1 \\ -1 & 1 \end{pmatrix}=\begin{pmatrix} 2 & -2 \\ -2 & 2 \end{pmatrix}=2A$

$A^4=(A^2)^2=(2A)^2=4A^2=4(2A)=8A=2^3A$

$A^8=(A^4)^2=(2^3A)^2=2^6A^2=2^6(2A)=2^7A$

$A^{16}=(A^8)^2=(2^7A)^2=2^{14}A^2=2^{14}(2A)=2^{15}A$

$=2^{15}\begin{pmatrix} 1 & -1 \\ -1 & 1 \end{pmatrix}=\begin{pmatrix} 2^{15} & -2^{15} \\ -2^{15} & 2^{15} \end{pmatrix}$

따라서 $(1, 1)$ 성분과 $(2, 2)$ 성분의 곱은 $2^{15}\cdot 2^{15}=2^{30}$이므로

$k=\mathbf{30}$

서술형

0903 자연수 n에 대하여 행렬 $\begin{pmatrix} 1 & 0 \\ 1 & 2 \end{pmatrix}^n$의 $(2, 1)$ 성분을 $f(n)$이라 할 때, $f(5)+f(8)$의 값을 구하시오.

답 286

풀이 $\begin{pmatrix} 1 & 0 \\ 1 & 2 \end{pmatrix}^2=\begin{pmatrix} 1 & 0 \\ 1 & 2 \end{pmatrix}\begin{pmatrix} 1 & 0 \\ 1 & 2 \end{pmatrix}=\begin{pmatrix} 1 & 0 \\ 3 & 4 \end{pmatrix}$

$\begin{pmatrix} 1 & 0 \\ 1 & 2 \end{pmatrix}^3=\begin{pmatrix} 1 & 0 \\ 1 & 2 \end{pmatrix}^2\begin{pmatrix} 1 & 0 \\ 1 & 2 \end{pmatrix}=\begin{pmatrix} 1 & 0 \\ 3 & 4 \end{pmatrix}\begin{pmatrix} 1 & 0 \\ 1 & 2 \end{pmatrix}=\begin{pmatrix} 1 & 0 \\ 7 & 8 \end{pmatrix}$

$\begin{pmatrix} 1 & 0 \\ 1 & 2 \end{pmatrix}^4=\begin{pmatrix} 1 & 0 \\ 1 & 2 \end{pmatrix}^3\begin{pmatrix} 1 & 0 \\ 1 & 2 \end{pmatrix}=\begin{pmatrix} 1 & 0 \\ 7 & 8 \end{pmatrix}\begin{pmatrix} 1 & 0 \\ 1 & 2 \end{pmatrix}=\begin{pmatrix} 1 & 0 \\ 15 & 16 \end{pmatrix}$

$\therefore \begin{pmatrix} 1 & 0 \\ 1 & 2 \end{pmatrix}^n=\begin{pmatrix} 1 & 0 \\ 2^n-1 & 2^n \end{pmatrix}$ …❶ (60%)

따라서 $f(n)=2^n-1$이므로 …❷ (30%)

$f(5)+f(8)=(2^5-1)+(2^8-1)=\mathbf{286}$ …❸ (10%)

유형 08 행렬의 곱셈에 대한 성질; 분배법칙, 결합법칙

개념 4

0904 두 행렬 A, B에 대하여 $A=\begin{pmatrix} 1 & 1 \\ 2 & 2 \end{pmatrix}$, $AB=\begin{pmatrix} 1 & 0 \\ 2 & 0 \end{pmatrix}$일 때, 행렬 $A(BA+3E)$는? (단, E는 단위행렬이다.)

답 ④

Key 행렬 AB가 주어졌으므로 $A(BA)=(AB)A$임을 이용한다.

풀이 $A(BA+3E)=A(BA)+A(3E)$

$=(AB)A+3A$

$=\begin{pmatrix} 1 & 0 \\ 2 & 0 \end{pmatrix}\begin{pmatrix} 1 & 1 \\ 2 & 2 \end{pmatrix}+3\begin{pmatrix} 1 & 1 \\ 2 & 2 \end{pmatrix}$

$=\begin{pmatrix} 1 & 1 \\ 2 & 2 \end{pmatrix}+\begin{pmatrix} 3 & 3 \\ 6 & 6 \end{pmatrix}$

$=\begin{pmatrix} \mathbf{4} & \mathbf{4} \\ \mathbf{8} & \mathbf{8} \end{pmatrix}$

0905 네 이차정사각행렬 A, B, C, D에 대하여

$AC=\begin{pmatrix} 3 & -2 \\ 4 & 1 \end{pmatrix}$, $B=\begin{pmatrix} 4 & 3 \\ -1 & -1 \end{pmatrix}$, $D=\begin{pmatrix} 3 & 3 \\ -1 & -2 \end{pmatrix}$

일 때, 행렬 $ABC-ADC$의 모든 성분의 합은?

$=A(B-D)C$

답 ⑤

Key 두 행렬 ABC, ADC에서 왼쪽에 행렬 A, 오른쪽에 행렬 C가 곱해져 있으므로 두 행렬 A, C로 묶는다.

풀이 $B-D=\begin{pmatrix} 4 & 3 \\ -1 & -1 \end{pmatrix}-\begin{pmatrix} 3 & 3 \\ -1 & -2 \end{pmatrix}=\begin{pmatrix} 1 & 0 \\ 0 & 1 \end{pmatrix}=E$

(E는 단위행렬)

$\therefore A(B-D)C=AEC=AC=\begin{pmatrix} 3 & -2 \\ 4 & 1 \end{pmatrix}$

따라서 모든 성분의 합은

$3+(-2)+4+1=\mathbf{6}$

일반적으로 $AB \neq BA$이므로
① $(A+B)(A-B)=A^2-AB+BA-B^2$ ② $(A+B)^2=A^2+AB+BA+B^2$ ③ $(A-B)^2=A^2-AB-BA+B^2$

유형 09 행렬의 곱셈에 대한 성질: 교환법칙이 성립하지 않는다. 개념 4

0906 두 이차정사각행렬 A, B에 대하여

$A+B=\begin{pmatrix} 2 & 1 \\ -1 & 3 \end{pmatrix}$, $AB+BA=\begin{pmatrix} 3 & 1 \\ -2 & 5 \end{pmatrix}$

일 때, 행렬 A^2+B^2은?

답 ⑤

풀이 $A^2+B^2=(A+B)^2-(AB+BA)$

$=\begin{pmatrix} 2 & 1 \\ -1 & 3 \end{pmatrix}\begin{pmatrix} 2 & 1 \\ -1 & 3 \end{pmatrix}-\begin{pmatrix} 3 & 1 \\ -2 & 5 \end{pmatrix}$

$=\begin{pmatrix} 3 & 5 \\ -5 & 8 \end{pmatrix}-\begin{pmatrix} 3 & 1 \\ -2 & 5 \end{pmatrix}=\begin{pmatrix} \mathbf{0} & \mathbf{4} \\ \mathbf{-3} & \mathbf{3} \end{pmatrix}$

0907 두 이차정사각행렬 A, B에 대하여

$(A+B)^2=\begin{pmatrix} 10 & 14 \\ 21 & 31 \end{pmatrix}$, $(A-B)^2=\begin{pmatrix} 16 & 0 \\ -1 & 9 \end{pmatrix}$

일 때, $AB+BA$의 모든 성분의 합은?

답 ①

풀이 $A^2+AB+BA+B^2=\begin{pmatrix} 10 & 14 \\ 21 & 31 \end{pmatrix}$ ······ ㉠

$A^2-AB-BA+B^2=\begin{pmatrix} 16 & 0 \\ -1 & 9 \end{pmatrix}$ ······ ㉡

㉠−㉡을 하면

$2(AB+BA)=\begin{pmatrix} 10 & 14 \\ 21 & 31 \end{pmatrix}-\begin{pmatrix} 16 & 0 \\ -1 & 9 \end{pmatrix}=\begin{pmatrix} -6 & 14 \\ 22 & 22 \end{pmatrix}$

$\therefore AB+BA=\begin{pmatrix} -3 & 7 \\ 11 & 11 \end{pmatrix}$

따라서 모든 성분의 합은

$-3+7+11+11=\mathbf{26}$

$AB=BA$이면 수에서의 곱셈 공식, 인수분해 공식이 행렬에서도 적용된다.

유형 10 $AB=BA$가 성립하는 경우 개념 4

0908 두 행렬 $A=\begin{pmatrix} 1 & 0 \\ -1 & 2 \end{pmatrix}$, $B=\begin{pmatrix} 3 & 0 \\ a & 0 \end{pmatrix}$에 대하여 $AB=BA$일 때, 상수 a의 값은?

답 ③

풀이 $\overset{A}{\begin{pmatrix} 1 & 0 \\ -1 & 2 \end{pmatrix}}\overset{B}{\begin{pmatrix} 3 & 0 \\ a & 0 \end{pmatrix}}=\overset{B}{\begin{pmatrix} 3 & 0 \\ a & 0 \end{pmatrix}}\overset{A}{\begin{pmatrix} 1 & 0 \\ -1 & 2 \end{pmatrix}}$에서

$\begin{pmatrix} 3 & 0 \\ -3+2a & 0 \end{pmatrix}=\begin{pmatrix} 3 & 0 \\ a & 0 \end{pmatrix}$

즉, $-3+2a=a$이므로 $a=\mathbf{3}$

0909 두 이차정사각행렬 A, B에 대하여 $AB=BA$이고,

$A+2B=\begin{pmatrix} -1 & 4 \\ 2 & 3 \end{pmatrix}$, $A-2B=\begin{pmatrix} 4 & 3 \\ 1 & -3 \end{pmatrix}$

일 때, 행렬 A^2-4B^2을 구하시오.

답 풀이 참조

Key $AB=BA$이므로

$(A+2B)(A-2B)=A^2-2AB+2BA-4B^2$
$=A^2-4B^2$

풀이 $A^2-4B^2=(A+2B)(A-2B)$

$=\begin{pmatrix} -1 & 4 \\ 2 & 3 \end{pmatrix}\begin{pmatrix} 4 & 3 \\ 1 & -3 \end{pmatrix}=\begin{pmatrix} \mathbf{0} & \mathbf{-15} \\ \mathbf{11} & \mathbf{-3} \end{pmatrix}$

0910 두 행렬 $A=\begin{pmatrix} 2 & 1 \\ -1 & x \end{pmatrix}$, $B=\begin{pmatrix} 2 & y \\ -1 & 1 \end{pmatrix}$에 대하여 $(A+B)(A-B)=A^2-B^2$일 때, xy의 값을 구하시오. (단, x, y는 실수이다.)

$AB=BA$

답 1

풀이 $\overset{A}{\begin{pmatrix} 2 & 1 \\ -1 & x \end{pmatrix}}\overset{B}{\begin{pmatrix} 2 & y \\ -1 & 1 \end{pmatrix}}=\overset{B}{\begin{pmatrix} 2 & y \\ -1 & 1 \end{pmatrix}}\overset{A}{\begin{pmatrix} 2 & 1 \\ -1 & x \end{pmatrix}}$에서

$\begin{pmatrix} 3 & 2y+1 \\ -2-x & -y+x \end{pmatrix}=\begin{pmatrix} 4-y & 2+xy \\ -3 & -1+x \end{pmatrix}$

즉, $3=4-y$, $-2-x=-3$이므로

$x=1$, $y=1$

$\therefore xy=\mathbf{1}$

0911 서술형 두 행렬 $A=\begin{pmatrix} x & y \\ -2x & x \end{pmatrix}$, $B=\begin{pmatrix} 1 & y-1 \\ -2 & 1 \end{pmatrix}$에 대하여 $(A+B)^2=A^2+2AB+B^2$일 때, $x+y$의 값을 구하시오. (단, x, y는 자연수이다.)

$AB=BA$

답 4

풀이 $AB=BA$에서 ···❶ (20%)

$\begin{pmatrix} x & y \\ -2x & x \end{pmatrix}\begin{pmatrix} 1 & y-1 \\ -2 & 1 \end{pmatrix}=\begin{pmatrix} 1 & y-1 \\ -2 & 1 \end{pmatrix}\begin{pmatrix} x & y \\ -2x & x \end{pmatrix}$

$\begin{pmatrix} x-2y & xy-x+y \\ -4x & -2xy+3x \end{pmatrix}=\begin{pmatrix} 3x-2xy & xy-x+y \\ -4x & x-2y \end{pmatrix}$

즉, $x-2y=3x-2xy$이므로

$2xy-2x-2y=0$, $xy-x-y=0$ ···❷ (30%)

$x(y-1)-(y-1)=1$ $\therefore (x-1)(y-1)=1$

이때 x, y는 자연수이므로 $x=2$, $y=2$ ···❸ (30%)

$\therefore x+y=\mathbf{4}$ ···❹ (20%)

이차정사각행렬 A에 대하여 $A\begin{pmatrix} a \\ b \end{pmatrix} \pm A\begin{pmatrix} c \\ d \end{pmatrix} = A\begin{pmatrix} a\pm c \\ b\pm d \end{pmatrix}$

유형 11 행렬의 곱셈식의 변형 (1)

개념 4

0912 이차정사각행렬 A에 대하여

$\underbrace{A\begin{pmatrix} 3 \\ 1 \end{pmatrix}=\begin{pmatrix} 1 \\ 0 \end{pmatrix}}_{㉠}$, $\underbrace{A\begin{pmatrix} 2 \\ 1 \end{pmatrix}=\begin{pmatrix} 0 \\ 2 \end{pmatrix}}_{㉡}$

일 때, $A\begin{pmatrix} 1 \\ 0 \end{pmatrix}$과 같은 행렬은?

답 ②

풀이 ㉠−㉡을 하면

$A\begin{pmatrix} 3 \\ 1 \end{pmatrix}-A\begin{pmatrix} 2 \\ 1 \end{pmatrix}=\begin{pmatrix} 1 \\ 0 \end{pmatrix}-\begin{pmatrix} 0 \\ 2 \end{pmatrix}$

$\therefore A\begin{pmatrix} 1 \\ 0 \end{pmatrix}=\begin{pmatrix} \mathbf{1} \\ \mathbf{-2} \end{pmatrix}$

→ **0913** 이차정사각행렬 A에 대하여

$\underbrace{A\begin{pmatrix} 4a \\ -5b \end{pmatrix}=\begin{pmatrix} -3 \\ 2 \end{pmatrix}}_{㉠}$, $\underbrace{A\begin{pmatrix} -a \\ 8b \end{pmatrix}=\begin{pmatrix} 9 \\ -5 \end{pmatrix}}_{㉡}$

일 때, 행렬 $A\begin{pmatrix} a \\ b \end{pmatrix}$를 구하시오. (단, a, b는 실수이다.)

답 풀이 참조

풀이 ㉠+㉡을 하면

$A\begin{pmatrix} 4a \\ -5b \end{pmatrix}+A\begin{pmatrix} -a \\ 8b \end{pmatrix}=\begin{pmatrix} -3 \\ 2 \end{pmatrix}+\begin{pmatrix} 9 \\ -5 \end{pmatrix}$

$A\begin{pmatrix} 3a \\ 3b \end{pmatrix}=\begin{pmatrix} 6 \\ -3 \end{pmatrix}$ $\quad\therefore A\begin{pmatrix} a \\ b \end{pmatrix}=\begin{pmatrix} \mathbf{2} \\ \mathbf{-1} \end{pmatrix}$

0914 이차정사각행렬 A에 대하여

$A^2=\begin{pmatrix} 0 & 3 \\ -2 & 0 \end{pmatrix}$, $A\begin{pmatrix} a \\ b \end{pmatrix}=\begin{pmatrix} c \\ d \end{pmatrix}$

일 때, $A\begin{pmatrix} a+c \\ b+d \end{pmatrix}$와 같은 행렬은?

답 ⑤

Key $A\begin{pmatrix} a+c \\ b+d \end{pmatrix}=A\begin{pmatrix} a \\ b \end{pmatrix}+A\begin{pmatrix} c \\ d \end{pmatrix}$에서 행렬 $A\begin{pmatrix} c \\ d \end{pmatrix}$가 필요하므로 $A\begin{pmatrix} a \\ b \end{pmatrix}=\begin{pmatrix} c \\ d \end{pmatrix}$의 양변의 왼쪽에 행렬 A를 곱한다.

풀이 $A\begin{pmatrix} a \\ b \end{pmatrix}=\begin{pmatrix} c \\ d \end{pmatrix}$의 양변의 왼쪽에 행렬 A를 곱하면

$A^2\begin{pmatrix} a \\ b \end{pmatrix}=A\begin{pmatrix} c \\ d \end{pmatrix}$

$\begin{pmatrix} 0 & 3 \\ -2 & 0 \end{pmatrix}\begin{pmatrix} a \\ b \end{pmatrix}=A\begin{pmatrix} c \\ d \end{pmatrix}$ $\left(\because A^2=\begin{pmatrix} 0 & 3 \\ -2 & 0 \end{pmatrix}\right)$

$\therefore A\begin{pmatrix} c \\ d \end{pmatrix}=\begin{pmatrix} 3b \\ -2a \end{pmatrix}$

$\therefore A\begin{pmatrix} a+c \\ b+d \end{pmatrix}=A\begin{pmatrix} a \\ b \end{pmatrix}+A\begin{pmatrix} c \\ d \end{pmatrix}=\begin{pmatrix} c \\ d \end{pmatrix}+\begin{pmatrix} 3b \\ -2a \end{pmatrix}$

$=\begin{pmatrix} \mathbf{3b+c} \\ \mathbf{-2a+d} \end{pmatrix}$

→ 서술형 **0915** 이차정사각행렬 A에 대하여

$A\begin{pmatrix} 2 \\ 3 \end{pmatrix}=\begin{pmatrix} 1 \\ 0 \end{pmatrix}$, $A^2\begin{pmatrix} 2 \\ 3 \end{pmatrix}=\begin{pmatrix} 4 \\ -2 \end{pmatrix}$

이다. $A\begin{pmatrix} x \\ y \end{pmatrix}=\begin{pmatrix} 8 \\ -6 \end{pmatrix}$을 만족시키는 실수 x, y에 대하여 $x-y$의 값을 구하시오.

$A\begin{pmatrix} a \\ b \end{pmatrix}$ 꼴의 두 행렬의 합으로 나타내어 본다.

답 7

Key $A\begin{pmatrix} 2 \\ 3 \end{pmatrix}$의 왼쪽에 행렬 A를 곱하면 $A^2\begin{pmatrix} 2 \\ 3 \end{pmatrix}$과 같아짐을 이용한다.

풀이1 $A^2\begin{pmatrix} 2 \\ 3 \end{pmatrix}=A\begin{pmatrix} 1 \\ 0 \end{pmatrix}$, $A^2\begin{pmatrix} 2 \\ 3 \end{pmatrix}=\begin{pmatrix} 4 \\ -2 \end{pmatrix}$이므로 $A\begin{pmatrix} 1 \\ 0 \end{pmatrix}=\begin{pmatrix} 4 \\ -2 \end{pmatrix}$

실수 a, b에 대하여 $a\underbrace{\begin{pmatrix} 1 \\ 0 \end{pmatrix}}_{=A\begin{pmatrix} 2 \\ 3 \end{pmatrix}}+b\underbrace{\begin{pmatrix} 4 \\ -2 \end{pmatrix}}_{=A\begin{pmatrix} 1 \\ 0 \end{pmatrix}}=\begin{pmatrix} 8 \\ -6 \end{pmatrix}$이라 하면

$\begin{pmatrix} a+4b \\ -2b \end{pmatrix}=\begin{pmatrix} 8 \\ -6 \end{pmatrix}$에서 $a+4b=8$, $-2b=-6$

$\therefore a=-4, b=3$

즉, $-4\begin{pmatrix} 1 \\ 0 \end{pmatrix}+3\begin{pmatrix} 4 \\ -2 \end{pmatrix}=\begin{pmatrix} 8 \\ -6 \end{pmatrix}$이므로 …❶ (50%)

$-4A\begin{pmatrix} 2 \\ 3 \end{pmatrix}+3A\begin{pmatrix} 1 \\ 0 \end{pmatrix}=\begin{pmatrix} 8 \\ -6 \end{pmatrix}$

$A\begin{pmatrix} -8 \\ -12 \end{pmatrix}+A\begin{pmatrix} 3 \\ 0 \end{pmatrix}=\begin{pmatrix} 8 \\ -6 \end{pmatrix}$ $\quad\therefore A\begin{pmatrix} -5 \\ -12 \end{pmatrix}=\begin{pmatrix} 8 \\ -6 \end{pmatrix}$

따라서 $x=-5$, $y=-12$이므로 …❷ (30%)

$x-y=\mathbf{7}$ …❸ (20%)

풀이2 $A\begin{pmatrix} 2 \\ 3 \end{pmatrix}=\begin{pmatrix} 1 \\ 0 \end{pmatrix}$, $A\begin{pmatrix} 1 \\ 0 \end{pmatrix}=\begin{pmatrix} 4 \\ -2 \end{pmatrix}$에서

$A\begin{pmatrix} 2\alpha \\ 3\alpha \end{pmatrix}=\begin{pmatrix} \alpha \\ 0 \end{pmatrix}$, $A\begin{pmatrix} \beta \\ 0 \end{pmatrix}=\begin{pmatrix} 4\beta \\ -2\beta \end{pmatrix}$라 하면

$A\begin{pmatrix} 2\alpha+\beta \\ 3\alpha \end{pmatrix}=\begin{pmatrix} \alpha+4\beta \\ -2\beta \end{pmatrix}$

$\alpha+4\beta=8$, $-2\beta=-6$이라 하면 $\alpha=-4$, $\beta=3$

$\therefore x=2\alpha+\beta=-8+3=-5$, $y=3\alpha=-12$

$\therefore x-y=\mathbf{7}$

단위행렬 E에 대하여 $A=aB+bE$ 꼴이면 $AB=BA$가 성립한다.
($\because AB=aB^2+bB,\ BA=aB^2+bB$)

유형 12 행렬의 곱셈식의 변형 (2)

개념 4

0916 행렬 $A=\begin{pmatrix} 1 & 2 \\ -1 & 0 \end{pmatrix}$과 이차정사각행렬 B에 대하여 $A+B=E$일 때, 행렬 A^2B+B^2A의 모든 성분의 합은? (단, E는 단위행렬이다.)

$AB=BA$

답 ④

풀이 $AB=BA$이므로

$A^2B+B^2A=A^2B+AB^2=AB(A+B)$
$=AB\ (\because A+B=E)$
$=A(E-A)$
$=\begin{pmatrix} 1 & 2 \\ -1 & 0 \end{pmatrix}\begin{pmatrix} 0 & -2 \\ 1 & 1 \end{pmatrix}=\begin{pmatrix} 2 & 0 \\ 0 & 2 \end{pmatrix}$

따라서 모든 성분의 합은 $2+0+0+2=\mathbf{4}$

0917 두 이차정사각행렬 A, B에 대하여

$A+B=4E$, $AB=E$ — $AB=BA$

가 성립할 때, $A^2+B^2=kE$이다. 실수 k의 값은? (단, E는 단위행렬이다.)

답 ④

풀이 $AB=BA$이므로 $AB=BA=E$

$\therefore A^2+B^2=(A+B)^2-2AB=(4E)^2-2E=14E$

$\therefore k=\mathbf{14}$

0918 두 이차정사각행렬 A, B에 대하여

$A=B-E$, $AB=O$

일 때, 행렬 $A^2+A^3+A^4+A^5$과 같은 행렬은? (단, E는 단위행렬, O는 영행렬이다.)

답 ①

풀이 $A=B-E$의 양변의 왼쪽에 행렬 A를 곱하면

$A^2=AB-A$

이때 $AB=O$이므로 $A^2=-A$

$\therefore A^2+A=O$

$\therefore A^2+A^3+A^4+A^5=A(\underbrace{A+A^2}_{O})+A^3(\underbrace{A+A^2}_{O})=\boldsymbol{O}$

서술형

0919 두 이차정사각행렬 A, B에 대하여

$A^2+A=E$, $AB=2E$

이다. 행렬 A의 모든 성분의 합이 -1일 때, 행렬 B^2의 모든 성분의 합을 구하시오. (단, E는 단위행렬이다.)

답 12

풀이 $A^2+A=E$의 양변의 오른쪽에 행렬 B를 곱하면

$A^2B+AB=B$ $\quad\therefore A(AB)+AB=B$

이때 $AB=2E$이므로 $A(2E)+2E=B$

$\therefore B=2A+2E$ …❶ (30%)

$\therefore B^2=(2A+2E)^2=4(A^2+2A+E)$
$=4(E-A+2A+E)\ (\because A^2=E-A)$
$=4(A+2E)=4A+8E$ …❷ (40%)

모든 성분의 합: $4\cdot(-1)=-4$ / 모든 성분의 합: $8\cdot2=16$

따라서 모든 성분의 합은 $-4+16=\mathbf{12}$ …❸ (30%)

① $A=\begin{pmatrix} a & b \\ c & d \end{pmatrix}$이면 $A^2-(a+d)A+(ad-bc)E=O$

② $A^2+pA+qE=O$이면
- $A=kE$일 때, 식에 $A=kE$를 대입하면 성립한다.
- $A\neq kE$일 때, $A=\begin{pmatrix} a & b \\ c & d \end{pmatrix}$에서 $a+d=-p$, $ad-bc=q$

유형 13 케일리 - 해밀턴의 정리

개념 4

0920 행렬 $A=\begin{pmatrix} 2 & 3 \\ -1 & -4 \end{pmatrix}$가 $A^2+pA+qE=O$를 만족시킬 때, 실수 p, q에 대하여 $p+q$의 값은? (단, E는 단위행렬, O는 영행렬이다.)

$A^2+2A-5E=O$

답 ②

풀이 $A^2+2A-5E=O$에서

$p=2,\ q=-5$

$\therefore p+q=\mathbf{-3}$

0921 행렬 $A=\begin{pmatrix} -1 & -1 \\ 1 & 0 \end{pmatrix}$에 대하여

$A+A^2+A^3+\cdots+A^{20}$

의 모든 성분의 합은?

$A^2+A+E=O$

답 ②

풀이 $A^2+A+E=O$ (E는 단위행렬, O는 영행렬) ……㉠

$(A-E)(A^2+A+E)=O,\ A^3-E=O$ $\quad\therefore A^3=E$

$\therefore A+A^2+A^3+\cdots+A^{20}$
$=A(\underbrace{E+A+A^2}_{=O})+A^4(\underbrace{E+A+A^2}_{=O})+\cdots+A^{16}(\underbrace{E+A+A^2}_{=O})+A^{19}+A^{20}$
$=A^{19}+A^{20}=(A^3)^6A+(A^3)^6A^2=A+A^2$
$=-E\ (\because ㉠)$

따라서 모든 성분의 합은 -2이다.

0922 행렬 $A=\begin{pmatrix} x & -2 \\ 1 & y \end{pmatrix}$가 $A^2-3A+3E=O$를 만족시킬 때, 실수 x, y에 대하여 $\frac{1}{x}+\frac{1}{y}$의 값은?
(단, $x\neq0$, $y\neq0$이고 E는 단위행렬, O는 영행렬이다.)

답 ③

풀이 $A^2-3A+3E=O$이고,

$A=\begin{pmatrix} x & -2 \\ 1 & y \end{pmatrix}\neq kE$ (k는 실수)이므로

$x+y=3$, $xy+2=3$, 즉

$x+y=3$, $xy=1$

$\therefore \frac{1}{x}+\frac{1}{y}=\frac{x+y}{xy}=\frac{3}{1}=$ **3**

서술형
0923 행렬 $A=\begin{pmatrix} a & b \\ c & d \end{pmatrix}$가 $A^2-5A+4E=O$를 만족시킬 때, $a+d$의 최솟값을 구하시오.
(단, E는 단위행렬, O는 영행렬이다.)

답 2

풀이 (i) $A=kE$ (k는 실수)일 때

$A^2-5A+4E=O$에서 $k^2E-5kE+4E=O$

$\therefore (k^2-5k+4)E=O$

즉, $k^2-5k+4=0$이므로 $(k-1)(k-4)=0$

$\therefore k=1$ 또는 $k=4$

따라서 $A=E$ 또는 $A=4E$이므로

$a+d=2$ 또는 $a+d=8$ …❶ (50%)

(ii) $A\neq kE$ (k는 실수)일 때

$A^2-(a+d)A+(ad-bc)E=O$

$\therefore a+d=5$ …❷ (30%)

(i), (ii)에서 $a+d$의 최솟값은 2이다. …❸ (20%)

실수 a, b의 성질	행렬 A, B의 성질
$ab=ba$	$AB\neq BA$
$ab=0$이면 $a=0$ 또는 $b=0$	$AB=O$이어도 $A\neq O$, $B\neq O$인 경우가 존재한다.

유형 14 행렬의 여러 가지 성질

개념 4

0924 이차정사각행렬 A에 대하여 보기에서 옳은 것만을 있는 대로 고른 것은? (단, E는 단위행렬, O는 영행렬이다.)

보기
ㄱ. $A+B=E$이면 $AB=BA$이다.
ㄴ. $A^2-3A+2E=O$이면 $A=2E$ 또는 $A=E$이다.
ㄷ. $A^5=A^3=E$이면 $A=E$이다.

답 ③

풀이 ㉠. $A^2+AB=A$ $\therefore AB=A-A^2$

$A^2+BA=A$ $\therefore BA=A-A^2$

$\therefore AB=BA$

ㄴ. [반례] $A=\begin{pmatrix} 2 & 0 \\ 0 & 1 \end{pmatrix}$ ← $A\neq kE$인 경우

㉢. $A^5=A^3A^2=E$이므로 $A^2=E$ ($\because A^3=E$)

$A^3=A^2A=E$이므로 $A=E$ ($\because A^2=E$)

0925 두 이차정사각행렬 A, B에 대하여 보기에서 옳은 것만을 있는 대로 고르시오.
(단, E는 단위행렬, O는 영행렬이다.)

보기
ㄱ. $(A+B)^2=A^2+2AB+B^2$이면 $AB=BA$이다.
ㄴ. $A\neq O$, $A(A-B)=O$이면 $A=B$이다.
ㄷ. $A+B=E$, $AB=O$이면 임의의 자연수 n에 대하여 $A^n+B^n=E$이다.

답 ㄱ, ㄷ

풀이 ㉠. $(A+B)^2=A^2+2AB+B^2$에서

$A^2+AB+BA+B^2=A^2+2AB+B^2$

$\therefore AB=BA$

ㄴ. [반례] $A=\begin{pmatrix} 0 & 1 \\ 0 & 0 \end{pmatrix}$, $B=O$

㉢. $A+B=E$에서 $B=E-A$ …… ㉠

$AB=O$에 ㉠을 대입하면

$A(E-A)=O$, $A-A^2=O$ $\therefore A^2=A$

$\therefore A=A^2=A^3=A^4=\cdots$

같은 방법으로 하면 $B=B^2=B^3=B^4=\cdots$

$\therefore A^n+B^n=A+B=E$

유형 15 행렬의 곱셈의 활용

개념 3

0926 지혜와 민규가 사려는 공책과 연필의 수는 [표 1]과 같고, 문구점 A, B의 공책 1권과 연필 1자루의 가격은 [표 2]와 같다.

답 ③

	공책	연필
지혜	10권	3자루
민규	8권	12자루

[표 1]

	A	B
공책	1000원	2000원
연필	800원	500원

[표 2]

행렬 $M=\begin{pmatrix} 10 & 3 \\ 8 & 12 \end{pmatrix}$, $N=\begin{pmatrix} 1000 & 2000 \\ 800 & 500 \end{pmatrix}$에 대하여 행렬 MN의 (2, 1) 성분이 의미하는 것은?

풀이 $MN=\begin{pmatrix} 10 & 3 \\ 8 & 12 \end{pmatrix}\begin{pmatrix} 1000 & 2000 \\ 800 & 500 \end{pmatrix}$

행렬 MN의 $(2, 1)$ 성분은 1000원짜리 공책 8권과 800원짜리 연필 12자루의 가격의 합이므로

민규가 문구점 A에서 공책과 연필을 살 경우 지불해야 하는 금액을 의미한다.

0927 두 학교 A, B의 1학년과 2학년의 학생 수는 [표 1]과 같고, 각 학교의 1학년, 2학년에서 농구와 축구를 배우는 학생의 비율은 [표 2]와 같다.

답 ③

(단위: 명)

	A 학교	B 학교
1학년	300	240
2학년	250	200

[표 1]

	1학년	2학년
농구	0.6	0.3
축구	0.4	0.7

[표 2]

위의 두 표를 각각 행렬 $P=\begin{pmatrix} 300 & 240 \\ 250 & 200 \end{pmatrix}$, $Q=\begin{pmatrix} 0.6 & 0.3 \\ 0.4 & 0.7 \end{pmatrix}$로 나타낼 때, B 학교에서 농구를 배우는 학생 수를 바르게 나타낸 것은?

풀이 B 학교에서 농구를 배우는 학생 수는

$0.6\times240+0.3\times200$

$QP=\begin{pmatrix} 0.6 & 0.3 \\ 0.4 & 0.7 \end{pmatrix}\begin{pmatrix} 300 & 240 \\ 250 & 200 \end{pmatrix}$

따라서 B 학교에서 농구를 배우는 학생 수는

행렬 QP의 $(1, 2)$ 성분이다.

0928 두 컵 A, B에 각각 a g, b g의 물이 들어 있다. 컵 A에 들어 있는 물의 $\frac{1}{2}$을 퍼내어 컵 B에 넣은 다음 다시 컵 B에 들어 있는 물의 $\frac{1}{3}$을 퍼내어 컵 A에 넣을 때, 컵 A에 들어 있는 물의 양을 x g, 컵 B에 들어 있는 물의 양을 y g이라 하자. $\begin{pmatrix} x \\ y \end{pmatrix}=\frac{1}{3}\begin{pmatrix} p & q \\ r & s \end{pmatrix}\begin{pmatrix} a \\ b \end{pmatrix}$가 성립할 때, 실수 p, q, r, s에 대하여 $p+q+r+s$의 값을 구하시오.

답 6

풀이 $x=\left(1-\frac{1}{2}\right)a+\frac{1}{3}\left(b+\frac{1}{2}a\right)=\frac{2}{3}a+\frac{1}{3}b$

$y=\frac{2}{3}\left(b+\frac{1}{2}a\right)=\frac{1}{3}a+\frac{2}{3}b$

$\therefore \begin{pmatrix} x \\ y \end{pmatrix}=\frac{1}{3}\begin{pmatrix} 2 & 1 \\ 1 & 2 \end{pmatrix}\begin{pmatrix} a \\ b \end{pmatrix}$

따라서 $p=2$, $q=1$, $r=1$, $s=2$이므로

$p+q+r+s=\mathbf{6}$

서술형

0929 어느 지역의 작년 총 강수량은 1200 mm이었다. 올해 상반기 강수량은 작년 상반기에 비해 10 % 감소하고, 올해 하반기 강수량은 작년 하반기에 비해 40 % 증가하여 올해 총 강수량은 작년에 비해 230 mm만큼 증가하였다. 이 지역의 작년 상반기 강수량과 하반기 강수량을 각각 a mm, b mm라 하면 $\begin{pmatrix} p & 1 \\ -1 & q \end{pmatrix}\begin{pmatrix} a \\ b \end{pmatrix}=\begin{pmatrix} 1200 \\ 2300 \end{pmatrix}$이 성립할 때, 실수 p, q에 대하여 $p+q$의 값을 구하시오.

답 5

풀이 $a+b=1200$

$-0.1a+0.4b=230$

$\therefore -a+4b=2300$ …❶ (50%)

$\therefore \begin{pmatrix} 1 & 1 \\ -1 & 4 \end{pmatrix}\begin{pmatrix} a \\ b \end{pmatrix}=\begin{pmatrix} 1200 \\ 2300 \end{pmatrix}$

따라서 $p=1$, $q=4$이므로 …❷ (30%)

$p+q=\mathbf{5}$ …❸ (20%)

실력 완성!

0930 행렬 A의 (i, j) 성분 a_{ij}가

$a_{ij}=i-j+1$ (단, $i=1, 2$, $j=1, 2, 3$)

일 때, 행렬 A의 모든 성분의 합은?

답 ③

풀이 $a_{11}=1-1+1=1$, $a_{12}=1-2+1=0$,

$a_{13}=1-3+1=-1$,

$a_{21}=2-1+1=2$, $a_{22}=2-2+1=1$,

$a_{23}=2-3+1=0$

$\therefore A=\begin{pmatrix} 1 & 0 & -1 \\ 2 & 1 & 0 \end{pmatrix}$

따라서 모든 성분의 합은

$1+0+(-1)+2+1+0=\mathbf{3}$

0931 세 행렬 $A=\begin{pmatrix} -2 \\ 1 \end{pmatrix}$, $B=(0\ \ 3)$, $C=\begin{pmatrix} 1 & 0 \\ 2 & -1 \end{pmatrix}$에 대하여 다음 중 존재하지 않는 행렬은?

(A: 2×1 행렬, B: 1×2 행렬, C: 2×2 행렬)

① AB $(2\times1)\times(1\times2)$ ② AC $(2\times1)\times(2\times2)$ ③ BA $(1\times2)\times(2\times1)$

④ BC $(1\times2)\times(2\times2)$ ⑤ CA $(2\times2)\times(2\times1)$

답 ②

0932 두 행렬 $A=\begin{pmatrix} x+y & 5 \\ 10 & 4 \end{pmatrix}$, $B=\begin{pmatrix} 3 & xz \\ yz & 4 \end{pmatrix}$에 대하여 $A=B$일 때, $x^3+y^3+z^3$의 값은?

답 ③

풀이 $\underset{㉠}{x+y=3}$, $\underset{㉡}{5=xz}$, $\underset{㉢}{10=yz}$

㉡+㉢을 하면

$15=(x+y)z$

위의 식에 ㉠을 대입하면

$15=3z$ $\qquad \therefore z=5$

$z=5$를 ㉡, ㉢에 각각 대입하여 풀면 $x=1$, $y=2$

$\therefore x^3+y^3+z^3=1^3+2^3+5^3=\mathbf{134}$

0933 두 이차정사각행렬 A, B에 대하여

$\underset{㉠}{A+2B=\begin{pmatrix} 1 & 7 \\ 2 & -1 \end{pmatrix}}$, $\underset{㉡}{3A+B=\begin{pmatrix} -2 & 16 \\ 11 & 2 \end{pmatrix}}$

일 때, $A(A+B)$의 모든 성분의 합을 구하시오.

답 **36**

풀이 ㉠$-2\times$㉡을 하면 $-5A=\begin{pmatrix} 5 & -25 \\ -20 & -5 \end{pmatrix}$

$\therefore A=\begin{pmatrix} -1 & 5 \\ 4 & 1 \end{pmatrix}$,

$B=\begin{pmatrix} -2 & 16 \\ 11 & 2 \end{pmatrix}-3\begin{pmatrix} -1 & 5 \\ 4 & 1 \end{pmatrix}=\begin{pmatrix} 1 & 1 \\ -1 & -1 \end{pmatrix}$

$\therefore A(A+B)=\begin{pmatrix} -1 & 5 \\ 4 & 1 \end{pmatrix}\begin{pmatrix} 0 & 6 \\ 3 & 0 \end{pmatrix}=\begin{pmatrix} 15 & -6 \\ 3 & 24 \end{pmatrix}$

따라서 모든 성분의 합은

$15+(-6)+3+24=\mathbf{36}$

0934 두 행렬 $A=\begin{pmatrix} 4 & a \\ 2 & 1 \end{pmatrix}$, $B=\begin{pmatrix} 1 & 2 \\ 3 & b \end{pmatrix}$에 대하여

$A^2+B^2=AB+BA$ $\quad A^2-AB-BA+B^2=O$

일 때, ab의 값은? (단, a, b는 실수이다.) $\therefore (A-B)^2=O$

답 ③

Key $(A-B)^2=O$라고 해서 $A-B=O$인 것은 아니다.

(O는 영행렬)

풀이 $A-B=\begin{pmatrix} 4 & a \\ 2 & 1 \end{pmatrix}-\begin{pmatrix} 1 & 2 \\ 3 & b \end{pmatrix}=\begin{pmatrix} 3 & a-2 \\ -1 & 1-b \end{pmatrix}$이므로

$(A-B)^2=\begin{pmatrix} 3 & a-2 \\ -1 & 1-b \end{pmatrix}\begin{pmatrix} 3 & a-2 \\ -1 & 1-b \end{pmatrix}$

$=\begin{pmatrix} -a+11 & 3(a-2)+(a-2)(1-b) \\ b-4 & -(a-2)+(1-b)^2 \end{pmatrix}$

즉, $-a+11=0$, $b-4=0$이므로

$a=11$, $b=4$ $\qquad \therefore ab=\mathbf{44}$

0935 세 행렬

$A=\begin{pmatrix} 1 & -1 \\ -2 & 3 \end{pmatrix}$, $B=\begin{pmatrix} 1 & 2 \\ 3 & 0 \end{pmatrix}$, $C=\begin{pmatrix} 1 & -1 \\ -1 & 2 \end{pmatrix}$

에 대하여 행렬 $ABC-CBC$는? $=(A-C)BC$

답 ④

풀이 $A-C=\begin{pmatrix} 1 & -1 \\ -2 & 3 \end{pmatrix}-\begin{pmatrix} 1 & -1 \\ -1 & 2 \end{pmatrix}=\begin{pmatrix} 0 & 0 \\ -1 & 1 \end{pmatrix}$

$BC=\begin{pmatrix} 1 & 2 \\ 3 & 0 \end{pmatrix}\begin{pmatrix} 1 & -1 \\ -1 & 2 \end{pmatrix}=\begin{pmatrix} -1 & 3 \\ 3 & -3 \end{pmatrix}$

$\therefore (A-C)BC=\begin{pmatrix} 0 & 0 \\ -1 & 1 \end{pmatrix}\begin{pmatrix} -1 & 3 \\ 3 & -3 \end{pmatrix}=\begin{pmatrix} \mathbf{0} & \mathbf{0} \\ \mathbf{4} & \mathbf{-6} \end{pmatrix}$

0936 두 행렬 $A=\begin{pmatrix} a & 0 \\ b & -2 \end{pmatrix}$, $B=\begin{pmatrix} -1 & 1 \\ 0 & 1 \end{pmatrix}$에 대하여

$(A+B)^2=(A-B)^2$

일 때, $a+b$의 값을 구하시오. (단, a, b는 실수이다.)

답 6

풀이 $A^2+AB+BA+B^2=A^2-AB-BA+B^2$

$\therefore AB+BA=O$ (O는 영행렬)

$$AB+BA=\begin{pmatrix} a & 0 \\ b & -2 \end{pmatrix}\begin{pmatrix} -1 & 1 \\ 0 & 1 \end{pmatrix}+\begin{pmatrix} -1 & 1 \\ 0 & 1 \end{pmatrix}\begin{pmatrix} a & 0 \\ b & -2 \end{pmatrix}$$

$$=\begin{pmatrix} -a & a \\ -b & b-2 \end{pmatrix}+\begin{pmatrix} -a+b & -2 \\ b & -2 \end{pmatrix}$$

$$=\begin{pmatrix} -2a+b & a-2 \\ 0 & b-4 \end{pmatrix}$$

이므로 $a-2=0$, $b-4=0$

$\therefore a=2, b=4 \qquad \therefore a+b=$ **6**

0937 이차정사각행렬 A에 대하여

$A^2-2A+3E=O$, $A^2\begin{pmatrix} 1 \\ 1 \end{pmatrix}=\begin{pmatrix} 5 \\ 7 \end{pmatrix}$

일 때, 행렬 $A\begin{pmatrix} 1 \\ 1 \end{pmatrix}$의 모든 성분의 곱은?

(단, E는 단위행렬, O는 영행렬이다.)

답 ⑤

풀이 $(A^2-2A+3E)\begin{pmatrix} 1 \\ 1 \end{pmatrix}=O$에서

$$A^2\begin{pmatrix} 1 \\ 1 \end{pmatrix}-2A\begin{pmatrix} 1 \\ 1 \end{pmatrix}+\begin{pmatrix} 3 \\ 3 \end{pmatrix}=O$$

$$\begin{pmatrix} 5 \\ 7 \end{pmatrix}-2A\begin{pmatrix} 1 \\ 1 \end{pmatrix}+\begin{pmatrix} 3 \\ 3 \end{pmatrix}=O,\ 2A\begin{pmatrix} 1 \\ 1 \end{pmatrix}=\begin{pmatrix} 8 \\ 10 \end{pmatrix}$$

$$\therefore A\begin{pmatrix} 1 \\ 1 \end{pmatrix}=\begin{pmatrix} 4 \\ 5 \end{pmatrix}$$

따라서 모든 성분의 곱은 $4\cdot5=$ **20**이다.

0938 두 이차정사각행렬 A, B에 대하여

$A+2B=O$, $AB=E$

일 때, $A^6+B^6=kE$이다. 이때 실수 k의 값은?

(단, E는 단위행렬, O는 영행렬이다.)

답 ①

풀이 $A+2B=O$의 양변의 왼쪽에 행렬 A를 곱하면

$A^2+2AB=O \qquad \therefore A^2=-2AB=-2E$

$A+2B=O$의 양변의 오른쪽에 행렬 B를 곱하면

$AB+2B^2=O \qquad \therefore B^2=-\frac{1}{2}AB=-\frac{1}{2}E$

$$\therefore A^6+B^6=(A^2)^3+(B^2)^3=(-2E)^3+\left(-\frac{1}{2}E\right)^3$$

$$=-8E-\frac{1}{8}E=-\frac{65}{8}E$$

$\therefore k=$ $\mathbf{-\frac{65}{8}}$

$\alpha+\beta=3$, $\alpha\beta=1$

0939 이차방정식 $x^2-3x+1=0$의 두 근 α, β와 행렬 $A=\begin{pmatrix} \alpha & 1 \\ 1 & \beta \end{pmatrix}$에 대하여 A^3의 모든 성분의 합을 구하시오.

답 45

풀이1 $A^2-(\alpha+\beta)A+(\alpha\beta-1)E=O$ (E는 단위행렬, O는 영행렬)

$A^2-3A=O \qquad \therefore A^2=3A$

$$\therefore A^3=3A^2=3\cdot3A=9A=\begin{pmatrix} 9\alpha & 9 \\ 9 & 9\beta \end{pmatrix}$$

따라서 모든 성분의 합은

$9\alpha+9+9+9\beta=9(\alpha+\beta)+18=9\cdot3+18=$ **45**

풀이2 $\alpha^2-3\alpha+1=0$, $\beta^2-3\beta+1=0$이므로

$$A^2=\begin{pmatrix} \alpha & 1 \\ 1 & \beta \end{pmatrix}\begin{pmatrix} \alpha & 1 \\ 1 & \beta \end{pmatrix}=\begin{pmatrix} \alpha^2+1 & \alpha+\beta \\ \alpha+\beta & \beta^2+1 \end{pmatrix}$$

$$=\begin{pmatrix} 3\alpha & 3 \\ 3 & 3\beta \end{pmatrix}=3A$$

0940 두 이차정사각행렬 A, B에 대하여 다음 중 옳은 것은? (단, E는 단위행렬, O는 영행렬이다.)

① $A^2=O$이면 $A=O$이다. [반례] $A=\begin{pmatrix} 0 & 1 \\ 0 & 0 \end{pmatrix}$

② $AB=O$, $A\neq O$이면 $B=O$이다. [반례] $A=\begin{pmatrix} 1 & 0 \\ 0 & 0 \end{pmatrix}$, $B=\begin{pmatrix} 0 & 0 \\ 1 & 0 \end{pmatrix}$

③ $AB=O$이면 $BA=O$이다. [반례] $A=\begin{pmatrix} 1 & 0 \\ 0 & 0 \end{pmatrix}$, $B=\begin{pmatrix} 0 & 0 \\ 1 & 0 \end{pmatrix}$

④ $A^2=E$이면 $A=E$ 또는 $A=-E$이다. [반례] $A=\begin{pmatrix} 0 & 1 \\ 1 & 0 \end{pmatrix}$

⑤ $A\neq O$, $B\neq O$이지만 $AB=O$인 행렬 A, B가 존재한다.

답 ⑤

Key 케일리 – 해밀턴의 정리를 이용하면 쉽게 반례를 구할 수 있다.

풀이 ⑤ $A=\begin{pmatrix} 1 & 0 \\ 0 & 0 \end{pmatrix}$, $B=\begin{pmatrix} 0 & 0 \\ 1 & 0 \end{pmatrix}$이면 $A\neq O$, $B\neq O$이지만

$AB=O$이다.

0941 행렬 $A=\begin{pmatrix} 1 & 0 \\ a & 1 \end{pmatrix}$에 대하여

$A+A^2+A^3+\cdots+A^n=\begin{pmatrix} 6 & 0 \\ 84 & 6 \end{pmatrix}$

일 때, $n+a$의 값을 구하시오. (단, a, n은 상수이다.)

답 10

풀이 $A^2=\begin{pmatrix} 1 & 0 \\ a & 1 \end{pmatrix}\begin{pmatrix} 1 & 0 \\ a & 1 \end{pmatrix}=\begin{pmatrix} 1 & 0 \\ 2a & 1 \end{pmatrix}$

$A^3=A^2A=\begin{pmatrix} 1 & 0 \\ 2a & 1 \end{pmatrix}\begin{pmatrix} 1 & 0 \\ a & 1 \end{pmatrix}=\begin{pmatrix} 1 & 0 \\ 3a & 1 \end{pmatrix}$

$A^4=A^3A=\begin{pmatrix} 1 & 0 \\ 3a & 1 \end{pmatrix}\begin{pmatrix} 1 & 0 \\ a & 1 \end{pmatrix}=\begin{pmatrix} 1 & 0 \\ 4a & 1 \end{pmatrix}$

$\therefore A^n=\begin{pmatrix} 1 & 0 \\ na & 1 \end{pmatrix}$

$$\therefore A+A^2+A^3+\cdots+A^n=\begin{pmatrix} n & 0 \\ a+2a+3a+\cdots+na & n \end{pmatrix}$$

즉, $n=6$, $a+2a+3a+4a+5a+6a=84$이므로

$21a=84 \qquad \therefore a=4$

$\therefore n+a=$ **10**

0942 두 실수 a, b와 행렬 $A=\begin{pmatrix} a & b \\ -1 & -a-1 \end{pmatrix}$에 대하여 $A^3=E$일 때, b의 최솟값은? (단, E는 단위행렬이다.)

답 ③

풀이 $A^2+A+(-a^2-a+b)E=O$ (O는 영행렬)

$\therefore A^2=-A+(a^2+a-b)E$

$\therefore A^3=A^2A=\{-A+(a^2+a-b)E\}A$

$=-A^2+(a^2+a-b)A$

$=-\{-A+(a^2+a-b)E\}+(a^2+a-b)A$

$=(a^2+a-b+1)A-(a^2+a-b)E$

이때 $A^3=E$이므로 $a^2+a-b+1=0$

$\therefore b=a^2+a+1=\left(a+\frac{1}{2}\right)^2+\frac{3}{4}$

따라서 b의 최솟값은 $a=-\frac{1}{2}$일 때 $\mathbf{\frac{3}{4}}$이다.

0943 어느 고등학교에서 교사 10명과 학생 250명이 박물관을 단체 관람하려고 한다. 성인과 학생 1인당 관람료는 [표 1]과 같고, [표 2]와 같이 오전과 오후로 인원을 나누어 관람하려고 한다. 오전에 관람할 경우 관람료의 30%를 할인해 준다고 할 때, 이 학교에서 지불해야 할 총 관람료를 행렬의 곱으로 나타낸 것은?

	가격
성인	4000원
학생	2000원

[표 1]

	교사	학생
오전	6명	150명
오후	4명	100명

[표 2]

답 ②

풀이 총 관람료는

$0.7(6\cdot4000+150\cdot2000)+(4\cdot4000+100\cdot2000)$

$=(0.7\ \ 1)\begin{pmatrix} 6\cdot4000+150\cdot2000 \\ 4\cdot4000+100\cdot2000 \end{pmatrix}$

$=\mathbf{(0.7\ \ 1)\begin{pmatrix} 6 & 150 \\ 4 & 100 \end{pmatrix}\begin{pmatrix} 4000 \\ 2000 \end{pmatrix}}$

서술형

0944 등식 $\begin{pmatrix} 1 & 1 \\ 1 & -1 \end{pmatrix}P(1\ \ 2)=\begin{pmatrix} 1 & 2 \\ -3 & -6 \end{pmatrix}$을 만족시키는 행렬 P를 구하시오.

답 풀이참조

풀이 $\begin{pmatrix} 1 & 1 \\ 1 & -1 \end{pmatrix}$은 2×2 행렬이고, $(1\ \ 2)$는 1×2 행렬이므로

행렬 P는 2×1 행렬이다. …❶ (20%)

$P=\begin{pmatrix} a \\ b \end{pmatrix}$라 하면

$\begin{pmatrix} 1 & 1 \\ 1 & -1 \end{pmatrix}\begin{pmatrix} a \\ b \end{pmatrix}(1\ \ 2)=\begin{pmatrix} a+b \\ a-b \end{pmatrix}(1\ \ 2)$

$=\begin{pmatrix} a+b & 2(a+b) \\ a-b & 2(a-b) \end{pmatrix}$

$\therefore a+b=1, a-b=-3$ …❷ (50%)

위의 두 식을 연립하여 풀면 $a=-1, b=2$

$\therefore P=\mathbf{\begin{pmatrix} -1 \\ 2 \end{pmatrix}}$ …❸ (30%)

0945 두 행렬 $A=\begin{pmatrix} 1 & 1 \\ -1 & 1 \end{pmatrix}$, $B=\begin{pmatrix} a & b \\ b & a \end{pmatrix}$가 다음 조건을 만족시킬 때, a^2+b^2의 값을 구하시오. (단, a, b는 실수이다.)

(가) $A^2-B^2=(A+B)(A-B)$ $AB=BA$
(나) $A^{16}=B^4$

답 16

풀이 $AB=BA$에서 …❶ (20%)

$\begin{pmatrix} 1 & 1 \\ -1 & 1 \end{pmatrix}\begin{pmatrix} a & b \\ b & a \end{pmatrix}=\begin{pmatrix} a & b \\ b & a \end{pmatrix}\begin{pmatrix} 1 & 1 \\ -1 & 1 \end{pmatrix}$

$\begin{pmatrix} a+b & b+a \\ -a+b & -b+a \end{pmatrix}=\begin{pmatrix} a-b & a+b \\ b-a & b+a \end{pmatrix}$

즉, $a+b=a-b$이므로 $b=0$ …❷ (20%)

$\therefore B=\begin{pmatrix} a & 0 \\ 0 & a \end{pmatrix}=aE$ (E는 단위행렬)

$\therefore B^4=(aE)^4=a^4E$

한편, $A^2=\begin{pmatrix} 1 & 1 \\ -1 & 1 \end{pmatrix}\begin{pmatrix} 1 & 1 \\ -1 & 1 \end{pmatrix}=\begin{pmatrix} 0 & 2 \\ -2 & 0 \end{pmatrix}$

$A^4=(A^2)^2=\begin{pmatrix} 0 & 2 \\ -2 & 0 \end{pmatrix}\begin{pmatrix} 0 & 2 \\ -2 & 0 \end{pmatrix}=\begin{pmatrix} -4 & 0 \\ 0 & -4 \end{pmatrix}=-4E$

$A^{16}=(A^4)^4=(-4E)^4=2^8E$ …❸ (30%)

이때 (나)에서 $A^{16}=B^4$이므로

$2^8E=a^4E$ $\quad\therefore a^2=16$

$\therefore a^2+b^2=16+0=\mathbf{16}$ …❹ (30%)

MEMO

MEMO